新编21世纪高等职业教育精品教材

装备制造类

UG NX 12.0 基础与应用教程

主　编◎王元平　张　璐　史盼盼

副主编◎林　娇　李　龙　游理剑

何坤媛　赵　震　冯小顺

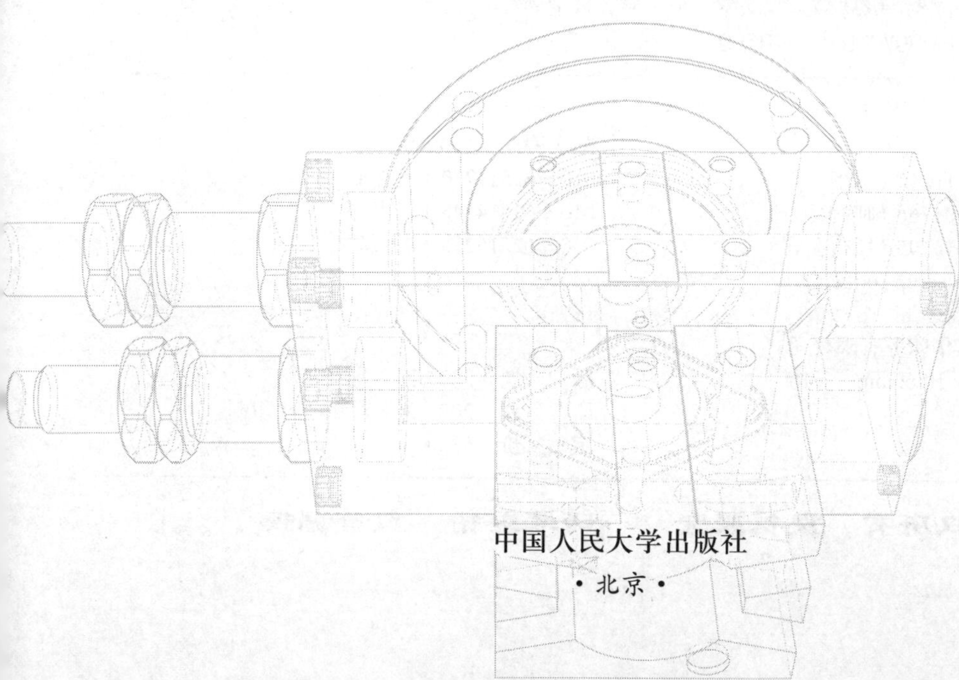

中国人民大学出版社

·北京·

图书在版编目（CIP）数据

UG NX 12.0 基础与应用教程 / 王元平，张璐，史盼盼主编 .-- 北京 ：中国人民大学出版社，2024.3
新编 21 世纪高等职业教育精品教材 . 装备制造类
ISBN 978-7-300-32239-1

Ⅰ. ① U… Ⅱ . ①王… ②张… ③史… Ⅲ . ①计算机辅助设计－应用软件－高等职业学校－教材 Ⅳ . ① TP391.72

中国国家版本馆 CIP 数据核字（2023）第 193763 号

新编 21 世纪高等职业教育精品教材 · 装备制造类
UG NX 12.0 基础与应用教程
主　编　王元平　张　璐　史盼盼
副主编　林　娇　李　龙　游理剑　何坤媛　赵　震　冯小顺
UG NX 12.0 Jichu yu Yingyong Jiaocheng

出版发行	中国人民大学出版社		
社　　址	北京中关村大街 31 号	**邮政编码**	100080
电　　话	010－62511242（总编室）		010－62511770（质管部）
	010－82501766（邮购部）		010－62514148（门市部）
	010－62515195（发行公司）		010－62515275（盗版举报）
网　　址	http://www.crup.com.cn		
经　　销	新华书店		
印　　刷	天津鑫丰华印务有限公司		
开　　本	787 mm × 1092 mm　1/16	**版　　次**	2024 年 3 月第 1 版
印　　张	23.25	**印　　次**	2024 年 3 月第 1 次印刷
字　　数	545 000	**定　　价**	58.00 元

前言

PREFACE

《UG NX 12.0 基础与应用教程》是在《UG NX 9.0 项目教程》的基础上，结合软件版本进行改编的，由于软件的应用操作基础基本一致，因此本书中所讲内容虽基于 UG NX 12.0，但又全面适用于 UG NX 12.0 以前的各版本。

本书依据职业院校中机械类、电气类、工业类、信息类等教学领域及职业教育专业课程教学特点编写。与《UG NX 9.0 项目教程》一书的不同之处是本书中所选择的实例展现了先进制造业前沿的智能制造技术。

本书编写思想：（1）以习近平新时代中国特色社会主义思想为指导，深入落实党的二十大精神，全面贯彻党的教育方针，将立德树人这一根本任务融入教材，着力培养爱党爱国、敬业奉献，具有工匠精神的专业技能型人才。（2）在教育教学改革中不断推新，坚持“工学结合，理实一体”的宗旨，做到产教融合，使学生打好基础。（3）以工作过程为导向引领工作对象，使学生能够“从学中做”和“从做中学”，掌握技能。（4）采用任务式教学，紧扣学生未来实际工作需要，体现了知识技能岗位化、岗位问题化、问题教学化、教学任务化、任务行业标准化，增强教材的实用性。

本书编写特点：（1）本书中的实例紧扣制造业相关专业，以循序渐进的教学理念，整体化、系统化地介绍了 UG NX 12.0 的应用。（2）图文并茂，更具直观视觉效果，让读者易于理解、接受并掌握，并且配备相应教学教案、视频教程、课件、技能考核题库等资料。（3）本书以高职高专教育为基础，以重点培养教育技能人才为目标，紧密结合企业的人才需求和技术发展方向。（4）每个操作步骤配有对应插图，书中还配有“技能点拨”栏目，读者无论是否了解 UG NX 12.0，都能找到合适的起点，从而快速掌握基础知识，达到提升知识水平和操作能力的目的。

本书可作为大中专院校相关专业（机械、电气、船舶、航空等）的教材及有关专业人员的参考辅导书，还可作为各类培训学校的教材，也可作为自学参考书。

本书由广东省农垦湛江技工学校王元平老师、渭南技师学院张璐老师和史盼盼老师担任主编；由广东省农垦湛江技工学校林娇老师、游理剑老师、何坤媛老师、冯小顺老师，渭南技师学院李龙老师，广东省农工商职业技术学校赵震老师担任副主编；全书由王元平老师统稿，由冯小顺老师审稿。其中，林娇和何坤媛负责单元 1 和单元 2 的编写，张璐和史盼盼负责单元 3 和单元 6 的编写，游理剑和赵震负责单元 4 的编写，李龙负责单元 5 的编写，王元平负责单元 7 和单元 8 的编写。

本书在编写过程中得到了众多高级教师和高级技师的技术支持和指导，在此表示衷心的感谢。本书在编写过程中参考了一些文献资料，在此对相关作者一并表示衷心的感谢。由于编者水平有限，书中难免存在错误和疏漏之处，敬请读者不吝赐教。

编者

目录

CONTENTS

单元1 UG NX 12.0的基础知识

单元导读

UG软件在市场上应用比较广泛，其版本一直不断更新，从UG NX 10.0以后，其功能的优化设置和界面的集中化给用户带来了全新的体验，特别是在设计及加工编程方面增加了很多功能，使企业作业高速化、高智能化。

UG NX 12.0在以前的版本基础上集成、优化了部分功能，该版本除了具有灵活、便捷的菜单和非单一切换模式，还具有全新窗口切换、多部件同时显示、高速加工自适应铣削等功能，另外在装配模块也增强了部分功能，便于使用者快速掌握该软件。用户在建模中可以利用该软件提供的各个模板中的应用功能对所要设计的模型进行深入分析和操作，特别是在参数化建模中极大改进相关数据的编辑操作，达到设定的建模数据，实用性强。

本单元重点介绍UG NX 12.0的基础知识，通过三个任务的学习，学生可以对该软件的设计环境、界面、菜单、典型应用、设置等建立一个基础的操作概念。

重点难点

1. UG NX 12.0环境认知。
2. UG NX 12.0菜单、工具栏等的调用和设置。
3. UG NX 12.0的窗口切换、显示功能以及用户（角色）设置。

技能目标

1. 认识UG NX 12.0的操作环境。
2. 学会菜单的调用以及功能的设置。

素养目标

本单元是UG NX 12.0基础入门介绍。在制造业中设计师运用的有关机械设计的软件各有特点，学生可结合自身专业的学习情况，将使用过的其他软件与现在用的软件进行对比，自主进行相关功能设置，使其适用性更强。通过本单元的学习，学生熟悉不同软件的适用性与功能设置，培养动手操作能力和钻研精神。

任务1 UG NX 12.0 设计环境与基本操作

任务描述

本任务主要介绍了 UG NX 12.0 的启动、操作环境、界面、工具菜单等。通过学习，初步认识一些常用的菜单命令、工具栏、立即菜单、快捷菜单等，为今后的具体操作打好基础。

UG NX 12.0 软件的启动以及各界面菜单和工具认知

任务目标

1. 熟悉 UG NX 12.0 的环境。
2. 掌握 UG NX 12.0 的基本操作。
3. 了解 UG NX 12.0 的菜单调整和用户设置。

实施过程

一 UG NX 12.0 的设计环境

UG 软件版本升级后，自 UG NX 9.0 以后版本的启动方式和设计环境基本上变化不大，因此以下介绍的环境操作内容与 UG NX 9.0 基本一致。UG NX 9.0 以前的版本如果没有进行环境变量设置，是不支持中文的存盘目录名称的，UG NX 10.0 版本对此进行了优化，支持中文的命名。而 UG NX 12.0 版本的菜单在简化后可以节省很多操作步骤，特别是窗口的切换以及 CAM 加工方法的优化，提高了应用的效率。

1. 启动 UG NX 12.0

（1）通过桌面快捷方式启动，用户可以用鼠标左键连续单击两次软件图标或者单击鼠标右键在立即菜单中选择打开。

（2）用户还可以在电脑操作系统的开始程序菜单中选择 Siemens NX 12.0 文件下的 NX 12.0，如图 1－1 所示。

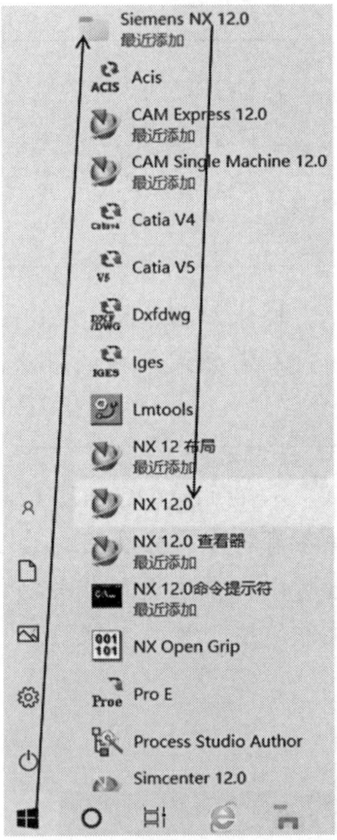

图 1－1　启动 UG NX 12.0

2. UG NX 12.0 的启动界面

开启之后等待运行时会出现 UG NX 12.0 的启动界

面，如图 1－2 所示。UG NX 12.0 的启动界面右下角会显示 Version 12.0 等版本信息。

图 1－2　UG NX 12.0 的启动界面

3. UG NX 12.0 的用户界面

软件运行后进入用户界面，如图 1－3 所示。用户界面大致分为 8 个块区。用户可以在资源工具条区访问各种资源，新用户可在基本功能介绍区认识软件的基本功能。系统进入用户界面后，在资源导航区默认显示的是历史记录的文件信息，即用户最近使用的文件，方便用户查找与管理。用户可以在资源工具条区切换选择 web 浏览和查找相关文件，也可以在联网状态下访问网上的资源信息等。

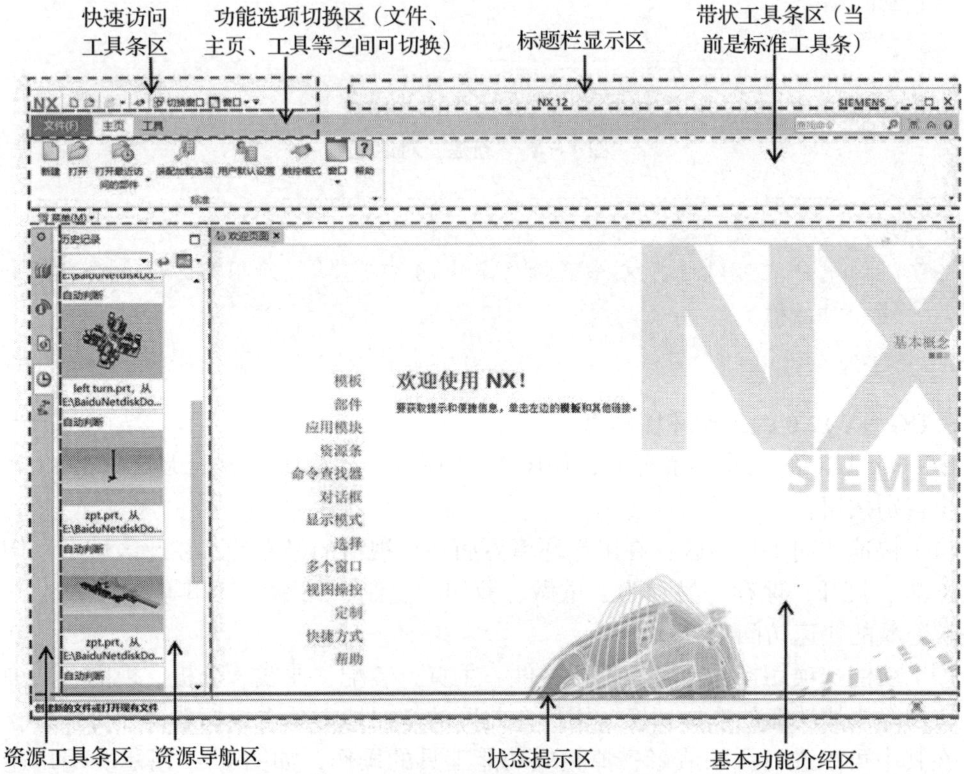

图 1－3　用户界面

4.“新建”对话框

进入用户界面后，单击“新建”按钮，系统会弹出“新建”对话框，在对话框中单击“模型”，此时用户可以命名工作文件的名称，同时可以设置工作文件保存路径，如图 1－4 所示，然后单击“确定”进入建模工作界面。

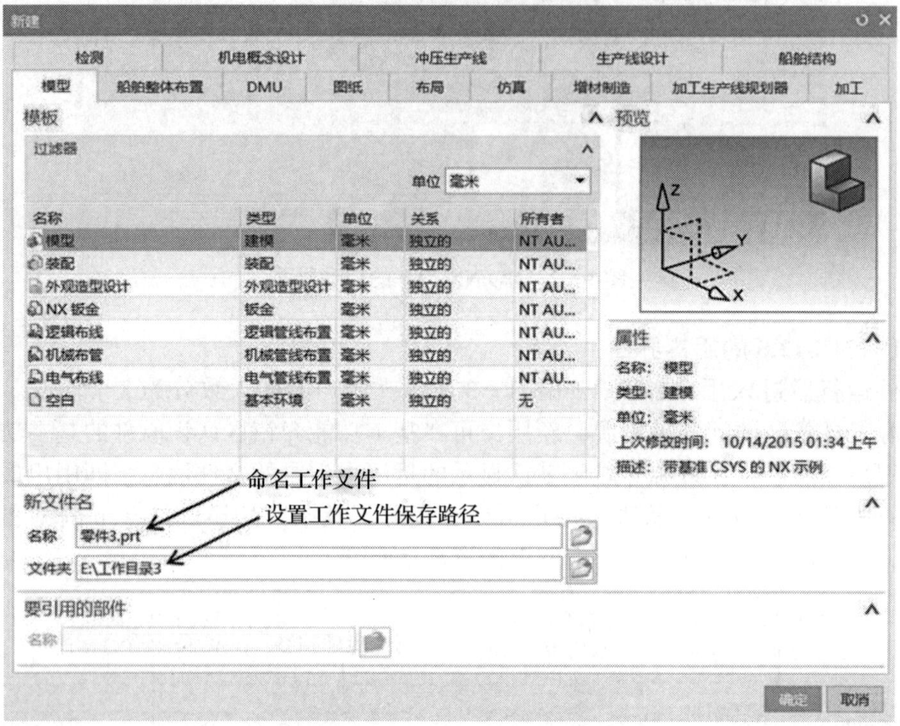

图 1－4 “新建”对话框

技能点拨

用户还可以选择文件下拉菜单中的“新建”，使用此方法也会弹出“新建”对话框。

5. UG NX 12.0 的工作环境界面

UG NX 12.0 的工作环境界面，如图 1－5 所示。建模工作界面大致分为 13 个块区和 2 个特别按钮。

（1）快速访问工具条区：在工作环境界面顶部视窗的最左端，在此区域中可调取文件的新建、打开、保存、另存为、重做、剪切、复制、粘贴、打印等命令。图 1－6 所示是被隐藏的快速访问菜单。

（2）功能选项切换区：可以进行文件、主页、装配、曲线、分析、视图、渲染、工具、应用等模块功能的选择切换。用户在此区的空白地方单击鼠标右键即可弹出立即菜单，在其中可以进行添加或者去掉相应功能工具的操作，如图 1－7 所示。用户还可以自定义相应的选项卡或者工具条等。

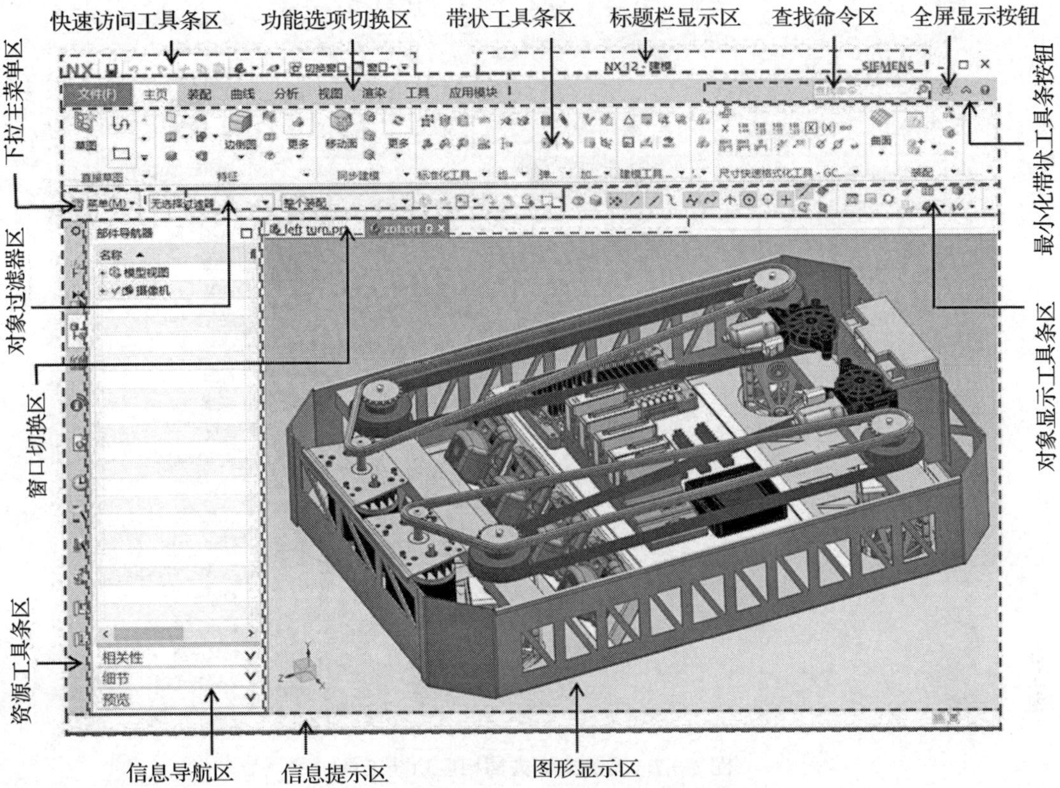

图 1－5　UG NX 12.0 的工作环境界面

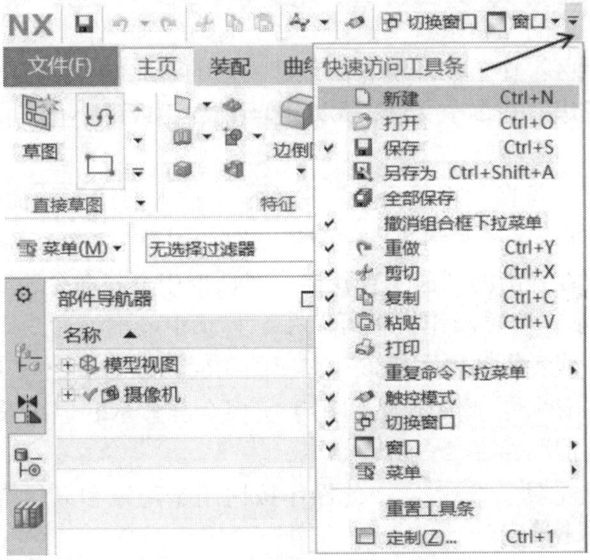

图 1－6　被隐藏的快速访问菜单

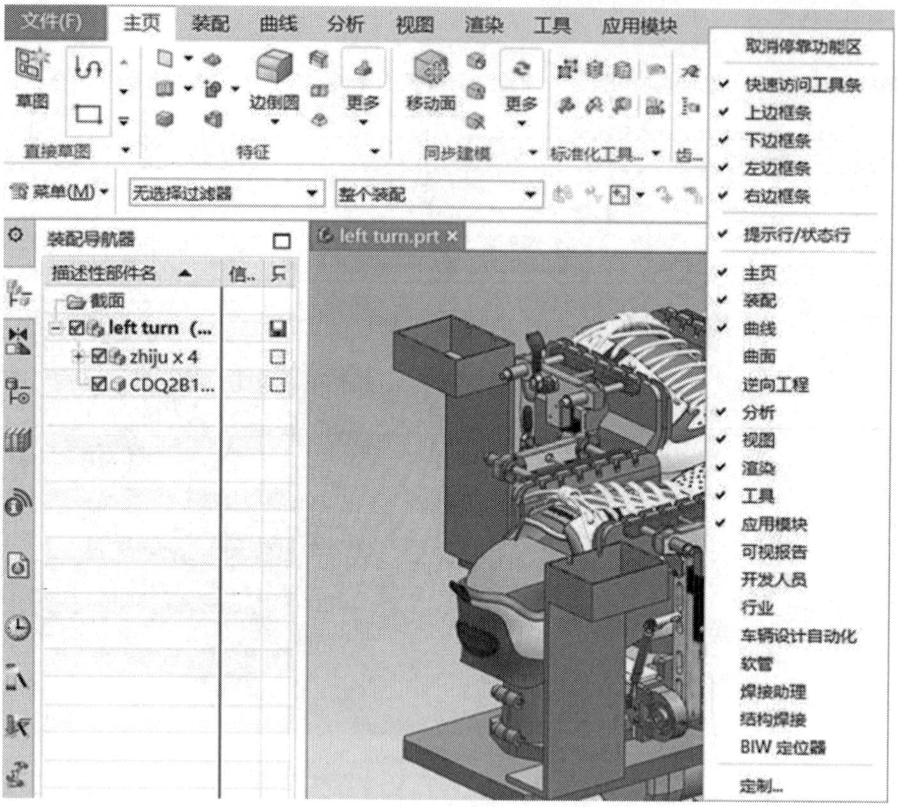

图 1－7　添加或者去掉相应功能工具

（3）带状工具条区：根据功能选项卡切换不同的工具，用户可按照自己的工作情况切换。单击带状工具条的三角形“隐藏”符号，即可显示隐藏的工具。具体使用时根据切换的功能模块不同，工具条中显示的菜单命令也不一样，系统默认带状工具条区显示的是三维实体建模功能的工具条。

（4）标题栏显示区：在工作环境界面顶部视窗的最右端，显示当前操作打开的文件名称。在此区域中可以打开多个文件，最大化当前界面或最小化当前界面，还可以进行当前界面的关闭操作。

（5）查找命令区：可在“查找命令”文本框中输入要搜索的命令和其他相关命令，如果正在从其他 CAD 程序过渡到 NX，可输入之前程序中的命令名称以查找对应的 NX 命令。输入命令后，在弹出的“命令查找器”对话框中查找命令，要启动命令则单击该命令，如图 1－8 所示。按照操作提示可以在工具条中显示该命令，或者将该命令放置在功能区边框里面，或者根据提示放置在对应的功能区选项卡中。

（6）全屏显示按钮：此操作按钮用于实现全屏显示和退出全屏显示，具体操作时用户可以结合实际情况确定是否全屏显示。

（7）最小化带状工具条按钮：此操作按钮用于隐藏和显示带状工具条，具体可以根据用户实际操作来确定。

（8）对象显示工具条区：在操作过程中快捷选择的常用区域，包含对象捕捉、图形状态显示等常用操作按钮。

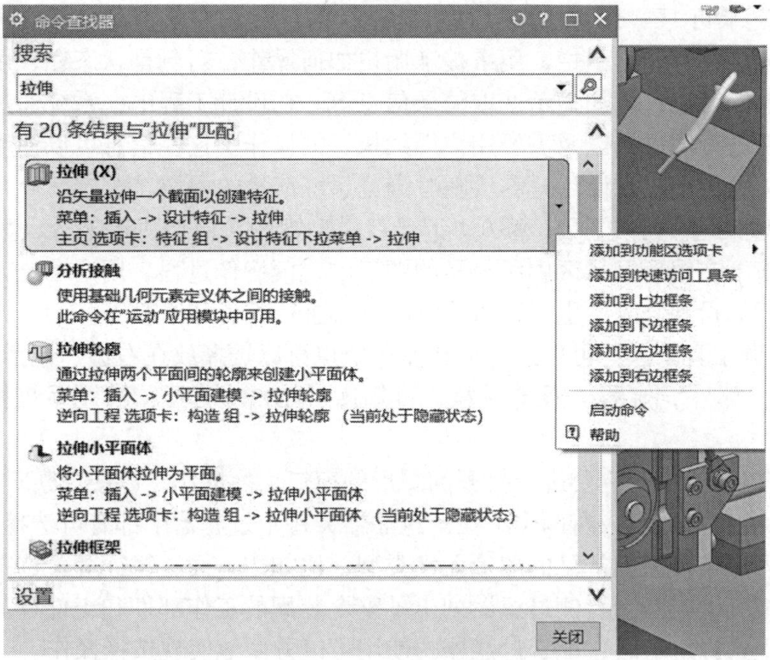

图 1－8　查找命令

（9）图形显示区：该区域是图形的显示区和操作区，也是用户的主要工作区域，绘制前后的零件图形、组装图形、建模后的三维实体、CAM 加工过程、分析结果和模拟仿真过程等都在这个区域内显示。用户可以直接在图形区中选取相关对象进行操作。

在这个区域中还可以进行多种视图操作：单击鼠标左键则会弹出如图 1－9 所示的视图编辑快捷工具条，长按鼠标右键会弹出如图 1－10 所示的视图显示快捷工具条，单击鼠标右键则会弹出如图 1－11 所示的立即菜单。

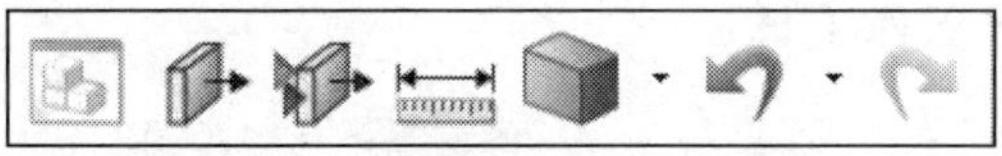

图 1－9　视图编辑快捷工具条

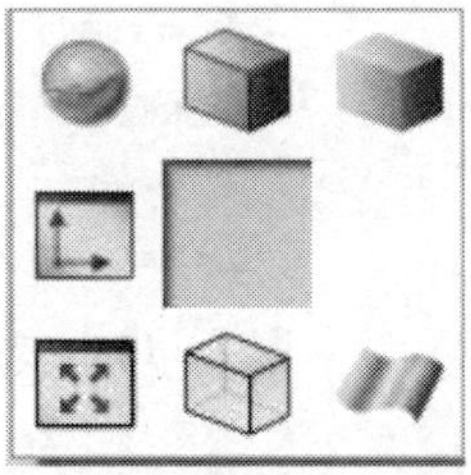

图 1－10　视图显示快捷工具条

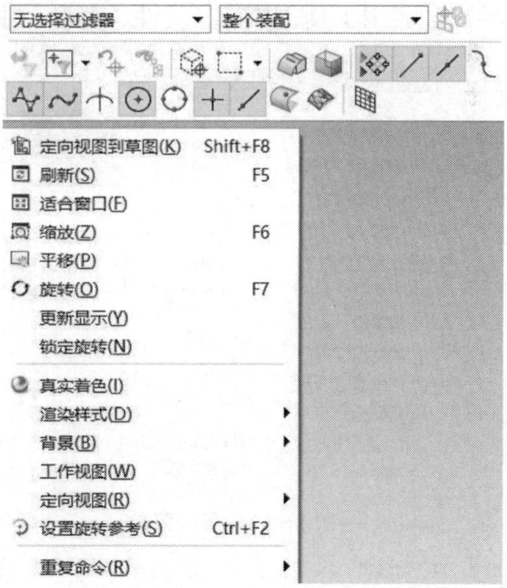

图 1－11　立即菜单

（10）信息提示区：用户和该软件系统进行信息交流的区域，在这个区域中间有一条可见的边线，左侧是提示栏，用来提示用户如何操作；右侧是状态栏，用来显示系统或者图形当前的状态，比如显示选取结果信息等。在设计工程中，系统通过信息提示区提示当前正在进行的操作以及需要用户继续执行的操作。这些信息可以使用户做出合理快速的选择，也让用户在设计时养成随时浏览系统信息的习惯。

（11）信息导航区：包括模型历史记录、模型视图、摄像机等部分，显示系统默认处于建模环境下在图形显示区中所显示的图形的建模操作过程。用户在此区域可以对模型的操作进行编辑和修改，也可以对装配的图形进行编辑和修改等。

（12）资源工具条区：可以选择放在左边，也可以选择放在右边，包括装配导航器、约束导航器、部件导航器、系统材料、重用库、HD3D 工具、触控手势教程、web 浏览等。

（13）窗口切换区：主要进行打开的图形的窗口切换操作，以便观察对比图形。

（14）对象过滤器区：有两个下拉式过滤器，每个过滤器中都有可选择的下拉列表，左侧过滤器列出了模型上常见的图形元素类型，比如边、面、特征等，选中某一种类型就可以过滤掉其他类型。右侧过滤器列出了整个装配的工作部件和组件等。当使用选择工具在模型上选择对象时，配合过滤器的使用可以方便地实现选择操作。

（15）下拉主菜单区：单击“菜单”按钮 菜单(M)，弹出如图 1－12 所示的下拉菜单，其中包含了文件、编辑、视图、插入、格式、工具、装配、信息、分析、首选项、窗口、GC 工具箱、帮助等选项。在每个下拉菜单选项后面都有隐藏的子菜单，用户可以选择调出使用。

二 UG NX 12.0 的文件操作与管理

用户通过“文件”菜单进行文件的操作与管理，如图 1－13 所示。UG NX 12.0 的“文件”菜单中提供了常用的新建、打开、关闭、保存、首选项、打印、绘图、导入、导出、实用工具、执行、属性、帮助、退出等操作工具。

图 1－12　下拉菜单

图 1－13　“文件”菜单

1. 新建

单击“新建”，系统弹出“新建”对话框，用户可以选择不同的任务类型进行设计。

从图 1－4 中可以看出系统包含了模型、图纸、仿真、加工、检测、机电概念设计、加工生产线规划器等几大模块。每个模块所对应的类型也不同，模型模块是系统默认的，其中又包含了装配、外观造型设计等类型，用户可以根据设计情况选择。

2. 打开

单击“打开”，系统弹出“打开”对话框，UG NX 12.0 系统默认的文件目录是在“UG Ⅱ”文件路径下。用户可以设置自己的工作目录，也可以切换到指定的目录下。

3. 关闭

单击“关闭”，出现如图 1－14 所示的“关闭”子菜单。用户可以根据需要选择合适的选项。

4. 保存

单击“保存”，出现如图 1－15 所示的“保存”子菜单。单击子菜单中的“保存”时系统会弹出“命名部件”对话框，这时用户需要确认或者更改将要保存文件的名称或者文件路径，其他的保存选项用户可以根据实际情况进行选择。

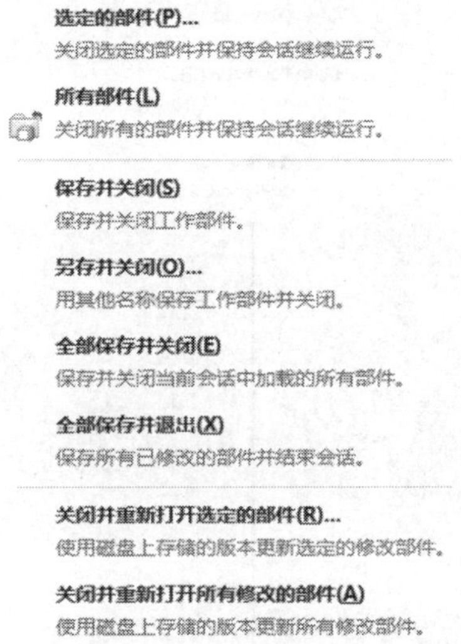

图 1－14　“关闭”子菜单

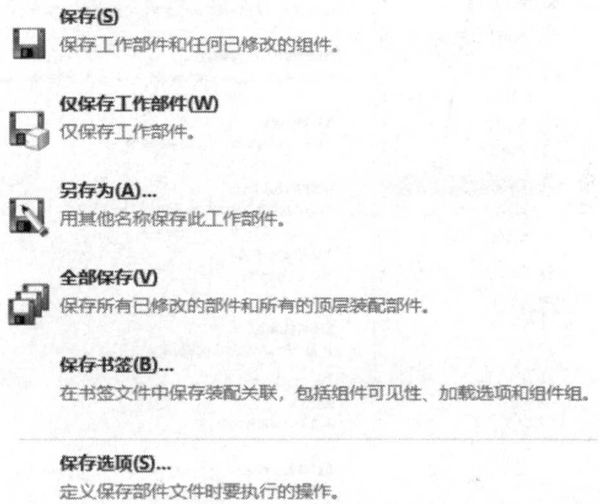

图 1－15　“保存”子菜单

5. 首选项

用户可在“首选项”子菜单中选择“建模”“草图”“装配”“制图”“用户界面”等选项，经常使用的是“建模”“草图”等。其中每个选项都有所对应的选项设置，用户可以根据实际操作进行访问设置。

6. 打印

单击“打印”，系统弹出“打印”对话框，用户可以根据打印提示进行打印设置，打印图形窗口中的图像。

7. 绘图

单击“绘图”选项后在弹出的对话框中设置绘图类型与绘图仪器等，创建常规绘图数据文件并进行绘图。

8. 导入

“导入”选项后有隐藏的子菜单。用户可以将有关文件资料导入系统中使用。

9. 导出

“导出”选项后有隐藏的子菜单。用户可以将有关文件资料导出到其他软件系统中使用。

> **技能点拨**
>
> 用户使用“导入”“导出”时要根据向导提示操作，注意文件格式的兼容性。

10. 实用工具

“实用工具”子菜单如图 1－16 所示。用户可以对其中一个选定的项目进行设置。

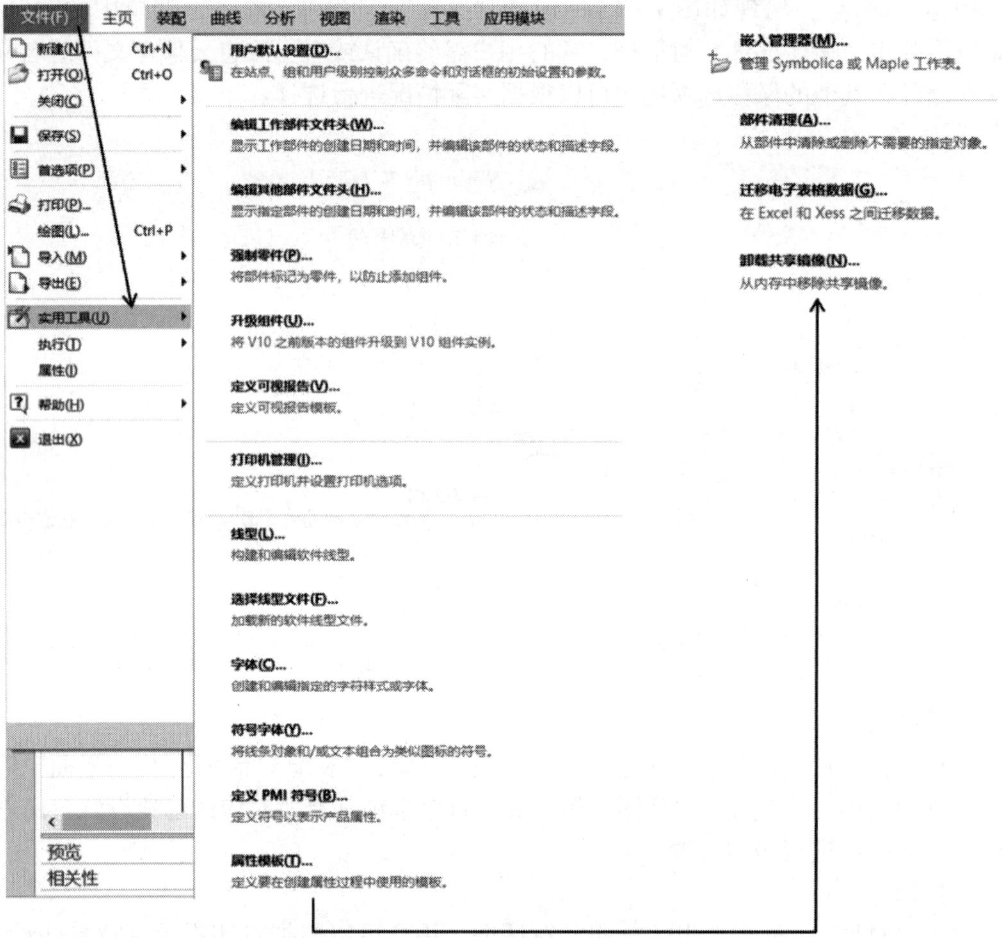

图 1－16 “实用工具”子菜单

11. 执行

“执行”选项后有隐藏的子菜单，选择相应选项，用户可以执行或者修改加载的程序。

12. 属性

“属性”中列出有关部件的显示信息。先选择建模的零部件，然后在“文件”下拉菜单中单击“属性”，系统弹出如图 1－17 所示的“显示部件属性”对话框，其中包括“属性”“显示部件”“重量”“部件文件”“预览”五个类别属性。

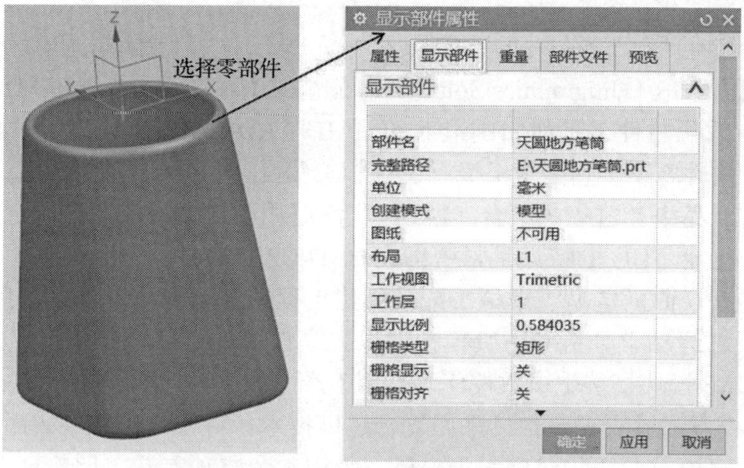

图 1－17　“显示部件属性”对话框

13. 帮助

在“帮助”选项后也隐藏有子菜单，用户可以在其中选择相关帮助。

14. 退出

单击“退出”，系统会弹出“是否退出时保存所改动的部件”提示，用户根据提示进行选择后关闭该软件。

15. 最近打开的部件

此外，在“文件”菜单中还有“最近打开的部件”区域，在这个区域下是用户近期打开部件的记录，它们按照先后顺序进行排序，以便用户查看打开的部件文件的位置。用户在记不清楚文件保存的路径时，可以直接在此记录中查找近期查看的部件。

基础延伸

用户选择文件“另存为”时，可以在文件“保存类型”列表中选取不同的输出文件格式，这是 UG NX 12.0 系统提供的与其他 CAD 系统联系的文件格式接口，可以方便地进行文件格式转换。UG NX 12.0 系统提供的文件保存类型如图 1－18 所示。

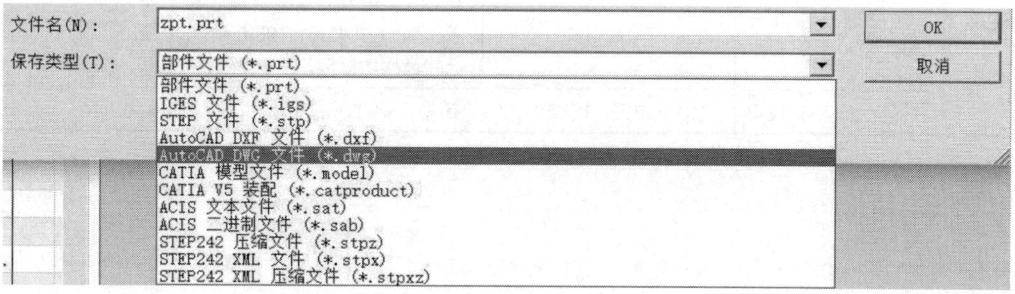

图 1－18　UG NX 12.0 系统提供的文件保存类型

知识链接

一 UG 背景简介

UG 是美国 UGS（Unigraphics Solutions）公司的主导产品，是集 CAD/CAE/CAM 于一体的三维参数化软件，是面向制造业的 CAID/CAD/CAE/CAM 高端软件，是当前主流的工业设计软件之一。它集合了概念设计、工程设计、分析与加工制造的功能，实现了优化设计与产品生产过程的组合。UG 被广泛应用于机械、汽车、航空航天、家电以及化工等各个行业。UG 的特点是紧密集成 CAD/CAM/CAE 三大系统。用户在使用 UG 强大的实体造型、曲面造型、虚拟装配及创建工程图等功能时，可以使用 CAE 模块进行有限元分析、运动学分析和仿真模拟，以提高设计的可靠性；根据建立起的三维模型，还可由 CAE 模块直接生成数控代码，用于产品加工。

UG 的建模方式具有灵活性。采用复合建模技术，将实体建模、曲面建模、线框建模、显示几何建模及参数化建模融为一体。采用参数驱动方式，形象直观，修改方便。曲面设计以非均匀有理 B 样条曲线为基础，可用多种方法生成复杂曲面，功能强大。具备良好的二次开发环境，用户可用多种方式进行二次开发。知识驱动自动化（KDA），便于获取和重新使用知识。UG 的功能模块非常强大，涉及工业设计与制造的各个层面，是业界应用广泛的工业设计软件之一。

二 UG 操作中鼠标三个键的用途

UG 操作中鼠标三个键（左键、中键、右键）的功能介绍见表 1-1。

表 1-1　鼠标三个键的功能介绍

使用类型		鼠标左键	鼠标中键	鼠标右键
二维草绘模式	鼠标按键单独使用	（1）绘制连续直线（样条曲线）； （2）绘制圆（圆弧）； （3）拾取或者选择线条	（1）完成命令（确认）； （2）完成一条轮廓线（样条曲线），开始画下一条轮廓线（样条曲线）	弹出快捷菜单
三维模式	鼠标按键单独使用	选取模型	旋转模型（按下滚轮）； 缩放模型（滚动滚轮）	在部件导航器区或工具条中单击，将弹出快捷菜单
	与 Ctrl 键或者 Shift 键配合使用	无	与 Ctrl 键配合并且上下移动鼠标，缩放模型；与 Shift 键配合并且移动鼠标，平移模型	无
	鼠标按键非单独使用	左键 + 中键同时按下，缩放模型；中键 + 右键同时按下，平移模型		

任务 2 UG NX 12.0 实体特征建模原理

任务描述

本任务主要讲解 UG NX 12.0 实体建模原理和产品设计过程，例如设计准备、设计步骤、设计更改、设计定型等。重点从实体特征、曲面特征、基准特征等方面展开，讲述 UG NX 12.0 是如何通过特征创建实体模型的，用户在设计过程中创建模型的步骤有哪些。

任务目标

1. 了解 UG NX 12.0 实体建模的原理。
2. 掌握 UG NX 12.0 主要的建模特征类型。
3. 了解 UG NX 12.0 建模的基本功能。

实施过程

一 实体建模原理

点动成线、线动成面、面动成体即可实现实体造型。CAD 软件中，模型的描述方式先后经历了从二维图形到三维模型，从直线和圆弧等简单的几何元素到曲线、曲面和实体等复杂的几何元素的发展过程。因此实体建模的基本原理就是在绘图区中构造二维的曲线图形后得到曲面，然后再得到实体模型，即“点—线—面—体”。实体建模的一般原理如图 1－19 所示。

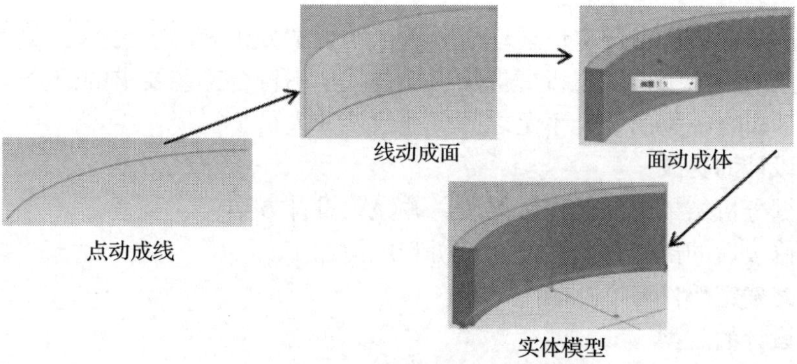

图 1－19　实体建模的一般原理

二 产品设计过程

创建的模型包含了产品从设计到制造的全部信息，是生产中重要的技术资料，在现代制造业中普遍使用。

1. 产品设计的准备

在产品设计准备阶段需要做好以下几个方面的工作：

（1）明确设计任务，制定设计任务书以确定产品功能、性能指标、成本及整机的外形尺寸等总体目标。在进行新产品的开发设计时，先要对产品的性能、质量和成本等进行定位。

（2）提供方案，进行评价。

（3）搜集可以被重复使用的设计数据。

（4）定义关键参数和结构草图。

（5）了解产品装配结构的定义。

（6）编写设计细节说明书。

（7）创建文件目录，确定层次结构。

（8）将相关设计数据和设计说明书存入相应的项目目录中。

2. 产品设计的步骤

（1）按照选定的方案进行总体设计，即使用自上而下的设计方法构建产品装配结构。如果有可以沿用的设计，可以使用结构编辑器将其纳入产品装配树中。对于其他的一些标准零件，可以在设计阶段后期加入装配，这是因为大部分零件在主结构完成后才能定位或确定尺寸。

（2）利用建模模块生成各个零件的模型，一般应遵循以下步骤。

1）特征分解：分析零件的形状特点，并将其分割成几个主要的特征区域，接着对各个区域进行粗线条分解。

2）基础特征设计：绘制出零件的毛坯形状。

3）详细特征设计：先粗后细，即先设计出粗略的形状，再逐步细化；先大后小，即先设计大尺寸形状，再完成局部细化；先外后里，即先设计外表面形状，再细化内部形状。

4）细节设计：利用细节特征绘制圆角、拔模角、孔和沟槽等。

（3）利用装配模块生成装配图。

（4）利用分析模块进行部件运动学分析、动力学分析等。

（5）利用数控加工模块进行虚拟加工，查找出不符合工艺要求的部分。

（6）将分析查找到的设计不足之处反馈给设计人员。

3. 产品设计的更改

（1）根据分析结果对部件进行修改，并完善设计方案。

（2）对修改后的部件重新装配、分析和虚拟加工。

（3）最终确定部件和产品装配结果。

4. 产品设计的定型

（1）利用管道布线模块进行产品的布线，若发现不足，应返回并改进设计。

（2）利用制图模块生成产品的工程图。

（3）利用形象化渲染模块生成产品三维彩色 CAD 模型。

（4）利用 Web 快车将产品发送到网络。

（5）整理设计文件，编写设计计算说明书和使用说明书等。

三 特征分类

UG NX 12.0 应用中特征分为实体特征、曲面特征和基准特征三类，各有特点。

如图 1 - 20 所示，实体特征的特点主要可以归纳为三点：一是具有厚度和质量等物理属性；二是分为增加材料和减少材料两种类型（即布尔运算的求和、求差），前者是在已有模型上添加新材料，后者是在已有模型上切去材料；三是按照在模型中的地位不同，分为基础特征和工程特征，前者用于创建基础模型，比如拉伸特征和扫描特征等，后者用于在已有模型上创建各种具有一定形状的典型结构，如圆角特征和孔特征等。

曲面特征的特点主要可以归纳为四点：一是没有厚度和质量，但是形状比较复杂；二是主要用于围成模型的外形或者通过选择如图 1 - 21 所示的实体表面得到，将符合设计要求的曲面实体化后可以得到实体特征；三是曲面可以被裁剪掉多余部分，或者延伸至选定的部分，或者可以合并，将两个曲面合并为一个曲面；四是曲面可以根据需要被隐藏，这时其在模型上将不可见。软件中的“片体”就是常说的曲面。

图 1 - 20　实体特征的特点

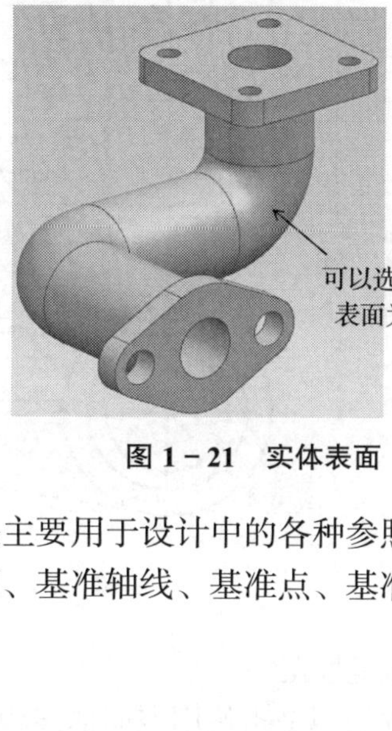

图 1 - 21　实体表面

基准特征的特点主要可以归纳为三点：一是主要用于设计中的各种参照；二是基准曲线是具有规则形状的曲线；三是具有基准平面、基准轴线、基准点、基准坐标系。常用的基准特征如图 1 - 22 所示。

四 造型的基本模型

UG NX 12.0 造型的常用基本模型有二维模型、三维线框模型、曲面模型、实体模型。

1. 二维模型

二维模型是指使用平面图形来表达的模型，模型的信息简单、单一，对模型的描述不全面，经常用于工程图的表达。用二维图形表达不仅制作不便，识读也比较困难。图 1 - 23 所示为某零件的二维模型。

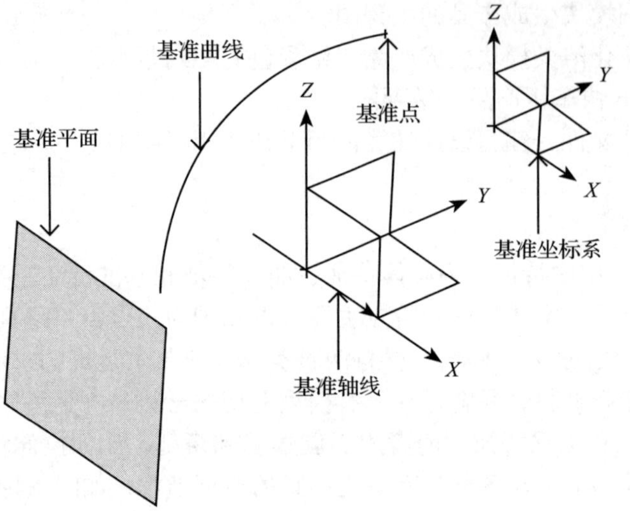

图 1－22　常用的基准特征

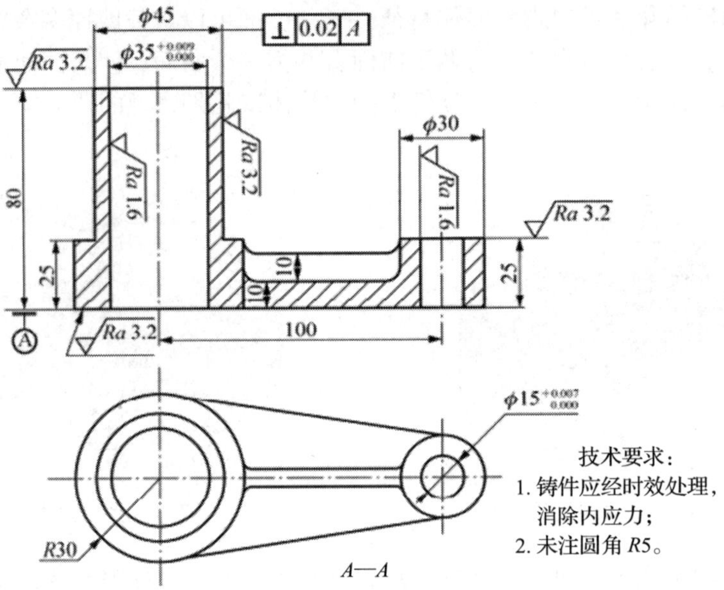

图 1－23　某零件的二维模型

2. 三维线框模型

三维线框模型是指使用空间曲线组成的线框来表达的模型，主要描述物体的外形，表达基本的几何信息。图 1－24 所示为 S 形管道的三维线框模型。

3. 曲面模型

曲面模型用来设计比较复杂的零件，根据系统提供的强大的自由曲面建模及相应的编辑和操作功能来完成。曲面模型对物体表面的描述更完整、精确，为 CAM 技术的开发奠定了基础。正由于难以准确表达零件的质量、重心等物理特性，不便于 CAE 技术的实现，因此用户运用软件功能可以对曲面进行实体化操作，获得曲面模型。图 1－25 所示的遥控器外壳为曲面模型。

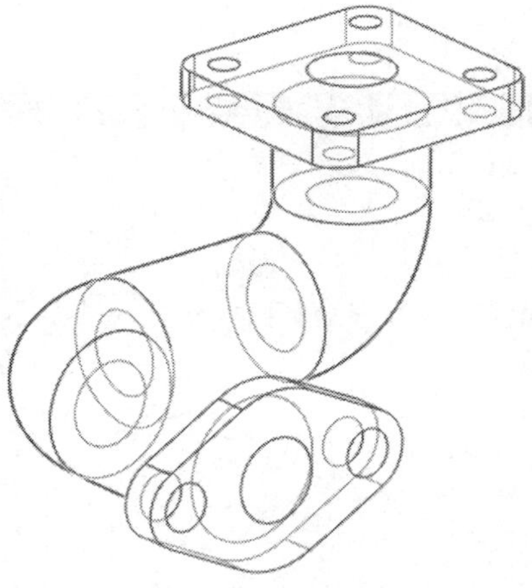

图 1－24　S 形管道的三维线框模型

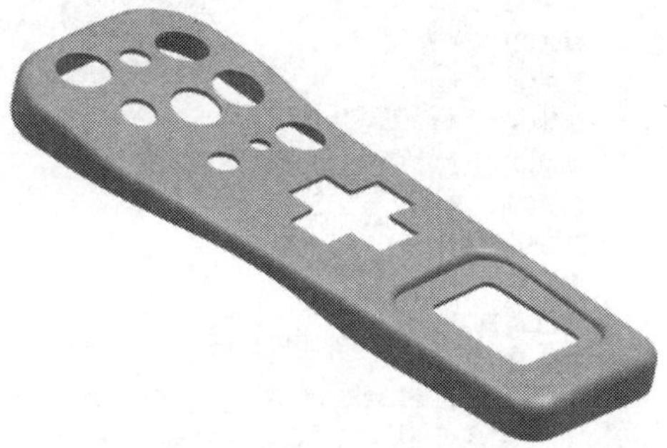

图 1－25　遥控器外壳

4. 实体模型

采用与真实事物一致的模型结构——实体模型来表达物体。实体模型直观简洁，能够表达物体各种几何和物理属性，是实现 CAD/CAM/CAE 技术一体化不可缺少的模型形式。图 1－26 所示为阀杆实体模型。

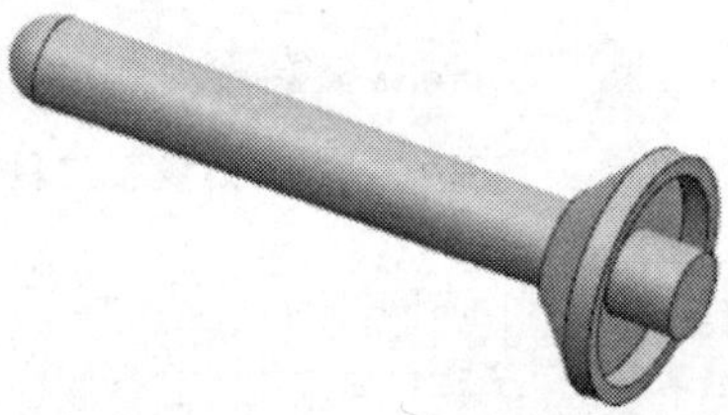

图 1－26　阀杆实体模型

基础延伸

UG NX 12.0 部分选项设置

1. 对象首选项

在建模环境下单击“菜单”下拉按钮 菜单(M)，在弹出的下拉菜单中选择“首选项”菜单里面的“对象”工具，如图 1－27 所示，系统会弹出如图 1－28 所示的“对象首选项”对话框，其中有“常规”“分析”“线宽”三个选项卡，用户常用的是“常规”选项卡里面对象的设置，在“常规”选项卡中包含“工作层”“类型”“颜色”“线型”“宽度”五种最基本的图层设置，还包括“实体和片体”的设置，以及实体透明度的调整。

2. 用户界面首选项

在建模环境下单击“菜单”下拉按钮 菜单(M)，在弹出的下拉菜单中选择“首选项”菜单里面的“用户界面”工具，如图 1－29 所示，系统会弹出如图 1－30 所示的“用户界面首选项”对话框，其中包含了“布局”“主题”“资源条”“触控”“角色”“选项”“工具”七个选项卡。用户可以在“布局”中根据使用情况设置“用户界面环境”“功能区选项”“提示行 / 状态行位置”“设置”等，还可以切换到“主题”选项卡中设置“NX 主题”“透明”等，如用户选择 NX 主题“类型”中的“经典”，则用户界面环境可以切换到经典界面。

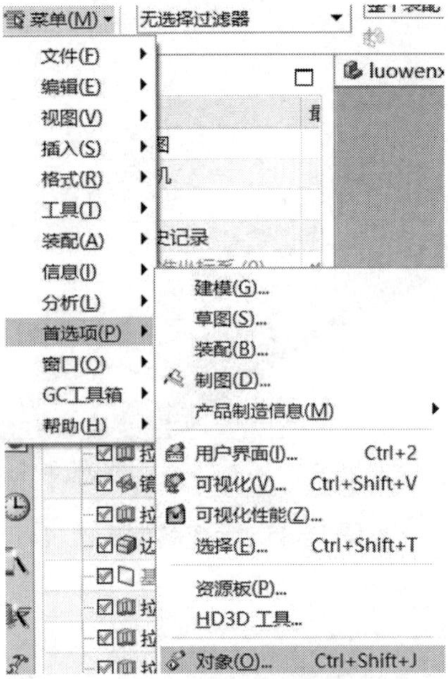

图 1-27 “对象”工具

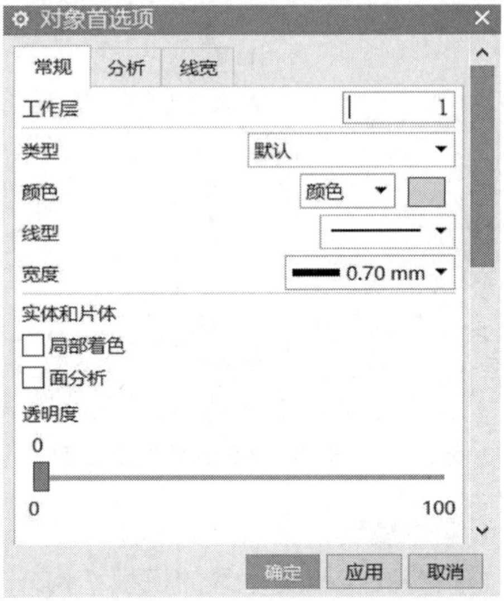

图 1-28 “对象首选项”对话框

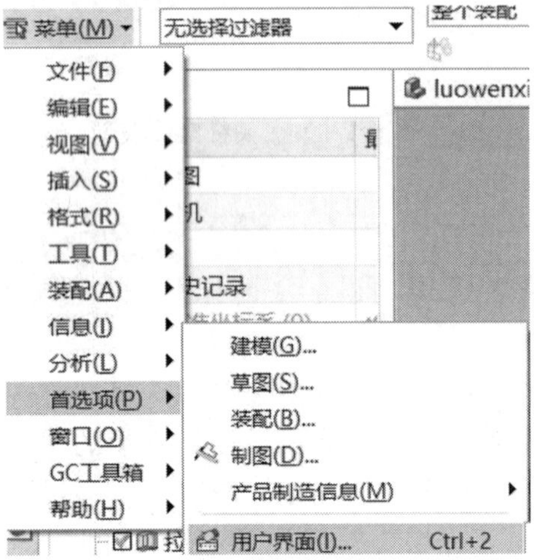

图 1-29 “用户界面”工具

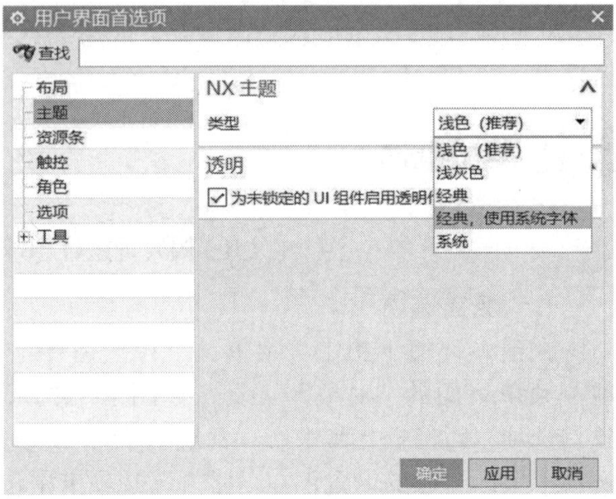

图 1-30 “用户界面首选项”对话框

3. 选择首选项

在建模环境下单击“菜单”下拉按钮 菜单(M)，在弹出的下拉菜单中选择“首选项”菜单里面的“选择”工具，如图 1-31 所示，系统会弹出如图 1-32 所示的“选择首选项”对话框。用户可以在“选择首选项”对话框中根据使用情况进行“多选”“高亮显示”“快速选取”“光标”等的相关设置。

4. 编辑背景

在建模环境下单击“菜单”下拉按钮 菜单(M)，在弹出的下拉菜单中选择“首选项”菜单里面的“背景”工具，如图 1-33 所示，系统会弹出如图 1-34 所示的“编辑背景”对话框。用户可以在此对话框中进行背景颜色设置。

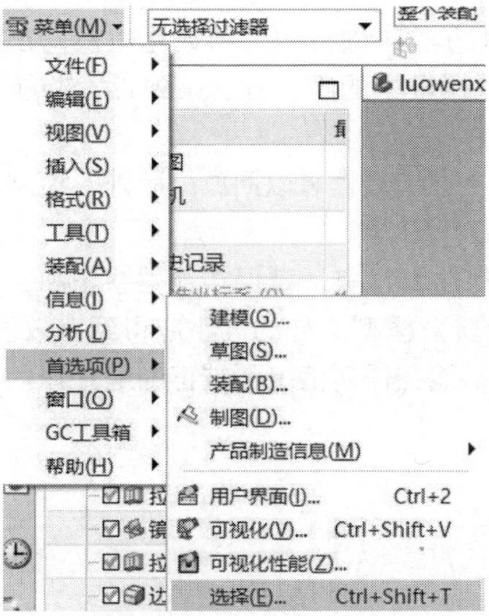

图 1-31　“选择”工具

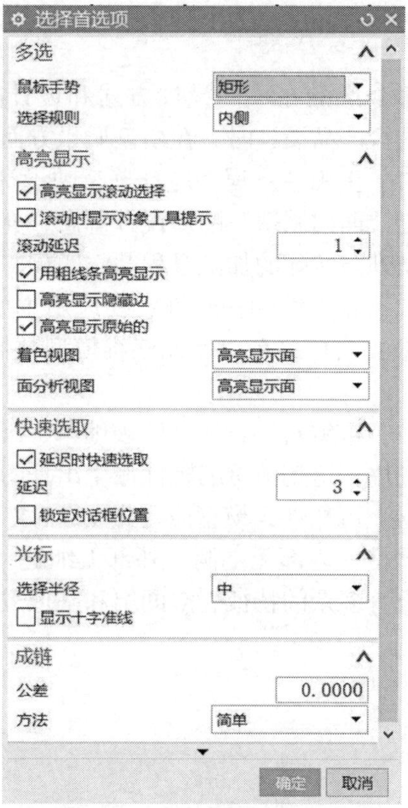

图 1-32　“选择首选项”对话框

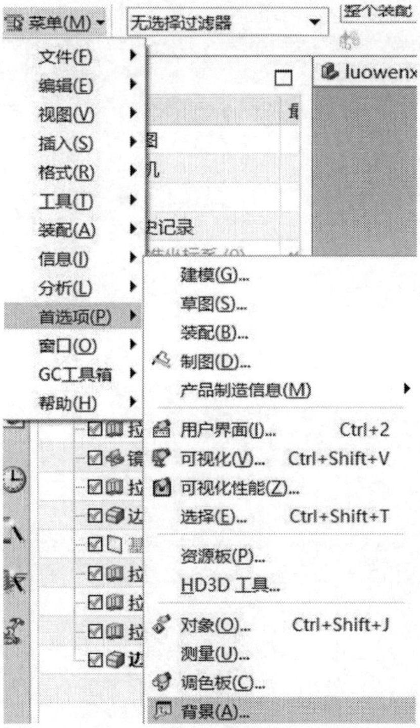

图 1-33　“背景”工具

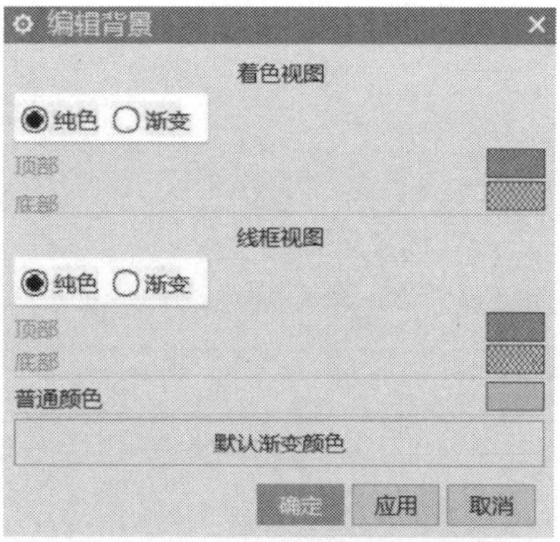

图 1-34　“编辑背景”对话框

任务2

知识链接

每个产品在不同设计方式和设计阶段下的具体设计要求有所不同，利用 UG NX 12.0 进行产品设计时，在模型质量方面应遵循以下原则和方法：

（1）正确性：模型应准确反映设计意图，对模型技术要求的理解不能有任何歧义。要确立“面向制造”的新设计理念，充分考虑模具设计、工艺制造等下游用户的应用需求，做到与实际的加工过程基本匹配。

（2）相关性和一致性：要应用主模型原理和方法，进行相关参数化建模，正确体现数据的内在关系，保证三维模型数据在产品数据链中的唯一性、一致性，并能正确传递。

（3）可编辑性：模型能被编辑、修改，且整个建模过程可以回放。此外，模型可被重复利用，这是由可编辑性派生出来的重要特性。

（4）可靠性：模型应通过 UG NX 12.0 的几何质量检查，确保拓扑关系正确，实体交接严格，内部无空洞，外部无细缝，无细小台阶。模型文件的大小应得到有效控制，模型没有多余的特征、空的组和其他过期的特征，能在任何情况下被正确地打开。

任务 3 参数化设计与典型应用

任务描述

本任务主要介绍 UG NX 12.0 的参数化设计、尺寸驱动与草图约束功能、参数化建模的概念，以及用户利用这些工具对图元与图元位置进行细节方面约束的方法。在参数化图形的定形与定位过程以及参数化建模过程中，用户能很快建立起参数化设计的理念。通过几个典型的操作例子，介绍 UG NX 12.0 的典型应用。

任务目标

1. 理解 UG NX 12.0 的参数化设计概念及意义。
2. 掌握尺寸驱动与草图约束功能，以及建模过程中 GC 工具箱的使用。
3. 了解 UG NX 12.0 的典型应用。

实施过程

一 参数化设计概念及意义

UG NX 12.0 参数化设计是指用户在设计时不必准确地组成模型的图元进行定形和定位，在绘制出图形的大致轮廓后修改各图元的定形和定位的尺寸数据，系统根据尺寸再生模型后获得理想的模型形状。通过参数化设计可以快速得到设计的图形尺寸，快速实现图形的定形定位约束等。

二 尺寸驱动与草图约束功能

通过图元的尺寸参数来确定模型形状的设计过程称为尺寸驱动，只需修改模型某一尺寸参数的数值，即可改变模型的形状和大小。尺寸驱动时，常用的方法是在要修改的尺寸处双击鼠标左键，然后在弹出的立即对话框中输入相应尺寸后按“Enter”键确认。尺寸驱动前后的对比图形如图 1-35 所示。

系统在参数化设计中还提供了多种约束工具，用户可以利用这些工具比较容易和方便地创建图元与图元之间的位置关系，比如平行、垂直、对称等。在尺寸驱动的设计方法下，设计者不必再考虑线条的长短、角度的大小等问题。利用软件系统提供的功能计算机可进行细致、精确的工作，实现了人性化的设计。约束是指建立图元之间的位置关系，约束前后的对比图形如图 1-36 所示。

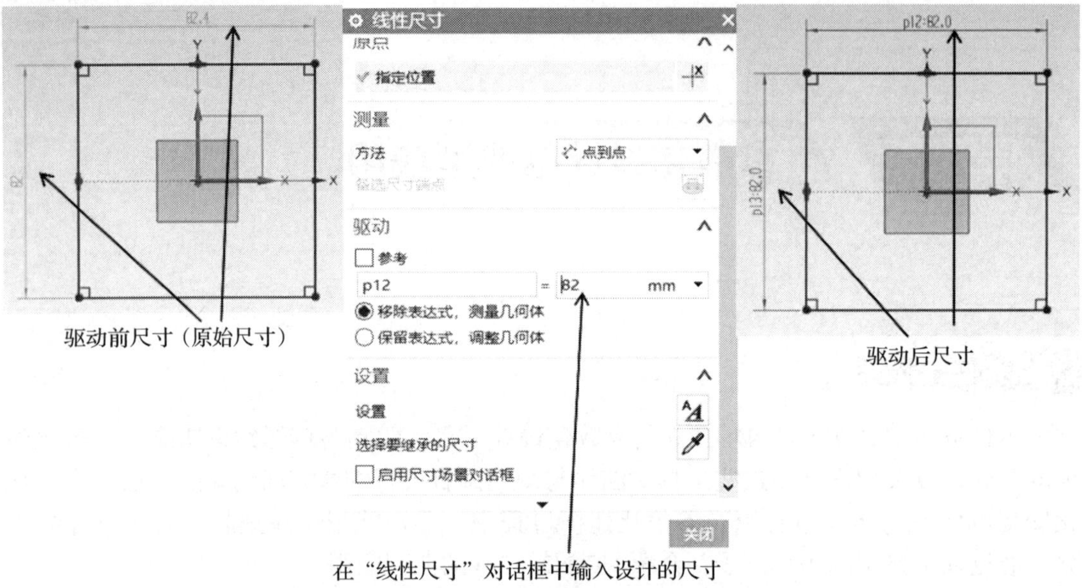

图 1－35　尺寸驱动前后的对比图形

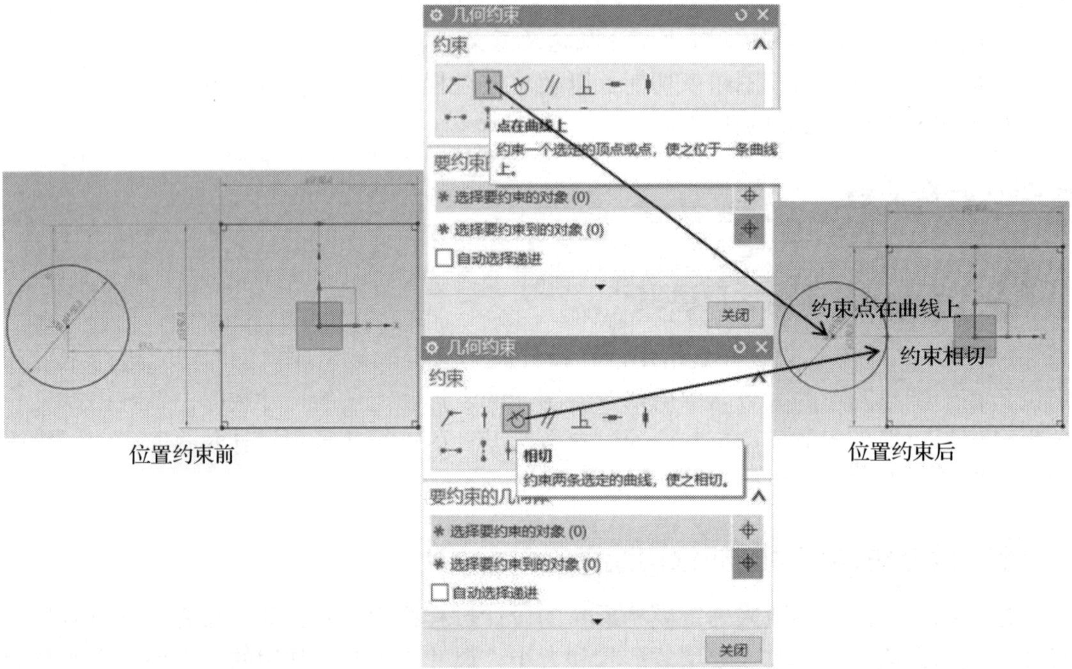

图 1－36　约束前后的对比图形

三　参数化建模

在建模过程中利用参数化设计，会使模型更具有灵活多变性。建立起参数化设计的概念，在参数化设计思想的指引下，会使模型的创建和修改都变得非常简单。

参数化建模最直截了当的方式就是利用 UG NX 12.0 的 GC 工具箱。下面通过圆柱压缩弹簧的建模，介绍 UG NX 12.0 快速参数化建模的方法。图 1－37 所示为使用 GC

工具箱进行参数化设置后得到的圆柱压缩弹簧。

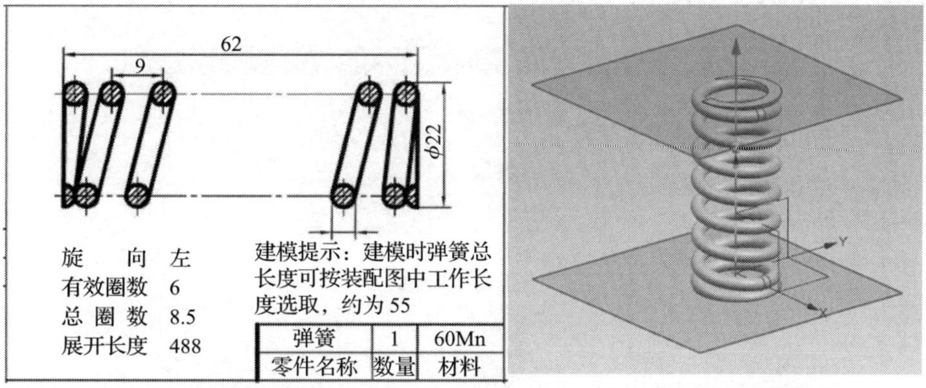

（a）弹簧参数　　　　（b）圆柱压缩弹簧模型

图 1－37　圆柱压缩弹簧

操作步骤：

（1）启动 UG NX 12.0，在“文件”下拉菜单中选择“新建”或者单击“新建”按钮，在弹出的对话框中选择“建模”，选择文件路径并给零件命名为“圆柱压缩弹簧”，进入绘图界面。

（2）在主页功能工具中，单击“圆柱压缩弹簧”按钮，弹出“圆柱压缩弹簧”对话框，如图 1－38 所示。在“类型”中的“弹簧名称”处输入“弹簧 1”，接着单击“下一步”。

图 1－38　“圆柱压缩弹簧”对话框

（3）在“输入参数”中选择旋向为“左旋”，“端部结构”为“并紧磨平”，按照工程图中的参数设置“中间直径”为 22、“钢丝直径”为 4、“自由高度”为 62、“有效圈数”为 6、“支承圈数”为 2.5，然后单击“下一步”，如图 1－39 所示。

图 1－39　输入参数

（4）在弹出的“显示验算结果”中用户可以查看“显示结果”，在默认的方式下单击“确定”。

四　软件的几个典型应用

1. 草图绘制，生成三维实体模型

UG NX 12.0 系统提供的草图绘制有两种模式：一种是指在当前应用模块中创建草图，使用直接草图工具添加曲线、尺寸、约束等；另一种是指创建草图并进入草图任务环境。

建模时首先绘制二维图形，绘制二维图形是创建三维模型的基础，在创建基准特征和三维特征时，通常都需要绘制二维图形，这时系统会自动切换至草绘环境。在三维设计环境下也可以直接读取在草绘环境下绘制存储的二维图形文件并继续设计。用户在二维绘制模式下创建二维截面图形，然后使用特征建模方法来建立三维模型。图 1－40 所示是将二维截面图形通过拉伸之后得到三维实体模型。

2. 模型的创建

模型创建既是 UG NX 12.0 进行产品设计和开发的主要目的，又是参数化实体造型的核心功能模块。使用 UG NX 12.0 创建模型的过程，实际上是在建模环境下运用系统提供的建模特征依次完成建模操作的过程。

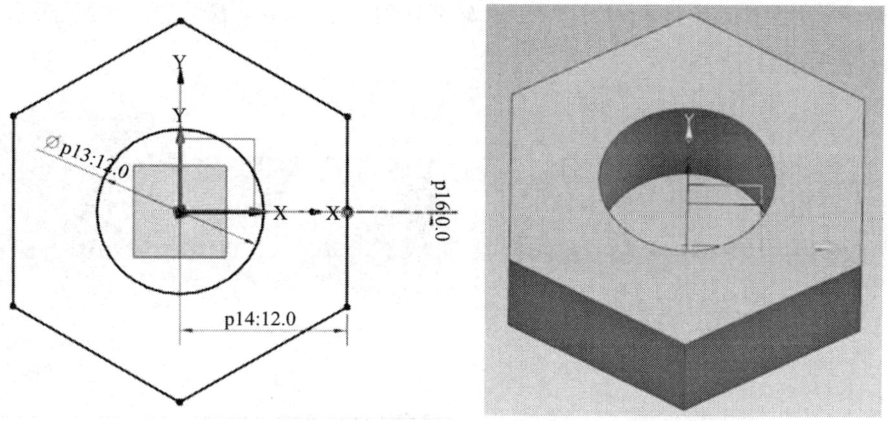

（a）二维截面图形　　（b）三维实体模型

图 1－40　二维截面图形和三维实体模型

（1）实体建模：支持二维和三维的非参数化模型或参数化模型的创建、布尔运算以及基本的相关编辑。它是最基本的建模模块，也是“特征建模”“自由形状建模”的基础。

（2）特征建模：基于特征建模的应用模块，支持孔、槽等标准特征的创建和相关编辑，允许抽空实体模型并创建薄壁对象，允许一个特征相对于任何其他特征进行定位，且对象可以被实例引用建立相关的特征集。

（3）自由形状建模：主要用于创建复杂形状的三维模型，该模块中包含一些实用的技术，比如曲线的一般扫描，使用 1 轨、2 轨、3 轨方式按比例展开形状，使用标准的二次曲线创建的放样形状，等等。

（4）钣金特征建模：基于特征建模的应用模块，它支持专门的钣金特征的创建，如弯边、轮廓弯边、筋板、剪裁等。这些特征可以在应用模块 NX 钣金中被进一步利用，如钣金件成形和展开等，该模块允许用户在设计阶段将加工信息整合到所设计的部件中。

（5）用户自定义特征：允许利用已有的实体模型，通过建立参数间的关系、定义特征变量、设置默认值等工具和方法构建用户自己常用的特征。此特征可以通过特征建模应用模块被任何用户访问。

用户在建模时综合利用实体建模和曲面建模的方法，曲面建模基于曲线的创建，比较复杂而且灵活多变，二者交互使用可以发挥各自优势，设计者可以寻找到更好的设计方案。图 1－41 所示为风扇主体模型，经过空间曲线生成曲面，在此基础上创建拉伸实体，最后阵列完成风扇主体的创建。

3. 装配

装配是将多个零件按实际的生产流程组装成一个部件或者完整的产品的过程，装配过程中用户可以添加新零件或者对已有的零件进行编辑修改。此应用模块中提供了装配结构的约束，可实现零部件之间的位置移动，并允许直接访问任何组件或子装配的设计模型，还支持“在上下文中设计”方法，即当工作在装配的上下文中时，可以对任何组件的设计模型作改变。

根据设计的概念，用户先依次将零部件按照名字编号保存在同一文件目录下，然后按照机械设备的工作原理和结构特点依次将其组装为一个整体。图 1－42 所示为某机器箱体上排风扇的装配图。

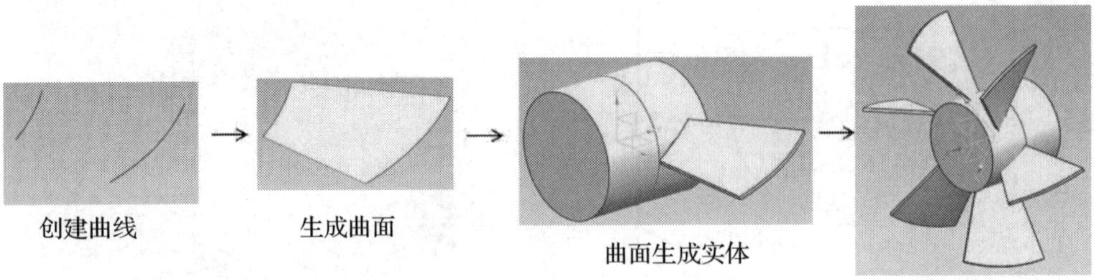

图 1－41　风扇主体模型

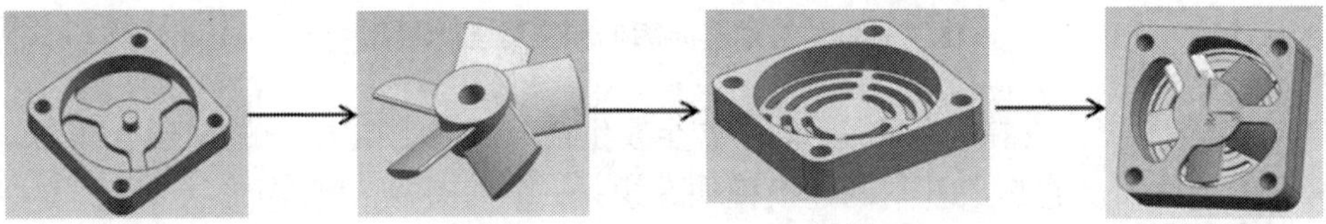

图 1－42　排风扇装配图

4. 工程图的创建

在工程图模块中已经创建的三维模型可以自动生成工程图图样，用户也可以使用内置的曲线或者草图工具手动绘制工程图。“制图”功能支持自动生成图纸布局，包括正交视图投影、剖视图、辅助视图、局部放大图以及轴测图等，也支持视图的相关编辑和隐藏线编辑等。用户可以根据零件的设计表达需要灵活选取需要的视图类型，如图 1－43 所示为某机械零件的工程图。

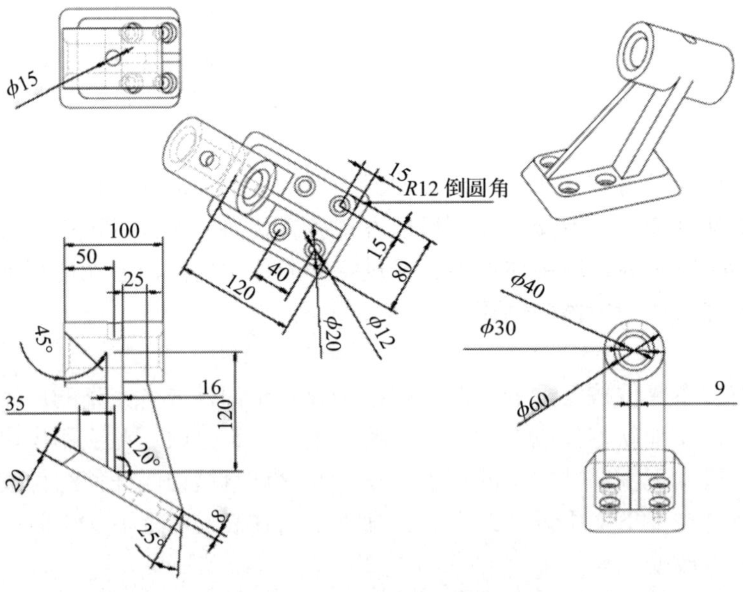

图 1－43　某机械零件的工程图

5. 加工

UG NX 12.0 提供的数控加工模块可以方便地完成典型零件的数控加工，使用实体模型作为技术文件，可以便捷地创建刀具路径并对加工过程进行动态模拟。UG NX 12.0 的加工模块可以进行一般的 2 轴、2.5 轴铣削，也可以进行 3 轴到 5 轴的加工，还支持线切割等加工操作。该模块可创建可供数控设备直接使用的 NC 程序，NC 程序仿真能直观安全地模拟、校验、分析切削过程，避免了以往零件生产的材料损耗、刀具磨损、机床磨损等，免去了机床清理等过程，从而缩短生产准备周期，降低成本。该模块还可根据加工机床控制器的不同来制定后处理程序，因而生成的指令文件可直接应用于用户的待定数控机床，而不需要修改指令，便可进行加工。图 1－44 所示为模拟仿真工件的加工刀路轨迹图。

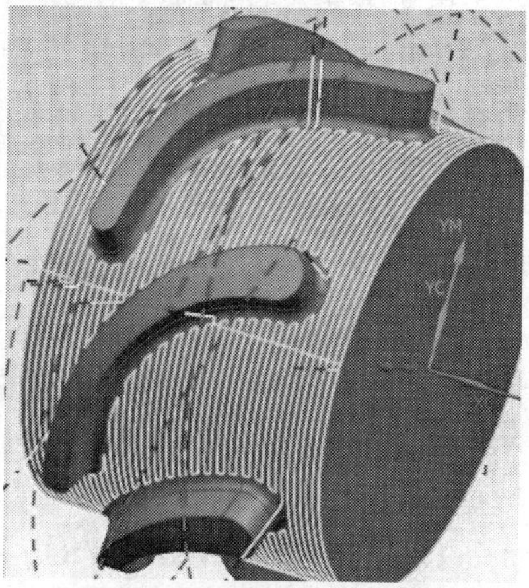

图 1－44　模拟仿真工件的加工刀路轨迹图

6. 模具设计

UG NX 12.0 具有强大的模具设计功能，使用模具设计模块设计模具简单方便，如图 1－45 所示为创建一个典型零件的模块元件和整套模具。UG NX 12.0 系统提供了丰富的模具设计功能菜单，极具专业性和实用性，用户可以在设计中根据需要进行选择。

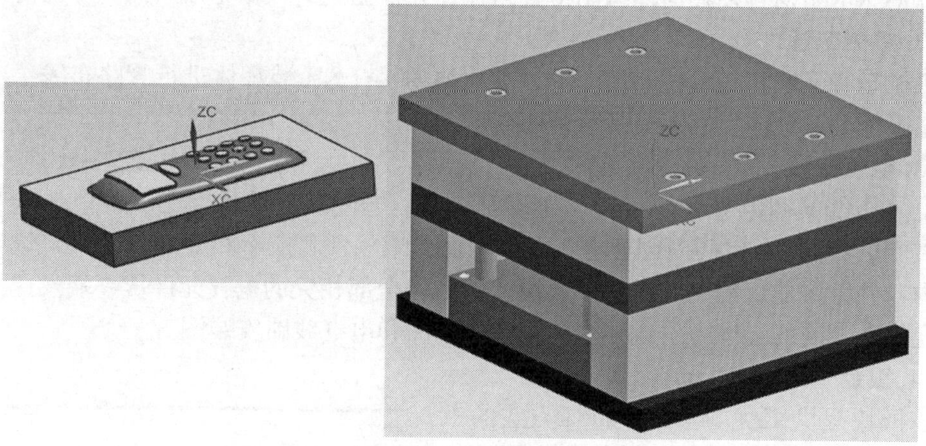

图 1－45　模块元件和整套模具

7. 分析

（1）模流分析（Moldflow）。该模块用于在注塑模中分析熔融塑料的流动性，在部件上构造有限元网络并描述模具的条件与塑料的特征。利用分析包反复运行可确定最佳条件，并可以产生图形和文件两种结果，减少试模的次数，节省模具设计与制造的成本。

（2）Motion 应用模块。该模块提供了精密、灵活的综合运动分析，具有以下几个特点：提供了机构连接设计的所有方面，包括从概念到仿真原型；它的设计和编辑能力允许用户开发任一连杆机构，完成运动学分析，且提供了多种格式的分析结果，同时可将该结果提供给第三方运动学分析软件作进一步分析。

8. 智能建模（ICAD）

该模块可在ICAD和NX之间启用线框和实体几何体的双向转换。ICAD是一种基于知识的工程系统，它允许描述产品模型的信息（物理属性、材料类型以及函数约束），并进行相关处理。

9. 电子表格

电子表格程序提供了在Xess或Excel电子表格与UG NX 12.0之间的智能界面，可以使用电子表格来执行以下操作：从标准表格布局中构建部件主题或族；使用电子表格计算优化几何体；将商议议题整合到部件设计中；编辑符合UG NX 12.0建模的表达式，提供UG NX 12.0和Xess电子表格之间概念模型数据的无缝转换。

10. 编程语言

（1）图形交互编程（GRIP）：这是一种在很多方面与Fortran类似的编程语言，使用类似于英语的词汇。GRIP可以在NX及其相关应用模块中完成大多数的操作，在某些情况下，GRIP可用于执行高级的定制操作，这比在交互的NX中执行更高效。

（2）NX Open C和C++ API编程：这是使程序开发能够与NX组件、文件和对象数据交互操作的编程语言。

11. 质量控制（VALISYS）

利用该应用模块可以将内部的Open C和C++ API集成到NX中，该模块也提供单个加工部件的审查、检查和跟踪（QA）等。其中的DMIS应用模块允许用户使用坐标测量机（CMM）对NX几何体编制检查路径，并根据测量数据生成新的NX几何体。

12. 机械布管

机械布管又叫机械管线布置，此模块可以对UG NX装配体进行管路布线，比如液压与气压传动、泵体、机床控制箱管道等。

13. 电气布线

电气布线又叫电气管线布置，在该模块中，电气系统设计者能够在用于描述产品机械装配的相同3D空间内创建电气配线。此应用模块将所有相关电气元件定位于机械装配内，并生成建议的电气线路中心线，然后将全部相关的电气元件从一端发送到另一端，允许在相同的环境中生成并维护封装设计图和电气线路安装图。

14. 钣金（Sheet Metal）

该模块提供了优于参数、特征方式的钣金零件建模功能，并提供对模型的编辑功能和零件的制造过程，还可进行钣金模型展开和重叠的校拟操作。

15. 运动仿真

运动仿真就是模拟真实事物的特点和状态，在机械仿真中，主要根据零件的物理特性模拟其运动过程并进行动力学分析等，从而获得运动动画及分析结果，如图1－46所示。运动仿真可以观察机构在运动时是否具

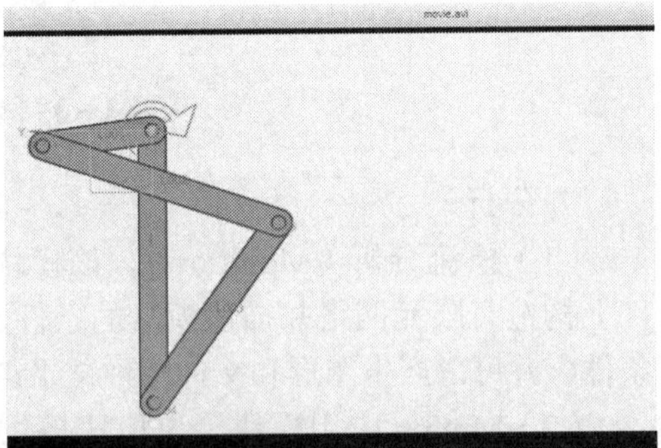

图1－46　机械运动仿真

有干涉现象，各个部件是否达到了预期的运动效果，同时为零件的设计和修改提供直接参考依据。运动仿真模块是 UG NX 12.0 的重要组成部分，内容丰富，功能强大。

基础延伸

UG NX 12.0 环境界面跟以前的版本相比变化较大，用户可以根据自己的需求进行用户界面的定制，设置习惯的工作环境。

在建模环境下单击“菜单”下拉按钮 菜单(M)，在弹出的下拉菜单中选择“工具”菜单里面的“定制”工具，如图 1－47 所示，系统会弹出如图 1－48 所示的“定制”对话框，其中提供了“命令”“选项卡 / 条”“快捷方式”“图标 / 工具提示”四个选项卡的选项内容。

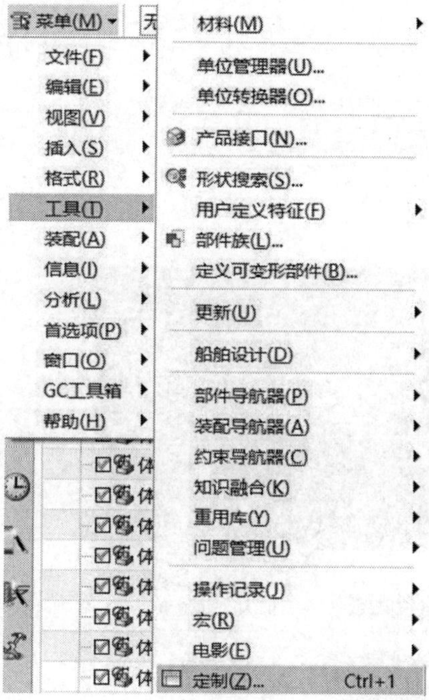

图 1－47　“定制”工具

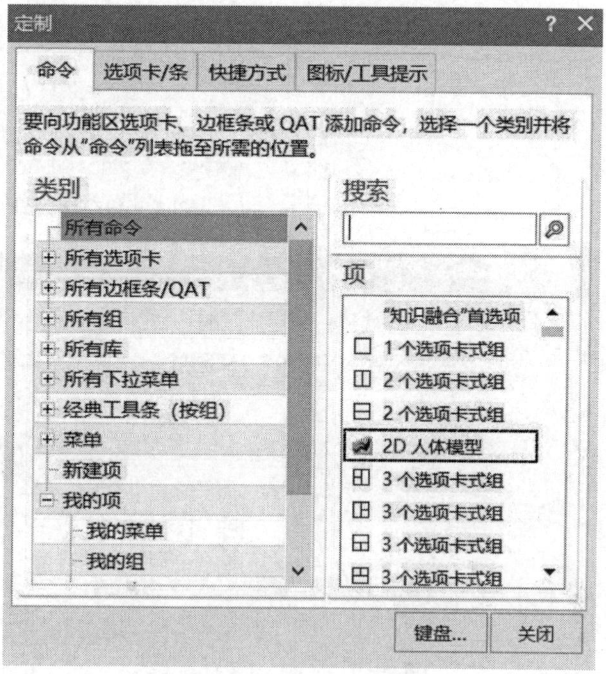

图 1－48　“定制”对话框

> **技能点拨**
>
> 系统自带的默认功能菜单是常用的也是最佳状态下的功能菜单，用户一般不需做更多的更改。

1.“命令”选项卡的设置

在“定制”对话框中，用户可以切换到“命令”选项卡，在此选项卡中用户可添加命令到工具条中。如图 1－49 所示，选定一个类别并将该命令从对话框拖到工具条中，或者如图 1－50 所示，单击鼠标右键，选择“添加或移除按钮”，将该命令添加到工具条中。在选定的类别中用户可对其进行添加和删除等操作。

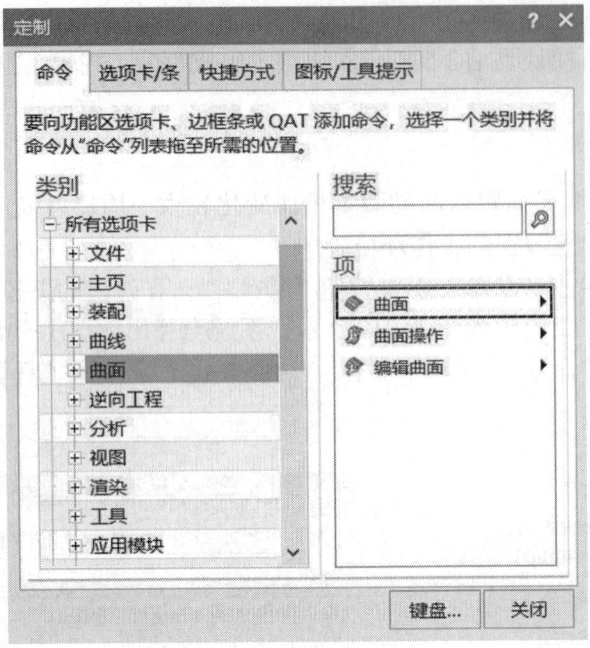

图 1－49　选定命令类别

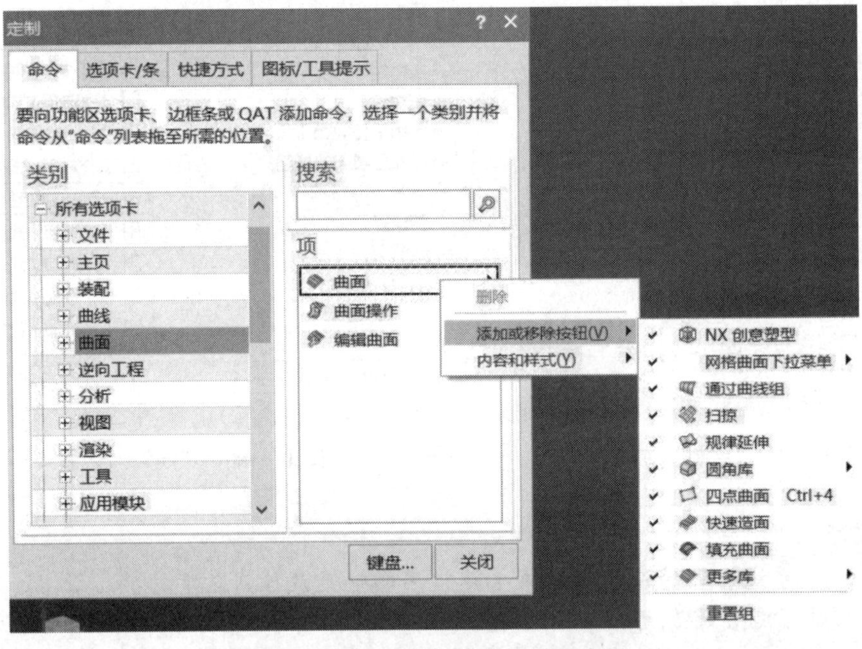

图 1－50　右击添加或者移除所选项

2.“快捷方式”选项卡的设置

在“定制”对话框中，用户可以切换到“快捷方式”选项卡，如图 1－51 所示。在此选项卡中，用户可以根据需要在图形窗口或者导航器中选择对象以定制其快捷工具条或推断式工具条。用户还可单击对话框下方的“键盘”按钮，进入“定制键盘”对话框，选定一个类别，设定其所对应的快捷键。

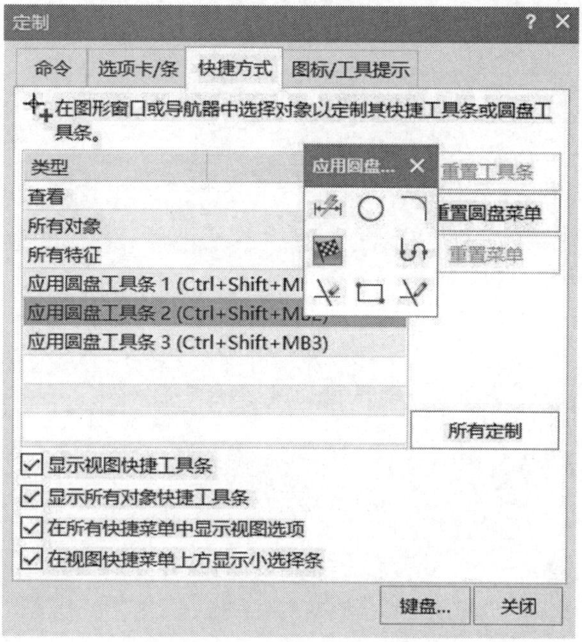

图 1－51　选择定制快捷方式

知识链接

每个产品在不同设计方式和设计阶段下的具体要求也有所不同，用 UG NX 12.0 进行产品设计时，在实体建模的质量管理方面应遵循以下原则和方法：

（1）实体建模的内容和方法必须与不同阶段的设计目标相符合。

（2）实体建模必须按照建模规范进行。

（3）实体建模必须按照建模步骤进行。建模的一般步骤是：明确设计意图，梳理建模思路，规划特征框架；引用种子部件，搭建建模环境；确定零件的原点和方向；建立最初始的基准；创建模型的根特征；创建特征，进行特征提取、定位、约束、编辑；坚持边建模、边分析检查的原则；输入部件属性；创建引用集；清理模型数据；进行模型总体检查，提交模型。

> **技能点拨**
>
> 复杂零件通常把草图作为建模的根本特征。如果把体素特征作为建模的根本特征，则仅允许使用一次，禁止使用更多的体素特征。

（4）必须按照参数化原则建模，禁止使用非参数化的命令，保证模型的可编辑性。

（5）运用 UG NX 12.0 相关参数化设计的功能和技巧，正确反映产品几何结构和尺寸的内在关系，实现设计意图的相关性。

（6）注意对文件数据大小进行控制，使用尽可能少的特征来达到表现模型的目的。

单元 2 二维图形创建与应用

单元导读

二维平面设计与三维空间设计相辅相成、密不可分，用户必须熟练掌握二维草图设计中工具的使用方法、二维图形的绘制编辑，才能在三维造型设计中操作自如。目前，很多软件的三维模型功能比较强大，二维绘图的功能也很强大，应用起来快捷方便。UG NX 12.0 二维尺寸和三维尺寸存在关联，二者之间的转换非常快捷。

本单元重点介绍 UG NX 12.0 的二维草图绘制环境，二维设计的思想，二维图形的基本绘制方法和基本编辑方法，二维图形的尺寸修改及二维图元之间的草图约束等。UG NX 12.0 的草图绘制模块有很多灵活方便的工具和命令，特别是二维的尺寸驱动、关系约束、样条曲线、参数曲线等。通过学习，学生能对 UG NX 12.0 的草绘环境和二维设计等建立一个全新概念。

通过学习 UG NX 12.0 的二维图形创建的基础知识，学生可以对该软件的设计环境、界面、菜单、典型应用、设置等有一个基本的认识。

重点难点

1. UG NX 12.0 二维草图绘制环境。
2. UG NX 12.0 二维绘图菜单、工具栏调用等。
3. UG NX 12.0 二维绘图功能操作基础。

技能目标

1. 掌握 UG NX 12.0 二维绘图工具的使用。
2. 掌握 UG NX 12.0 的二维绘图功能。

素养目标

建立产品设计的基本概念，提高认识，多维度、多元素思考，使设计出来的产品好用、耐用。通过本单元学习，学生提高空间思维能力，培养创新创造的精神。

任务 1 二维草图绘制环境及二维设计操作

任务1

任务描述

本任务主要介绍 UG NX 12.0 二维草图绘制的环境、二维草图绘制常用的菜单、二维草图绘制的命令及参数设置，使用户建立二维草图绘制的设计思想，并能灵活使用二维绘图工具。

在绘制草图时，系统提供的两种绘制草图的环境有什么区别？用户应该如何设置草图的参数？这些都是用户在认识和熟悉二维草图绘制环境的过程中所要掌握的。

任务目标

1. 熟悉 UG NX 12.0 二维草图绘制环境。
2. 掌握二维绘图命令的使用和基础操作。

草绘环境及绘图工具应用基础

实施过程

一 UG NX 12.0 二维草图绘制

UG NX 12.0 系统有两种草图绘制模式：一种是直接草图，另一种是在任务环境中绘制草图。

1. 直接草图

用户在创建好工作目录路径和命名好文件名称之后，使用默认的“模型”模板，进入作图界面。单击“菜单”下拉按钮 菜单(M)，在弹出的下拉菜单中选择“插入”菜单下的“草图”，如图 2－1 所示，系统会弹出如图 2－2 所示的对话框，选择 *XY* 平面为草图平面，单击“确定”按钮，进入草绘界面。或者直接在工具条中单击“草图”按钮，系统也会弹出如图 2－2 所示的“创建草图”对话框，用户可以选择一个草图平面后进入草绘界面。进入草绘界面后用户可以在带状工具条区找到如图 2－3 所示的草绘工具栏（点开隐藏符号），然后根据用户的设计需要绘制相应图形，单击“完成草图”按钮即可退出草绘界面。

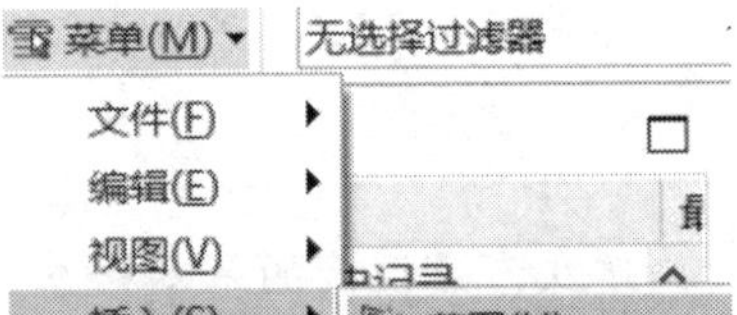

图 2－1 选择“草图”

2. 在任务环境中绘制草图

用户在创建好工作目录路径和命名好文件名称之后，使用默认的“模型”模板，进入作图界面。进入后单击“菜单”下拉按钮 菜单(M)，在弹出的下拉菜单中选择“插入”菜单下的“在任务环境中绘制草图”，如图 2-4 所示，系统会弹出如图 2-2 所示的对话框，选择 *XY* 平面为草图平面，单击“确定”按钮，进入草绘界面。进入草绘界面后，用户可以在带状工具条区找到如图 2-5 所示的任务环境中的草绘工具条（有的需点开隐藏符号才会显示），然后根据用户的设计需要绘制相应图形，单击“完成”按钮即可退出任务环境草绘界面。在本书中没有特殊强调，所有的草图都是按照“在任务环境中绘制草图”创建的。

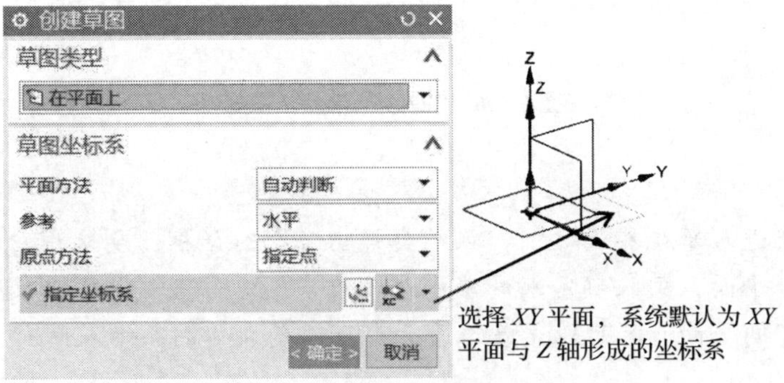

图 2-2　“创建草图”对话框

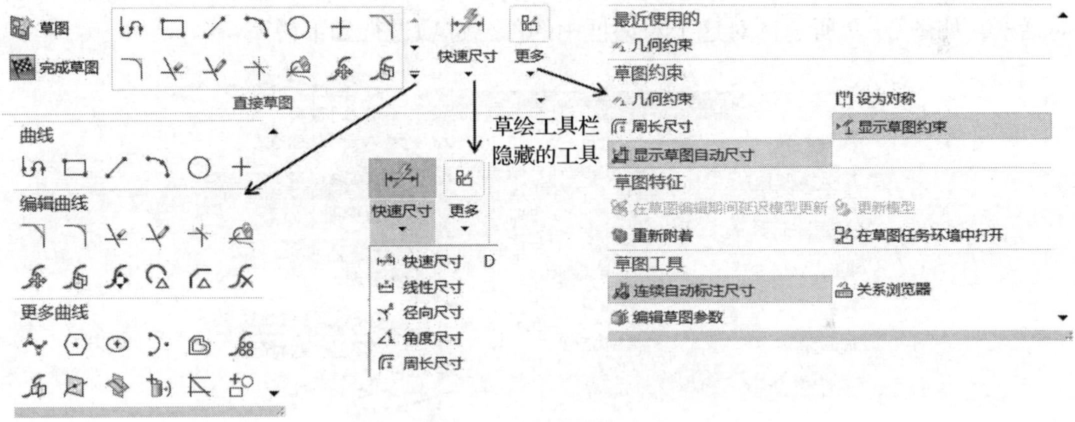

图 2-3　草绘工具栏

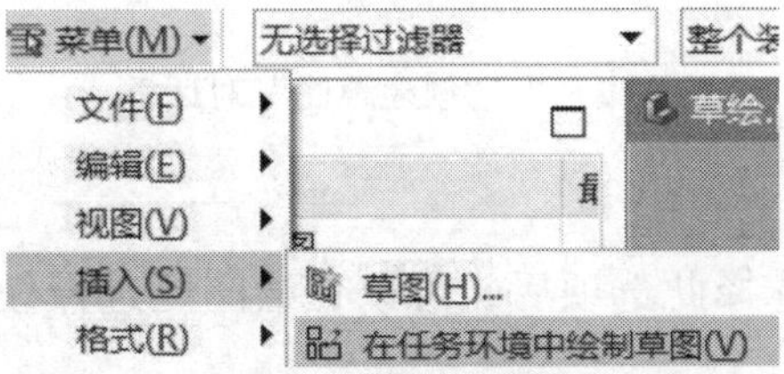

图 2-4　选择“在任务环境中绘制草图”

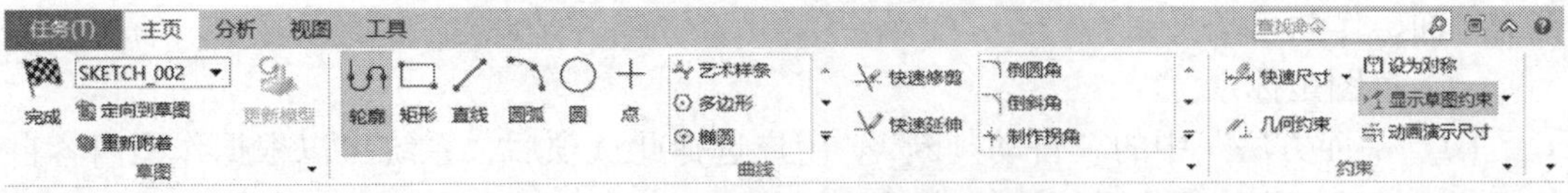

图 2-5　任务环境中的草绘工具条

用户还可在“模型”模板环境下的快捷工具条中，单击“曲线”工具，系统会切换到包含“直接草图”“曲线”“派生曲线”“编辑曲线”功能区的带状工具条，如图 2-6 所示。单击“草图”按钮，系统会弹出“创建草图”对话框。用户可以选择一个草图平面，进入草绘界面，然后根据设计需要绘制相应图形，单击“完成”按钮即可退出草图绘图界面。

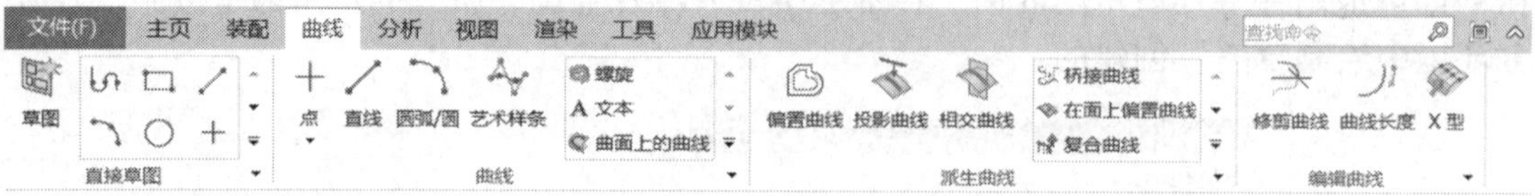

图 2-6 “曲线”带状工具条

> **技能点拨**
>
> 在进入草绘界面之前，系统会弹出一个对话框，要求用户为草图绘制选择一个平面，用来确定新的草图在三维空间的位置。草图平面是草图所在的某个空间平面，既可以是基准平面也可以是实体的某个表面。

用户选择“插入”菜单下的“在任务环境中绘制草图”，系统会弹出“创建草图”对话框，如图 2-7 所示，对这个对话框中的部分选项进行如下说明：

图 2-7 “创建草图”对话框

（1）草图类型。

1）在平面上。用户选择此选项后，可以在绘图区选择任意平面为草图平面（此选项为系统默认选项）。

2）基于路径。用户选择此选项后，系统在用户指定的曲线上建立一个与该曲线垂直的平面，作为草图平面。

（2）草图坐标系。

1）“平面方法”中的“自动判断”。用户选择此选项后，系统可以根据作图内容自动判断坐标系（此选项为系统默认选项）。

2）“平面方法”中的“新平面”。用户选择此选项后，则可通过“平面对话框”按钮创建一个基准面作为草图平面。

3）“参考”中的“水平”。用户选择此选项后，可以定义参考平面与草图平面的位置关系为水平。

4）“参考”中的“竖直”。用户选择此选项后，可以定义参考平面与草图平面的位置关系为竖直。

5）“原点方法”中的“指定点”。用户选择此选项后，可以定义参考平面的坐标点根据指定的点来确定位置。

6）“原点方法”中的“使用工作部件原点”。用户选择此选项后，可以定义参考平面的坐标点根据工作部件原点来确定位置。

7）“指定坐标系”中的“*XC*”按钮。用户选择此选项后，系统根据 *X* 轴和平面以及选定的点，确定坐标系。

8）“指定坐标系”中的“ *YC*”按钮。用户选择此选项后，系统根据 *Y* 轴和平面以及选定的点，确定坐标系。

二 二维图形的构成

一个完整的二维图形包括几何图素、约束、尺寸等图形元素，如图 2－8 所示。在设计过程中，用户可对二维图形元素进行编辑修改。

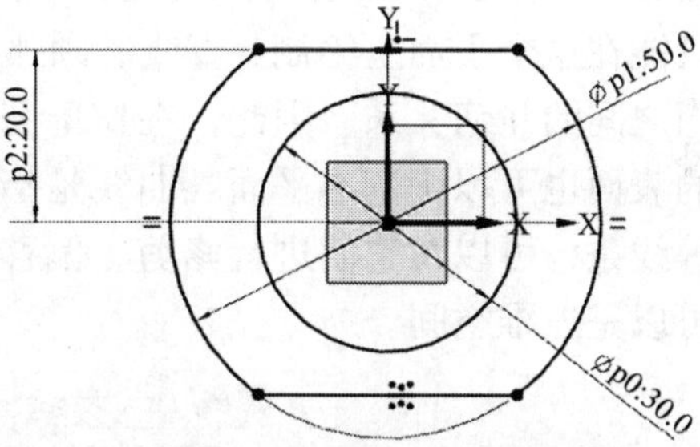

图 2－8　完整的二维图形

（1）几何图素：几何图素是组成图形的基本单元（由带状工具条区中的草绘工具绘制而成），主要类型包括直线、圆、圆弧、矩形、连续线等。当由二维图形创建三维模型时，二维图形的几何图素直接决定了三维模型的形状和轮廓。

（2）约束：约束是一个或者一组图元之间的一种制约关系，可在这些图元之间建立关联，以达到尺寸联动的设计效果。

（3）尺寸：尺寸是对图形的定量标注，通过尺寸可以明确图形的形状、大小及图元之间的相互位置关系。

三 二维图形与三维模型的关系

在产品设计过程中，三维模型的截面图形常用二维绘图的方法创建，这个过程就是“二维草绘”。

（1）截面图形：截面图形是指模型被与其轴线正交的平面剖切后所得到的平面图形。根据三维实体建模原理，三维模型一般都是由具有确定形状的二维图形沿着轨迹运动产生或者将一组截面依次相连产生的。

（2）三维建模原理：三维建模基础工作就是绘制符合设计要求的截面图形，然后使用各种建模方法来创建模型。如图 2－9 所示，将截面图形沿着与其垂直的方向拉伸即可创建相应的三维模型，即完成了由二维截面图形到三维实体模型的建模过程。

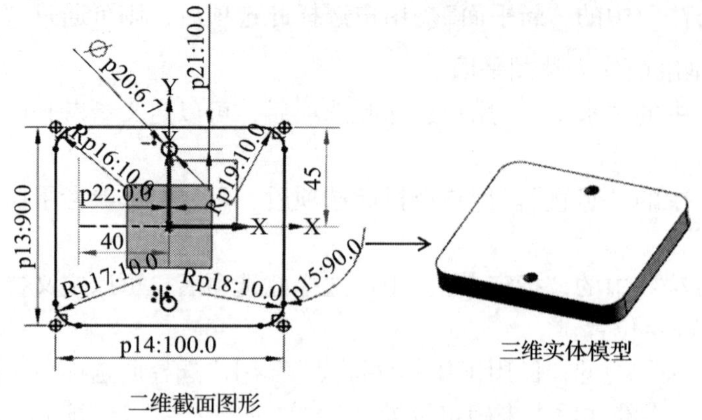

图 2－9　二维截面图形到三维实体建模

四　草图曲线和曲线的区别

在“菜单”下的“插入”子菜单里有“草图曲线”(如图 2－10 所示）和“曲线”(如图 2－11 所示)，二者的区别是：草图曲线是用户在一个平面上绘制的（限于二维草图，只能在这个平面上绘制）直线、圆弧、圆、矩形、艺术样条等线条，可以修改和添加它们之间的几何关系。因此，在作草图曲线时必须有一个作图平面，这个平面可以是实体的表面也可以是基准平面。曲线是指直接在三维空间里面绘制的直线、圆弧、圆、矩形等线条，可以对它们进行修剪、偏移、复制、打断等编辑操作，作图时不限于平面，也可以是三维空间。

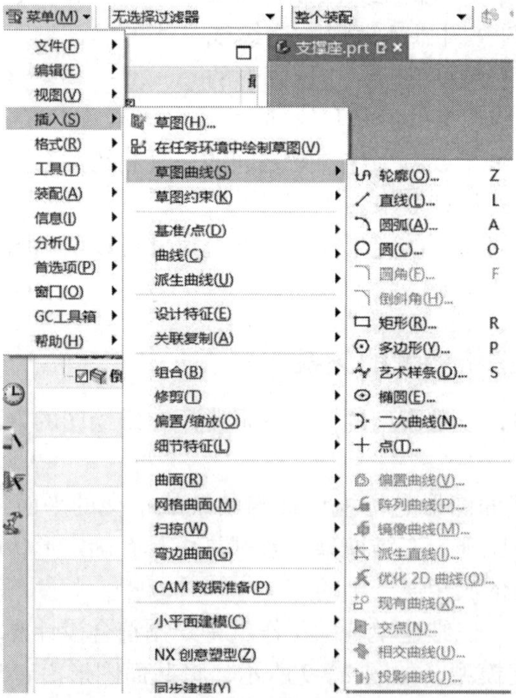

图 2－10　草图曲线

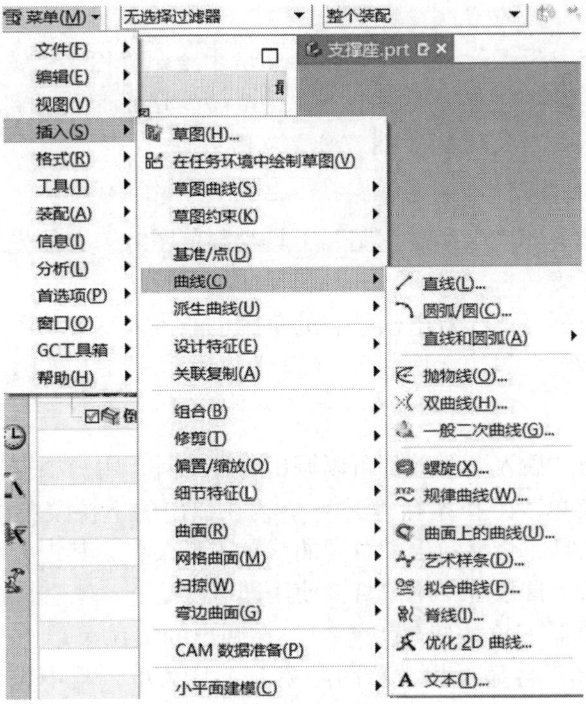

图 2－11　曲线

基础延伸

关于 UG NX 12.0 中“直接草图”与“在任务环境中绘制草图”工具的应用说明

（1）由“直接草图”工具创建的草图，在部件导航器中会显示为一个独立的特征，与“在任务环境中绘制草图”在本质上没有区别，也能作为截面草图使用，只是绘图环境不一样。直接草图实现方式较为直接，在建模环境下可直接调用“直接草图”工具绘图，如图 2－12 所示。

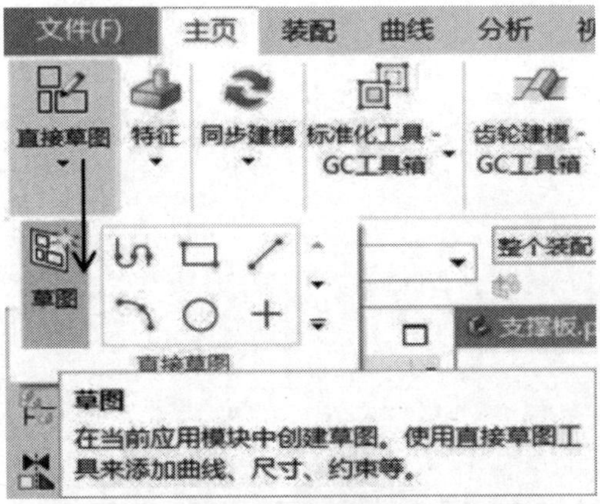

图 2－12　调用“直接草图”工具绘图

技能点拨

由“直接草图”或者“在任务环境中绘制草图”创建草图平面时，系统不会自动将草图平面与屏幕对齐，需要将草图平面旋转到大致与屏幕对齐的位置，然后使用快捷键“F8”对齐草图平面。

（2）利用“在任务环境中绘制草图”工具绘制草图时，必须先进入草图环境，绘制完成后再退出草图环境。

（3）在三维建模环境下，双击已绘制的草图也能进入直接草图环境。

知识链接

利用快捷方式与“插入”菜单都可以调出各种工具，用户根据情况应用即可。

例如，选择“菜单”下拉按钮 菜单(M)，在弹出的下拉菜单中选择“插入”菜单里的“草图曲线”工具，会显示出“草图曲线”工具菜单，其中大部分命令都以快捷按钮的形式显示在带状工具条区，用户直接使用即可。

同样选择“菜单”下拉按钮 菜单(M)，在弹出的下拉菜单中选择“插入”菜单里的“草图约束”工具，会显示出“草图约束”工具菜单，其中包含“尺寸”“几何约束”“设为对称”三个命令，在“尺寸”子菜单中又包含了“快速”“线性”“径向”“角度”“周长”五个工具命令。其中大部分命令都以快捷按钮的形式显示在带状工具条区，用户直接使用即可。

任务2 二维草图创建和编辑

任务描述

完整的二维图形由直线、圆弧、圆、矩形及样条等基本图元组成。本任务介绍了二维绘图及图形编辑的方法、绘图工具的调用、图形的几何画法等，通过对基本图形绘制的学习，用户能熟练掌握 UG NX 12.0 的基础入门工具。

用户在绘图时还需掌握常用坐标系的设置以及草图参数的设置，坐标系是绘图时放置图形的基准，设置草图参数可以提高绘图效率。

任务目标

1. 掌握二维绘图及图形编辑方法。
2. 熟悉绘图工具的应用。
3. 了解草图参数设置和坐标设置。

实施过程

一 UG NX 12.0 绘图工具

单击“在任务环境中绘制草图”，选择一个绘图平面来放置草绘图形，用户可以按下鼠标中键，即选择系统默认的 *XY* 平面为草图平面。图 2－13 所示为“草图工具”工具条，单击▾符号可看到隐藏的工具。

下面对绘制曲线工具和曲线编辑工具进行简单介绍。

1. 绘制曲线工具

轮廓：创建一系列相连的直线或者呈线串模式的圆弧（即上一条曲线的终点作为下一条曲线的起点）。

矩形：绘制矩形。

直线：绘制直线。

圆弧：绘制圆弧。

圆：绘制圆。

点：绘制点。

艺术样条：通过定义点或者极点来创建样条曲线。

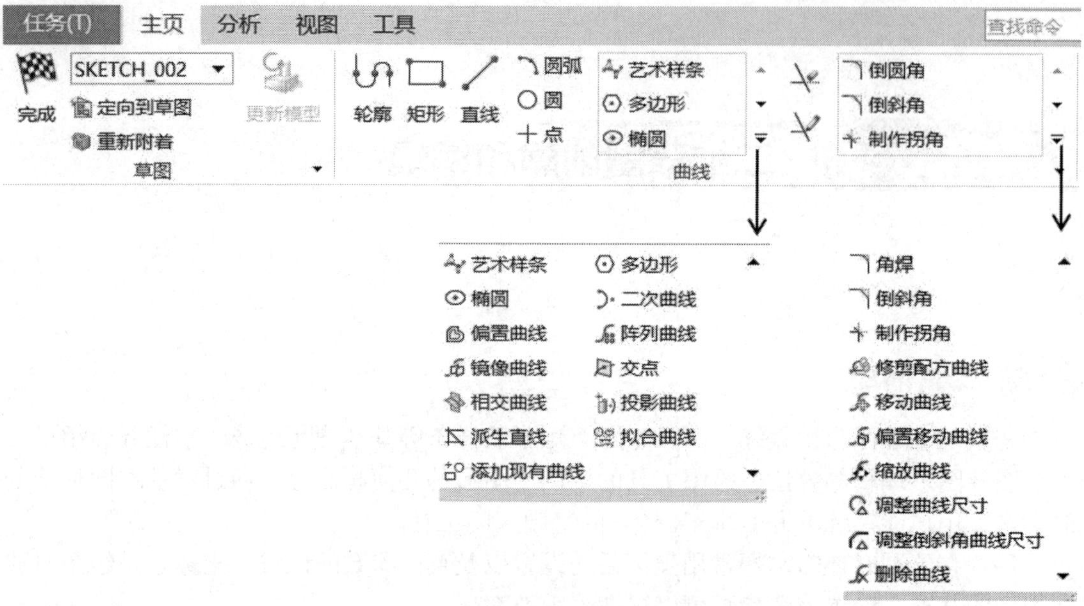

图 2－13 “草图工具”工具条

多边形：绘制多边形。

椭圆：根据中心点和相关尺寸创建椭圆。

2. 曲线编辑工具

偏置曲线：偏置位于草图平面上的曲线链。

镜像曲线：通过现有的草图，创建草图几何副本。

相交曲线：在面和草图平面之间创建相交曲线。

派生直线：复制已存在的直线得到新的直线。

二次曲线：创建二次曲线。

阵列曲线：阵列现有曲线，创建副本。

交点：在曲线和草图平面之间创建一个相交的点。

投影曲线：沿草图平面的法向将曲线、边或者点（草图外部）投影到草图上。

拟合曲线：创建样条、线、圆或椭圆，方法是将其拟合到指定的数据点。

添加现有曲线：将现有的共面曲线和点添加到草图中。

倒圆角：在两条或者三条曲线之间创建圆角。

倒斜角：对两条曲线形成的尖角倒斜角。

制作拐角：延伸或者修剪两条曲线以制作拐角。

修剪配方曲线：修剪配方（投影 / 相交）曲线到选定的边。

移动曲线：移动一组曲线并调整相邻曲线。

偏置移动曲线：按指定偏置距离移动一组曲线，并调整相邻曲线。

缩放曲线：缩放一组曲线并调整相邻曲线。

调整曲线尺寸：通过更改半径或者直径来调整一组曲线尺寸，并调整相邻曲线。

调整倒斜角曲线尺寸：通过更改偏置参数，调整一个或多个同步倾斜角的尺寸。

删除曲线：删除一组曲线，并调整相邻曲线。

二　UG NX 12.0 二维绘图的常用方法

用户选择草图平面进入绘图环境后，系统默认的绘图工具是“轮廓”。以下是各绘图工具的使用说明。

1.“轮廓”工具的使用

如图 2－14 所示，系统提供的使用“轮廓”工具绘制的对象类型有两种，即“直线”和“圆弧”，在绘制过程中可以相互切换使用，一般系统默认的是“直线”命令，绘制过程中的线条都是连续的。输入模式分为“坐标模式”和“参数模式”两种。

（1）坐标模式XY。系统默认。选中该按钮，在图形显示区内单击鼠标左键，系统弹出如图 2－15 所示的动态输入框 1，可以通过输入 *XC* 和 *YC* 的坐标值来精确绘制直线，坐标值以工作坐标系（WCS）为参照。可按“Tab”键在动态输入框的选项之间进行切换。在动态输入框内输入一定值后，按“Enter”键执行命令。

（2）参数模式。选中该按钮，在图形显示区内单击鼠标左键，系统弹出如图 2－16 所示的动态输入框 2，可以通过输入长度值和角度值来绘制直线。

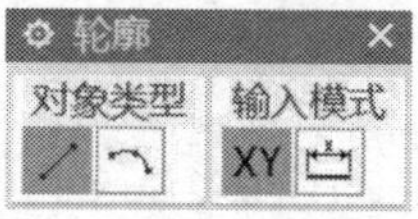

图 2－14　“轮廓”工具

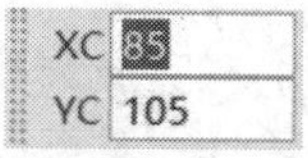

图 2－15　动态输入框 1

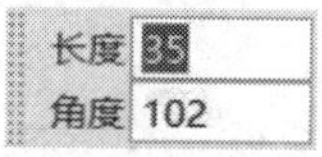

图 2－16　动态输入框 2

> **技能点拨**
>
> 用户选择绘图工具后，请注意系统界面底部的信息提示区，按照信息提示操作下一步。

使用“轮廓”工具可以绘制连续的对象。在绘制时，按下鼠标左键并拖动，然后释放左键，直线模式变为圆弧模式，继续单击鼠标左键绘制又切换回直线模式。轮廓线绘制时直线和圆弧模式切换过程如图 2－17 所示。

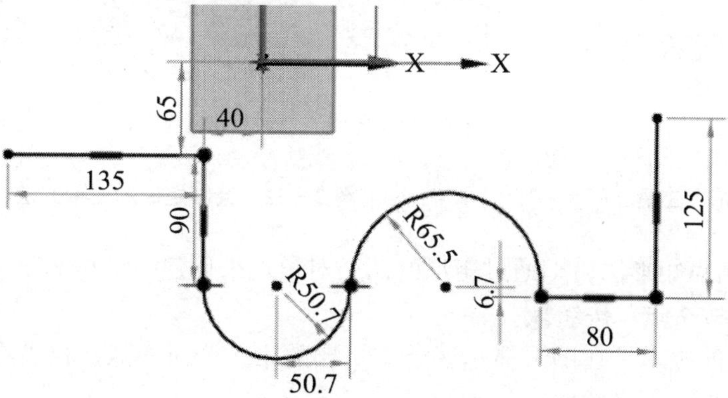

图 2－17　轮廓线绘制时直线和圆弧模式切换过程

2.“直线”工具的使用

如图 2－18 所示，系统提供的直线绘制模式分为“坐标模式”（见图 2－19）和“参数模式”（见图 2－20）两种。“直线”工具的两种模式和“轮廓”工具两种模式的操作方法一样，可以参考“轮廓”工具的使用方法，今后与此相同的模式不再赘述。

图 2－18 “直线”工具

图 2－19 坐标模式

图 2－20 参数模式

绘制直线时，在系统信息提示区的提示下，在图形显示区中的任意位置单击鼠标左键，以确定直线的起始点，此时系统信息提示区提示指定直线的终止点，用户在图形显示区的另一个位置单击鼠标左键，以确定直线的终止点，即可完成两点之间创建一条直线。在终点处再次单击鼠标左键，则继续直线的操作，单击鼠标中键，结束直线的创建。

技能点拨

（1）直线或其他曲线的精确绘制可以利用动态输入框实现。

（2）在绘制后编辑草图时，单击快捷工具区的“撤销”按钮，可撤销上一个操作，单击快捷工具区的“重做”按钮（或者选择“菜单”下拉按钮 菜单(M)，单击“编辑”子菜单中的“重做”命令），可以重新执行被撤销的操作。

3.“矩形”工具的使用

图 2－21 所示为“矩形”工具，系统提供的矩形的绘制方法有三种（见图 2－22），输入模式有两种，使用该工具可以直接绘制出首尾封闭的矩形。（用户在操作时可以选择矩形放置的角度。）

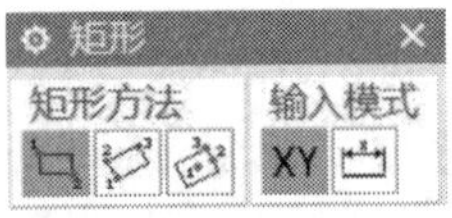

图 2－21 “矩形”工具

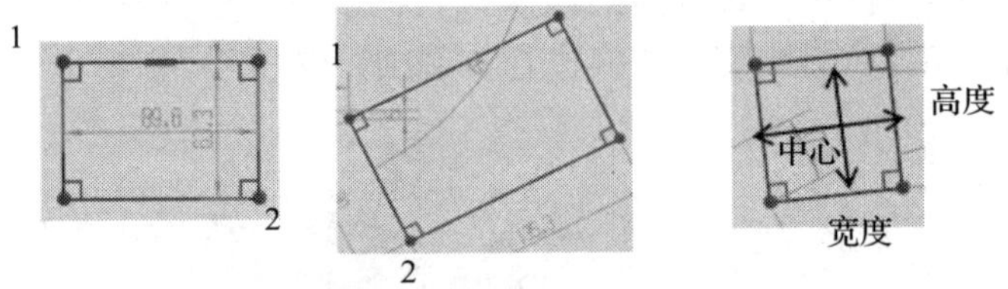

（a）两对角点矩形法（b）三顶点矩形法（c）中心点、边中点、顶点矩形法

图 2－22 绘制矩形的三种方法

（1）两对角点矩形法，即通过矩形的两个对角点来创建一个矩形。一般操作如下：

1）选中“按 2 点”按钮。

2）在系统的提示下在图形显示区定义矩形的第一个对角点，接着在系统的提示下选择放置矩形的第二个对角点。

3）单击鼠标中键，结束矩形的创建。

（2）三顶点矩形法，即通过矩形的三个顶点来创建一个矩形。一般操作如下：

1）选中“按3点”按钮。

2）在系统的提示下在图形显示区定义矩形的第一个顶点，接着在系统的提示下选择放置矩形的第二个顶点，最后在系统的提示下放置矩形的第三个顶点。

3）单击鼠标中键，结束矩形的创建。

（3）中心点、边中点、顶点矩形法（中心点、高度、宽度方法），即通过矩形的中心点、一条边的中点、顶点来创建一个矩形。一般操作如下：

1）选中“从中心”按钮。

2）在系统的提示下在图形显示区定义矩形的中心点，接着在系统的提示下选择放置矩形的一条边的中点，最后在系统的提示下放置矩形的一个顶点。

3）单击鼠标中键，结束矩形的创建。

4.“圆”工具的使用

如图2－23所示，系统提供的圆的绘制方法有两种。

图2－23 “圆”工具

（1）中心直径画圆法，即通过选取中心点和圆上一点来创建圆。一般操作如下：

1）选中“圆心和直径定圆”按钮。

2）在系统的提示下在图形显示区定义圆心的位置。

3）定义圆的直径，在系统的提示下，动态输入圆的直径。或者拖动鼠标至另一个位置，单击确定圆的大小。

（2）三点画圆法，即通过选取圆上的三个点创建圆。一般操作如下：

1）选中“三点定圆”按钮。

2）在系统的提示下在图形显示区定义圆上的第一点，接着在系统提示下定义圆上的第二点，最后在系统的提示下定义圆上的第三点。

3）单击鼠标中键，结束圆的创建。

5.“圆弧”工具的使用

如图2－24所示，系统提供的圆弧的绘制方法有两种。

图2－24 “圆弧”工具

（1）三点画圆弧法，即通过圆弧的两个端点和弧上的一个附加点来创建一个圆弧。一般操作如下：

1）选中“三点定圆弧”按钮。

2）在系统的提示下在图形显示区定义圆弧的起点，接着在系统的提示下选择圆弧的终点，最后在系统的提示下选择圆弧上的第三点（第三点的放置位置能确定此圆弧为优弧还是劣弧）。

3）单击鼠标中键，结束圆弧的创建。

（2）中心、端点画圆弧法，即通过圆弧的圆心和弧上的两个端点来创建圆弧。一般操作如下：

1）选中“中心和端点定圆弧”按钮。

2）在系统的提示下在图形显示区定义圆弧的中心点，接着在系统的提示下选择圆弧的起点，最后在系统的提示下选择圆弧的终点。

3）单击鼠标中键，结束圆弧的创建。

6. “点”工具的使用

单击“点”按钮会弹出“草图点”对话框，用户在对话框中单击“指定点”按钮，在弹出的“点”对话框中选择不同类型的点。草图点的类型如图 2－25 所示。

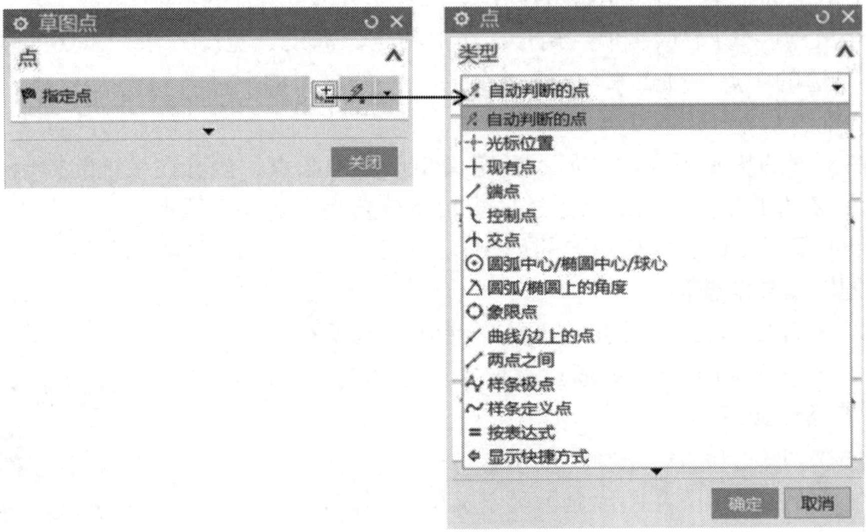

图 2－25　草图点的类型

不同类型的点的具体使用说明如下：

（1）自动判断的点：根据光标的位置自动判断所选的点，它包含了下面介绍的所有点的选择方式。

（2）光标位置：将光标移至图形显示区某位置处并单击，系统会在单击的位置处创建一个点。如果创建点操作在一个草图中进行，则创建的点位于当前草图平面上。

（3）现有点：在图形显示区选择已经存在的点。

（4）端点：通过选取已存在的曲线（如线段、圆弧、二次曲线及其他曲线）的端点创建一个点。在选择端点时，光标的位置对端点的选取有很大的影响，一般系统会选取曲线上离光标最近的端点。

（5）控制点：通过选取曲线的控制点创建一个点。控制点与曲线类型有关，可以是存在的点、线段中点或者端点，开口圆弧的端点、终点或者中心点，二次曲线的端点和样条曲线的定义点或者控制点。

（6）交点：通过选取两条曲线的交点、一条曲线和一个曲面或者一个平面的交点创建一个点。在选取交点时，若两对象的交点多于一个，系统会在靠近第二个对象的交点处创建一个交点；若两段曲线并未实际相交，则系统会选取两者延长线上的相交点；若选取的两段空间曲线并未实际相交，则系统会选取最靠近第一个对象处创建一个点或者规定新点的位置。

（7）圆弧中心 / 椭圆中心 / 球心：通过选取圆或圆弧、椭圆或球的中心点创建一个点。

（8）圆弧 / 椭圆上的角度：沿圆弧或椭圆的一个角度（与坐标轴 *XC* 正向所成的角度）位置创建一个点。

（9）象限点：通过选取圆弧或椭圆弧的象限点，即四分点创建一个点。创建的象限点是离光标最近的那个四分点。

（10）曲线 / 边上的点：通过选取曲线或物体边缘上的点创建一个点。

（11）两点之间：在两点之间指定一个位置。

（12）样条极点：指定样条曲线上的极点。

（13）样条定义点：指定定义样条曲线的点。

（14）按表达式：使用点的表达式指定点。

7.“艺术样条”工具的使用

单击“艺术样条”按钮 艺术样条，弹出如图 2－26 所示的“艺术样条”对话框。通过拖放定义点或极点，并在定义的点处指定斜率或者曲率约束，动态创建和编辑样条。由于艺术样条可以很好地满足工程需求，因此得到较为广泛的应用。创建艺术样条的方式有“通过点”和“根据极点”两种，如图 2－27 所示。一般操作如下：

图 2－26　“艺术样条”对话框

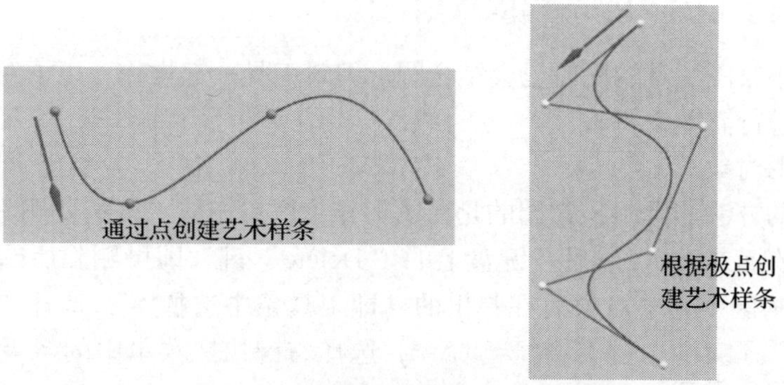

图 2－27　创建艺术样条的两种方式

（1）选择“通过点”命令。

（2）在系统的提示下在图形显示区定义第一个点，接着在系统的提示下选择第二个点，用户可以多插入几个不同位置连续的点。

（3）单击对话框中的“确定”，结束艺术样条的创建。

8.“多边形”工具的使用

单击“多边形”按钮 ⊙ 多边形，弹出如图 2－28 所示的“多边形”对话框。创建具有指定数量的边的多边形，通过中心点、边数以及大小确定多边形。操作时首先指定多边形的中心点，然后输入“边数”，接着选择“内切圆半径”、“外接圆半径”或“边长”，输入指定值确定多边形。

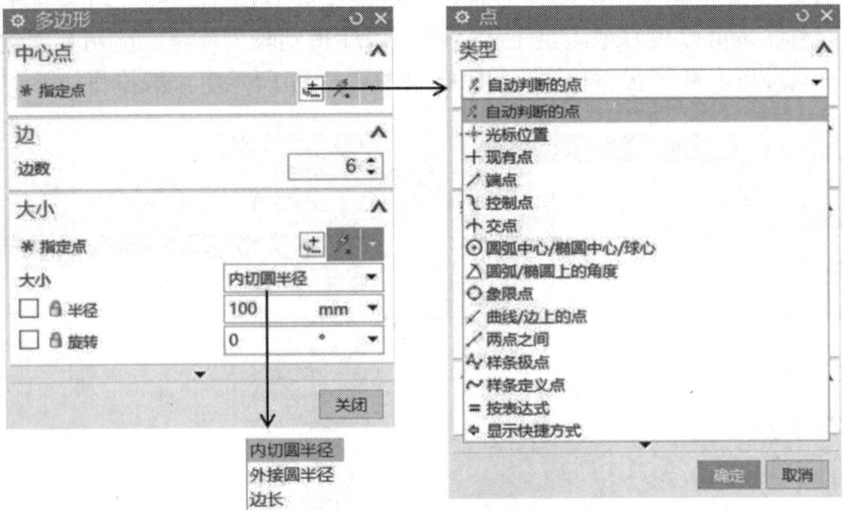

图 2－28 “多边形”对话框

9.“椭圆”工具使用

单击“椭圆”按钮 ⊙ 椭圆，弹出如图 2－29 所示的“椭圆”对话框。根据中心点和大半径、小半径创建椭圆，首先要指定椭圆的中心点，其次输入椭圆的大半径和小半径，在“限制”中可以选择或不选择“封闭”，最后输入椭圆“旋转”角度，即可绘制出椭圆。

三 UG NX 12.0 图形编辑的常用方法

用户在使用绘图工具的同时也会结合图形编辑工具一起操作，以下对实际中常用的图形编辑工具进行简单介绍。

1. 删除草图对象

删除对象的方法非常多，常用的是在图形显示区单击或者框选要删除的对象（框选的对象要全部在范围内），然后按键盘上的“ Delete”键，即可删除所选对象。另外还可以在图形显示区中选中对象后在弹出的立即工具条中选择 ×；选择“插入”下拉主菜单里“编辑”子菜单中的 ✕ 删除(D)... 命令；选择右键快捷菜单中的 ✕ 删除(D)... 命令；使用组合快捷键“Ctrl+D”。

图 2－29　“椭圆”对话框

2. 基本曲线的操作应用

在草图绘制时经常会用到直线、圆、圆弧以及艺术样条等，下面介绍使用这些曲线作图的操作方法。

（1）直线的操作：在图形显示区中把鼠标指针移到直线上，按下鼠标左键的同时移动鼠标，此时看到直线随着鼠标移动，达到绘制意图后松开鼠标左键。在图形显示区中把鼠标指针移到直线端点上，按住鼠标左键不放，同时移动鼠标，此时直线以远离鼠标指针的那个端点为圆心转动，达到绘制意图后松开鼠标左键。直线的两种操作，如图 2－30 所示。

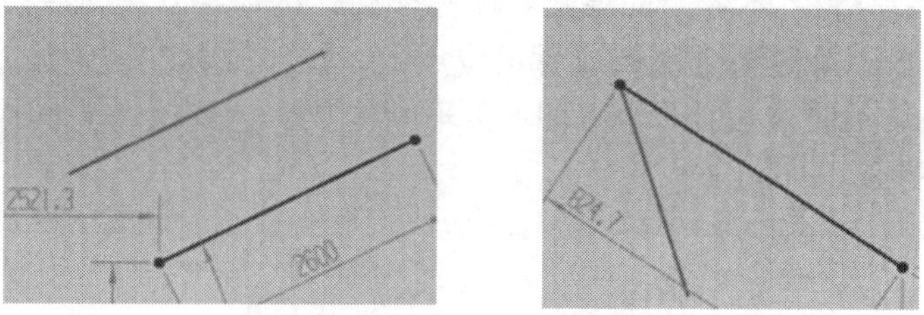

灰色是原直线，黑色是移动后的直线

图 2－30　直线的两种操作

（2）圆的操作：在图形显示区中把鼠标指针移到圆心上，按下鼠标左键不放，同时移动鼠标，此时会看到圆随着鼠标一起移动，达到绘制意图后松开鼠标左键。把鼠标指针移到圆的边线上，按住鼠标左键不放，同时移动鼠标，此时会看到圆在变大或者缩小，达到绘制意图后松开鼠标左键。圆的两种操作，如图 2－31 所示。

（3）圆弧的操作：把鼠标指针移到圆弧上，按住鼠标左键不放，同时移动鼠标，此时会看到圆弧在变大或变小，达到绘制意图后松开鼠标左键。在图形显示区中把鼠标指针移到圆弧的某个端点上，按住鼠标左键不放，同时移动鼠标，此时会看到圆弧以另一端点为固定点旋转，并且圆弧的包角也在变化，达到绘制意图后松开鼠标左键。在图形显示区中把鼠标指针移到圆弧的圆心上，按住鼠标左键不放，同时移动鼠标，此时会看到圆弧随着鼠标指针一起移动，达到绘制意图后松开鼠标左键。圆弧的三种操作，如图 2－32 所示。

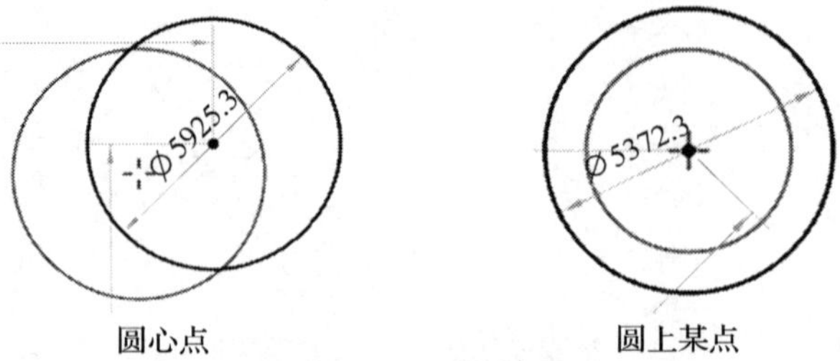

图 2－31　圆的两种操作

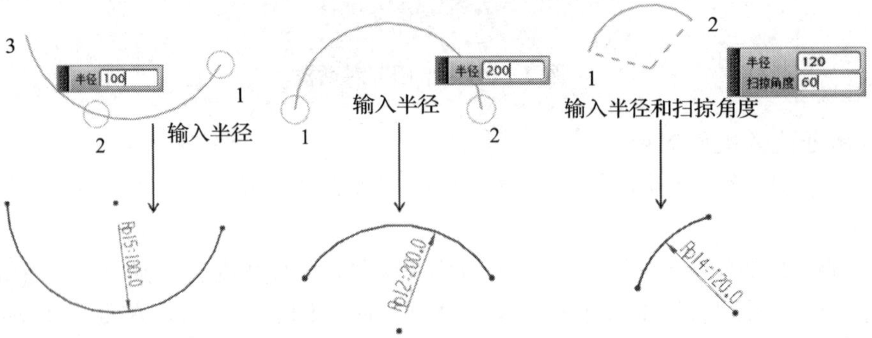

图 2－32　圆弧的三种操作

（4）艺术样条的操作：把鼠标指针移到艺术样条曲线上，按住鼠标左键不放，同时移动鼠标，此时会看到艺术样条曲线随着鼠标移动，达到绘制意图后松开鼠标左键。把鼠标指针移到艺术样条的某个端点或者定位点上，按住鼠标左键不放，同时移动鼠标，此时会看到艺术样条曲线拓扑形状（曲率）不断变化，达到绘制意图后松开鼠标左键。艺术样条的两种操作，如图 2－33 所示。

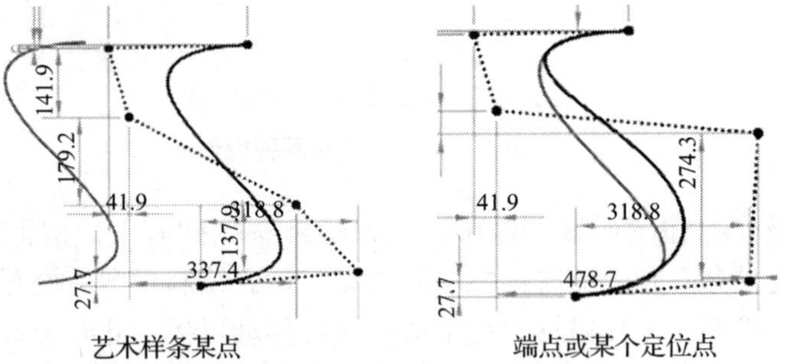

图 2－33　艺术样条的两种操作

3.“派生直线”工具的使用

使用“派生直线”工具可以将现有的参考直线进行偏置生成另外一条直线，或者创建两条参考直线的角平分线。派生直线的一般操作如下：

（1）对参考直线进行偏置。

1）选中“派生直线”按钮。

2）选定参考直线，在动态输入框 偏置 -30 中输入偏置距离数据。这种方法是对已完成直线进行偏置，如图2－34所示。如需偏置多条直线则可在图形显示区的合适位置继续单击，按鼠标中键完成偏置。

3）单击鼠标中键，结束派生直线的创建。

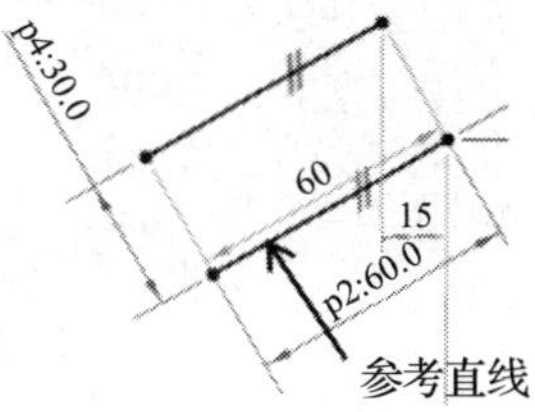

图2－34　完成直线的偏置

（2）创建两条参考直线的中间平行线或者派生角平分线。

1）选中“派生直线”按钮。

2）选定两条参考直线，在动态输入框 长度 中输入派生直线长度数据，如图2－35所示派生出的直线可以通过鼠标拖动长度。

3）单击鼠标中键，结束派生直线的创建。

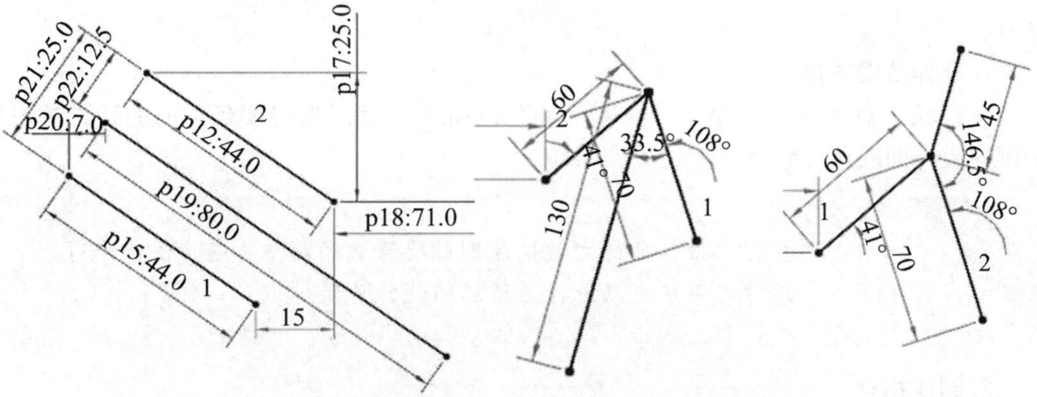

图中的1和2均为参考直线，其余是通过它们派生出的直线

图2－35　参考直线的中间平行线或者派生角平分线

4. 偏置曲线

用户单击曲线工具条中的“偏置曲线”按钮。偏置曲线是指对当前草图中的曲线进行偏移，从而产生与源曲线相关联、形状相似的新曲线，在“偏置曲线”对话框中可以输入偏置距离，设置是否对称偏置、偏置方向，选择副本数以及修改“端盖选项”，如图2－36所示。可以偏移的曲线包括基本绘制的曲线、投影曲线、边缘曲线等。

5. 对象的复制与粘贴

在图形显示区单击或者框选要复制的对象（框选的对象要全部在范围内），然后选择快捷菜单区的“复制”按钮后选择“粘贴”按钮，完成对象的粘贴。或者选择下拉主菜单中“编辑”子菜单里面的“复制”和“粘贴”命令。用户还可以使用组合快捷键“Ctrl+C”（复制）和“Ctrl+V”（粘贴）。

6. 快速修剪草图对象

在带状工具条区直接单击“快速修剪”按钮，然后选择要修剪的对象，按鼠标中键即可完成对象的修剪。或者选择下拉主菜单中“编辑”下拉菜单里“草图曲

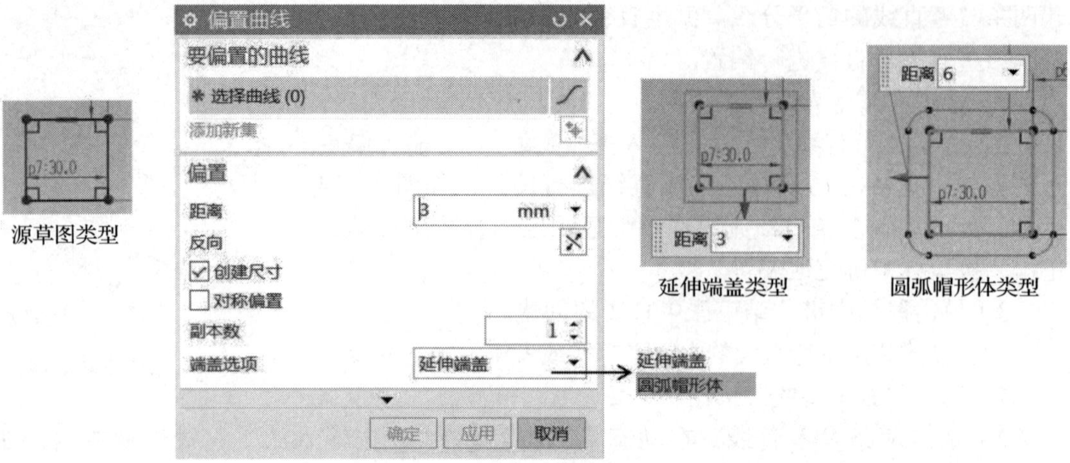

图 2-36　偏置曲线

线”子菜单中的“快速修剪”命令，然后选择要修剪的部分，按鼠标中键完成图形的修剪。

7. 延伸草图对象

在带状工具条区直接单击“快速延伸”按钮，然后选择要延伸的曲线，按鼠标中键完成将曲线延伸到下一个边界的操作。

> **技能点拨**
>
> （1）用户可以按住鼠标左键快速划过要修剪的对象，进行快速修剪。
>
> （2）在延伸时系统自动选择最近的曲线作为延伸边界。

8. 制作拐角

制作拐角是指通过两条曲线延伸或修剪到公共交点来创建拐角。此命令适用于直线、圆弧、开放式二次曲线和开放式艺术样条等，其中开放式艺术样条仅能通过修剪方式创建拐角。用户在带状工具条区直接单击“制作拐角”按钮，选择要制作拐角的两条曲线，按鼠标中键完成制作拐角的操作。

9. 阵列曲线

阵列曲线也是图形编辑非常常用的命令，用户直接单击“曲线”工具条中的“阵列曲线”按钮，也可在下拉主菜单中选择“插入”下拉菜单中“草图曲线”子菜单里的“阵列曲线”命令。图 2-37 所示为“布局”是“圆形”阵列的“阵列曲线”对话框（系统默认的“布局”是“线性”）。

“阵列曲线”对话框中“布局”有三种情况，分别是“圆形”“线性”“常规”，其中“圆形”和“线性”比较常用；“斜角方向”有三个选项，分别是“间距”“数量”“节距角”，要根据用户图形情况进行相关参数设置。图 2-38 所示是线性阵列布局，图 2-39 所示是圆形阵列布局，图 2-40 所示是常规阵列布局。

（1）线性阵列布局。指定一个方向或者两个方向来布置图元。

（2）圆形阵列布局。指定一个旋转轴或中心点，或者选择径向间距参照来布置图元。

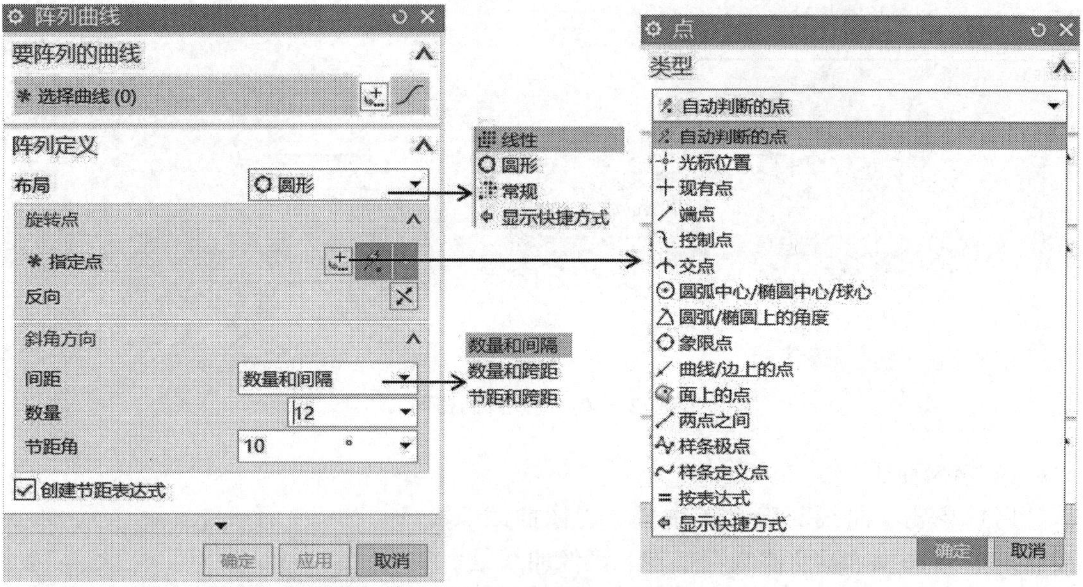

图 2－37　“阵列曲线”对话框

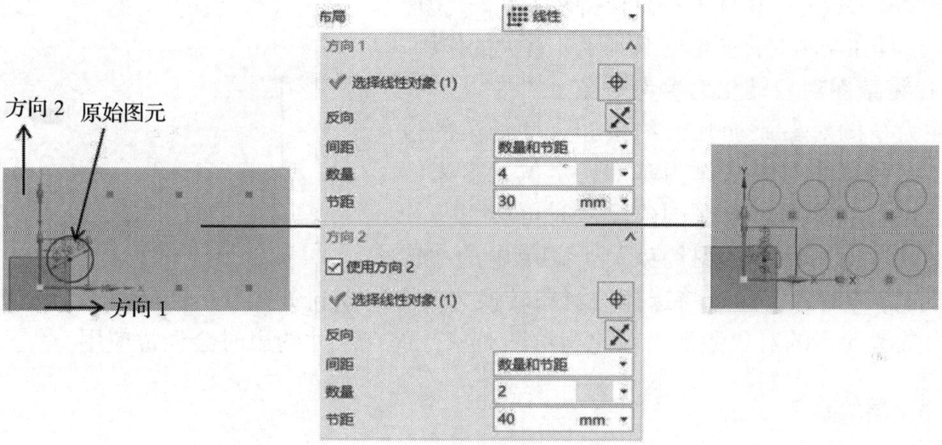

图 2－38　线性阵列布局

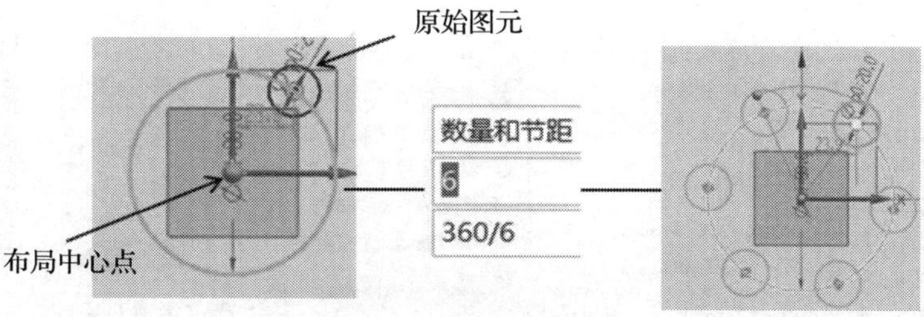

图 2－39　圆形阵列布局

（3）常规阵列布局。使用指定的一个或多个目标点或者坐标系定义的位置来布置图元。

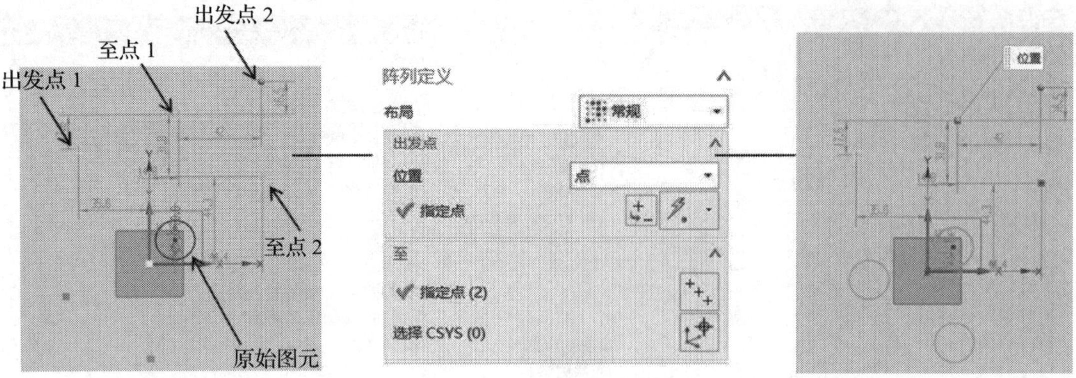

图 2－40　常规阵列布局

10. 镜像曲线

用户单击“曲线”工具条中的“镜像曲线”按钮，可调用“镜像曲线”工具。镜像曲线是将草图对象以一条直线为镜像中心轴线进行复制，产生新的草图对象，如图 2－41 所示。镜像后的对象与原对象形成一个整体，并且保持相关性。“镜像曲线”工具在绘制对称图形时起到了非常大的作用。

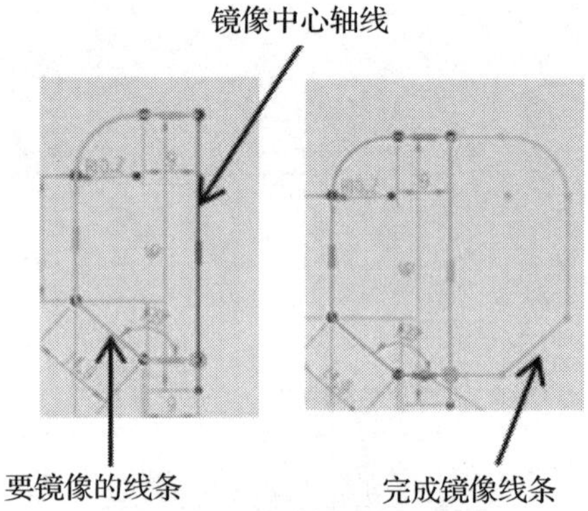

图 2－41　镜像曲线

11. 将草图对象转化为参考对象

在为草图对象添加几何约束和尺寸约束的过程中，有些草图对象是作为基准、定位元素来使用的，也有些草图对象在创建尺寸时可能引起约束冲突，此时可用“草图约束”子菜单中的“转换至 / 自参考对象”命令将选择的对象转换为参考对象，如图 2－42 所示。或者将草图中作为参考元素的对象激活，转化为草图对象，这在尺寸约束时会经常使用。

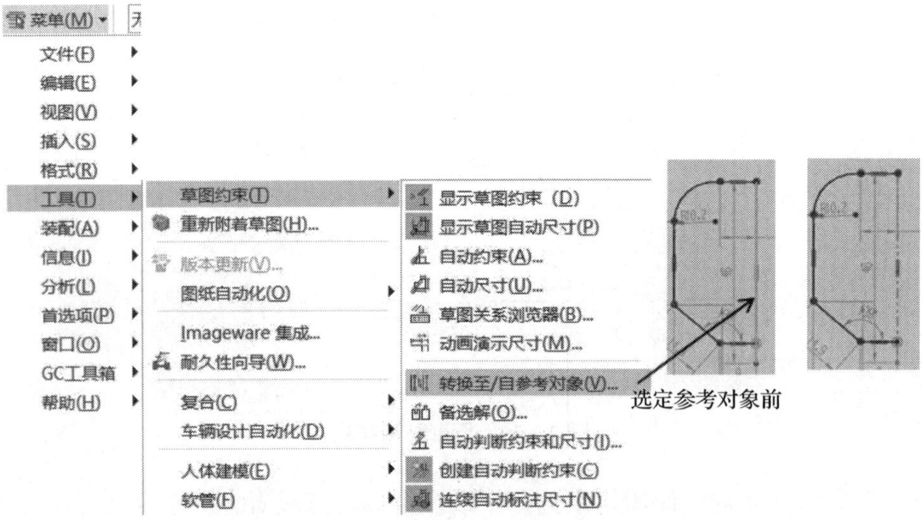

图 2－42　将草图对象转化为参考对象

12. 相交曲线

用户单击“曲线”工具条中的“相交曲线”按钮，也可在下拉主菜单中选择“插入”下拉菜单中“草图曲线”子菜单里的“相交曲线”命令，此处的相交曲线是指在草绘环境中所得到的相交曲线。相交曲线也可以通过用户指定的面与面相交产生，在下拉主菜单中选择“插入”下拉菜单中“派生曲线”子菜单里的“相交”命令。

操作步骤：用户调用“相交曲线”命令后，系统弹出如图 2－43 所示的“相交曲线”对话框，根据提示选择两个相交的面，其他的选项为系统默认值，单击“确定”按钮，则完成了相交曲线的创建，如图 2－44 所示。若通过派生曲线调用“相交曲线”命令，则会弹出如图 2－45 所示的“相交曲线”对话框，根据提示，选择第一组面，选择第二组面时可以偏置一定距离（见图 2－46），其他的选项为系统默认值，单击“确定”按钮，则完成了相交曲线的创建。

图 2－43　“相交曲线”对话框 1

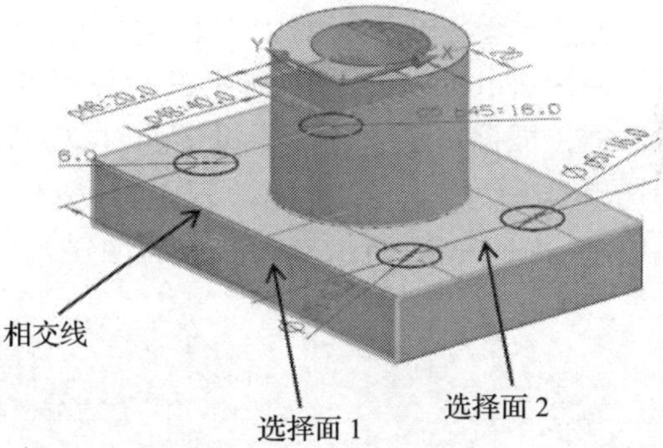

图 2－44　创建相交曲线

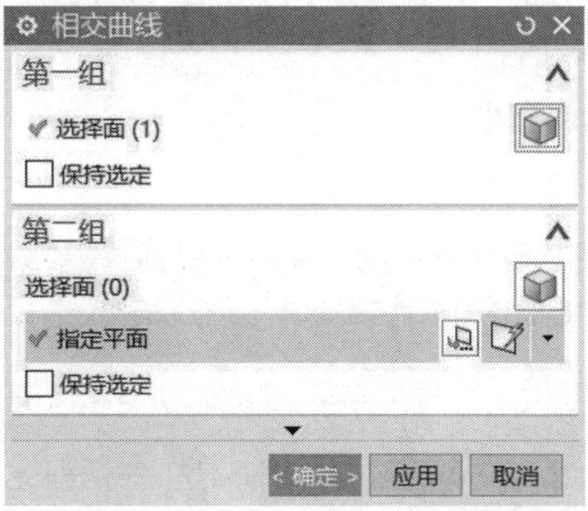

图 2－45　“相交曲线”对话框 2

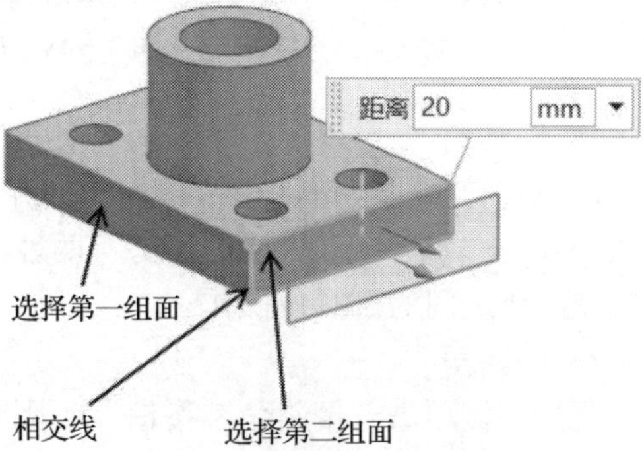

图 2－46　偏置一定距离

技能点拨

（1）用户在选择面时，可以在显示功能区工具条的“面规则”下拉列表中选择“单个面”，这样可以选择指定的面。

（2）“相交曲线”对话框的功能介绍：“选择面”用于选择草图相交的面。当选取的要相交的面上有特征孔时，勾选“忽略孔”复选框后，系统会在曲线遇到的第一个孔处停止绘制。“连结曲线”用于多个相交曲线之间的连接，勾选此复选框后，系统会自动将多个相交曲线连接成一个整体。

13. 投影曲线

用户可在“曲线”工具条中选择“投影曲线”按钮 投影曲线，也可在下拉主菜单中选择“插入”下拉菜单中“配方曲线”子菜单里的“投影曲线”命令。投影曲线是指将选取的对象按垂直于草图工作平面的方向投影到草图中，使之成为草图对象。

操作步骤：用户调用“投影曲线”命令后，系统弹出如图 2－47 所示的“投影曲线”对话框，根据提示，选择要投影的对象，其他的选项为系统默认值，单击“确定”按钮，则完成了如图 2－48 所示投影曲线的创建。

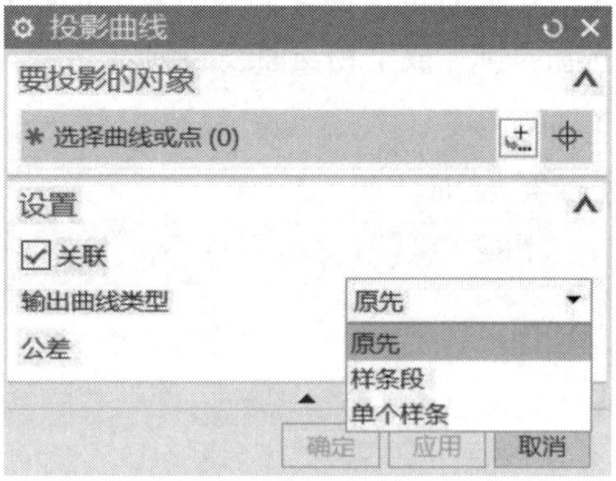

图 2－47 “投影曲线”对话框

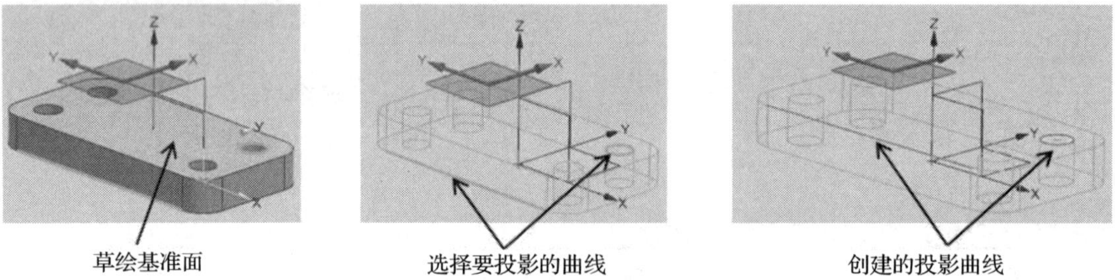

图 2－48 投影曲线的创建

14. 倒圆角

用户直接单击“倒圆角”按钮，弹出如图 2－49 所示的“圆角”对话框，“圆角方法”分为“修剪”和“取消修剪”两种，用户可根据作图情况选择，然后输入半径即可实现曲线之间的倒圆角操作。

15. 倒斜角

用户直接单击“倒斜角”按钮，则弹出如图 2－50 所示的“倒斜角”对话框，在“偏置”选项中提供了三种倒斜角的偏置类型，分别是“对称”“非对称”“偏置和角度”，用户可根据作图情况选择，然后输入偏置的距离即可完成倒斜角。

图 2－49　“圆角”对话框

图 2－50　“倒斜角”对话框

基础延伸

设置草图参数：用户选择如图 2－51 所示的“文件”下拉菜单中“首选项”子菜单里的“草图”命令，则系统会弹出如图 2－52 所示的“草图首选项”对话框，选择“会话设置”选项卡，可以设置草图的显示参数和默认名称前缀等参数。“草图首选项”对话框的“草图设置”和“会话设置”选项卡的主要选项及其功能介绍如下：

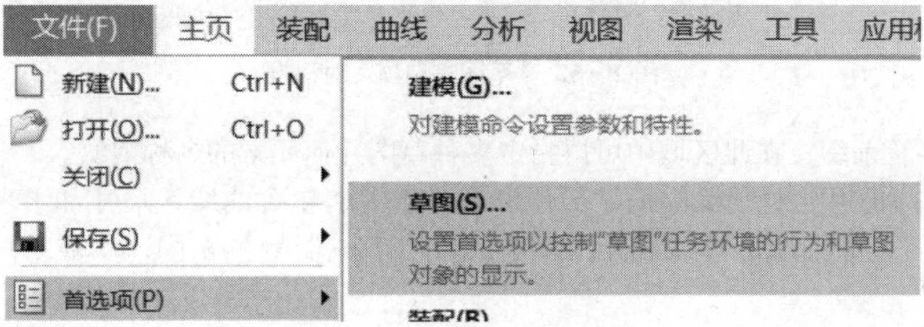

图 2－51　选择“草图”

（1）尺寸标签：下拉列表，控制草图标注文本的显示方式。

（2）文本高度：控制草图尺寸数值的文本高度。在标注尺寸时，可以根据图形大小在该文本框中输入数值来调整文本高度，以便用户观察。

（3）对齐角：绘制直线时，如果起点与光标位置连线接近水平或垂直，捕捉功能会自动捕捉到水平或者垂直位置，捕捉角是自动捕捉的最大角度。例如捕捉角为 3°，当起点与光标位置的连线与 *XC* 轴或 *YC* 轴夹角小于 3° 时，会自动捕捉到水平或者垂直位置。

（4）显示自由度箭头：如果选中该复选框，当进行尺寸标注时，在草图曲线端点处用箭头显示自由度，否则不显示。

（5）保持图层状态：如果选中该复选框，当进入某一草图对象时，该草图所在图层自动设置为当前工作图层，退出时恢复原图层为当前工作图层；否则，退出时保持草图所在图层为当前工作图层。

图 2－52 “草图首选项”对话框

（6）名称前缀：在此区域中可以指定多种草图几何元素的名称前缀。

“草图首选项”对话框中的“部件设置”选项卡包含曲线、尺寸和参考曲线等的颜色设置，这些设置和用户默认设置中的草图生成器颜色相同，一般采用系统默认颜色。

知识链接

坐标系简介

UG NX 12.0 有三种坐标系，即绝对坐标系、工作坐标系和基准坐标系。

（1）绝对坐标系（ACS）。绝对坐标系是指原点在（0，0，0）的坐标系，是固定不变的。

（2）工作坐标系（WCS）。工作坐标系包含了坐标原点和坐标轴，如图 2－53 所示。它的轴通常是正交的（即相互间垂直），并遵守右手定则。

（3）基准坐标系（CSYS）。基准坐标系由单独的可选组件组成，如图 2－54 所示。它包含了三个基准平面、三个基准轴、原点和整个基准。

图 2－53 工作坐标系（WCS）

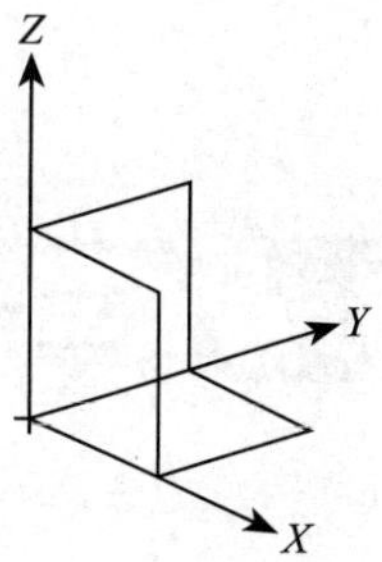

图 2－54 基准坐标系（CSYS）

技能点拨

（1）工作坐标系不受修改操作（删除、平移）的影响，但受非修改操作（隐藏、分组）的影响。

（2）UG NX 12.0 的部件文件可以包含多个坐标系，但只有一个是工作坐标系。

（3）用户可以随时选择一个坐标系为工作坐标系，系统用 *XC*、*YC* 和 *ZC* 表示工作坐标系的坐标，工作坐标系的 *XC*–*YC* 平面称为 *XY* 工作平面。

任务2

任务 3 二维图形的约束和管理

任务描述

运用二维图形的约束工具可以迅速修改图元尺寸和关系，提高绘图效率。约束工具用于按照特定的要求规范一个或多个图元的形状和相互关系，从而建立图元之间的内在联系。草图约束主要包括尺寸约束和几何约束两种类型。用户可以根据情况在工作过程中进行草图约束的管理，掌握显示和移除约束，以及求约束的备选解等操作。

任务目标

1. 掌握软件约束的应用。
2. 掌握图形约束的显示与移除。

实施过程

一 UG NX 12.0 草图约束工具介绍

在 UG NX 12.0 中，草图约束主要包括几何约束和尺寸约束两种类型。几何约束用来定位草图对象和确定草图对象之间的相互关系，而尺寸约束用来驱动、限制和约束草图几何对象的大小与形状。

进入草图绘制环境后，在“曲线”工具条区右边的部分为“约束”工具条（见图 2-55），其中显示的都是经常使用的工具。单击“几何约束”按钮，会弹出“几何约束”对话框。

以下是对“约束”工具条中部分工具的介绍。

（1）快速尺寸：基于选定的对象和光标位置自动判断尺寸类型，创建尺寸约束。

（2）线性尺寸：在两个对象或者点位置之间创建线性距离约束。

（3）径向尺寸：创建圆形对象的半径或者直径约束。

（4）角度尺寸：在两条不平行的直线之间创建角度约束。

（5）周长尺寸：创建周长约束以控制选定直线和圆弧的集体长度。

（6）重合：约束两个或多个顶点或点，使之重合。

（7）点在曲线上：将顶点或点约束到一条曲线上。

（8）中点：约束顶点或点使之与某条线的中点对齐。

（9）相切：约束两条曲线使之相切。

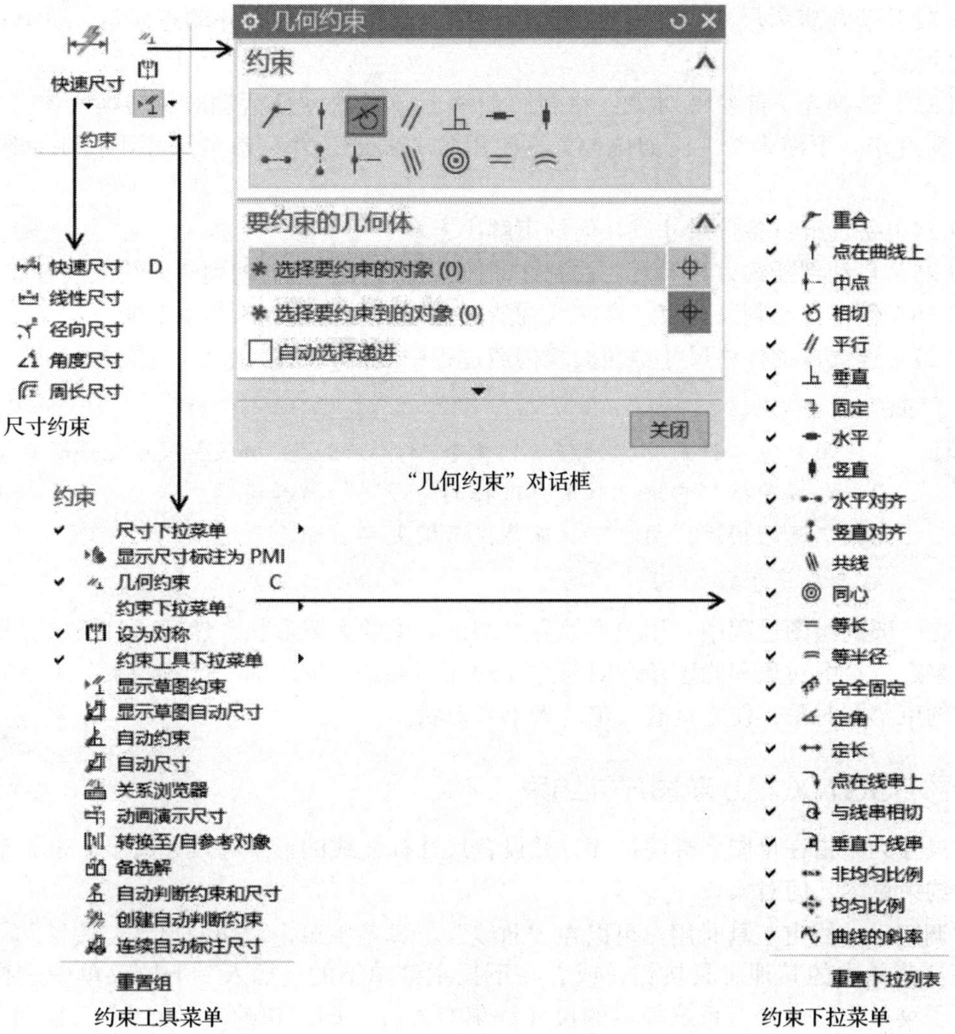

图 2－55　“约束”工具条

（10）平行：约束两条或多条曲线使之平行。
（11）垂直：约束两条曲线使之垂直。
（12）水平：约束一条或多条曲线，使之水平放置。
（13）竖直：约束一条或多条曲线，使之竖直放置。
（14）共线：约束两条或多条线使之共线。
（15）同心：约束两条或多条线使之同心。
（16）等长：约束两条或多条线使之等长。
（17）等半径：约束两个或多个圆弧使之半径相等。
（18）设为对称：将两个点或者曲线约束为相对于草图上某条对称线对称。
（19）显示草图约束：显示活动草图的几何约束。
（20）自动约束：设置自动施加于草图的几何约束类型。
（21）自动尺寸：根据设置的规则在曲线上自动创建尺寸。

（22）动画演示尺寸：在指定的范围内更改给出的尺寸，并动态显示（动画）它对草图的影响。

（23）转换至/自参考对象：将草图曲线或草图尺寸从活动对象转换为参考对象，或者反过来。下游命令（比如拉伸）不使用参考曲线，并且参考尺寸不控制草图几何图形。

（24）备选解：备选尺寸或几何约束解决方案。

（25）自动判断约束和尺寸：控制在曲线构造过程中被自动判断的约束或者尺寸。

（26）创建自动判断约束：在曲线构造过程中启用自动判断约束功能。

（27）连续自动标注尺寸：在曲线构造过程中启用自动标注尺寸功能。

技能点拨

用户可以将鼠标指针移动到每个工具按钮上，当按钮显示为亮色时会弹出一个提示框，它用来对用户选择的命令进行解释说明。以上没有介绍到的约束工具的用法，用户可以查看提示框文字解释后使用。

在一般的绘图过程中，用户习惯先绘制出对象的大概形状，然后通过添加“几何约束”来定位草图对象和确定草图对象之间的互相关系，再添加“尺寸约束”来驱动、限制和约束草图对象，使之具有一定的大小和形状。

二 UG NX 12.0 草图尺寸约束

尺寸约束指在草图上标注尺寸，并设置尺寸标注线的形式与尺寸大小，来驱动、限制和约束草图几何对象。

调用尺寸约束工具时用户可以在“曲线”工具条中单击“快速尺寸”按钮，以及下拉菜单中的其他工具按钮，或者在下拉主菜单下的“插入”下拉菜单中选择“尺寸”子菜单中的命令。系统提供的尺寸约束有五种，即“快速”“线性”“径向”“角度”“周长”，如图 2－56 所示。其中“快速”尺寸约束是比较快捷也是常用的尺寸约束

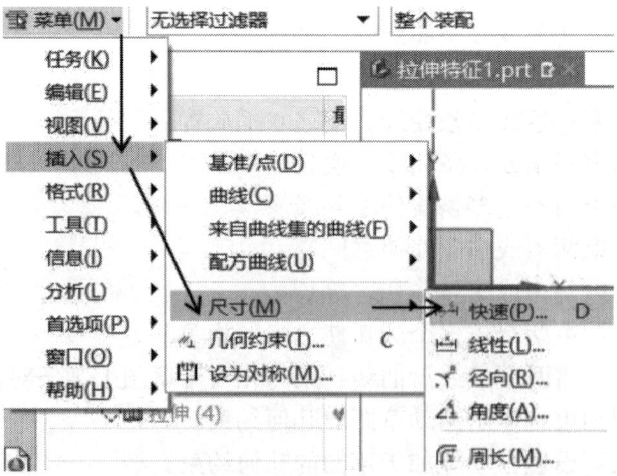

图 2－56　尺寸约束菜单

任务3

命令，可以约束水平、垂直等方向的尺寸，可以在“快速尺寸”对话框（见图 2 - 57）中“测量”选项区的“方法”下拉列表中选择尺寸约束的具体测量方法。

在约束过程中，用户根据实际需要定义尺寸情况，选择图形中尺寸边界标注尺寸后修改尺寸数值即得到约束尺寸，如图 2 - 58 所示。尺寸约束贯穿 UG NX 12.0 绘制图形的整个过程，用户需熟练掌握尺寸约束的操作方法。

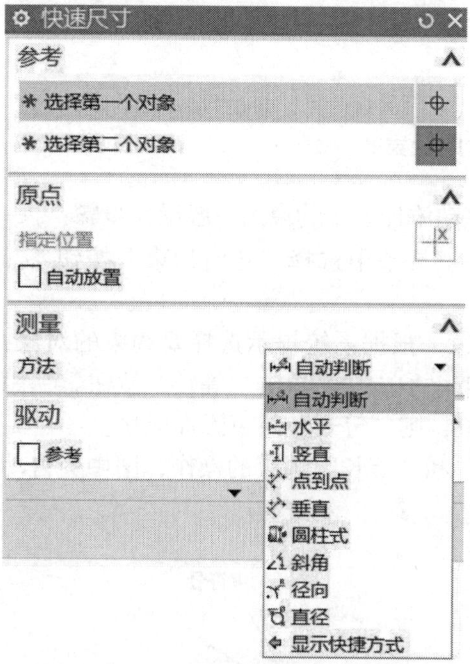

图 2 - 57　“快速尺寸”对话框

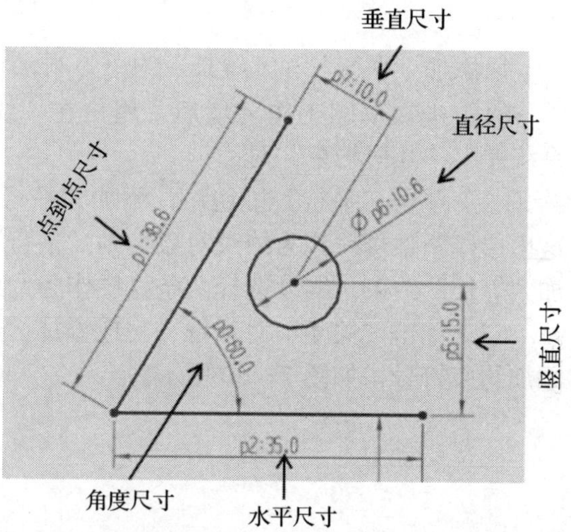

图 2 - 58　草图中的尺寸约束

三　UG NX 12.0 草图几何约束的典型操作

在绘制二维图形时，添加几何约束主要有两种方法：手动添加约束和自动约束。在添加几何约束之前单击“显示草图约束”命令，则二维草图中存在的所有约束都显示在图中。

1. 手动添加约束

手动添加约束是指用户自己为所选对象指定某种约束。根据所选对象的几何关系，选择一个或者多个几何约束类型，系统会添加指定类型的几何约束到所选草图对象上，这些草图对象会因为所添加的约束而不能随意移动或旋转。

以添加“相切”约束为例，介绍手动添加约束的一般操作步骤：

（1）进入草图工作环境后，用户在“约束”工具条中选择“几何约束”按钮 ⊥，系统弹出“几何约束”对话框。

（2）单击“相切”按钮，添加“相切”约束。

（3）根据系统提示选择要约束的对象，这里选择圆和直线作为约束对象。

（4）单击“关闭”对话框，完成添加“相切”约束的操作，图中会自动添加约束符号，如图 2－59 所示。

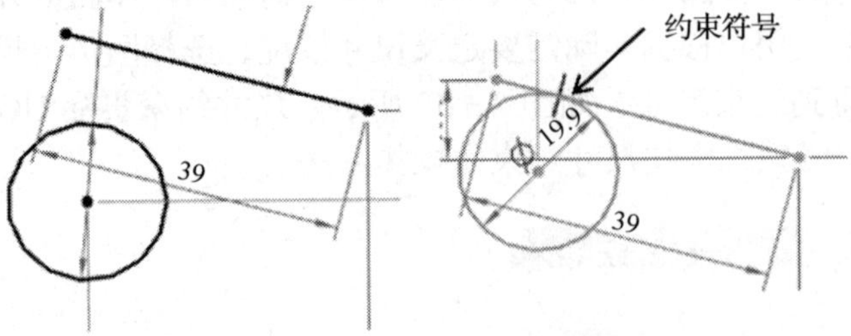

图 2－59　添加“相切”约束

以添加“平行”和“等长”约束为例，介绍手动添加多个约束的一般操作步骤：

（1）进入草图工作环境后，用户在“约束”工具条中选择“几何约束”按钮，系统弹出“几何约束”对话框。

（2）单击“平行”按钮，添加“平行”约束，根据系统提示选择要约束的对象，这里选择两条直线作为约束对象，则“平行”约束添加成功。单击“等长”按钮，添加“等长”约束，继续选择两条直线作为约束对象，则“等长”约束添加成功。

（3）单击“关闭”对话框，完成添加“平行”和“等长”约束的操作，图中会自动添加约束符号，如图 2－60 所示。

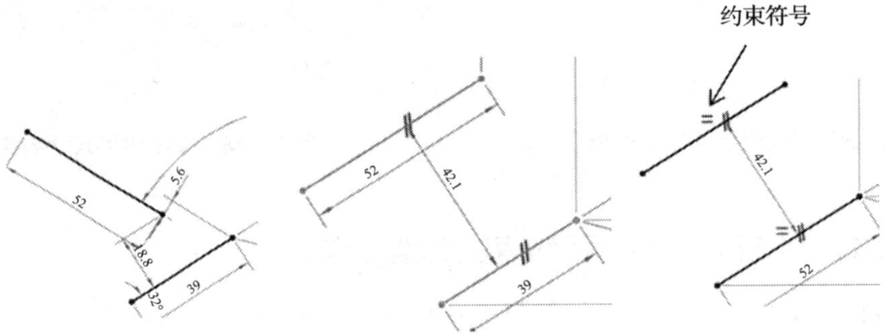

图 2－60　添加多个约束

技能点拨

其他类型的约束创建方法与以上介绍的一样，用户可以根据实际情况调出使用，所有的约束添加结束后可以把鼠标放在约束符号附近，则会弹出如图 2－61 所示的“约束符号”提示。

图 2－61　“约束符号”提示

2. 自动约束

自动约束是指系统根据选择的几何约束类型以及草图对象间的关系，自动添加相应约束到草图对象上。一般用“自动约束”按钮，使系统自动添加约束。

操作步骤：在“自动约束”对话框中单击要自动创建约束的相应按钮，然后单击“确定”按钮。通常选择自动创建所有的约束，只需在对话框中单击“全部设置”按钮，然后单击“确定”按钮完成自动创建约束设置。这样在草图中画任意曲线，系统会自动添加相应的约束，而系统没有自动添加的约束就需要用户自行手动添加。

四 UG NX 12.0 的备选解和动画演示尺寸

1. 备选解

当用户对一个草图对象进行约束时，同一约束条件可能存在多种满足约束的情况，“备选解”就针对这样的情况，它可以将约束的一种解法转为另一种解法。

单击“约束”工具条中的“备选解”按钮备选解，弹出“备选解”对话框，如图 2－62 所示。在系统的提示下选择对象，系统会将所选对象直接转换为同一约束的另一种约束表现形式，通过约束“备选解”则将圆的约束由“内切”转换为“外切”，如图 2－63 所示。

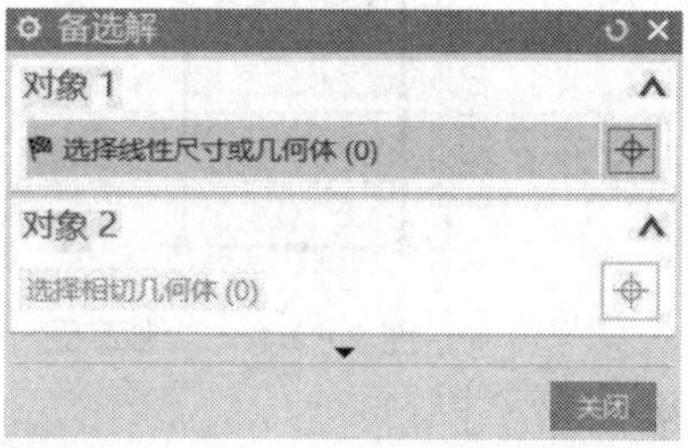

图 2－62 “备选解”对话框

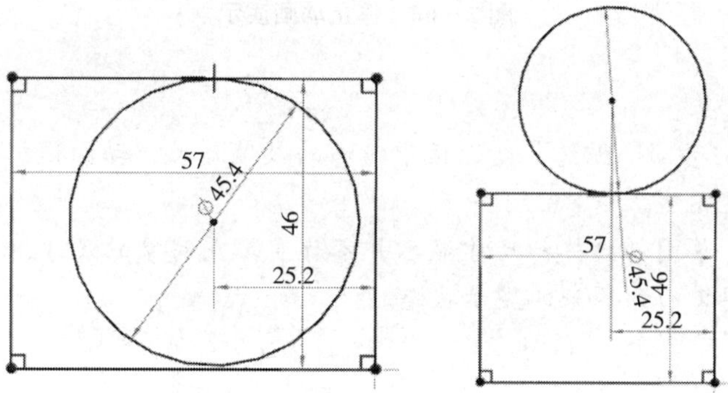

一种约束形式“内切”　　另一种约束形式“外切”

图 2－63 备选解操作结果

2. 动画演示尺寸

动画演示尺寸是指使草图中指定的尺寸在规定的范围内变化，从而观察其他对应几何约束的变化情况，可以用来判断草图设计的合理性，并及时发现错误。注意在进行动画模拟操作之前，必须在草图对象上进行尺寸标注和添加必要的几何约束。

典型操作举例：用户进入草绘环境绘制一个如图 2－64 所示二维草图，单击“约束”工具条中的“动画演示尺寸”命令动画演示尺寸，系统会弹出如图 2－65 所示的“动画演示尺寸”对话框。选择高“50”为动画尺寸，并在“下限”和“上限”文本框中分别输入“45”和“55”，在“步数 / 循环”文本框中输入数值“10”，并勾选“显示尺寸”复选框，单击“应用”后会弹出“动画”对话框，这时可以在图形显示区看到所选尺寸的动画模拟效果。单击“动画”对话框中的“停止”按钮，如图 2－66 所示，草图恢复到原来的状态，然后单击“取消”按钮。

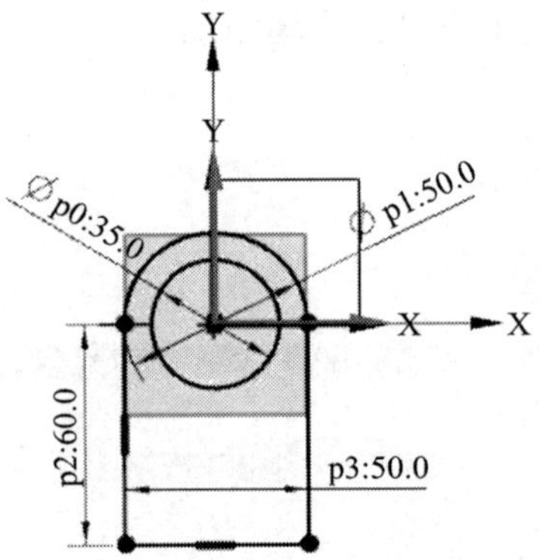

图 2－64　二维草图

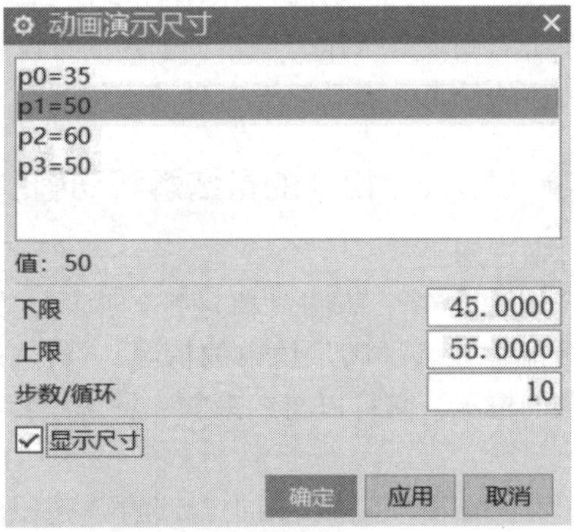

图 2－65　“动画演示尺寸”对话框

图 2－66　停止动画演示

任务3

技能点拨

（1）“步数 / 循环”复选框中输入的数值越大，动画模拟时尺寸变化得越慢，反之亦然。

（2）草图动画模拟尺寸显示并不改变草图对象的尺寸，当动画模拟结束时，草图又回到原来的显示状态。

基础延伸

UG NX 12.0 的二维图形管理

进入草图绘制环境后，在“草图”带状工具条中单击 ▾，可以调出“草图”工具菜单，如图 2－67 所示。以下是几个常用的草图工具的操作说明。

（1）单击“定向到草图”命令，或使用组合快捷键“Shift+F8”，可使草图平面与屏幕平行，方便草图的绘制。

（2）单击“定向到模型”命令，可将视图定向到当前的建模视图，即在进入草图环境之前显示的视图。

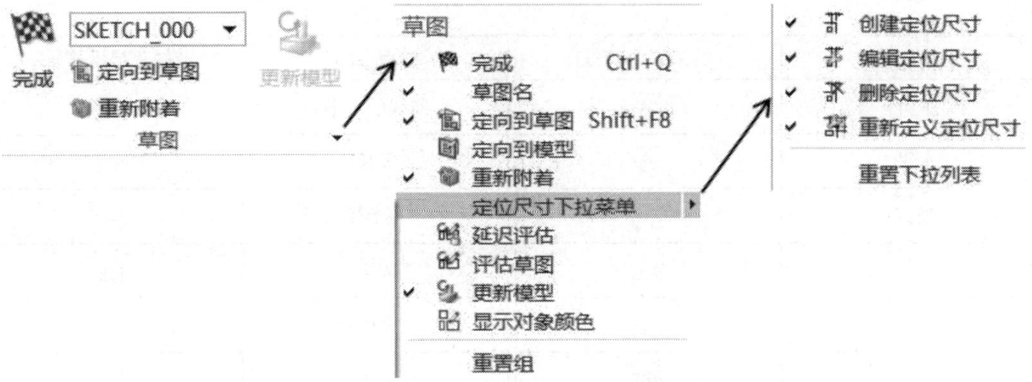

图 2－67　“草图”工具菜单

（3）“重新附着”命令有三种功能：将草图附着到不同的平面、基准平面或路径上；切换原位上的草图为路径上的草图，反之亦然；沿着所附着的路径，更改路径上的草图位置。目标平面、面或者路径必须有比草图更早的时间戳记（即在草图前创建）。对于原位上的草图，重新附着也会显示任意的定位尺寸，并重新定义它们参考的几何体。

（4）单击“定位尺寸下拉菜单”，会出现如图 2－67 所示的四个定位尺寸选择形式，即“创建定位尺寸”“编辑定位尺寸”“删除定位尺寸”“重新定义定位尺寸”。

1）创建定位尺寸：相对于现有几何体定位草图（作为刚体）。

2）编辑定位尺寸：通过编辑定位尺寸移动草图。

3）删除定位尺寸：删除草图定位尺寸。

4）重新定义定位尺寸：更改定位尺寸引用的几何体。

（5）单击“延迟评估”命令，系统将延迟草图约束的评估（即创建曲线时，系统不显示约束；指定约束时，系统不会更新几何体），直到单击“评估草图”命令后才可查看草图自动更新的情况。

（6）“更新模型”命令用于模型的更新，以反映对草图所做的更改。如果存在要进行的更新，退出草图环境后系统会自动更新模型。

知识链接

草图中约束的名称和约束显示符号如表 2－1 所示。

表 2－1　草图中约束的名称和约束显示符号

约束名称	约束显示符号	约束名称	约束显示符号
重合		定长	
点在曲线上		点在线串上	
相切		非均匀比例	
平行		均匀比例	

续表

约束名称	约束显示符号	约束名称	约束显示符号
垂直		曲线的斜率	
水平		等长	
竖直		等半径	
中点		固定	
共线		完全固定	
同心		定角	

任务4 二维草图操作基础——综合实例应用

任务描述

用户了解了基本的图形绘制、图形尺寸标注、图元之间的约束、图形编辑、修改尺寸、再生图形等技术基础之后，通过综合实例应用进一步掌握二维草图作图技能。在进行尺寸修改或者驱动时会遇到“强尺寸”和“弱尺寸”之间的关系，对此需在系统提示下进行合理设置。用户可以在本任务中通过典型实例掌握这些基本操作。

草绘实例（支承板二维图形）

任务目标

1. 掌握二维草图绘制技术。
2. 了解二维草图的简单绘制方法。

实施过程

图2-68所示为工业机器人支承板二维草图，以此为例介绍二维草图绘制、编辑、标注、约束等操作过程，提升用户综合应用UG NX 12.0草图绘制、编辑等工具的能力。此二维草图为上下对称图形，可以先画出一半，再通过镜像完成整个图形，图中未注圆角半径为*R*5（书中涉及尺寸数字若没有注明单位，则都默认单位是mm，今后不再说明）。

（1）选择“新建”，在弹出的对话框中选择“模型”模板，如图2-69所示。用户创建一个工作目录，此处为E盘中的“工作目录3”；给绘制的草图取一个名字，此处用“支承板二维图”来命名。

（2）选择下拉主菜单中“插入”下拉菜单里面的“在任务环境中绘制草图”命令，在弹出的“创建草图”对话框中选择“*XY*平面”为草图平面，其他的选择为默认，单击“确定”按钮，如图2-70所示，系统则进入草图绘制环境。

（3）单击“直线”按钮 直线 ，在弹出的“直线”对话框中选择默认模式，第一点的位置定在坐标（0，0，0）点，在立即对话框中输入长度为60、角度为90°，确定第二点，按回车键确认，绘制出如图2-71所示的直线草图。继续绘制长度为100、角度为180°的直线，按回车键确认，绘制出如图2-72所示的直线草图。

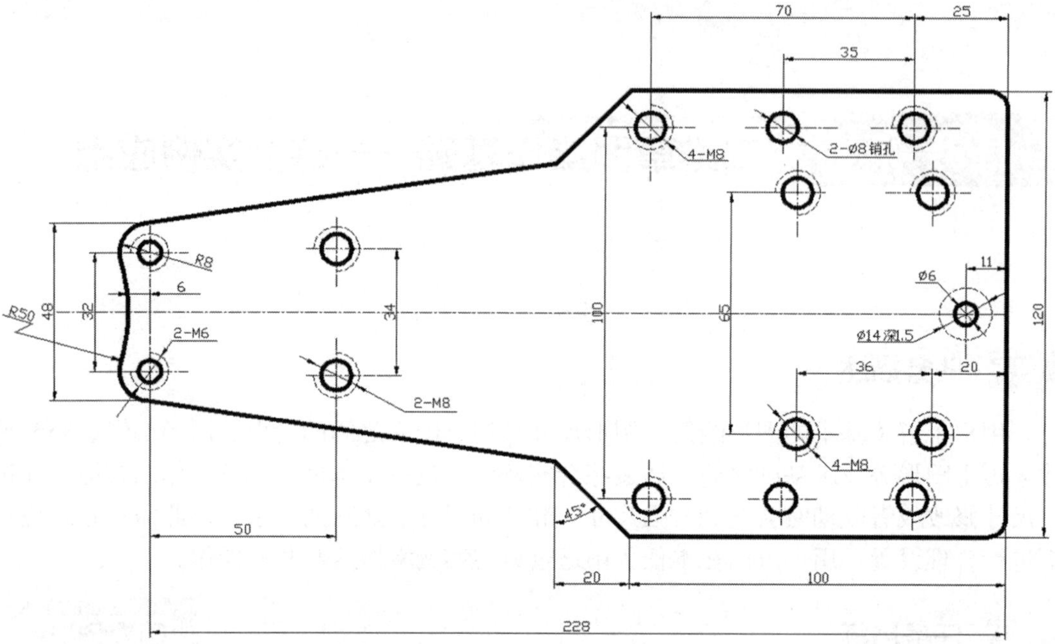

图 2－68　工业机器人支承板二维草图

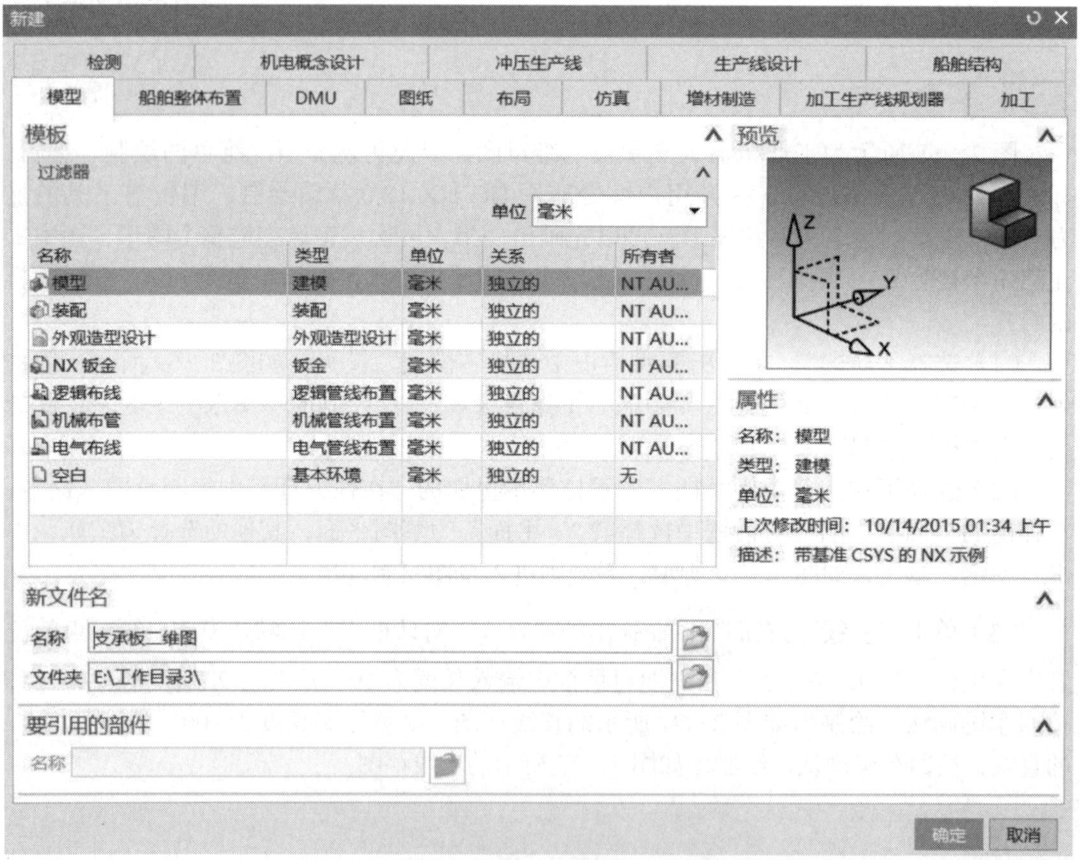

图 2－69　新建“模型”模板

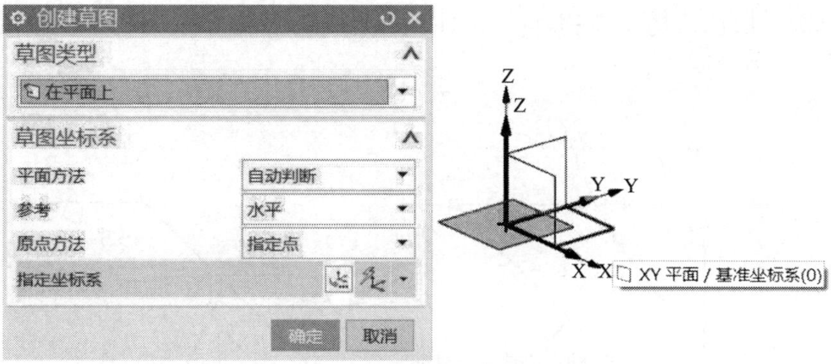

图 2－70　选择 *XY* 平面为草图平面

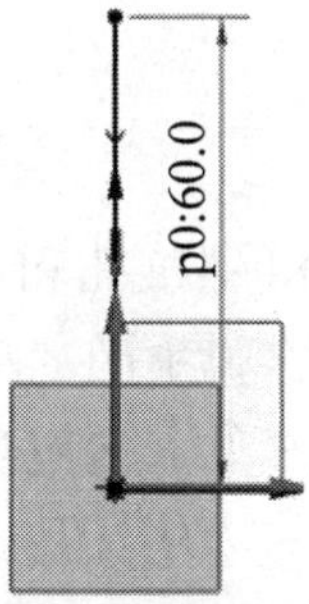

图 2－71　直线草图 1

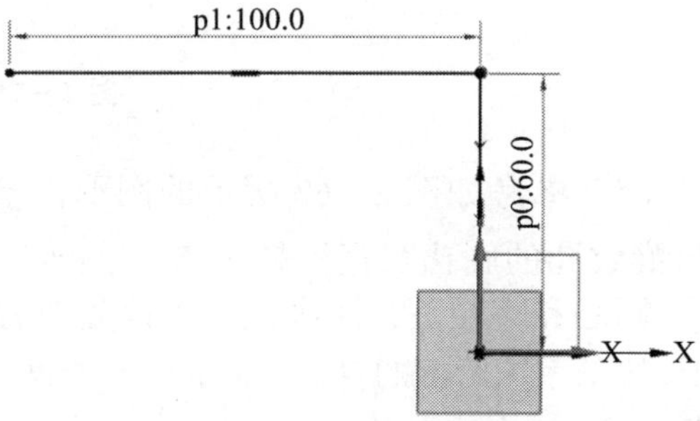

图 2－72　直线草图 2

继续单击“直线”按钮 直线，在弹出的“直线”对话框中选择默认模式，以刚才绘制的第二条直线的左侧端点为起点，按照上一步的操作方式向左侧绘制一段长为 20 的线段，接着往下方绘制一段长为 20 的线段，再将下边的端点和起点连接起来，则可以间接得到角度为 225° 的角度线，如图 2－73 所示。

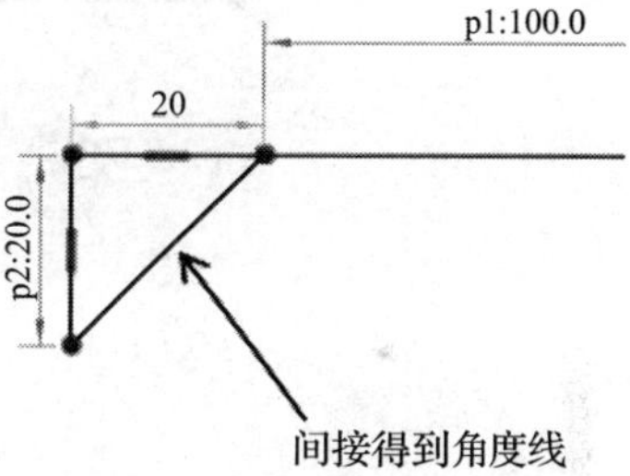

图 2－73　间接得到角度线

技能点拨

如果知道线长及角度，那么用户可以直接选择默认模式，输入直线的长度及角度，则可完成该直线的草图绘制。例如，已知直线线长为 35，角度为 135°，则绘制出的直线草图如图 2－74 所示。

注意：用户可用快捷键“Tab”进行输入长度和角度选项的切换。

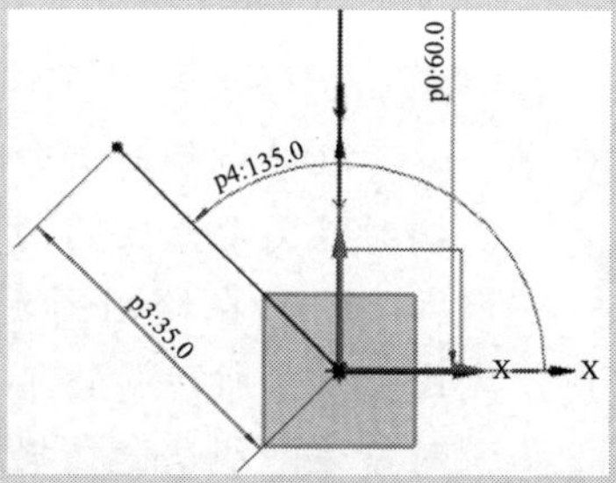

图 2－74　直接得到角度线

（4）单击“快速修剪”按钮，按住鼠标左键修剪掉多余的线条，保留需要的线条，如图 2－75 所示。

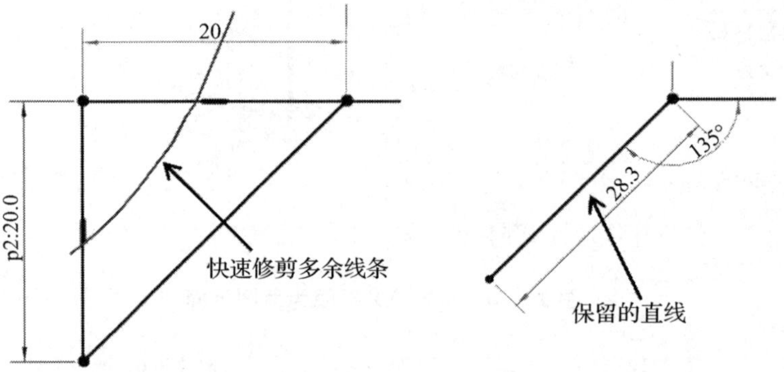

图 2－75　快速修剪

（5）参考如图 2－68 所示的图形，绘制图形右上边 M8 螺纹孔和 $\phi 8$ 销孔，其中 M8 螺纹孔的底孔圆直径是 6.65。单击“圆”按钮 圆，在弹出的“圆”对话框中选择“圆心和直径”方式画圆，可以先在合适位置大致画出 4 个直径为 6.65 的圆（在默认设置下系统给出的直径是 6.7），5 个直径为 8 的圆，如图 2－76 所示。

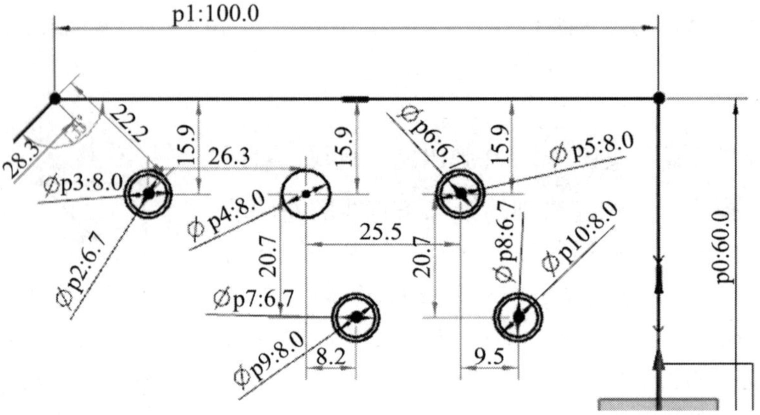

图 2－76　9 个圆的大致位置

> **技能点拨**
>
> 在绘制圆时若命令没有结束，则可以重复绘制不同直径的圆，绘制同心圆时只需要修改圆的直径，不用移动圆心。
>
> 用户在绘制图元时可以将对象显示工具区中的对象捕捉符号按钮（如图 2－77 所示）全部单击打开，这样在绘制时可以捕捉圆心，并且可以根据对象追踪线快速捕捉到图元相关位置点，如图 2－78 所示。

图 2－77　对象捕捉符号按钮

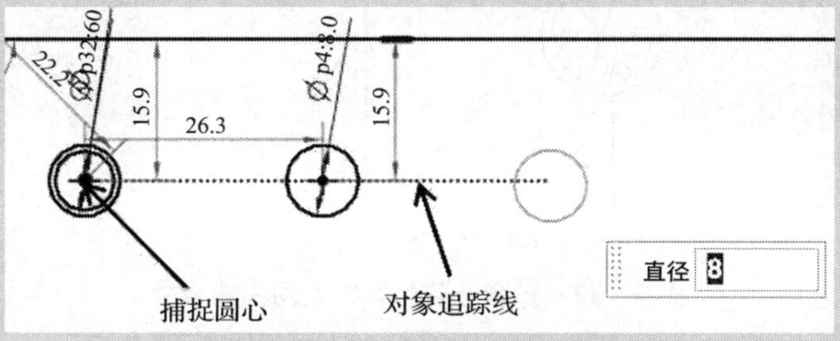

图 2－78　捕捉圆心和位置点

（6）对刚才画的 9 个圆进行定位。单击“快速尺寸”按钮 快速尺寸，对照图 2－68 中的尺寸对圆位置进行尺寸约束。9 个圆的定位尺寸如图 2－79 所示。

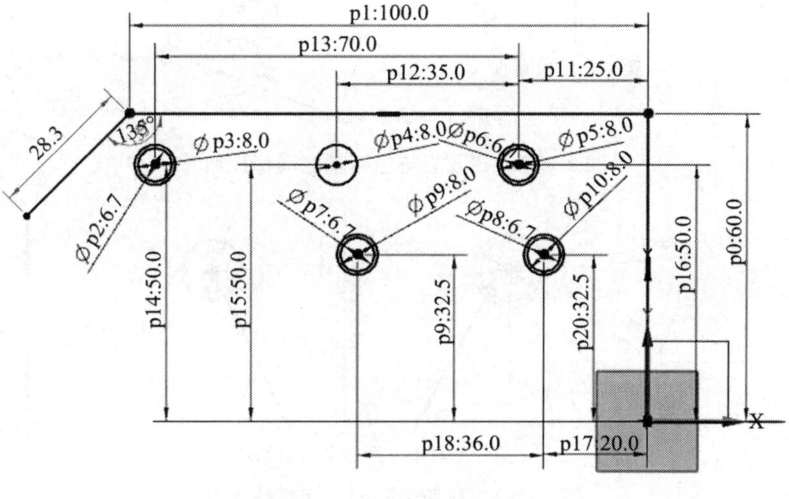

图 2－79　9 个圆的定位尺寸

技能点拨

在使用“快速尺寸”工具定位标注尺寸时，可以选择圆心为第一个对象，选择轮廓线、坐标轴或边界线等为第二个对象，根据定位需要选择合适的界线、轴线圆心等。图 2－80 所示为在圆心与轮廓线之间标注尺寸，图 2－81 所示为在圆心与坐标轴（*X* 轴）之间标注尺寸，图 2－82 所示为在两个圆心之间标注尺寸。总之要根据横向和竖向关系进行尺寸定位。

在尺寸修改动态对话框中，用户可以通过输入简单的运算符号（加 +、减 –、乘 ×、除 /）进行尺寸计算，系统会自动得到尺寸计算结果，如图 2－83 所示。

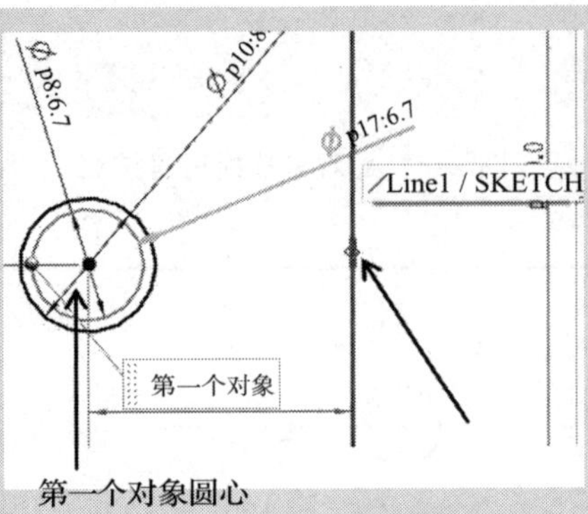

图 2－80　在圆心与轮廓线之间标注尺寸

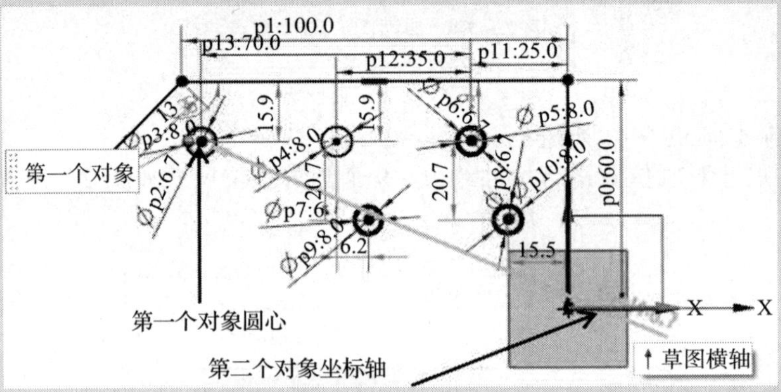

图 2－81　在圆心与坐标轴之间标注尺寸

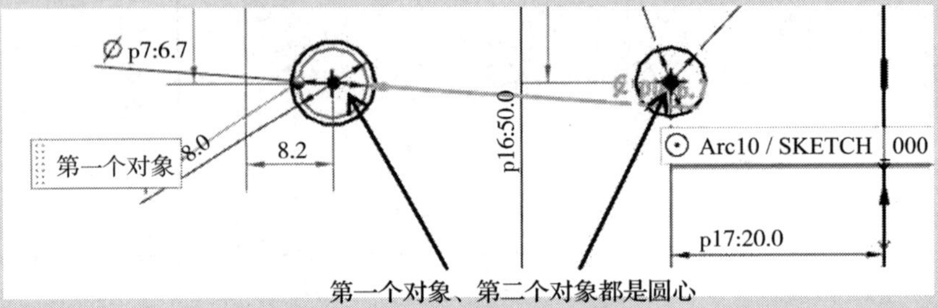

图 2－82　在两个圆心之间标注尺寸

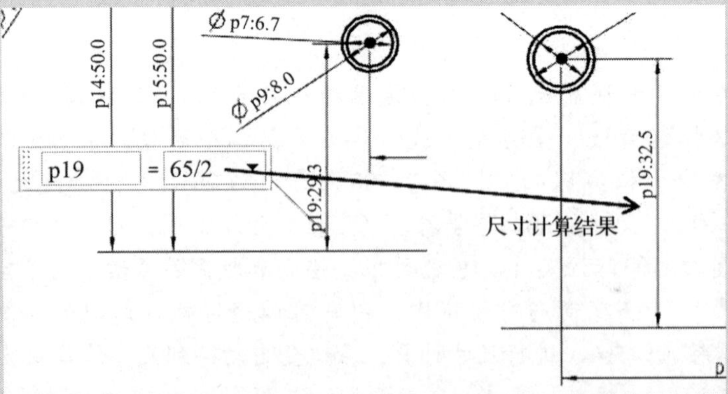

图 2－83　尺寸计算结果

任务4

（7）参考图 2－68 中的图形，绘制图形左边 M6、M8 螺纹孔和 *R*8 圆孔，其中 M6 螺纹孔的底孔圆直径是 4.8，M8 螺纹孔的底孔圆直径是 6.65（系统给出的直径是 6.7）。

单击“圆”按钮 圆，在弹出的“圆”对话框中选择“圆心和直径”方式画圆，可以先在合适位置大致画出一个直径为 6 的圆、一个直径为 4.8 的圆、一个直径为 8 的圆、一个直径为 6.7 的圆、一个直径为 16 的圆，如图 2－84 所示。

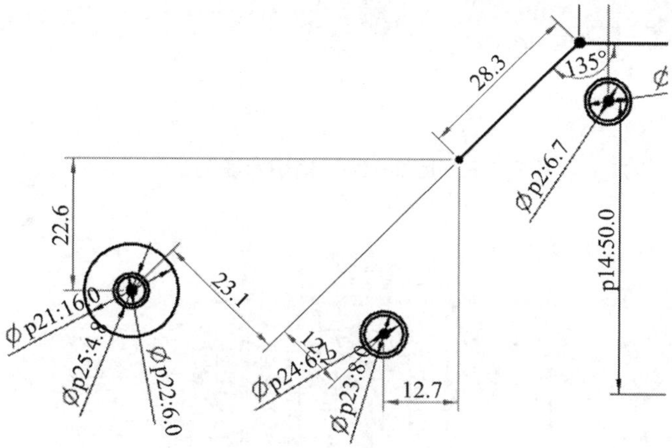

图 2－84　5 个圆的大致位置

（8）对刚才画的 5 个圆进行定位。单击“快速尺寸”按钮 快速尺寸，对照图 2－68 中的尺寸对圆位置进行尺寸约束。5 个圆的定位尺寸如图 2－85 所示。

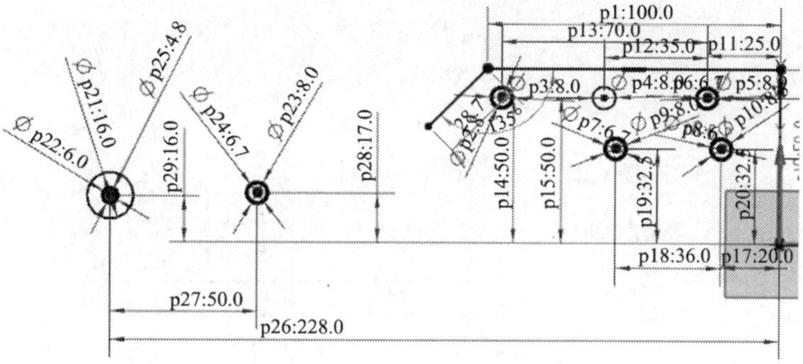

图 2－85　5 个圆的定位尺寸

（9）绘制与左边 *R*8 圆相切的斜线。单击“直线”按钮 直线，在弹出的“直线”对话框中选择默认模式，以前面绘制的角度线的左侧端点为起点，接着靠近 *R*8 圆上面捕捉到切点位置，作为结束点，即完成如图 2－86 所示的相切斜线。

（10）将上面的所有图形镜像到下面。单击“曲线”工具条隐藏菜单中的“镜像曲线”按钮 镜像曲线，选择要镜像的曲线，将上面的图形曲线框选，然后选择 *X* 轴为镜像中心线，通过镜像功能得到整体图形，如图 2－87 所示。

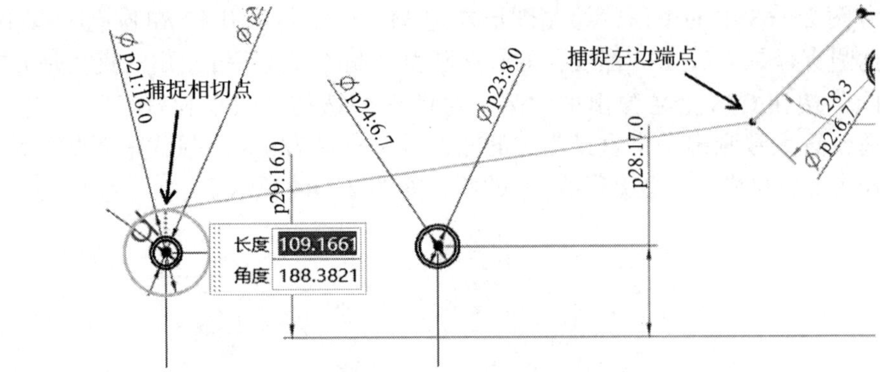

图 2－86　相切斜线

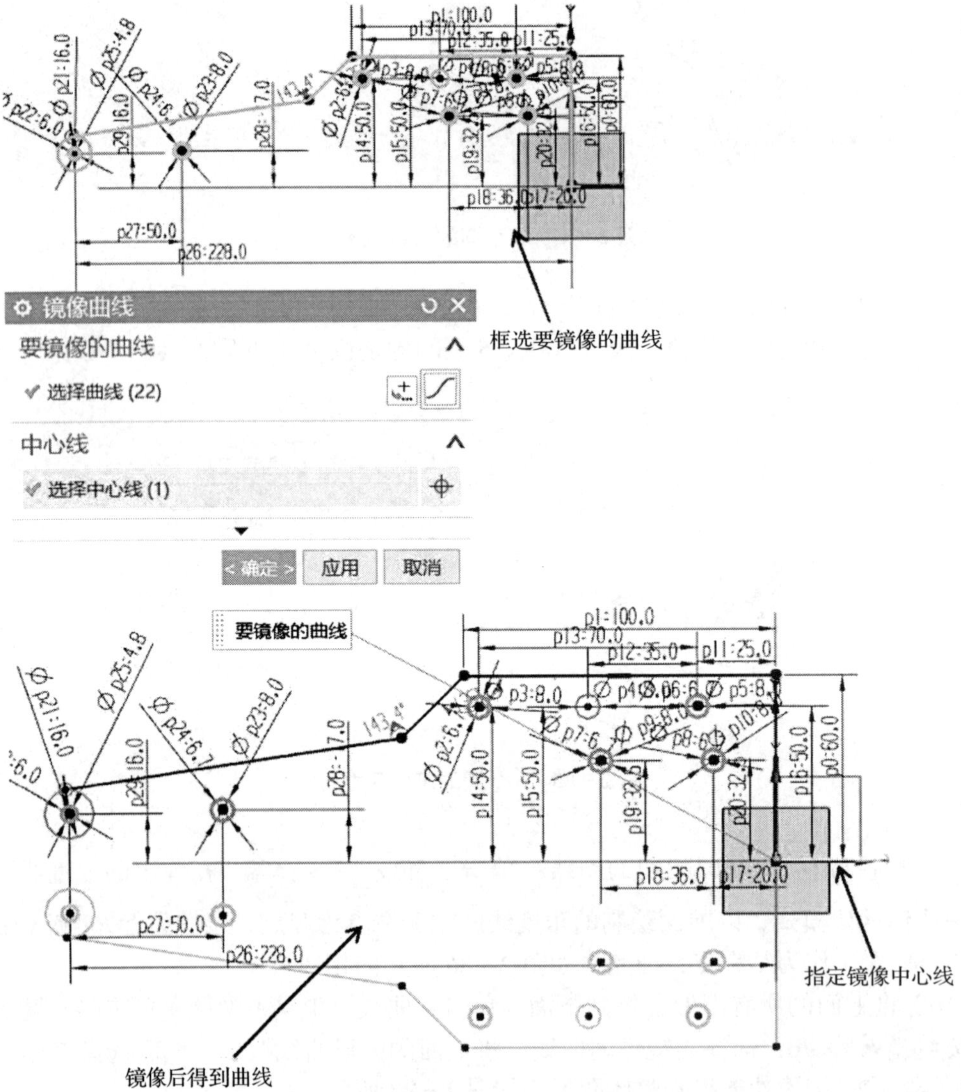

图 2－87　镜像图形

（11）绘制半径为50的相切圆弧。单击“曲线”工具条中的“圆弧”按钮 圆弧，在弹出的对话框中选择“三点画圆弧”方式，选择下边 $R8$ 圆上的一个点作为起点，选择上边 $R8$ 圆上的一个点作为终点，向右放置圆弧，然后输入圆弧半径50，得到如图2－88所示的圆弧图形。

技能点拨

在圆弧之间、圆之间或者圆弧与圆之间等存在相切关系的，用户根据相切情况选择靠近位置点来放置，这样在编辑时会比较快捷。

（12）单击“约束”工具条中的“几何约束”按钮 几何约束，在弹出的对话框中单击“相切”按钮，接着选择圆弧作为要约束的对象，选择 $R8$ 圆为要约束到的对象，完成圆弧与圆的相切操作，如图2－89所示。

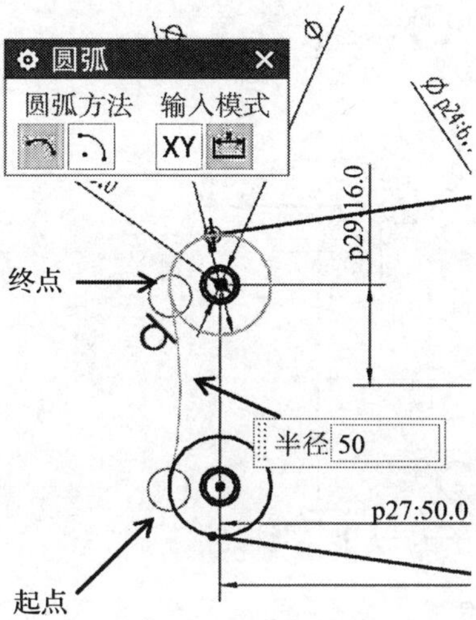

图2－88 圆弧图形

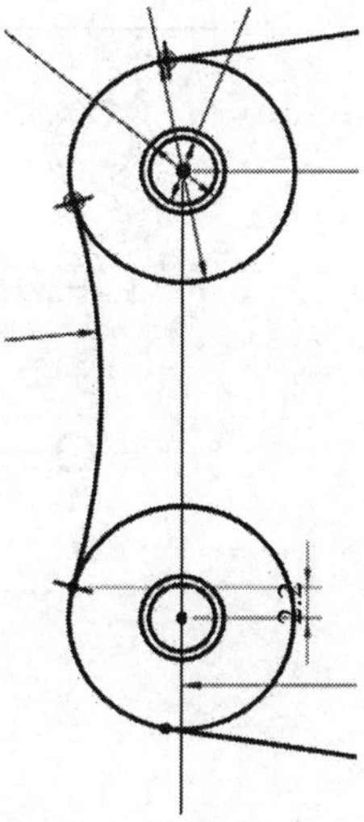

图2－89 圆弧与圆的相切

（13）在中心轴线上绘制 $\phi6$ 和 $\phi14$ 的圆孔。单击“圆”按钮 圆，在弹出的“圆”对话框中选择“圆心和直径”方式画圆，在中心轴线上合适位置大致画出一个直径为6的圆、一个直径为14的圆。然后进行尺寸约束，这两个同心圆圆心到右边轮廓线标注11，到中心轴线 X 轴标注0，即圆心在轴线上，如图2－90所示。

（14）单击“快速修剪”按钮，按住鼠标左键删掉多余的线条，保留需要的线条，如图2－91所示。

（15）图中未注圆角半径 $R5$。在“曲线”工具条中单击“倒圆角”按钮 倒圆角。选择需要修饰圆角的两条曲线，完成图形倒圆角操作，如图2－92所示。

（16）将外螺纹圆孔设置成参考曲线（此处参考曲线用来表示外螺纹孔）。用户先选择图形中所有作为外螺纹孔的圆，然后单击鼠标右键，在弹出的立即对话框中选择“转换为参考”命令，将选中的圆转换为参考曲线，如图2－93所示。这样就完成了工业机器人支承板二维草图的绘制，如图2－94所示。

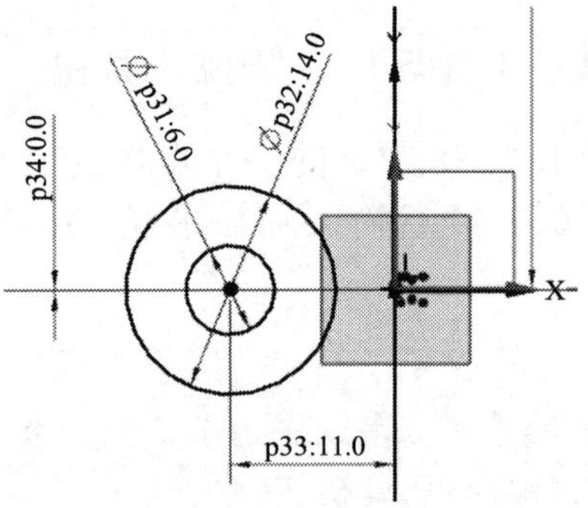

图 2－90　绘制 $\phi 6$ 和 $\phi 14$ 的圆孔

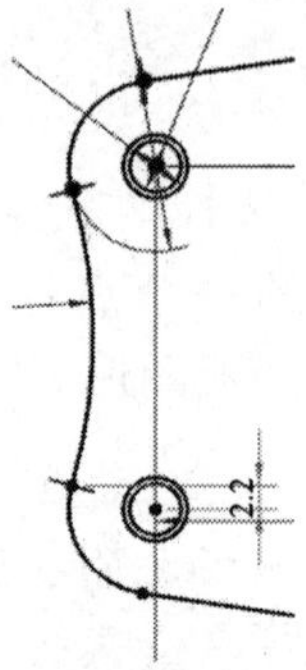

图 2－91　保留圆弧线

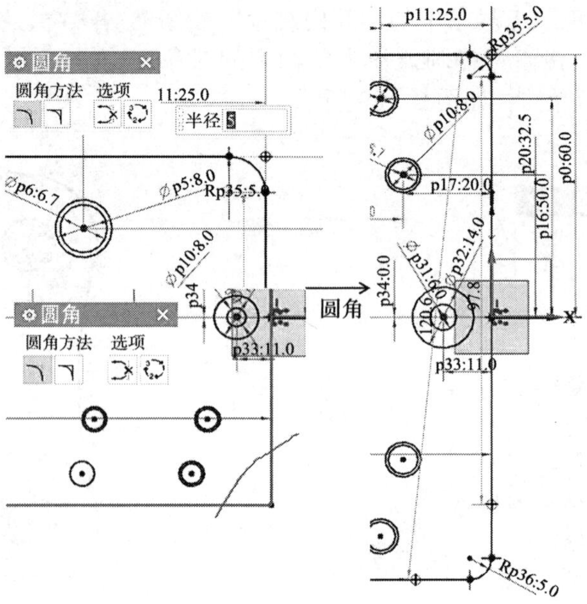

图 2－92　倒圆角

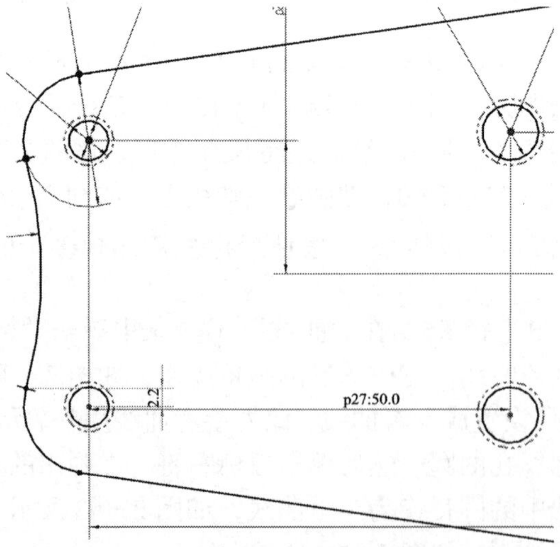

图 2－93　外螺纹圆孔设置成参考曲线

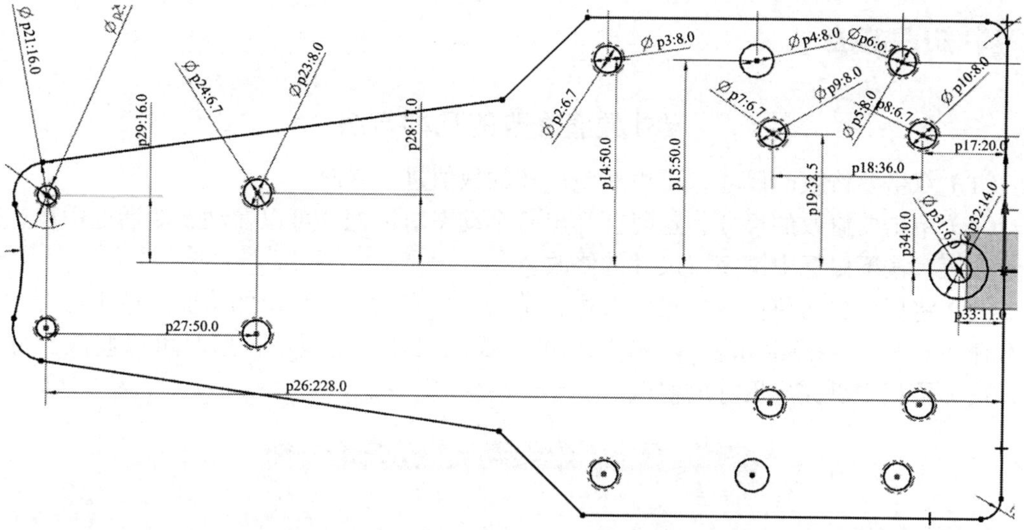

图 2－94　工业机器人支承板的二维草图

基础延伸

草图设置

在草图绘制环境下，选择下拉主菜单中“任务”下拉菜单的“草图设置”命令，如图 2－95 所示，系统会弹出如图 2－96 所示的“草图设置”对话框，在此对话框中用户可以对“文本高度”“约束符号大小”“显示参考曲线”等进行相关设置。

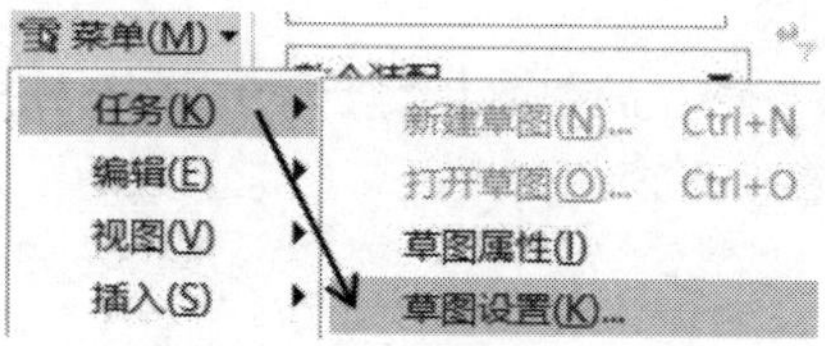

图 2－95　“草图设置”命令

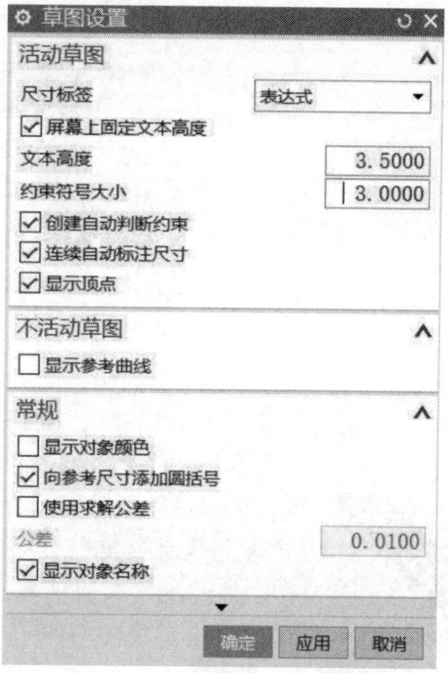

图 2－96　“草图设置”对话框

知识链接

尺寸数值修改的几种方法

（1）双击要修改的尺寸，可以对该尺寸的数值进行修改。

（2）单击要修改的尺寸，这时会弹出一个动态对话框，可以在动态对话框中输入新尺寸数值，按下鼠标中键完成尺寸的修改。

（3）将鼠标移至要修改的尺寸旁边，单击鼠标右键，在弹出的快捷菜单中选择“编辑”命令，系统会弹出如图 2－97 所示的“线性尺寸”对话框，这时可以修改尺寸数值，按下鼠标中键完成尺寸的修改。

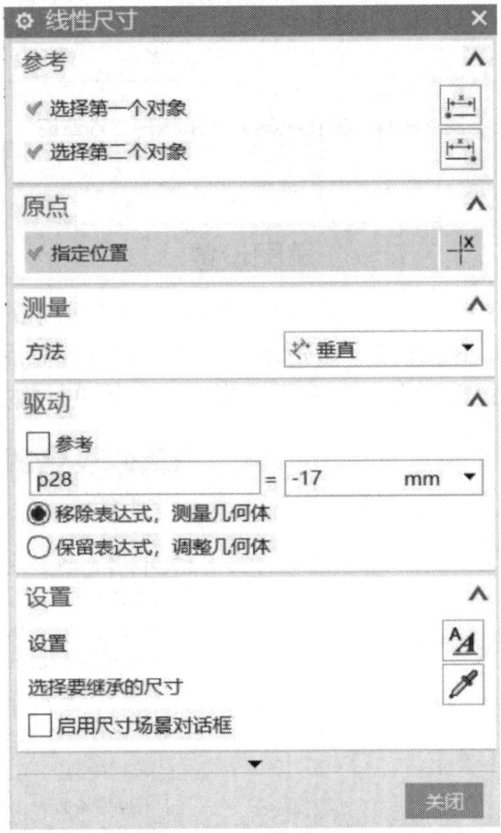

图 2－97　修改尺寸数值

技能点拨

在输入尺寸数值时可以在前面输入负号“－”，以此表示反方向，系统会自动判断约束图元的位置，即相对于基准反方向位置处。

单元 3 三维建模特征操作基础

单元导读

三维建模是在二维草图的基础上进行的，相关的尺寸驱动、关系约束、参数曲线等在设计中占据非常重要的地位。

本单元介绍 UG NX 12.0 三维实体建模的环境、常用功能，以及三维建模设计的思想。三维实体模型结构清晰、简明直观，通过多视角变换，学生可以直观地观察模型的构成和特点。

系统提供了很多灵活方便的三维建模工具和命令，常用的有拉伸、旋转、扫掠、孔等。用户通过三维建模实例操作，了解软件的基本功能，熟练掌握各功能的相关设置，继续提高作图技能。

重点难点

1. UG NX 12.0 三维建模常用特征的操作方法。
2. UG NX 12.0 三维建模各功能相关设置。

技能目标

1. 掌握 UG NX 12.0 的三维建模常用的特征。
2. 掌握 UG NX 12.0 的三维绘图功能。

素养目标

三维建模设计讲究的是要节省材料，要求材料环保、安全可靠。国家和社会的发展对设计师提出了更多要求，例如设计的产品要结构合理，采用的材料要绿色环保。学生通过本单元的学习，培养节能环保、低碳生活意识。

任务 1　三维建模基本环境和常用特征操作

任务描述

本任务介绍实体建模的文件管理设置、图层管理设置、实体建模基本设置、布尔运算。用户需掌握建模环境中相关特征菜单的调用和设置、基本体的使用，以及在基本体上添加其他体素的方法等，为以后学习操作打好基础。

任务目标

1. 熟悉 UG NX 12.0 模型文件操作与管理。
2. 掌握 UG NX 12.0 图层设置和管理。
3. 掌握布尔运算和对象操作设置。
4. 掌握 UG NX 12.0 基本体的使用方法。

实施过程

一　UG NX 12.0 模型文件操作与管理

UG NX 12.0 的文件类型是非常多的，可以支持很多相关类型文件的导入和导出，因此用户需要熟练掌握基本的文件操作与管理。

1. 新建模型文件

软件启动后，首先创建工作目录，即新建文件，其次为模型文件创建名称，文件类型一般默认为“.prt”。新建文件的步骤如下：

（1）在快捷工具条中单击“新建”按钮 新建，或在“文件”下拉菜单中选择“新建”命令。

（2）在弹出的对话框中选择模板类型为“模型”，默认的过滤器单位为“毫米”。输入建模的零件名称，如“零件 1.prt”，并设置文件夹路径，如“E：\工作目录 3\”，相关设置可以参考图 3 - 1。

（3）单击“确定”按钮，完成新建文件操作。

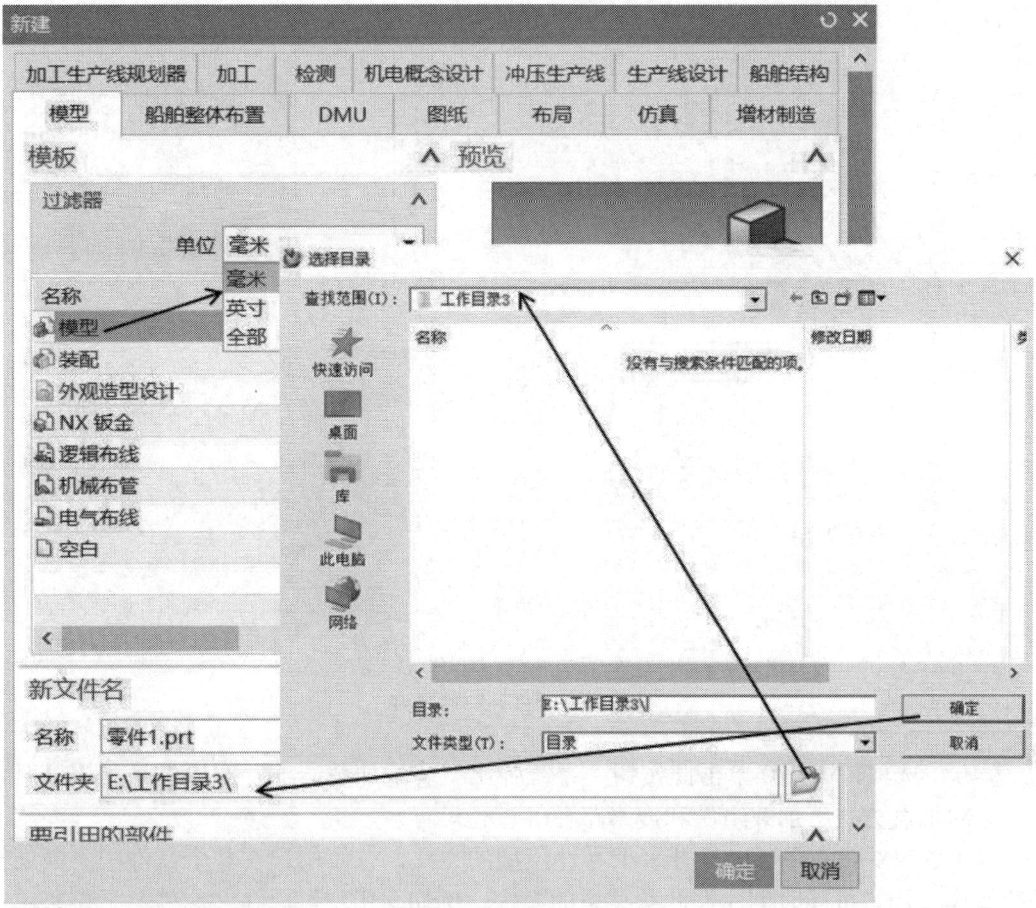

图 3－1　新建模型文件

2. 打开零件模型

打开一个零件模型的步骤如下：

（1）在快捷工具条中单击“打开”按钮，或在文件下拉菜单中选择“打开”命令。

（2）在弹出的对话框中选择“查找范围”为“E：\工作目录 3”，在“文件名”文本框中输入部件名称（比如“S 形管道 .prt”），在“文件类型”下拉列表框中选择系统默认选项——“部件文件（*.prt）”，如图 3－2 所示。

（3）单击“OK”按钮，即可打开文件。

对“打开”对话框中主要选项说明如下：

（1）“预览”复选框。选中该复选框，将显示选择部件文件的预览图像。查看文件时利用此功能可以不必在 UG NX 12.0 中一一打开，这样可以快速找到所需要的文件。“预览”功能仅支持存储在 UG NX 12.0 中的部件（也支持 UG NX 12.0 以下版本），在 Windows 平台上有效。如果不想预览，则取消选中该复选框的勾选。

（2）“文件名”文本框。显示选择的部件文件名称，UG NX 12.0 支持中文文件名称。

（3）“文件类型”下拉列表框。用于选择文件的类型。选择某类型后，在“打开”对话框列表中仅显示该类型的文件，系统自动地用显示在此区域中的扩展名存储部件文件。

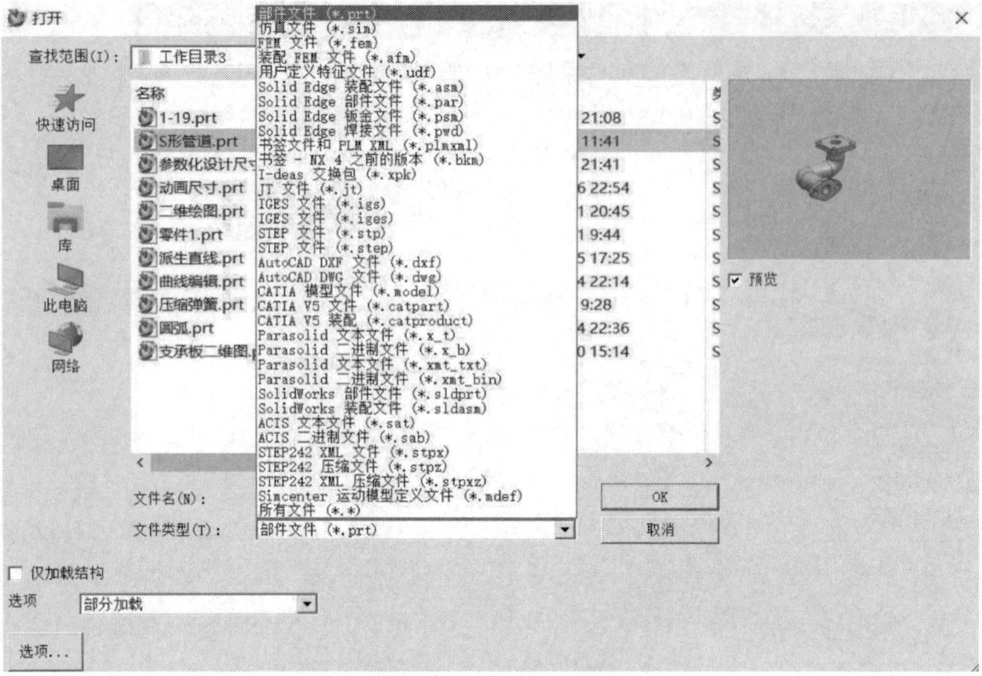

图 3-2 “打开”对话框

（4）“选项”按钮。单击此按钮，系统弹出“装配加载选项”对话框，利用该对话框可以对加载方式、加载组件和搜索路径等进行设置。

在 UG NX 12.0 中可以打开多个零件模型的文件，方便用户在几个文件中不断切换进行操作，用户可同时创建彼此有关系的零件。例如，用户可以在“文件”下拉菜单中打开多个文件，然后在“窗口”下拉菜单中选择不同文件进行切换，或者单击“更多”命令，在弹出的对话框中选择所需要的部件。

3. 保存模型文件

创建完成零件模型后，选择“文件”下拉菜单中的“保存”命令，在保存时会出现多种保存形式（见图 3-3），用户可以根据操作的实际情况有选择性地保存。同样在关闭文件时，也可以根据操作的实际情况在弹出的菜单中有选择性地关闭，如图 3-4 所示为关闭选定的部件“ S 形管道”部件。“关闭”子菜单中的相关命令如图 3-5 所示，说明如下：

（1）“选定的部件”。表示关闭选定的部件，单击该命令会弹出如图 3-4 所示的“关闭部件”对话框，可以通过此对话框关闭选定的一个或者多个打开的部件文件。

（2）“所有部件”。关闭当前所有的部件，但软件仍继续运行，以此方式关闭部件文件时不存储部件，它仅从工作站的内存中清除部件文件。

（3）“保存并关闭”。以当前名称和位置保存并关闭当前显示的部件。

（4）“另存并关闭”。以不同的名称和（或）不同的位置保存并关闭当前显示的部件。

（5）“全部保存并关闭”。以当前名称和位置保存并关闭所有打开的部件。

（6）“全部保存并退出”。保存所有修改过的已经打开部件（不包括部分加载的部件），然后退出软件。

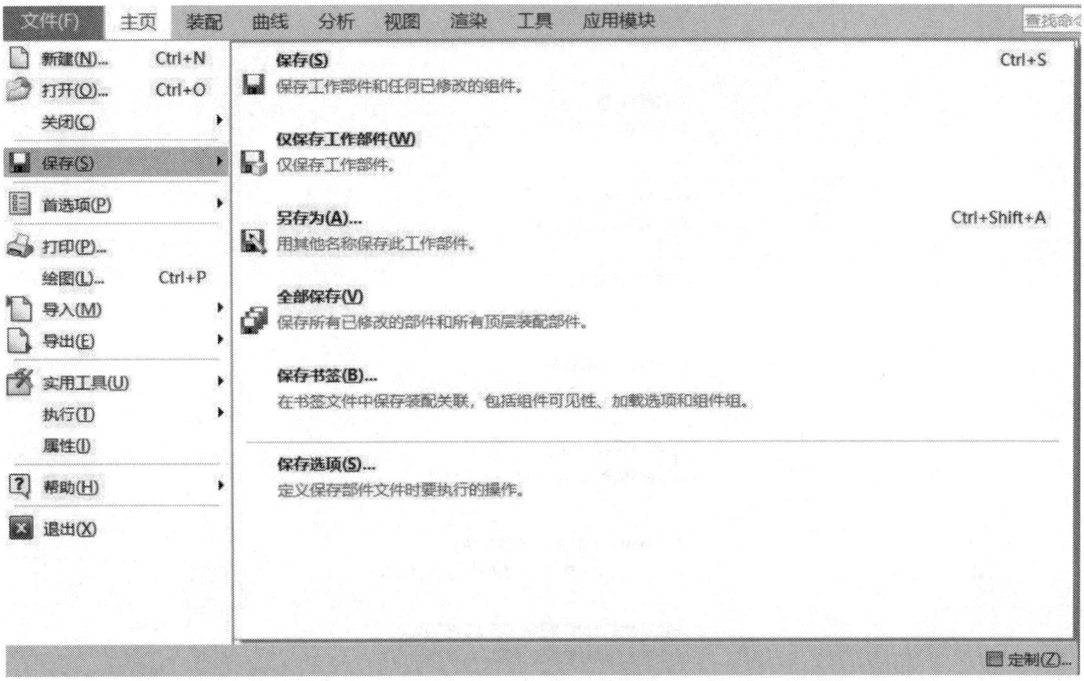

图 3-3　多种保存形式

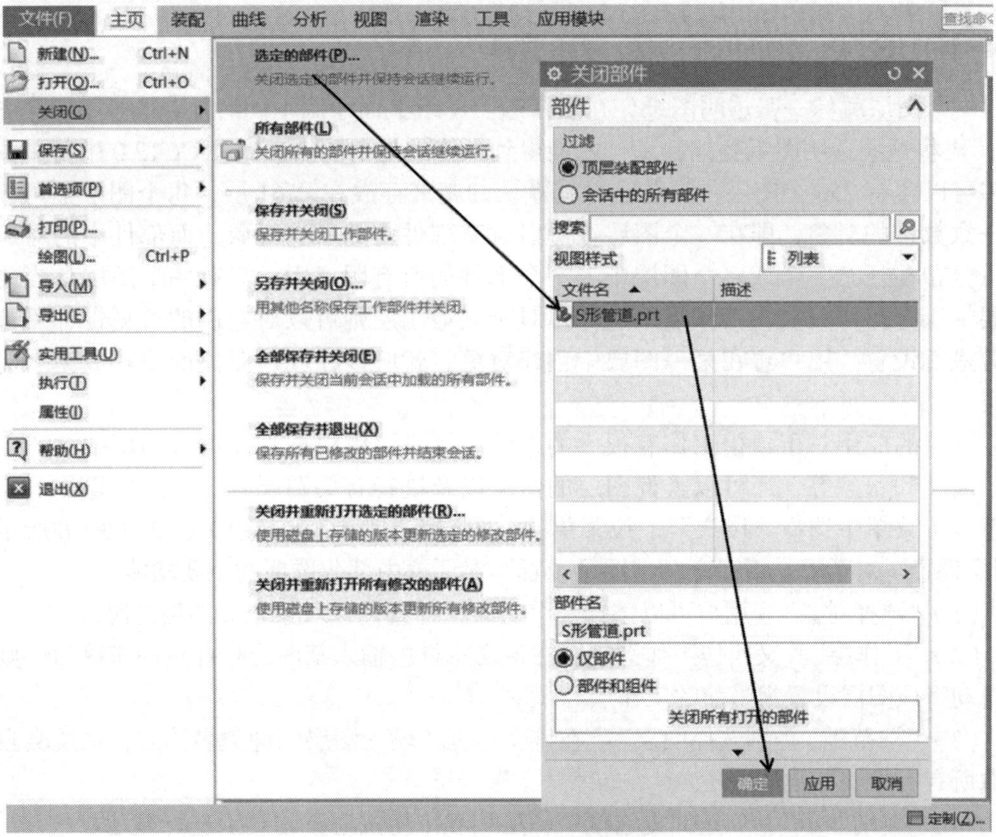

图 3-4　关闭选定的部件

图 3-5 “关闭”子菜单

二 UG NX 12.0 的图层设置和管理

一个图层就像一张透明图纸，在多张透明图纸上面绘制不同特征或图素（即作图对象），再将这些透明图纸叠加起来，就能得到最终的复杂图形。UG NX 12.0 中每个图形最多可以含有 256 个图层，系统已经把默认的基准存放在第 61 层，每个图层上可以含有任意数量的对象，即在一个图层上可以含有部件中的所有对象，而部件中的对象也可以分布在任意一个或多个图层中。一个部件的所有图层中，只有一个图层是当前工作层，所有操作只能在工作层上进行，对于其他图层则可以对它们的可见性、可选择性等进行设置。用户想在某一图层中创建对象，就应该在创建对象前使其成为当前工作层。

图层的应用对于建模工作有很大的帮助，用户可以根据需要设置图层的名称、分类、属性和状态等，还可以查询图层的信息以及进行有关图层的一些编辑操作。用户在下拉主菜单中选择“格式”下拉菜单的“图层设置”命令，会弹出如图 3-6 所示的“图层设置”对话框。下面介绍“图层设置”对话框中部分选项的主要功能：

（1）“选择对象”。用户可以选择一个对象，并查询该对象相关图层情况。

（2）“工作层”。又叫作工作图层，在该文本框中输入某图层号并按回车键后，则系统自动将该图层设置为当前的工作层。

（3）“按范围/类别选择图层”。在该文本框中输入图层的种类名称后，系统会自动选取所有属于该种类的图层。

（4）“类别显示”。勾选此复选框，图层列表中将按对象的类别进行显示。

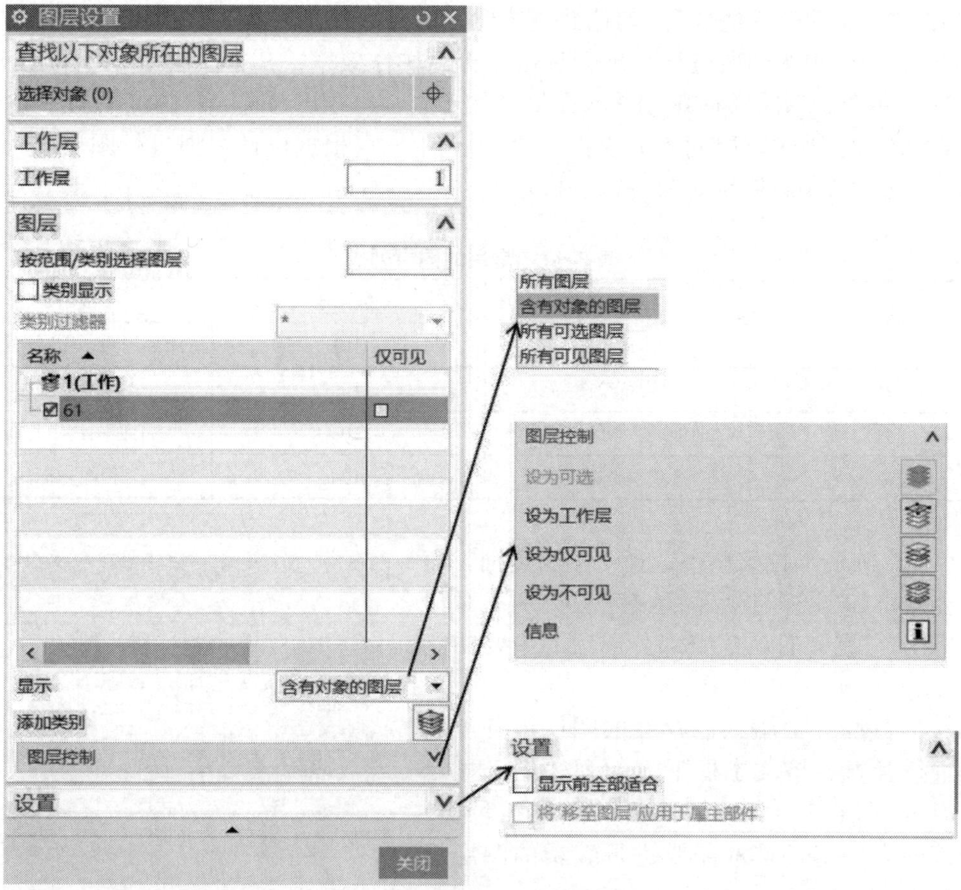

图 3－6　“图层设置”对话框

（5）“类别过滤器”。在对应的文本框中输入已存在的图层种类名称来进行筛选，在该文本框中系统默认为“ * ”，此符号表示所有的图层种类。例如输入“ ALL ”，则会筛选出“名称”列里面对应的“ALL”图层信息。

（6）“显示”。控制图层列表中图层显示情况。

“所有图层”，图层状态列表中显示所有图层（0 ～ 256 层）。

“含有对象的图层”，图层状态列表中仅显示含有对象的图层。

“所有可选图层”，图层状态列表中仅显示可选择的图层。

“所有可见图层”，图层状态列表中仅显示可见的图层。

当前工作层在以上各情况下，都会在图层列表中显示。

（7）“添加类别”。单击此按钮可以添加新的类别层。

（8）“设为可选”。单击此按钮将被隐藏的图层设为可选层。

（9）“设为工作层”。单击此按钮可将选中的图层设为工作层。

（10）“设为仅可见”。单击此按钮可将选中的图层设为可见层。

（11）“设为不可见”。单击此按钮可将选中的图层设为不可见层。

（12）“信息”。单击此按钮，系统弹出“信息”窗口，显示此零件模型中所有图层的相关信息，如图层编号、状态和图层种类等。

（13）“显示前全部适合”。勾选此复选框，模型将充满整个图形显示区。

对 UG NX 12.0 图层进行合理管理可以提高操作效率，其中图层组 MODELING 包含第 1 ～ 20 层，图层组 DRAFTING 包含第 21 ～ 40 层，图层组 ASSEMBLY 包含第 41 ～ 60 层。常用的图层列表如表 3－1 所示，用户可根据设计习惯进行图层组种类的设置，方便对其中各图层对象进行选择。

表 3－1　常用的图层列表

图层号	图层内容	图层号	图层内容
1	实体建模图层	101	工程图：轮廓实线
21	三维草绘图层	102	工程图：细线
41	曲线（非草绘）图层	103	工程图：中心线
61	基本坐标系	104	工程图：标注

在“格式”下拉菜单中选择“图层类别”命令，会弹出如图 3－7 所示的“图层类别”对话框。“图层类别”对话框中部分选项的主要功能如下：

（1）“过滤”。输入已存在的图层组种类名称来进行筛选，该文本框下方的列表用于显示已存在的图层组种类或筛选后的图层组种类，可在该列表中直接选取需要进行编辑的图层组种类。

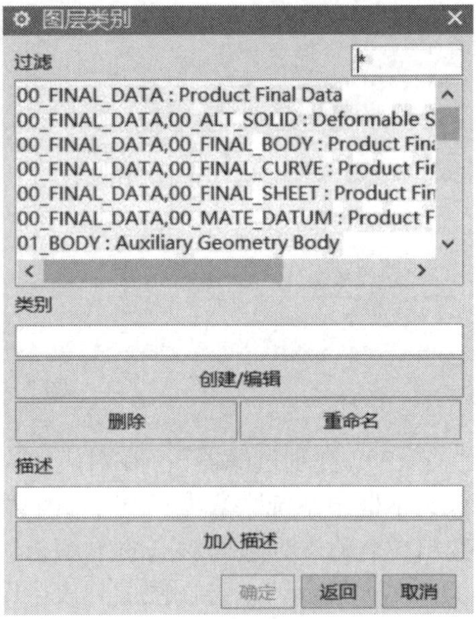

图 3－7　“图层类别”对话框

（2）“类别”。用于输入图层组种类的名称，可输入新的种类名称来建立新的图层组种类，或是输入已存在的名称进行该图层组的编辑操作。

（3）“创建 / 编辑”。用于创建新的图层组或编辑现有的图层组。单击该按钮前，必须要在“类别”文本框中输入名称。如果输入的名称已经存在，则可对该图层组进行编辑操作；如果输入的名称不存在，则创建新的图层组。

（4）“删除”和“重命名”。主要用于对选中的图层进行删除和重命名操作。

（5）“描述”。此文本框用于输入与某图层对应的描述文字，以解释该图层的含义。输入的文字长度超出文本框的规定长度时，系统会自动进行延长匹配，所以在使用中可以输入比较长的描述语句。

用户在进行图层的创建、编辑、更改等操作时，可以参照以下方式进行：

1. 创建一个新图层

单击“图层类别”命令，在“类别”文本框中输入新图层的名称，如“图层 03”，还可在“描述”文本框中输入相应的描述信息，如“实体建模”，单击“创建 / 编辑”

按钮，系统继续弹出“图层类别”对话框，在“图层”列表中选取属于该类别的图层，单击“添加”按钮，然后单击“确定”按钮，继续单击“确定”按钮，如图3-8所示，从而创建一个新的图层。

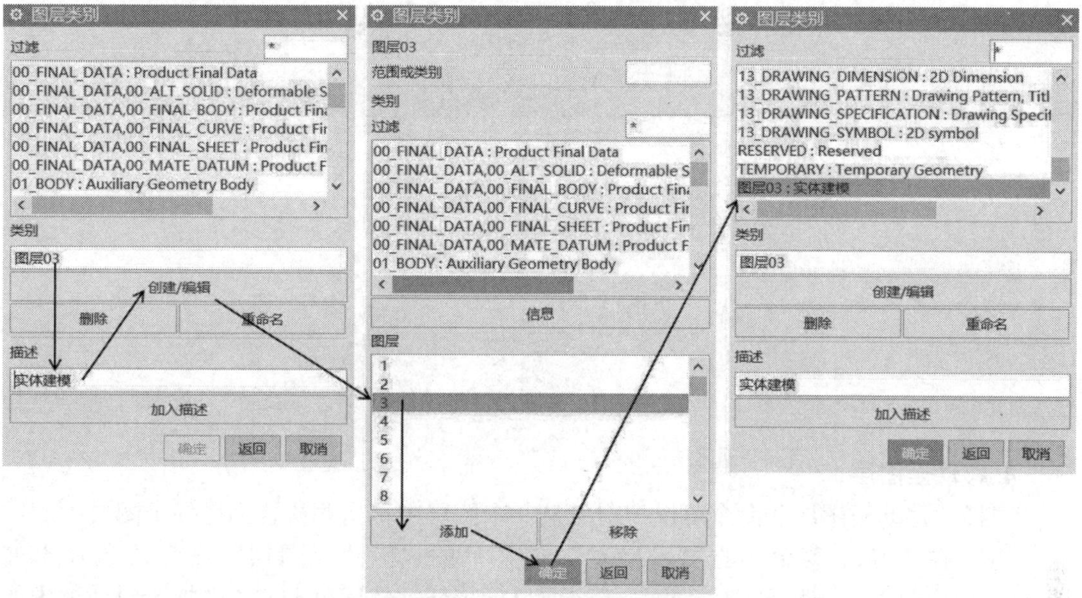

图3-8　创建一个新的图层

2. 修改所选图层组的描述信息

在“图层类别”对话框中选择需要修改描述信息的图层组，在“描述”文本框中输入相应的描述信息，然后单击“确定”按钮，系统便可以修改所选图层组的描述信息。

3. 编辑一个存在的图层种类

在“图层类别”的“类别”文本框中输入图层名称，或者直接在图层种类列表中选择要编辑的图层，即可对其进行编辑操作。

选择下拉主菜单中“格式”子菜单的“视图中可见图层”命令（见图3-9），会弹出如图3-10所示的“视图中可见图层”对话框。在该对话框中选取某个视图，单击“确定”按钮，系统会弹出另一个“视图中可见图层”对话框。用户可以在“图层”列表中选定图层，单击“可见”按钮或者“不可见”按钮，从而设置该图层的可见性，如图3-11所示。

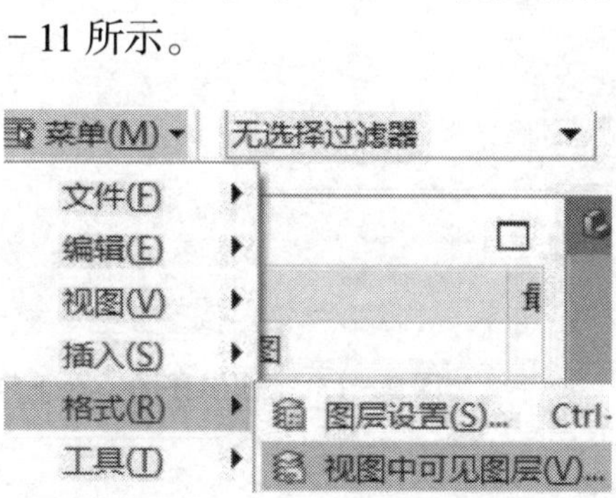

图3-9　选择“视图中可见图层”命令

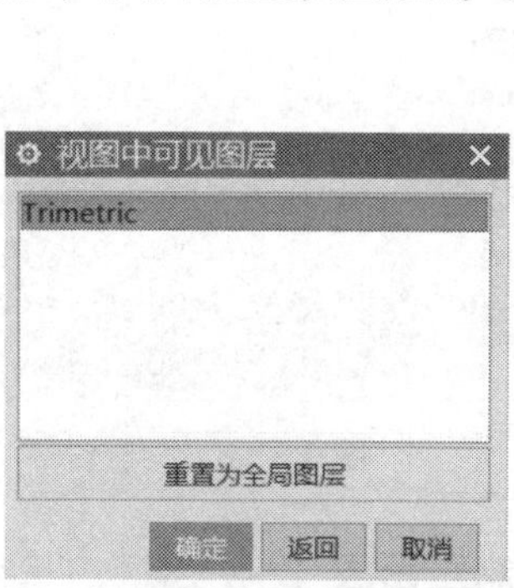

图3-10　“视图中可见图层”对话框

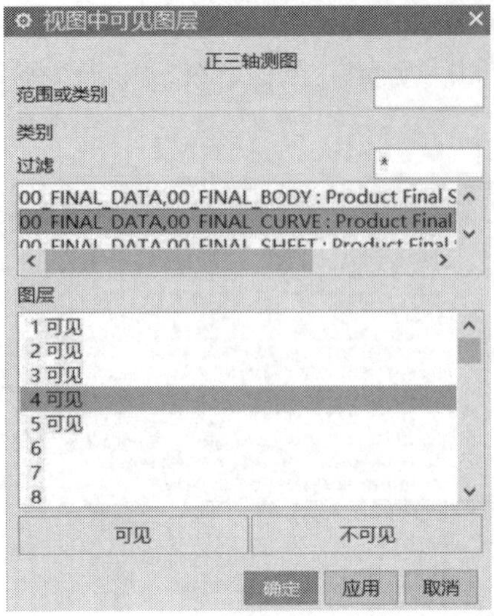

图 3-11　设置图层可见性

4. 移动至图层

选择“移动至图层”命令可以把对象从一个图层中移出并放置到另一个图层中。

用户在下拉主菜单中选择“格式”子菜单的“移动至图层”命令，会弹出如图 3-12 所示的“类选择”对话框，先选取目标特征，然后单击“类选择”对话框中的“确定”按钮，系统弹出如图 3-13 所示的“图层移动”对话框。选择目标图层或者输入目标图层的编号，单击“确定”按钮，完成对象移至图层操作。

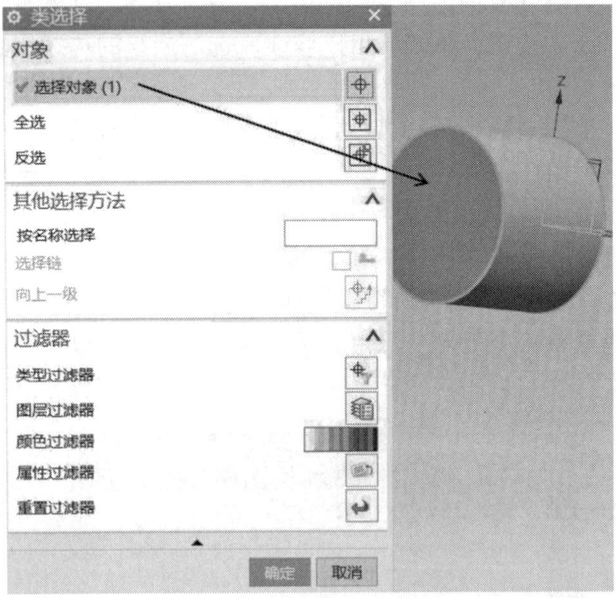

图 3-12　“类选择”对话框

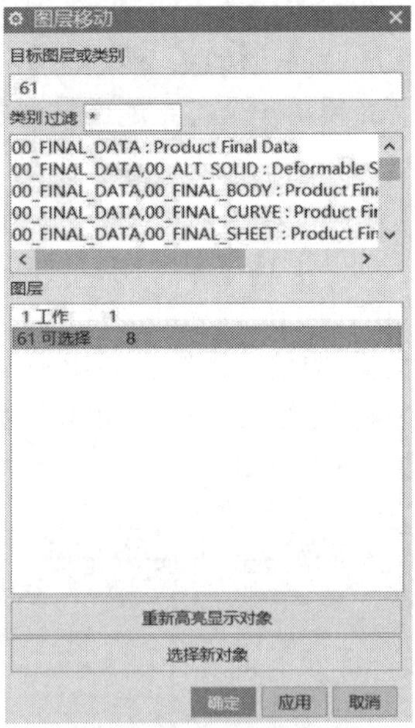

图 3-13　“图层移动”对话框

5. 复制至图层

选择“复制至图层”命令可以把对象从一个图层复制到另一个图层，且源对象依然保留在原来图层上。

用户在下拉主菜单中选择“格式”子菜单的“复制至图层”命令，会弹出“类选择”对话框，先选择目标特征，然后单击“类选择”对话框中的“确定”按钮，系统会弹出“图层复制”对话框。从“图层”列表中选择一个目标图层或者在“目标图层或类别”文本框中输入一个图层编号，单击“确定”按钮，完成图层的复制。(此操作与移动图层操作方法类似，如果是组件、基准轴和基准平面类型则不能在图层之间复制，只能移动。)

三 UG NX 12.0 的布尔运算和对象操作设置

1. 布尔运算

布尔运算是指对两个或者两个以上已经存在的实体进行合并、减去以及相交运算，从而可以产生新的实体。进行布尔运算时，首先选择目标体(即被执行布尔运算的实体，只能选择一个)，然后选择工具体(即在目标体上执行操作的实体，可以多选)，布尔运算完成后工具体成为目标体的一部分，如果目标体和工具体具有不同的图层、颜色、线型等特性，得到的新实体具有与目标体相同的特性。如果部件文件中已存在实体，当建立新特征时，新特征可以作为工具体，已经存在的实体作为目标体。

(1)合并(求和)操作：用于将工具体和目标体合并成一体。图3-14所示为布尔合并运算，将两个实体求和(合并的内部关系可以根据显示的线框图辨别)。在下拉主菜单里面的“插入”子菜单中选择“组合”子菜单中的“合并”命令，会弹出“合并”对话框，如图3-15所示。“目标”选择“圆柱体”，“工具”选择“三棱柱”，用户可以通过勾选“预览”复选框并单击“显示结果”按钮看到求和的结果，若符合要求则单击“确定”按钮，完成两个实体的合并运算。

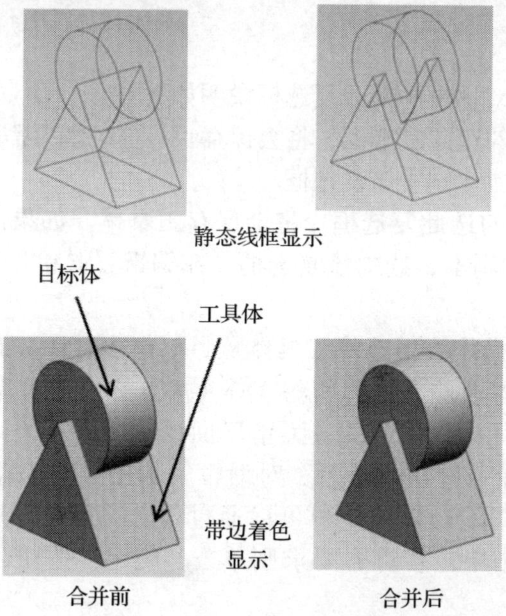

图3-14 两个实体合并

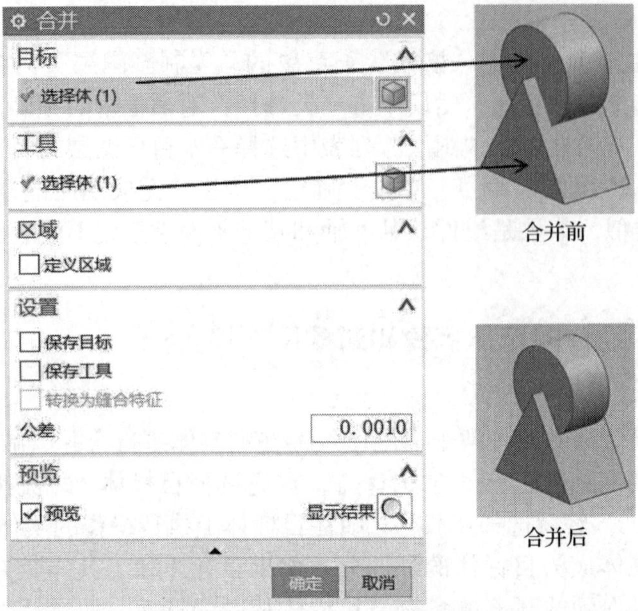

图 3－15 “合并”对话框

技能点拨

布尔运算合并操作要求目标体和工具体必须在空间上接触，否则提示出错。

在进行拉伸、回转、扫描等操作时，由于对话框选项里面有“布尔运算”，因此用户可根据实际情况进行布尔运算的相关设置，本书后面也会讲到相关内容。

布尔运算“合并”对话框中部分复选框说明如下：

1）“保存目标”。勾选此复选框，将会保存目标体。如果需要在一个未修改的状态下保存所选目标体的副本，选中该复选框。

2）“保存工具”。勾选此复选框，将会保存工具体。如果需要在一个未修改的状态下保存所选工具体的副本，选中该复选框。在编辑“求和”特征时，取消选中该复选框。

（2）减去（求差）操作：用于将工具体从目标体中移除。布尔减去运算是指对一个实体与另外一个实体求差，得到新的实体（减去的内部关系可以根据显示的线框图辨别），如图 3－16 所示。在下拉主菜单里面的“插入”子菜单中选择“组合”子菜单中的“减去”命令，弹出“求差”对话框，如图 3－17 所示。“目标”选择“圆柱体”，“工具”选择“长方体”，用户可以通过勾选“预览”复选框并单击“显示结果”按钮看到减去的结果，若符合要求则单击“确定”按钮，完成两个实体的减去运算。

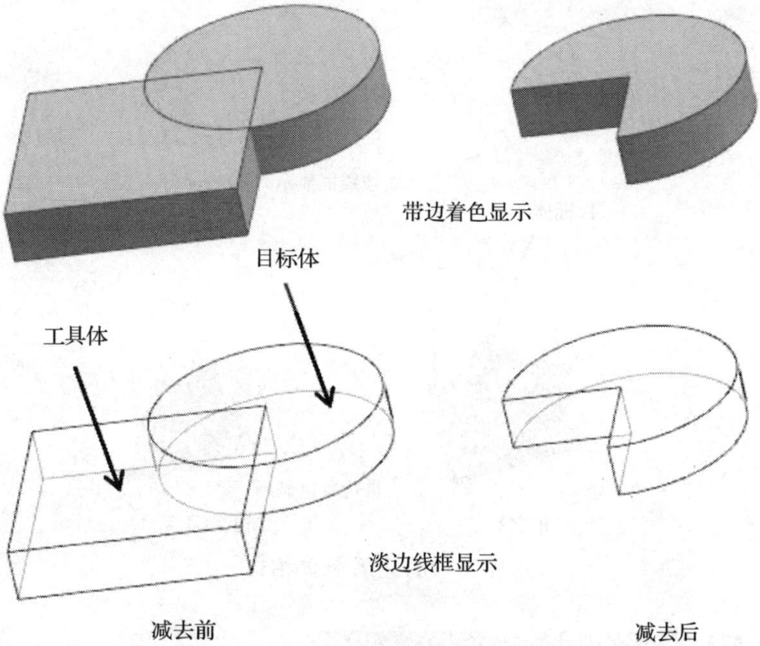

图 3-16 两个实体的减去运算

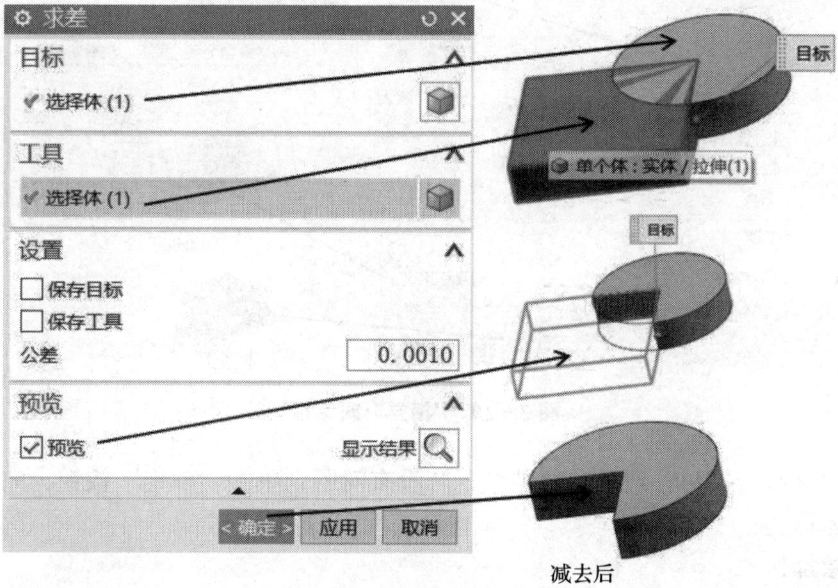

图 3-17 “求差”对话框

（3）相交操作：用于创建两个不同实体的共有部分，进行布尔相交运算时工具体与目标体必须相交。图 3-18 所示为进行布尔相交运算求得两个实体的共同部分，从而得到新的实体（相交的内部关系可以根据显示的线框图辨别）。在下拉主菜单里的“插入”子菜单中选择“组合”子菜单中的“相交”命令，弹出“相交”对话框，如图 3-19 所示。“目标”选择“三棱柱”，“工具”选择“长方体”，用户可以通过勾选“预览”复选

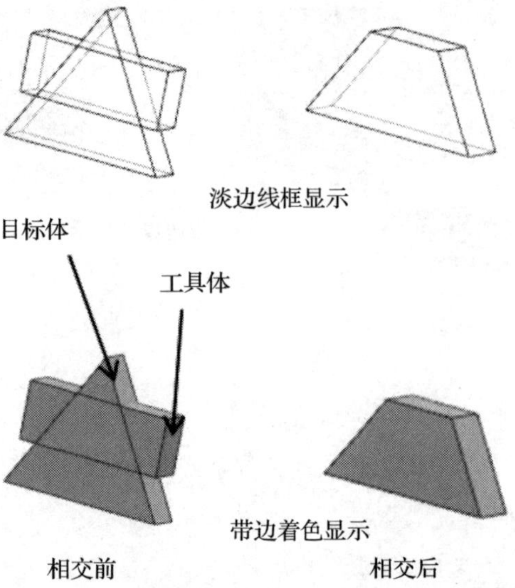

图 3-18 两个实体相交

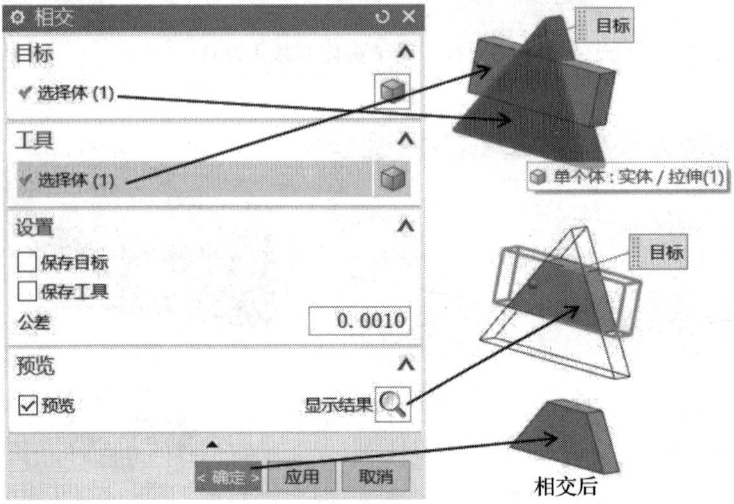

图 3-19 “相交”对话框

框并单击“显示结果”看到求和的结果，若没有问题则单击“确定”按钮，完成两个实体的相交运算。

2. 对象操作

UG NX 12.0 的对象操作是对目标对象进行的显示、隐藏、分类和删除等操作。

如果有的工具命令没有显示在快捷工具条区中，用户可以单击隐藏符号，在弹出的立即菜单中勾选相应的工具命令（例如样式组），如图 3-20 所示。此外还可以定制命令，在“定制”对话框中选择“视图”下面的“操作”（见图 3-21），然后在“项”窗口中选中“定向视图”，按住鼠标左键将其拖到快捷工具条区，那么相关的工具命令就会出现在快捷工具条区中。

图3－20　勾选相关工具

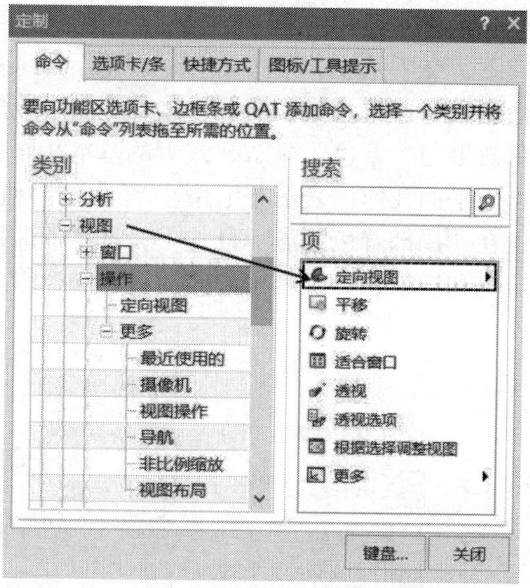

图3－21　选择“定向视图”

（1）对象与模型的显示：单击快捷工具条区的“视图”，会出现“视图”快捷工具条，如图3－22所示。里面的所有工具也可以在下拉主菜单的“视图”子菜单中直接调出使用。用户把鼠标放置在工具按钮上，会弹出一个提示框，对此工具进行解释说明，由于此工具条涉及的工具按钮比较多，书中未提到的工具按钮，用户可以通过此解释说明理解使用。在此就部分常用按钮进行如下简单介绍：

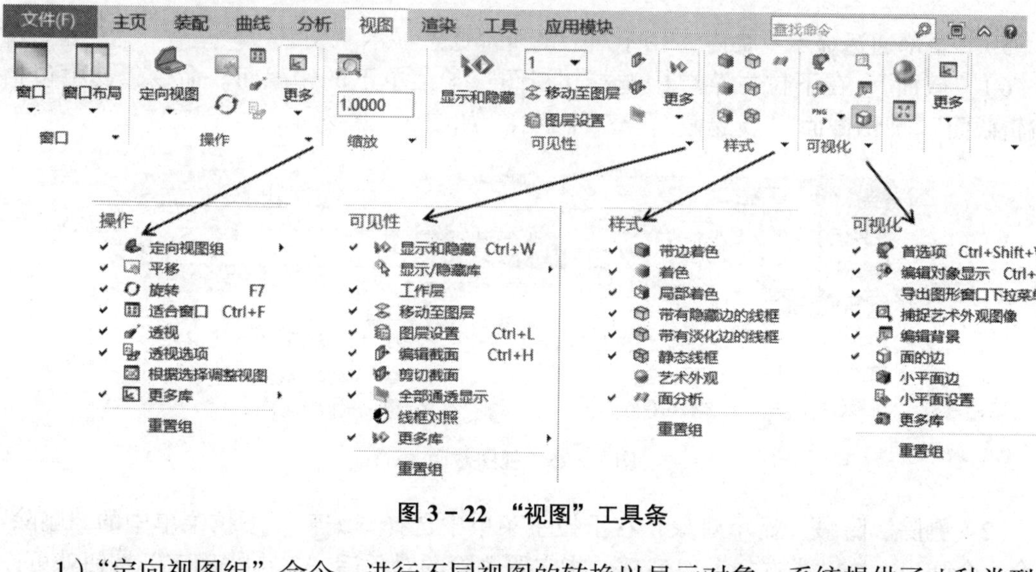

图3－22　“视图”工具条

1）“定向视图组”命令，进行不同视图的转换以显示对象，系统提供了八种类型的视图，如图3－23所示。

2）“缩放”“平移”“旋转”这三个工具用于对作好的图形在图形显示区进行缩放、平移、旋转，以观察不同角度的图形。

3）“适合窗口”命令，调整工作视图的中心和比例以显示所有对象。

4）“样式”，系统提供了如图 3－24 所示的几种视图显示样式。在“艺术外观”显示样式下，在下拉主菜单中选择“视图”子菜单中“可视化”子菜单里面的“材料 / 纹理”命令，可以用指定的材料和纹理进行实际渲染。没有指定材料或纹理特性的对象，其视觉效果与“着色”显示样式下的基本相同。在“面分析”显示样式下，选定的曲面对象由小平面几何体表示并渲染小平面以指示曲面分析数据，剩余的曲面对象由几何体表示。在“局部着色”显示样式下，选定的曲面对象由小平面几何体表示，这些几何体通过着色和渲染显示，剩余的曲面对象由边缘几何体显示。

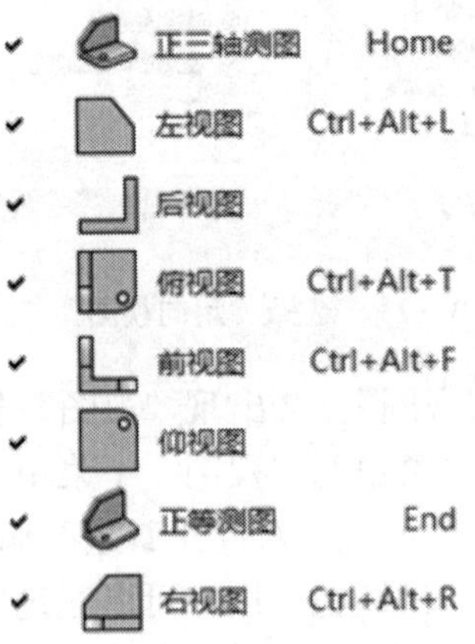

图 3－23　定向视图组

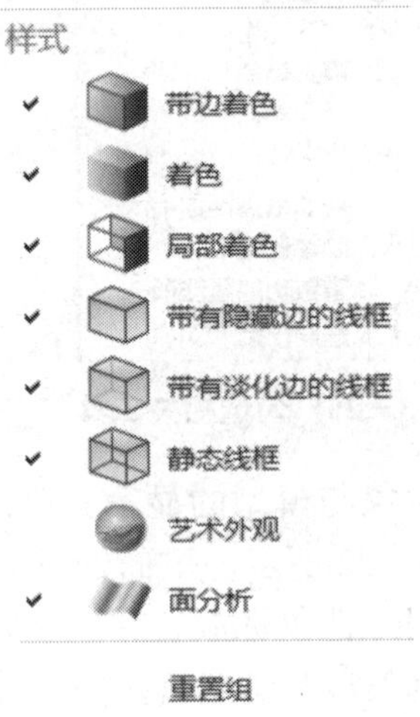

图 3－24　视图显示样式

5）“全部通透显示”命令，用于对象的全部通透显示。

6）“截面”，在下拉主菜单中选择“视图”子菜单下的“截面”命令，其中包括“编辑截面”“剪切截面”“新建截面”三种显示，如图 3－25 所示。

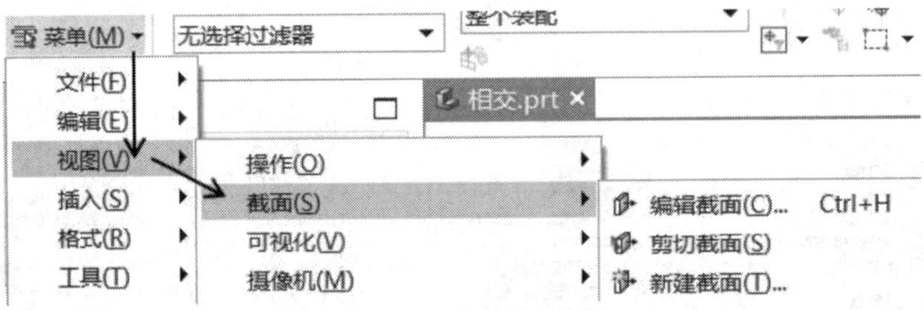

图 3－25　视图截面

（2）删除、隐藏、显示对象：在下拉主菜单中选择“编辑”下拉菜单中的“删除”命令，会弹出一个“类选择”对话框，指定要删除的对象后，单击“确定”按钮就可以删除一个或者多个对象。

隐藏对象是指通过一些操作使该对象在零件模型中不显示。下拉主菜单中选择“编辑”下拉菜单中“显示和隐藏”子菜单下的“隐藏”命令，会弹出一个“类选择”对话框，指定要隐藏的对象后，单击“确定”按钮就可以隐藏一个或者多个对象。

对象的显示与隐藏的操作方法一样，下拉主菜单中选择“编辑”下拉菜单中“显示和隐藏”子菜单下的“显示”命令，会弹出一个“类选择”对话框，指定要显示的对象后，单击“确定”按钮就可以显示一个或者多个对象。隐藏和显示是相对应的，用户可以通过组合快捷键“Ctrl+B”隐藏对象，通过组合快捷键“Ctrl+Shift+U”显示对象。

（3）类选择：利用对象类型和设置过滤器的方法，达到快速选取对象的目的，“类选择”对话框如图3－26所示。可以直接选取也可以用“类选择”对话框中的对象过滤器功能，来限制选择对象的范围，选中的对象为高亮显示。以下是对“类选择”对话框中各选项功能的说明。

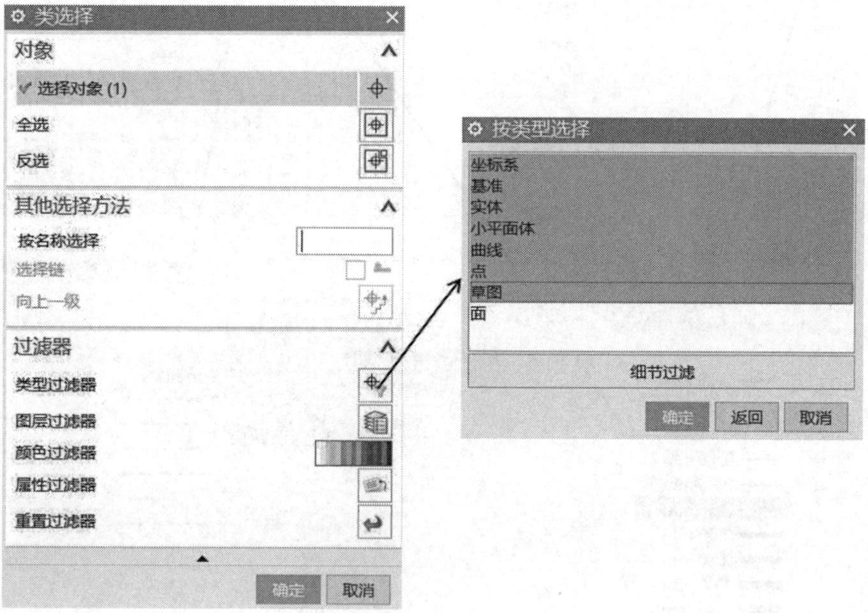

图3－26 “类选择”对话框

1)“选择对象”，用户进行对象选取。

2)“全选”，用于选取图形中的所有对象。

3)“反选”，用于选取图形中选择类型之外的全部对象。

4)“按名称选择”，用于输入预选对象的名称，系统会自动选取对象。

5)“类型过滤器”，用于通过对象的类型来选取对象，单击此按钮系统会弹出“按类型选择”对话框，可以在列表中选择所需要的对象类型。

6)“图层过滤器”，通过指定图层来选取对象。

7)“颜色过滤器”，通过指定颜色来选取对象。

8)“属性过滤器”，可以在属性列表中选择某对象属性，或者自定义某种对象属性。

9)“重置过滤器”，取消之前设置的所有过滤方式，恢复系统默认的设置。

（4）编辑对象的显示：编辑对象的显示是指修改对象的图层、颜色、线型和线宽等。单击“视图”工具条中的“编辑对象显示”按钮，或在下拉主菜单中选择“编辑”下拉菜单中的“对象显示”命令，会弹出一个“类选择”对话框。用户将需要编辑

的对象选定后，单击对话框中的“确定”按钮，会弹出“编辑对象显示”对话框，在此可以根据设计的需要对“图层”“颜色”“线型”“宽度”等进行编辑，如图 3－27 所示，然后单击“确定”按钮。

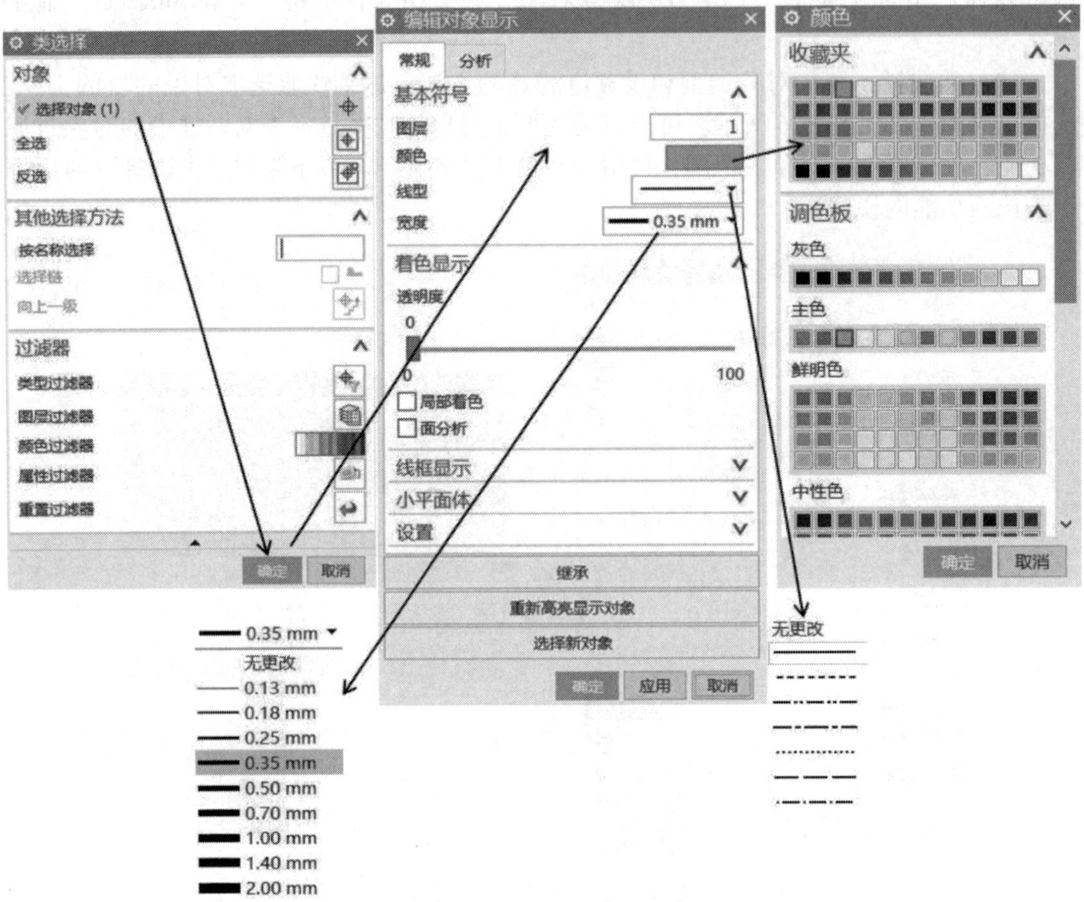

图 3－27　编辑对象显示

> **技能点拨**
>
> 在选取对象的操作中，如果光标短暂停留后，后面出现“……”的提示，则表示在光标位置有多个可供选择的对象。

（5）对象视图布局：对象视图布局是指图形显示区同时显示多个视角的视图，一个视图布局最多允许排列九个视图。用户可以创建系统已有的视图布局，也可以自定义视图布局。在下拉主菜单中选择“视图”子菜单中的“布局”命令，在“布局”子菜单中可以进行新建、打开、删除、保存和重新生成等操作。当选择“新建”命令时，系统会弹出如图 3－28 所示的“新建布局”对话框，用户可以在“布置”下拉列表框中选择合适的视图，然后单击“确定”按钮，选择“布局”子菜单中的“保存”命令，完成当前视图的保存。

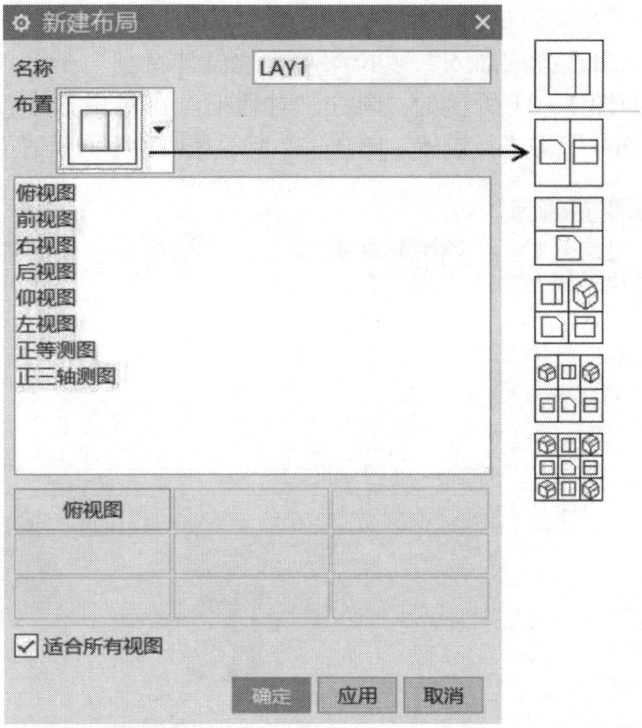

图 3 - 28　“新建布局”对话框

四　UG NX 12.0 基本体的操作

组成零件的基本单元一般有长方体、圆柱体、圆锥体和球体等。

1. 创建长方体

在下拉主菜单中选择“插入”下拉菜单中“设计特征”子菜单中的“长方体”命令，系统会弹出如图 3 - 29 所示的“长方体”对话框。在对话框中，用户可以对“类型”“尺寸”“布尔”等进行设置。图 3 - 30 所示是三种不同设置类型的长方体。

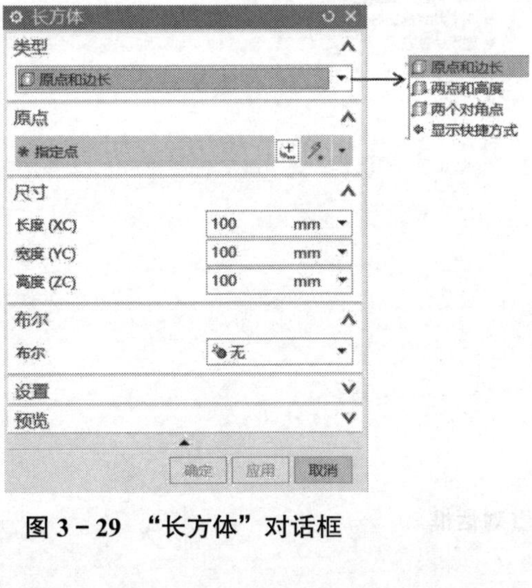

图 3 - 29　“长方体”对话框

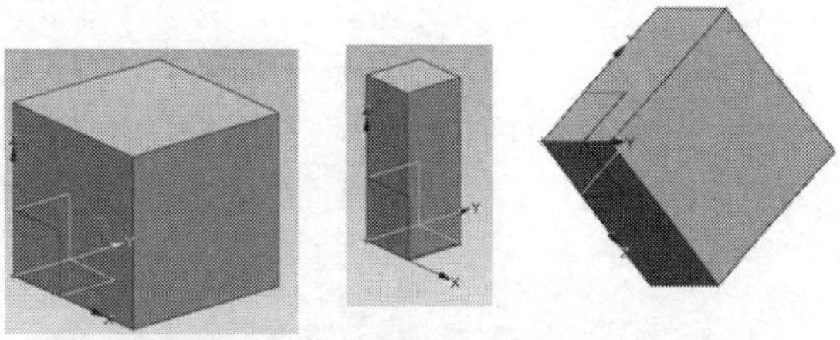

(a) 原点和边长　(b) 两点和高度　(c) 两个对角点

图 3 - 30　三种不同设置类型的长方体

2. 创建圆柱体

在下拉主菜单中选择“插入”下拉菜单中“设计特征”子菜单中的“圆柱”命令，系统会弹出如图 3－31 所示的“圆柱”对话框。在对话框中，用户可以对“类型”“轴”“尺寸”“布尔”等进行设置。图 3－32 所示是两种不同设置类型的圆柱体。

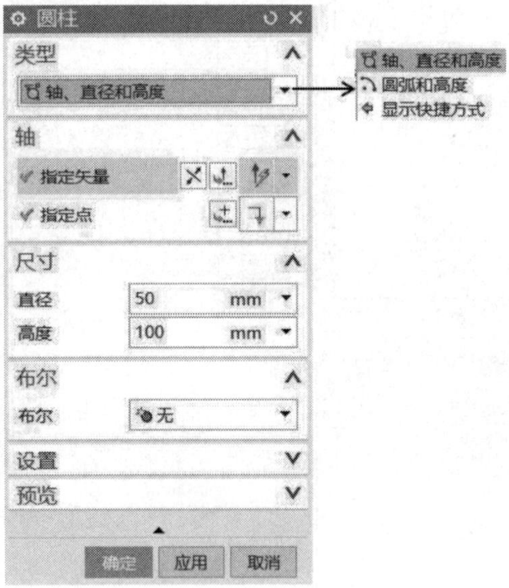

图 3－31 “圆柱”对话框

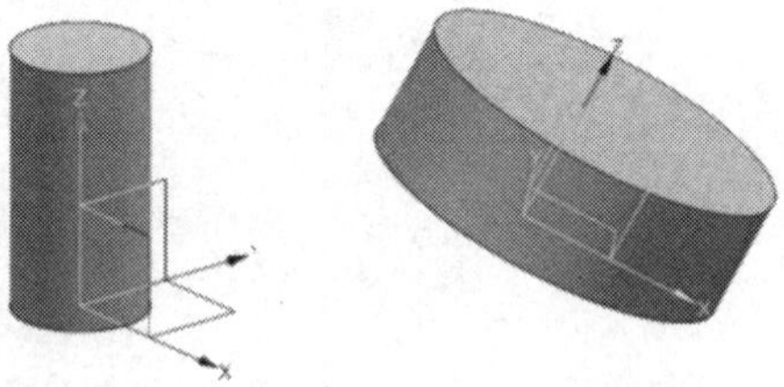

(a) 轴、直径和高度　　(b) 圆弧和高度

图 3－32 两种不同设置类型的圆柱体

3. 创建圆锥体

在下拉主菜单中选择“插入”下拉菜单中“设计特征”子菜单中的“圆锥”命令，系统会弹出如图 3－33 所示的“圆锥”对话框。在对话框中，用户可以对“类型”“轴”“尺寸”“布尔”等进行设置。图 3－34 所示是五种不同设置类型的圆锥体。

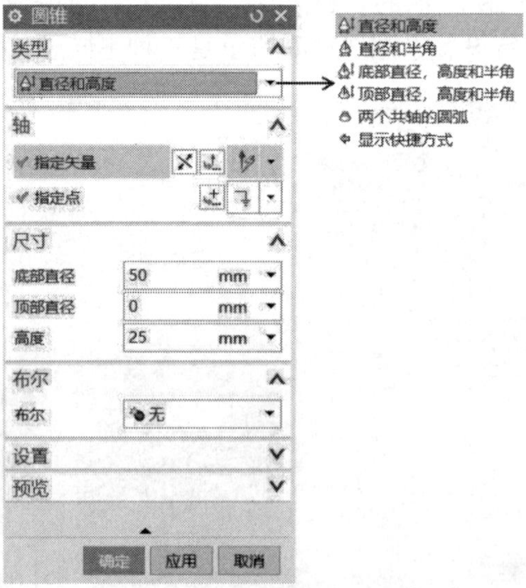

图 3－33 “圆锥”对话框

图 3－34 五种不同设置类型的圆锥体

4. 创建球体

在下拉主菜单中选择“插入”下拉菜单中“设计特征”子菜单中的“球”命令，系统会弹出如图 3－35 所示的“球”对话框。在对话框中，用户可以对“类型”“中心点”“尺寸”“布尔”等进行设置。图 3－36 所示是两种不同设置类型的球体。

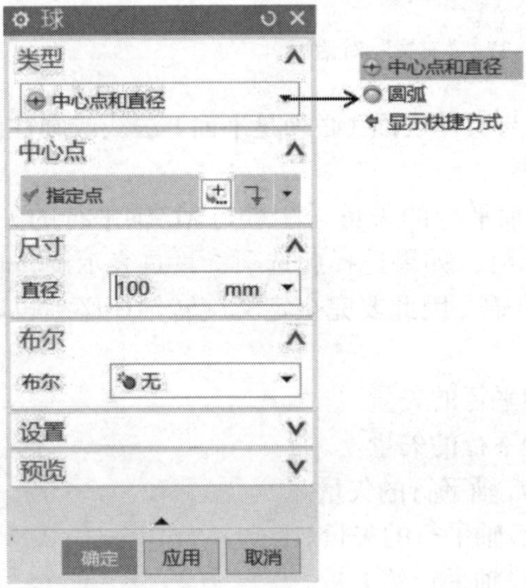

图 3－35 “球”对话框

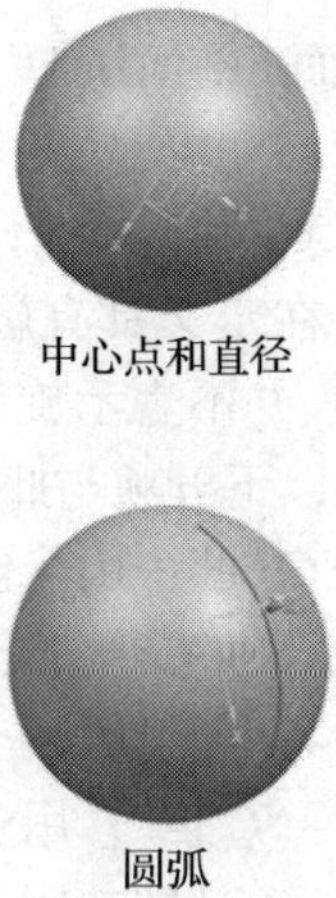

图 3－36 两种不同设置类型的球体

基础延伸

在建模过程中，矢量的应用非常广泛，特别是定义对象的高度方向、投影方向和旋转中心轴等。单击“矢量”按钮，会弹出如图 3－37 所示的“矢量”对话框。

“矢量”对话框中“类型”选项如下：

（1）“自动判断的矢量”，可以根据选取的对象自动判断所定义矢量的类型。

（2）“两点”，利用空间两点创建一个矢量，矢量方向为由第一点指向第二点。

（3）“与 *XC* 成一角度”，用于在 *XC*–*YC* 平面上创建与 *XC* 轴成一定角度的矢量。

（4）“曲线 / 轴矢量”，通过选取曲线上某点的切向矢量来创建一个矢量。

（5）“曲线上矢量”，在曲线上的任一点指定一个与曲线相切的矢量，可按照圆弧长或百分比圆弧长指定位置。

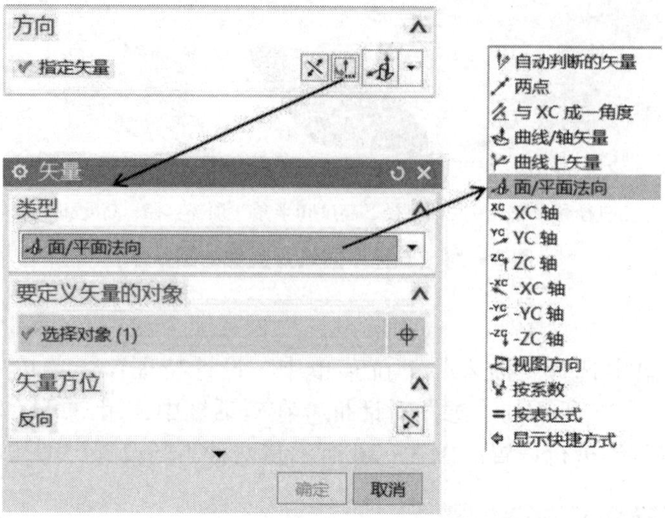

图 3－37 “矢量”对话框

（6）“面 / 平面法向”，用于创建与实体表面（必须是平面）法线或圆柱面的轴线平行的矢量。

（7）“*XC* 轴”，用于创建与 *XC* 轴平行的矢量。注意与 *XC* 轴平行的矢量不是 *XC* 轴，例如，在定义具有旋转特征的轴时，如果选择此选项，只是表示旋转轴的方向与 *XC* 轴平行，并不表示旋转轴就是 *XC* 轴，因此要完全定义旋转轴还必须再取一点以定位旋转轴。以下五项与此项相同。

（8）“*YC* 轴”，用于创建与 *YC* 轴平行的矢量。

（9）“*ZC* 轴”，用于创建与 *ZC* 轴平行的矢量。

（10）“–*XC* 轴”，用于创建与 –*XC* 轴平行的矢量。

（11）“–*YC* 轴”，用于创建与 –*YC* 轴平行的矢量。

（12）“–*ZC* 轴”，用于创建与 –*ZC* 轴平行的矢量。

（13）“视图方向”，指定与当前工作视图平行的矢量。

（14）“按系数”，按系数指定一个矢量。

（15）“按表达式”，使用矢量类型的表达式来指定矢量。

知识链接

如果布尔运算的使用不正确，可能出现以下警告信息：

（1）在进行实体的求差和相交运算时，所选工具体必须与目标体相交，否则系统会发布警告信息：“工具体完全在目标体外”。

（2）如果刀具横断目标体，将目标体一分为二，则系统会发布警告信息：“操作使产生的实体非参数化”。

（3）在进行操作时，如果没有使用复制目标，且没有创建一个或者多个特征，则系统会发布警告信息：“仅为选定的（数量）刀具创建了（数量）特征”。

（4）在进行操作时，如果使用复制目标，且没有创建一个或多个特征，则系统会发布警告信息："不能创建任何特征"。

（5）在进行操作时，如果不能创建任何特征，则系统会发布警告信息："不能创建任何特征"。

（6）如果在执行一个片体与另一个片体求差操作时，则系统会发布警告信息："非歧义实体"。

（7）如果在执行一个片体与另一个片体求交操作时，则系统会发布警告信息："无法执行布尔运算"。

任务 2 拉伸、旋转、扫掠特征的创建与编辑

任务描述

本任务重点介绍了拉伸、旋转（回转）、扫掠（扫描）等基本特征的使用，这三个基本特征在三维实体建模中应用得比较广泛。其中，拉伸特征各种参数的设置，旋转特征的旋转中心轴线的选择，扫掠特征的截面图形和轨迹线的选择等，都是要掌握的重点内容。本任务通过实例介绍各特征的功能特点，用户可以对照学习，找到区别和关联，进一步提高操作技能。

任务目标

1. 掌握拉伸、旋转、扫掠特征的功能。
2. 了解各特征对应的点线面体之间的关系。

实施过程

一 UG NX 12.0 的拉伸特征

拉伸特征是指截面图形沿着某一特定方向拉伸而成的特征，是最常用的零件建模方法。图 3－38 所示为一个典型的通过拉伸得到的三维实体模型。

1. 创建拉伸增料特征

图 3－39 所示为用拉伸增料创建的实体，操作步骤如下：

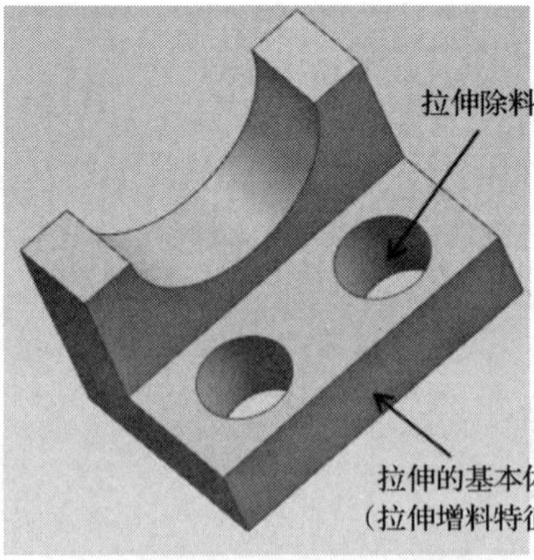

图 3－38 拉伸实体模型

（1）用户首先创建文件路径和命名零件名称，在下拉主菜单里的“插入”子菜单中选择“设计特征”子菜单中的“拉伸”命令，也可以在快捷工具条中直接单击“拉伸”按钮（这样比较快捷方便）。

（2）系统弹出如图 3－40 所示的“拉伸”对话框，此处只显示部分功能选项，其他的用户可以根据提示操作（对话框隐藏了某些相关选项，用户可以单击“对话框选项”按钮，然后勾选“更多”，使对话框加载更多选项）。定义特

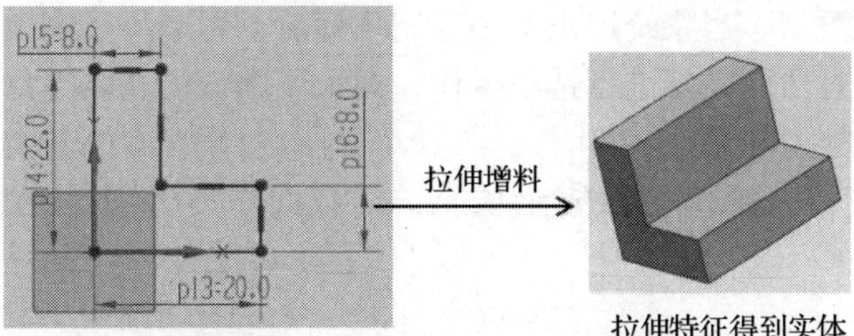

图 3－39 拉伸增料实体特征

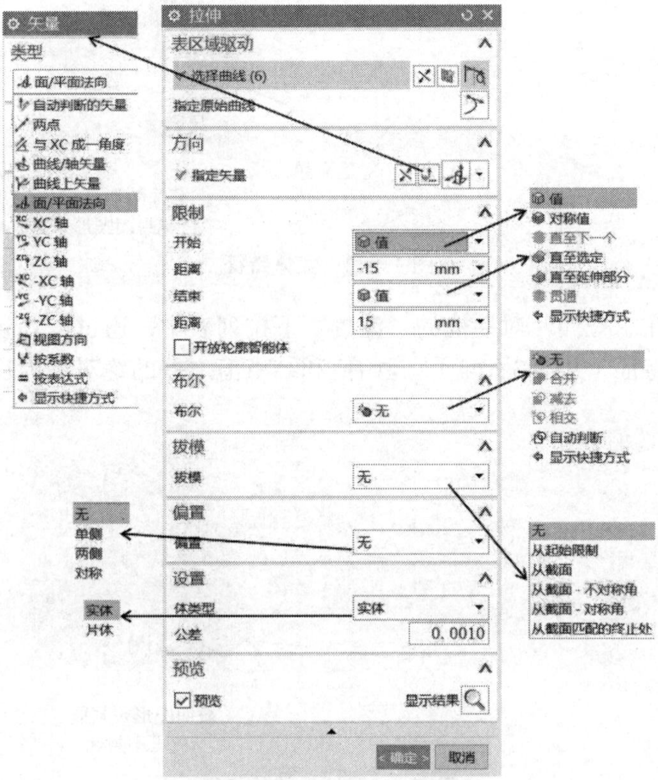

图 3－40 "拉伸"对话框

征草图平面，单击"绘制截面"按钮，创建新草图，选择平面 *XC–ZC*（即 *XZ* 平面）作为草图平面，单击"确定"按钮进入草图绘制环境。

（3）绘制如图 3－41 所示的截面草图。用户在绘制草图时若图形被移动至不方便绘制的方位，应单击"定向到草图"按钮 定向到草图，调整到正视于草图的方位。绘制出大致的轮廓后采用之前介绍的尺寸约束和形状约束的方法，得到设计尺寸，完成截面草图的绘制。

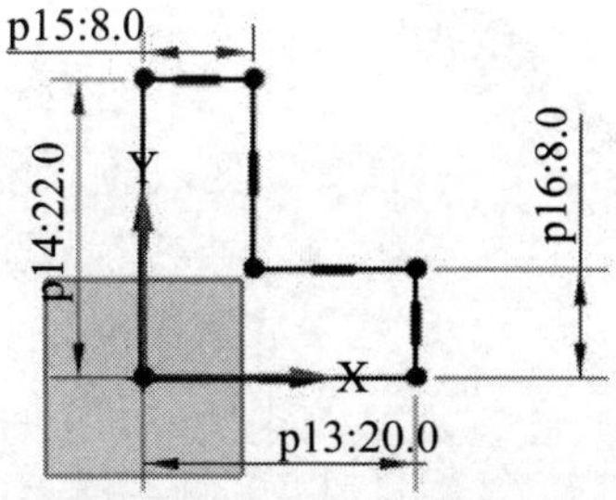

图 3－41 截面草图的绘制

（4）创建好截面草图后，单击"完成"按钮（或在菜单中选择"完成草图"命令），退出草图绘制环境。

任务2

（5）定义拉伸类型。当系统退出草图绘制环境后，图形显示区出现拉伸的预览模型状态，在“拉伸”对话框中不进行选项操作，即采用默认的实体类型。利用拉伸可以创建实体和片体两种类型的特征。

实体特征：实体特征由材料完全填充，其截面图形必须是完整的封闭图形，如图 3－42 所示。

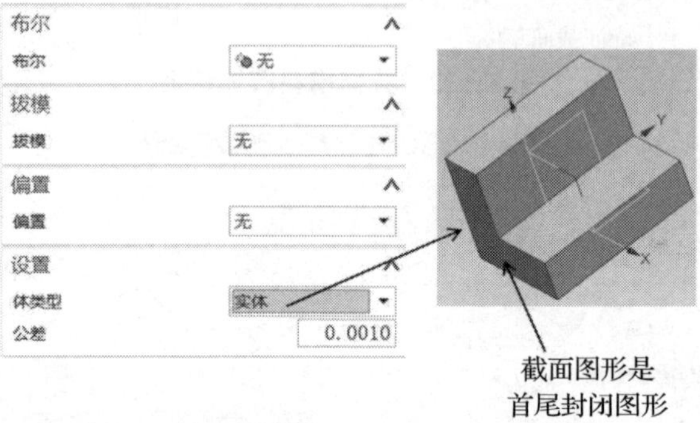

图 3－42　实体特征

片体特征：在“拉伸”对话框的“偏置”下拉列表中，通过设置起始值与结束值可以创建拉伸片体特征（见图 3－43），起始值和结束值之差的绝对值为片体的厚度。

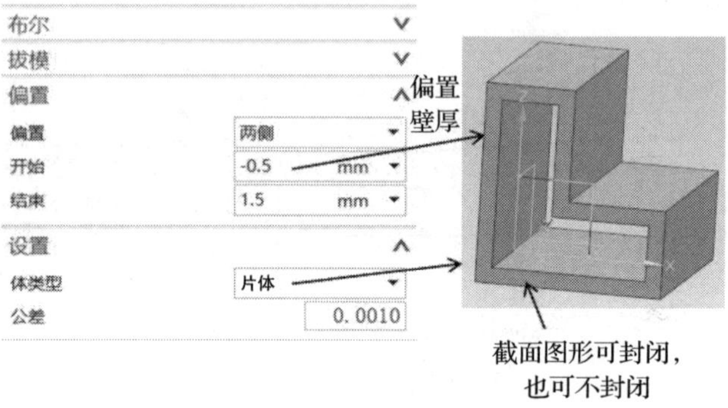

图 3－43　拉伸片体特征

技能点拨

（1）对“拉伸”对话框中截面区域“选择曲线”的“曲线”按钮和“设置”区域的“体类型”的说明如下：

- “曲线”：选择已有的草图或者几何体边缘作为拉伸特征的截面。
- “体类型”：在下拉列表中可以指定拉伸生成的是实体特征还是片体（曲面）特征。

（2）对草图平面的概念和有关选项介绍如下：

草图平面是特征截面或者轨迹的绘制平面，选择的草图平面可以是 *XC–YC* 平面、*YC–ZC* 平面和 *XC–ZC* 平面中的一个，也可以是模型的某个表面，或者是用户插入的某个基准面。

（6）定义拉伸深度属性，拉伸的方向采用系统默认的矢量方向，如图3－44所示。在“指定矢量”选项列表中，系统提供了12种指定拉伸矢量的方式，一般默认为最佳方式，也可单击“反向”按钮，系统会自动使当前的拉伸方向反向。拉伸的深度在“限制”功能区域设置，“开始”选择默认选项，在“距离”中输入参数“-15”，“结束”选择默认选项，在“距离”中输入参数“15”。对于对称结构，在输入拉伸总长度时可以选择从中间基准面往两边输入数值，或者选择“对称值”，然后输入总长度的一半。

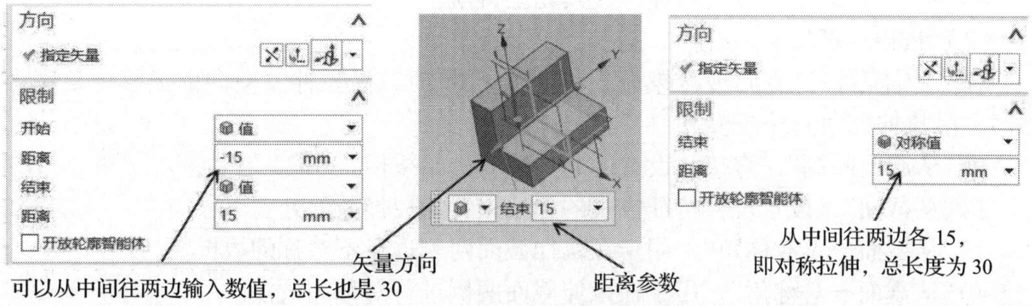

图3－44　矢量方向和距离参数

（7）特征的所有要素被定义完后，用户可以勾选“预览”复选框，检查是否正确，如果所创建的特征不符合设计意图，可对对话框中相关选项进行重新设置，没有问题后单击“确定”按钮，完成拉伸基本体的创建。

下面对“拉伸”对话框中“限制”区域和“拔模”区域的功能进行简单介绍。

（1）“限制”区域。

在“限制”中包含了六种控制拉伸距离的方式，如图3－45所示，分别介绍如下：

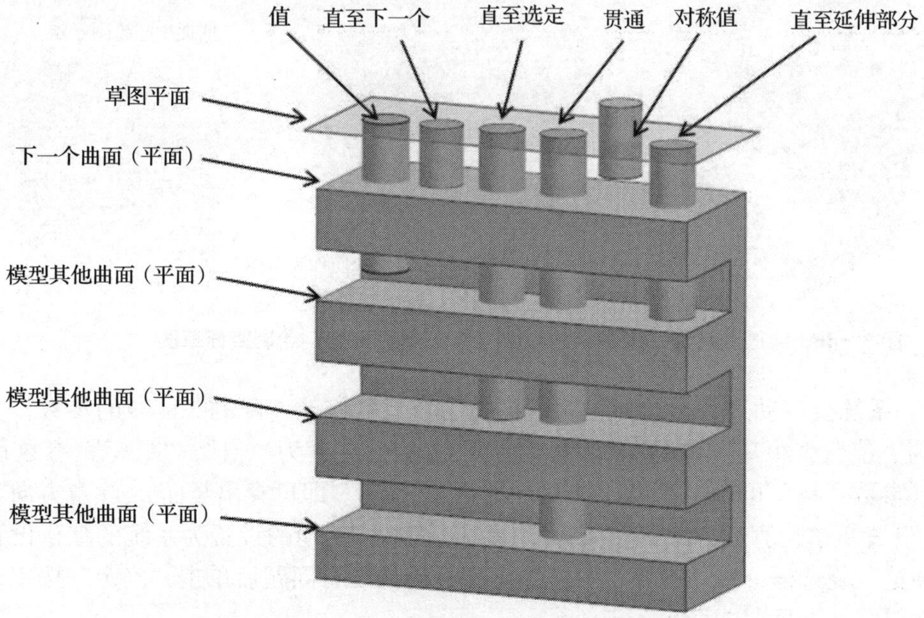

图3－45　控制拉伸距离的方式示意图

任务2

1）“值”，在“距离”文本框中输入具体的数值（可以为负值）来确定拉伸的高度，开始值与结束值之差的绝对值为拉伸的高度。

2）“对称值”，向截面所在平面的两侧拉伸，且两侧的拉伸深度值相等。

3）“直至下一个”，拉伸至下一个障碍物的表面。

4）“直至选定”，拉伸到选定的实体、平面、辅助面或者曲面。

5）“直至延伸部分”，把特征拉伸到选定的曲面，但是选定的曲面不能与拉伸体完全相交，系统会自动延伸选定面的边界，然后切除多余部分生成拉伸体。

6）“贯通”，向指定方向延伸，使其完全贯通。

（2）“拔模”区域。

对拉伸体沿拉伸方向进行拔模，角度大于 0° 时，沿拉伸方向向内拔模；角度小于 2° 时，沿拉伸方向向外拔模。

1）“从起始限制”，直接从设置的起始位置开始拔模。

2）“从截面”，设置拉伸特征拔模的起始位置为拉伸截面处。

3）“从截面—不对称角”，用于在拉伸截面两侧进行不对称的拔模。

4）“从截面—对称角”，用于在拉伸截面两侧进行对称的拔模。

5）“从截面匹配的终止处”，用于在拉伸截面两侧进行拔模，输入的角度为“结束”侧的拔模角度，且起始面与结束面的大小相同。

2. 创建拉伸除料特征

（1）创建半圆孔特征。

在基本实体上添加其他的特征，如图 3－46 所示的半圆孔特征，可以采用拉伸除料的方法，操作步骤如下：

1）选择基本体的表面作为草图平面，进入草绘环境，绘制截面草图，如图 3－47 所示，并建立尺寸约束和位置约束，完成草图后退出草绘环境。

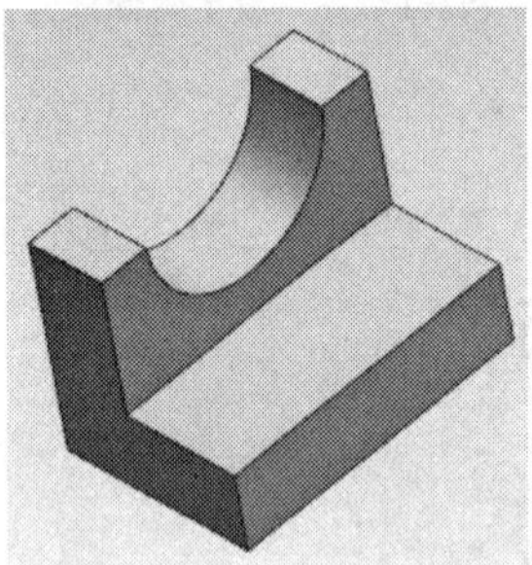

图 3－46　半圆孔特征

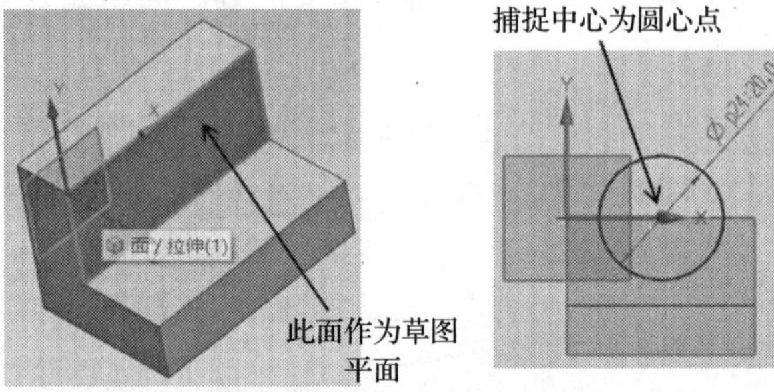

图 3－47　绘制截面草图

2）系统会自动进入“拉伸”对话框，用户只需修改“限制”区域的参数，“开始”设置为“值”，“距离”参数设置为“0”，“结束”设置为“值”，“距离”参数设置为“15”（参数“15”可以根据设计修改，此处大于“8”即可穿出竖面），注意方向为“反向”。设置布尔运算的方式为“减去”（拉伸除料），其他的设置为系统的默认设置，勾选“预览”复选框，转动屏幕观察实体模型，确认没有问题后单击“确定”按钮，完成拉伸除料特征，见图 3－48。

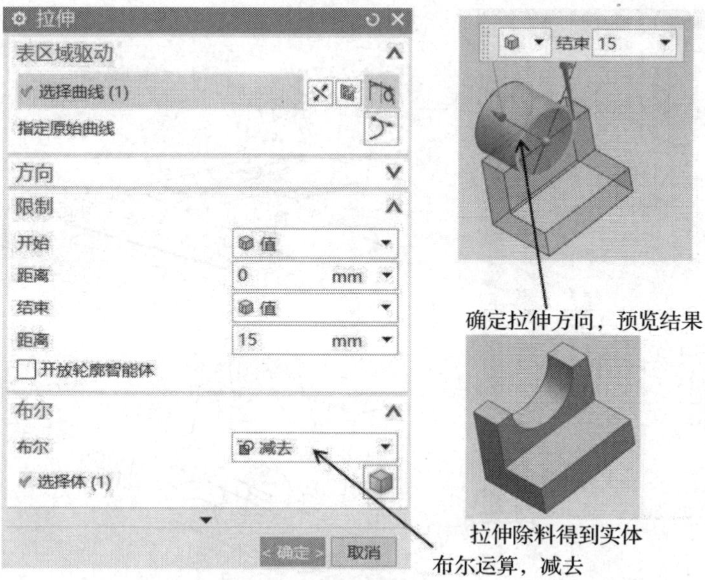

图 3－48　拉伸除料特征

（2）创建圆孔特征。

在基本实体上添加如图 3－49 所示的两个圆孔特征，可以采用拉伸除料的方法，操作步骤如下：

1）选择基本体的表面作为草图平面，进入草绘环境，绘制截面草图，如图 3－50 所示，并建立尺寸约束和位置约束，完成草图后退出草绘环境。

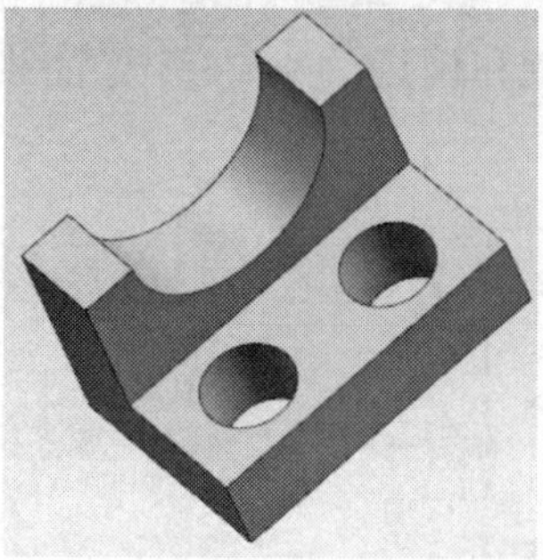

图 3－49　两个圆孔特征

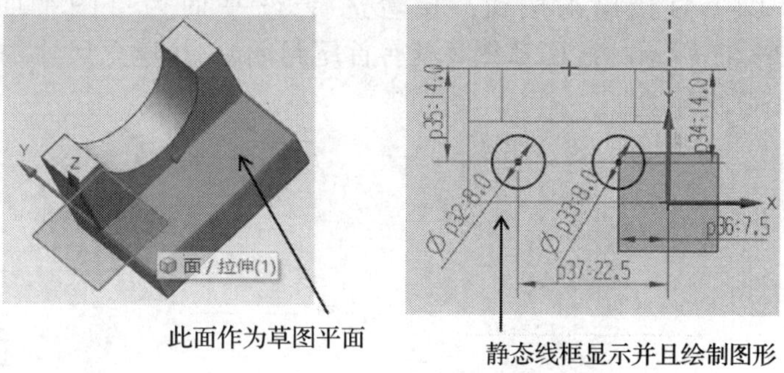

图 3－50　绘制截面草图

2）系统会自动进入“拉伸”对话框，用户只需修改“限制”区域的参数，“开始”设置为“值”，“距离”参数设置为“0”，“结束”设置为“值”，“距离”参数设置为“15”，注意方向为“反向”。设置布尔运算的方式为“减去”（拉伸除料），其他的设置为系统的默认设置，勾选“预览”复选框，转动屏幕观察实体模型，确认没有问题后单击“确定”按钮，完成拉伸除料特征，见图 3－51。

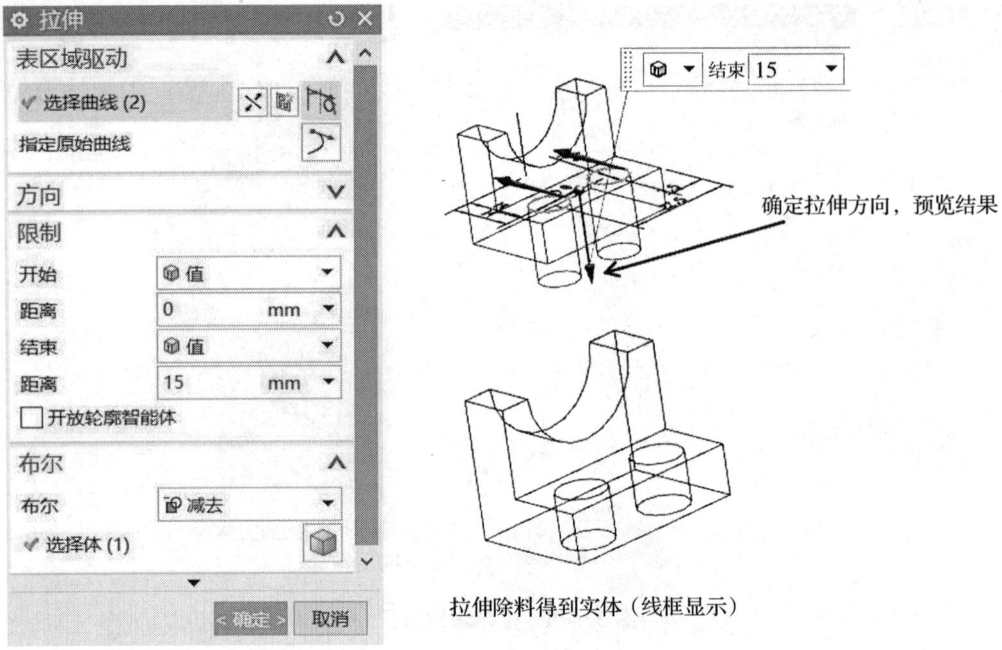

图 3－51　圆孔除料特征

3. 拉伸薄壁特征

创建如图 3－52 所示的薄壁 L 形板，只需将绘制的草图作为片体（曲面）加厚而成，具体可以参考以下步骤。(薄壁的截面草图可以不是封闭的图形，关于片体后面曲面会介绍。)

（1）直接单击按钮，接着选择 *XY* 平面为草图平面，进入草绘环境，绘制如图 3－53 所示的截面草图（没有首尾封闭），并建立尺寸约束和位置约束，完成草图后退出草绘环境。

图 3－52　拉伸薄壁特征

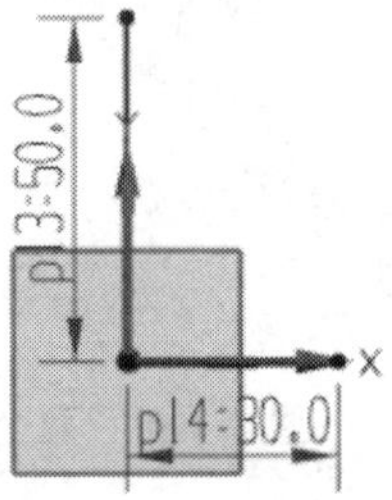

图 3－53　绘制截面草图

（2）系统会自动进入“拉伸”对话框，修改“限制”区域的参数，“开始”设置为“值”，“距离”参数设置为“0”，“结束”设置为“值”，“距离”参数设置为“40”，注意方向为“反向”（参考箭头方向）。设置布尔运算的方式为“合并”，如图 3－54 所示，在“偏置”下拉列表中选择“两侧”，“开始”设置为“－2”，“结束”设置为“5”，“体类型”设置为“片体”。其他的设置为系统的默认设置，勾选“预览”复选框，转动屏幕观察实体模型，确认没有问题后单击“确定”按钮，完成拉伸薄壁特征，见图 3－54。

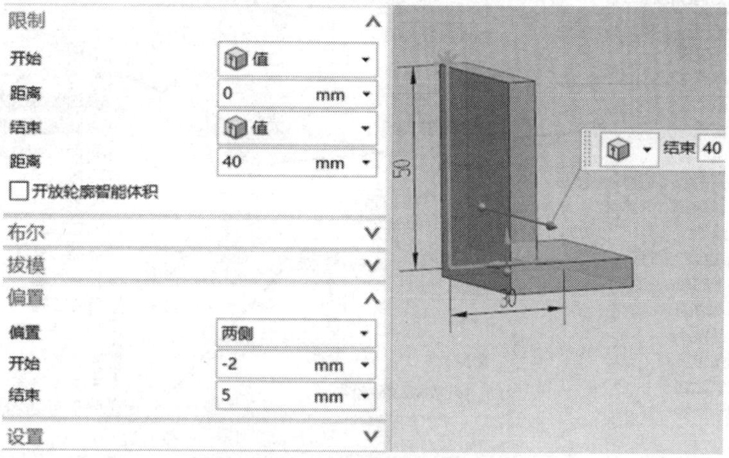

图 3－54　薄壁参数设置

二 UG NX 12.0 的旋转特征

旋转特征又叫回转特征，是将截面草图绕着一条中心轴线旋转一定的角度形成的特征。旋转是最常用的实体建模方法之一。图 3－55 所示为一个简单的旋转特征实体模型，体现了旋转建模的基本原理。

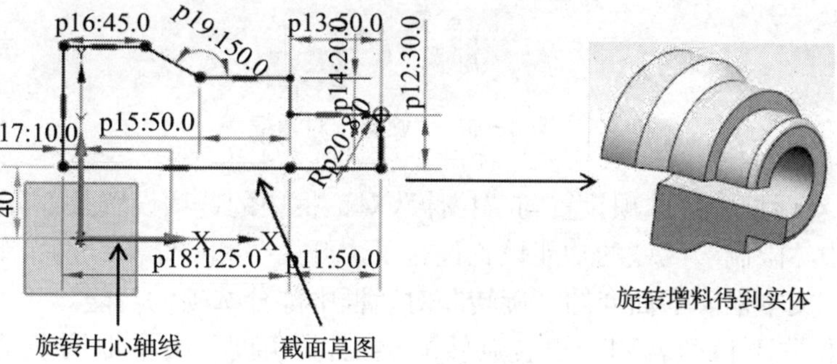

图 3－55　旋转特征实体模型

用旋转增料方式创建旋转特征实体模型的操作步骤如下：

（1）创建文件路径和命名零件名称，在下拉主菜单的“插入”子菜单中选择“设计特征”子菜单中的“旋转”命令，也可以在快捷工具条中直接单击“旋转”按钮。

（2）在如图 3－56 所示的“旋转”对话框中，定义特征草图的平面，单击“绘制截面”按钮，创建新草图，采用默认的平面 *XC–YC*（即 *XY* 平面）作为草图平面，单击“确定”按钮进入草图绘制环境。

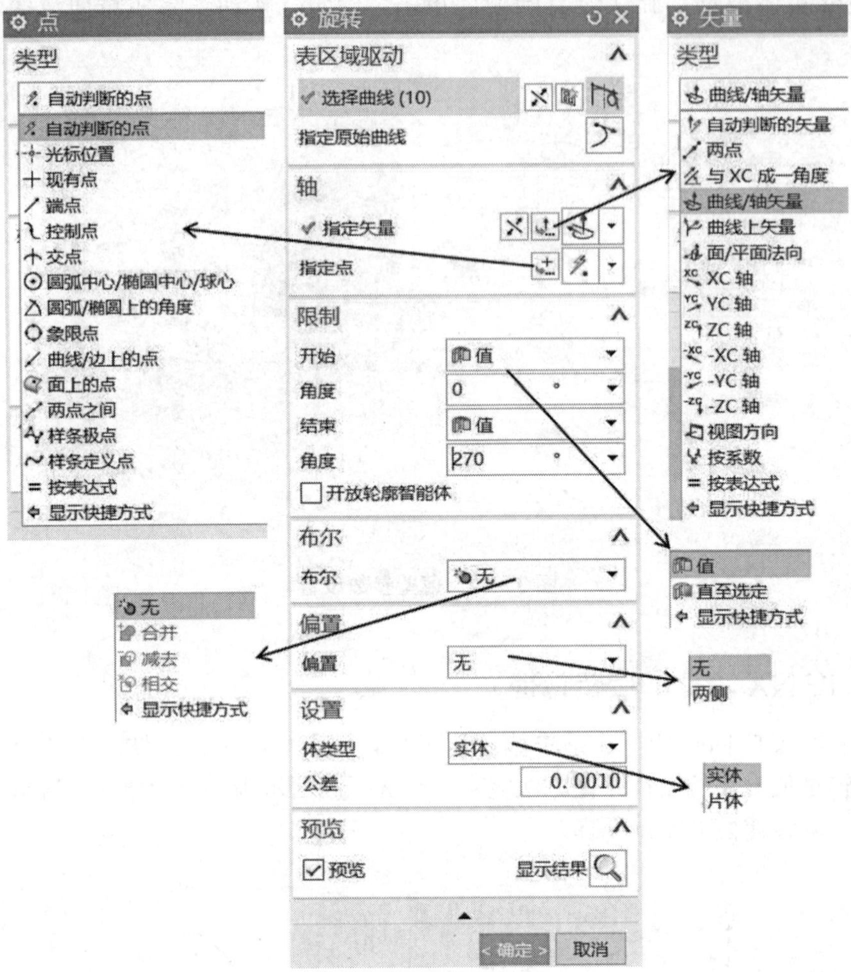

图 3 - 56 “旋转”对话框

任务2

“旋转”对话框中的选项设置与“拉伸”对话框中的选项设置大部分是一样的。“旋转”对话框中“限制”区域的功能设置包含了“开始”和“结束”两个下拉列表，以及两个“角度”文本框。下面介绍“旋转”对话框中部分选项的功能。

1）“开始”下拉列表用于设置旋转的类型，“角度”文本框用于设置旋转的起始角度，其值的大小是相对于截面所在的平面而言的，其方向遵循右手定则。在“开始”下拉列表中选择“值”选项，则需要设置起始角度和终止角度，在“开始”下拉列表中选择“直至选定”选项，则需要选择开始或者停止旋转的面或相对基准平面。

2）“结束”下拉列表用于设置旋转的类型，“角度”文本框用于设置旋转的终止角度，其值的大小是相对于截面所在的平面而言的，其方向遵循右手定则。

3）“偏置”区域，通过在此区域设置相关参数可以创建旋转薄壁特征。

4）“自动判断的矢量”按钮，可以选取已有的直线或者轴作为旋转轴矢量，也可以使用“矢量构造器”构造一个矢量作为旋转轴矢量。

5)"自动判断的点"按钮，指定旋转轴矢量时单独再选定一点，例如选择平面法向后，此选项将变为可用。

(3) 绘制如图3-57所示的截面草图，用户在绘制草图时若图形被移动至不方便绘制的方位，单击"定向到草图"按钮，即可调整到正视于草图的方位。绘制出大致的轮廓后采用之前介绍的尺寸约束和位置约束方法，得到设计尺寸，完成截面草图的绘制。

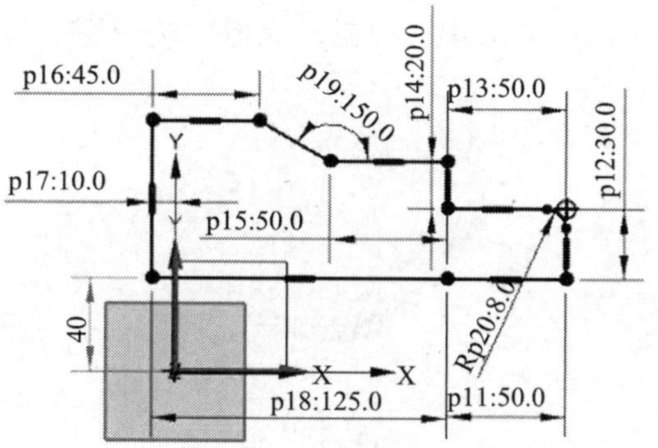

图3-57 截面草图

(4) 绘制好截面草图后，单击"完成"按钮(或在菜单中选择"完成草图"命令)，退出草绘环境。

(5) 定义旋转类型，当系统退出草绘环境后，图形显示区出现旋转的预览效果，在对话框中默认为实体类型。选择的旋转轴可以是边、棱或者坐标轴，如图3-58所示是同一截面，线不同旋转轴旋转而得到的不同实体模型，设置的旋转角度为250°。

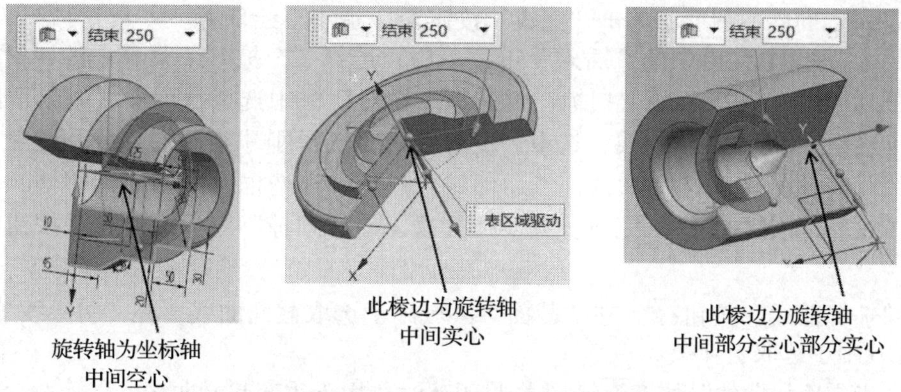

图3-58 旋转轴不同得到的不同实体

三 UG NX 12.0 的扫掠特征

扫掠特征又叫扫描特征，是用规定的方法沿一条空间的路径移动而产生的特征。

移动曲线称为截面线串，路径称为引导线串。扫掠也是最常用的零件建模方法之一。图 3－59 所示为一个简单的扫掠特征实体模型，体现出扫掠建模的基本原理。扫掠特征也有增料和除料之分，用户根据作图情况具体应用即可，本实例是扫掠增料特征。

创建扫掠特征实体模型的操作步骤如下：

（1）创建引导线串，选择“在任务环境中绘制草图”命令，选择平面（*XC–YC*），用户进入草绘环境。单击“轮廓”按钮，绘制直线段，接着切换到圆弧模式绘制圆弧，得到如图 3－60 所示的引导线串。单击“完成”按钮，退出草绘环境。

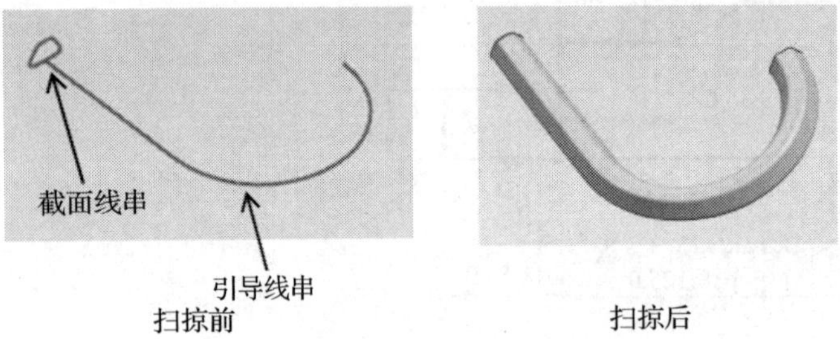

图 3－59　扫掠特征实体模型

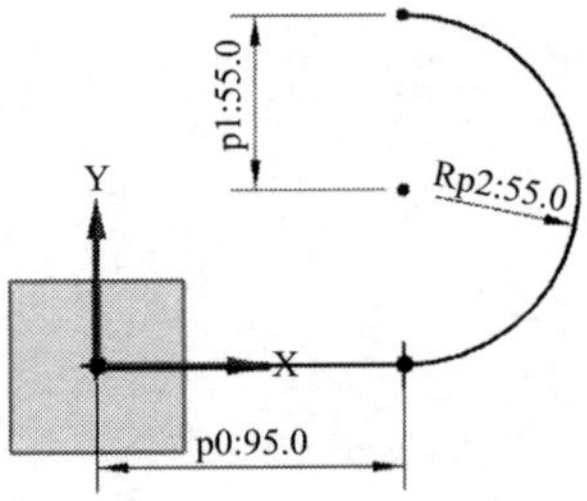

图 3－60　引导线串

任务2

（2）创建截面线串，选择“在任务环境中绘制草图”命令，选择平面（*YC–ZC*），用户进入草绘环境。单击“直线”按钮，以坐标系原点为起点绘制左边长度为 12 的直线，右边长度为 12 的直线，并且添加约束，绘制出一个边长为 24 的等边三角形。接着以等边三角形上顶点为圆心绘制一个直径为 16 的圆，单击“快速修剪”按钮，修剪多余的线条。用“倒圆角”命令对尖角进行倒圆角，圆角半径为 3，完成如图 3－61 所示的截面图形，单击“完成”按钮，退出草绘环境。

（3）在下拉主菜单中的“插入”子菜单中，选择“扫掠”子菜单中的“扫掠”命令，弹出如图 3－62 所示的“扫掠”对话框。在对话框中选择截面曲线时拾取刚才绘制的截面图形，总共 9 条曲线，选取“引导”线时选择刚才绘制的直线和圆弧，总共 2 条曲线。其他的选项选择默认，然后勾选“预览”复选框，滚动鼠标中键，若符合意图则单击“确定”按钮，完成扫掠实体建模。对“扫掠”对话框中相关按钮的说明如下：

1）“选择曲线”按钮，在“截面”区域用于选取截面曲线，在“引导线（最多 3 条）”区域用于选取引导线。

2）“指定原始曲线”按钮，选择封闭环时，用于改变起始曲线。

3）“添加新集”按钮，可以重新排序或删除线串来修改现有截面串集。

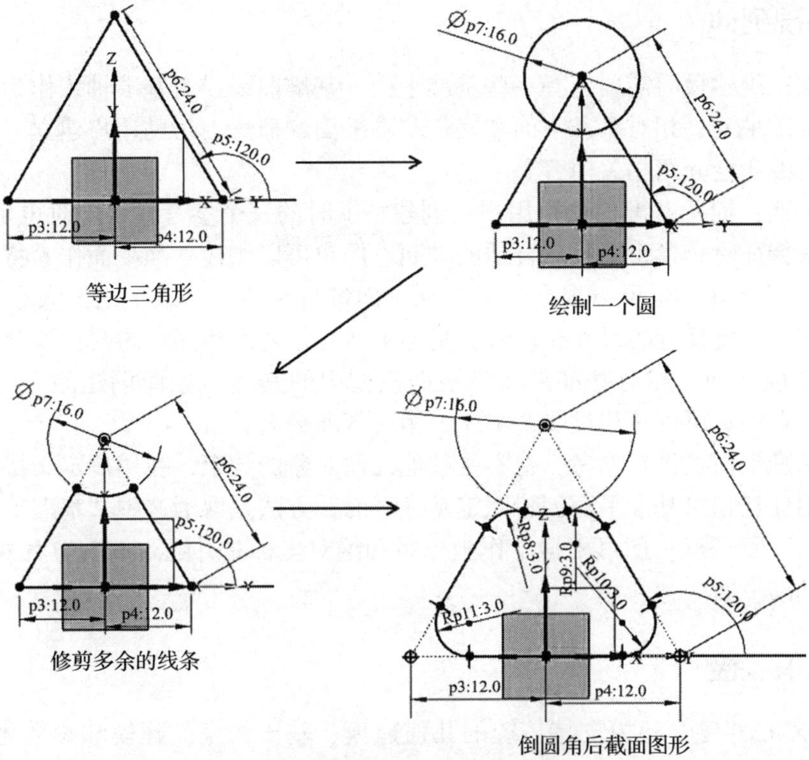

图 3－61　截面线串

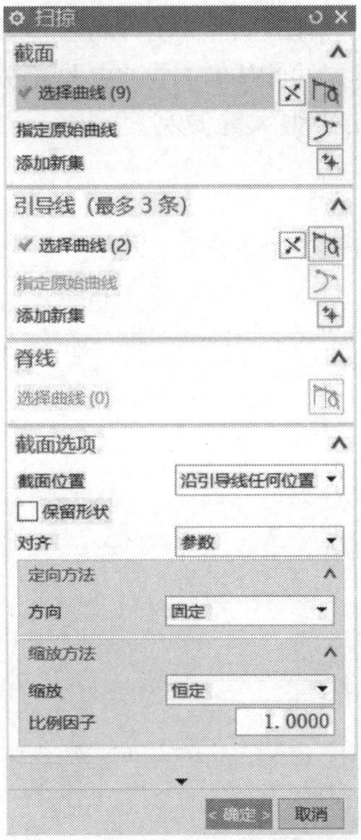

图 3－62　“扫掠”对话框

基础延伸

用户在三维建模时需要选择一些基准平面、基准曲线或者基准轴线作为辅助，在此简单介绍基准平面、相对基准平面和固定基准平面的概念，帮助用户建立三维建模基准的概念，后面还会介绍相关内容。

基准平面：简称基准面，是用户在创建特征时的一个参考面，同时也是一个载体。在创建一般特征时，模型上没有合适的平面，用户可以创建基准平面作为特征截面的草图平面或参考平面，也可以根据一个基准平面进行标注。基准平面的大小是可以调整的，以与零件、特征等的尺寸相适应。基准平面有相对的和固定的两种类型。

相对基准平面：相对基准平面是根据模型中的其他对象而创建的，可以是曲线、面、边缘、点等。可创建跨过多个实体的相对基准平面。

固定基准平面：没有参考，也不受其他几何对象的约束，在用户定义特征中使用除外。可使用任意相对基准平面创建固定基准平面，方法是取消选中“基准平面”对话框中的“关联”复选框；还可根据工作坐标系和绝对坐标系并通过改变方程式中的系数，创建固定基准平面。

知识链接

UG NX 12.0 复合建模支持传统的几何建模、基于约束的建模和参数化特征建模，将所有工具集成在单一的建模环境内，具有更高的灵活性。复合建模也包含新的直接建模技术，允许用户在非参数化的实体模型表面添加约束。

对于每一个基本体素特征、草图特征、设计特征和细节特征，在 UG NX 12.0 中都提供了相关的特征参数编辑功能，可以随时通过更改相关参数来更新模型形状。这种通过尺寸进行驱动的方式为建模带来很大的便利。

任务 3　三维建模特征——综合实例应用

任务描述

本任务通过典型零部件的建模操作，将前面介绍的拉伸、旋转（回转）、扫掠（扫描）等基本功能结合起来。实例设计过程的操作方法是非常灵活多样的，所以本节所讲的操作步骤仅作为参考，具体可以根据实际情况适当修改，以留给用户更多的设计理念和思考空间。在操作过程中对话框里的各种参数设置，以及线条与线条之间关系的确定是建模成功的关键。

实例中还应用了其他的修饰特征，在操作过程中也进行了具体介绍，使用户了解并掌握此软件的其他特征。

任务目标

1. 掌握 UG NX 12.0 拉伸、旋转、扫描特征的应用。
2. 了解 UG NX 12.0 建模时其他的修饰特征。
3. 了解部件导航器的使用。

拉伸实例
（底座建模）

实施过程

一　拉伸特征应用实例

案例概述：图 3－63 所示为某零件三维实体图，在本实例中会用到拉伸增料、除料等特征，也会用到多边形等命令，以及其他的修饰特征。

1. 新建模型文件

创建文件路径，将新建的模型文件命名为“零件 01”，在下拉主菜单中的“插入”子菜单中选择“设计特征”子菜单中的“拉伸”命令。

2. 创建实体 1（底座）拉伸增料特征

在弹出的“拉伸”对话框中单击“绘制截面”按钮，选择默认的 *XY* 平面为草图平面，进入草绘环境后单击“矩形”按钮，选择“从中心”方式，指定坐标原点为中心点，宽度参数为“180”，高度参数为“320”，继续绘制一个宽度参数为“108”、高度参数为“248”的矩形，如图 3－64（a）所示；然后单击“圆”按钮○，以“248×108”矩形的四个顶点为圆心，绘制直径为“36”的四个圆；继续单击“倒圆角”按钮，输入圆角半径为“36”，对“320×180”矩形的四个角倒圆角，如图 3－64（b）所示；单

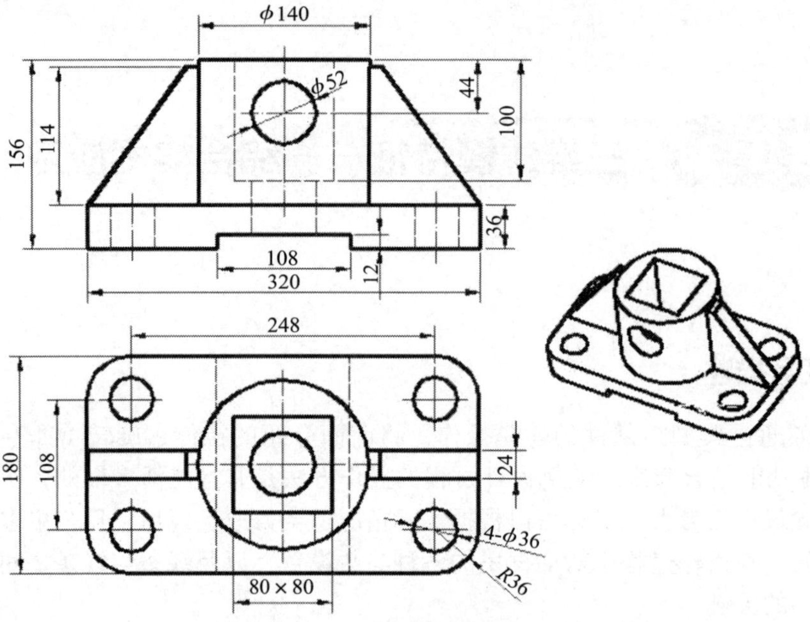

图 3-63　某零件三维实体图

击“快速修剪”按钮，修剪或者删除多余的线条，如图 3-64（c）所示。完成底座截面草图后选择退出草图，在“拉伸”对话框中的“限制”区域，在“开始”下拉列表中选择“值”，并在其下的“距离”文本框中输入参数“0”，在“结束”下拉列表中选择

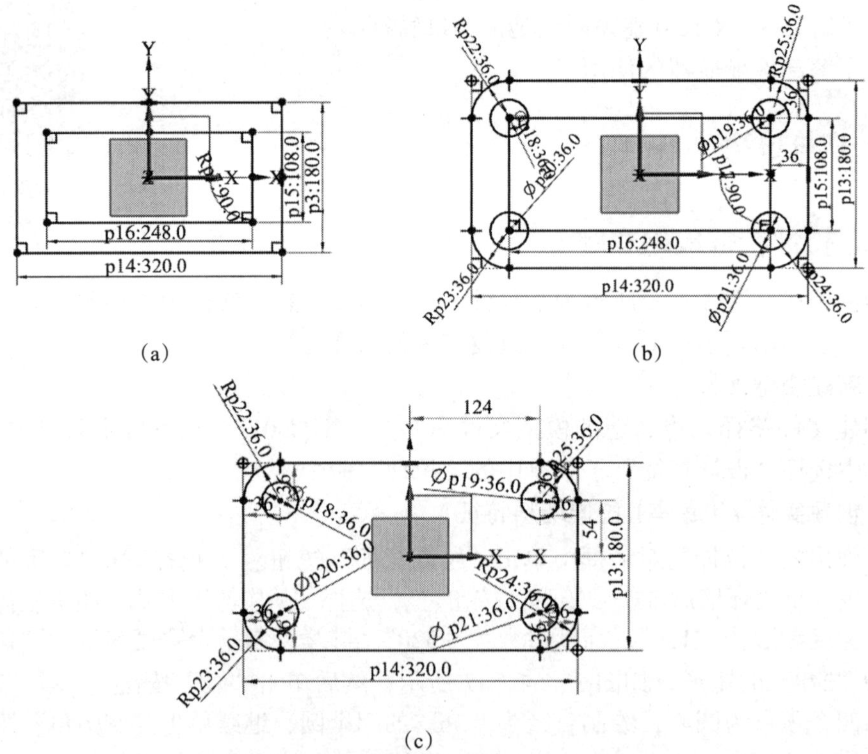

（a）　　（b）

（c）

图 3-64　绘制底座截面草图

“值”，并在其下的“距离”文本框中输入参数“36”；在“布尔”区域中选择“自动判断”，其他的设置为系统默认，完成实体1的建模，如图3-65所示。

图3-65 实体1的建模

3. 创建实体2（底座下面槽口）拉伸除料特征

在“拉伸”对话框中单击“绘制截面”按钮，选择如图3-66所示的实体侧面为草图平面，进入草绘环境后单击“直线”按钮，绘制如图3-67所示的截面图形。完成后退出草图，系统进入“拉伸”对话框，注意矢量方向用户自行判断，在“限制”区域的“开始”下拉列表中选择“值”，并在其下的“距离”文本框中输入参数“0”，在“结束”下拉列表中选择“值”，并在其下的“距离”文本框中输入参数“210”；在“布尔”区域选择“减去”，其他的设置为系统默认，得到实体2的建模，如图3-68所示。

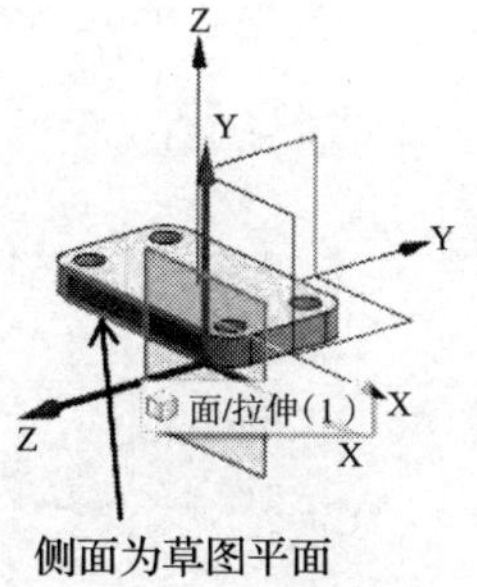

图3-66 草图平面

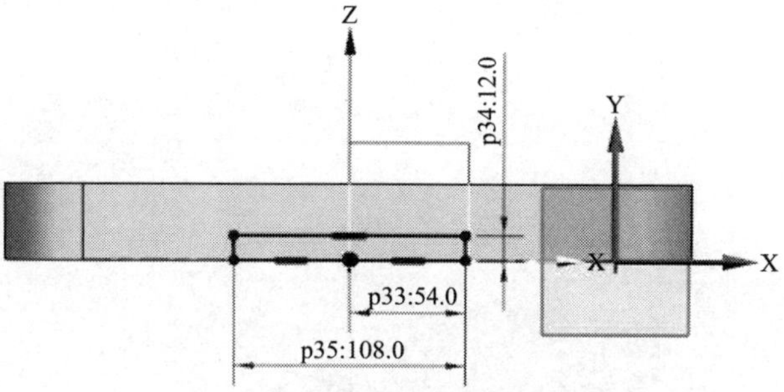

图3-67 截面图形

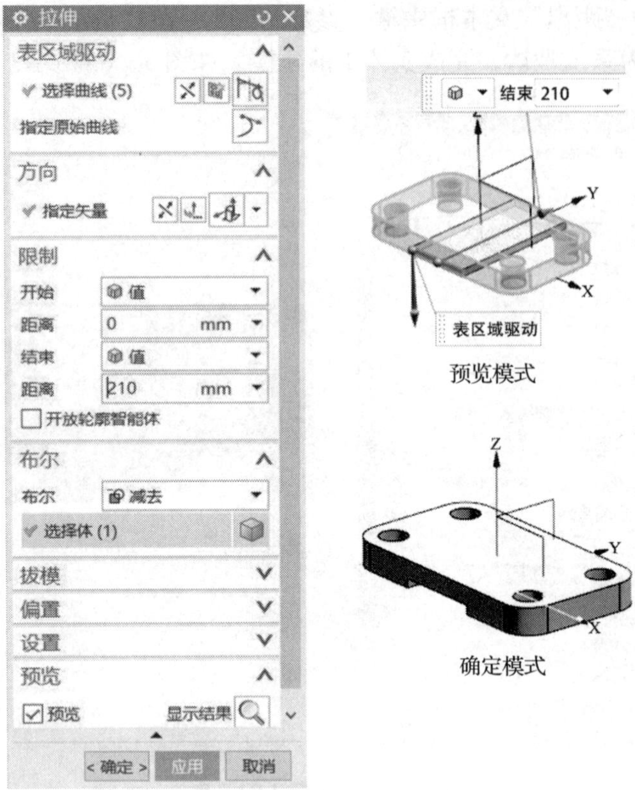

图 3-68　实体 2 的建模

4. 创建实体 3（圆柱）特征

单击“拉伸”按钮，在弹出的对话框中单击“绘制截面”按钮，选择如图 3-69 所示实体 2 的上表面为草图平面，进入草绘环境后单击“静态线框”按钮 静态线框（为了观察方便，使实体以线框形式显示）。绘制如图 3-70 所示的直径为 140 的圆截面图形，圆心与矩形中心重合，然后单击“完成”按钮。在“拉伸”对话框中“限制”区域的“开始”下拉列表中选择“值”，并在其下的“距离”文本框中

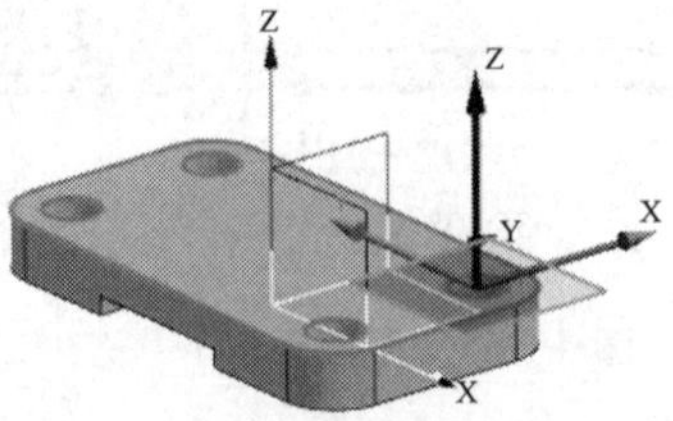

图 3-69　选择草图平面

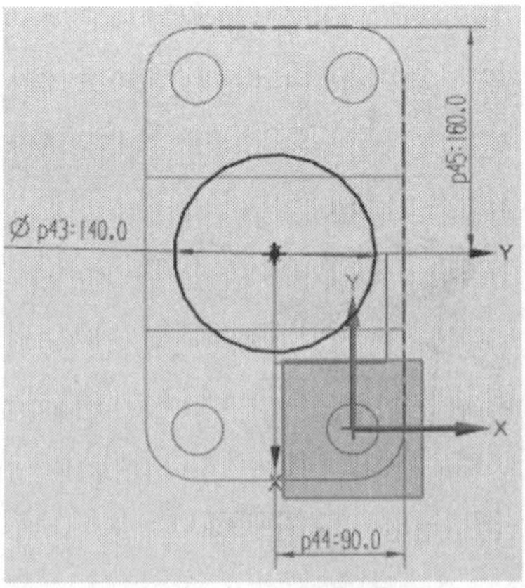

图 3-70　圆截面图形

输入参数“0”，在“结束”下拉列表中选择“值”，并在其下的“距离”文本框中输入参数“120”；在“布尔”区域选择“合并”，其他的设置为系统默认，完成实体3的建模，如图3-71所示。

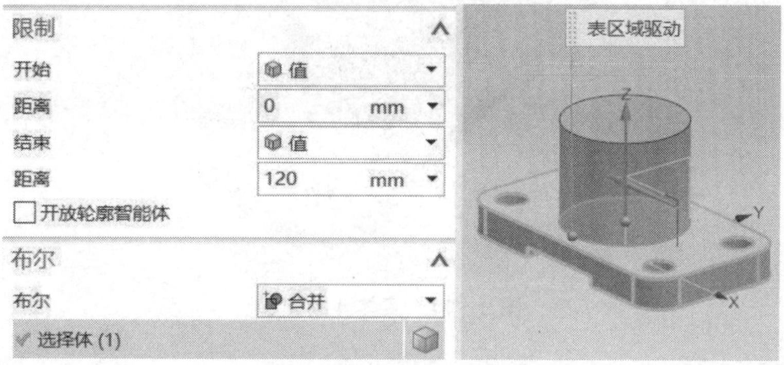

图3-71　实体3的建模

5. 创建实体4（80×80方孔）拉伸除料特征

单击“拉伸”按钮，在对话框中单击“绘制截面”按钮，选择如图3-72所示实体3的上表面为草图平面，进入草绘环境后单击“静态线框”按钮 静态线框，单击“多边形”按钮，在弹出的对话框中输入边数参数“4”，指定圆心为中心点，“大小”选择“内切圆半径”，“半径”参数为“40”，“旋转”角度参数为“180”，并绘制四边形截面图形，如图3-73所示。退出草图后在“拉伸”对话框中“限制”区域的“开始”下拉列表中选择“值”，并在其下的“距离”文本框中输入参数“0”，在“结束”下拉列表中选择“值”，并在其下的“距离”文本框中输入参数“100”；在“布尔”区域选择“减去”，注意矢量箭头的方向，其他的设置为系统默认，然后单击“确定”按钮完成实体4的建模，如图3-74所示。

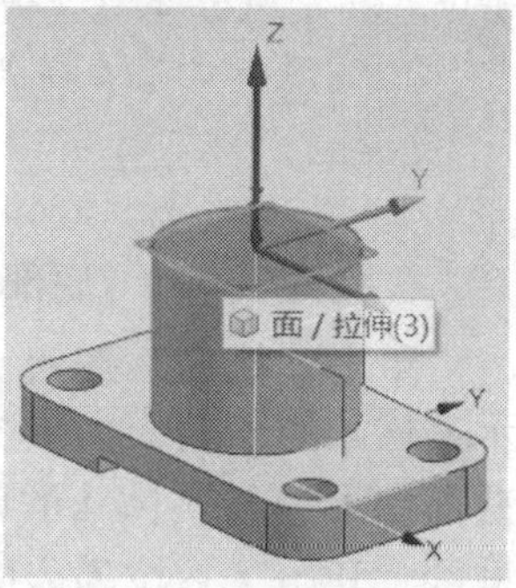

图3-72　选择草图平面

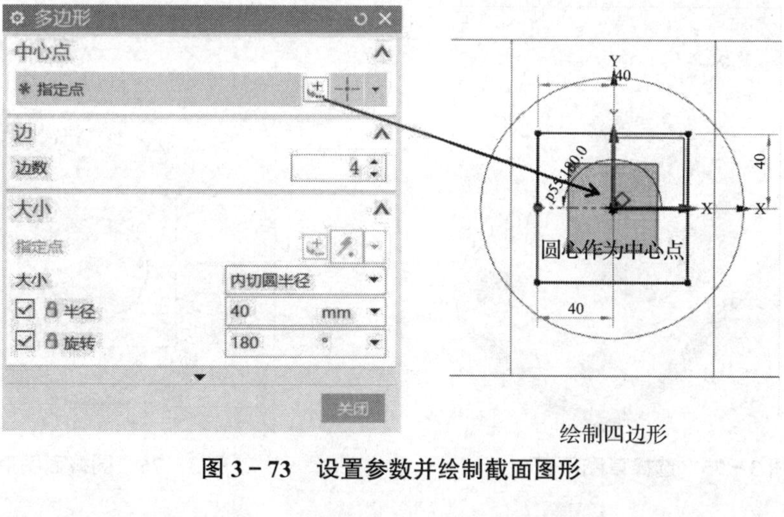

图3-73　设置参数并绘制截面图形

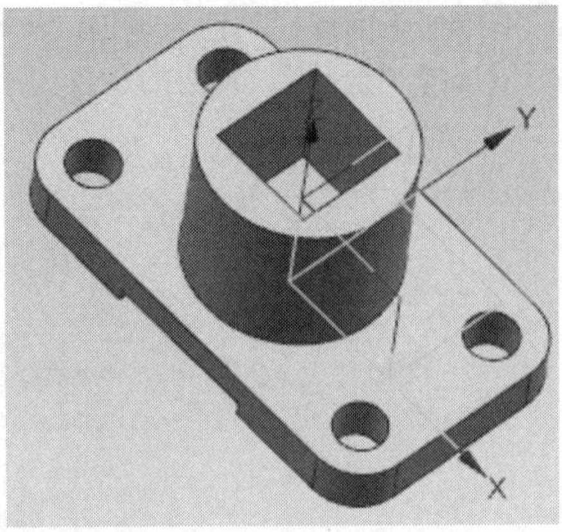

图 3－74　实体 4 的建模

技能点拨

UG NX 12.0 可以进行简单的尺寸计算，用户可以直接将计算式输入参数对应的文本框中，系统会自动计算出数据结果。比如距离为“12+60−16”，用户可以在所对应的文本框 12+60-16 mm 中输入。

6. 创建实体 5（底部直径为 52 的圆孔）拉伸除料特征

单击“拉伸”按钮，在对话框中单击“绘制截面”按钮，选择如图 3－75 所示实体 4 的下表面为草图平面，进入草绘环境后绘制如图 3－76 所示的直径为 52 的圆截面图形，与实体 4 的四边形同心，然后退出草图。在“拉伸”对话框中“限制”区域的“开始”下拉列表中选择“值”，并在其下的“距离”文本框中输入参数“0”，在“结束”下拉列表中选择“贯通”；在“布尔”区域选择“减去”，注意矢量箭头的方向，其他的设置为系统默认，可以先预览效果，然后单击“确定”按钮完成实体 5 的建模，如图 3－77 所示。

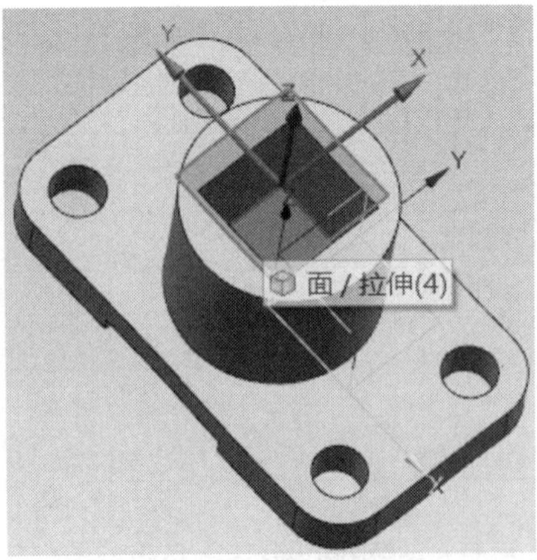

图 3－75　选择草图平面

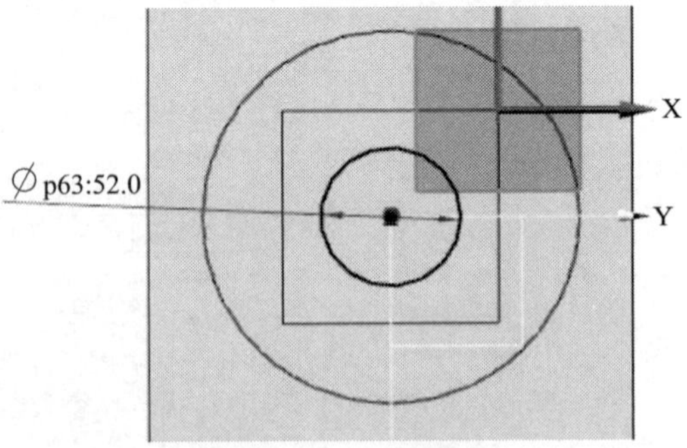

图 3－76　圆截面图形

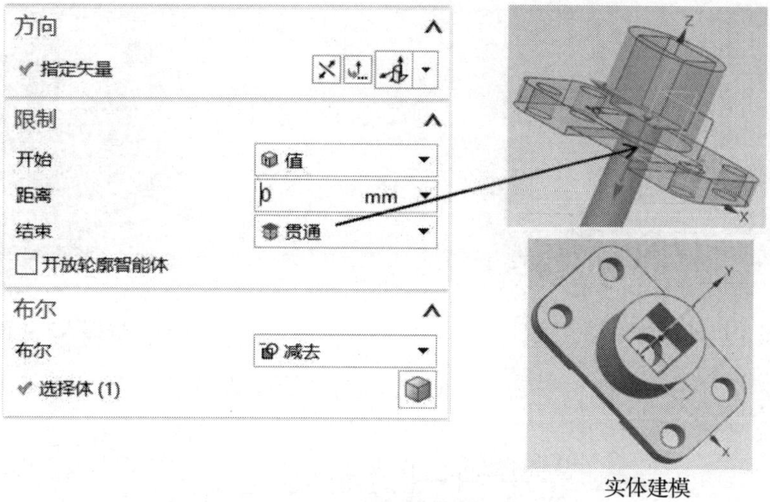

图 3-77　实体 5 的建模

7. 创建实体 6（圆柱侧面直径为 52 的圆孔）拉伸除料特征

单击“拉伸”按钮，在对话框中单击“绘制截面”按钮，选择如图 3-78 所示坐标系的 *XZ* 平面为草图平面，进入草绘环境后单击“静态线框”按钮 静态线框。绘制如图 3-79 所示的直径为 52 的圆截面图形，约束圆心在 *Z* 轴上，圆心到上棱边距离为“44”，完成草图。在“拉伸”对话框中“限制”区域的“开始”下拉列表中选择“值”，并在其下的“距离”输入参数“0”，在“结束”下拉列表中选择值，并在其下的“距离”文本框中输入“100”；在“布尔”区域选择“减去”，注意矢量箭头的方向，其他的设置为系统默认，可以先预览，然后单击“确定”按钮完成实体 6 的建模，如图 3-80 所示。

8. 创建实体 7（左右筋板）拉伸增料特征

选择如图 3-81 所示坐标系的 *XZ* 平面为草图平面，进入草绘环境后单击“静态线框”按钮 静态线框。用“直线”命令绘制左侧筋板截面图形，单击“镜像曲线”按钮 镜像曲线，将左边图形通过坐标轴 *Z* 轴镜像到右边，完成如图 3-82 所示的筋板截面图形。在“拉伸”对话框中“限制”区域“开始”下拉列表中选择“对称值”，并在其下的“距离”文本框中输入参数“24/2”；在“布尔”区域选择“合并”，注意矢量箭头的方向，其他的设置为系统默认，可以先预览，然后单击“确定”按钮完成实体 7 的建模，如图 3-83 所示。

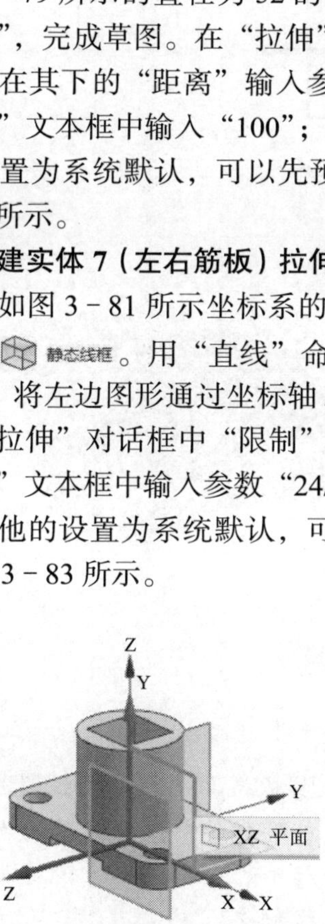

图 3-78　选择 *XZ* 平面为草图平面

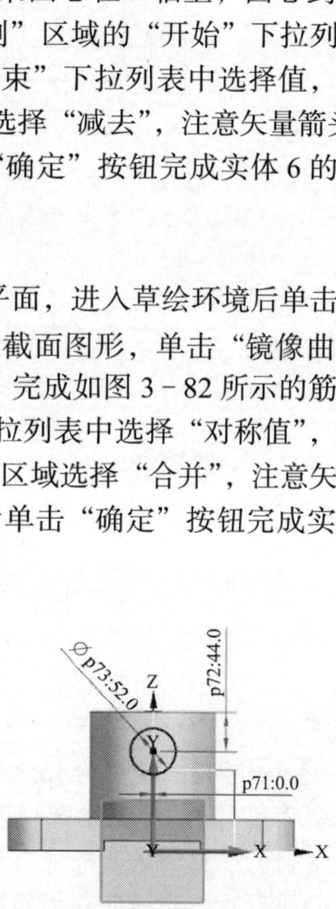

图 3-79　圆截面图形

任务3

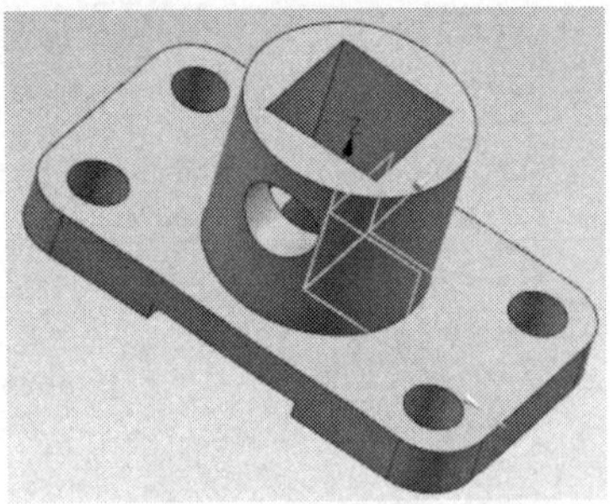

图 3－80　实体 6 的建模

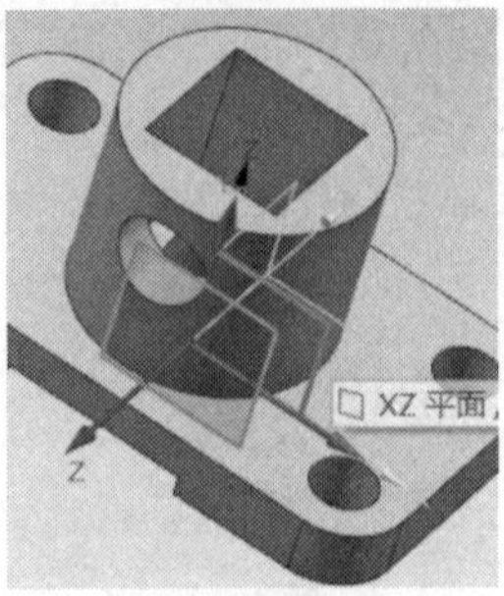

图 3－81　选择 *XZ* 平面为草图平面

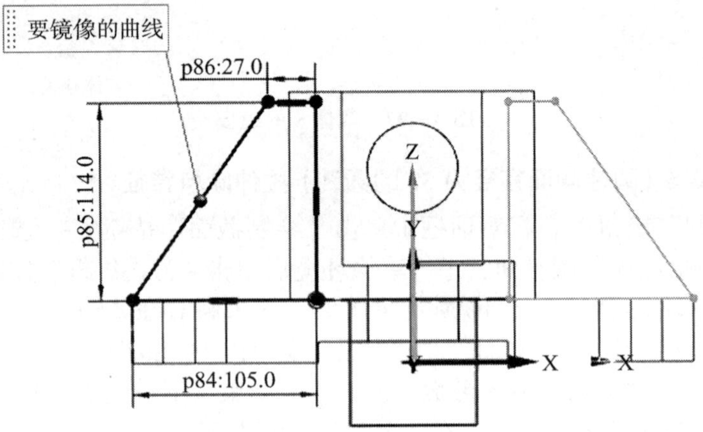

图 3－82　筋板截面图形

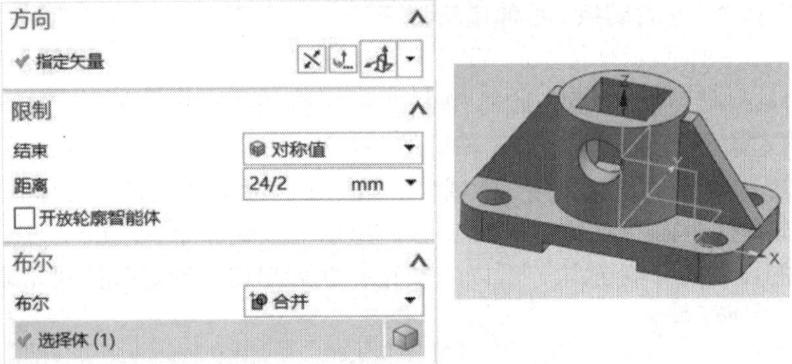

图 3－83　实体 7 的建模

技能点拨

如果筋板竖面是切紧圆柱面的，在绘制筋板截面图形时要往圆柱面与内壁之间大于 1/2 处延长一段（见图 3－84），这样拉伸后筋板才能与圆柱完全结合，否则会断开或者有部分没有结合在一起（见图 3－85）。在绘制筋板截面图形时还要确定筋板的高度，以与竖面直线相交。

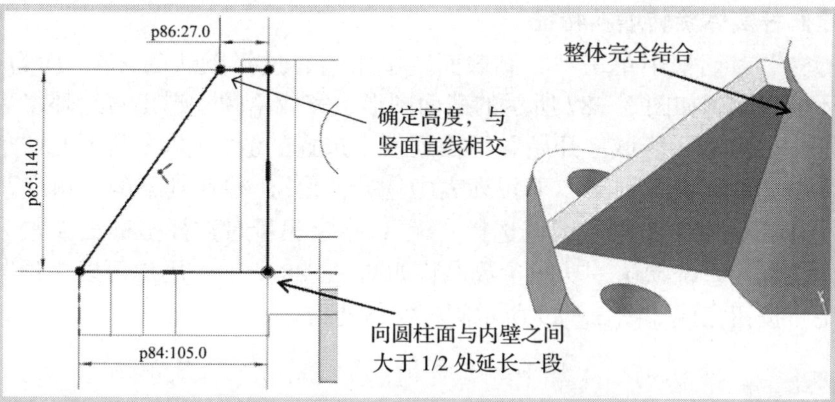

图 3－84　筋板与圆柱完全结合

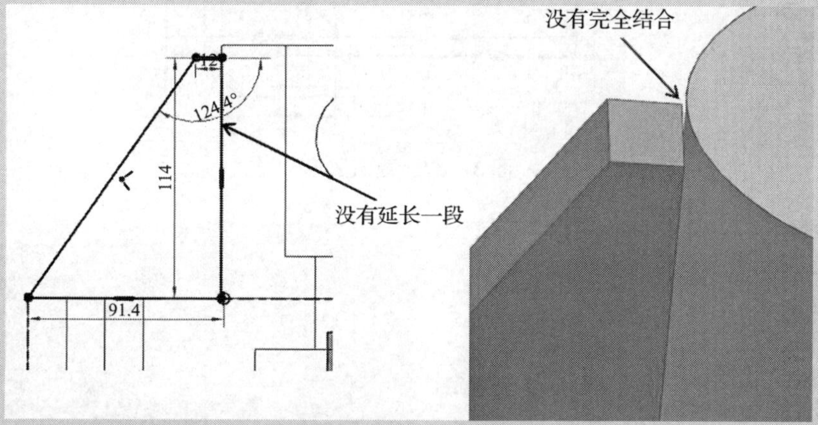

图 3－85　没有完全结合

二　旋转特征应用实例

图 3－86 所示为某阀杆三维实体图，本实例会应用到旋转增料等特征，以及其他的修饰特征。

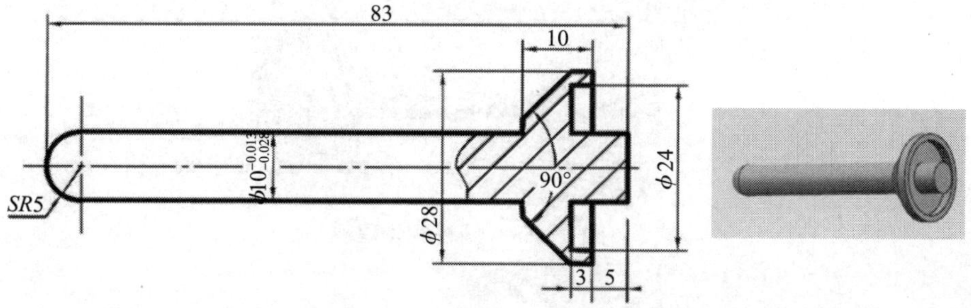

图 3－86　某阀杆三维实体图

1. 新建模型文件

创建文件路径，将新建的实体命名为“阀杆”，在下拉主菜单中的“插入”子菜单中选择“设计特征”子菜单中的“旋转”命令。

2. 创建阀杆实体旋转增料特征

在“旋转”对话框中单击“绘制截面”按钮，选择默认的 *XY* 平面为草图平面，进入草绘环境后绘制如图 3－87 所示的截面图形，完成草图。退出草绘环境后，在“旋转”对话框中“限制”区域“开始”下拉列表中选择“值”，并在其下的“角度”文本框中输入参数“0”，在“结束”下拉列表中选择“值”，并在其下的“角度”文本框中输入参数“360”；在“布尔”区域选择“无”，指定矢量时选择坐标轴 *X* 轴为旋转中心轴，其他的设置为系统默认，功能参数设置如图 3－88 所示。用户可以先预览结果，再单击“确定”按钮完成如图 3－89 所示阀杆实体建模。

旋转实例
（阀杆建模）

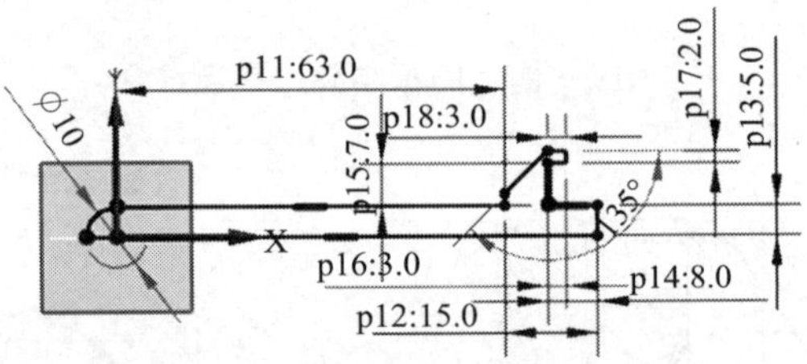

图 3－87　截面图形

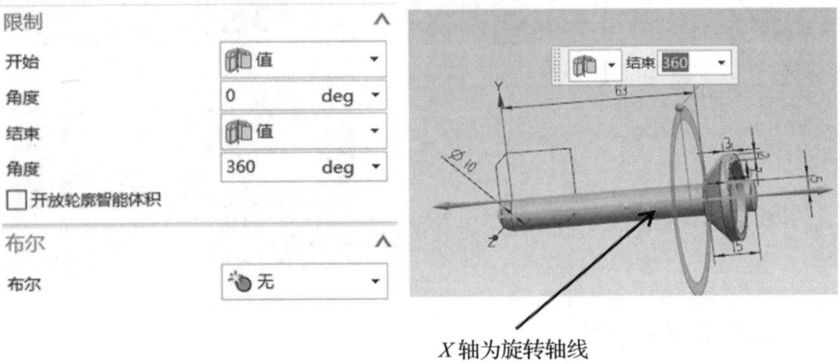

图 3－88　功能参数设置

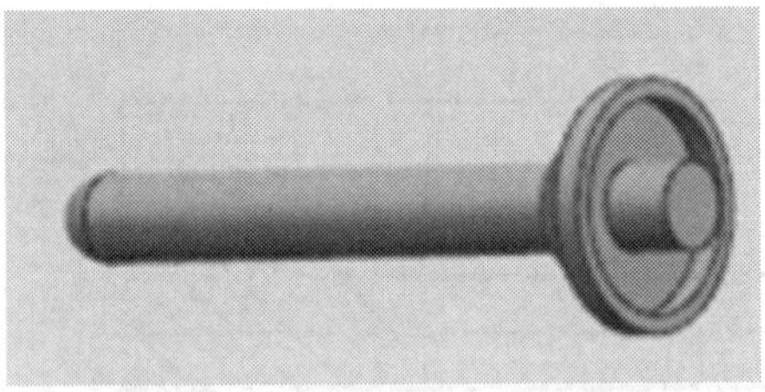

图 3－89　阀杆实体建模

三　扫掠特征应用实例

本实例介绍滑道实体的建模过程，使用户对扫掠特征的应用有所了解。滑道实体模型如图 3－90 所示。

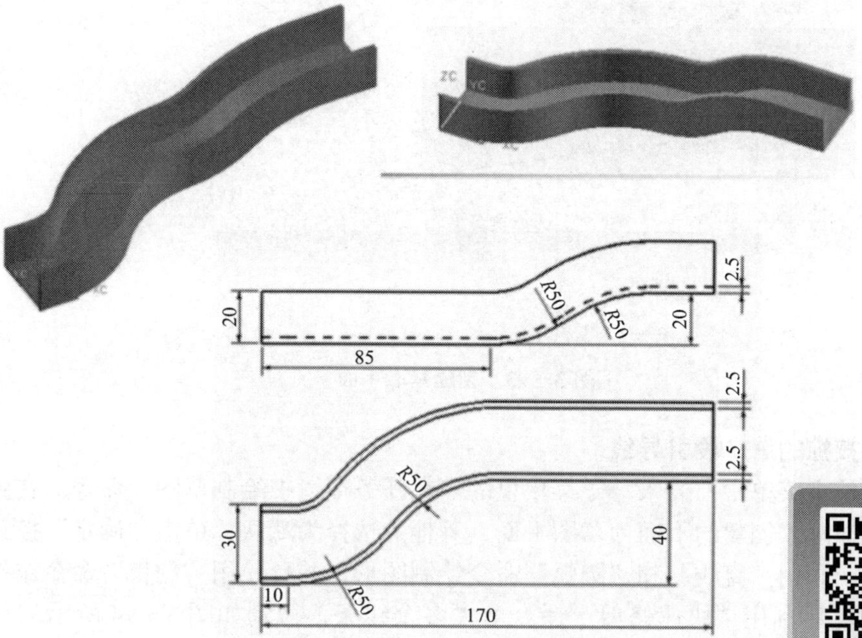

图 3－90　滑道实体模型

扫掠实例
（滑道建模）

1. 新建模型文件

创建文件路径并将其命名为“滑道”，在下拉主菜单中选择“插入”子菜单中的“在任务环境中绘制草图”命令。

2. 创建扫掠的第一段引导线（又叫轨迹线）

在弹出的对话框中选择 *XY* 平面为草图平面，其他的选择为默认，单击“确定”按钮，进入草绘环境。利用“直线”和“圆弧”命令绘制图形，并且使用“约束”命令添加“相切”约束，然后利用“快速修剪”命令剪去多余线条，得到如图 3－91 所示的 S 形截面图形，即完成第一段引导线的草图绘制。

3. 创建基准平面

创建第二段引导线时需要创建基准平面。在下拉主菜单中的“插入”子菜单中选择“基准 / 点”子菜单中的“基准平面”命令，如图 3－92 所示。在弹出的对话框的“类型”下拉列表中选择“按某一距离”，选择 *XZ* 平面为参考平面，输入偏置距离参数为“40”，如图 3－93 所示，单击“确定”按钮完成基准平面的创建。

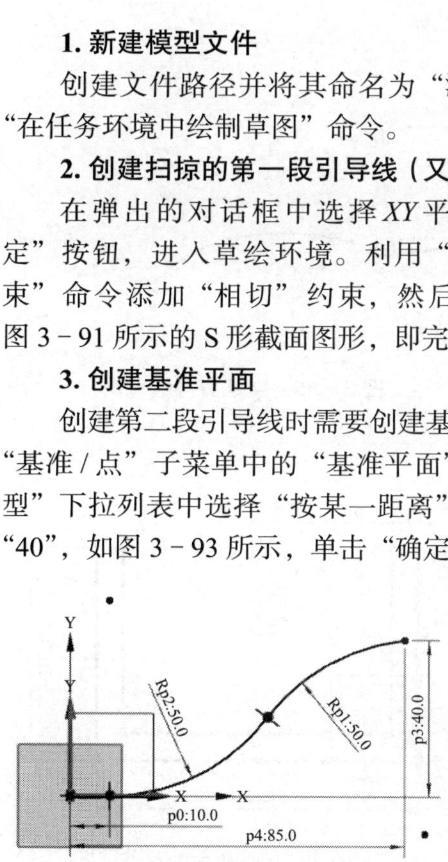

图 3－91　第一段引导线截面图形

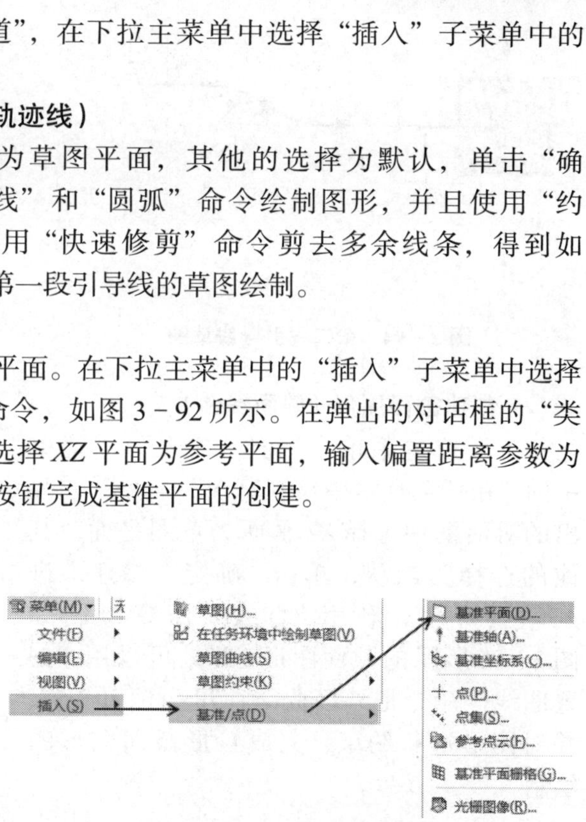

图 3－92　选择“基准平面”命令

任务3

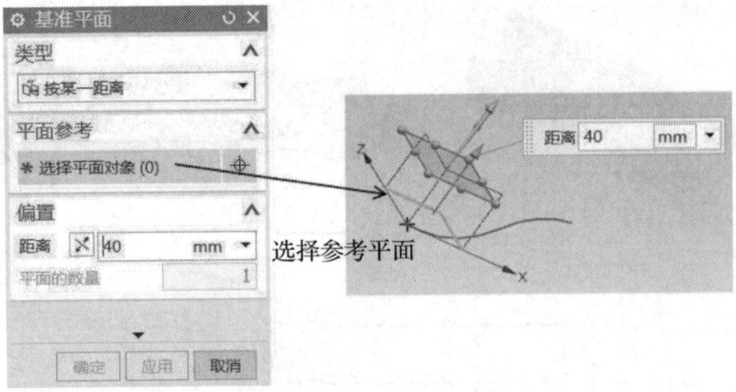

图 3-93 创建基准平面

4. 创建扫掠的第二段引导线

选择下拉主菜单中“插入”子菜单里的“在任务环境中绘制草图”命令。在弹出的对话框中选择刚才创建的平面为草图平面，其他的选择为默认，单击“确定”按钮，进入草绘环境。利用“直线”和“圆弧”命令绘制图形，并且使用“约束”命令添加“相切”约束，然后利用“快速修剪”命令剪去多余线条，得到如图 3-94 所示的截面图形，完成第二段引导线的草图。整条引导线的草图如图 3-95 所示，它是属于空间不同平面的轨迹线。

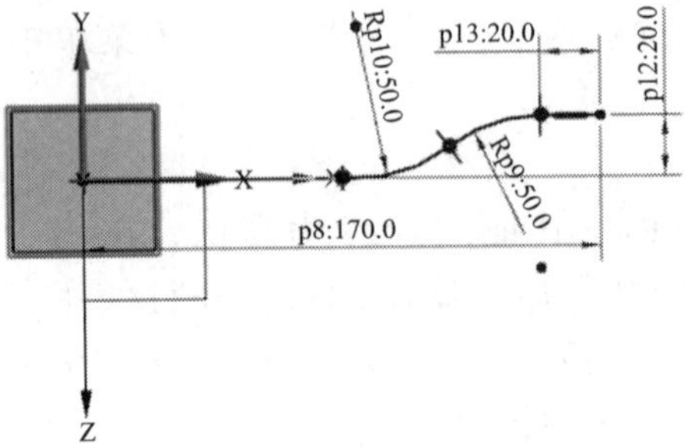

图 3-94 第二段引导线草图

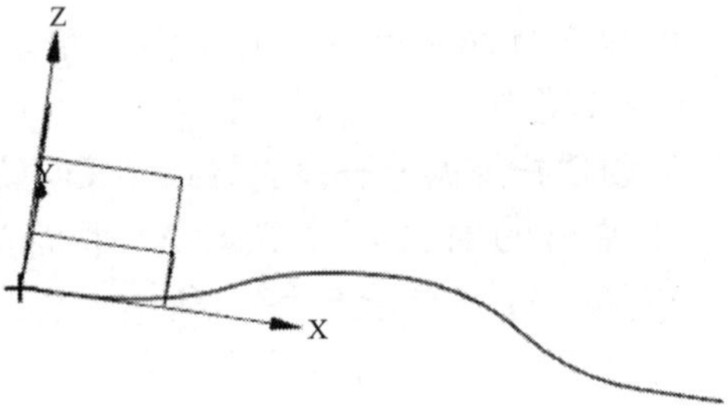

图 3-95 整条引导线草图

5. 创建截面图形（截面线串）

在下拉主菜单中选择“插入”子菜单中的“在任务环境中绘制草图”命令，在弹出的对话框中选择 *XZ* 平面为草图平面，其他的选择为默认，单击“确定”按钮，进入草绘环境。利用“直线”命令绘制如图 3-96 所示的截面图形（此处可以用“偏置曲线”命令把外面曲线往里面偏置 2.5），并对图形进行约束，完成 U 形截面图形的绘制。

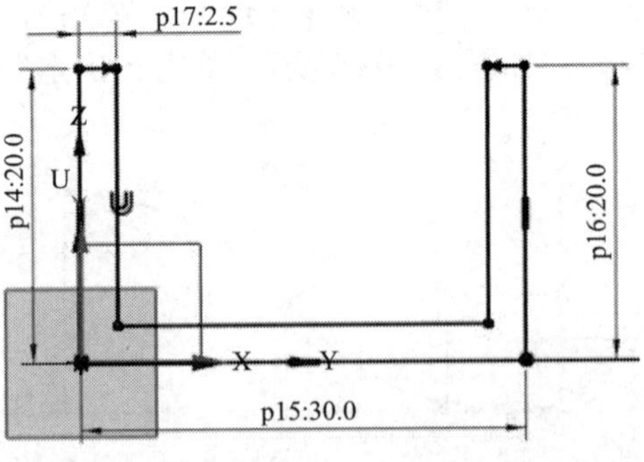

图 3-96 截面图形

6. 创建扫掠特征，完成滑道实体建模

在下拉主菜单中选择“插入”子菜单里“扫掠”子菜单中的“沿引导线扫掠”命令，在弹出的对话框中选择“截面”为U形截面曲线，选择“引导线”为S形曲线，其他为系统默认，用户可以先预览结果，然后单击“确定”按钮，完成滑道实体建模，见图3-97。用户可以隐藏边线和基准坐标系，选择“着色”显示。

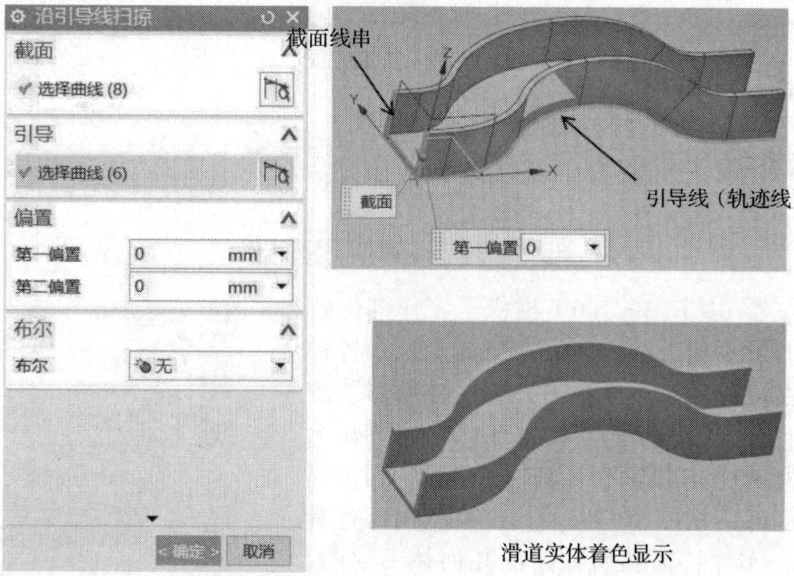

图3-97 “沿引导线扫掠”对话框与滑道实体建模

基础延伸

沿引导线扫掠特征和管道特征的应用：沿引导线扫掠特征的横截面是圆筒（内圆直径为20，外圆直径为30），扫掠后会得到实体结构特征，与管道结构一样。图3-98所示为沿引导线扫掠得到的实体特征，它是个空心管，是有管道特征的实体。如果将管道的内径设置为“20”，外径设置为“30”，则随着轨迹线扫掠得到的特征是空心管道，图3-99所示为通过管道特征得到的与沿引导线扫掠特征一样的实体。两者在使用时必须注意过渡的光滑情况，且需要根据设计意图考虑设计的简化步骤。

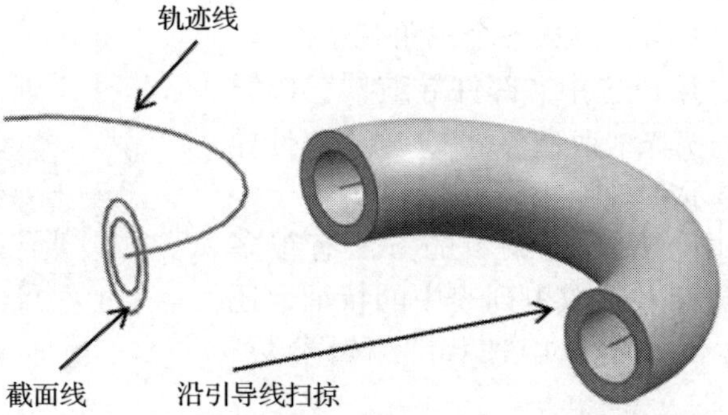

图3-98 沿引导线扫掠得到的实体特征

任务3

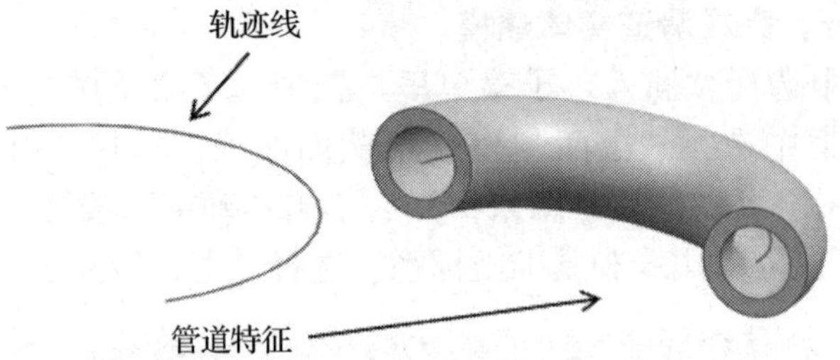

图 3－99　管道特征

知识链接

部件导航器的使用基础

图 3－100　部件导航器

部件导航器（见图 3－100）提供了工作部件特征父子关系的可视化表示，允许在特征上执行各种编辑操作。在资源工具条区单击“部件导航器”按钮，即可打开部件导航器，其分为“名称”“相关性”“细节”“预览”四个面板。其中“名称”面板提供了最全面的部件视图，可以使用“模型树”查看和访问实体、实体特征和所依附的几何体、视图、图样、表达式，以及模型中的引用集等。

部件导航器可以用来抑制或释放特征，改变它们的参数或定位尺寸等，部件导航器在整个应用环境中都是有效的，而不只是在建模环境中。

在部件导航器中的空白处单击鼠标右键，会弹出立即菜单，在立即菜单中选择“时间戳记顺序”，可以按时间顺序排列建模所用到的每个步骤，并且可以对其进行参数编辑、定位编辑、显示设置等各种操作。

部件导航器提供了前后左右等八个模型视图，用于选择当前视图的方向，以从各个视角观察模型。部件导航器的显示：用户选中“部件导航器”按钮，单击鼠标右键，选择“取消停靠”，则“部件导航器”窗口就独立显示在图形显示区。

对部件导航器中特征进行编辑的方法有很多种，用户可以直接鼠标左键双击列表中的特征，还可单击鼠标右键在快捷菜单中选择“编辑参数”命令。

对特征的细节查询和编辑：用户选中一个特征，在“细节”面板就会显示出该特征的“参数”“值”“表达式”，单击鼠标右键，选择“在表达式编辑器中编辑”命令（见图 3－101），可以编辑细节信息，实现多功能的编辑和导出电子表格等操作。

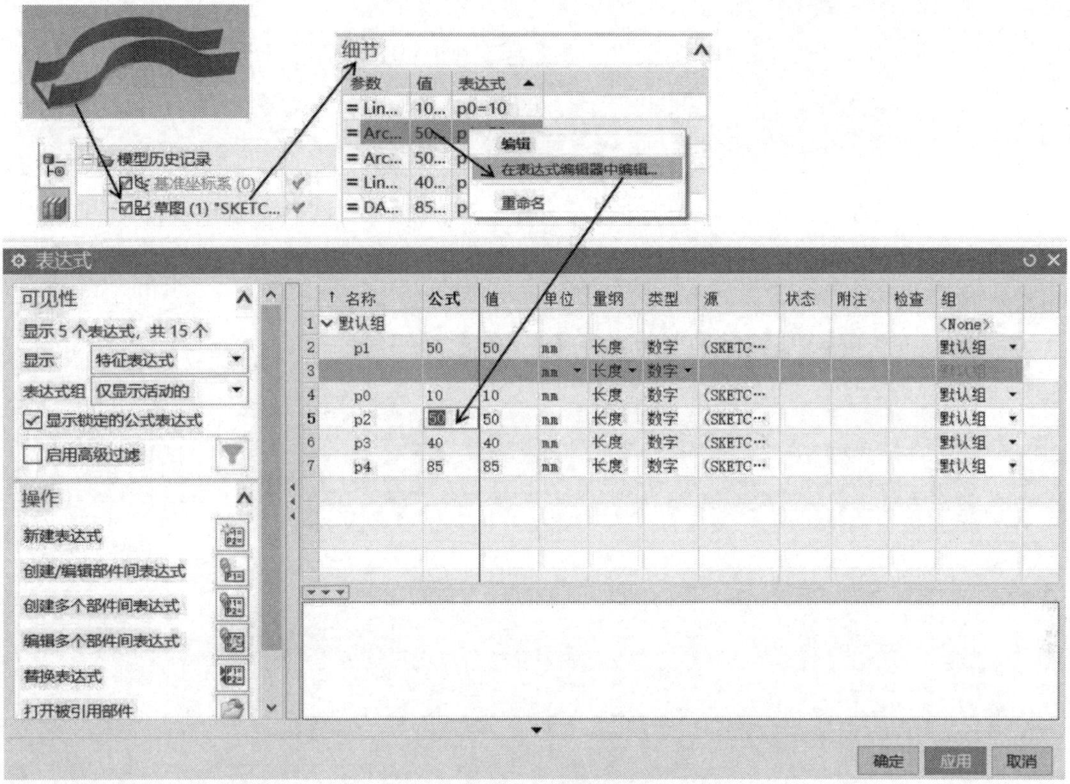

图 3－101 表达式编辑器

单元4 基准特征、关联复制特征及其他特征

单元导读

UG NX 12.0 的基准可以分为基准平面、基准轴、基准点和基准坐标系四种。在建模过程中特征之间存在关联性，利用特征的阵列、特征的镜像、抽取几何体等使操作非常方便，大大提高设计效率。除此之外，本单元将会介绍抽壳、拔模、三角形加强筋、垫块、键槽、开槽等修饰特征。这些修饰特征修饰着实体造型，使产品造型非常奇特新颖。本单元在前面内容的基础上继续介绍基准特征、关联复制特征以及其他修饰特征，使学生在实体建模上有更大的提高。

重点难点

1. UG NX 12.0 常用基准特征操作。
2. UG NX 12.0 关联复制、抽壳、拔模、键槽等特征的操作。

技能目标

1. 掌握常用基准特征操作。
2. 掌握关联复制、抽壳、拔模、键槽等特征的操作。

素养目标

在产品设计时几乎都会涉及抽壳、拔模、圆角等特征，它们看似简单却有着很高的技术要求，若没有达到产品相关技术标准，就是不合格品，会耽误工期，对企业的生产效益影响很大。通过本单元的学习，培养学生严谨的治学态度和精益求精的职业精神。

任务 1 基准特征基本操作

任务描述

在建模过程中经常需要创建一个参照基准来创建实体特征，UG NX 12.0 中提供的基准特征包括基准平面、基准轴、基准点、基准坐标系。如何在建模的过程选择基准？基准的几何要素有哪些？在建模过程如何才能表达准确？通过本任务学习就可以解决相关问题。

任务目标

1. 了解 UG NX 12.0 基准特征的分类。
2. 掌握 UG NX 12.0 基准特征的使用。
3. 掌握 UG NX 12.0 基准特征的功能。

实施过程

一 UG NX 12.0 基准特征的分类

UG NX 12.0 的基准特征包括基准平面、基准轴、基准点、基准坐标系（CSYS），其他的简单了解即可。

1. 基准平面

基准平面也称为基准面，如果模型上没有合适的平面，用户可以创建基准平面作为特征截面的草图平面或者参考平面。基准平面的大小是可以调整的，可以创建在零件、特征、曲面、边、轴或半径某个位置。基准平面分为相对的和固定的两种。

2. 基准轴

基准轴既可以是相对的，也可以是固定的。以创建的基准轴为参考对象，可以创建其他对象，比如基准平面、回转体和拉伸特征等。

3. 基准点

基准点用来为网络生成加载点，在绘图中连接基准目标和注释、创建坐标系及管道特征轨迹，也可以在基准点处放置轴、基准平面、孔和轴肩。

4. 基准坐标系（CSYS）

基准坐标系是可以添加到零件和装配件中的参照特征，可用于计算质量属性，装配元件，为有限元件分析（FEA）放置约束，为刀具轨迹提供制造操作参照，还可用于其他特征的参照等。

技能点拨

坐标系是软件工作的空间基准，所有的操作都是相对于坐标系进行的。UG NX 12.0 包含三种坐标系，分别是绝对坐标系 ACS（Absolute Coordinate System）、工作坐标系 WCS（Work Coordinate System）和机械坐标系 MCS（Machine Coordinate System），这些坐标系都满足右手法则。系统自带坐标系为基准坐标系（CSYS），今后书中出现字母表示时用户要加以区分。

ACS：默认坐标系，其原点位置永远不会变，在用户新建文件时就已经存在，是软件开发人员预置的内定坐标系。

WCS：UG 提供给用户的坐标，用户可以根据需要任意移动位置，也可以进行旋转及新建 WCS 等操作。

MCS：用于模具设计、数控加工、配线等向导操作。

二 UG NX 12.0 基准平面的操作

（1）在下拉主菜单的“插入”子菜单中选择“基准 / 点”子菜单下的“基准平面”命令，系统弹出如图 4-1 所示的“基准平面”对话框，在“类型”区域，系统提供了多种创建基准平面的方式，在此对“基准平面”对话框中部分选项及按钮功能进行简要介绍。

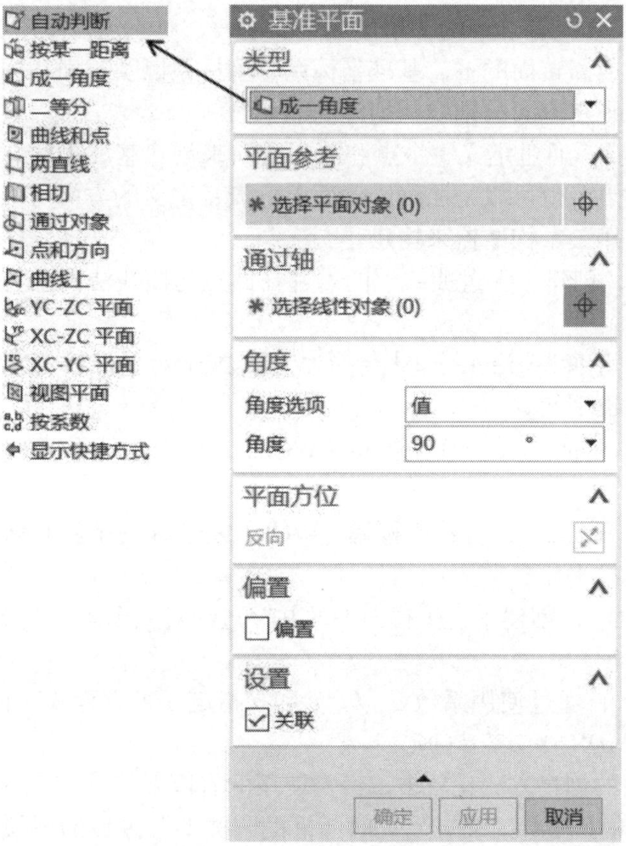

图 4-1 “基准平面”对话框

1）“自动判断”，根据选择的对象自动判断约束条件，比如选取一个表面或基准平面时，系统自动生成一个预览基准平面，可以输入偏置值和数量来创建基准平面。

2）“按某一距离”，平行于选定的参考平面，通过指定一定距离（可以是正值、负值，也可以是 0）创建基准平面。

3）“成一角度”，通过输入角度值创建与已知平面成一角度的基准平面。先选择一个平面或基准平面，然后选择一个与所选面平行的线性曲线或基准轴作为旋转轴。

4）“二等分”，创建一个与指定两平面距离相等的基准平面。

5）“曲线和点”，此方法创建基准平面的步骤为：先指定一个点，然后指定第二个点或一条直线、线性边、基准轴面等。如果选择直线、基准轴、线性曲线或特征的边缘作为第二个对象，则基准平面同时通过这两个对象；如果选择一般平面或基准平面作为第二个对象，则基准平面通过第一个点并垂直于这两个点所定义的方向；如果选择三个点，则基准平面通过这三个点。

6）“两直线”，选择两条现有直线，或直线与线性边、面的法向向量或基准轴的组合，创建的基准平面包含第一条直线且平行于第二条直线。如果两条直线共面，则创建的基准平面将同时包含这两条直线。否则，还会有下面两种可能的情况：

①这两条直线不垂直，创建的基准平面包含第二条直线且平行于第一条直线。

②这两条直线垂直，创建的基准平面包含第一条直线且垂直于第二条直线，或是包含第二条直线且垂直于第一条直线（可以使用循环解实现）。

7）“通过对象”，根据选定的对象创建基准平面，对象包括曲线、边缘、面、基准、平面、圆柱、圆锥或回转面的轴、基准坐标系、坐标系以及球面和回转曲面。如果选择圆锥面或圆柱面，则在该面的轴线上创建基准平面。

8）“点和方向”，通过定义一个点和一个方向来创建基准平面。定义的点可以是使用点构造器创建的点，也可以是曲线或曲面上的点；定义的方向可以通过选取的对象自动判断，也可以使用矢量构造器来构建。

9）“曲线上”，创建一个过曲线上的点并在此点与曲线法向垂直、相切或成一定角度的基准平面。

10）“*YC–ZC* 平面”，沿工作坐标系（WCS）或绝对坐标系（ACS）的 *YC–ZC* 平面创建一个固定的基准平面。

11）“*XC–ZC* 平面”，沿工作坐标系（WCS）或绝对坐标系（ACS）的 *XC–ZC* 平面创建一个固定的基准平面。

12）“*XC–YC* 平面”，沿工作坐标系（WCS）或绝对坐标系（ACS）的 *XC–YC* 平面创建一个固定的基准平面。

13）“视图平面”，创建平行于视图平面并穿过绝对坐标系（ACS）原点的固定基准平面。

14）“按系数”，通过使用系数 a、b、c 和 d 指定一个方程式，创建固定基准平面，该基准平面由方程 $aX+bY+cZ=d$ 确定。

（2）基准平面的创建方法比较多，经常使用的有以下几种方法：

1）按某一距离：在“基准平面”对话框的“类型”区域的下拉列表中选择“按某一距离”，可以选择坐标平面为参考平面，也可选择实体表面为参考平面，然后在“偏置”区域的“距离”下拉列表中输入偏移的距离，完成基准平面的创建，如图 4－2 所示（可以按住鼠标左键拖动基准平面上的小圆球以加大区域）。

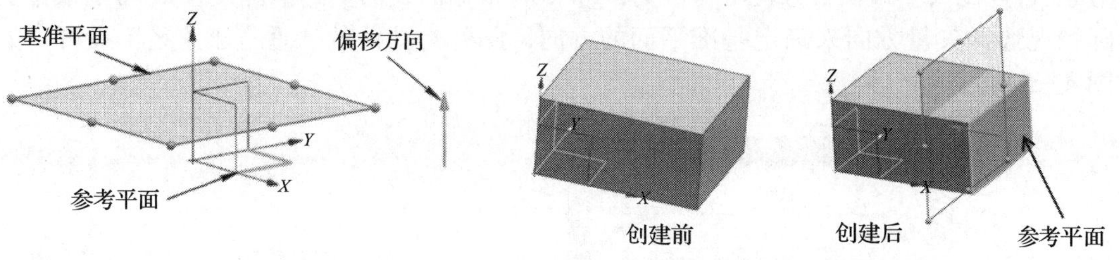

（a）以坐标平面为参考平面　　（b）以实体表面为参考平面

图 4－2　“按某一距离”创建基准平面

2）成一角度：在“基准平面”对话框的“类型”区域的下拉列表中选择“成一角度”，可以选择坐标平面为参考平面，也可选择实体表面为参考平面，并选择基准平面所要通过的轴线，然后在“角度”区域的“角度选项”下拉列表中输入旋转的角度，可以完成基准平面的创建，如图 4－3 所示。

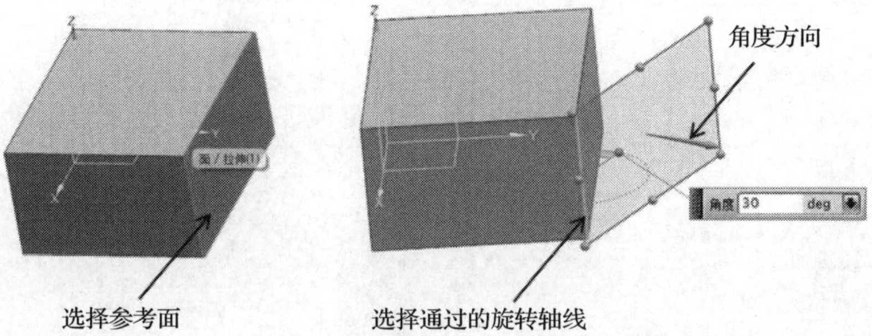

图 4－3　“成一角度”创建基准平面

3）点和方向：在“基准平面”对话框的“类型”区域的下拉列表中选择“点和方向”，在“通过点”区域“指定点”处选择指定曲线的端点或实体棱边上的点，在“法向”区域“指定矢量”下拉列表中可以根据实际情况选择矢量方向，此处为默认的垂直该曲线的方向，如图 4－4 所示。

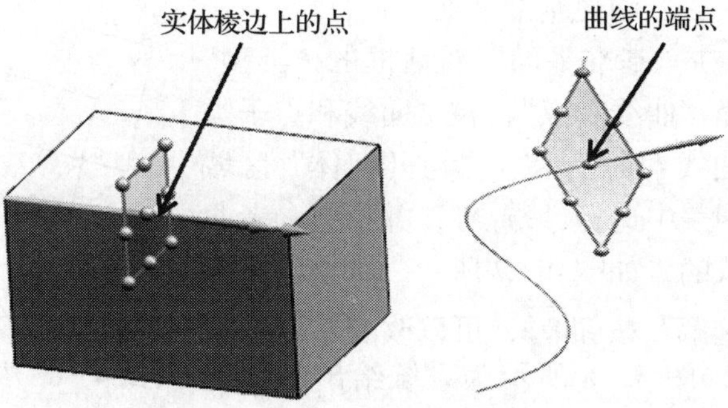

图 4－4　“点和方向”创建基准平面

4）曲线上：在“基准平面”对话框的“类型”区域下拉列表中选择“曲线上”，在“曲线”区域选择指定的曲线，在“曲线上的位置”区域的“位置”下拉列表中选择“弧长百分比”，“弧长百分比”参数为“50”（可根据曲线的实际情况设置），可以根据实际情况选择矢量方向来确定基准平面的方向，此处为默认的“垂直于路径”设置，如图 4－5 所示。

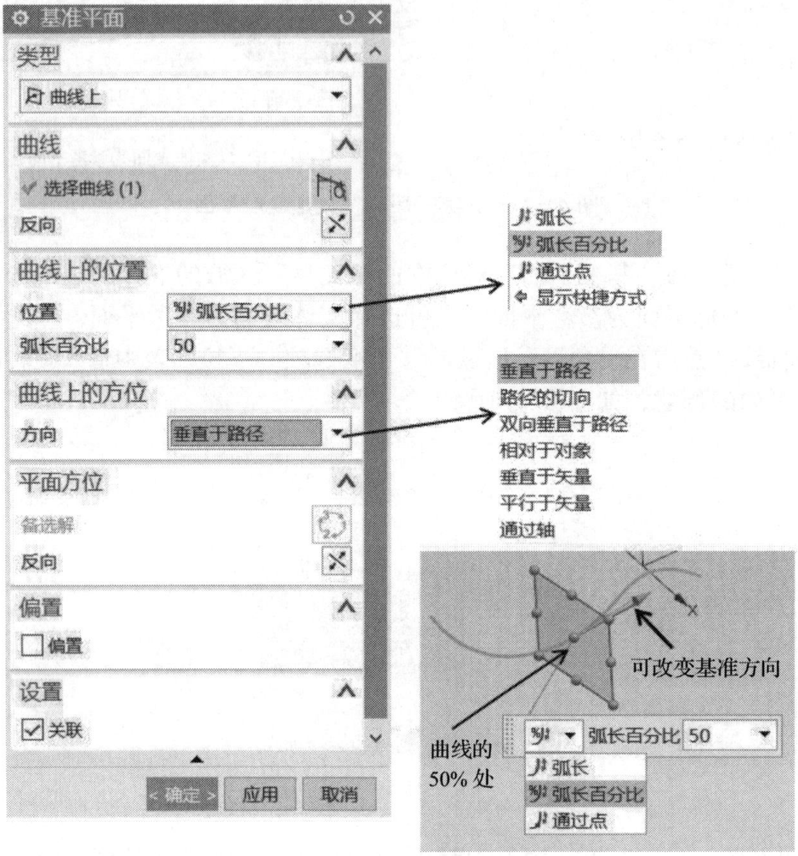

图 4－5 “曲线上”创建基准平面

5）二等分：在“基准平面”对话框的“类型”区域下拉列表中选择“二等分”，指定如图 4－6 所示的两个平面为参考平面，创建基准平面。

6）曲线和点：在“基准平面”对话框的“类型”区域下拉列表中选择“曲线和点”，在“曲线和点子类型”中选择“点和曲线 / 轴”，在“参考几何体”区域的“指定点”下拉列表中选择“端点”，并指定参考曲线，其他设置为默认的，如图 4－7 所示。单击“平面方位”区域的“备选解”按钮，可以改变基准平面与曲线的相对位置，图 4－8 所示为系统给出的备选解的平面。

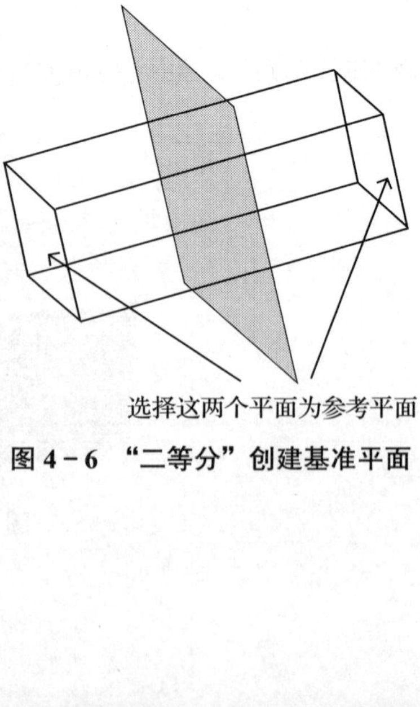

图 4－6 “二等分”创建基准平面

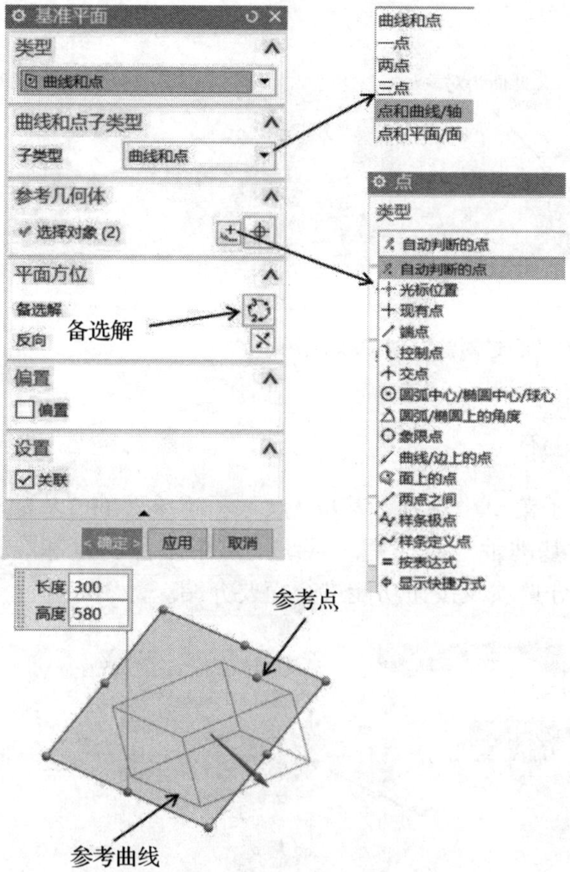

图 4－7　“曲线和点”创建基准平面

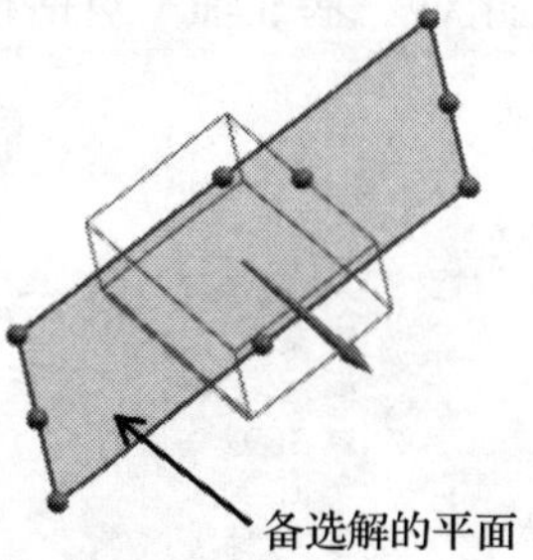

图 4－8　备选解的平面

7）两直线：在“基准平面”对话框的“类型”区域下拉列表中选择“两直线”，在“第一条直线”和“第二条直线”中分别选择两条参考直线，其他设置为默认的。两条直线垂直时创建的几种平面，如图 4－9 所示。

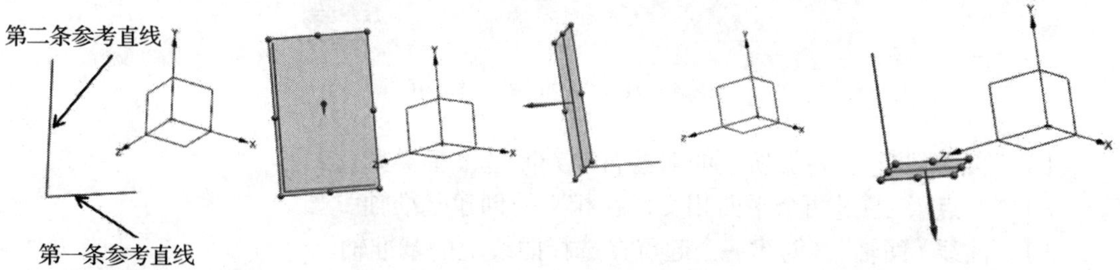

(a) 空间的两条垂直直线　(b) 两条直线在同一个面　(c) 平行于一条直线　(d) 平行于另一条直线

图 4－9　“两直线”创建基准平面

8）通过对象：在“基准平面”对话框的“类型”区域下拉列表中选择“通过对象”，在“通过对象”中选择如图 4－10 所示的面，其他设置为默认的，完成“通过对象”创建基准平面。

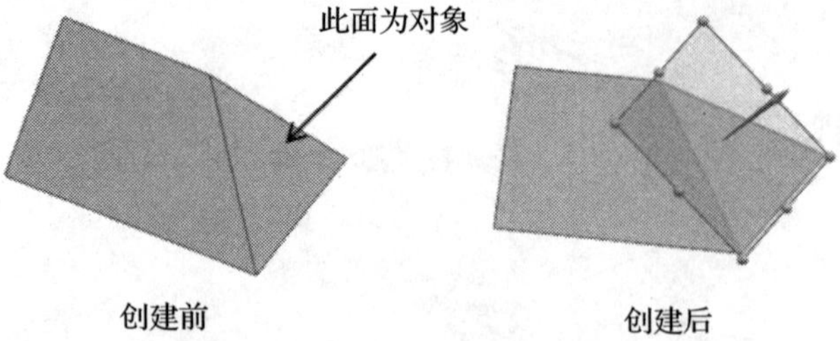

图 4－10 “通过对象”创建基准平面

三 UG NX 12.0 基准轴的操作

（1）在下拉主菜单的“插入”子菜单中选择“基准 / 点”子菜单下的“基准轴”命令，系统弹出如图 4－11 所示的“基准轴”对话框。系统提供了多种创建基准轴的方式，在此对“基准轴”对话框中部分选项及按钮功能进行简要介绍。

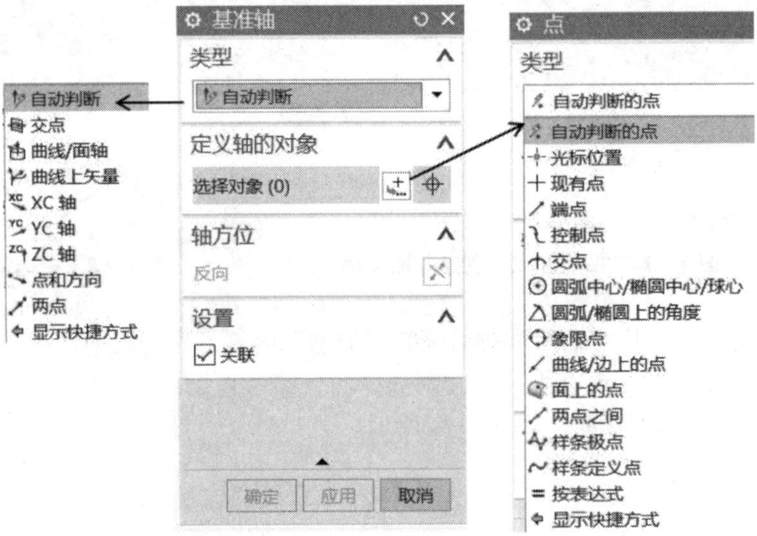

图 4－11 “基准轴”对话框

1）“自动判断”，根据所选的对象自动判断基准轴类型。

2）“交点”，通过两个平面相交，在相交处创建基准轴。

3）“曲线 / 面轴”，创建一个起点在选择曲线上的基准轴。

4）“曲线上矢量”，通过选择曲线上一点并确定与曲线的方位关系（法向垂直或相切或与某一对象平行或垂直等）创建基准轴。

5）“*XC* 轴”，沿 *XC* 轴创建固定基准轴。

6）“*YC* 轴”，沿 *YC* 轴创建固定基准轴。

7）“*ZC* 轴”，沿 *ZC* 轴创建固定基准轴。

8）“点和方向”，通过定义一个点和一个矢量方向来创建基准轴。通过曲线、边或曲面上的一点，可以创建一条平行于线性几何体或基准轴、面轴，或垂直于一个曲面的基准轴。

9）“两点”，通过定义通过轴的两点来创建基准轴。第一点为基点，第二点确定方向。

（2）基准轴的创建方法比较多，经常使用的有以下几种方法：

1）交点：在“基准轴”对话框的“类型”区域下拉列表中选择“交点”，在“要相交的对象”区域中选择如图4－12所示的两个参考面，可以根据实际情况选择方向来确定基准轴的方向，其他的选择系统默认的设置。

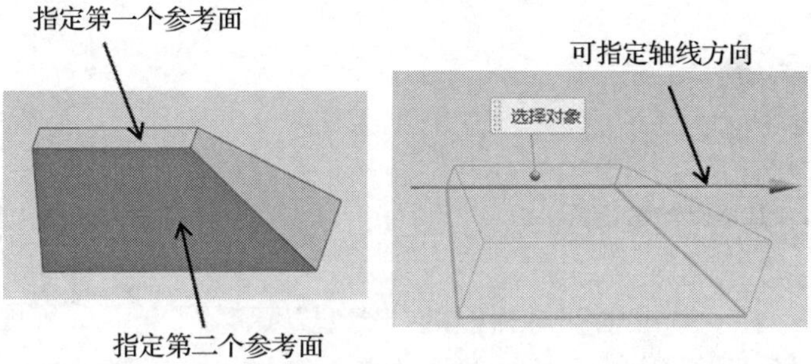

图4－12 “交点”创建基准轴

2）曲线/面轴：在“基准轴”对话框的“类型”区域下拉列表中选择“曲线/面轴”，在“曲线或面”区域中选择棱边或者曲面，其他的选择系统默认的设置，完成通过“曲线/面轴”创建基准轴的操作，如图4－13所示。

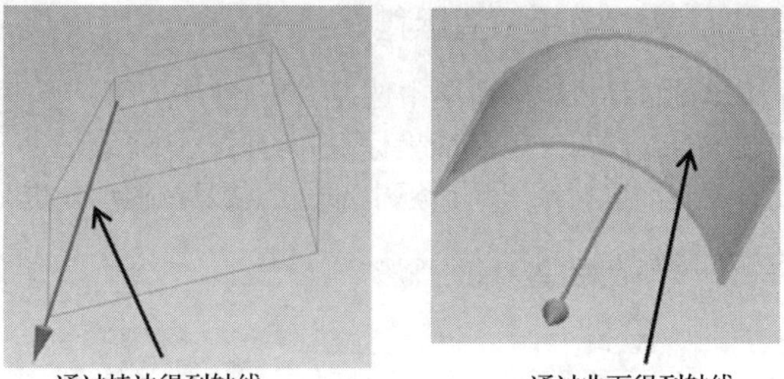

图4－13 “曲线/面轴”创建基准轴

3）曲线上矢量：如图4－14所示，在“基准轴”对话框的“类型”区域下拉列表中选择“曲线上矢量”，在“曲线”区域中选择参考曲线（见图4－15），在“曲线上的位置”区域的“位置”下拉列表中选择“弧长”，在“弧长”文本框中输入参数“200”（可根据曲线的实际情况设置），在“曲线上的方位”区域的“方位”下拉列表中选择“法向”。根据实际情况选择方向来确定基准轴的方向，其他的选择系统默认的设置。

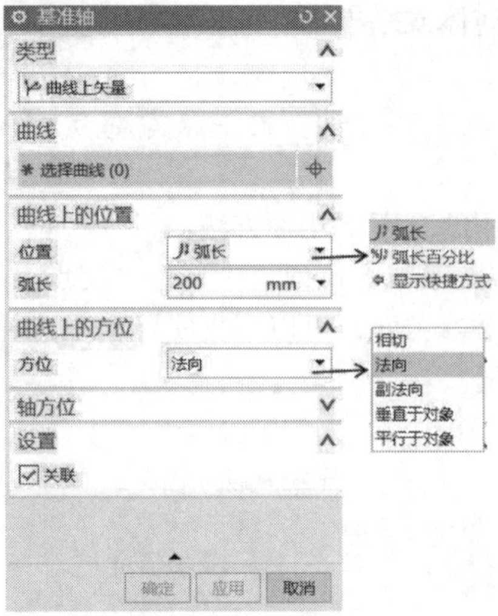

图 4－14 基准轴参数设置

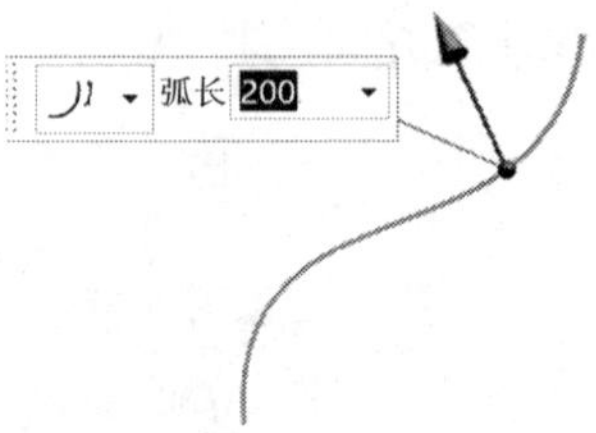

图 4－15 选择参考曲线

4）点和方向：在“基准轴”对话框的“类型”区域下拉列表中选择“点和方向”，在“通过点”区域中选择如图 4－16 所示曲线端点为参考点，在“方向”区域的“方位”下拉列表中选择“垂直于矢量”，根据实际情况选择方向来确定基准轴的方向，其他的选择系统默认的设置。

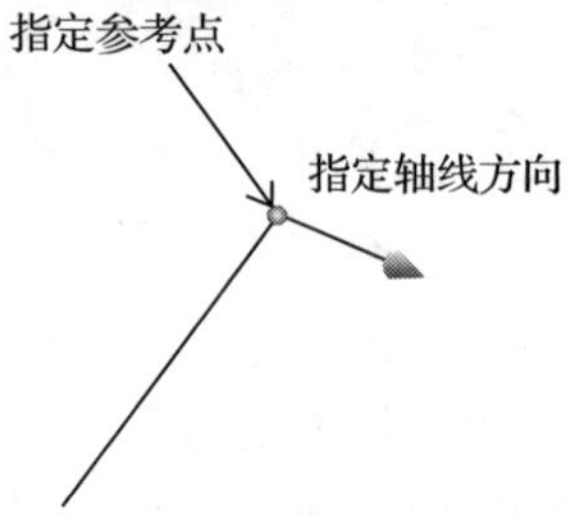

图 4－16 “点和方向”创建基准轴

四 UG NX 12.0 基准坐标系的操作

（1）在下拉主菜单的“插入”子菜单中选择“基准 / 点”子菜单下的“基准坐标系”命令，系统弹出如图 4－17 所示的“基准坐标系”对话框。系统提供了多种创建基准坐标系的方式，在此对“基准坐标系”对话框中部分选项及按钮功能进行简要介绍。

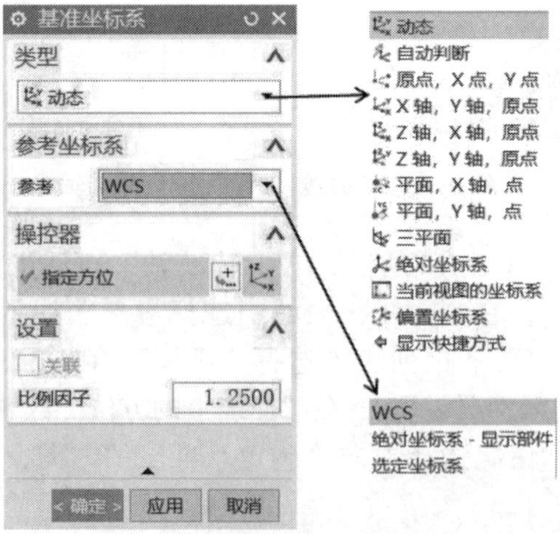

图 4－17 “基准坐标系”对话框

1）“原点，*X*点，*Y*点”，根据选定的三个点或创建三个点来建立CSYS。三个点可以在当前模型上选定，也可以单击“点对话框”按钮，通过在“点”对话框里面进行相关设置来创建点。*X*轴是从第一点到第二点的矢量；*Y*轴是从第一点到第三点的矢量；原点是第一点。

2）“*X*轴，*Y*轴，原点”，根据所选择或定义的一点和两个矢量来创建CSYS。选择的两个矢量作为坐标系的*X*轴和*Y*轴；选择的点作为坐标系的原点。

3）“三平面”，根据所选择的三个平面来创建CSYS。*X*轴是第一个“基准平面/平的面”的法线；*Y*轴是第二个“基准平面/平的面”的法线；原点是这三个“基准平面/平的面”的交点。

4）“绝对坐标系”，指定模型空间坐标系作为坐标系。*X*轴和*Y*轴是绝对CSYS的*X*轴和*Y*轴，原点为绝对CSYS的原点。

5）“偏置坐标系”，根据所选择的现有基准坐标系的*X*、*Y*和*Z*的增量来创建CSYS。

6）“当前视图的坐标系”，将当前视图的坐标系设置为CSYS。*X*轴平行于视图的底面；*Y*轴平行于视图的侧面；原点为视图的原点（屏幕中间）。如果通过名称来选择，CSYS将不可见或在不可选择的层中。

7）“自动判断”，创建一个与所选对象相关的CSYS，或通过*X*、*Y*和*Z*的增量来创建CSYS。实际所使用的方法基于所选择的对象和选项。要选择当前的CSYS，可选择自动判断的方法。

（2）基准坐标系的创建方法比较多，经常使用的有以下几种方法：

1）原点，*X*点，*Y*点：在“基准轴”对话框中的“类型”区域下拉列表中选择“原点，*X*点，*Y*点”，分别选择“原点”“*X*点”“*Y*点”三个参考点，单击“确定”按钮，完成通过“原点，*X*点，*Y*点”创建基准坐标系的操作，如图4－18所示（其他的三点创建基准坐标系的方式可以参考此方式操作）。

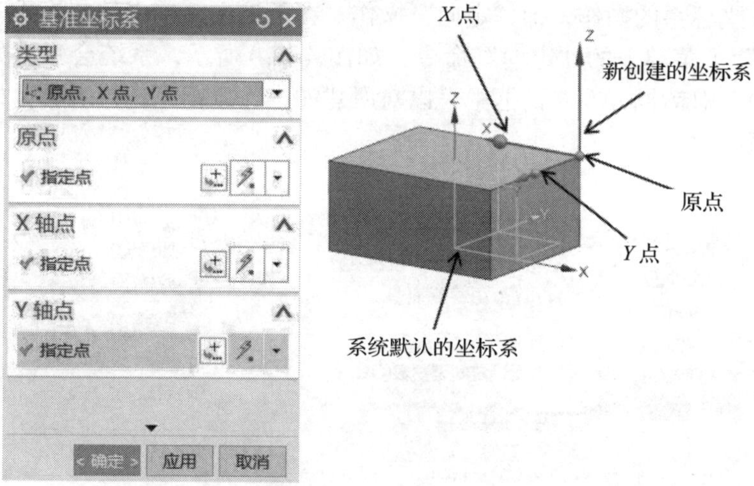

图4－18　“原点，*X*点，*Y*点”创建基准坐标系

2）偏置坐标系：在“基准轴”对话框中的“类型”区域下拉列表中选择“偏置坐

标系”，选择“先旋转”，在“参考”下拉列表中选择“绝对坐标系－显示部件”，在“平移”区域的“偏置”下拉列表中选择“笛卡尔坐标”，对应的 X、Y 和 Z 的参数设置为“80”“−80”“100”，在“旋转”区域中“角度 X”“角度 Y”“角度 Z”所对应的参数分别设置为“15”“30”“45”，其他的为默认值，如图 4－19 所示，单击“确定”按钮完成通过“偏置坐标系”创建基准坐标系的操作。

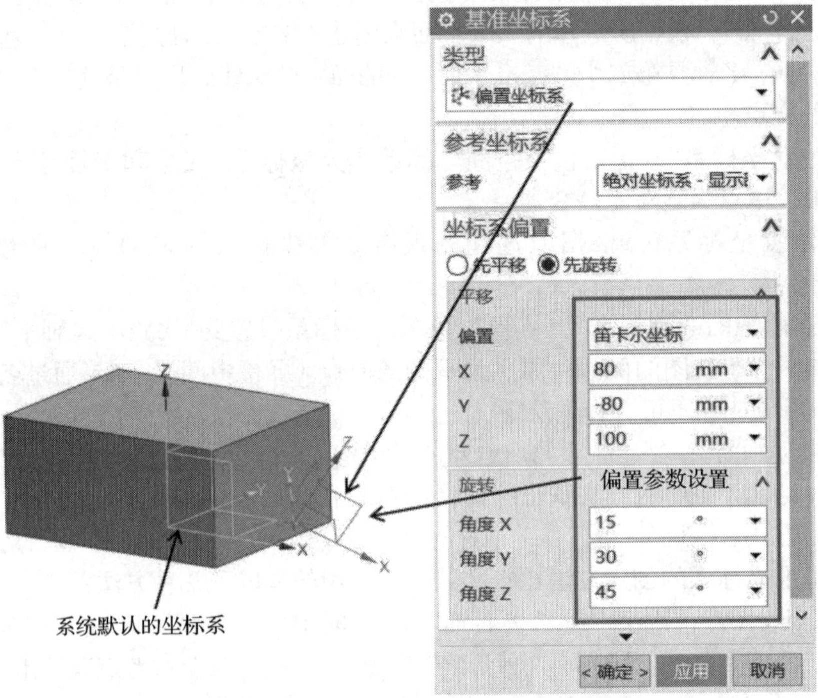

图 4－19 “偏置坐标系”创建基准坐标系

（3）工作坐标系的操作，即“定向”操作。在下拉主菜单中的“格式”下拉菜单中选择“WCS”子菜单下的“定向”命令，如图 4－20 所示，系统会弹出如图 4－21 所示的“坐标系”对话框，在对话框中可以对所建的工作坐标系进行编辑，相关操作步骤和基准坐标系一致。

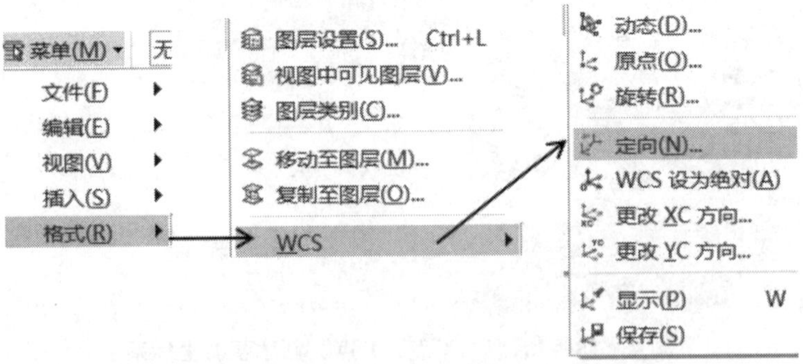

图 4－20 选择“定向”命令

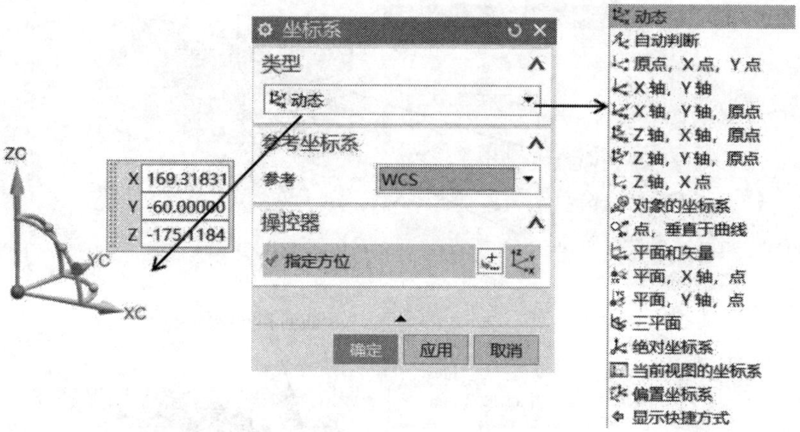

图 4-21 “坐标系”对话框

五 UG NX 12.0 基准点的操作

（1）在下拉主菜单的“插入”下拉菜单中选择“基准 / 点”子菜单下的“点”命令，系统弹出如图 4-22 所示的“点”对话框。系统提供了多种创建基准点的方式。

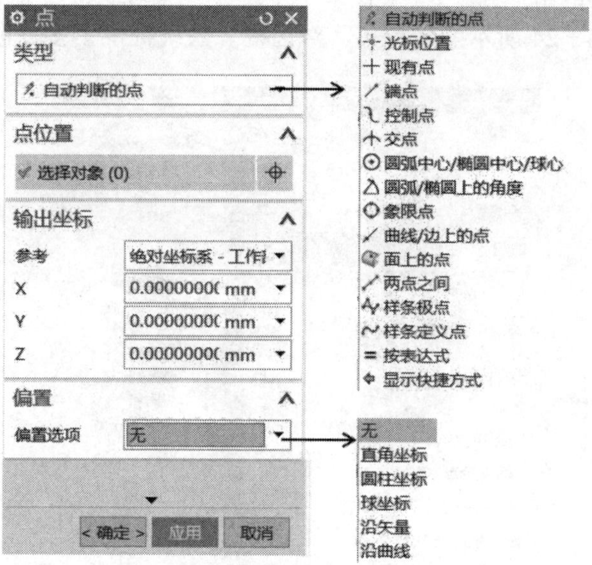

图 4-22 “基准点”对话框

点“类型”里的“光标位置”“现有点”“端点”“控制点”等在这里不重复介绍，下面介绍“交点”类型选项的操作。

在“点”对话框中的“类型”区域下拉列表中选择“交点”，在“曲线、曲面或平面”区域中，选择如图 4-23 所示的曲面为参考曲面，在“要相交的曲线”区域中选择如图 4-23 所示的曲线，单击“确定”按钮完成基准点的创建。如果出现多个交点，则以光标靠近点为准。

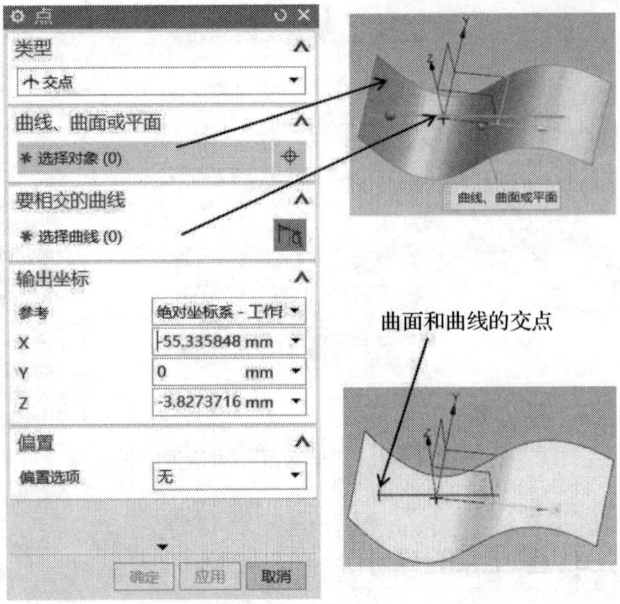

图 4-23 “交点”创建基准点

（2）在下拉主菜单的“插入”下拉菜单中选择“基准 / 点”子菜单下的“点集”命令，系统弹出如图 4-24 所示的“点集”对话框。系统提供了多种创建点集的方式。

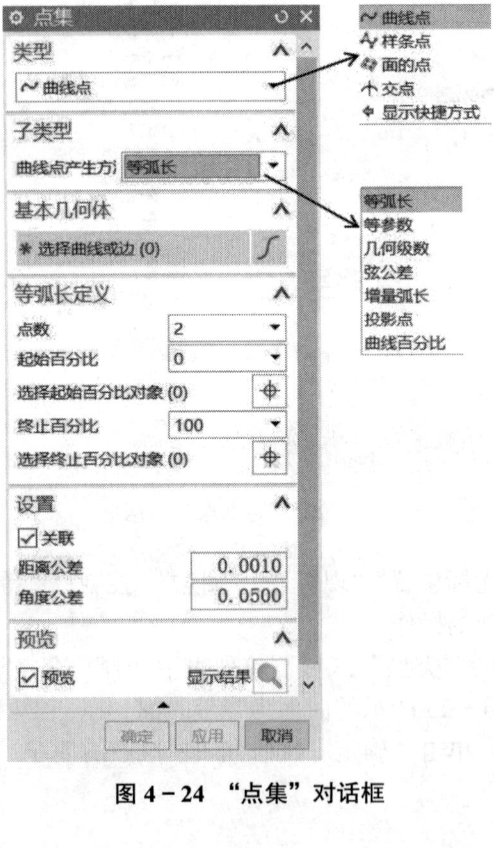

图 4-24 “点集”对话框

在“点集”对话框中的“类型”区域下拉列表中选择“面的点”；在“阵列定义”区域中，设置点数“U向”和“V向”对应的参数分别为“8”和“8”，选择“百分比”，“起始U值”“终止U值”“起始V值”“终止V值”对应的参数分别为“3”“80”“5”“60”，其他的为默认设置。单击“确定”按钮完成面上点集的创建，如图4－25所示。

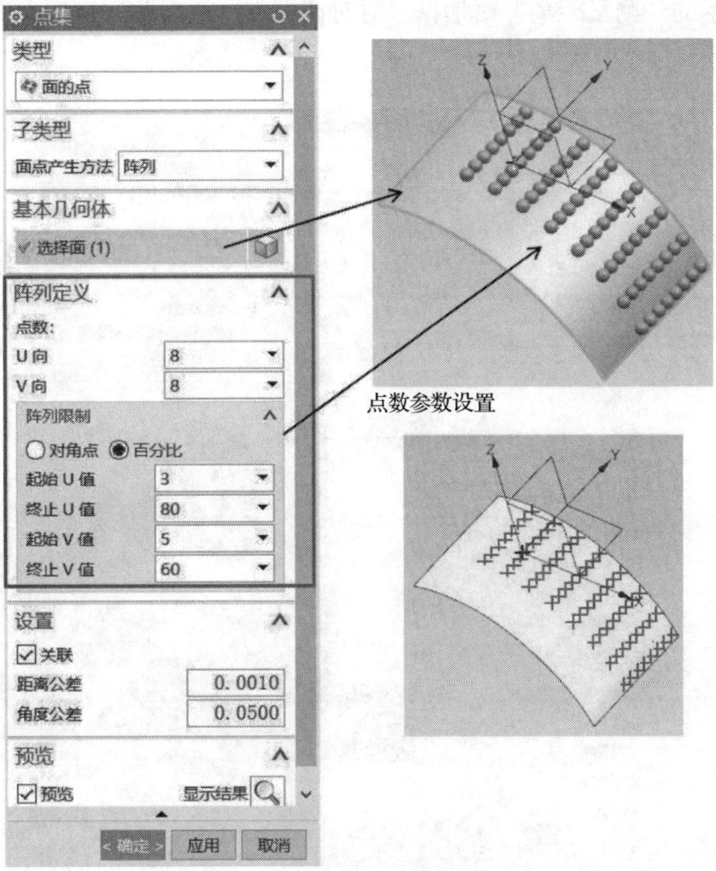

图4－25 “点集”的参数设置和创建

基础延伸

绝对坐标系是模型空间中的概念性位置和方向，它是不可见的，且不能移动。绝对坐标系可以用来完成以下两点操作：

（1）定义模型空间中的一个固定点和方向。

（2）将不同对象之间的位置和方向关联。

如图4－26所示，一个对象在特定部件文件中位于绝对坐标系原点处，则这个对象在其他任何部件文件中均处于完全相同的绝对位置。视图三重轴是一个视觉指示符，表示模型绝对坐标系

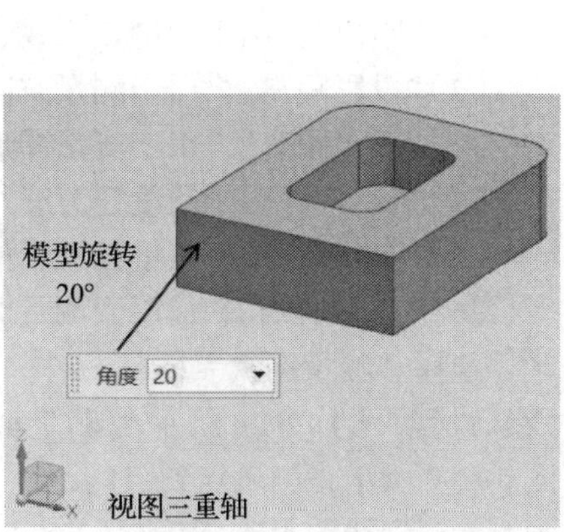

图4－26 旋转模型

的方位。视图三重轴位于图形显示区的左下角，可以视图三重轴上的特定轴为中心轴旋转某个模型。

知识链接

测量距离：选择下拉主菜单中“分析”子菜单中的“测量距离”命令，系统会弹出如图 4－27 所示的“测量距离”对话框。对对话框中“类型”下拉列表中的部分选项功能介绍如下：

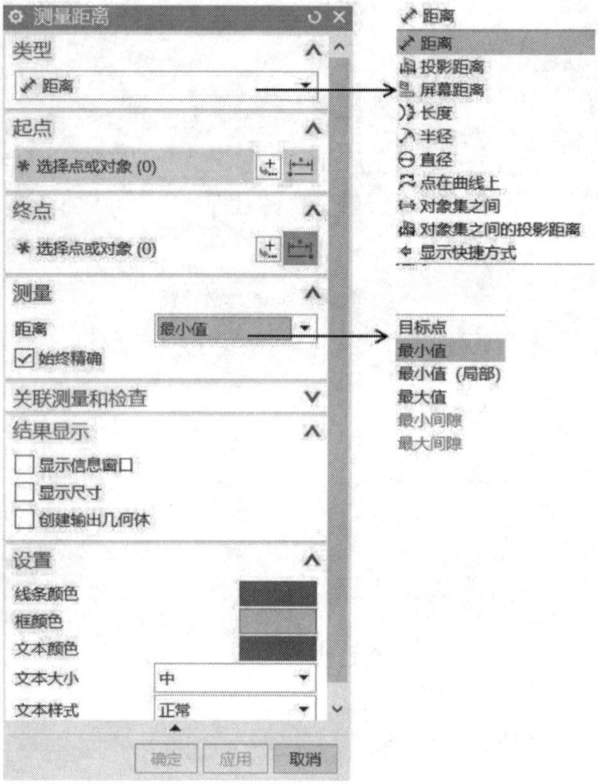

图 4－27 “测量距离”对话框

（1）“距离”，用于测量点、线、面之间的任意距离。

（2）“投影距离”，用于测量空间上点、线投影到同一个面上，它们之间的距离。

（3）“屏幕距离”，用于测量图形显示区任意位置间的距离。

（4）“长度”，用于测量任意线段的长度。

（5）“半径”，用于测量任意圆的半径值。

（6）“点在曲线上”，用于测量曲线上两点之间的最短距离。

选择“测量距离”对话框中“类型”区域下拉列表中的“距离”选项，其他的为默认设置。图 4－28 所示为测量面到面的距离，图 4－29 所示为测量点到面的距离，图 4－30 所示为测量点到点的距离，图 4－31 所示为测量线到线的距离，图 4－32 所示为测量点到线的距离。

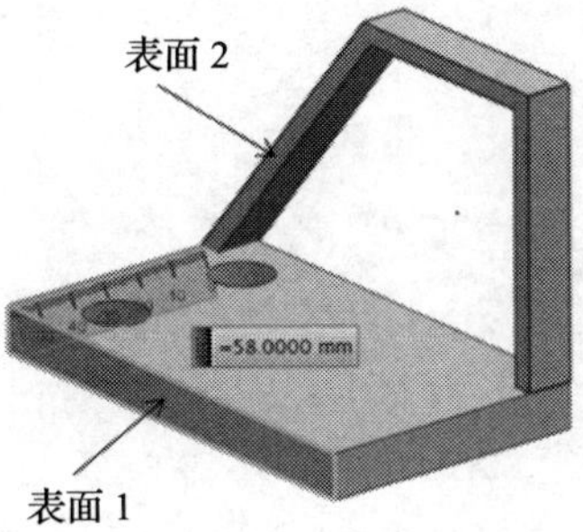

图 4－28　测量面到面的距离

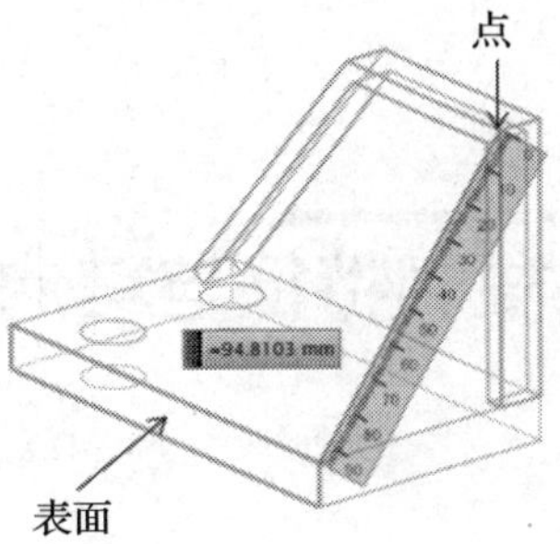

图 4－29　测量点到面的距离

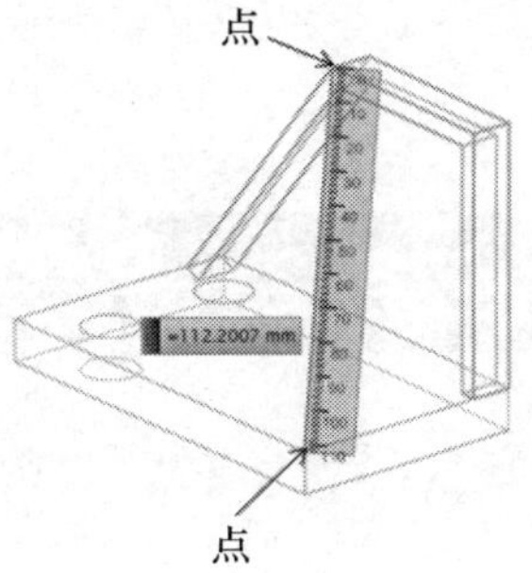

图 4－30　测量点到点的距离

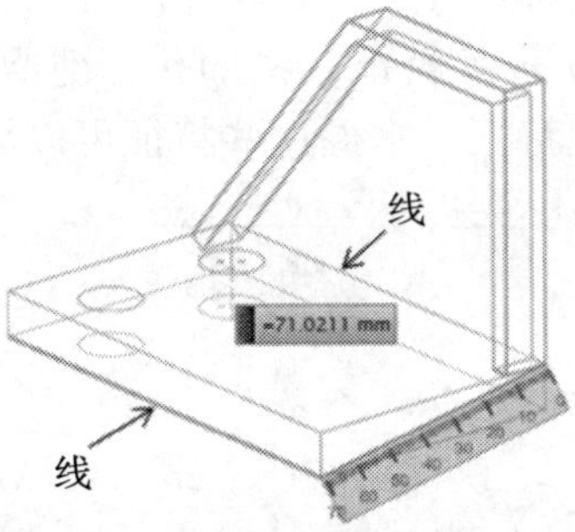

图 4－31　测量线到线的距离

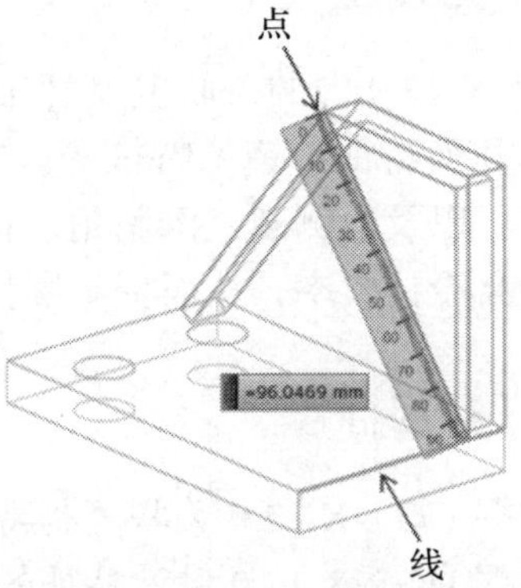

图 4－32　测量点到线的距离

任务 2 关联复制特征与其他特征

任务描述

UG NX 12.0 中的关联复制特征非常多，经常用到的主要有抽取几何特征、阵列特征、阵列几何特征、镜像特征等。本任务中还介绍了设计特征，例如孔、键槽、螺纹、槽、筋板，以及边倒圆、倒斜角、拔模、抽壳等其他特征。掌握这些特征可以简化操作步骤，提高设计效率，从而提高实体建模的技术能力。

任务目标

1. 掌握 UG NX 12.0 关联复制特征的操作。
2. 掌握 UG NX 12.0 设计特征的操作。
3. 掌握 UG NX 12.0 其他特征的操作。

实施过程

一 UG NX 12.0 关联复制特征的操作

UG NX 12.0 提供的关联复制特征有抽取几何特征、阵列特征、阵列面、阵列几何特征、镜像特征、镜像面、镜像几何体、提升体等，可以在下拉主菜单中“插入”下拉菜单里的“关联复制”子菜单中调用相关命令，如图 4－33 所示。以下介绍经常使用的几个关联复制特征。

1. 抽取几何特征

在下拉主菜单的“插入”下拉菜单中选择“关联复制”子菜单下的“抽取几何特征”命令，系统弹出如图 4－34 所示的“抽取几何特征”对话框，在“类型”下拉列表中系统提供了多种抽取几何特征的方式。

（1）抽取面特征的创建：在“抽取几何特征”对话框的“类型”下拉列表中选择“面”，在“面选项”下拉列表中选择“单个面”，其他的设置为系统默认值，单击“确定”按钮完成如图 4－35 所示的抽取面特征的创建。

（2）抽取面区域特征的创建：在“抽取几何特征”对话框的“类型”下拉列表中选择“面区域”，选择“种子面”和“边界面”，其他的设置为系统默认值，单击“确定”按钮完成如图 4－36 所示的抽取面区域特征的创建。

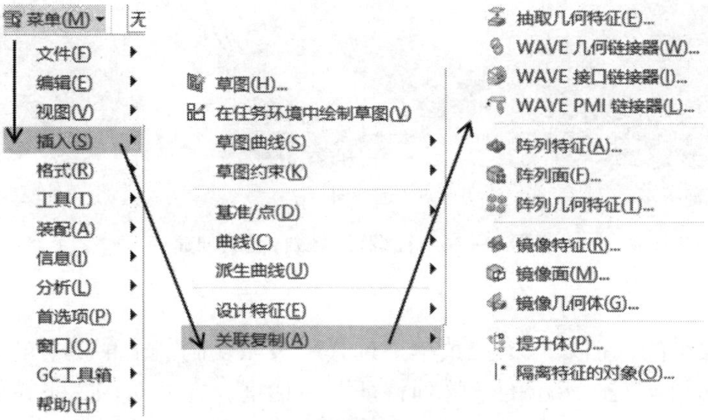

图 4-33 “关联复制”子菜单

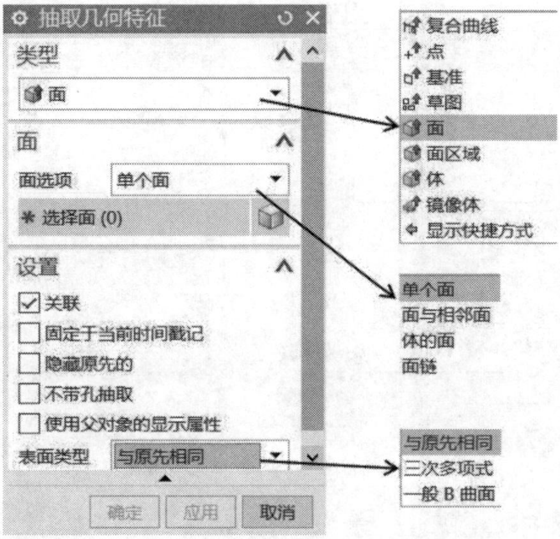

图 4-34 “抽取几何特征”对话框

图 4-35 抽取面特征的创建

任务2

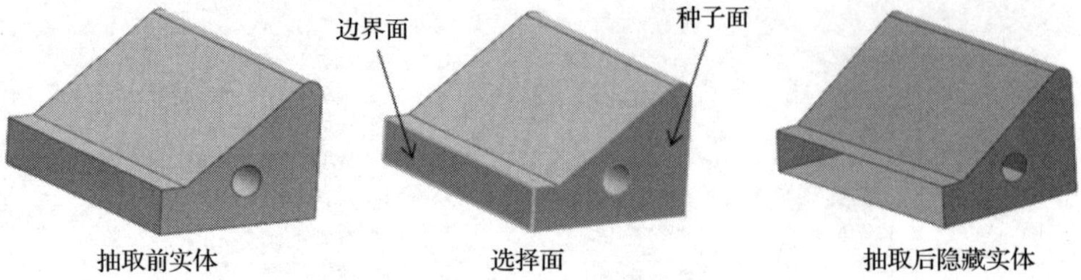

图 4 - 36　抽取面区域特征的创建

2. 阵列特征

在下拉主菜单的“插入”下拉菜单中选择“关联复制”子菜单下的“阵列特征”命令，系统弹出如图 4 - 37 所示的“阵列特征”对话框，在“布局”下拉列表中系统提供了多种类型的阵列特征。

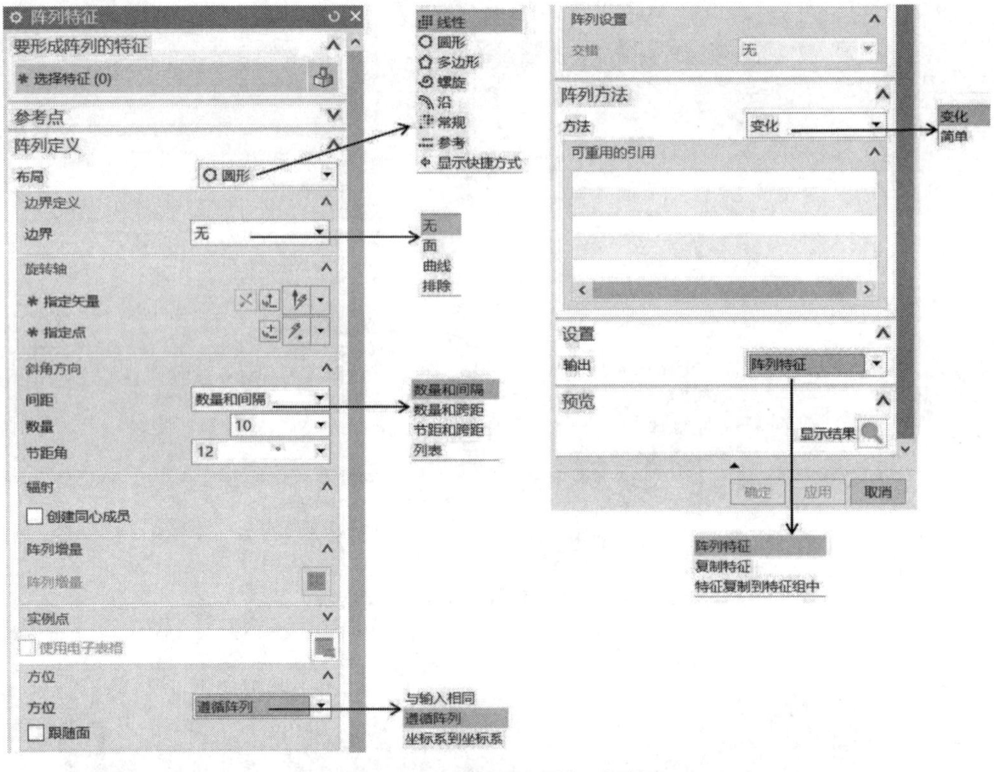

图 4 - 37　“阵列特征”对话框

（1）线性阵列特征的创建：在“阵列特征”对话框的“要形成阵列的特征”区域选择“小六棱柱”为对象；在“布局”下拉列表中选择“线性”；设置阵列方向 1，指定矢量时选择矩形的长度方向参考边，在“间距”下拉列表中选择“数量和间隔”，设置“数量”参数为“10”，“节距”参数为“12”；设置阵列方向 2，指定矢量时选择矩形的宽度参考边，在“间距”下拉列表中选择“数量和间距”，设置“数量”参数为“4”，“节距”参数为“18”；其他设置为默认，单击“确定”按钮完成线性阵列特征的创建，如图 4 - 38 所示。

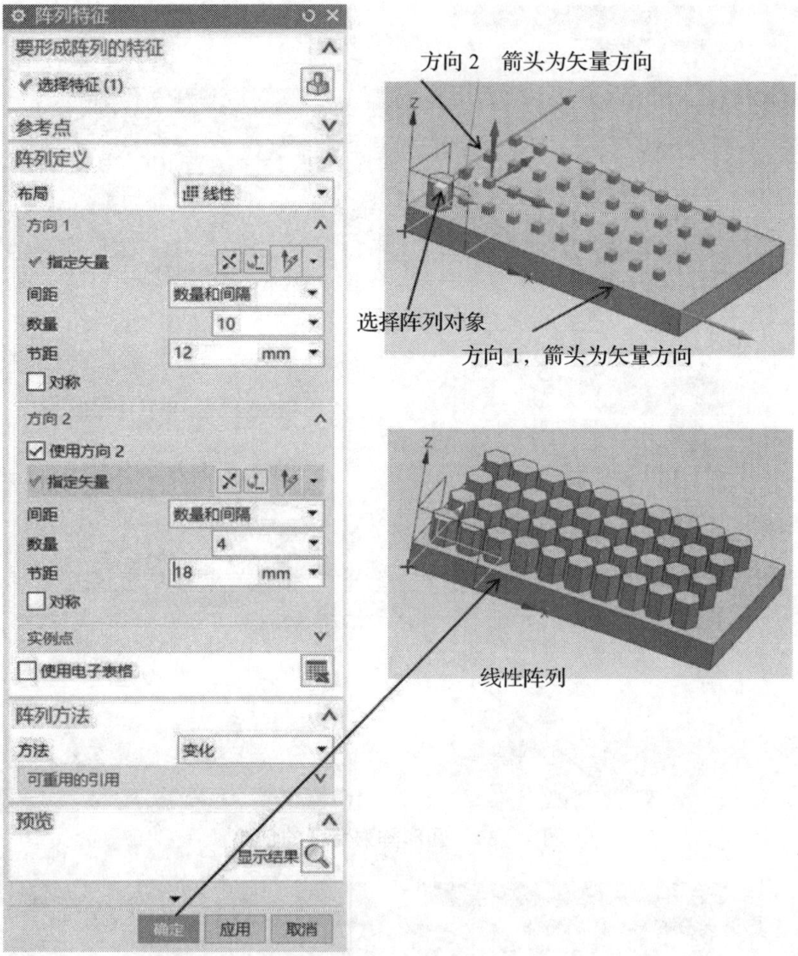

图 4-38　线性阵列特征的创建

（2）圆形阵列特征的创建：在“阵列特征”对话框的“要形成阵列的特征”区域选择“小圆孔”为对象；在“布局”下拉列表中选择“圆形”；在“旋转轴”区域指定矢量，选择 Z 轴为阵列矢量，“指定点”为默认的坐标原点；在“斜角方向”的“间距”下拉列表中选择“数量和间隔”，“数量”参数为“10”，“节距角”参数为“36”；其他设置为默认，单击“确定”按钮完成圆形阵列特征的创建，如图 4-39 所示。

3. 阵列几何特征

选择下拉主菜单的“插入”下拉菜单中“关联复制”子菜单下的“阵列几何特征”命令，弹出“阵列几何特征”对话框，在“要形成阵列的几何特征”中选择“小扇形”为对象；在“布局”下拉列表中选择“螺旋”(其中有渐开式螺旋和上升式螺旋两种，这里是上升式螺旋)；在“旋转轴”区域，“指定矢量”选择 Z 轴，“指定点”选择“坐标系原点”；在“螺旋定义”中定义“方向”为“右手”，在“螺旋线大小定义依据”下拉列表中选择“数量、角度、距离”，设置“数量”参数为“19”，“角度”参数为“18”，“距离”参数为“5”；其他为系统默认设置，单击“确定”按钮，完成阵列几何特征的创建，如图 4-40 所示。用户也可以选择其他的阵列布局观察阵列特征的效果。

任务2

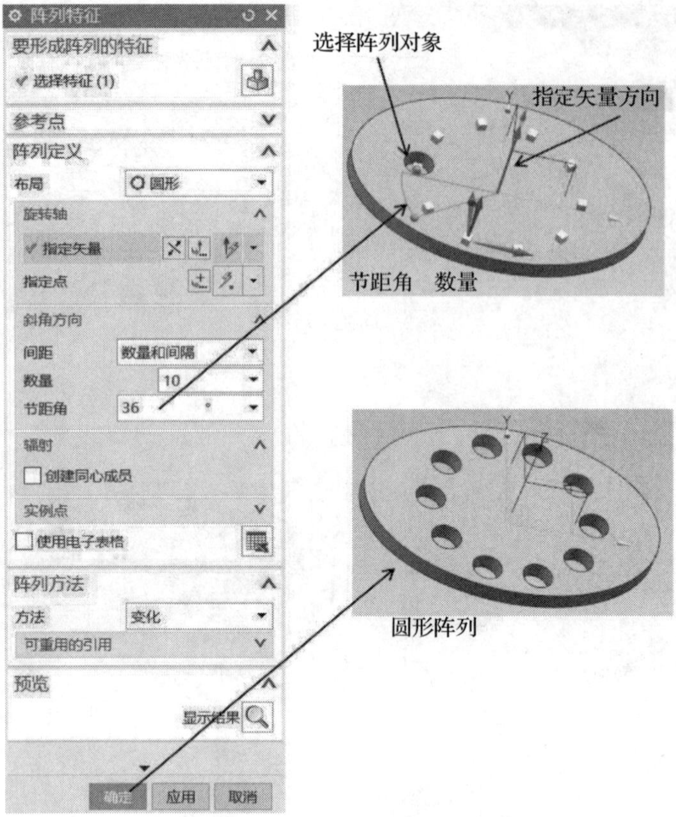

图 4－39　圆形阵列特征的创建

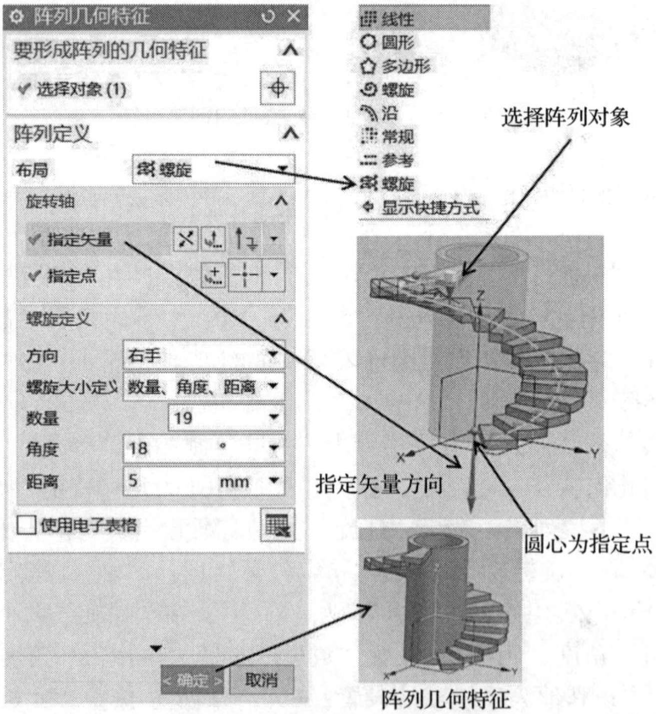

图 4－40　阵列几何特征的创建

任务2

4. 镜像特征

在下拉主菜单的“插入”下拉菜单中选择“关联复制”子菜单下的“镜像特征”命令，弹出“镜像特征”对话框，在“要镜像的特征”中选择要镜像的对象（图 4-41中右边底板），在“镜像平面”中选择端面，其他的为系统默认，单击“确定”按钮，把右边的实体镜像到左边，完成镜像特征的创建，如图 4-41 所示。

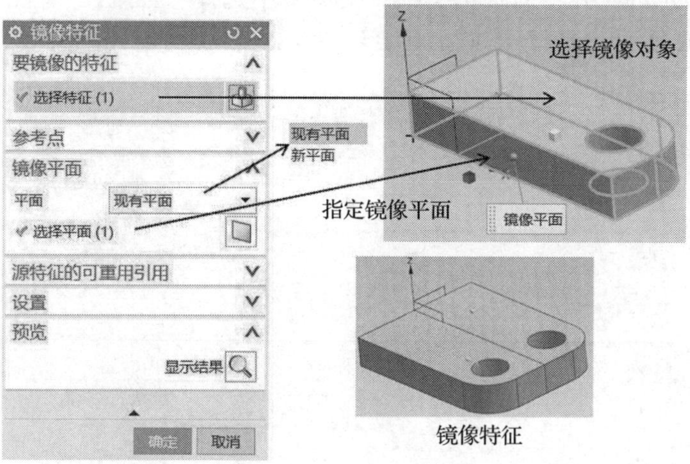

图 4-41 镜像特征

二 UG NX 12.0 设计特征的操作

如图 4-42 所示，UG NX 12.0 提供的设计特征有“孔”“键槽”“槽”“筋板”“螺纹”等。

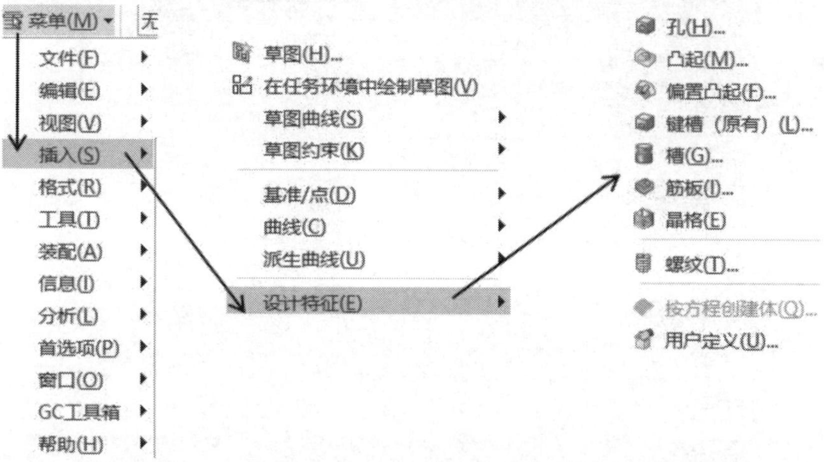

图 4-42 “设计特征”菜单

1. 孔

系统软件上孔类型可分为常规孔、螺纹孔、钻形孔等，按孔的形状和尺寸可以分为简单孔、沉头孔、埋头孔、锥孔。简单孔，具有圆截面的切口，始于放置曲面并延伸到指定的终止曲面或延伸用户定义的深度，创建时要指定“直径”“深度”“顶锥角”参数。沉头孔，允许用户指定“直径”“深度”“顶锥角”“沉头直径”“沉头深度”参数。埋头孔，允许用户创建指定“直径”“深度”“顶锥角”“埋头直径”“埋头角度”参数。锥孔，允许用户创建指定“直径”“锥角”“深度”参数。

在下拉主菜单的“插入”下拉菜单中选择“设计特征”子菜单下的“孔”命令，弹出如图 4－43 所示的“孔”对话框，在“类型”中选择“常规孔”；在“位置”区域指定点时单击孔放置面，系统会进入草绘环境中，然后确定孔的具体位置；在“形状

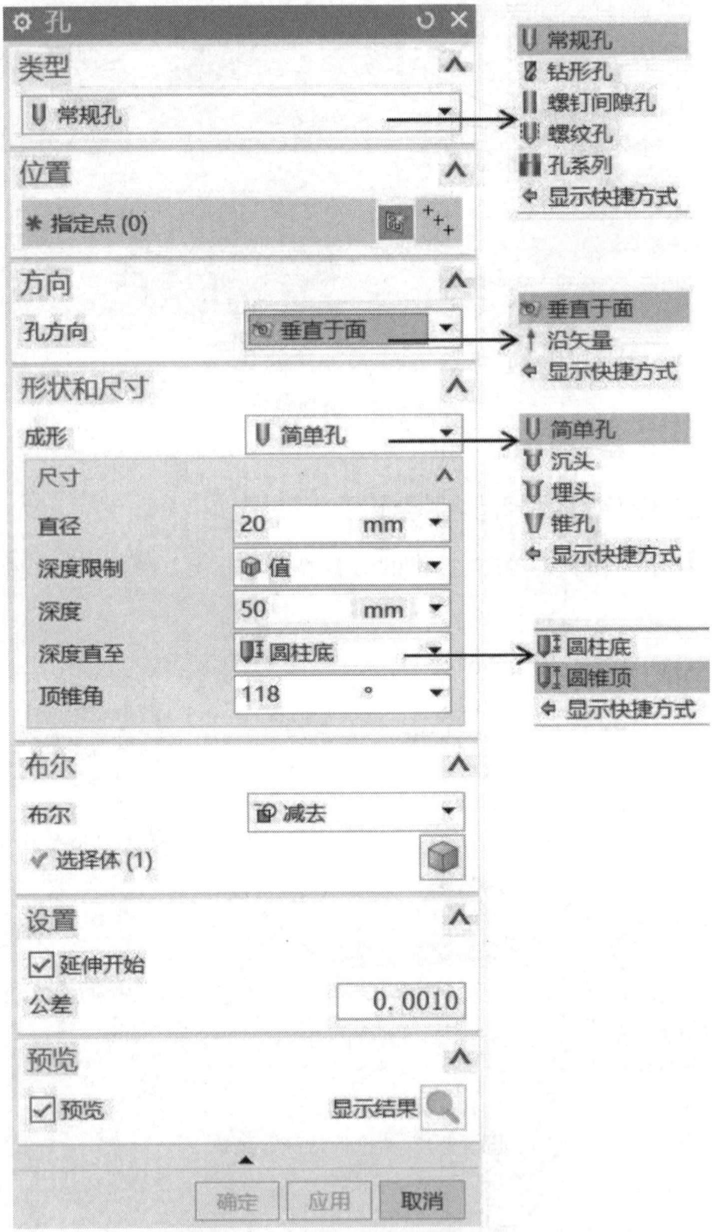

图 4－43 “孔”对话框参数设置

和尺寸”区域的“成形”下拉列表中选择“简单孔”，设置“尺寸”中的“直径”参数为“20”，在“深度限制”下拉列表中选择“值”，在“深度”文本框中输入“50”，“深度直至”选择“圆锥顶”；其他的设置为系统默认，可以预览观察是否符合孔的设计意图，单击“确定”按钮完成简单孔的创建，如图4-44所示。对于其他孔，用户可以根据实际情况设置，图4-45所示为其他形状孔的创建。

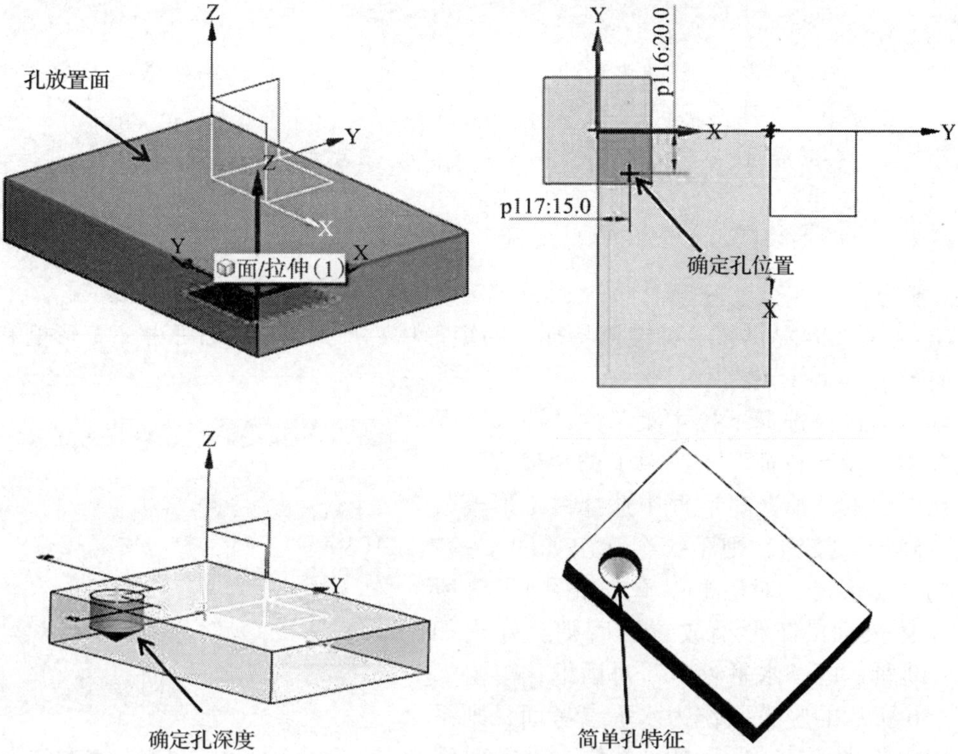

图4-44 简单孔的创建

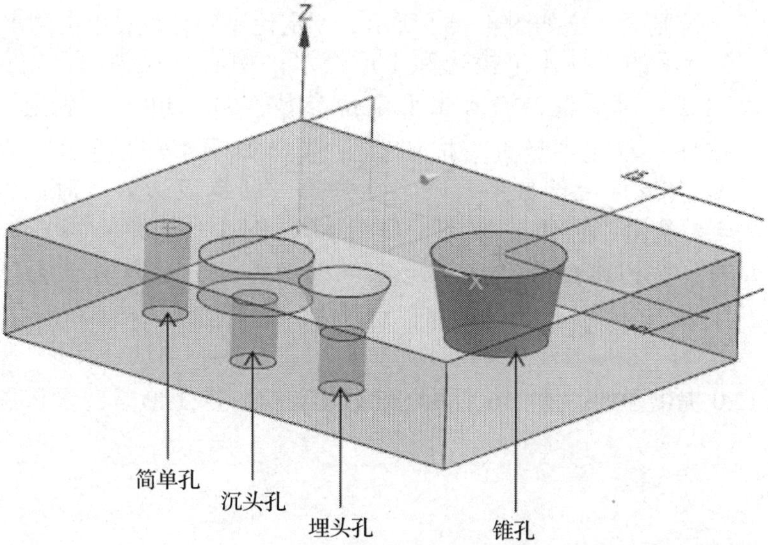

图4-45 其他形状孔的创建

技能点拨

对“孔”对话框中部分选项的功能说明如下：

“类型”区域下拉列表选项“常规孔”，创建指定尺寸的简单孔、沉头孔或锥孔特征等，常规孔可以是盲孔、通孔或指定深度条件的孔。

“钻形孔”，根据 ANSI 或 ISO 标准创建简单钻形孔特征。

“螺钉间隙孔”，创建简单、沉头或埋头通孔，它们是为具体应用而设计的。

“螺纹孔”，创建螺纹孔，其尺寸由大小、径向进给和螺纹参数等参数控制。

“孔系列”，创建起始、中间和端点处孔尺寸一致的多形状、多目标的对齐孔。

2. 键槽

UG NX 12.0 提供了 5 种键槽特征，即矩形槽、球形端槽、U 形槽、T 形槽和燕尾槽，如图 4－46 所示。

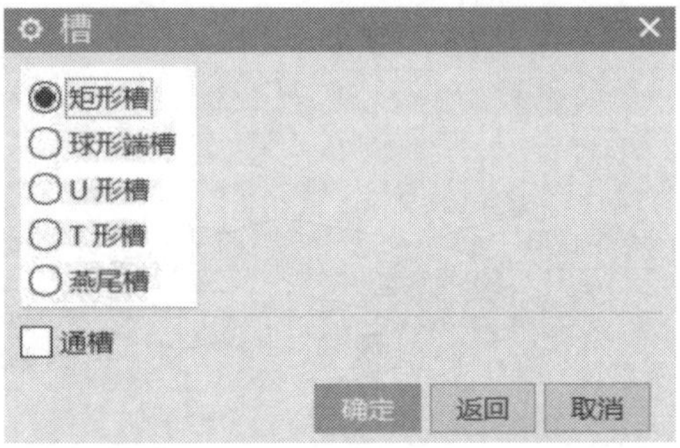

图 4－46　5 种键槽特征

具体操作：选择下拉主菜单的“插入”下拉菜单中“设计特征”子菜单下的“键槽”命令。在弹出的“槽”对话框中选择“T 形槽”，单击“确定”按钮，则系统会弹出如图 4－47 所示的“T 形槽”对话框；单击如图 4－48 所示的实体表面的 T 形槽放置面后则会弹出如图 4－49 所示的“水平参考”对话框；单击如图 4－50 所示的竖直面作为水平参考面，则系统会弹出如图 4－51 所示的“编辑参数”对话框，参考图中的参数设置 T 形槽尺寸，单击“确定”按钮，系统则会弹出如图 4－52 所示的“定位”对话框；单击“水平”按钮，选择如图 4－53 所示的实体水平棱边和 T 形槽水平中心线作为水平定位参考，系统弹出“创建表达式”对话框，输入水平定位参数“60”，单击“确定”按钮，然后单击“返回”按钮；单击“竖直”按钮，选择如图 4－54 所示竖直棱边和 T 形槽竖直中心线作为竖直定位参考，则系统弹出“创建表达式”对话框，输入竖直定位参数“35”，单击“确定”按钮，则完成如图 4－55 所示的 T 形槽特征的创建，单击“取消”按钮则结束命令。用户可以用类似方法对其他类型的键槽进行创建。

3. 槽

UG NX 12.0 提供了如图 4－56 所示的 3 种槽特征，即矩形槽、球形端槽和 U 形槽。

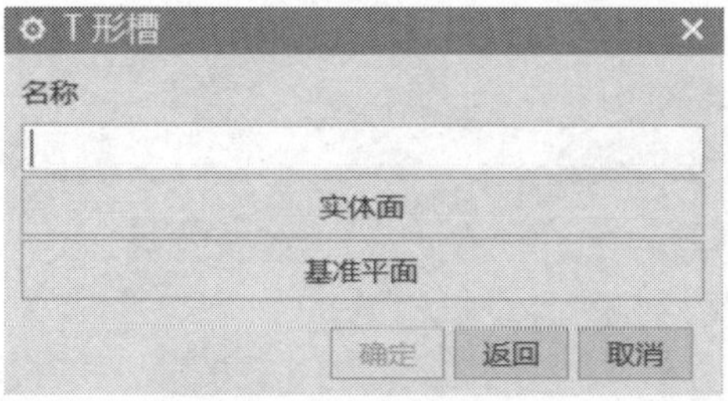

图 4－47 “T 形槽”对话框

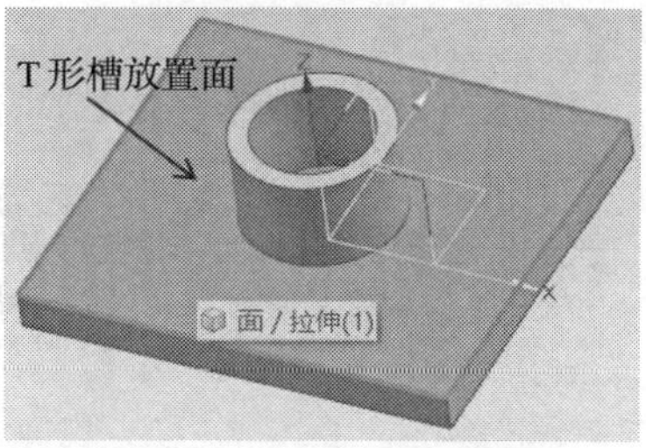

图 4－48 选择 T 形槽放置面

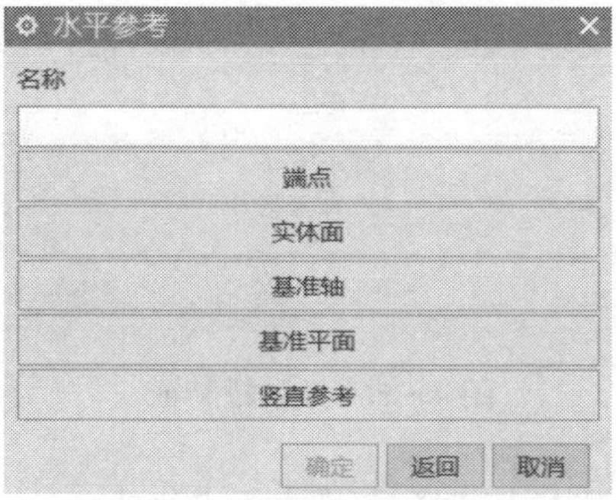

图 4－49 “水平参考”对话框

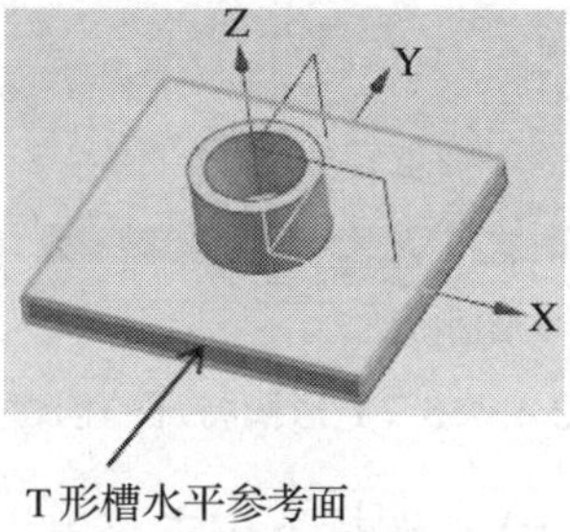

图 4－50 选择参考面

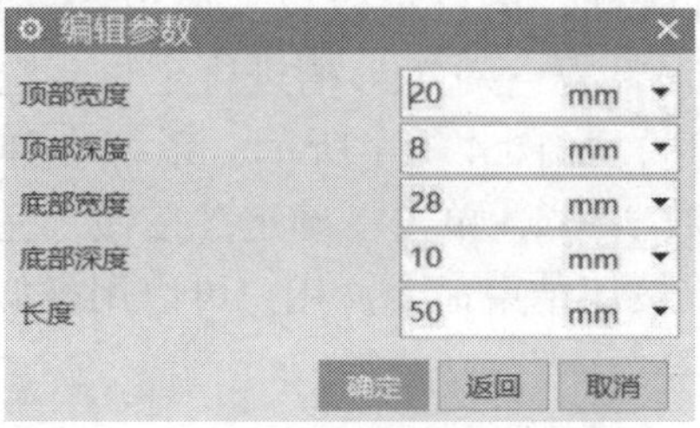

图 4－51 “编辑参数”对话框

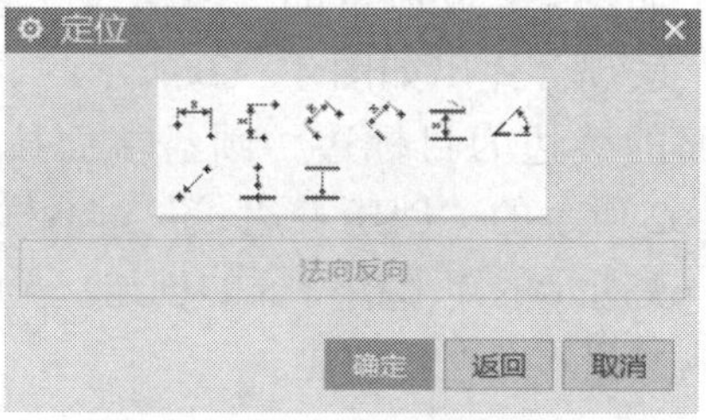

图 4－52 “定位”对话框

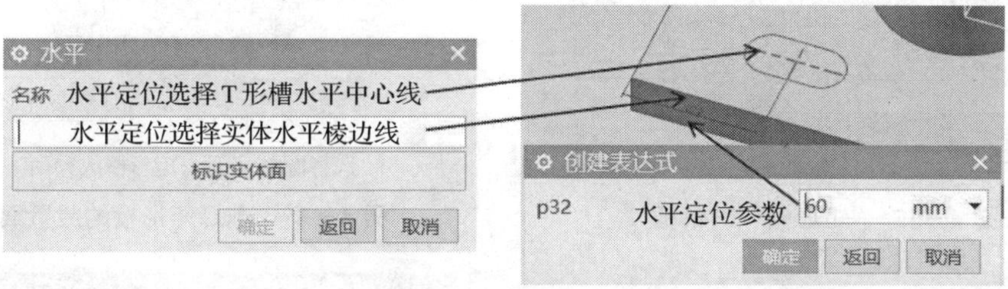

图 4－53 T 形槽水平定位参数

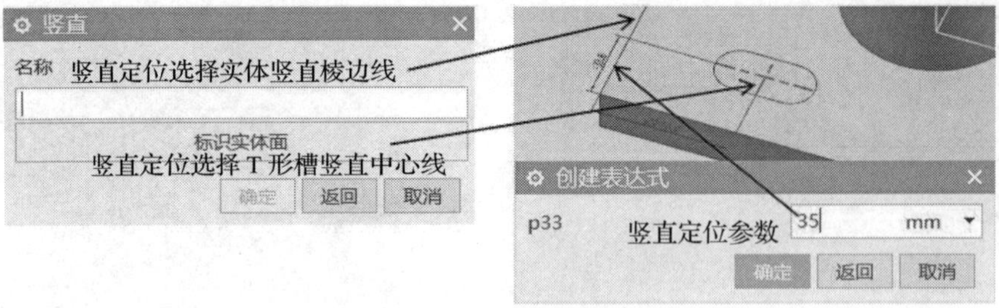

图 4－54　T 形槽竖直定位参数

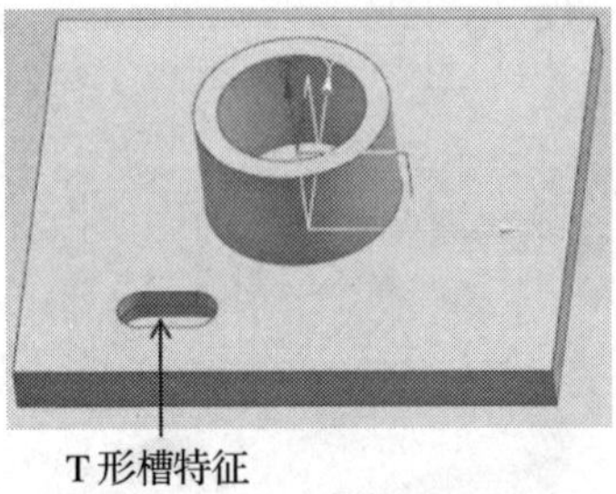

图 4－55　T 形槽特征的创建

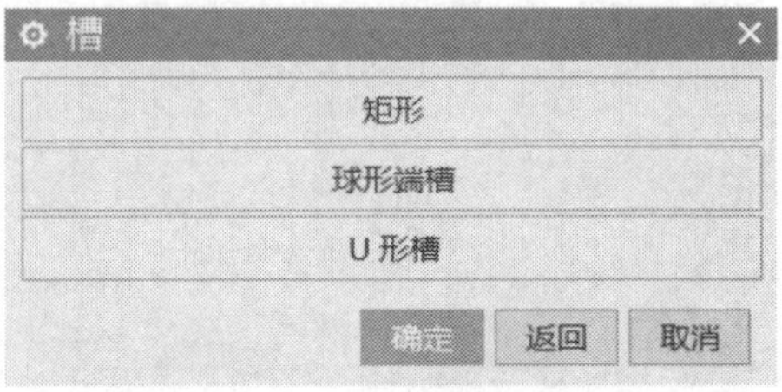

图 4－56　3 种槽特征

具体操作：选择下拉主菜单里“插入”下拉菜单中“设计特征”子菜单下的“槽”命令，弹出“槽”对话框。选择“矩形”后单击“确定”按钮，系统会弹出如图 4－57 所示的“矩形槽”对话框，选择如图 4－58 所示的圆柱表面为矩形槽的放置面，系统会弹出如图 4－59 所示的“矩形槽”参数设置对话框，进行参数设置后单击“确定”按钮，系统会弹出如图 4－60 所示的“定位槽”对话框，对矩形槽进行定位，选择圆柱端面的棱边为目标边，圆盘端面棱边为刀具边，如图 4－61 所示，系统会弹出如图 4－62 所示的“创建表达式”对话框，输入参数“20”，单击“确定”按钮，完成如图 4－63 所示的矩形槽特征的创建。单击“取消”按钮结束命令。用户可以用类似方法对其他类型的槽进行创建。

图 4－57　“矩形槽”对话框

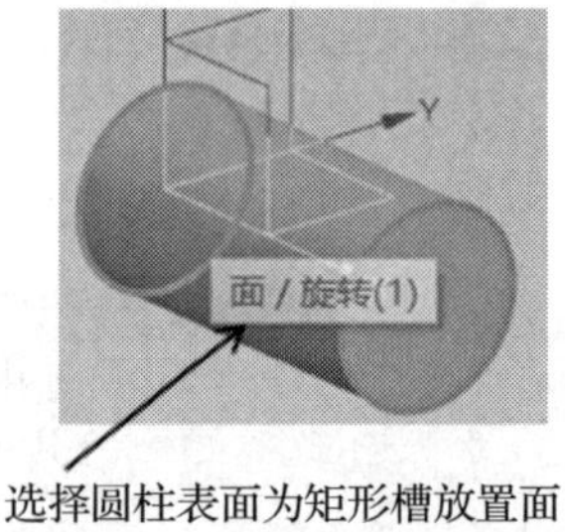

图 4－58　选择矩形槽的放置面

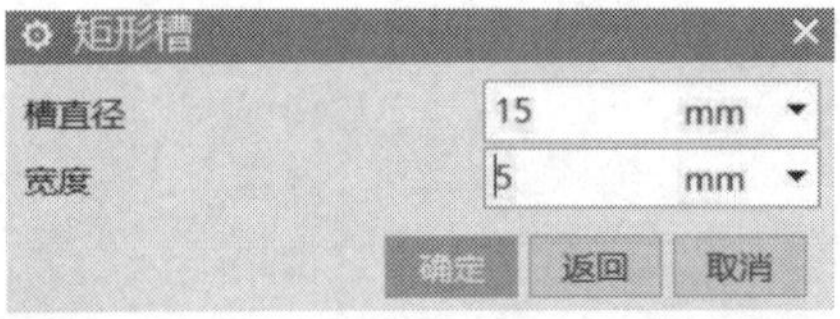

图 4－59　“矩形槽”参数设置对话框

图 4－60　“定位槽”对话框

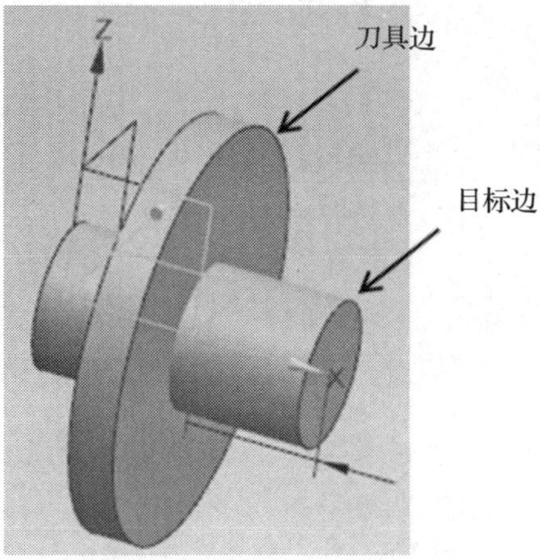

图 4－61　定位槽的位置

图 4－62　“创建表达式”对话框

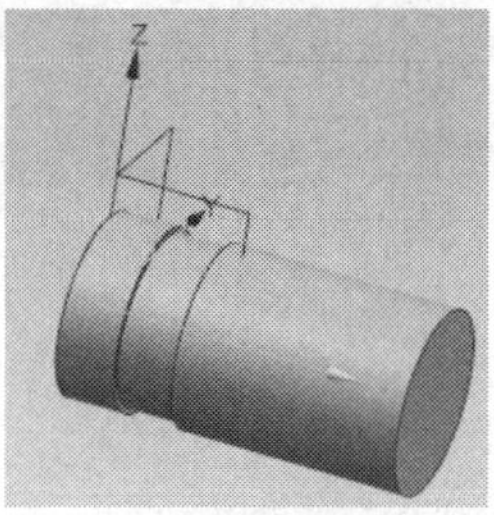

图 4－63　矩形槽特征的创建

4. 筋板

UG NX 12.0 提供的筋板功能是通过拉伸一个平的截面以与实体相交来添加筋板。其中筋板与剖切平面之间存在如图 4－64 所示的两种关系：一种是“垂直于剖切平面”，另一种是“平行于剖切平面”。筋板垂直于剖切平面时筋板几何体有两种形式：一种是“使用截面平面封盖筋板”，另一种是“使用选定的面链或基准平面封盖筋板”，如图 4－65 所示。下面介绍筋板垂直于剖切平面时筋板特征的创建。

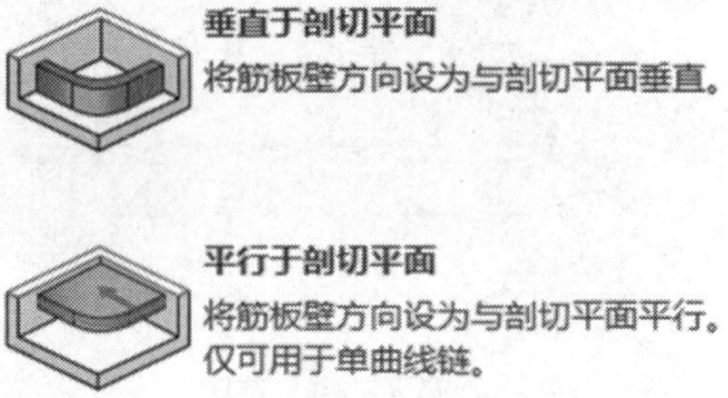

图 4－64　薄壁筋板与剖切平面关系

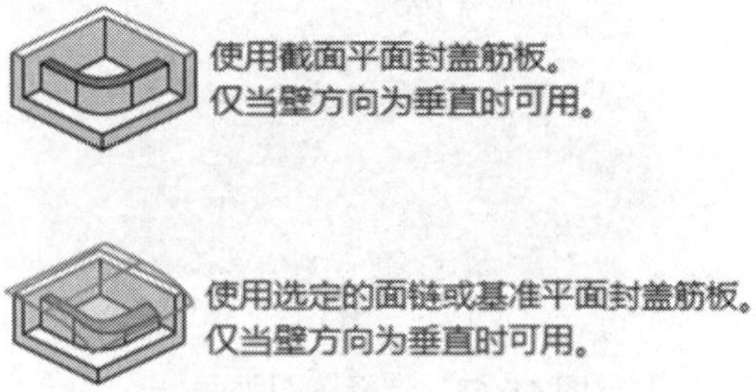

图 4－65　筋板几何体的两种形式

具体操作：在下拉主菜单的“插入”下拉菜单中选择“设计特征”子菜单下的“筋板”命令，弹出如图 4－66 所示的“筋板”对话框，“目标”选择图中的“目标体”，在“壁”区域选择“垂直于剖切平面”，在“尺寸”下拉列表中选择“对称”，“厚度”参数设置为“12”，其他的设置为默认。单击“绘制截面”按钮，系统会弹出如图 4－67 所示的“创建草图”对话框，选择如图 4－68 所示的平面为草图平面，单击“确定”按钮进入草绘环境，绘制如图 4－69 所示的草图，完成后退出草图。系统返回“筋板”对话框，在“帽形体”区域选择“从截面”，用户在图形显示区可以预览如图 4－70 所示的筋板特征模型。用户可以从各个箭头方向观察，通过“偏置”参数的设置可以修改筋板的高度（图 4－70 中“偏置”参数为“25”），若符合设计意图则单击“确定”按钮完成如图 4－71 所示筋板特征的创建。

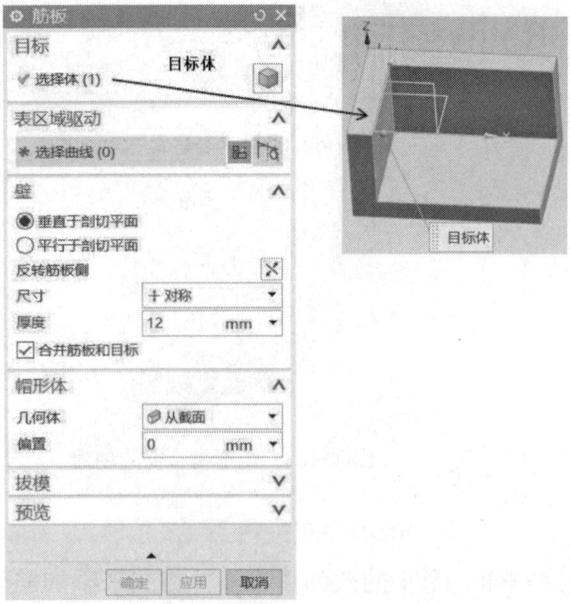

图 4-66 “筋板”对话框

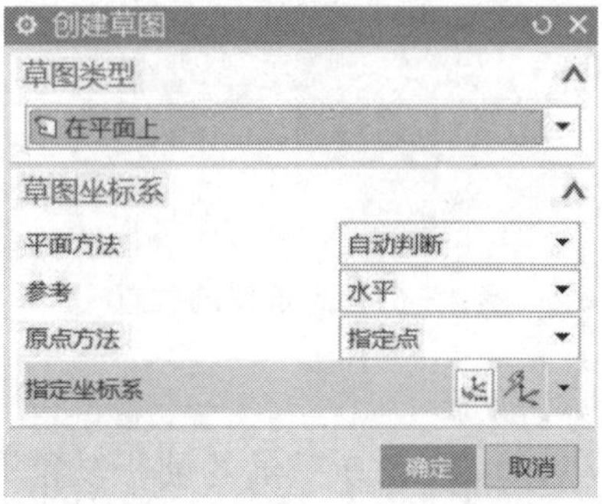

图 4-67 “创建草图”对话框

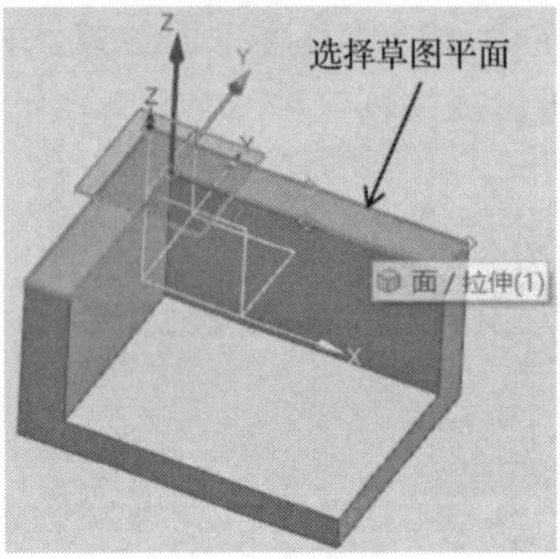

图 4-68 选择草图平面

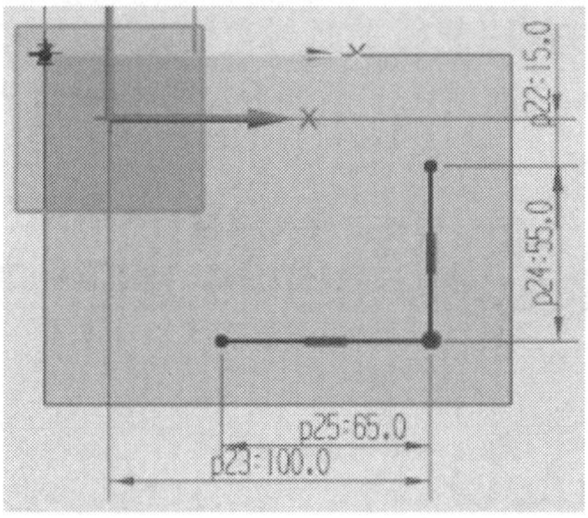

图 4-69 草图

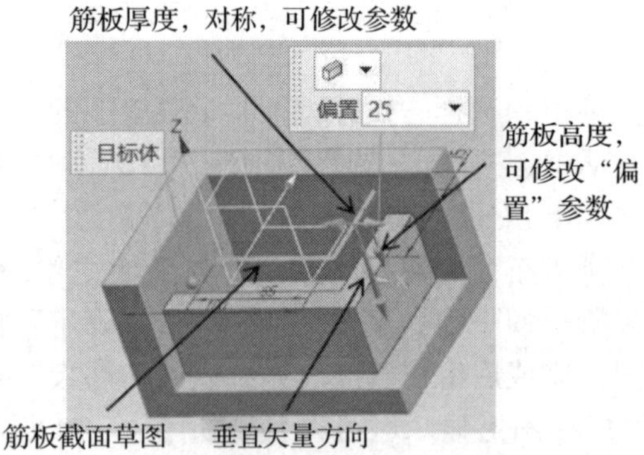

图 4-70 预览筋板特征模型

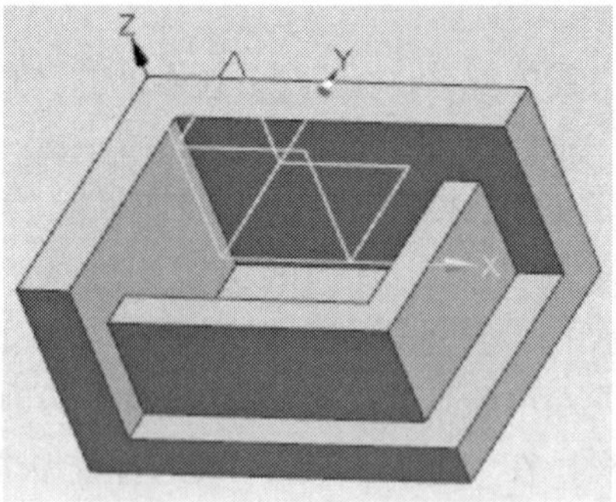

图 4-71 筋板特征的创建

接下来介绍“使用选定的面链或基准平面封盖筋板”的操作步骤。首先创建一个曲面或者基准平面作为“选定面”，如图 4-72 所示，进入“筋板”对话框。选择

图 4－72 中的实体为“目标体”，在“壁”区域选择“垂直于剖切平面”，在“尺寸”下拉列表中选择“对称”，“厚度”参数设置为“10”，其他的设置为默认。单击“绘制截面”按钮，选择如图 4－73 所示的平面为草图平面，单击“确定”按钮进入草绘环境，绘制如图 4－74 所示的截面草图，完成后退出草图。系统返回“筋板”对话框，在“帽形体”区域选择“从所选对象”，并且选择刚才创建的曲面，用户在图形显示区可以预览如图 4－75 所示的筋板特征模型，若符合设计意图则单击“确定”按钮，然后将刚才创建的曲面隐藏后则完成如图 4－76 所示筋板特征的创建。

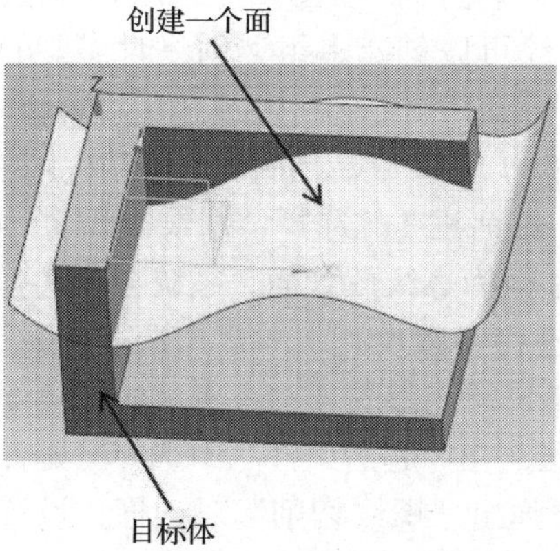

图 4－72 创建一个曲面

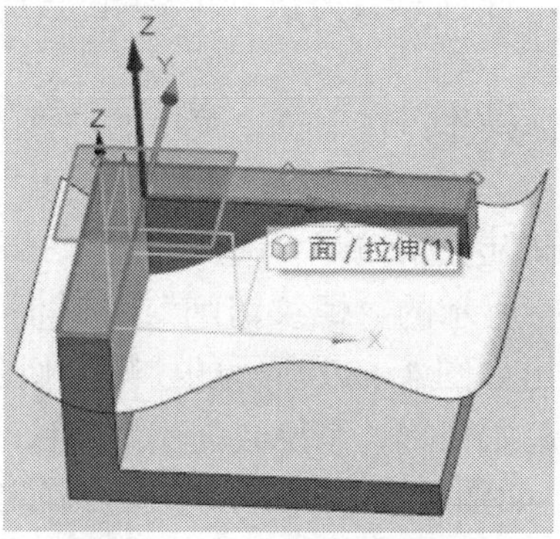

图 4－73 选择草图平面

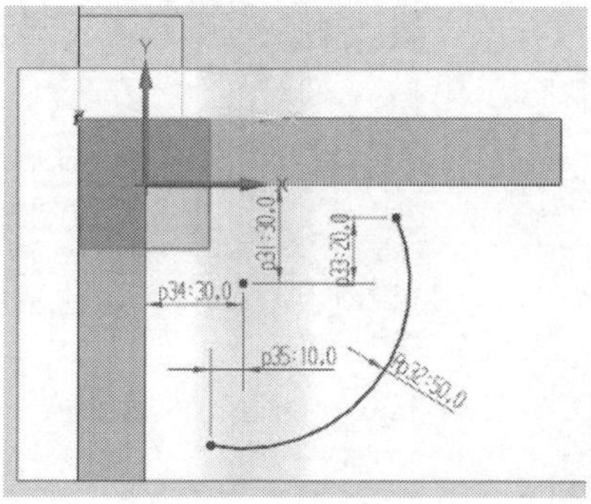

图 4－74 绘制截面草图

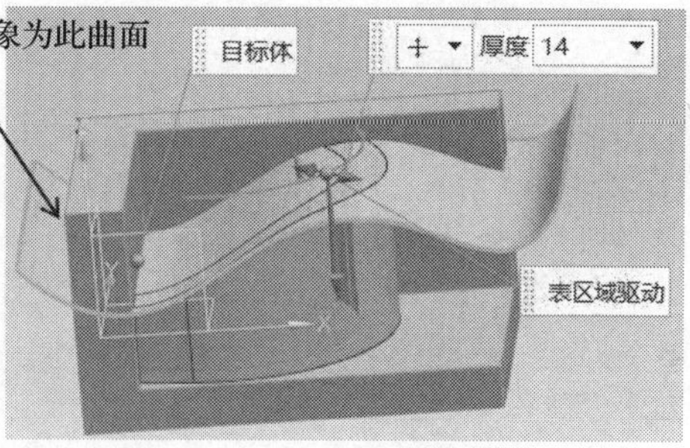

图 4－75 所选对象为曲面

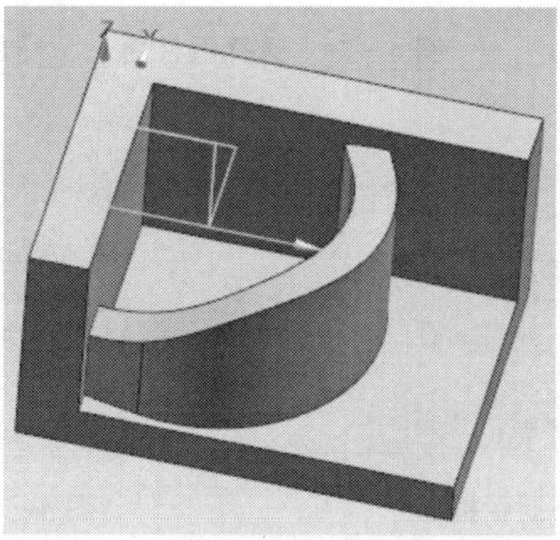

图 4－76 筋板特征的创建

5. 螺纹特征

系统提供了两种类型的螺纹，即符号螺纹和详细螺纹。符号螺纹以虚线圈形式显示在要攻螺纹的一个或几个面上。符号螺纹可使用外部螺纹表文件，以确定参数。详细螺纹比符号螺纹看起来更真实，但由于其几何形状的复杂性，创建和更新都需要较长的时间。详细螺纹是完全关联的，如果特征被修改，则螺纹也相应更新。可以选择生成部分关联的符号螺纹，或指定固定的长度。部分关联是指如果螺纹被修改，则特征也将更新（反之不行）。在产品的设计阶段，当需要制作产品的工程图时，应选择符号螺纹；如果不需要制作产品的工程图，而需要反映产品的真实结构（广告图、效果图），则选择详细螺纹。详细螺纹每次只能创建一个，而符号螺纹可以创建多组，创建时需要的时间较少。

具体操作：在下拉主菜单的“插入”下拉菜单中选择“设计特征”子菜单下的“螺纹”命令，弹出如图 4－77 所示的“螺纹切削”对话框 1，选择“螺纹类型”为“详细”，旋转为“右旋”，选择如图 4－78 所示的圆柱面为螺纹放置面，系统会再次弹出如图 4－79 所示的“螺纹切削”对话框 2，在其中进行参数设置，单击“选择起始”，系统会弹出如图 4－80 所示的“螺纹切削”对话框 3，指定如图 4－81 所示的圆柱端面为螺纹的起始位置，系统会弹出“螺纹切削”对话框，在“起始条件”中选择“延伸通过起点”，如图 4－82 所示，单击“确定”按钮再次弹出“螺纹切削”对话框，设置螺纹参数后单击“确定”按钮，则完成如图 4－83 所示螺纹的创建。

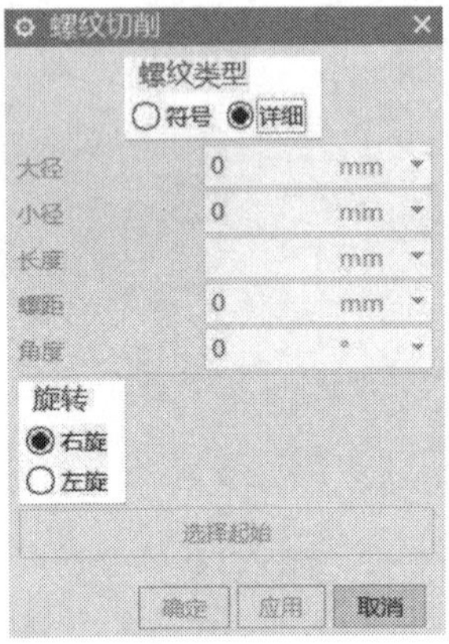

图 4－77 “螺纹切削”对话框 1

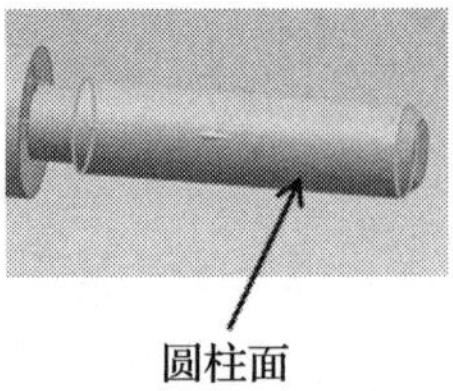

图 4－78 选择圆柱面

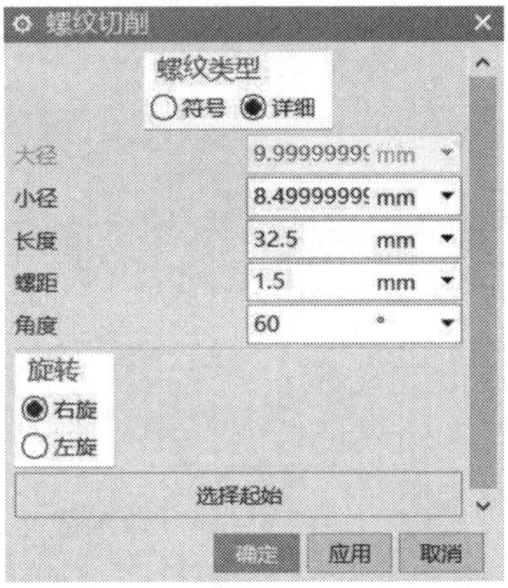

图 4－79 “螺纹切削”对话框 2

图 4－80 “螺纹切削”对话框 3

图 4－81 螺纹起始位置

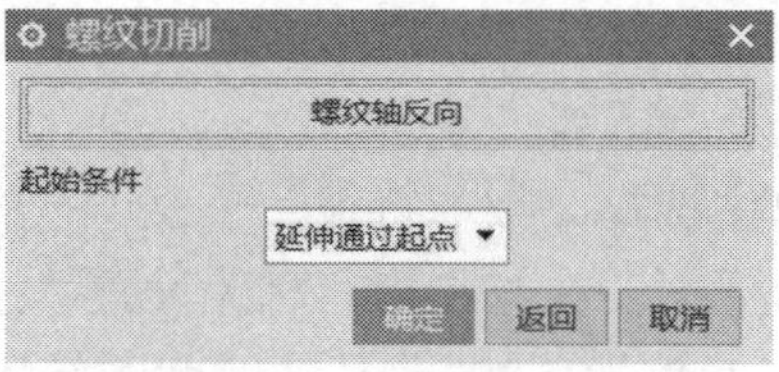

图 4 - 82 延伸通过起点

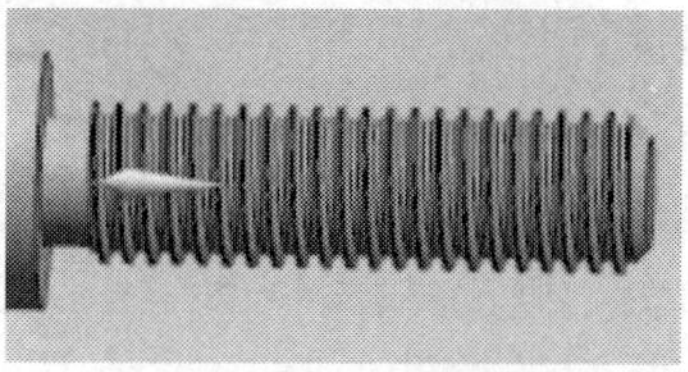

图 4 - 83 螺纹的创建

三 UG NX 12.0 其他特征的操作

在建模设计时有些产品结构需要抽壳、棱边处需要倒圆角、倒斜角，或者某些面需要拔模等，这些都是常用到的修饰特征。以下介绍这些修饰特征的基础操作。

1. 抽壳特征

“抽壳”命令的作用是以指定的壁厚值来抽空一实体，或绕实体建立壳体。可以指定不同表面的厚度，也可以移除单个面。

具体操作：在下拉主菜单的“插入”下拉菜单中选择“偏置 / 缩放”子菜单下的“抽壳”命令，弹出如图 4 - 84 所示的“抽壳”对话框，选择要穿透的面，并设置厚度。在“类型”下拉列表中，系统提供了 2 种抽壳方式。图 4 - 85 所示为“移除面，然后抽壳”，图 4 - 86 所示为“对所有面抽壳”。

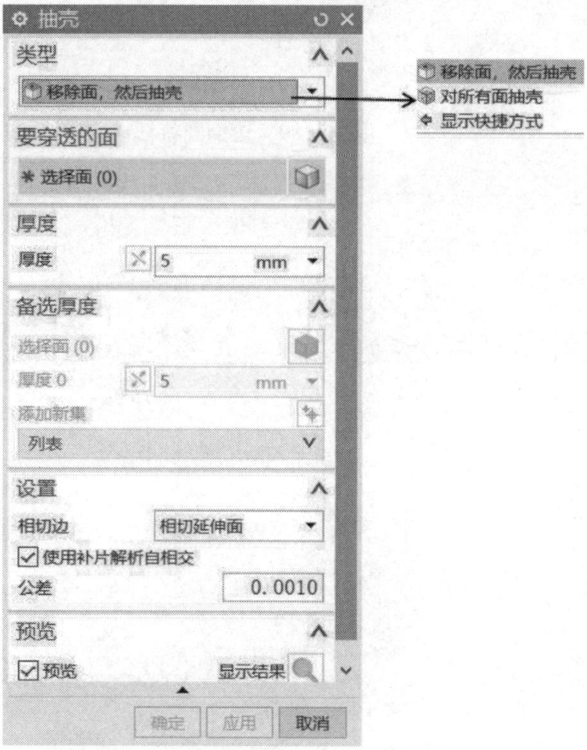

图 4 - 84 “抽壳”对话框

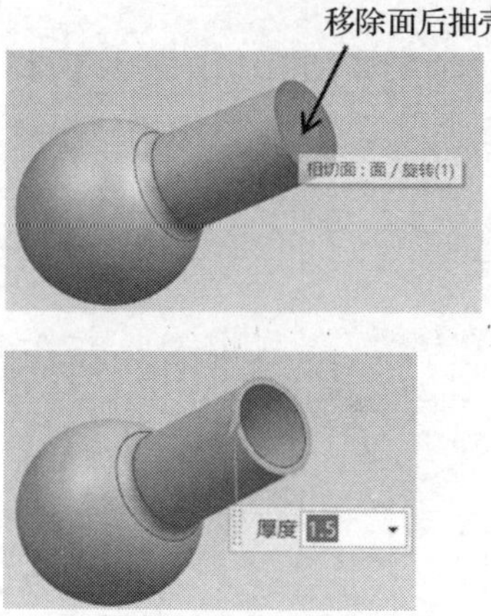

图 4 - 85 移除面，然后抽壳

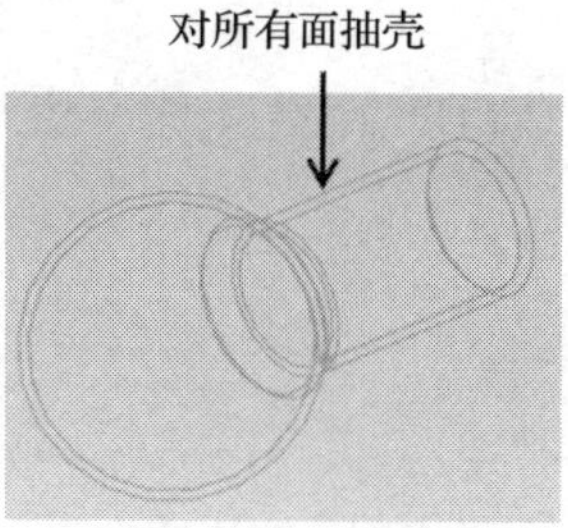

图 4 - 86 对所有面抽壳

任务 2

2. 边倒圆特征

对面之间的棱边进行倒圆角，圆角半径可以是常数或者变量。

具体操作：在下拉主菜单的“插入”下拉菜单中选择“细节特征”子菜单下的“边倒圆”命令，弹出如图 4－87 所示的“边倒圆”对话框，在其中进行相关设置。选择如图 4－88 所示的棱边，在“半径 1”文本框中输入参数为“20”，其他的为系统默认的设置，单击“确定”按钮，完成如图 4－89 所示边倒圆特征的创建。用户还可选择一条棱边，在“边倒圆”对话框中的“变半径”区域指定几个半径点，自行给出不同半径参数，如图 4－90 所示。

图 4－87 “边倒圆”对话框

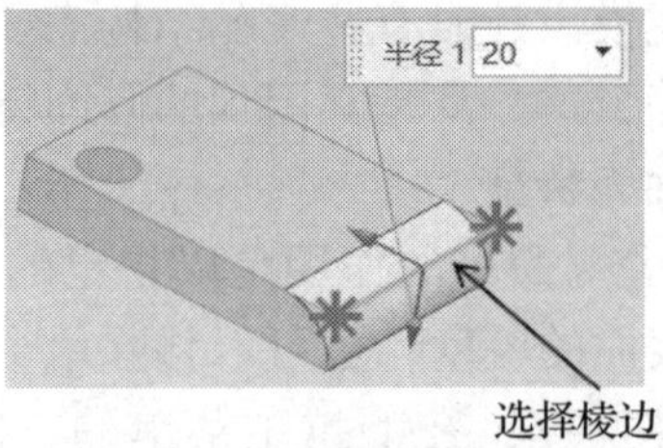

图 4－88 选择边倒圆的棱边

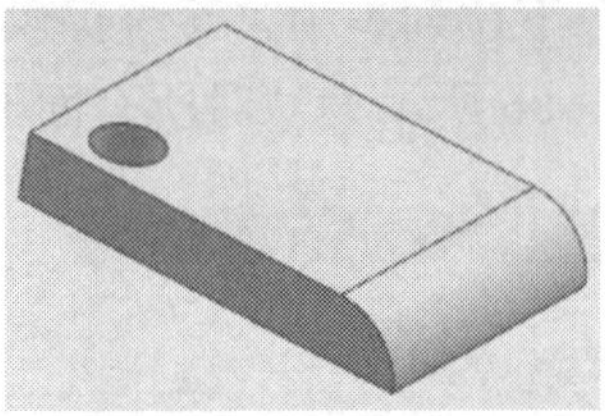

图 4－89 边倒圆特征

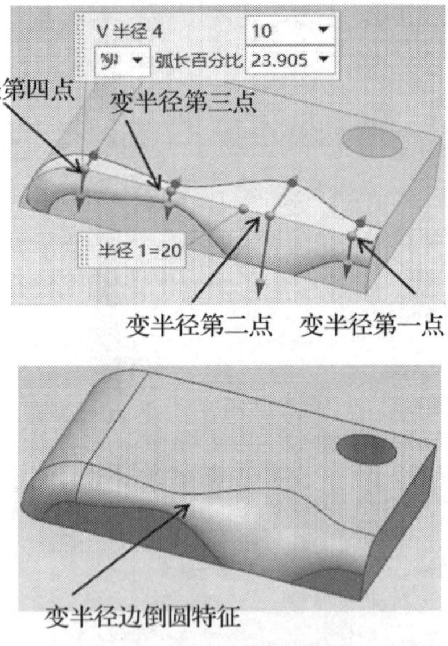

图 4－90 变半径边倒圆

3. 倒斜角特征

对面之间的棱边进行倒斜角。

具体操作：在下拉主菜单的“插入”下拉菜单中选择“细节特征”子菜单下的“倒斜角”命令，弹出如图4－91所示的“倒斜角”对话框，在其中进行相关设置。选择如图4－92所示的棱边，在“偏置”区域的“横截面”下拉列表中选择“对称”，输入“距离”参数为“10”，其他的为系统默认的设置，单击“确定”按钮，完成如图4－93所示倒斜角特征的创建。用户还可选择一条棱边，在“横截面”下拉列表中选择“偏置和角度”，输入“距离”参数为“18”，“角度”参数为“30”，如图4－94所示。

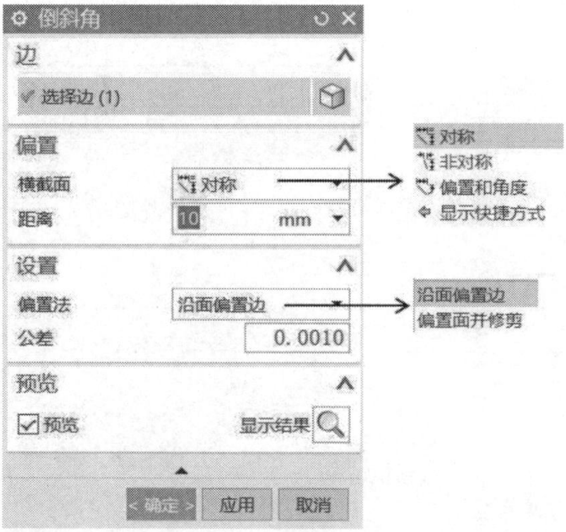

图4－91 “倒斜角”对话框

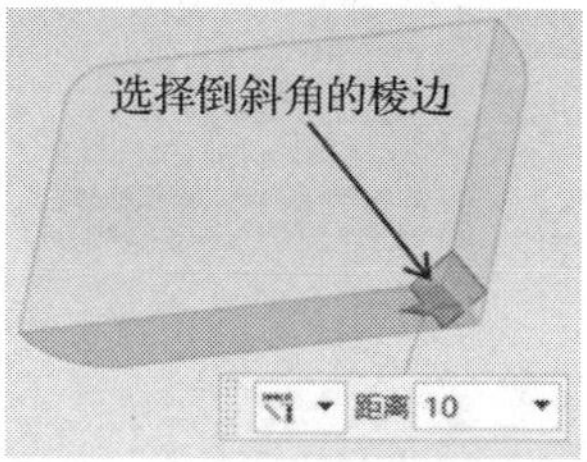

图4－92 选择倒斜角的棱边

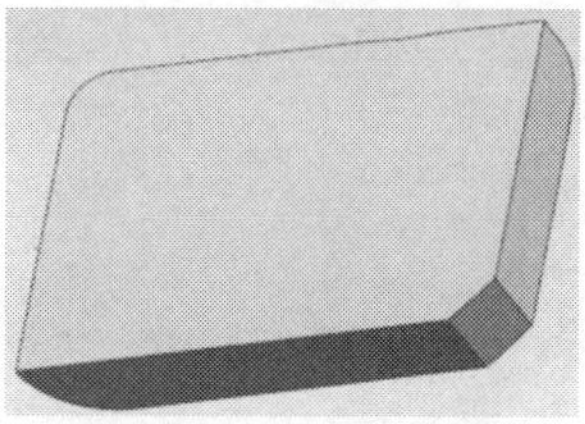

图4－93 倒斜角特征

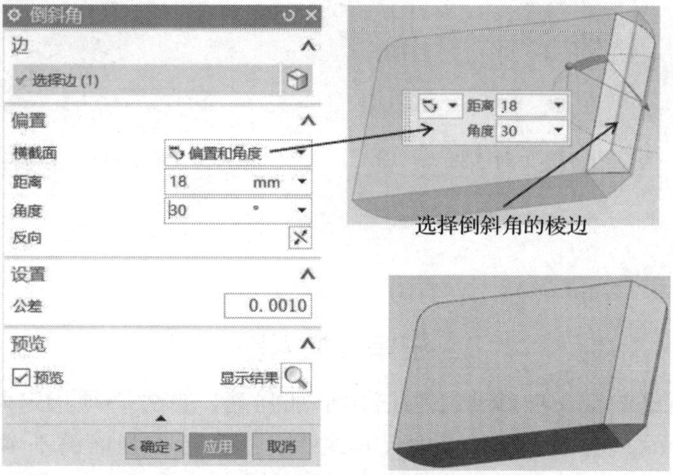

图4－94 “偏置和角度”设置下的倒斜角特征

4. 拔模特征

“拔模”命令可以使面相对于指定的拔模方向成一定的角度。拔模通常用于给模型、部件、模具或冲模的竖直面添加斜度，以便借助拔模面将部件或者模型与模具或冲模分开。

具体操作：在下拉主菜单的“插入”下拉菜单中选择“细节特征”子菜单下的“拔

模”命令，弹出如图 4－95 所示的“拔模”对话框，在其中进行相关设置。在“类型”下拉列表中系统提供了 4 种拔模类型。用户可以根据设计情况在“脱模方向”区域的“指定矢量”处选择脱模方向，在此选择默认的设置。在“拔模方法”下拉列表中选择“固定面”，选择如图 4－96 所示的上表面为固定面，在“要拔模的面”中选择图 4－96 中的侧面为拔模面，设置拔模角度参数为“25”，其他的设置为默认，单击“确定”按钮完成如图 4－96 所示拔模特征的创建。

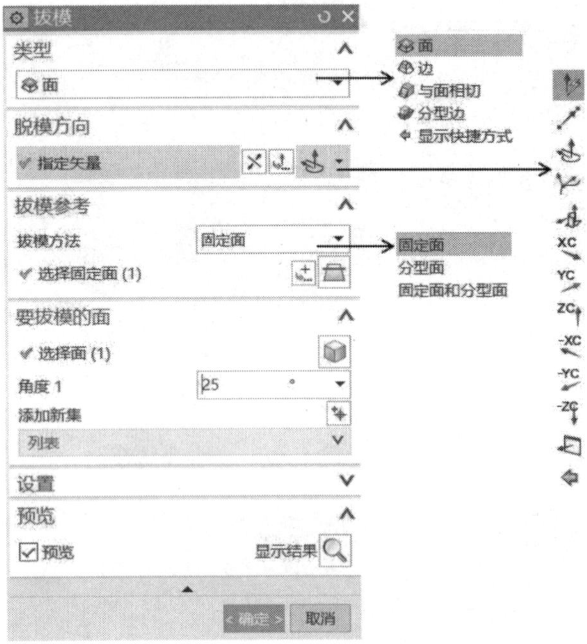

图 4－95 “拔模”对话框

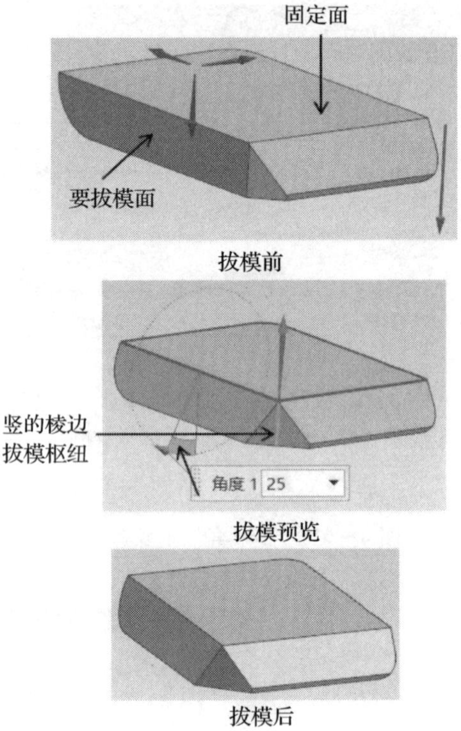

图 4－96 拔模特征的创建

基础延伸

三角形加强筋

沿着两个面集的交叉曲线来添加三角形加强筋，首先必须指定两个相交的面集，面集可以是单个面，也可以是多个面；其次指定三角形加强筋的基本定位点，可以是沿着交叉曲线的点，也可以是交叉曲线和平面相交处的点。（三角形加强筋需要用户在帮助 三角形加强筋 处搜索出来，使命令在菜单中显示出来，如图 4－97 所示。）

具体操作：在下拉主菜单的“插入”下拉菜单中选择“设计特征”子菜单下的“三角形加强筋”命令，系统弹出如图 4－98 所示的“三角形加强筋”对话框。单击“第一组”按钮，选择如图 4－99 所示的第一组面；选择“第二组”按钮，选择如图 4－99 所示的第二组面，在“角度”“深度”“半径”文本框中分别输入参数“45”“7”“1.5”，其他的为默认，单击“确定”按钮完成三角形加强筋特征的创建。

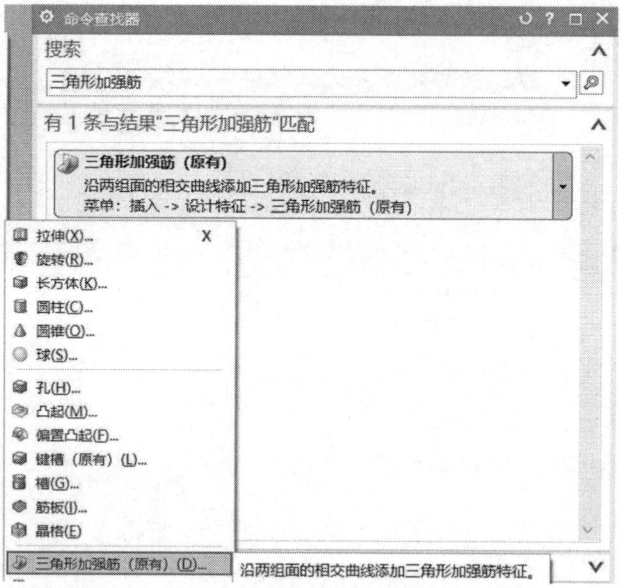

图 4－97　三角形加强筋在菜单中显示

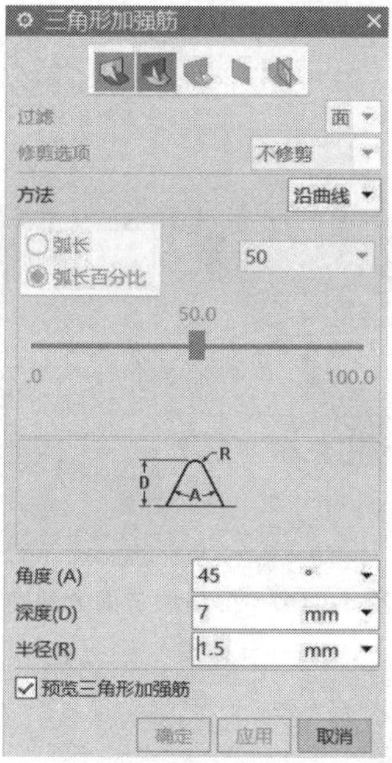

图 4－98　“三角形加强筋”对话框

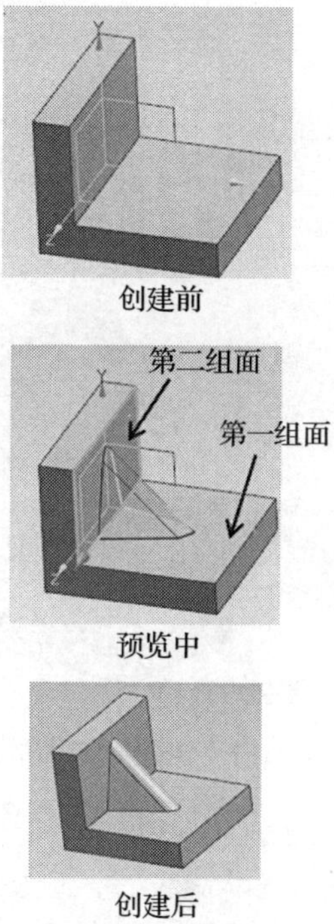

图 4－99　三角形加强筋特征的创建

知识链接

选择下拉主菜单中“分析”下拉菜单里的“测量角度”命令，系统会弹出如图 4－100 所示的“测量角度”对话框。

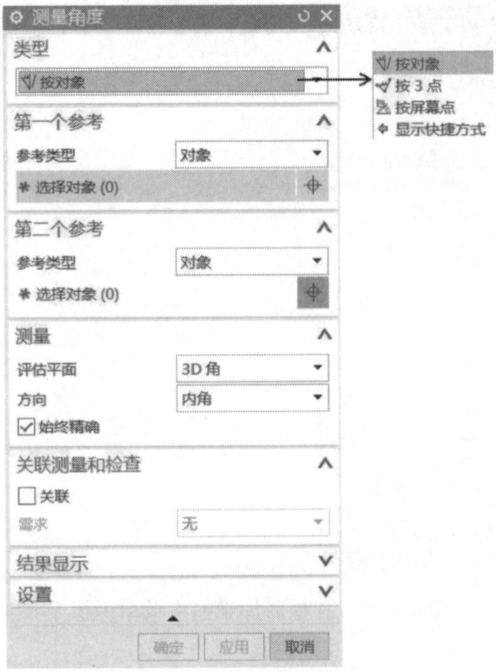

图 4-100 “测量角度”对话框

在“测量角度”对话框中的“类型”区域下拉列表中选择“按对象”选项，其他的为默认的设置，图 4-101 所示为测量面与面的角度，图 4-102 所示为测量线与面的角度，图 4-103 所示为测量线与线的角度。

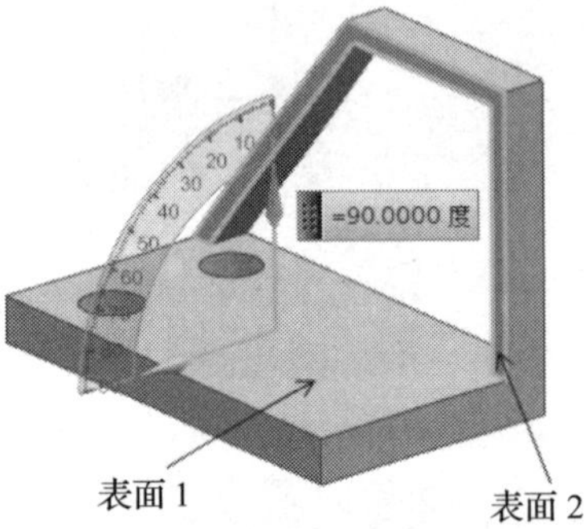

图 4-101 测量面与面的角度

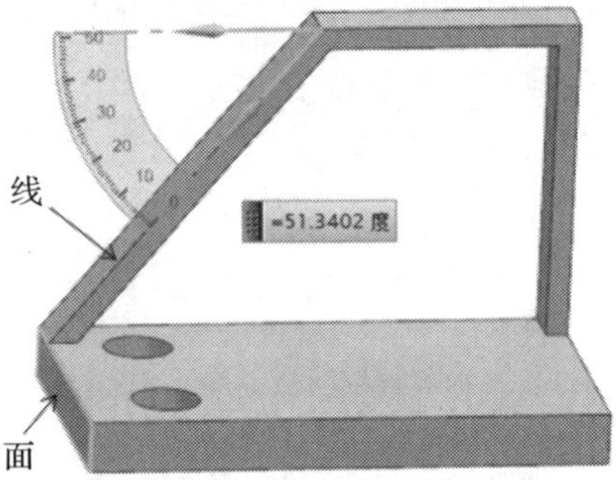

图 4-102 测量线与面的角度

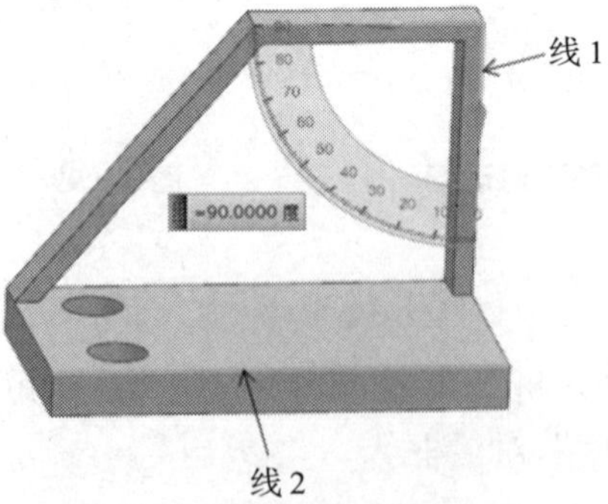

图 4-103 测量线与线的角度

任务 3　特征操作——综合实例应用

任务描述

本任务主要通过一个综合实例，将拉伸、旋转、孔、拔模、镜像、阵列及其他特征结合起来介绍，使用户对软件的操作更熟悉。在学习实例的过程中掌握相关对话框的设置，了解创建作图基准和找准图形基准的方法，理解参数尺寸的设置以及其他修饰特征的设置等。

实例中用到的实体模型有各个特征的代表性，而且建模的方法非常灵活多样，培养多角度思考能力和空间思维模式。

任务目标

1. 掌握基准特征、关联复制特征、其他特征的应用。
2. 掌握各建模特征的相关设置。

特征实例（支承座）

实施过程

机械零部件支承座的建模

图 4－104 所示是某机械零部件支承座的工程图和三维模型图，从图形结构分析，可以看出需要用到拉伸特征、孔特征、镜像特征、拔模特征、圆角特征等，也会应用到其他修饰特征。

1. 圆筒的建模

圆筒的建模会应用到拉伸特征、旋转特征、倒斜角特征，具体操作步骤如下：

（1）用户首先选择好文件路径并将模型命名为“支承座”。

（2）在下拉主菜单的“插入”下拉菜单中选择“设计特征”子菜单中的“拉伸”命令。

（3）在弹出的“拉伸”对话框中选择“绘制截面”按钮，在弹出的对话框中指定 *XY* 平面为草图平面，进入草绘环境后绘制如图 4－105 所示的截面图形，然后选择完成草图。退出草图后在“拉伸”对话框中“限制”区域的“开始”下拉列表中选择“对称值”，并在其下的“距离”文本框中输入参数“50”，在“布尔”区域中选择“无”，其他的设置采用系统默认值，完成如图 4－106 所示拉伸实体 1 特征的建模。

[注]底板上包含拔模（25°）、圆角（R12）和孔（ϕ12、ϕ20）等特征。

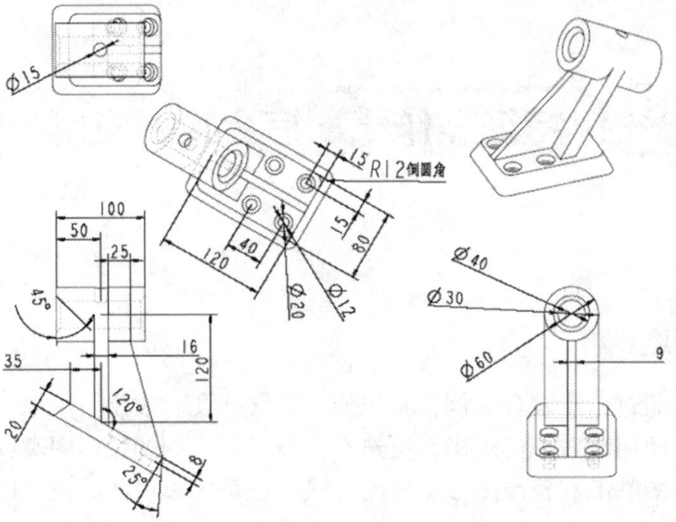

图 4-104　某机械零部件支承座的工程图和三维模型图

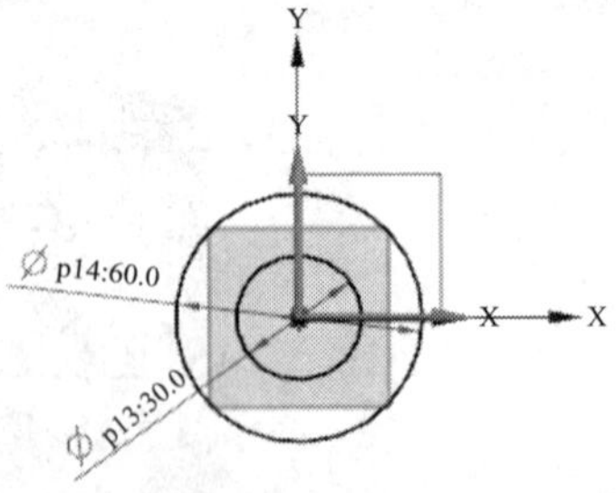

图 4-105　截面图形

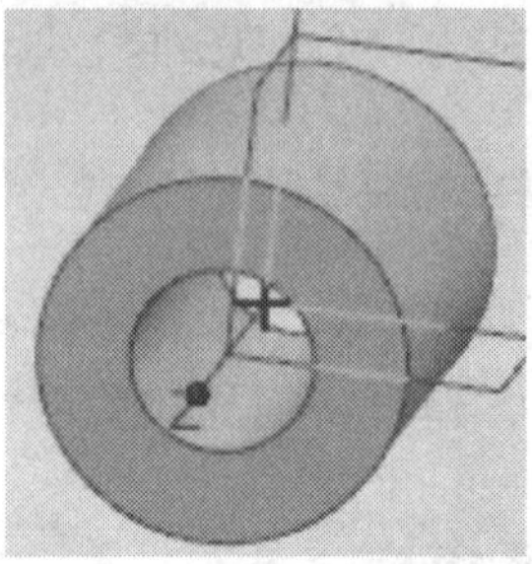

图 4-106　拉伸实体 1 特征的建模

（4）在下拉主菜单的“插入”下拉菜单中选择“设计特征”子菜单中的“旋转”命令。

（5）在弹出的“旋转”对话框中选择“绘制截面”按钮，在弹出的对话框中指定 *XY* 平面为草图平面，进入草绘环境后绘制如图 4-107 所示的截面草图，然后选择完成草图，指定 *Y* 轴为旋转中心轴线，如图 4-108 所示，在“限制”区域的“开始”下拉列表中选择“值”，设置“角度”参数为“0”，在结束下拉列表中选择“值”，设置“角度”参数为“360”，在“布尔”区域中选择“减去”，其他的设置为系统默认值，完成如图 4-109 所示旋转除料实体的建模。

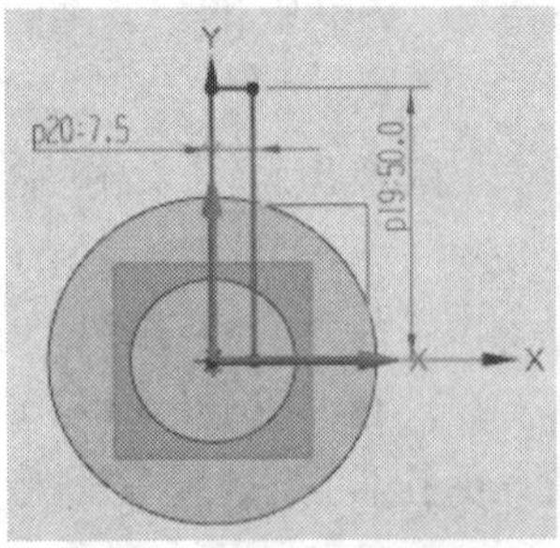

图 4-107　截面草图

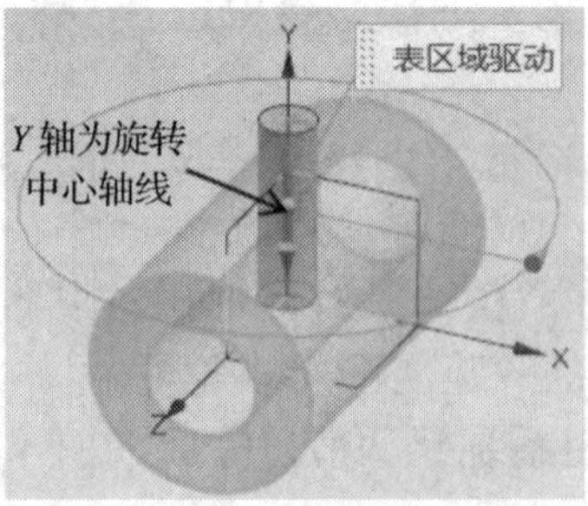

图 4-108　指定 *Y* 轴为旋转中心轴线

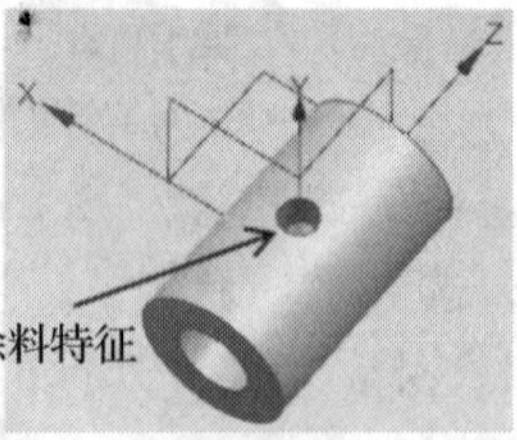

图 4-109　旋转除料实体的建模

（6）在下拉主菜单的“插入”下拉菜单中选择“细节特征”子菜单中的“倒斜角”命令。

（7）在弹出的“倒斜角”对话框中选择如图4－110所示的圆筒内壁棱边，在“偏置”区域“横截面”下拉列表中选择“对称”，设置“距离”参数为“5”，其他的设置为系统默认值，完成圆筒内壁倒斜角操作，如图4－111所示，圆筒建模完成。

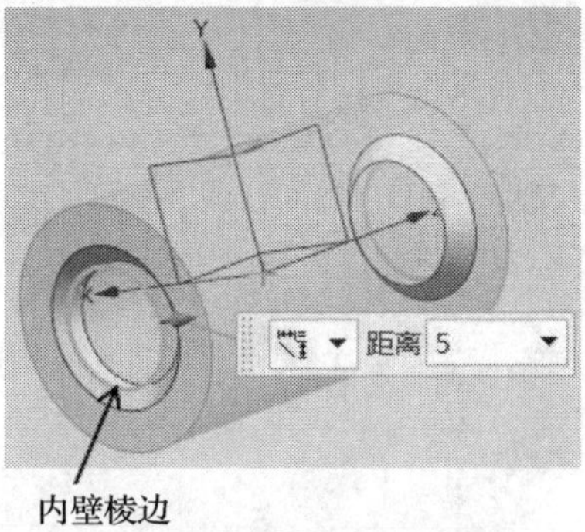

图4－110 圆筒内壁棱边

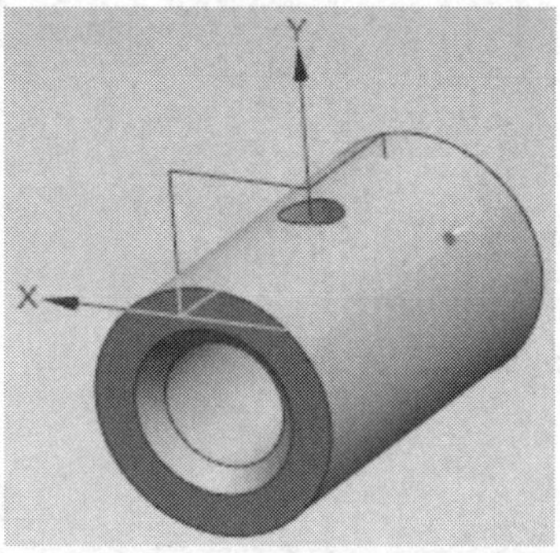

图4－111 圆筒内壁倒斜角

2. 连接板的建模

连接板的建模会应用到拉伸特征、拔模特征，具体操作步骤如下：

（1）在下拉主菜单的“插入”下拉菜单中选择“设计特征”子菜单中的“拉伸”命令。

（2）在弹出的“拉伸”对话框中选择“绘制截面”按钮，在弹出的对话框中指定*XY*平面为草图平面，进入草绘环境后，为了方便观察使实体以线框显示，单击“静态线框”按钮 静态线框，在曲线工具条中单击“投影曲线”按钮 投影曲线，选择直径为60的圆的棱边线进行投影，完成该圆截面图形的绘制。继续使用“直线”命令绘制直线，最后用“快速修剪”命令删除多余线条，完成如图4－112所示的截面图形，然后选择完成草图。退出草图后在“拉伸”对话框中“限制”区域的“开始”下拉列表中选择“对称值”，并在其下的“距离”文本框中输入参数“8”，在“布尔”区域中选择“合并”，其他的设置采用系统默认值，完成如图4－113所示的连接板基础特征的建模，下面还要对连接板进行拔模。

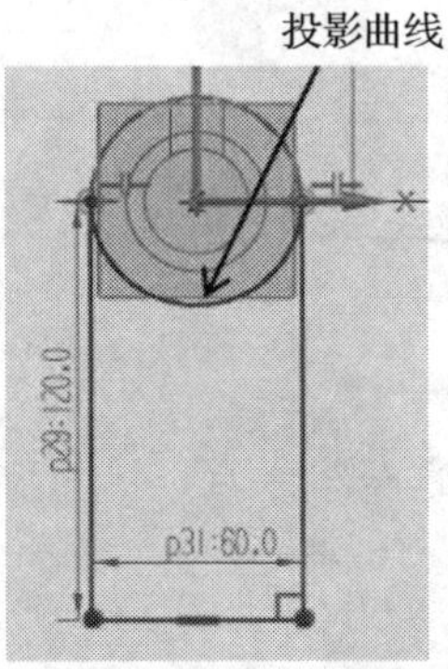

图4－112 截面图形

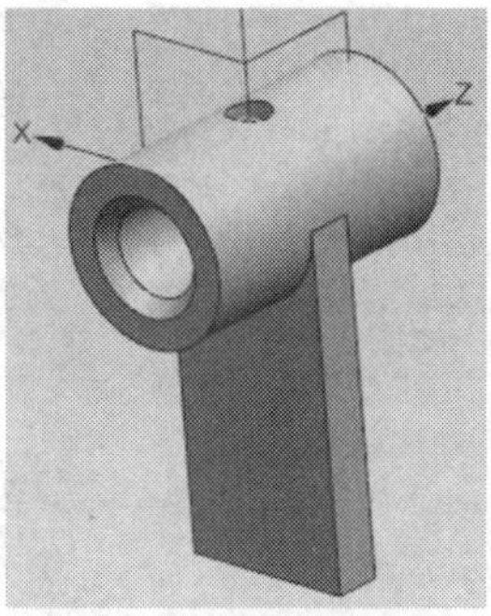

图4－113 连接板基础特征的建模

（3）在下拉主菜单的“插入”下拉菜单中选择“细节特征”子菜单中的“拔模”命令。

（4）在系统弹出的“拔模”对话框中选择如图 4－114 所示的要拔模的面、固定面，并且选择“角度 1”，参数为“30”，其他的设置为系统默认设置，完成连接板特征的建模。

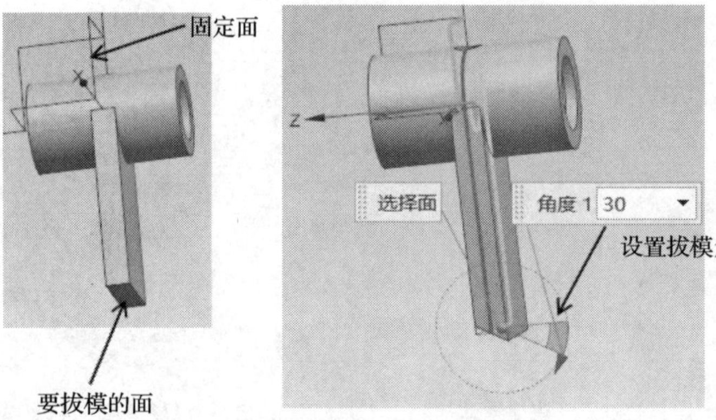

图 4－114　设置拔模面

3. 底座的建模

底座的建模会应用到拉伸特征、边倒圆特征、孔特征、拔模特征，具体操作步骤如下：

（1）在下拉主菜单的“插入”下拉菜单中选择“设计特征”子菜单中的“拉伸”命令。

（2）在弹出的“拉伸”对话框之后，指定 *ZY* 平面为草图平面，进入草绘环境后，为了方便观察使实体以线框显示，单击“静态线框”按钮 静态线框，选择“直线”命令并注意用尺寸约束和形状约束绘制如图 4－115 所示的截面草图，然后选择完成草图。退出草图后在“拉伸”对话框中“限制”区域的“开始”下拉列表中选择“对称值”，并在其下的“距离”文本框中输入参数“40”，在“布尔”区域中选择“合并”，其他的设置采用系统默认值，完成如图 4－116 所示底座基础特征的建模。

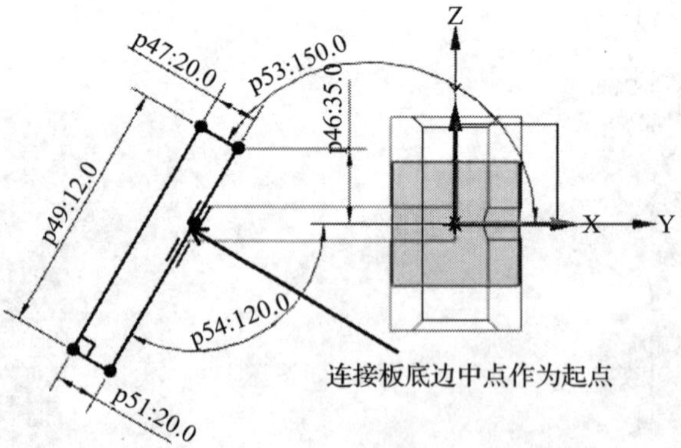

图 4－115　截面草图

（3）在下拉主菜单的“插入”下拉菜单中选择“细节特征”子菜单中的“边倒圆”命令。

（4）系统弹出“边倒圆”对话框，选择底座四条棱边线，并且输入“半径1”的参数为“12”，其他的设置采用系统默认值，完成如图4－117所示的底座棱边边倒圆修饰特征。

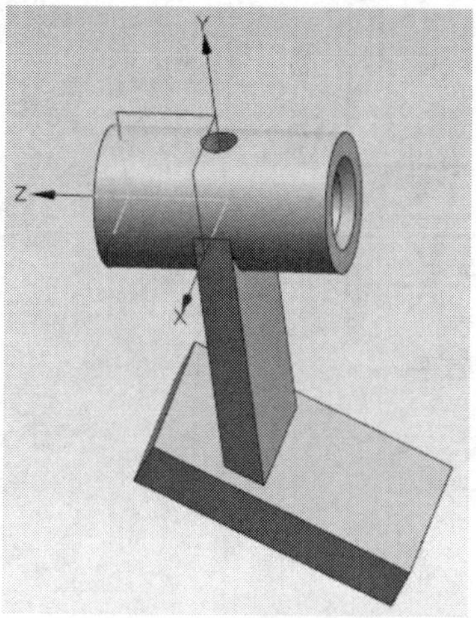

图4－116 底座基础特征建模

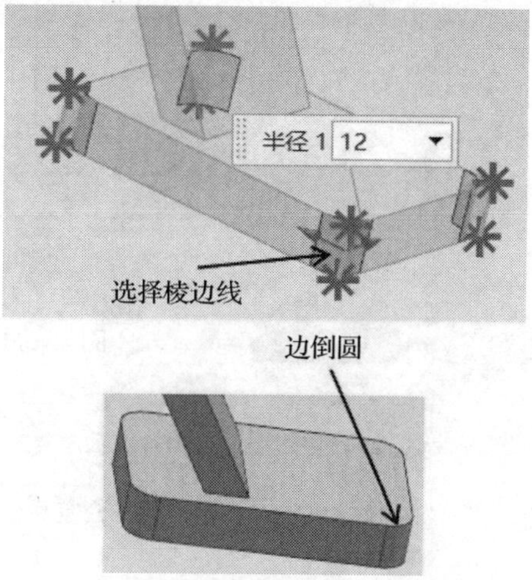

图4－117 底座棱边边倒圆修饰特征

（5）在下拉主菜单的“插入”下拉菜单中选择“设计特征”子菜单中的“孔”命令。

（6）系统弹出“孔”对话框，在“位置”区域单击“绘制截面”按钮，指定如图4－118所示平面为孔特征草图平面，进入草绘环境后，为了观察方便使实体以线框显示，单击“静态线框”按钮 静态线框，系统默认为“点”命令，先大致确定四个孔中心点的位置，再进行尺寸约束和形状约束，绘制如图4－119所示的孔点位置草图，然后选择完成草图。退出草图后在“孔”对话框中设置相关参数，如图4－120所示，在“孔方向”下拉列表中选择“垂直于面”，在“形状和尺寸”区域的“成形”下拉列表中选择“沉头”，在“尺寸”区域中输入“沉头直径”参数为“20”、“沉头深度”参数为“8”、“直径”参数为“12”，设置“深度限制”为“值”，输入“深度”参数为“30”，“深度直至”选择“圆锥顶”，输入“顶锥角”参数为“118”，在“布尔”区域中选择“减去”，其他的设置采用系统默认值，完成如图4－120所示底座孔特征的建模。

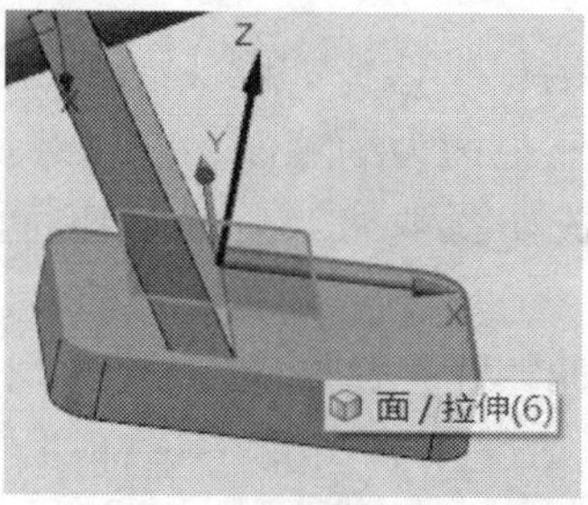

图4－118 指定草图平面

任务3

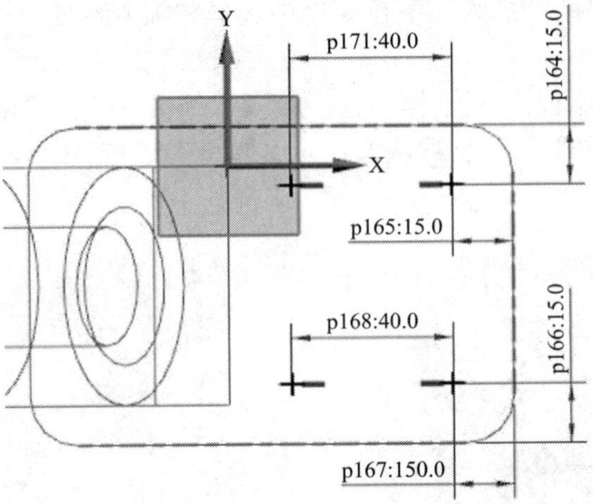

图 4－119　孔点位置草图

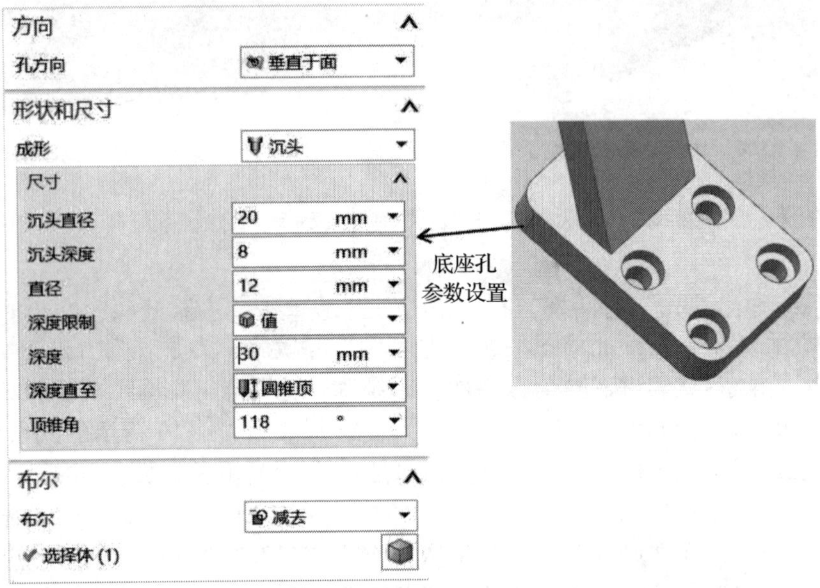

图 4－120　底座孔特征的建模

（7）在下拉主菜单的“插入”下拉菜单中选择“细节特征”子菜单中的“拔模”命令。

（8）在弹出的“拔模”对话框中选择如图 4－121 所示底座侧面相切面为要拔模的面，选择棱边为拔模枢纽、底座上面为固定面，并且选择“角度 1”，参数为“25”，其他的设置为系统默认设置，完成如图 4－122 所示底座特征的建模。

4. 支承板的建模

支承板的建模会应用到拉伸特征，具体操作步骤如下：

（1）在下拉主菜单的“插入”下拉菜单中选择“设计特征”子菜单中的“拉伸”命令。

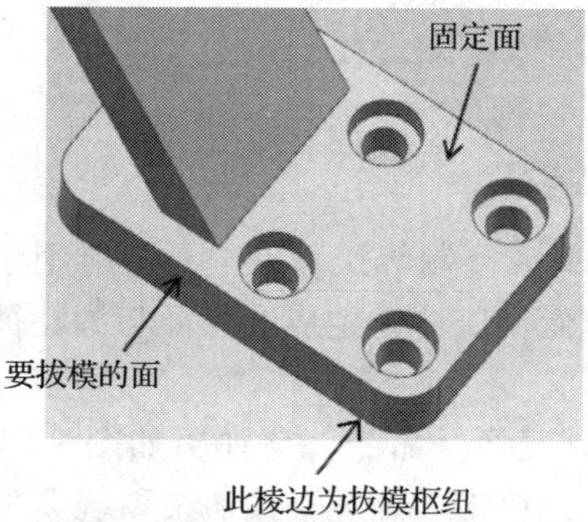

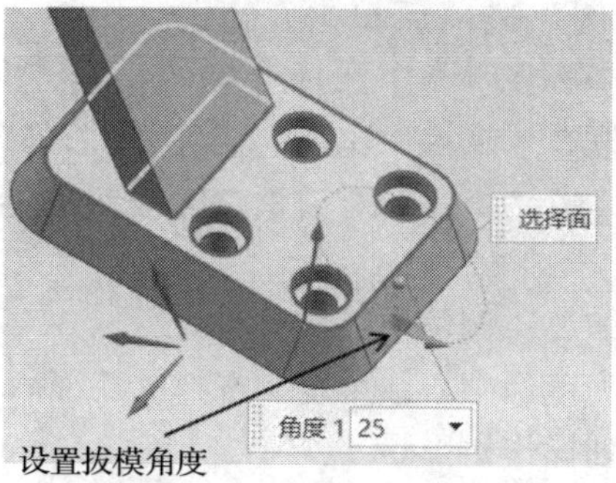

图 4－121　设置拔模面

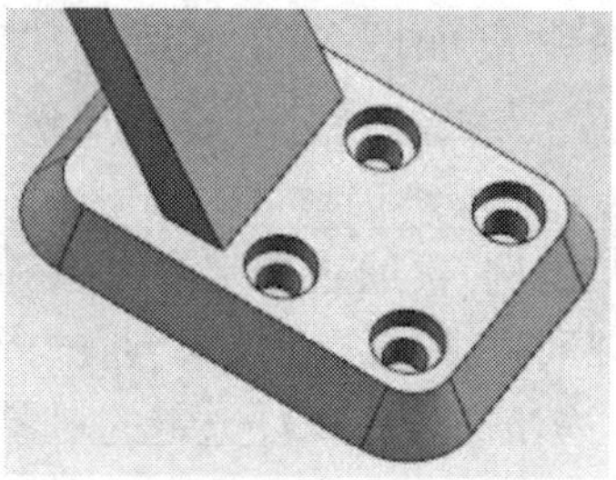

图 4－122　底座特征的建模

（2）在弹出“拉伸”对话框之后，指定 *ZY* 平面为草图平面，进入草绘环境后，为了观察方便使实体以线框显示，单击“静态线框”按钮 静态线框，选择“直线”命令并利用尺寸约束和形状约束绘制如图 4－123 所示的截面草图，然后选择完成草图。退出草图后在“拉伸”对话框中“限制”区域的“开始”下拉列表中选择“对称值”，并在其下的“距离”文本框中输入参数“4.5”，在“布尔”区域中选择“合并”，其他的设置采用系统默认值，完成支承板的建模，如图 4－124 所示，整个支承座建模完成。

任务3

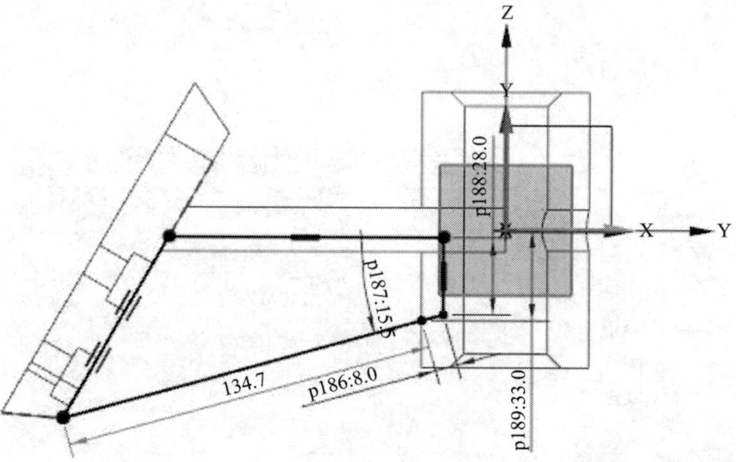

图 4－123　截面草图

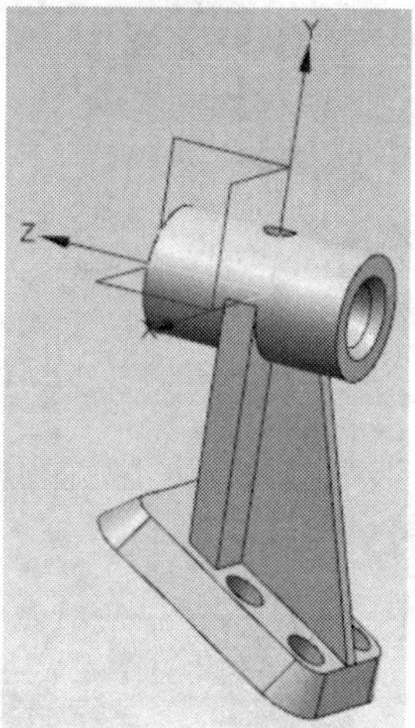

图 4－124　支承板建模

基础延伸

编辑中的变换特征

“变换”命令允许用户进行平移、旋转、比例或复制等操作，但是不能用于变换视图、布局、图样或当前的工作坐标系。利用“变换”命令生成的特征与源特征不相关联。

选择下拉主菜单的“编辑”下拉菜单中的“变换”命令，会弹出如图 4－125 所示的“变换”对话框 1，选择需要变换的特征后，单击“确定”按钮，系统会弹出如图 4－126 所示的“变换”对话框 2。选择“比例”选项后单击“确定”按钮，则系统会弹出如图 4－127 所示的“点”对话框。在草绘环境中选择变换的指定点位置，则系统会弹出如图 4－128 所示“变换”对话框 3，输入“比例”参数为“0.5”，单击“确定”按钮，完成对象的比例缩放变换。其中“变换”对话框 2 的按钮功能介绍如下：

（1）“比例”，通过指定参考点和缩放类型及缩放比例值来缩放对象。

（2）“通过一直线镜像”，通过指定一条直线为镜像中心线来复制选择的特征。

（3）“矩形阵列”，对选定的对象进行矩形阵列操作。

（4）“圆形阵列”，对选定的对象进行圆形阵列操作。

（5）“通过一平面镜像”，通过指定一个平面为镜像中心面来复制选择的特征。

（6）“点拟合”，将对象从引用集变换到目标点集。

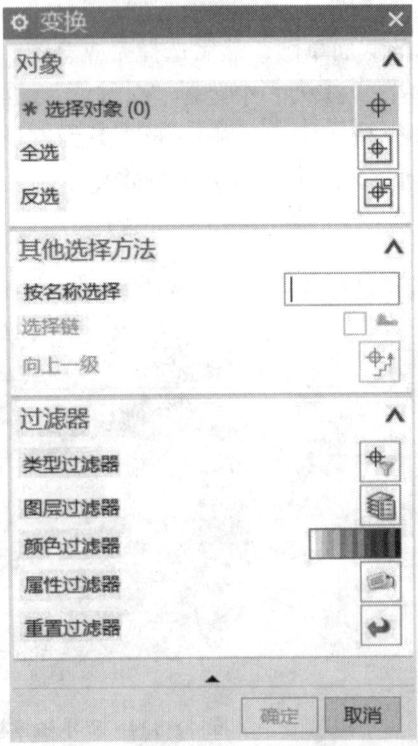

图 4－125 “变换”对话框 1

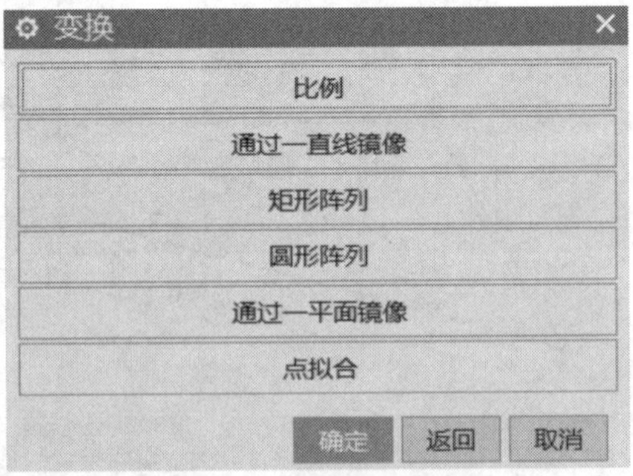

图 4－126 “变换”对话框 2

图 4－127　“点”对话框

图 4－128　“变换”对话框 3

知识链接

1. 测量曲线长度

选择下拉主菜单下“分析”下拉菜单的“测量长度”命令，会弹出如图 4－129 所示的“测量长度”对话框，选择要测量的曲线，测量曲线长度，如图 4－130 所示。

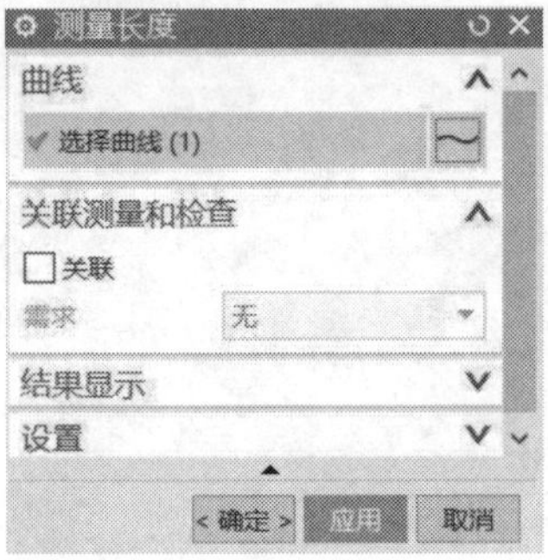

图 4－129　“测量长度”对话框

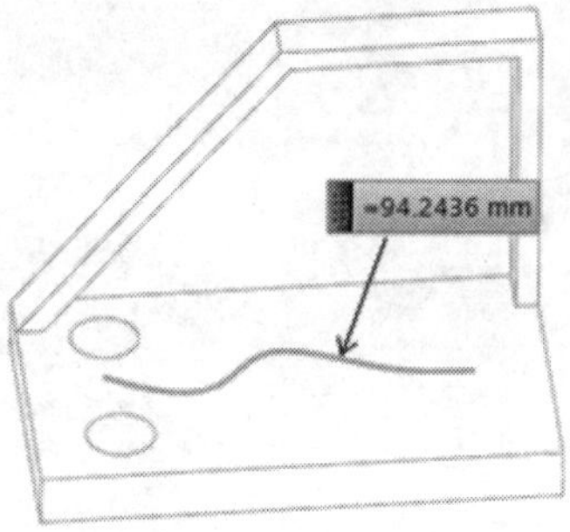

图 4－130　测量曲线的长度

2. 测量面积及周长

选择下拉主菜单中“分析”下拉菜单的“测量面”命令，会弹出“测量面”对话框。选择要测量的曲面，测量曲面的面积，如图 4－131 所示。在动态对话框中选择“面积”下拉列表中的“周长”选项，测量曲面的周长，如图 4－132 所示。

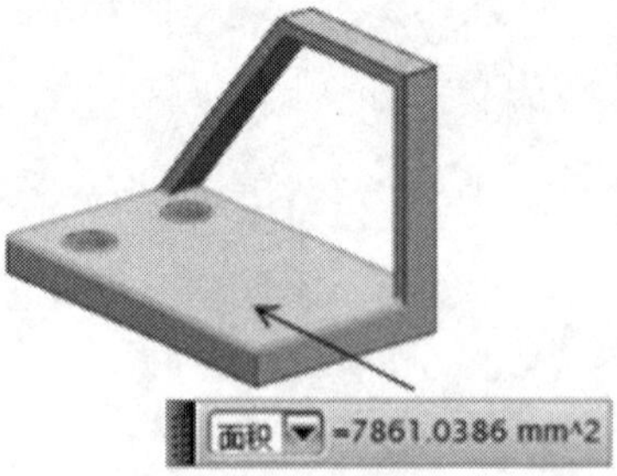

图 4-131　面积测量

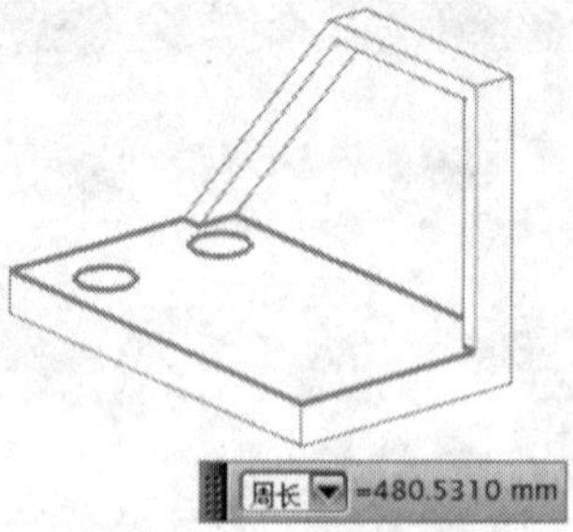

图 4-132　周长测量

单元 5 曲面造型操作基础

单元导读

现代复杂产品设计中曲面的应用比较广泛，例如现在的玩具车、玩具飞行器等具有美观的造型和优良的物理性能，它们的表面结构通常使用参数曲面来构建。UG NX 12.0 具有强大的曲面造型功能，可以实现由简单到复杂曲面的建模，也可以进行曲面修复等，在模具等行业的研发设计到编程加工过程中因使用便捷，为用户带来了极大的经济效益。

曲线是曲面的基础，也是曲面造型必须用到的基础元素，学习如何创建曲线是学习曲面设计的基本要求。本单元中常用的曲面有网格面、扫掠面、桥接曲面等，曲面的编辑有曲面的修剪、曲面延伸、曲面的倒角等。通过几个简单实例，学生能熟练掌握曲面的建模方法和技巧。

重点难点

1. UG NX 12.0 曲线、曲面的功能特点。
2. UG NX 12.0 曲面造型的方法与技巧。

技能目标

1. 掌握常用的曲面特征操作。
2. 掌握常用的曲面编辑操作。

素养目标

流线型设计与产品设计中的曲面造型有关，这类曲面造型多用于与航天航海相关的飞行器或者航海器中。航天或者航海领域中的工程设计师在自己的岗位上一丝不苟、精益求精、奉献祖国，他们用爱岗敬业的行动诠释了“工匠精神”。学生应认真体会，做到“做中学、学中做”，领悟热爱祖国、无私奉献、自力更生、艰苦奋斗、协同合作、勇于登攀、追求科学的精神。

任务 1 曲线、曲面特征操作

任务描述

本任务介绍常用的曲线和曲面特征，常用的曲面特征主要包括拉伸曲面、旋转曲面、扫掠曲面、网格曲面、偏置曲面、抽取曲面等。曲线是曲面的基础，也是曲面造型必须用到的基础元素。曲面特征在建模造型的过程中与实体特征结合使用，所以由曲面创建的几何要素非常重要。UG NX 12.0 可以实现多种方式下的曲面造型、曲面编辑、曲面修改。

任务目标

1. 掌握 UG NX 12.0 曲线的应用。
2. 掌握 UG NX 12.0 曲面特征的创建。

实施过程

一 UG NX 12.0 曲线的应用

UG NX 12.0 中有曲线和派生曲线两种。其中曲线包含直线、圆弧 / 圆、矩形、多边形、椭圆、抛物线、二次曲线、螺旋线、艺术样条、文本曲线等，有些曲线比较规则，有些曲线涉及公式参数，有些曲线需要进行倒角等操作。在派生曲线中，经常会用到投影曲线、相交曲线、镜像曲线、桥接曲线、偏置曲线等。

选择下拉主菜单中“插入”下拉菜单的“曲线”命令可以调出如图 5 - 1 所示的曲线工具菜单；选择“插入”下拉菜单中的“派生曲线”命令可以调出如图 5 - 2 所示的派生曲线工具菜单。用户将光标放置在工具命令上，会弹出提示框，对此工具进行解释说明。以下介绍常用的几种曲线。

1. 直线

选择下拉主菜单中“插入”下拉菜单下“曲线”子菜单中的“直线”命令，会弹出如图 5 - 3 所示的“直线”对话框，通过在该对话框的“起点选项”和“终点选项”下拉列表中选择不同的选项可以创建多种类型的直线。

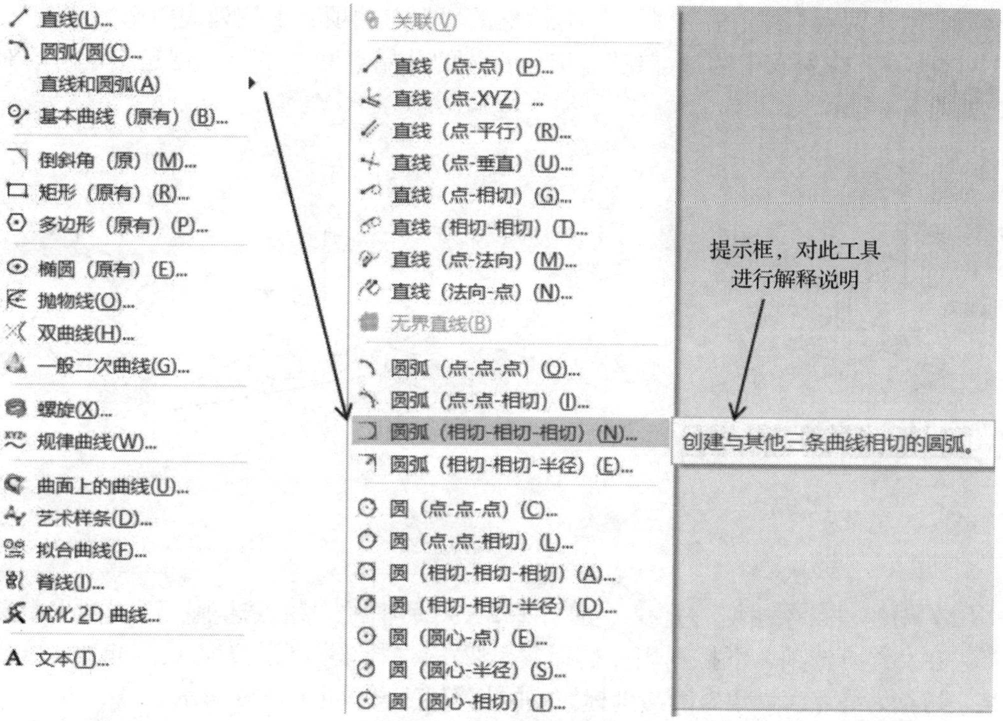

图 5-1　曲线工具菜单

图 5-2　派生曲线工具菜单

图 5-3　“直线”对话框

（1）创建两点直线。在“直线”对话框的“起点选项”下拉列表中选择“点”，在“终点选项”下拉列表中选择“点”，选择直线的开始点和结束点，创建出矩形的对角线，如图 5－4 所示。

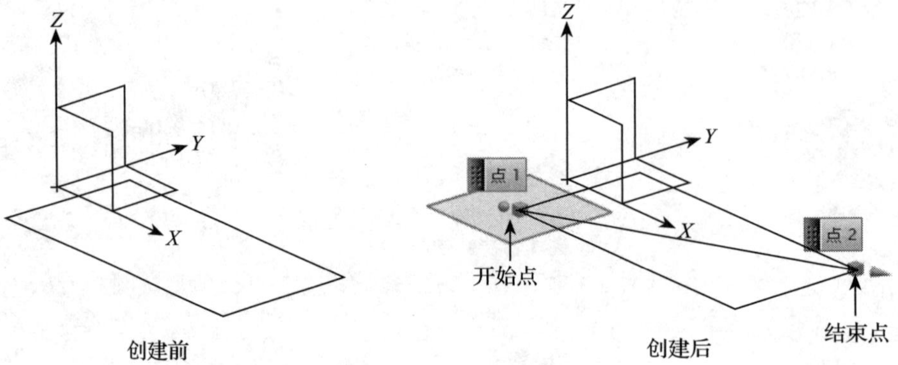

图 5－4　两点直线

（2）创建“点＋相切”直线。在“直线”对话框的“起点选项”下拉列表中选择“点”，在“终点选项”下拉列表中选择“相切”，选择坐标原点为直线的起点，选择圆上某一切点为终点，创建出圆与坐标原点的相切直线，如图 5－5 所示。

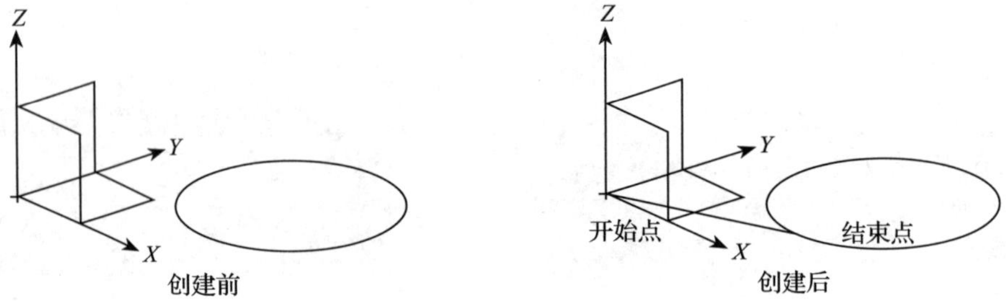

图 5－5　相切直线

2. 圆弧／圆

在下拉主菜单的“插入”下拉菜单中选择“曲线”子菜单中的“圆弧／圆”命令，弹出如图 5－6 所示的“圆弧／圆”对话框，通过对圆弧或圆相关点的不同约束可以创建多种类型的圆弧或圆。

（1）从中心开始的圆弧。在“中心点”区域选择坐标系的原点为圆弧的中心点，在“通过点”区域的“终点选项”下拉列表中选择“半径”，在“限制”区域的“起始限制”下拉列表中选择“值”，输入“角度”参数“−120”，在“终止限制”下拉列表中选择“值”，输入“角度”参数“45”，其他的选项为系统默认设置，单击“确定”按钮，完成如图 5－7 所示圆弧的创建。

（2）从中心开始的圆。在“中心点”区域选择坐标系的原点为圆弧的中心点，即确定圆心，在“通过点”区域的“终点选项”下拉列表中选择“直径”，在“限制”区域勾选“整圆”，在“大小”区域输入“直径”参数为“50”，其他的选项为系统默认设置，单击“确定”按钮，完成如图 5－8 所示圆的创建。

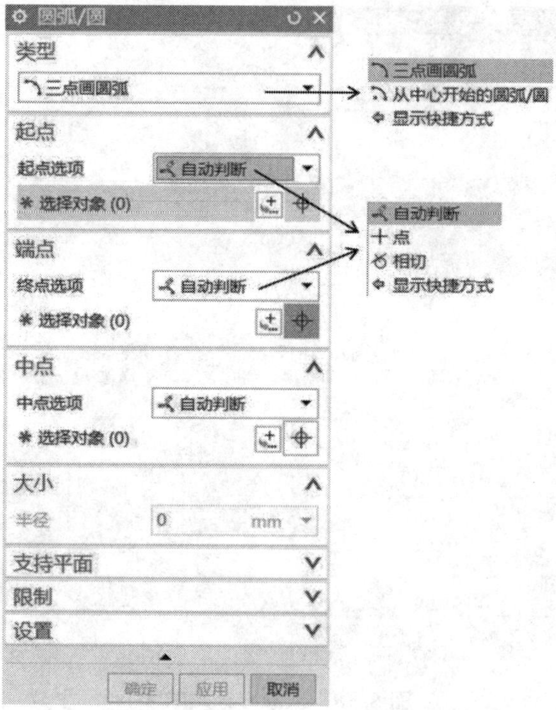

图 5－6　“圆弧 / 圆”对话框

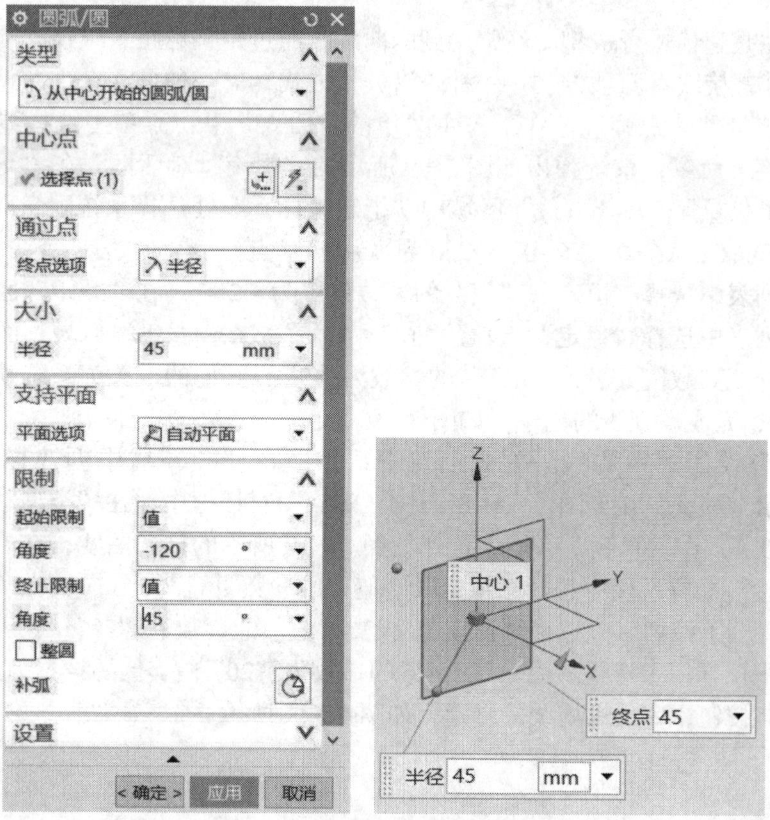

图 5－7　从中心开始的圆弧

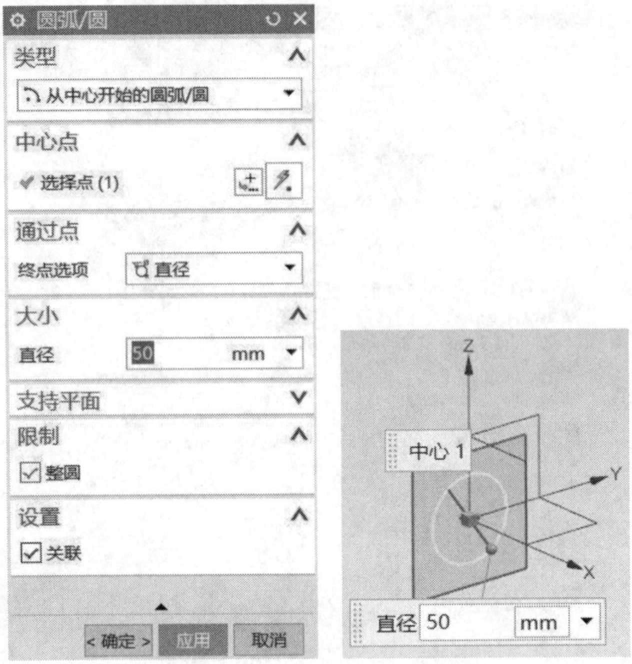

图 5-8　从中心开始的圆

3. 螺旋线

螺旋线也是建模或者造型中经常用到的曲线，通过定义螺距、半径、旋转方向等参数生成。创建螺旋线有两种方式：一种是沿矢量方式，另一种是沿脊线方式。

（1）沿矢量创建螺旋线。在下拉主菜单的“插入”下拉菜单中选择“曲线”子菜单中的“螺旋”命令，系统弹出如图 5-9 所示的“螺旋”对话框，在“类型”下拉列表中选择“沿矢量”；在“方位”区域中“指定坐标系”处选择系统默认的坐标系（即使用当前的 WCS，XC=0、YC=0、ZC=0 为默认的基点）；在“大小”区域中的“规律类型”下拉列表中选择“恒定”，“值”的参数设置为“25”；在“螺距”区域的“规律类型”下拉列表中选择“恒定”，设置“值”为“5”；在“长度”区域中的“方法”下拉列表中选择“圈数”，设置“圈数”的参数为“5”；其他的设置为系统默认值，单击“确定”按钮，完成螺旋线的创建，如图 5-9 所示。

（2）沿脊线创建螺旋线。首先创建脊线，即在任务环境中创建样条曲线，如图 5-10 所示。其次，在如图 5-11 所示的“螺旋”对话框中，在“类型”下拉列表中选择“沿脊线”；在“脊线”区域中选择如图 5-10 所示的样条曲线；在“大小”区域的“规律类型”下拉列表中选择“恒定”，“值”的参数设置为“35”；在“螺距”区域的“规律类型”下拉列表中选择“恒定”，设置“值”的参数为“20”；在“长度”区域的“方法”下拉列表中选择“圈数”，设置的参数为“20”；其他的设置为系统默认值，单击“确定”按钮，完成螺旋线的创建，如图 5-11 所示。

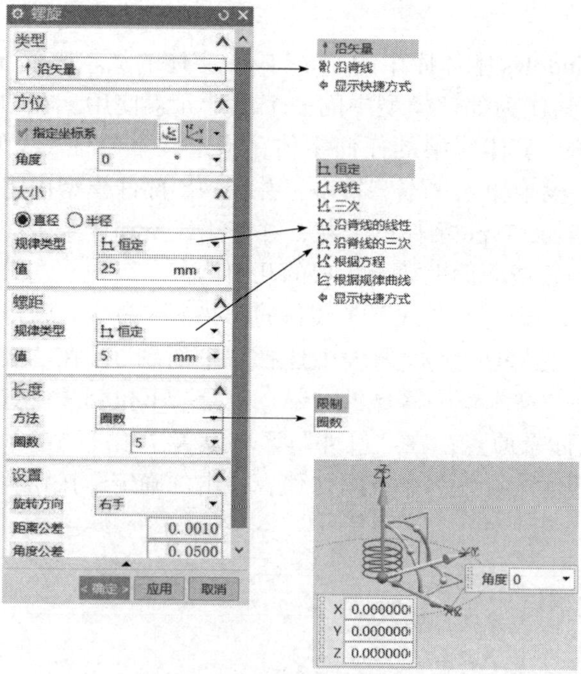

图 5－9　螺旋线参数设置和沿矢量创建螺旋线

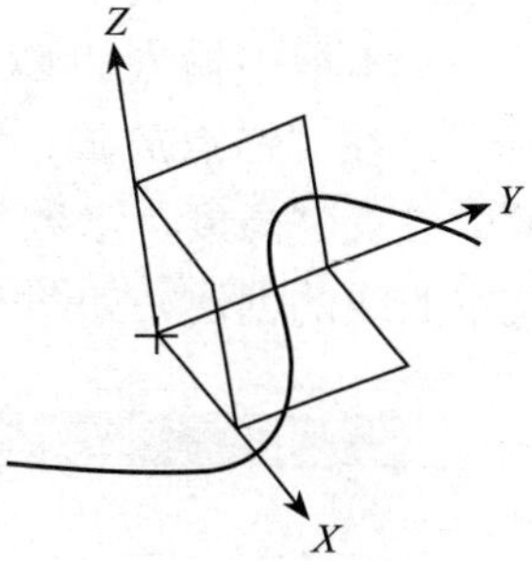

图 5－10　脊线

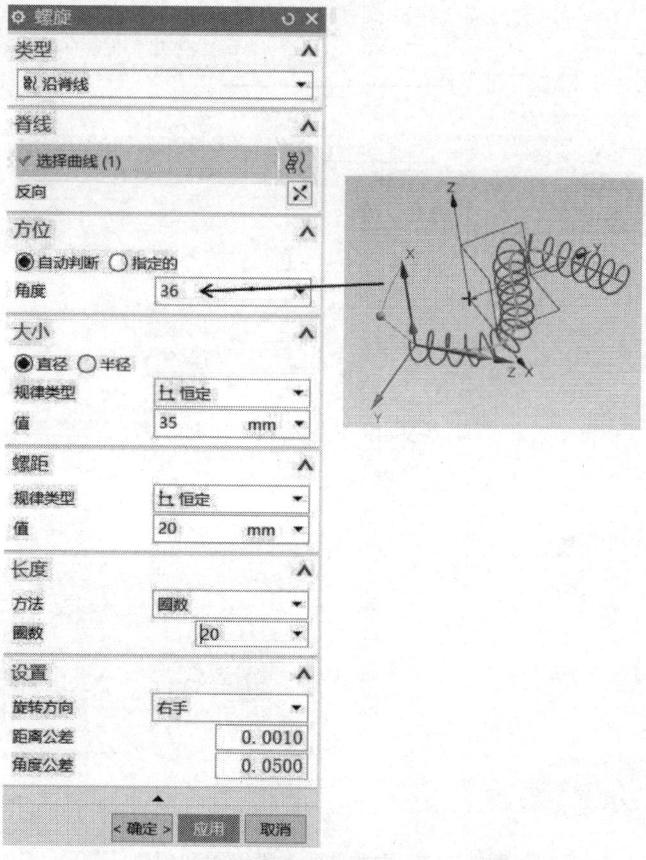

图 5－11　螺旋线参数设置和沿脊线创建螺旋线

4. 文本曲线

使用“文本”命令，可将本地 Windows 字体库中的 True Type 字体的文本生成 NX 曲线。无论何时需要文本，都可以将其作为部件模型中的一个设计元素使用。在“文本”对话框中，允许用户选择 Windows 字体库中的任何字体，指定文本属性（线型、脚本、字型等）；在“文本”对话框字段中输入文本字符串，并在 NX 部件模型内将字符串转换为几何体。文本将跟踪所选 True Type 字体的形状，并使用线条和样条生成文本字符串的字符外形，可以在平面、曲线或曲面上放置生成的几何体。

在下拉主菜单的“插入”下拉菜单中选择“曲线”子菜单的“文本”命令，弹出如图 5-12 所示的“文本”对话框，在“类型”下拉列表中选择“平面副”；在“文本属性”文本框中输入“ UG 文本”；在“文本框”区域的“锚点位置”下拉列表中选择“中下”，在“锚点放置”区域指定坐标系原点；在“尺寸”区域设置“长度”参数为“60”，设置“高度”参数为“20”；其他的设置为系统默认值，单击“确定”按钮，完成文本曲线的创建，如图 5-12 所示。

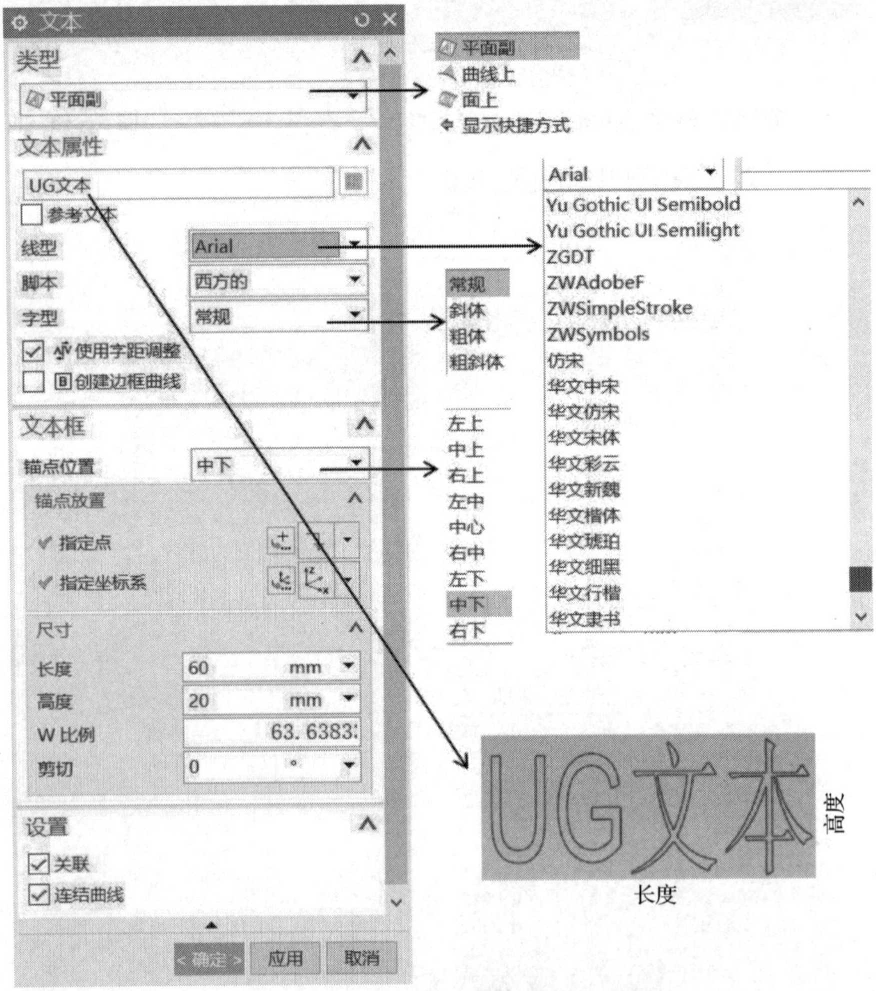

图 5-12　文本曲线参数设置和创建

5. 投影曲线

使用“投影”命令可以将曲线、棱边和点映射到片体、面、平面和基准平面上。投影曲线在孔或面边缘处都要进行修剪，投影之后可以自动合并输出曲线。创建投影面和要投影的空间曲线，如图 5－13 所示。

在下拉主菜单的“插入”下拉菜单中选择“派生曲线”子菜单中的“投影”命令，弹出如图 5－14 所示的“投影曲线”对话框，在“要投影的曲线或点”区域选择如图 5－13 所示的六边形为要投影的曲线，在“要投影的对象”区域选择如图 5－13 所示的“球面”为要投影的对象，在“投影方向”的“方向”下拉列表中选择“沿矢量”，指定垂直球面矢量为投影方向，其他的设置为系统默认值，单击“确定”按钮完成投影曲线的创建，如图 5－15 所示。

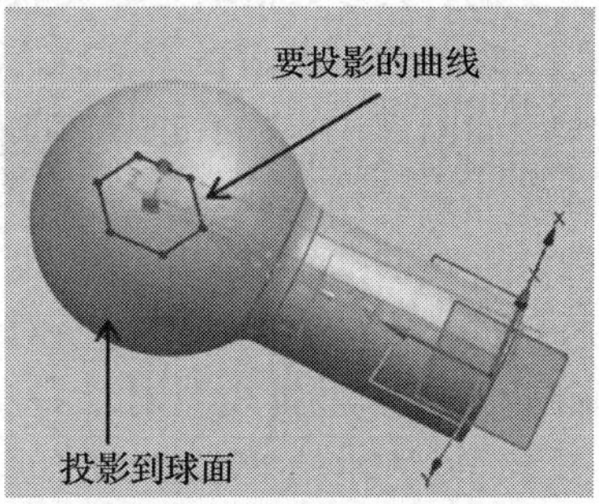

图 5－13　投影面和空间曲线

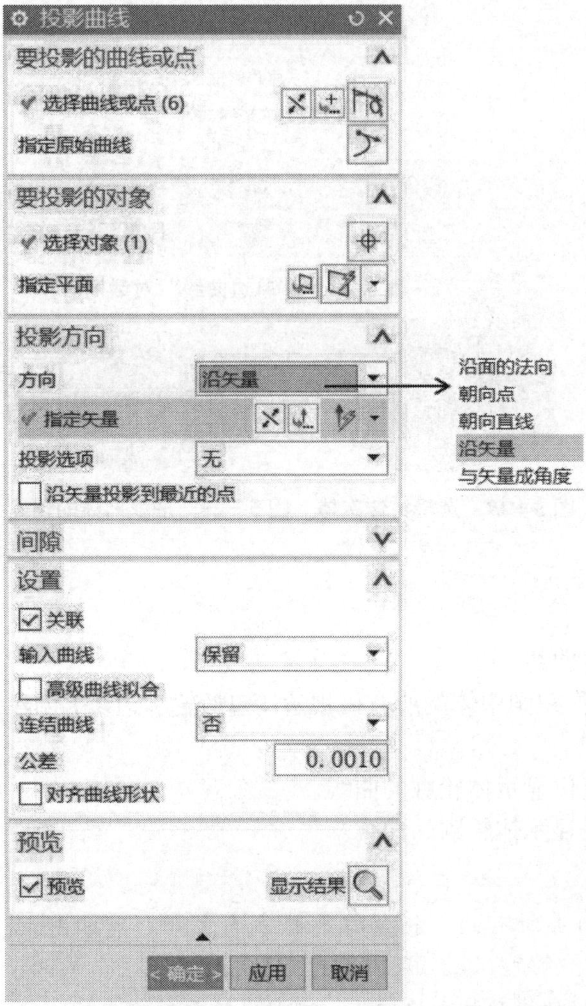

图 5－14　“投影曲线”对话框

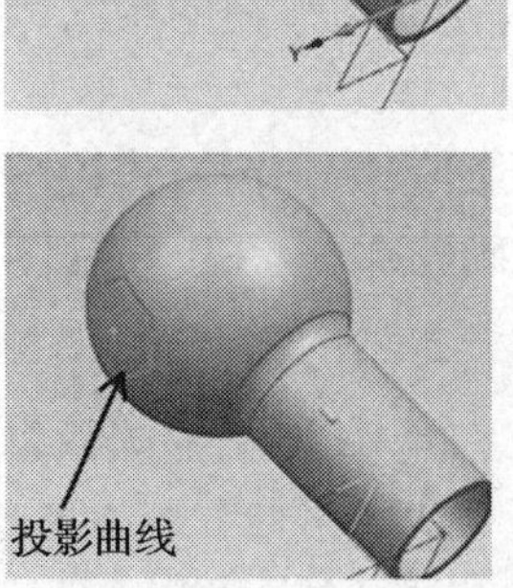

图 5－15　选择投影方向完成投影曲线

6. 抽取曲线

抽取曲线主要是从已有模型的边、相交线等中提取出来的曲线。使用“抽取”命令可以通过一个或多个现有体的边或面创建直线、圆弧、二次曲线和样条曲线，而体不发生变化。大多数抽取是非关联的，但也可以选择创建相关的等斜度曲线或阴影外形线。

在下拉主菜单的“插入”下拉菜单中选择“派生曲线”子菜单中的“抽取”命令，弹出如图 5－16 所示的“抽取曲线”对话框，这里以通过“边曲线”创建曲线为例进行介绍。在“抽取曲线”对话框中选择“边曲线”，系统会弹出如图 5－17 所示的“单边曲线”对话框。在“单边曲线”对话框中选择“实体上所有的”，系统会弹出如图 5－18 所示的“实体中的所有边”对话框，选择如图 5－19 所示的拉伸实体，单击“确定”按钮返回“单边曲线”对话框，单击“单边曲线”对话框中的“确定”按钮，完成如图 5－20 所示的抽取曲线的创建，然后单击“抽取曲线”对话框中的“取消”按钮结束“抽取”命令，退出对话框。

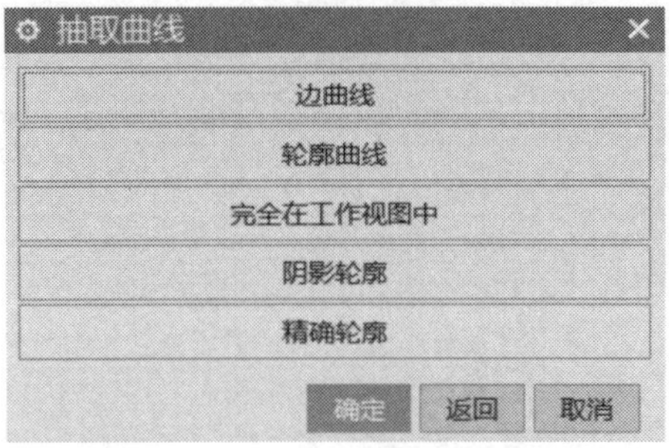

图 5－16 “抽取曲线”对话框

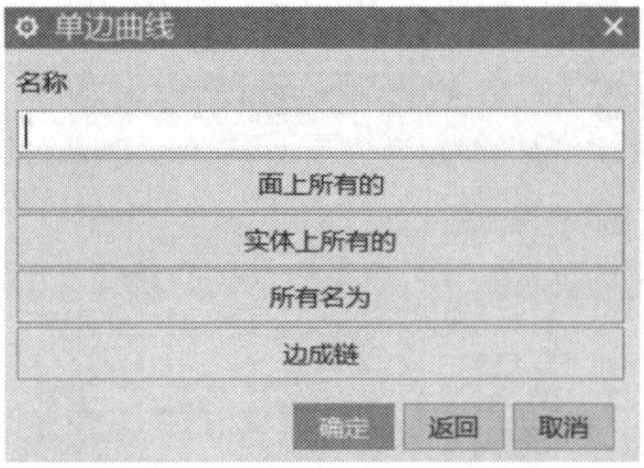

图 5－17 “单边曲线”对话框

图 5－18 “实体中的所有边”对话框

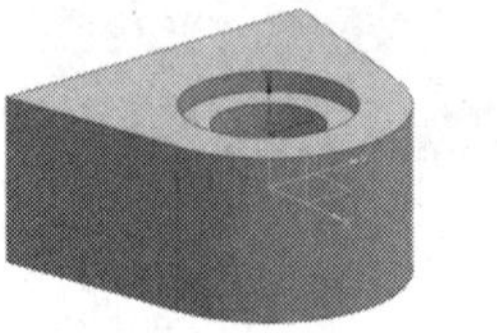

图 5－19 选择拉伸实体

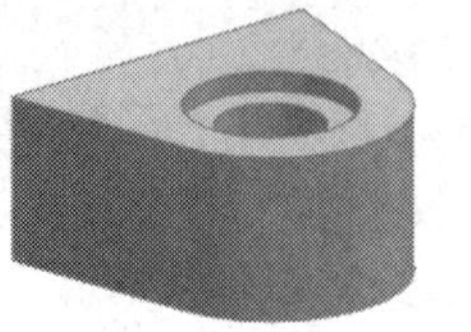

图 5－20 抽取曲线的创建

对“抽取曲线”对话框的按钮介绍如下：

（1）“边曲线”，从指定边抽取曲线。

（2）“轮廓曲线”，利用轮廓边缘创建曲线。

（3）“完全在工作视图中”，利用工作视图中体的所有可视边（包括轮廓边缘）创建曲线。

（4）“阴影轮廓”，在工作视图中创建仅显示体轮廓的曲线。

（5）“精确轮廓”，在工作视图中创建显示体轮廓的曲线。

技能点拨

“单边曲线”对话框中“面上所有的”指抽取所选表面上的所有曲线；“实体上所有的”指抽取所选实体的所有边；“所有名为”指抽取命名相似的曲线；“边成链”指抽取所选链的起始边与结束边按某一方向连接而成的曲线。

二　UG NX 12.0 曲面的应用

1. 曲面工具条

在 UG NX 12.0 的带状工具条区，单击“曲面”会出现曲面工具条，进入曲面环境，实现曲面的操作，如图 5－21 所示。从图中的分布可以看出曲面工具条大致分为“曲面”“曲面操作”“编辑曲面”三大部分，其中包含一些常用工具，有的工具被隐藏，用户可以单击隐藏符号调出使用，方便管理。

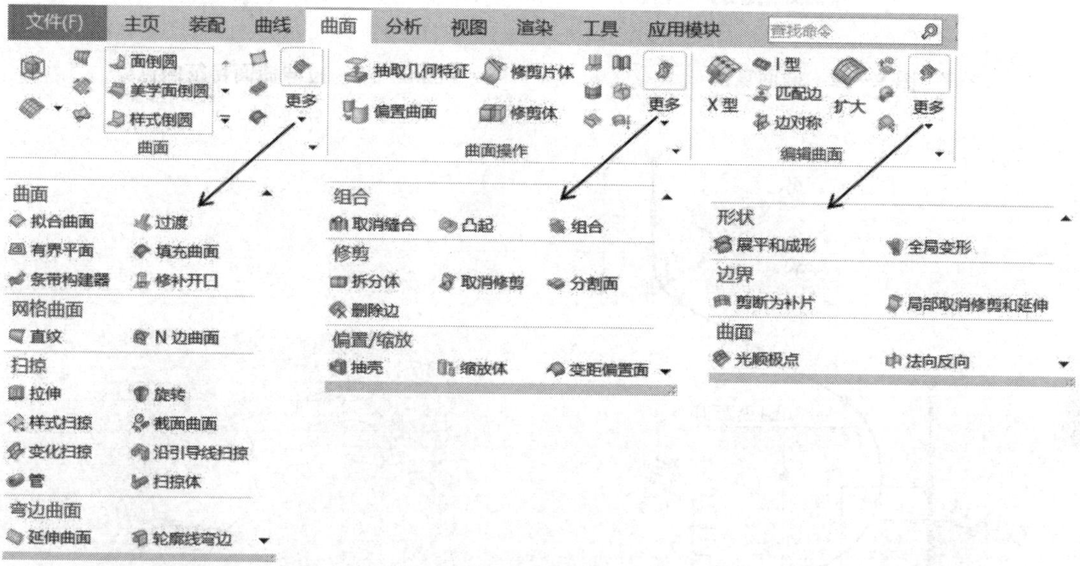

图 5－21　曲面工具条

2. 拉伸曲面

拉伸曲面是将一截面草图沿着某一方向（多为草图平面的法线方向）拉伸而成的曲面。其创建方法与相应实体特征的创建方法相似，只需将生成特征的类型设置为“片体”。

操作方法：在下拉主菜单的“插入”下拉菜单中选择“设计特征”子菜单中的“拉伸”命令。选择默认的 *XY* 平面为草图平面，绘制如图 5－22 所示的截面草图，完成后退出草图。在“拉伸”对话框中“极限”区域的“开始”下拉列表中选择“值”，并在其下的“距离”文本框中输入数值“0”；在“极限”区域的“终点”下拉列表中选择“值”，并在其下的“距离”文本框中输入数值“60”。定义拉伸特征的类型，在对话框中“设置”区域的“体类型”下拉列表中选择“片体”，其他为系统默认的设置，单击“确定”按钮，完成如图 5－23 所示拉伸曲面特征的创建。

3. 旋转曲面

旋转曲面是将一截面草图绕着某旋转轴线旋转而成的曲面。旋转曲面的创建方法与相应实体特征的创建方法相似，只需将生成特征的类型设置为“片体”。

操作方法：在下拉主菜单的“插入”下拉菜单中选择“设计特征”子菜单中的“旋转”命令。选择默认的 *XY* 平面为草图平面，绘制如图 5－24 所示的截面草图，完成后退出草图。在“旋转”对话框中选择 *Y* 轴为旋转轴，在“极限”区域的“开始”下拉列

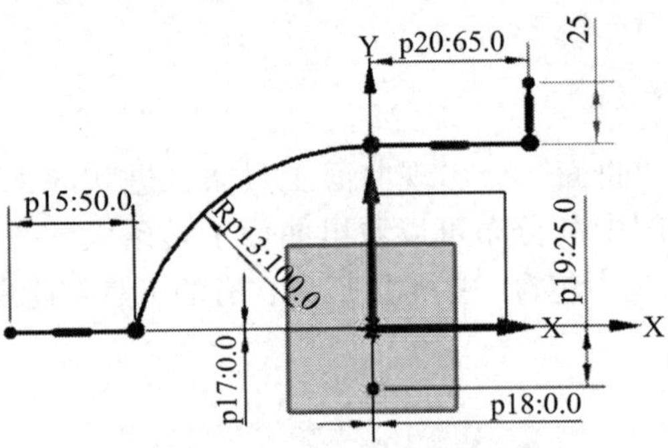

图 5－22　截面草图

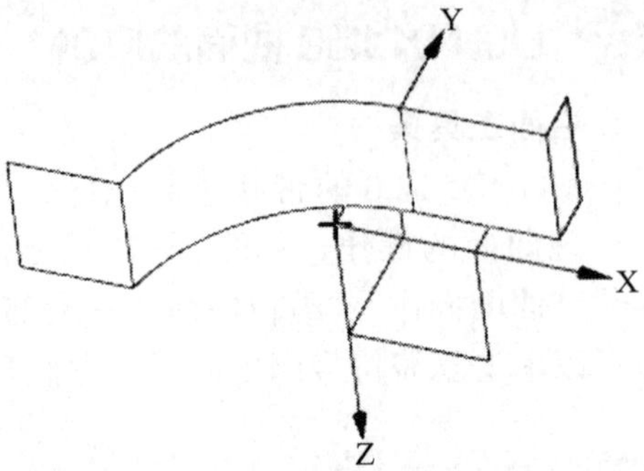

图 5－23　拉伸曲面特征的创建

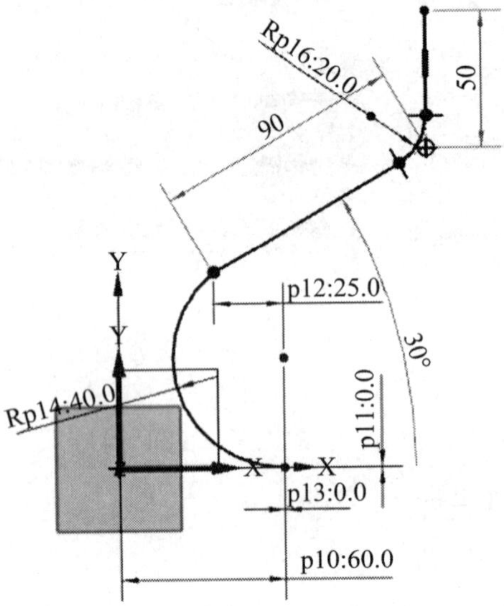

图 5－24　截面草图

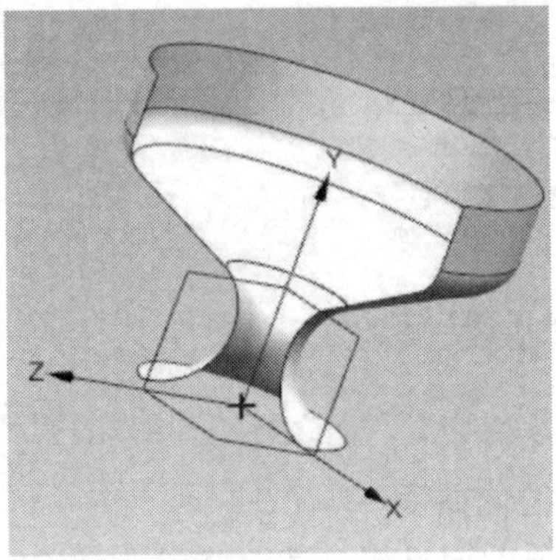

图 5－25　旋转曲面特征的创建

表中选择“值”，并在其下的“角度”文本框中输入数值“0”；在“终点”下拉列表中选择“值”，并在其下的“角度”文本框中输入数值“250”。定义旋转特征的类型，在对话框中“设置”区域的“体类型”下拉列表中选择“片体”，其他为系统默认的设置，单击“确定”按钮，完成旋转曲面特征的创建，如图 5－25 所示。

4. 有界平面

使用“有界平面”命令可以创建平整曲面，使用“拉伸”命令也可以创建曲面，但是使用“拉伸”命令创建的是有深度参数的二维或三维曲面，而使用“有界平面”命令创建的是没有深度参数的二维曲面。创建有界平面时首先要创建平面边界曲线，如图 5－26 所示。

操作方法：在下拉主菜单的“插入”下拉菜单中选择“曲面”子菜单中的“有界平面”命令。选择如图 5－26 所示的由四条直线组成的边界，完成如图 5－27 所示的有界平面的创建，也可以通过拉伸片体完成如图 5－28 所示的拉伸曲面的创建。

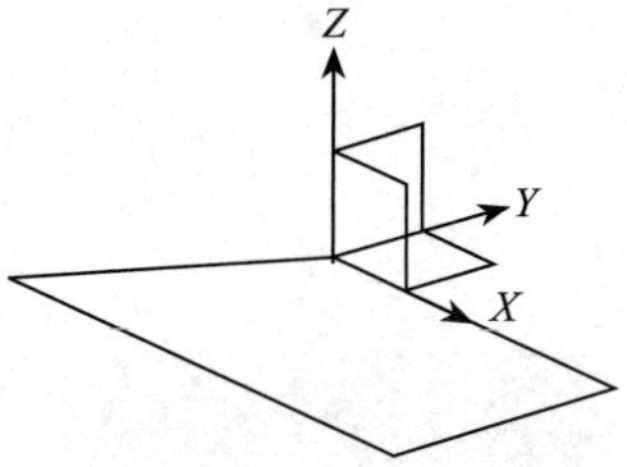

图 5－26　边界曲线

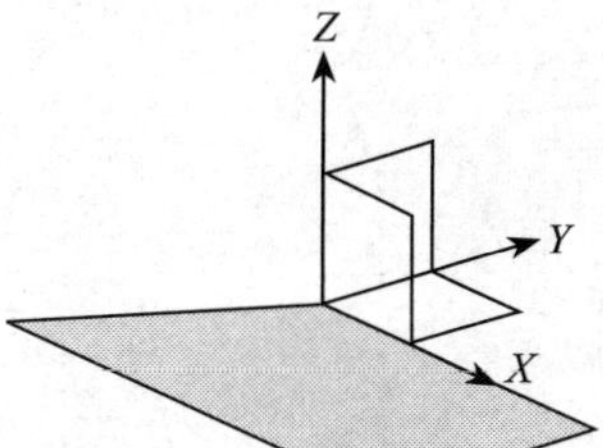

图 5－27　有界平面的创建

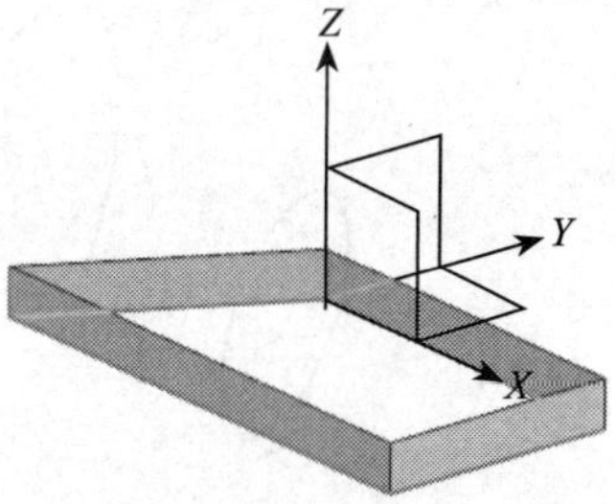

图 5－28　拉伸曲面的创建

5. 直纹面

直纹面是通过一系列直线连接两组线串而形成的一张曲面。在创建直纹面时只能使用两组线串，这两组线串可以是封闭的，也可以是不封闭的。

操作方法：在下拉主菜单的“插入”下拉菜单中选择“网格曲面”子菜单中的“直纹”命令，系统会弹出如图 5－29 所示的“直纹”对话框，在“截面线串 1”和“截面线串 2”中分别选择如图 5－30 所示的截面线串，在“设置”区域的“体类型”下拉列表中选择“片体”，其他的为系统默认设置，单击“确定”按钮，完成如图 5－31 所示的直纹面的创建。

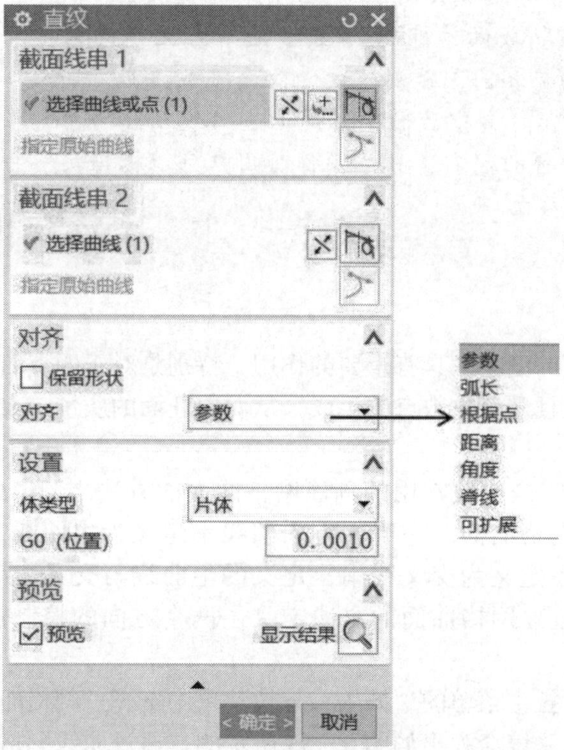

图 5－29　“直纹”对话框

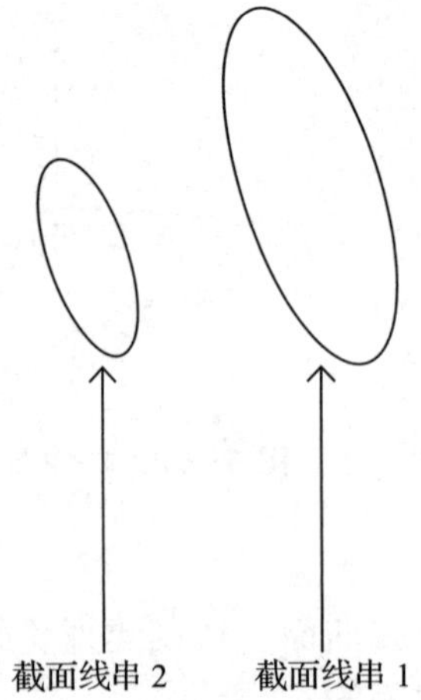

图 5-30　截面线串

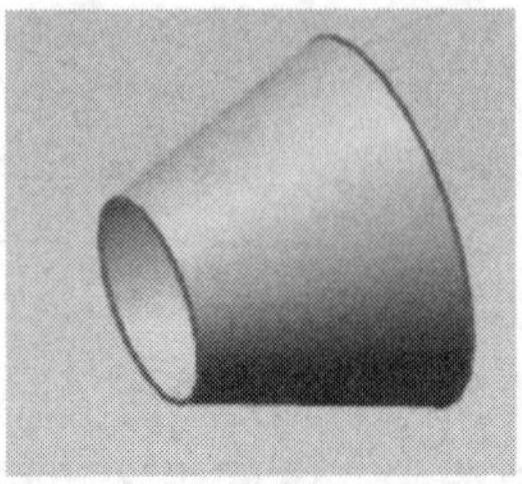

图 5-31　直纹面的创建

技能点拨

（1）在选择截面线串时，可以单击鼠标中键表示确认。在选取曲线时会经常用到鼠标中键，之后没有特殊说明则表示选取曲线通过单击鼠标中键确认。

（2）选取截面线串后，图形显示区显示的箭头矢量方向应相同，否则生成的曲面将被扭曲，如图 5-32 所示。书中后面介绍的通过曲线创建的曲面也会有同样的问题，具体操作时用户可以根据实际情况选定方向。

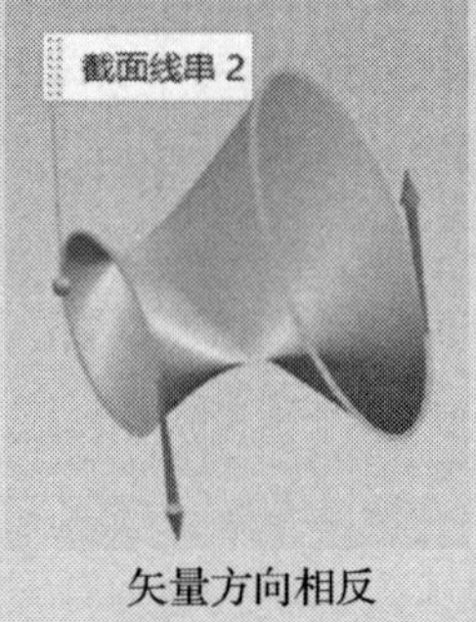

图 5-32　曲面被扭曲

6. 网格曲面

网格曲面在曲面的创建中具有重要的作用，特别是对于四点曲面的创建，能够很好地控制面的连续性并且避免收敛点的生成，从而保证面的质量，在后续的产品设计中尤为重要。

“通过曲线网格”是比较常用的创建网格曲面的方法之一，此方法可以沿不同方向的两组线串创建网格曲面。一组同方向的线串定义为主曲线，另外一组和主线串不在同一平面的线串定义为交叉线串，定义的主曲线与交叉线串必须在设定的公差范围内相交。这种创建网格曲面的方法定义了两个方向的控制曲线，可以很好地控制曲面的形状。

操作方法：在下拉主菜单的“插入”下拉菜单中选择“网格曲面”子菜单中的“通过曲线网格”命令，系统会弹出如图 5-33 所示的“通过曲线网格”对话框，在“主曲线”和“交叉曲线”中分别选择如图 5-34 所示的主线串和交叉线串，确认主曲线和交叉曲线（分别单击鼠标中键确认），其他的为系统默认设置，单击“确定”按钮，完成网格曲面的创建，如图 5-35 所示。

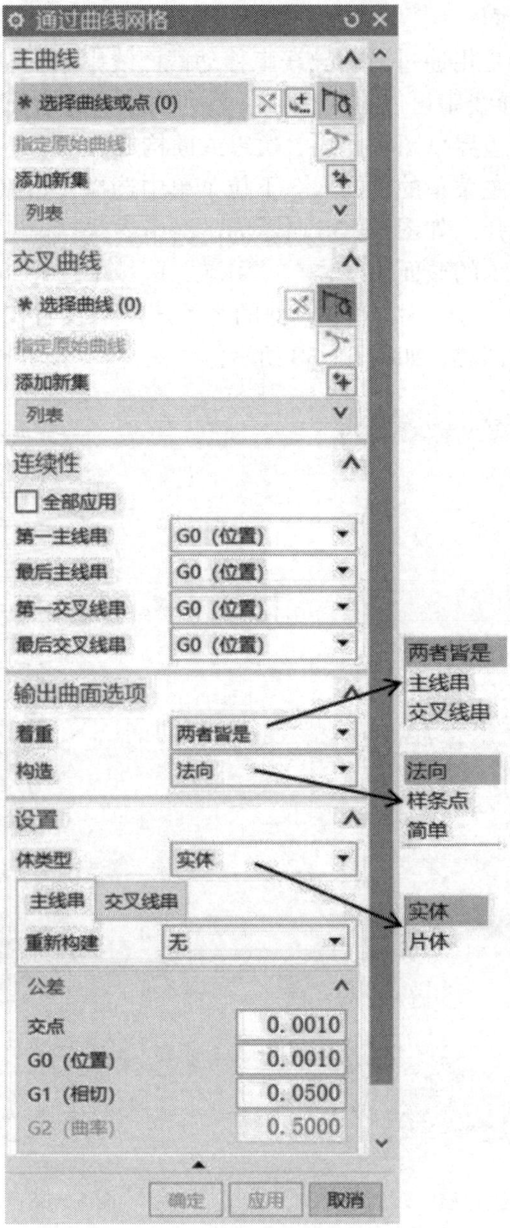

图 5－33　“通过曲线网格”对话框

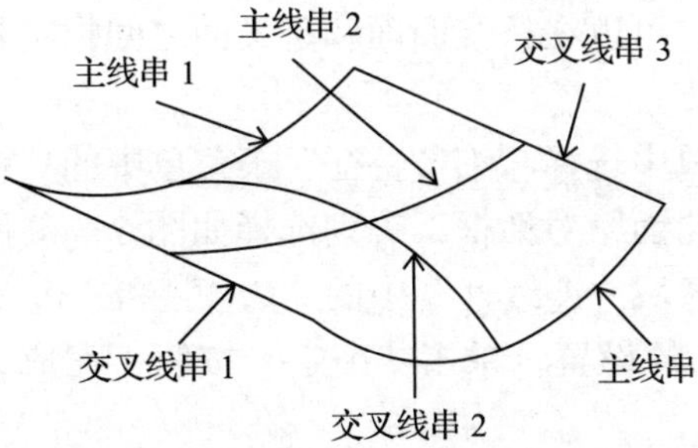

图 5－34　选择主线串和交叉线串

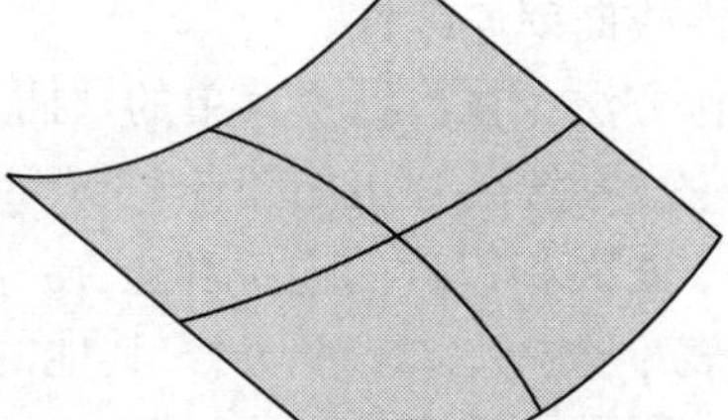

图 5－35　“通过曲线网格”创建网格曲面

7. 沿引导线扫掠曲面

沿引导线扫掠曲面是指通过沿引导线串移动截面线串来创建曲面（当截面线串封闭时生成实体），其中引导线串可以由一个或一系列曲线、边或面的边缘线构成；截面线串可以由开放的或封闭边界草图、曲线、边缘或面构成。

操作方法：在下拉主菜单的“插入”下拉菜单中选择“扫掠”子菜单中的“沿引导线扫掠”命令，系统会弹出如图 5 - 36 所示的“沿引导线扫掠”对话框，在“截面”区域中选择如图 5 - 37 所示的截面曲线，在“引导”区域中选择如图 5 - 37 所示的引导曲线，并且设置“体类型”为“片体”，其他的为系统默认设置，单击“确定”按钮，完成沿引导线扫掠曲面的创建，如图 5 - 38 所示。

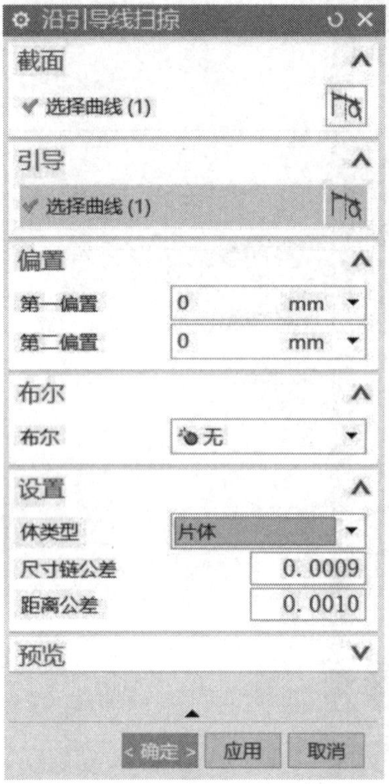

图 5 - 36 “沿引导线扫掠”对话框

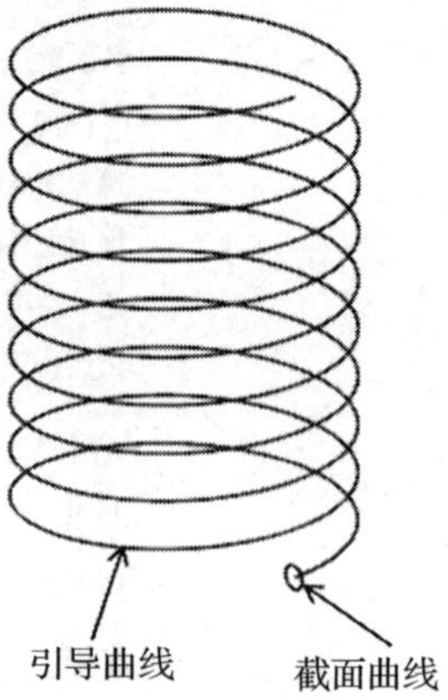

图 5 - 37 引导曲线和截面曲线

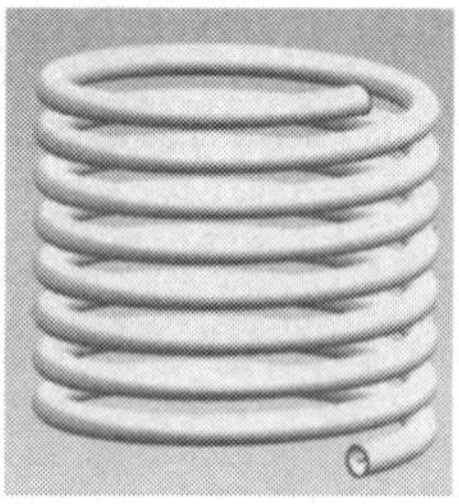

图 5 - 38 沿引导线扫掠曲面

8. 桥接曲面

桥接曲面是指在两个曲面间建立的过渡曲面，可以在桥接曲面和定义面之间指定相切连续性或曲率连续性。

操作方法：在下拉主菜单的“插入”下拉菜单中选择“细节特征”子菜单中的“桥接”命令，系统会弹出如图 5 - 39 所示的“桥接曲面”对话框，分别选择如图 5 - 40 所示的两个曲面相邻近的边 1 和边 2，在“约束”区域“连续性”中的“边 1”和“边 2”下拉列表中选择“ G1 相切”，其他的为系统默认的设置，单击“确定”按钮，完成如图 5 - 41 所示的桥接曲面的创建。

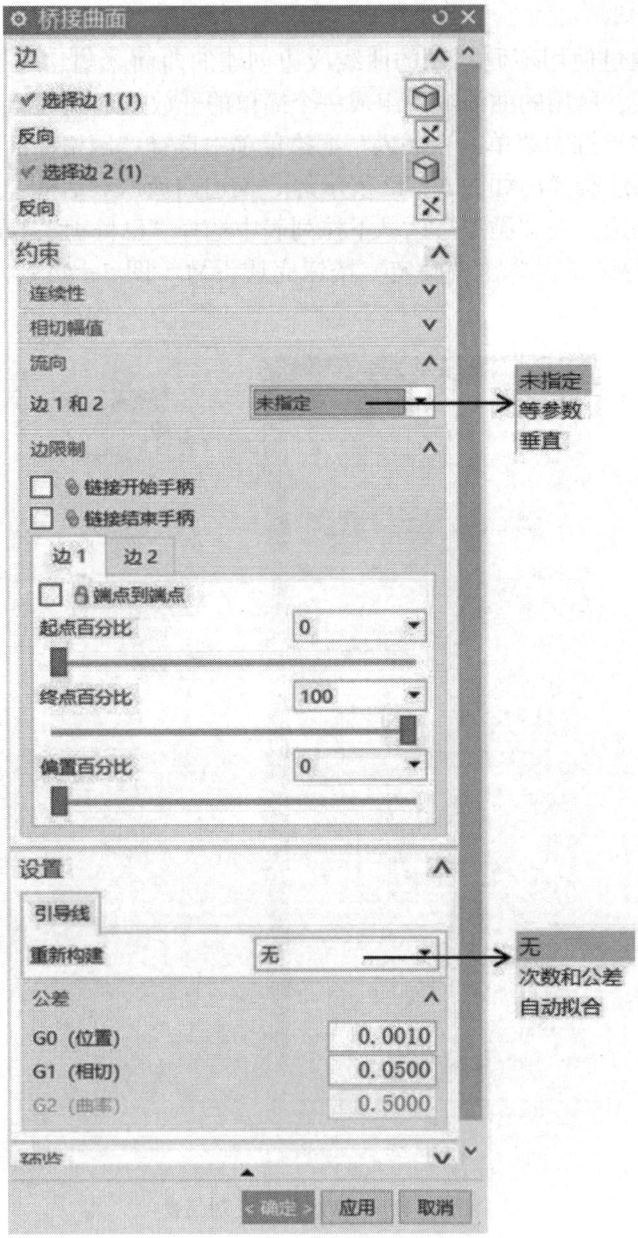

图 5－39　“桥接曲面”对话框

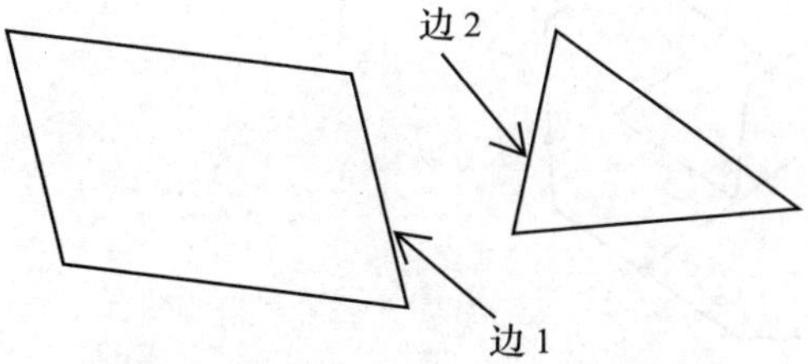

图 5－40　两个曲面相邻近的边 1 和边 2

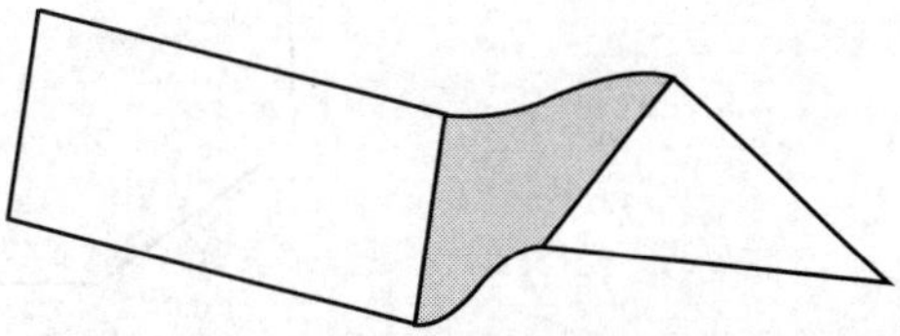

图 5－41　桥接曲面的创建

9. *N* 边曲面

N 边曲面是通过使用不同数量的曲线或边创建的曲面。创建 *N* 边曲面时需指定其与外部面的连续性，所用的曲线或边组成一个简单的开放或封闭环。

操作方法：在下拉主菜单的“插入”下拉菜单中选择“网格曲面”子菜单中的“*N* 边曲面”命令，系统会弹出如图 5－42 所示的“*N* 边曲面”对话框，选择如图 5－43 所示的八边形的八条边，在“类型”区域下拉列表中选择“已修剪”，或者“三角形”，其他的为系统默认的设置，单击“确定”按钮完成设置。图 5－44 所示为两种类型的 *N* 边曲面。

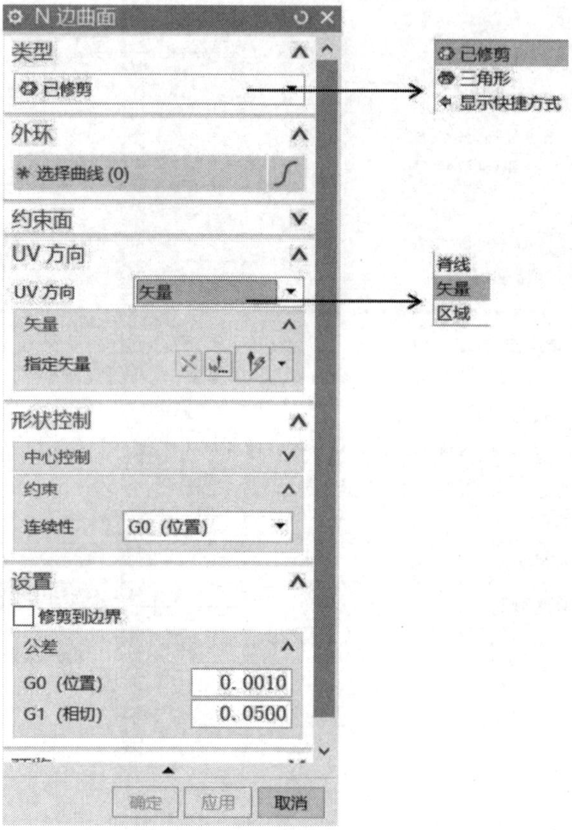

图 5－42 “*N* 边曲面”对话框

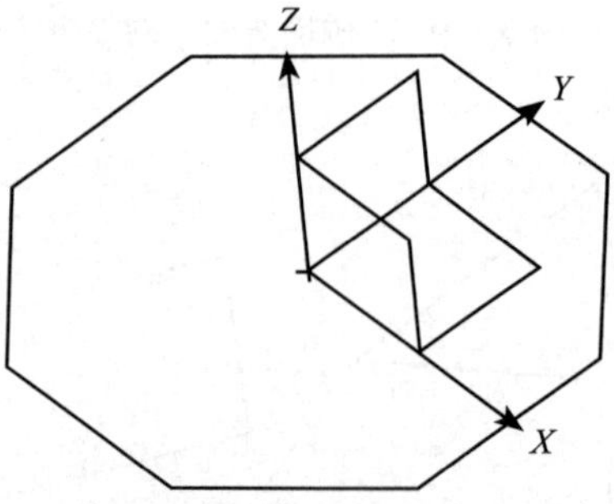

图 5－43 八边形

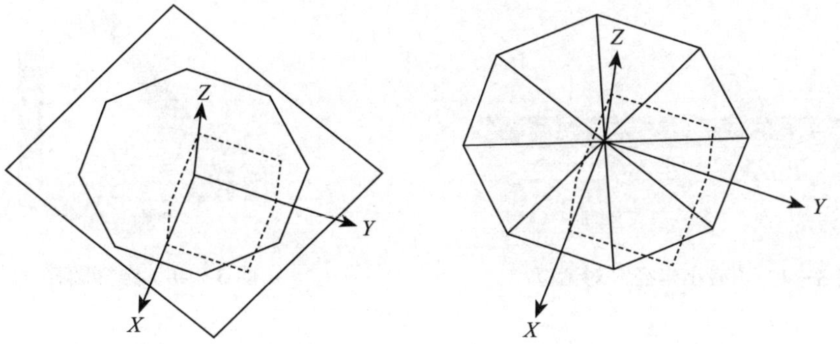

(a)“已修剪”类型　　(b)“三角形”类型

图 5-44　两种类型的 N 边曲面

基础延伸

曲线曲率分析

曲线质量的好坏对由该曲线产生的曲面、模型等的质量有着重大的影响。曲率梳依附曲线存在，最直观地反映了曲线的连续特性。系统用梳状图形，即曲率梳显示样条曲线上各点的曲率变化情况。显示曲线的曲率梳后，能方便地检测到曲率的不连续、突变和拐点，在多数情况下这些情况是不希望存在的。显示曲率梳后，在对曲线进行编辑时，可以很直观地调整曲线的曲率直到取得满意效果为止。

选择如图 5-45 所示的曲线，然后在下拉主菜单的“分析”下拉菜单中选择“曲线”子菜单中的“显示曲率梳”命令，会显示如图 5-46 所示的曲率梳。再在下拉主菜单的“分析”下拉菜单中选择“曲线”子菜单中的“显示曲率梳”命令，则会取消曲率梳的选择。

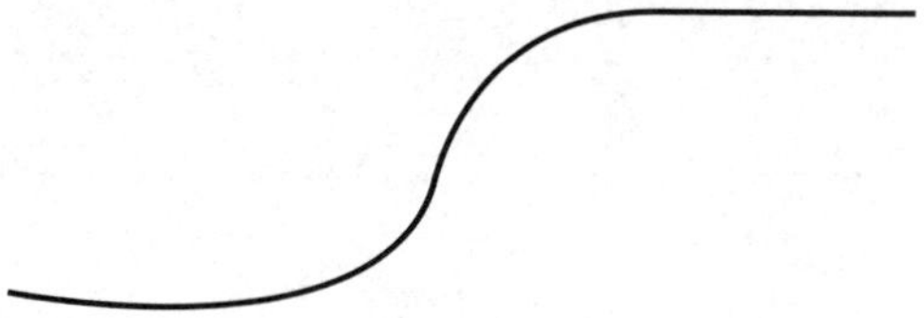

图 5-45　曲线

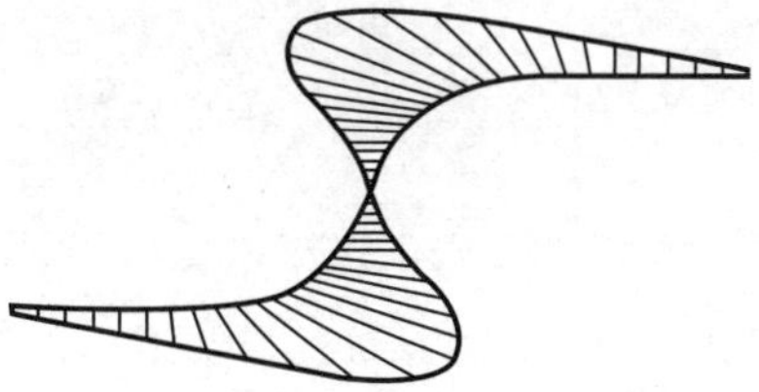

图 5-46　曲率梳

知识链接

测量最小半径：选择下拉主菜单中“分析”下拉菜单中的“最小半径”命令，系统会弹出如图 5-47 所示的“最小半径”对话框。选择如图 5-48 所示的圆孔，则会弹出如图 5-49 所示的“信息”窗口，在该窗口中可以查看相关分析并得到信息。

图 5－47 “最小半径”对话框

图 5－48 选择圆孔

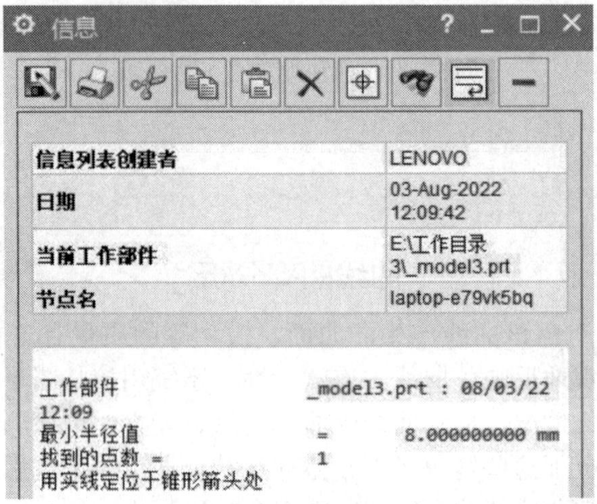

图 5－49 “信息”窗口

任务2 曲面编辑操作

任务描述

通过曲面的编辑可以得到高质量的、符合设计要求的曲面，而曲面的编辑包括X型、I型、偏置、分割、修剪与延伸、缝合等。在进行曲面编辑操作时要理解所涉及的线、面等的对应关系，以及编辑功能的相关设置，提高曲面造型的设计能力。

任务目标

1. 了解UG NX 12.0常用的曲面编辑方式。
2. 掌握UG NX 12.0常用的曲面编辑操作。

实施过程

一 UG NX 12.0常用的曲面编辑方式

常用的曲面编辑方式有X型、I型、扩大、偏置、分割、修剪与延伸、曲面缝合等。

二 UG NX 12.0常用曲面编辑操作应用

1. “X型”曲面

编辑样条和曲面的极点和点。

操作方法：在曲面工具条中“编辑曲面”区域单击“X型”按钮，会弹出如图5－50所示的“X型”对话框，在“极点选择”处选择如图5－51所示的已经创建好的曲面，在“操控”下拉列表中选择“任意”，在“参数化”区域设置“次数”的*U*参数为“5”、*V*参数为“3”，“补片数”的*U*参数为“3”、*V*参数为“1”，则会出现如图5－52所示的*U*和*V*方向上的点，其他为默认设置。用户可以用鼠标拖动如图5－53所示的编辑点，单击“确定”按钮则完成如图5－54所示的“X型”曲面的编辑操作。

2. “I型”曲面

通过编辑等参数曲线来动态修改面。

操作方法：在曲面工具条中“编辑曲面”区域单击“I型”按钮I型，会弹出如图5－55所示的“I型”对话框，在“面”区域选择如图5－56所示的已经创建好的曲面，在“等参数曲线”区域的“方向”下拉列表中选择“*U*”，在“位置”下拉列表中

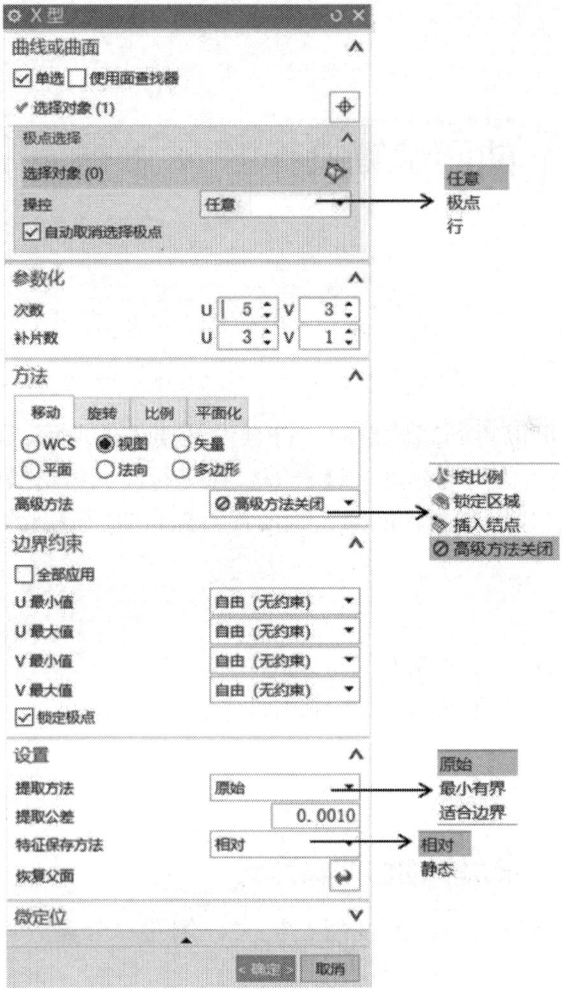

图 5－50 “X 型”对话框

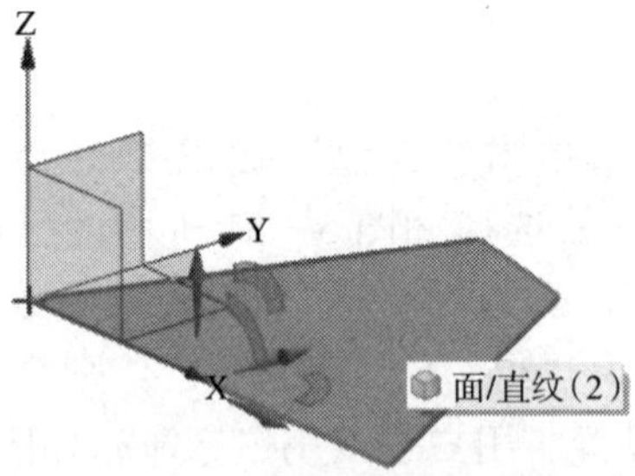

图 5－51 选择曲面

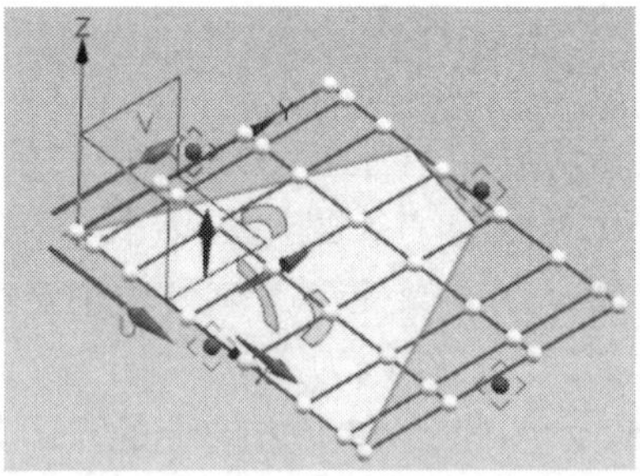

图 5－52 *U* 和 *V* 方向上的点

选择“均匀”，设置“数量”参数为“5”，则会出现如图 5－57 所示的在 *U* 方向上均匀分布的点，其他为默认设置。用户可以用鼠标拖动如图 5－58 所示的编辑点，单击“确定”按钮，完成如图 5－59 所示的“I 型”曲面的编辑操作。

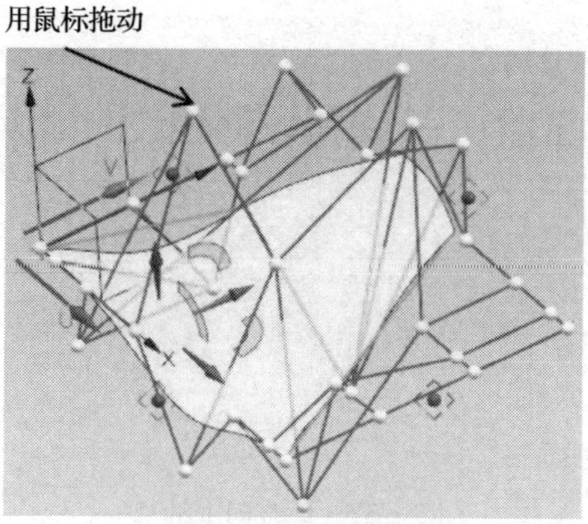

图5－53 拖动编辑点处

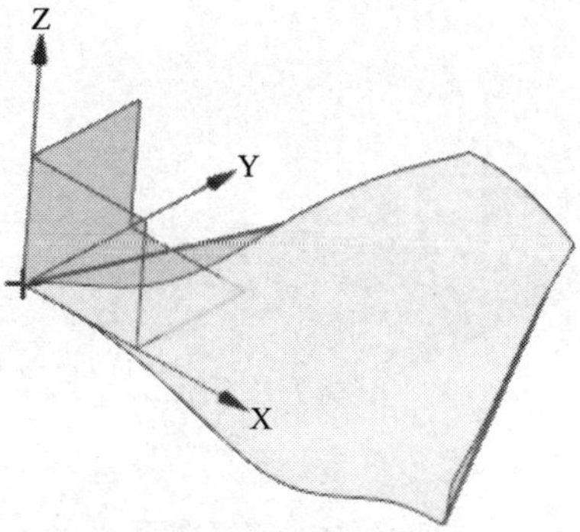

图5－54 “X型”曲面

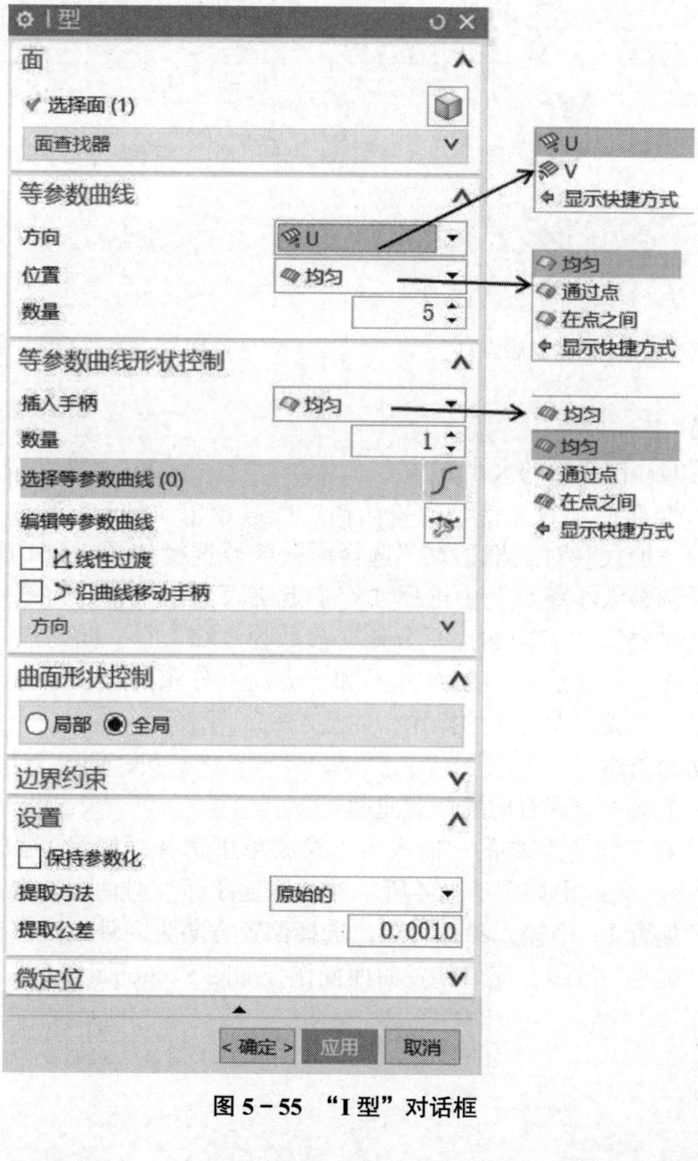

图5－55 “I型”对话框

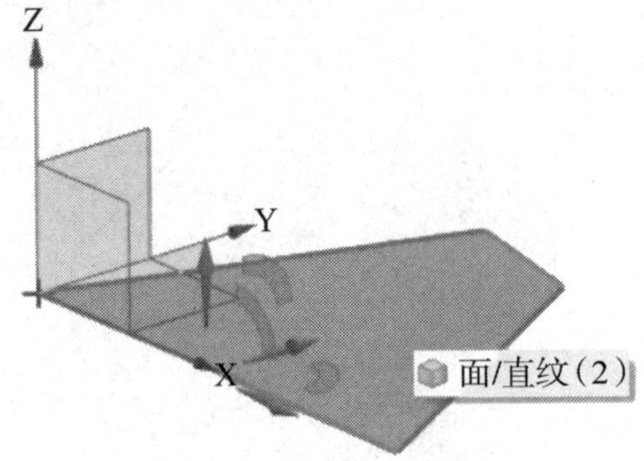

图 5-56　选择曲面

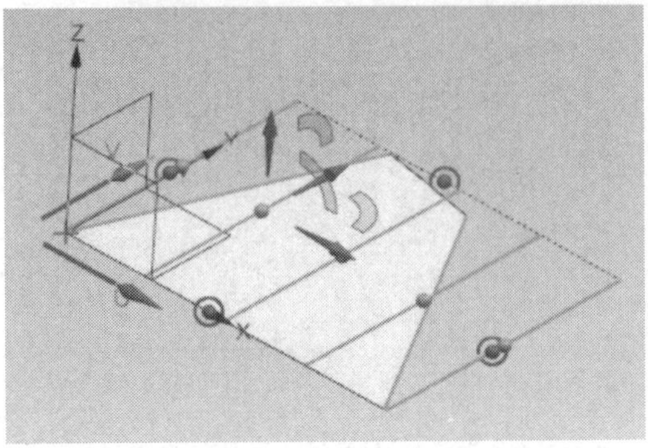

图 5-57　*U* 方向上的点

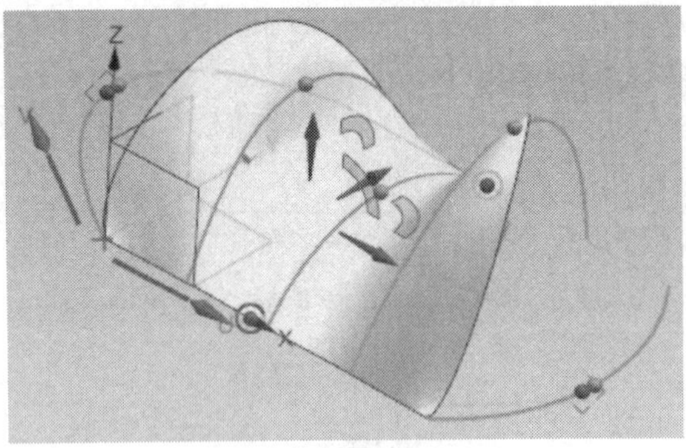

图 5-58　拖动编辑点

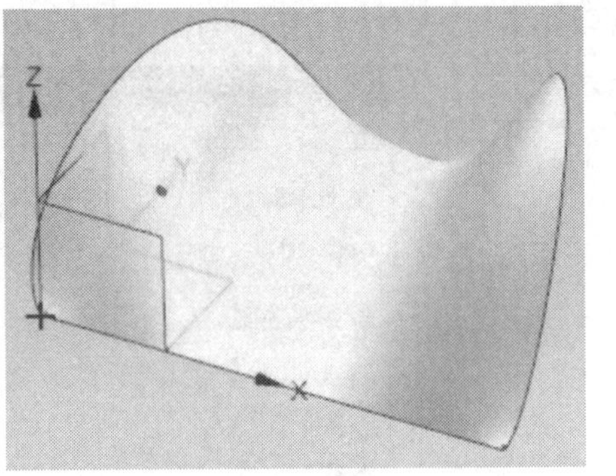

图 5-59　"I 型"曲面

3. 扩大曲面

更改未修剪的片体或面的大小。

操作方法：在曲面工具条的"编辑曲面"区域单击"扩大"按钮，会弹出如图 5-60 所示的"扩大"对话框，在"选择面"区域选择如图 5-61 所示的已经创建好的曲面，在"调整大小参数"中选择"*U* 向起点百分比"参数为"35"，"*U* 向终点百分比"参数为"25"，"*V* 向起点百分比"参数为"35"，"*V* 向终点百分比"参数为"15"，会出现如图 5-62 所示的在 *U* 方向和 *V* 方向上分布的点，其他为默认设置，单击"确定"按钮，完成扩大曲面的操作，如图 5-63 所示。

4. 偏置曲面的创建

用于创建一个或多个现有面的偏置曲面。

操作方法：在下拉主菜单的"插入"下拉菜单中选择"偏置/缩放"子菜单中的"偏置曲面"命令，会弹出如图 5-64 所示的"偏置曲面"对话框，选择如图 5-65 所示的曲面，在"偏置 1"中输入参数"5"，选择偏置方向为向外面，其他的为系统的默认设置，单击"确定"按钮，完成偏置曲面操作，如图 5-66 所示。

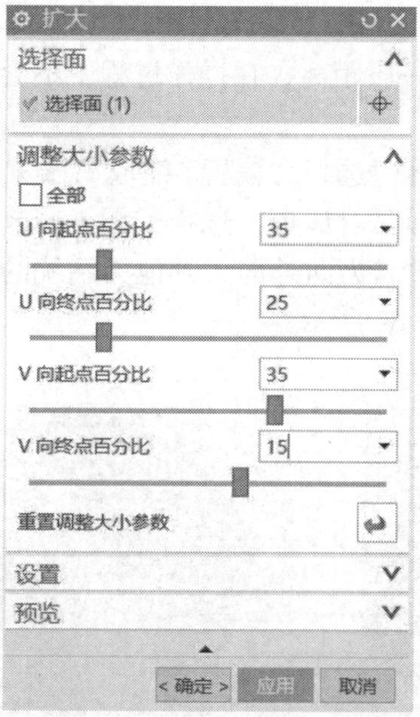

图 5-60　“扩大”对话框

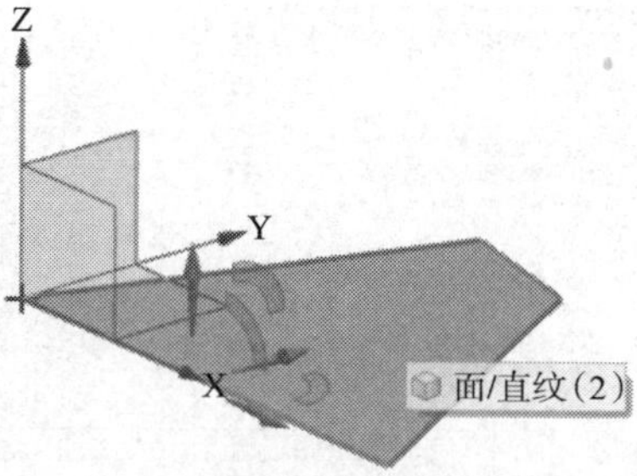

图 5-61　选择曲面

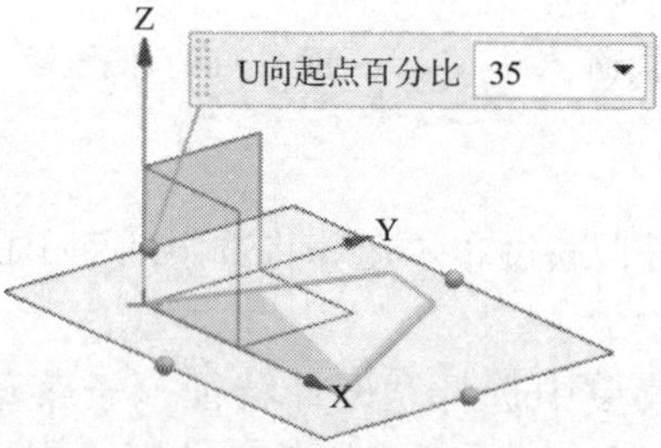

图 5-62　在 *U* 方向和 *V* 方向上分布的点

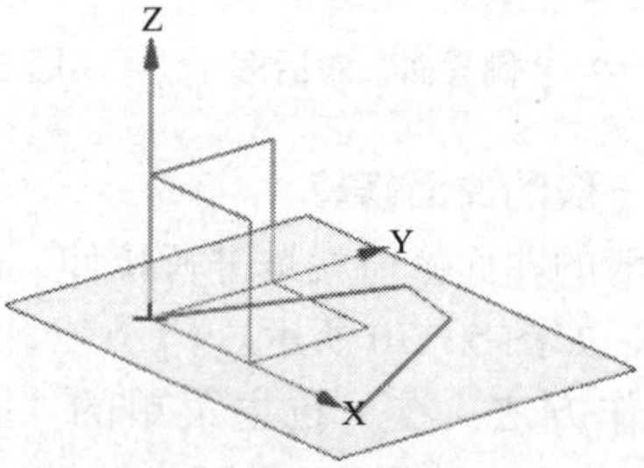

图 5-63　扩大曲面

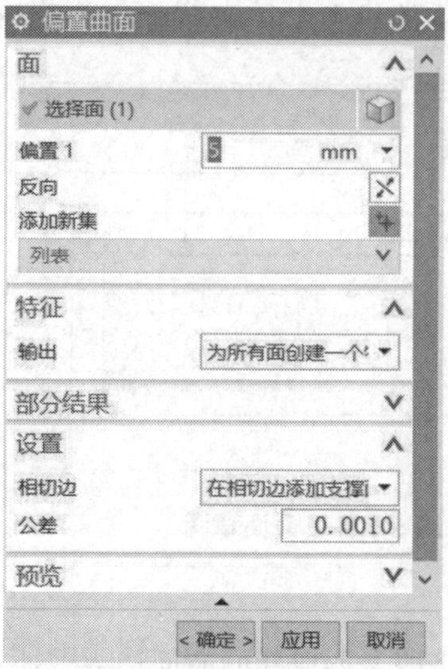

图 5-64　“偏置曲面”对话框

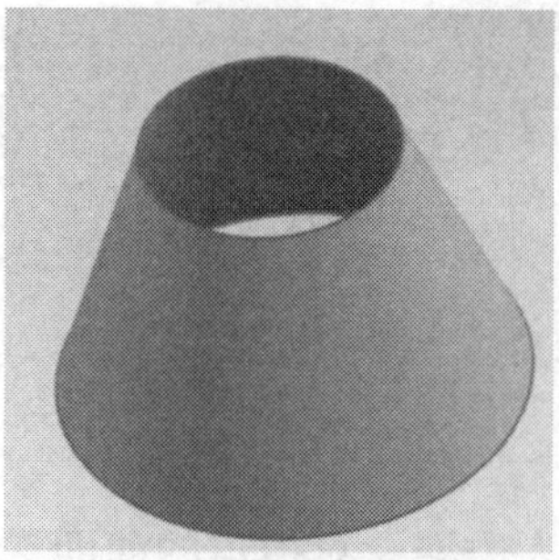

图 5-65　选择曲面

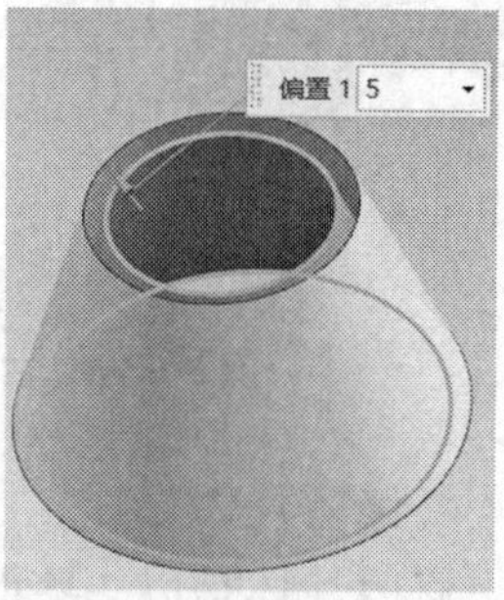

图 5-66　偏置曲面

5. 偏置面

偏置面是指将用户选定的面沿着法向方向偏置一段距离，在操作过程中不会产生新的曲面。

操作方法：在下拉主菜单的“插入”下拉菜单中选择“偏置 / 缩放”子菜单中的“偏置面”命令，会弹出如图 5－67 所示的“偏置面”对话框，选择如图 5－68 所示的侧曲面，在“偏置”中输入参数“10”，选择偏置方向为向外面，其他为系统的默认设置，单击“确定”按钮，完成偏置面操作，如图 5－69 所示。

图 5－67　“偏置面”对话框

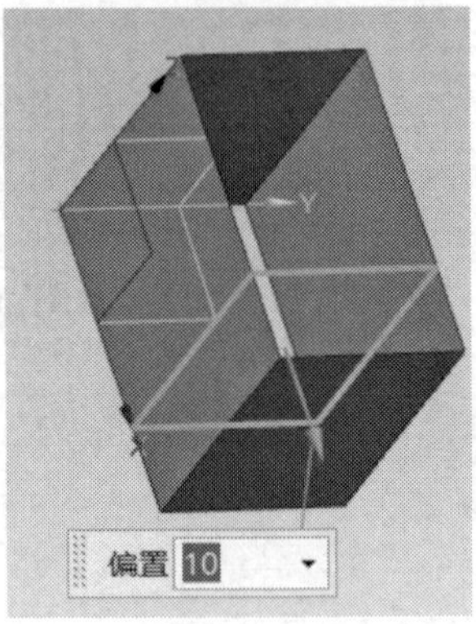

图 5－68　选择侧曲面

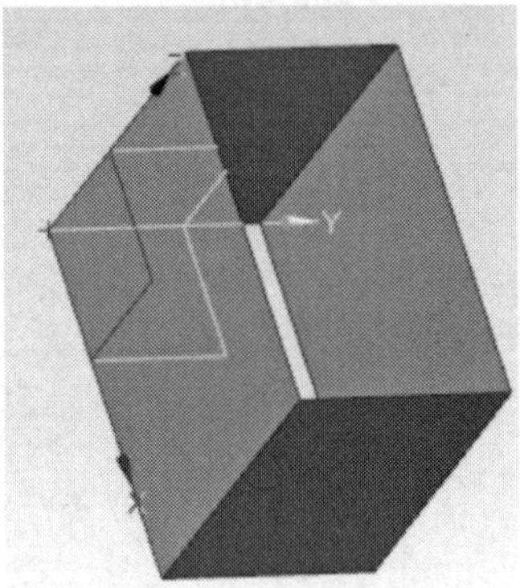

图 5－69　偏置面

6. 一般的曲面修剪

一般的曲面修剪就是进行拉伸、旋转等操作时，通过布尔运算将选定曲面上的某部分去除，如图 5－70 所示。

操作方法：在下拉主菜单的“插入”下拉菜单中选择“设计特征”子菜单中的“拉伸”命令。选择 *XY* 平面为草图平面，绘制如图 5－71 所示的截面草图，定义拉伸参数，在“限制”区域的“结束”下拉列表中选择“对称值”，设置“距离”参数为“20”，在“布尔”区域选择“减去”，其他的为系统默认的设置，单击“确定”按钮，完成曲面修剪操作。

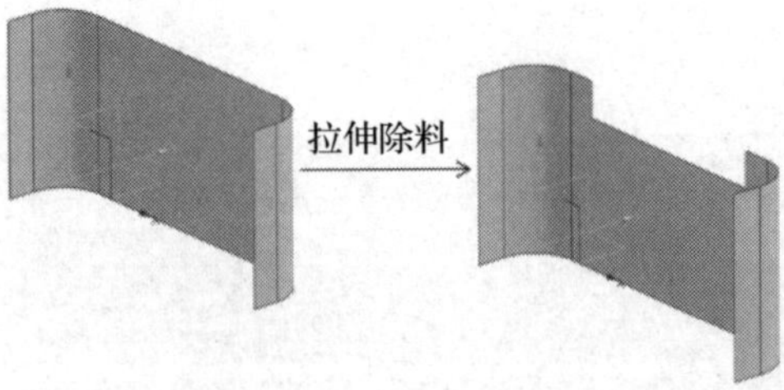

图 5－70　曲面修剪

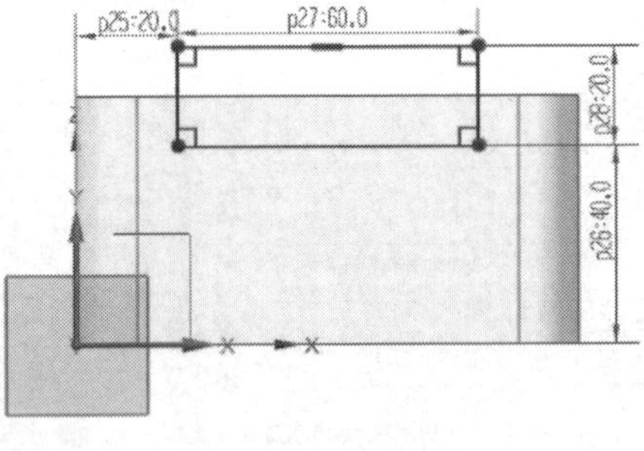

图 5－71　截面草图

7. 修剪片体

修剪片体是以一些曲面为边界，对指定的曲面进行修剪，形成新的曲面边界。所选择的修剪边界可以在将要修剪的曲面上，也可以在曲面之外通过投影方向来确定。

操作方法：在下拉主菜单的“插入”下拉菜单中选择“修剪”子菜单中的“修剪片体”命令，会弹出如图5－72所示的“修剪片体”对话框。在“目标”区域选择如图5－73所示的修剪曲面为目标体，在“边界”区域选择如图5－73所示的修剪边界作为边界对象，选择“区域”中的“保留”，其他的为系统默认设置，单击“确定”按钮，完成修剪片体操作，如图5－74所示。

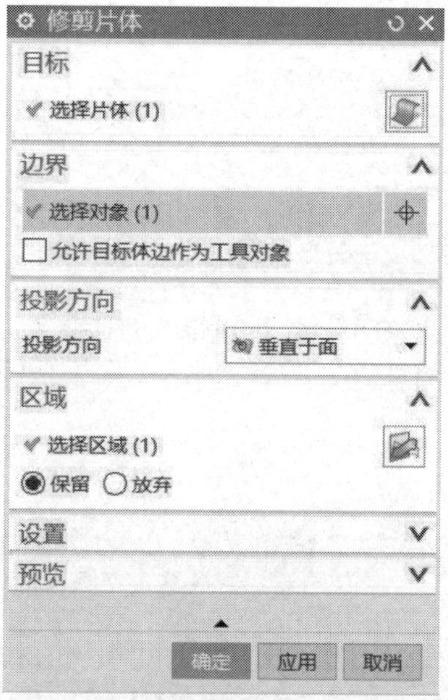

图5－72　“修剪片体”对话框

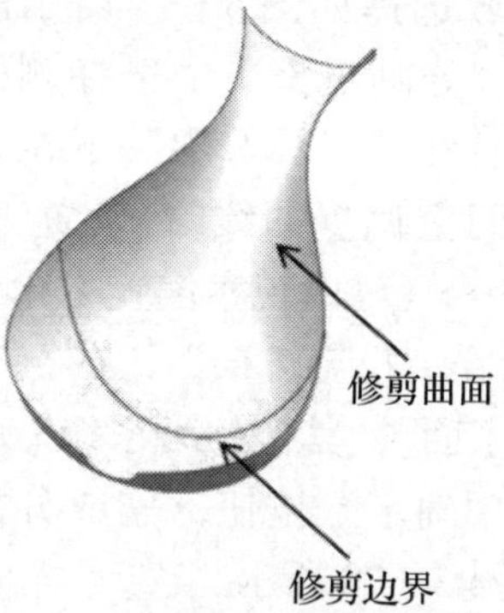

图5－73　选择修剪曲面和修剪边界

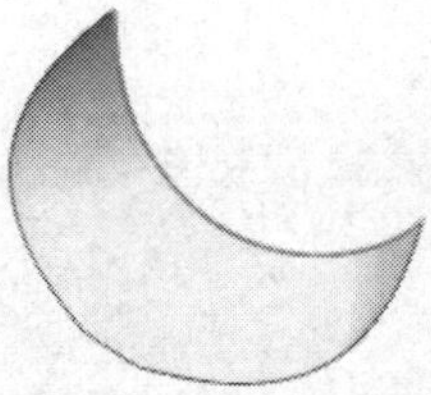

图5－74　修剪片体

技能点拨

在选取需要修剪的曲面时，选取的区域不同，修剪的结果也将不同。图5－75所示为不同选择时曲面修剪的不同效果。

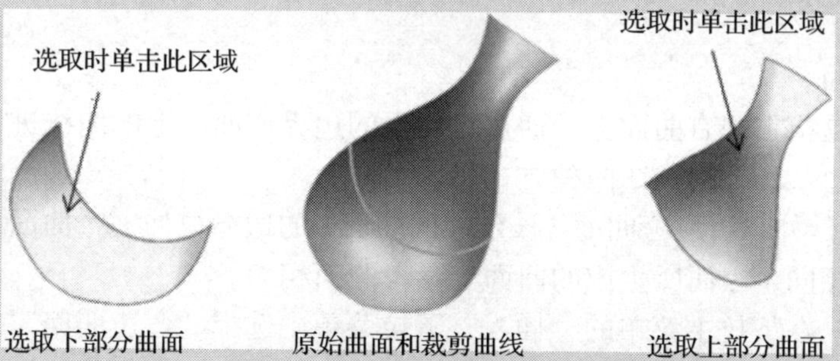

图5－75　曲面修剪的不同效果

8. 分割面

分割面是指用多个分割对象，如曲线、边缘、面、基准平面或实体，将现有体的一个面或多个面进行分割。

操作方法：在下拉主菜单的“插入”下拉菜单中选择“修剪”子菜单中的“分割面”命令，会弹出如图 5－76 所示的“分割面”对话框。在“要分割的面”区域选择如图 5－77 所示的实体侧面，在“分割对象”中选择侧面上棱边线，并且在“工具选项”下拉列表中选择“在面上偏置曲线”，设置“偏置”距离为“10”（可以观察偏置方向是否合理），然后在“投影方向”下拉列表中选择“垂直于面”，其他的为系统默认的设置，单击“确定”按钮，完成分割曲面操作，如图 5－78 所示。

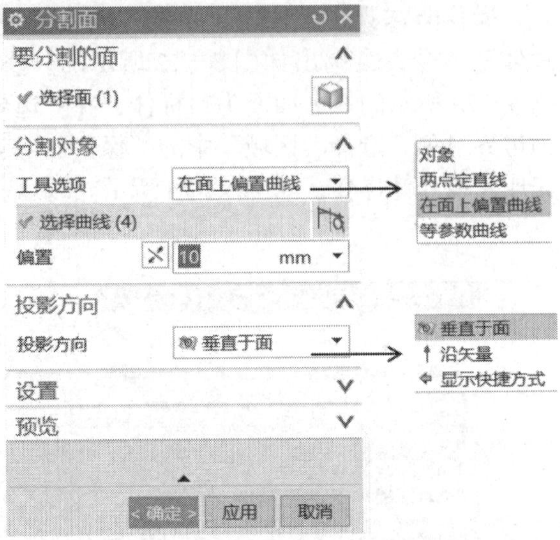

图 5－76 “分割面”对话框

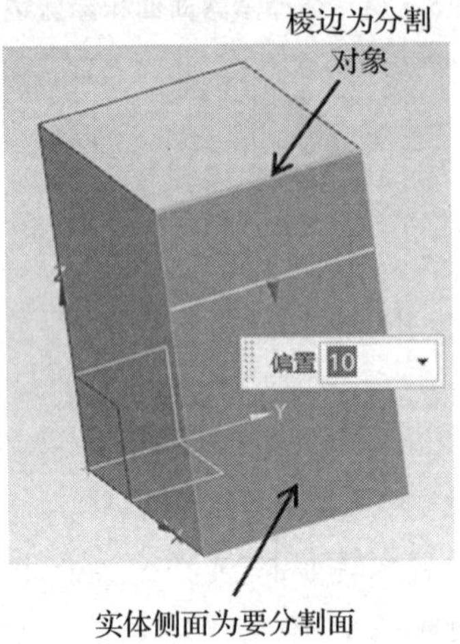

图 5－77 选择要分割的面和分割对象

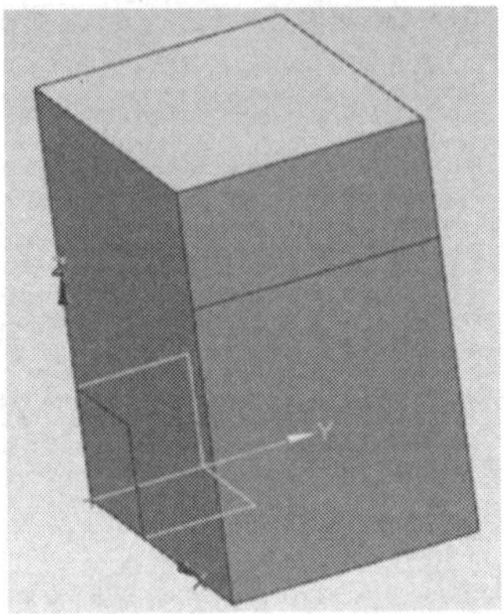

图 5－78 分割曲面的创建

9. 延伸曲面

延伸曲面是指在现有曲面上，通过对曲面的边界或曲面上的曲线进行延伸，扩大曲面。一般有“边”和“拐角”两种方式。

（1）“边”延伸。沿参考曲面（被延伸的曲面）的边缘拉伸一个曲面，拉伸方向与曲面的切线方向相同，因而所生成的曲面与参考曲面相切。

操作方法：在下拉主菜单的“插入”下拉菜单中选择“弯边曲面”子菜单中的“延伸”命令，会弹出如图 5－79 所示的“延伸曲面”对话框。选择“类型”下拉列表中的“边”，在“要延伸的边”中选择如图 5－80 所示的边，在“延伸”区域“方法”下拉列表中选择“相切”，在“距离”下拉列表中选择“按长度”，在“长度”文本框中输入“10”，其他的为系统默认的设置，单击“确定”按钮，完成通过“边”延伸曲面的操作，如图 5－81 所示。

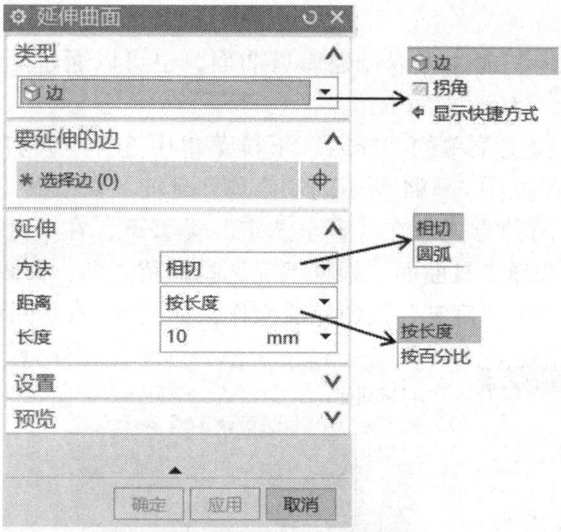

图 5－79　“延伸曲面”对话框

图 5－80　要延伸的边

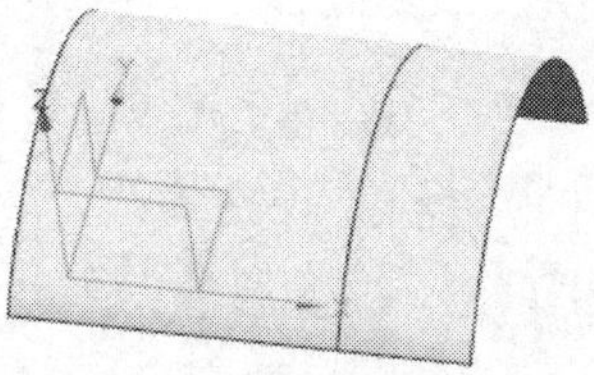

图 5－81　通过“边”延伸曲面

（2）“拐角”延伸。可以在曲面拐角处创建延伸曲面。

操作方法：在下拉主菜单的“插入”下拉菜单中选择“弯边曲面”子菜单中的“延伸”命令，会弹出“延伸曲面”对话框，在“类型”下拉列表中选择“拐角”，在“要延伸的拐角”中选择如图 5－82 所示的拐角，在“延伸”区域的“ %U长度”中输入参数“30”，在“ %V长度”中输入参数“15”，其他的为系统默认的设置，单击“确定”按钮，完成通过“拐角”延伸曲面的操作，如图 5－83 所示。

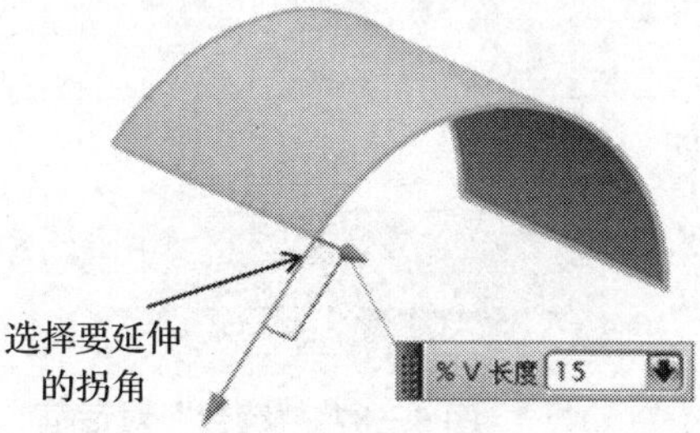

图 5－82　要延伸的拐角

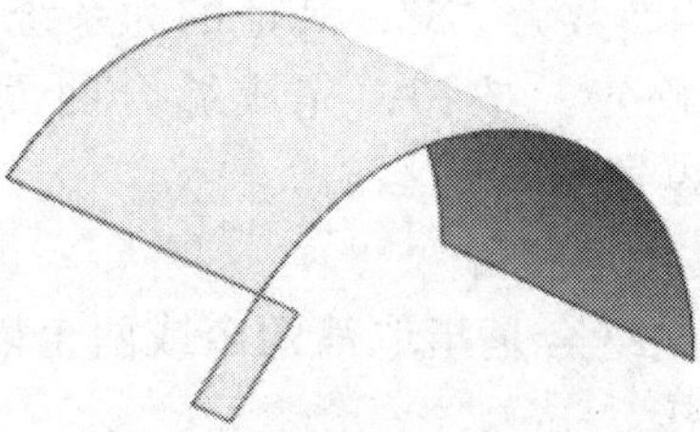

图 5－83　通过“拐角”延伸曲面

10. 修剪和延伸

利用“修剪和延伸”命令可以创建修剪曲面，也可以通过延伸所选定的曲面创建拐角。

操作方法：在下拉主菜单的“插入”下拉菜单中选择“修剪”子菜单中的“修剪和延伸”命令，会弹出如图 5－84 所示的“修剪和延伸”对话框。系统提供了“直至选定”和“制作拐角”两种方式。在“直至选定”类型下，在“目标”区域选择目标曲面，在“工具”区域选择工具曲面，根据情况选择保留方向，如图 5－85 所示，其他的为系统默认的设置，单击“确定”按钮完成操作，如图 5－86 所示。

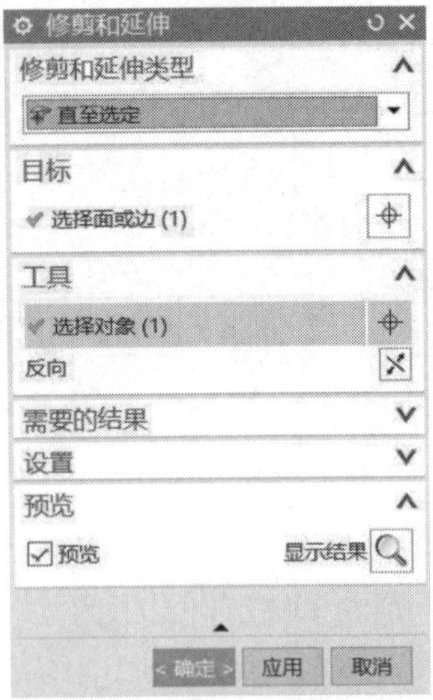

图 5－84 “修剪和延伸”对话框

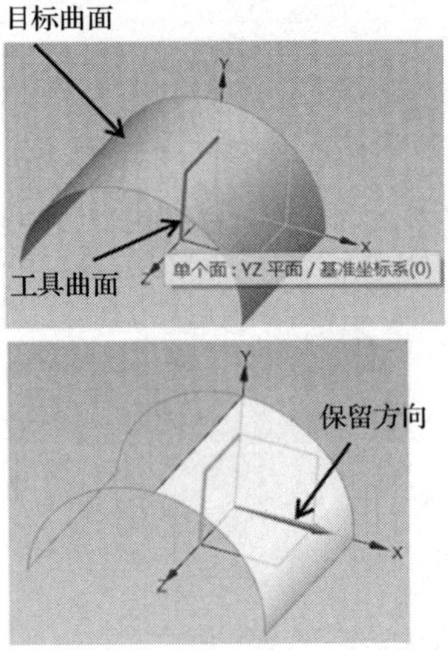

图 5－85 选择目标曲面和工具曲面

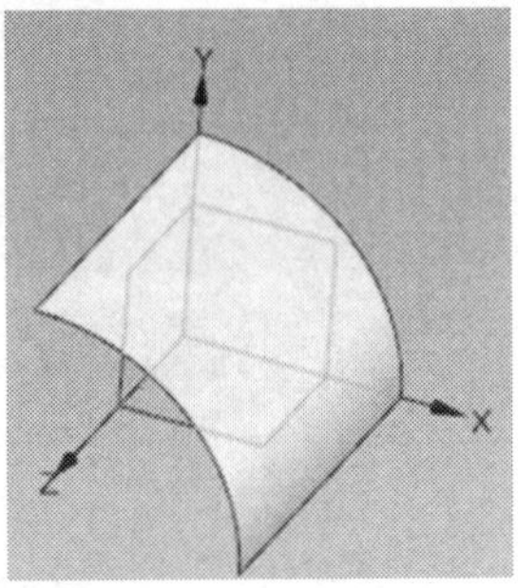

图 5－86 修剪和延伸曲面

11. 缝合曲面

缝合曲面是指将两个或两个以上的曲面连接成一个曲面。

操作方法：在下拉主菜单的“插入”下拉菜单中选择“组合”子菜单的“缝合”命令，会弹出如图 5－87 所示的“缝合”对话框。在“类型”下拉列表中选择“片体”，选择目标曲面和工具曲面（如图 5－88 所示），在“设置”区域中设置“公差”参数为“5”，其他的为系统默认的设置，单击“确定”按钮，完成缝合曲面的操作，如图 5－89 所示。

12. 取消缝合

取消缝合是指取消两个或两个以上缝合体之间的连接。

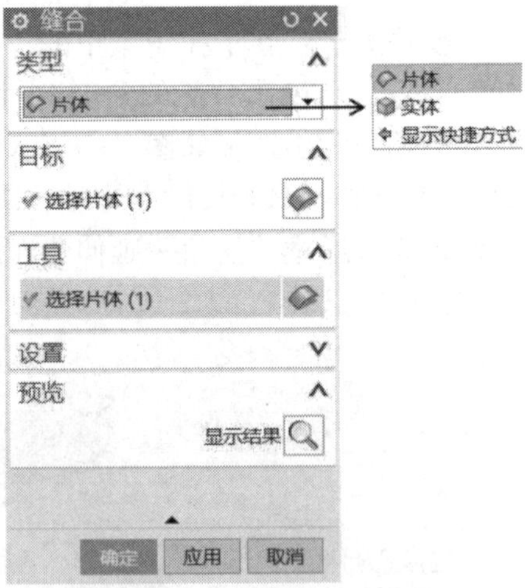

图 5－87 “缝合”对话框

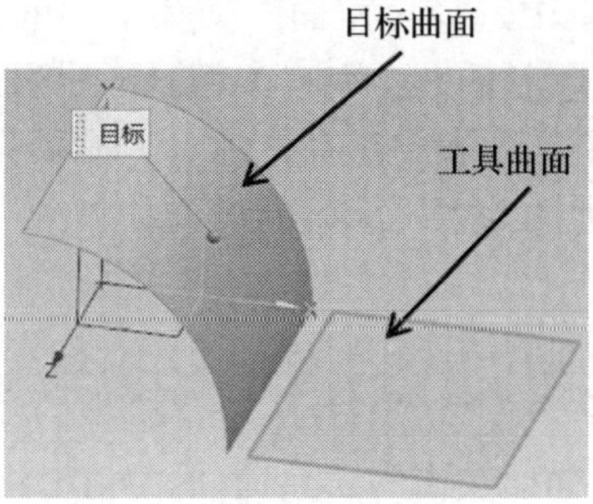

图 5－88 目标曲面和工具曲面

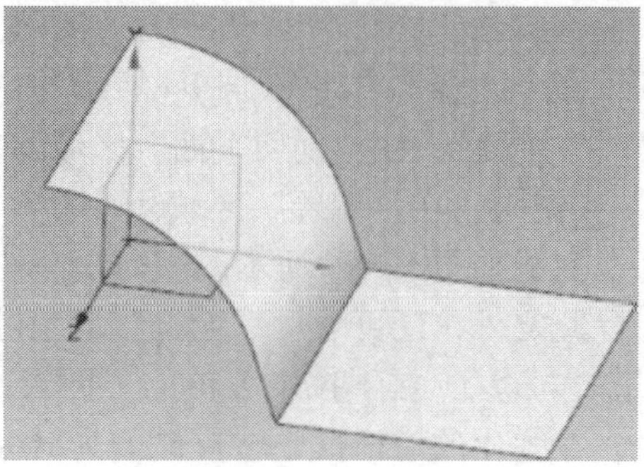

图 5－89 缝合曲面

操作方法：在下拉主菜单的“插入”下拉菜单中选择“组合”子菜单中的“取消缝合”命令，会弹出如图 5－90 所示的“取消缝合”对话框。在“工具选项”中选择“边”，选择如图 5－91 所示的曲面边线，其他的为系统默认的设置，单击“确定”按钮，完成取消缝合操作，如图 5－92 所示。

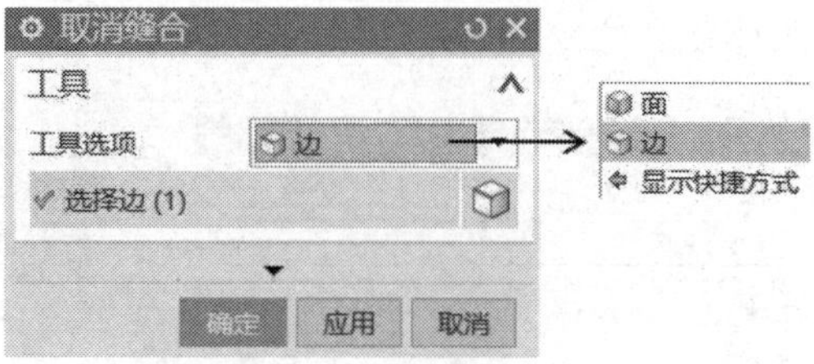

图 5－90 “取消缝合”对话框

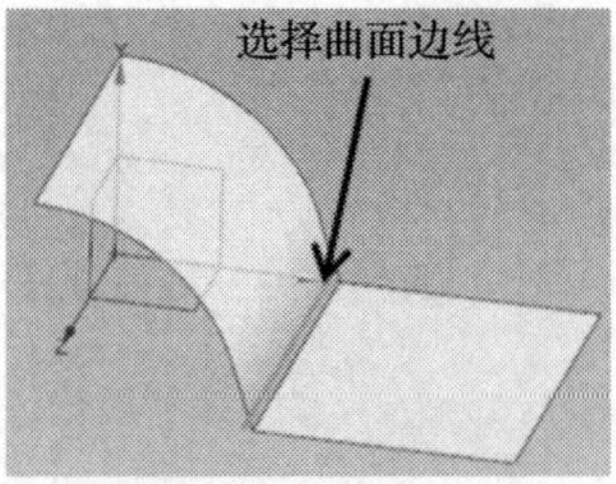

图 5－91 曲面边线

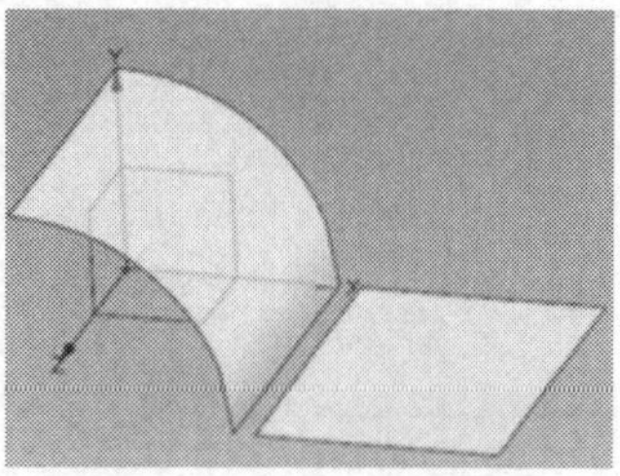

图 5－92 取消缝合

13. 曲面实体化

创建曲面的最终目的是得到实体模型，所以曲面的实体化在设计过程中是非常重要的。曲面实体化分为以下三种方式。

（1）封闭曲面的实体化。将一组封闭的曲面全部缝合后转化为实体特征，如图 5－93 所示。可以通过新建截面将封闭曲面截开，观察其是否为实体，即创建截面视图。

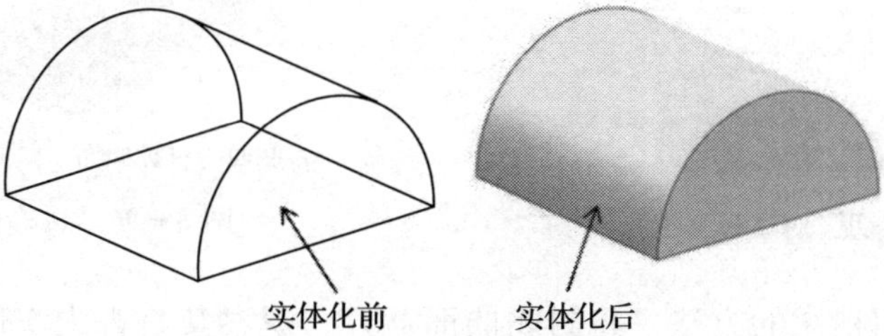

图 5－93 封闭曲面的实体化

操作方法：在下拉主菜单的“视图”下拉菜单中选择“截面”子菜单中的“新建截面”命令，会弹出如图 5－94 所示的“视图剖切”对话框。在“类型”下拉列表中选择“一个平面”，在“剖切平面”区域的“方向”下拉列表中选择“绝对坐标系”，单击“X”按钮，在“偏置”区域输入参数“5”，其他的为系统默认的设置，单击“确定”按钮，完成如图 5－95 所示的截面视图的创建。

除此之外，还可通过“缝合”命令进行封闭曲面的实体化。

操作方法：在下拉主菜单的“插入”下拉菜单中选择“组合”子菜单中的“缝合”命令。在弹出的对话框中选择侧面为目标曲面，选择前端面为工具曲面，如图 5－96 所示，其他的采用系统默认的设置，单击“应用”按钮，然后选择侧面为目标曲面，选择后端面为工具曲面，其他的采用系统默认的设置，单击“确定”按钮，完成封闭曲面的实体化。

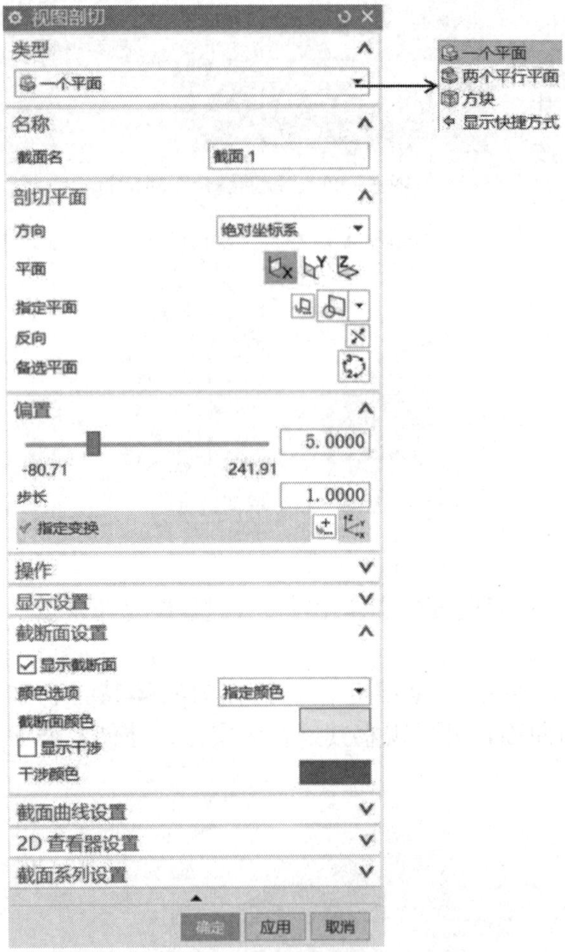

图 5－94 “视图剖切”对话框

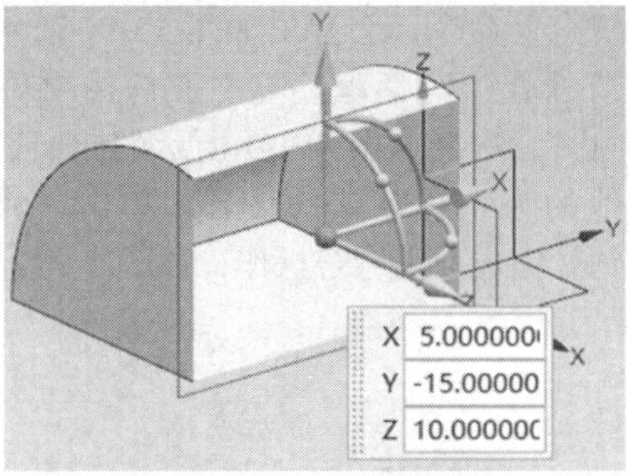

图 5－95 截面视图

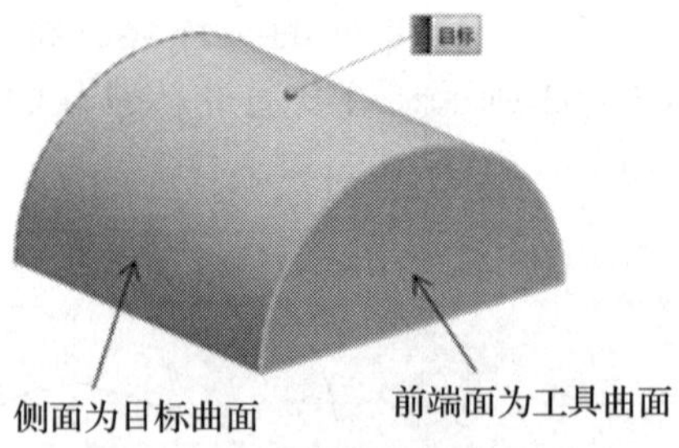

图 5－96 目标曲面和工具曲面

按照创建截面视图的方法，将封闭曲面截开，观察其是否为实体。在下拉主菜单的“视图”下拉菜单中选择“截面”子菜单中的“新建截面”命令，会弹出“视图剖切”对话框。在“类型”下拉列表中选择“一个平面”，在“剖切平面”区域的“方向”

下拉列表中选择“绝对坐标系”，单击“*X*”按钮，在“偏置”区域输入参数“5”，其他的为系统默认的设置，单击“确定”按钮，完成如图 5－97 所示的截面视图的创建。

（2）开放曲面的实体化。利用曲面加厚功能可以将曲面偏置，生成实体，并且生成的实体可以和已有的实体进行布尔运算。

操作方法：在下拉主菜单的“插入”下拉菜单中选择“偏置 / 缩放”子菜单中的“加厚”命令，弹出如图 5－98 所示的“加厚”对话框，设置“厚度”区域“偏置 1”的参数为“3”，选择如图 5－99 所示的曲面为要加厚的曲面，其他的为系统默认设置，单击“确定”按钮，完成曲面加厚操作，如图 5－100 所示。

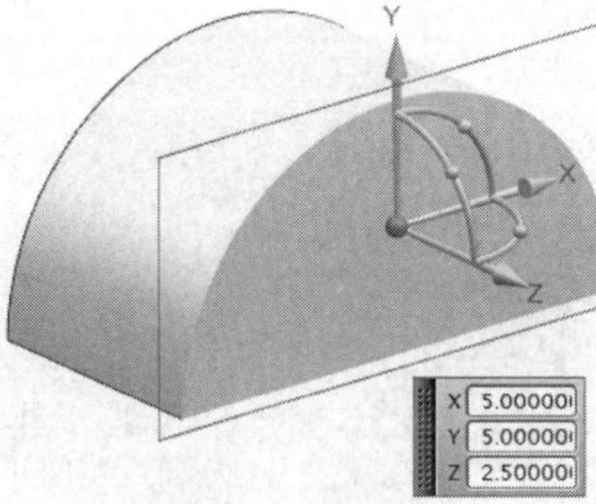

图 5－97　截面视图

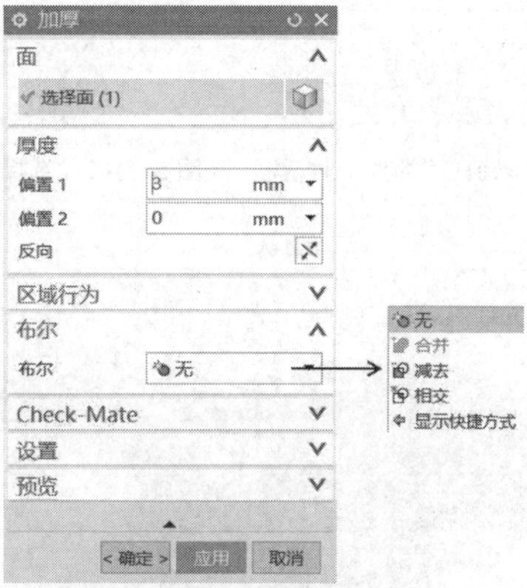

图 5－98　“加厚”对话框

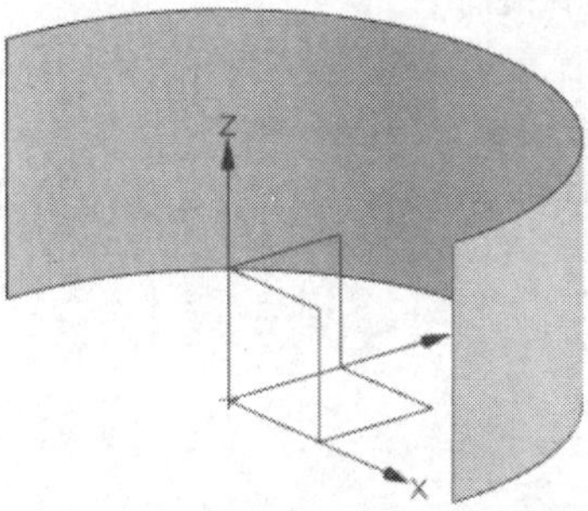

图 5－99　要加厚的曲面

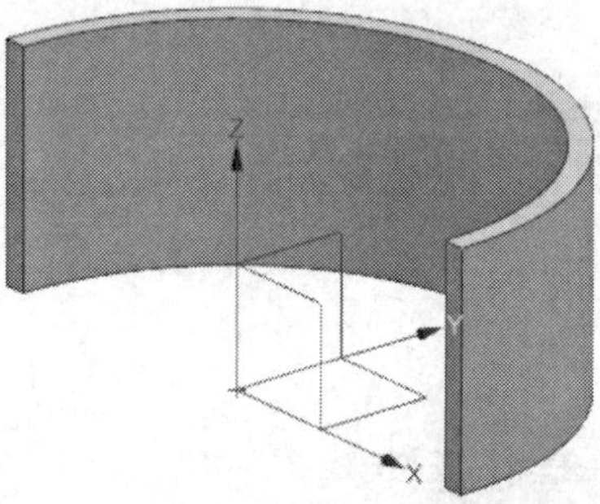

图 5－100　曲面加厚

（3）使用“修补”命令创建实体。“修补”命令的功能是使用片体替换实体上的某些面，或将一个片体补到另一个片体上。

操作方法：在下拉主菜单的“插入”下拉菜单中选择“组合”子菜单中的“修补”命令，弹出如图 5－101 所示的“补片”对话框。选择目标体和工具体，选择移除方向，如图 5－102 所示，其他的为系统默认的设置，单击“确定”按钮。由于所选择的移除方向不同，会看到不同的补片效果，如图 5－103 所示。在一个实体表面上创建的曲面，通过同样的补片操作可以用其他的面对实体面进行补替，如图 5－104 所示。

图 5－101　“补片”对话框

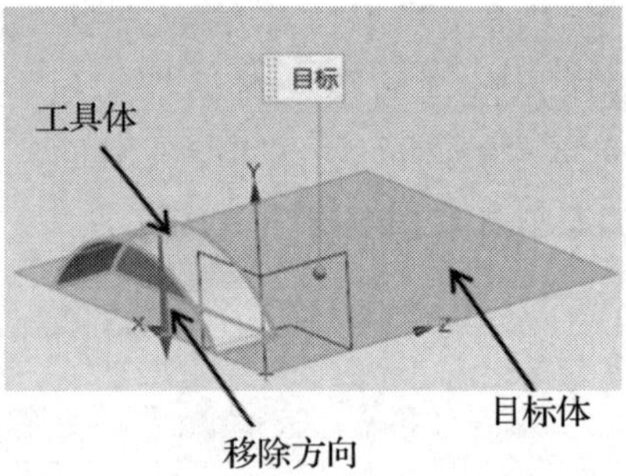

图 5－102　选择目标体和工具体

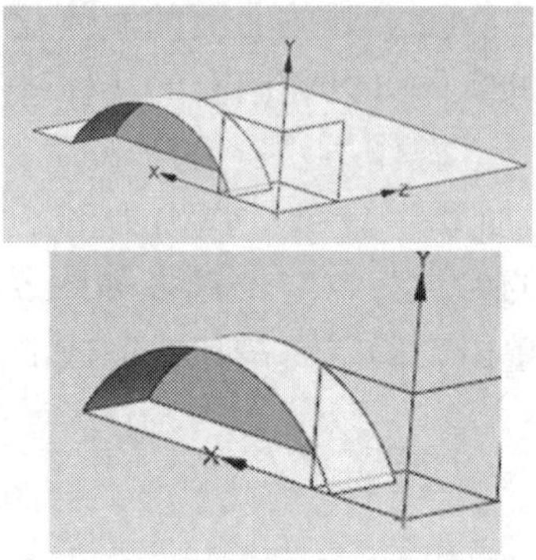

移除方向不同得到的补片效果不同

图 5－103　补片

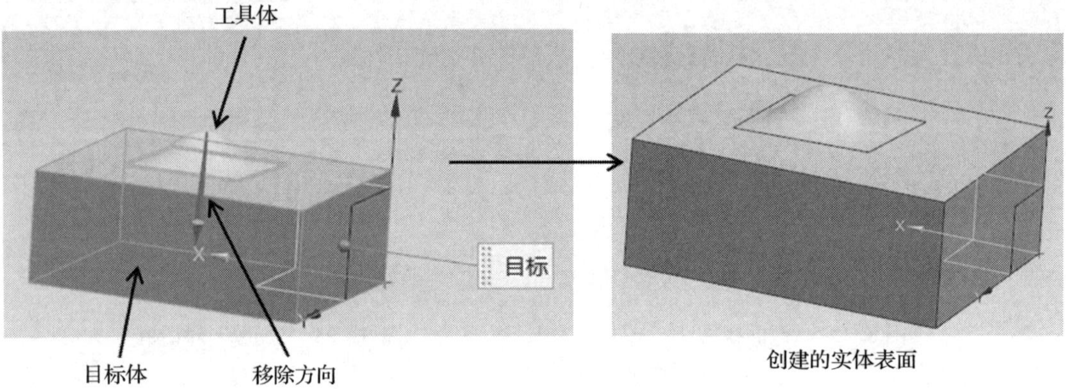

图 5－104　补片创建的实体表面

技能点拨

在使用“修补”命令时，要求所形成的曲面特征中目标体和工具体要形成封闭的环，否则会计算出错。

基础延伸

1. 曲面造型的原则

实体特征的造型方法比较适合于较规则的 3D 零件的造型，不能胜任较复杂且难度高的零件造型，而自由曲面造型功能提供了强大的弹性化设计方式，是三维造型技术的重要组成部分。因此，对于复杂的零件，可以采用由自由形状特征直接生成零件实体的方式创建，也可以采用将自由形状特征与实体特征相结合的方式创建。目前，自由曲面造型功能在日常用品、汽车、轮船和飞机等工业产品的壳体造型设计中应用十分广泛。

在曲面特征设计过程中，应当遵循以下原则：

（1）模型应尽量简单，且使用尽可能少的特征。

（2）用于构造曲面的曲线应尽量简单，曲线阶次数应小于等于 3。

（3）构造曲面的曲线要光顺、连续，避免造成加工困难。

（4）为了使后面的加工简单、方便，曲面的曲率半径应尽可能大。

（5）面之间的圆角过渡要尽可能在实体上进行操作。

2. 曲面造型分析工具的应用

创建曲面和编辑曲面都要对曲面进行计算和简单分析。曲面设计过程中或者曲面构造完成后，要对曲面进行检查，通过曲面分析评估其是否达到设计的要求。曲面分析工具用于评估曲面品质，找出曲面的缺陷位置，从而方便修改和编辑曲面，以保证曲面的质量。在曲面分析中，曲面连续性分析主要用于分析曲面之间的位置连续性、斜率连续性、曲率连续性和曲率斜率连续性，曲面反射分析主要用于分析曲面的反射特性（从面的反射图中我们能观察曲面的光顺程度，面的光顺程度越好，面的质量就越高），利用曲面反射分析可显示从指定方向观察的曲面上自光源发出的反射线。

知识链接

通过模型的质量属性分析可以获得模型的体积、曲面区域、质量、回转半径和重量等属性数据。

操作方法：选择下拉主菜单中“分析”下拉菜单中的“测量体”命令，会弹出“测量体”对话框。选择要测量的模型，可以得到该模型的体积数据，如图 5 - 105 所示，在动态对话框“体积”下拉列表［体积］中选择“表面积”，则系统计算出该模型的表面积数据；同样可以在下拉列表中选择“重量”，会显示该模型的重量数据，如图 5 - 106 所示。对于其他的属性，用户可以根据实际需要进行检测分析，从而得出比较准确的数据。

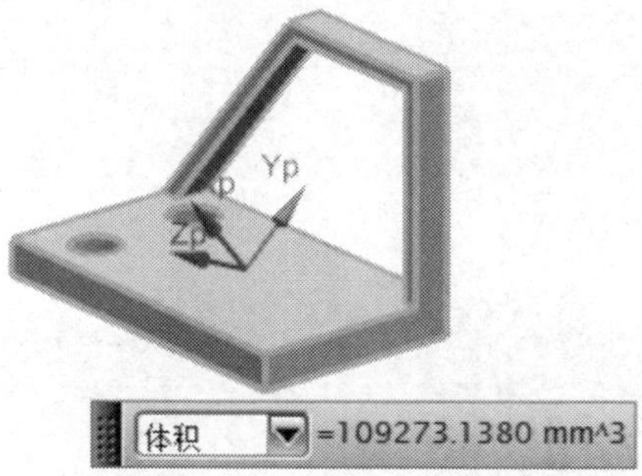

图 5 - 105　体积数据

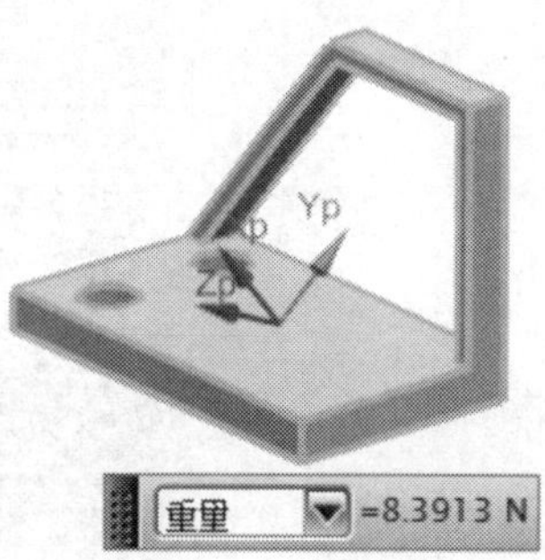

图 5 - 106　重量数据

任务 3 曲面造型设计——综合实例应用

任务描述

本任务通过一个曲面造型设计实例将之前介绍的曲面创建和编辑功能进行综合应用，使用户掌握曲面造型时曲线和曲面的创建方法，掌握曲面的修剪、合并等操作，理解曲面造型的关键步骤。要求用户举一反三，寻求更好的方法创建曲面。

任务目标

1. 熟悉 UG NX 12.0 各曲面功能的操作。
2. 掌握 UG NX 12.0 曲面造型的方法。

曲面造型实例（卡通鞋子）

实施过程

曲面造型设计综合实例应用——卡通鞋子造型设计

本实例介绍卡通鞋子造型设计过程，主要运用拉伸片体、修剪片体、曲线修剪、曲面分割、投影曲线、网格曲面、桥接曲线、边倒圆等功能。图 5－107 所示为卡通鞋子造型，具体操作如下：

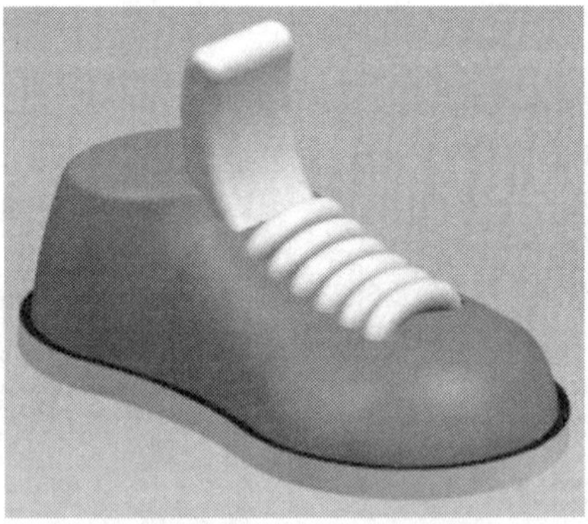

图 5－107 卡通鞋子造型

1. 绘制鞋底曲线图形

在下拉主菜单的“插入”下拉菜单中选择“在任务环境中绘制草图”命令，在弹出的对话框中选择 *XY* 平面为草图平面，进入草绘环境后绘制如图 5－108 所示的鞋底曲线图形（ϕ16 圆的圆心在坐标原点处，注意约束位置关系、尺寸关系，镜像曲线，快速修剪曲线），完成后退出草图。

2. 绘制鞋帮曲线图形

在下拉主菜单的“插入”下拉菜单中选择“在任务环境中绘制草图”命令，在弹出的对话框中选择 *XZ* 平面为草图平面，进入草绘环境后绘制如图 5－109 所示的鞋帮曲线图形（注意约束位置关系、尺寸关系，快速修剪曲线），完成后退出草图。

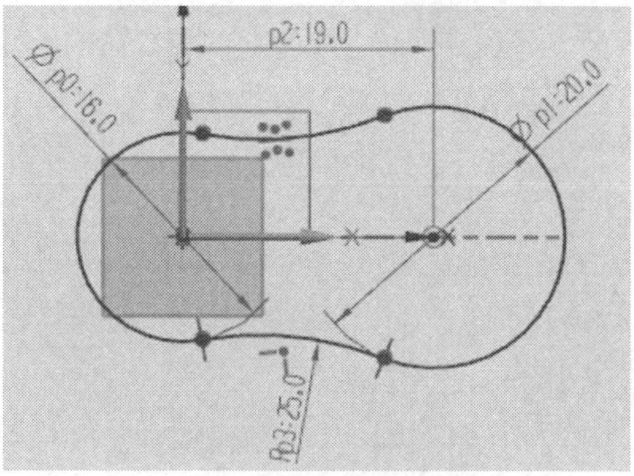

图 5－108　鞋底曲线图形

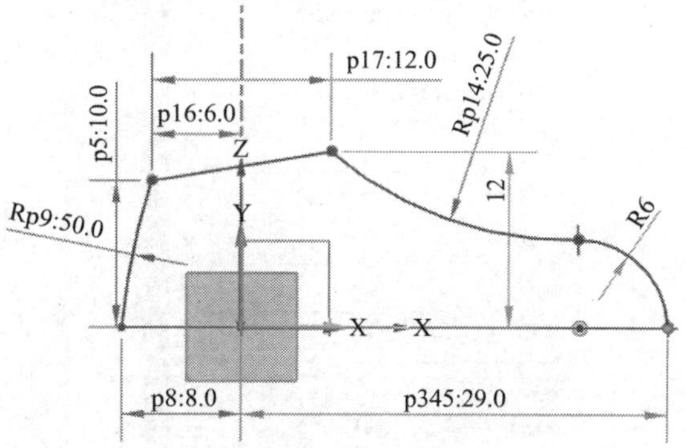

图 5－109　鞋帮曲线图形

3. 选择鞋面曲线拉伸片体

在下拉主菜单的“插入”下拉菜单中选择“设计特征”子菜单下的“拉伸”命令，在弹出的“拉伸”对话框单击“曲线”按钮。如图 5－110 所示，在“过滤器显示”区域中选择“单条曲线”，然后拾取如图 5－111 所示的两条鞋面曲线。在如图 5－112 所示“拉伸”对话框中，“限制”区域“结束”下拉列表中选择“对称值”，输入“距离”参数“4”，在“布尔”下拉列表中选择“无”，设置“体类型”为“片体”，其他为默认设置，单击“确定”按钮，完成如图 5－113 所示的鞋面片体。

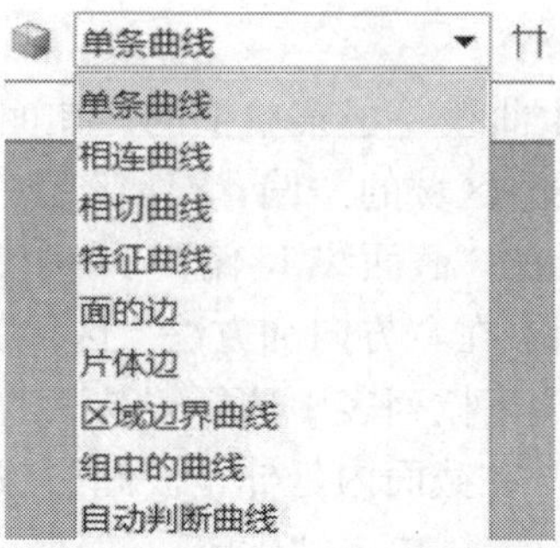

图 5－110　选择“单条曲线”

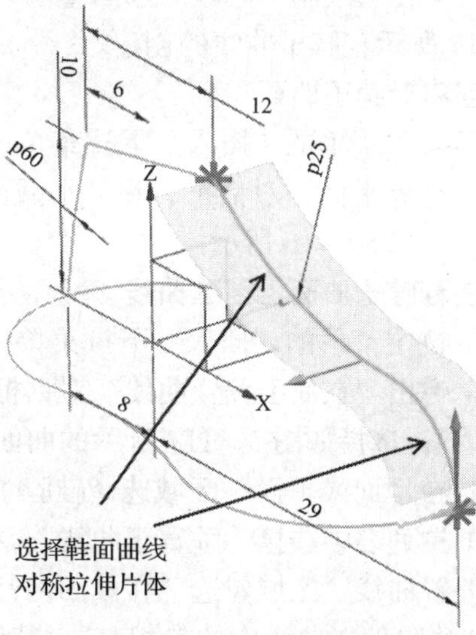

图 5－111　两条鞋面曲线

图 5-112 “拉伸”对话框

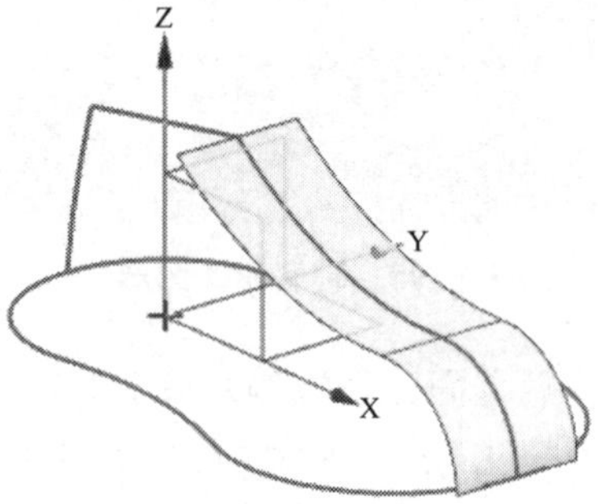

图 5-113 鞋面片体

4. 创建鞋脖子曲线

在下拉主菜单的“插入”下拉菜单中选择“曲线”子菜单中的“圆弧 / 圆”命令，会弹出“圆弧 / 圆”对话框，在“类型”区域选择“三点画圆弧”，分别选择起点、端点、中点，在“限制”区域勾选“整圆”，如图 5-114 所示，其他为默认设置，完成如图 5-115 所示鞋脖子曲线的创建。

5. 创建鞋脖子曲面

在下拉主菜单的“插入”下拉菜单中选择“曲面”子菜单下的“有界平面”命令，会弹出“有界平面”对话框，在“平截面”区域选择鞋脖子曲线（即整圆），创建鞋脖子曲面，如图 5-116 所示。

6. 在鞋脖子曲面上创建曲线

在下拉主菜单的“插入”下拉菜单中选择“派生曲线”子菜单下的“在面上偏置”命令，会弹出“在面上偏置曲线”对话框。在“曲线”区域的“偏置距离”下拉列表中选择“值”，选择如图 5-117 所示的曲面边线，然后在“截面线 1:偏置 1”中输入参数值“1”；在“面或平面”区域选择鞋脖子的整圆曲面；在“方向和方法”区域的“偏置方向”下拉列表中选择“垂直于曲线”，在“偏置法”下拉列表中选择“弦”；在“修剪和延伸偏置曲线”区域勾选“在截面内修剪至彼此”“在截面内延伸至彼此”“延伸至面的边”“移除偏置曲线内的自相交”，其他的为默认设置，单击“确定”按钮完成操作，如图 5-118 所示。

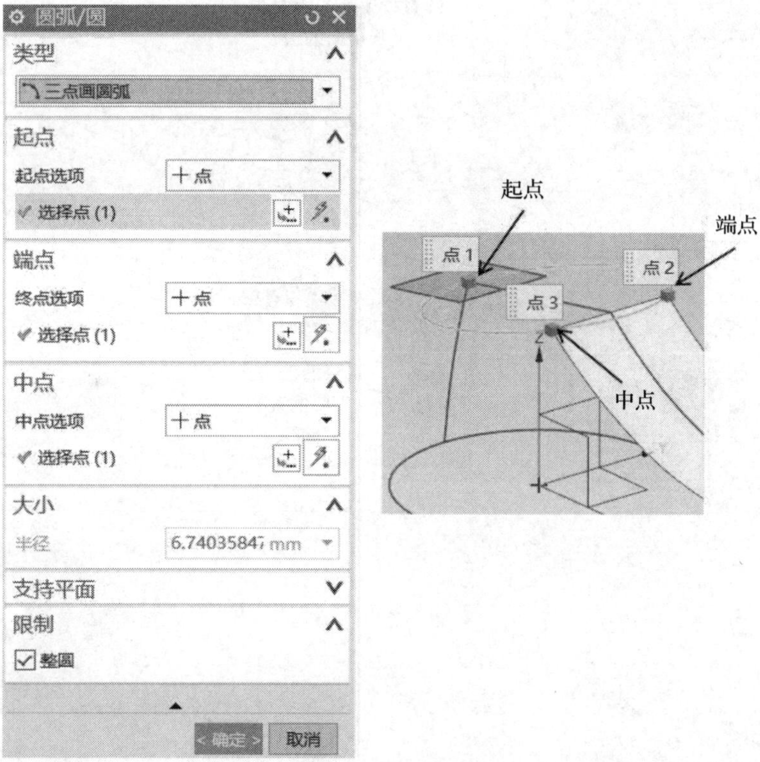

图 5 - 114　三点画圆弧

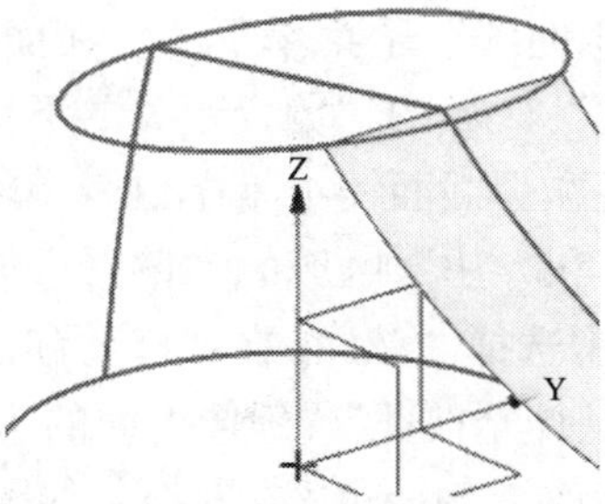

图 5 - 115　鞋脖子曲线

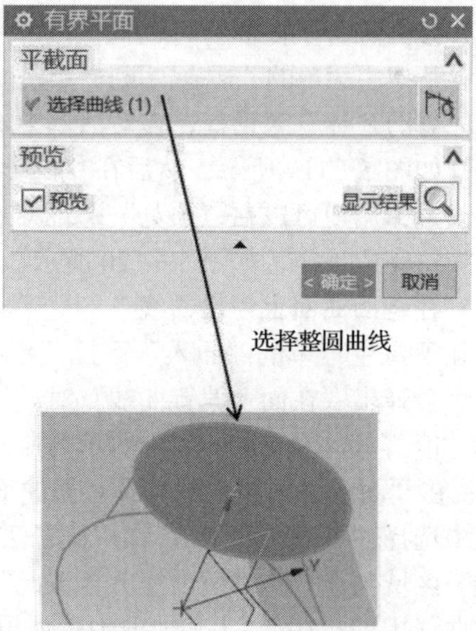

图 5 - 116　鞋脖子曲面

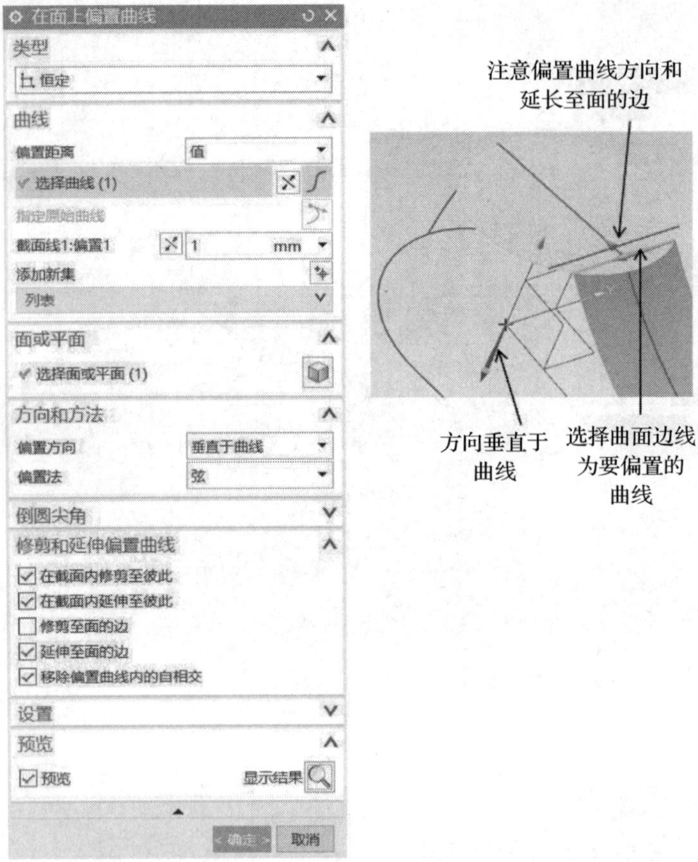

图 5－117 “在面上偏置曲线”对话框和选择要偏置的曲线

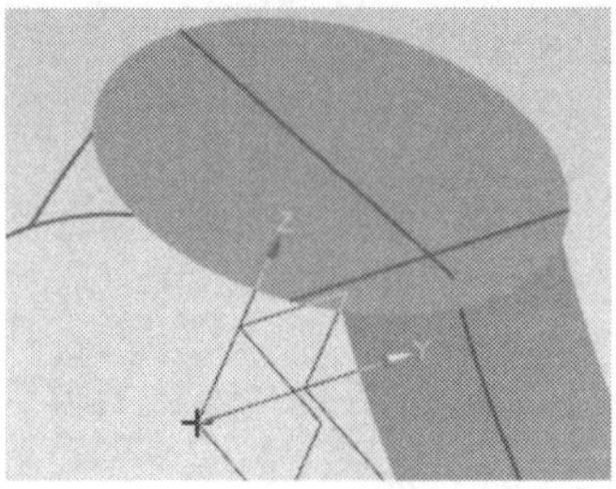

图 5－118 在鞋脖子曲面上创建曲线

7. 修剪鞋脖子曲面

在下拉主菜单的“插入”下拉菜单中选择“修剪”子菜单下的“修剪片体”命令，会弹出“修剪片体”对话框，在对话框中选择整圆曲面为目标片体，选择边界曲线为边界对象，如图 5－119 所示，然后在“投影方向”下拉列表中选择“垂直于面”，其他的为默认设置，用户可以在“预览”中观察效果，注意选择要保留和放弃的区域，单击“确定”按钮完成操作，如图 5－120 所示。

8. 在鞋面曲面上创建曲线

在下拉主菜单的“插入”下拉菜单中选择“派生曲线”子菜单下的“在面上偏置”命令，会弹出“在面上偏置曲线”对话框，在“曲线”区域的“偏置距离”下拉列表中选择“值”，选择如图 5－121 所示的曲面边线，然后在“截面线 1:偏置 1”中输入参数“3”；在“面或平面”区域选择鞋面曲面；在“方向和方法”区域的“偏置方向”下拉列表中选择“垂直于曲线”，在“偏置法”下拉列表中选择“弦”；在“修剪和延伸偏置曲线”区域勾选“在截面内修剪至彼此”“在截面内延伸至彼此”“延伸至面的边”“移除偏置曲线内的自相交”，其他的为默认设置，单击“确定”按钮完成操作，如图 5－122 所示。

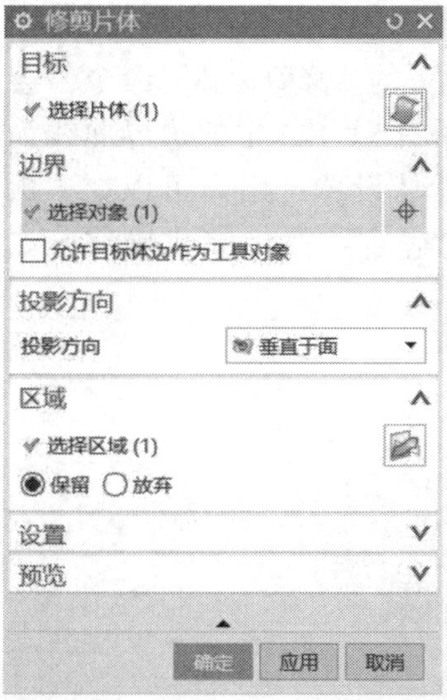

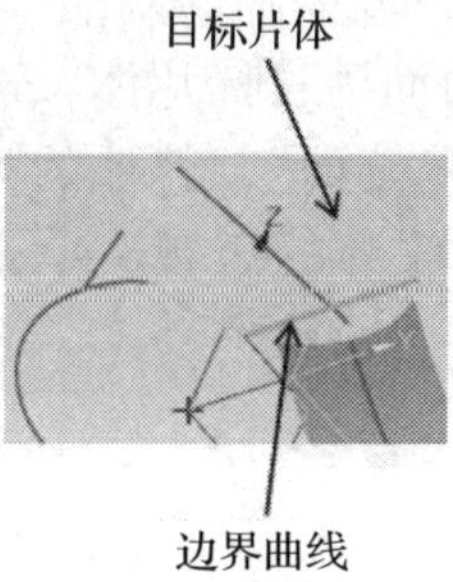

图 5 - 119　修剪片体

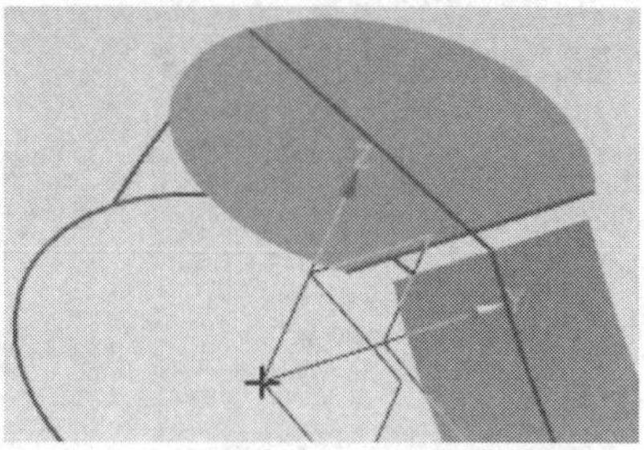

图 5 - 120　修剪鞋脖子曲面

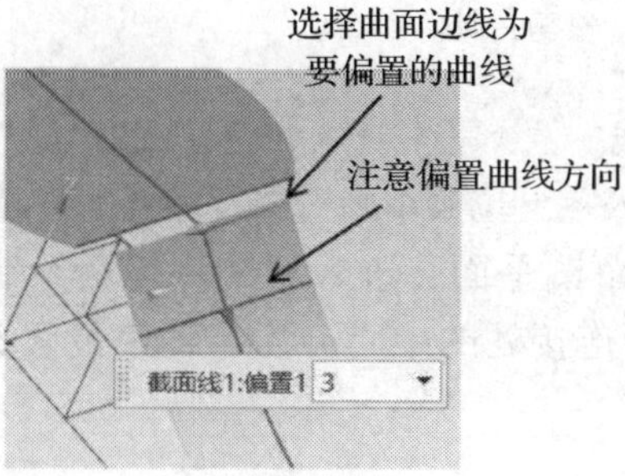

图 5 - 121　“在面上偏置曲线”对话框和选择要偏置的曲线

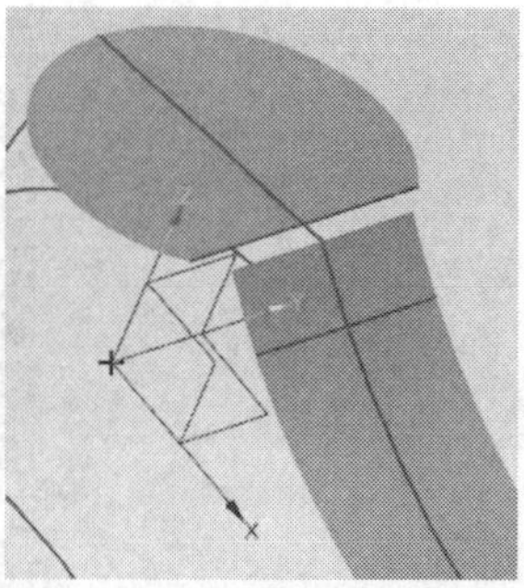

图 5 - 122　在鞋面曲面上创建曲线

任务3

9. 修剪鞋面曲面

在下拉主菜单的“插入”下拉菜单中选择“修剪”子菜单下的“修剪片体”命令，会弹出“修剪片体”对话框，选择鞋面曲面为目标片体，选择图 5 - 123 中的边界曲线为边界对象，选择“投影方向”为“垂直于面”，其他的为默认设置。用户可以在“预览”中观察效果，注意选择要保留和放弃的区域，单击“确定”按钮完成操作，如图 5 - 124 所示。

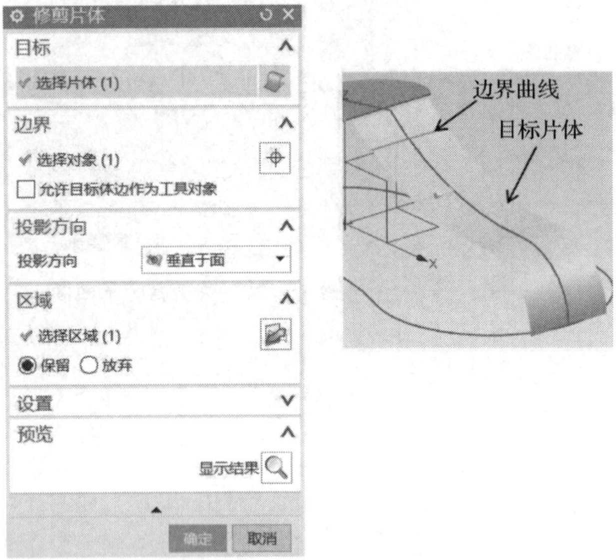

图 5 - 123　修剪片体

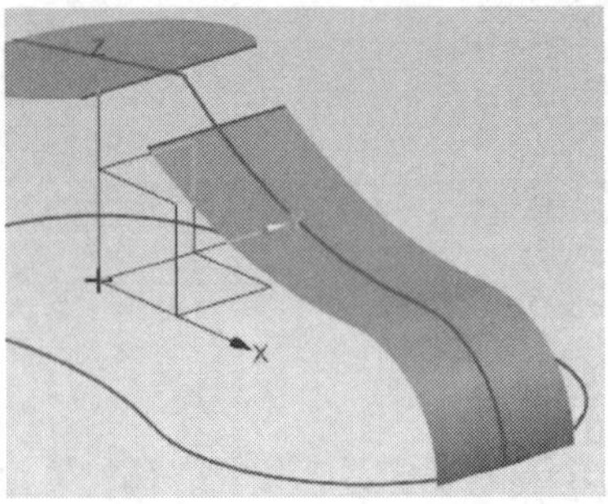

图 5 - 124　修剪鞋面曲面

10. 创建鞋面修剪曲线

在下拉主菜单的“插入”下拉菜单中选择“在任务环境中绘制草图”命令，在弹出的对话框中选择 *XY* 平面为草图平面，进入草绘环境后绘制如图 5 - 125 所示的曲线图形（ϕ5 圆的圆心在两个曲面连接处的中心，注意约束位置关系、尺寸关系），完成后退出草图。

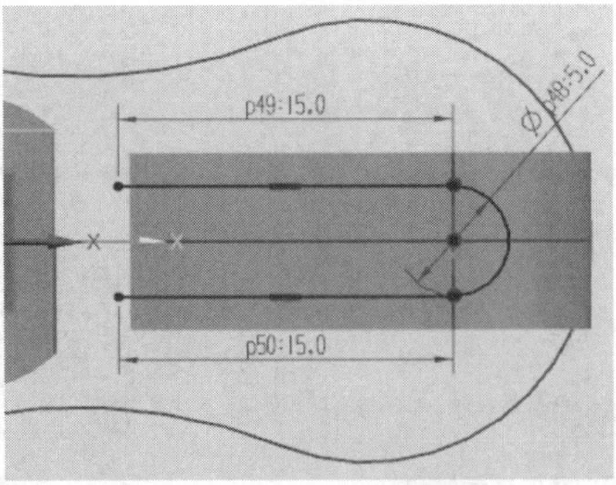

图 5 - 125　鞋面修剪曲线

11. 修剪鞋面曲面

在下拉主菜单的“插入”下拉菜单中选择“修剪”子菜单下的“修剪片体”命令，会弹出“修剪片体”对话框，如图5-126所示。选择鞋面曲面为目标片体，选择图5-127中的边界曲线为边界对象，选择“投影方向”为“垂直于曲线平面”，其他的为默认设置。用户可以在“预览”中观察效果大面，注意选择要保留和放弃的区域，单击“确定”按钮完成操作，如图5-128所示。

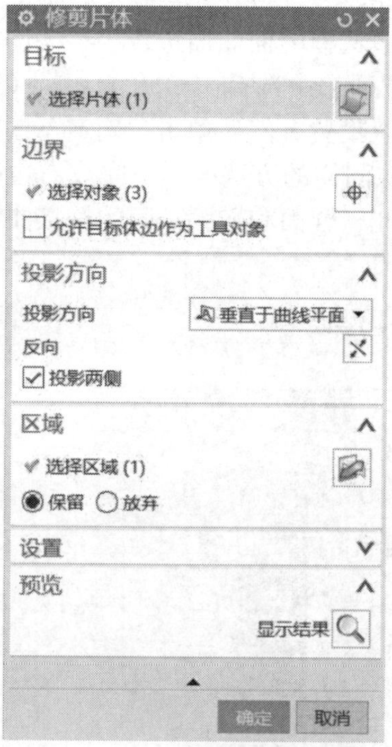

图5-126 “修剪片体”对话框

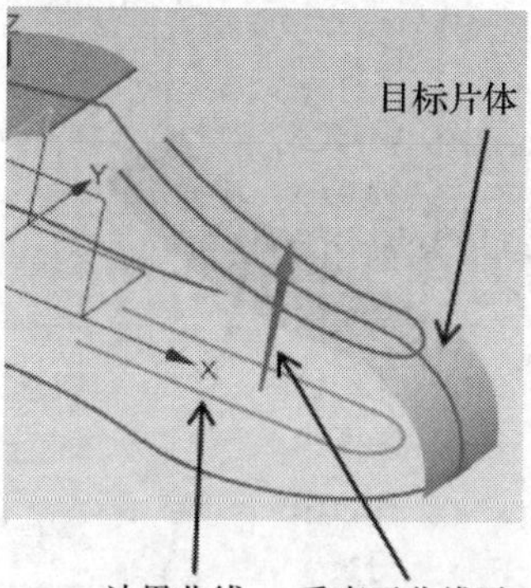

图5-127 目标片体和边界曲线

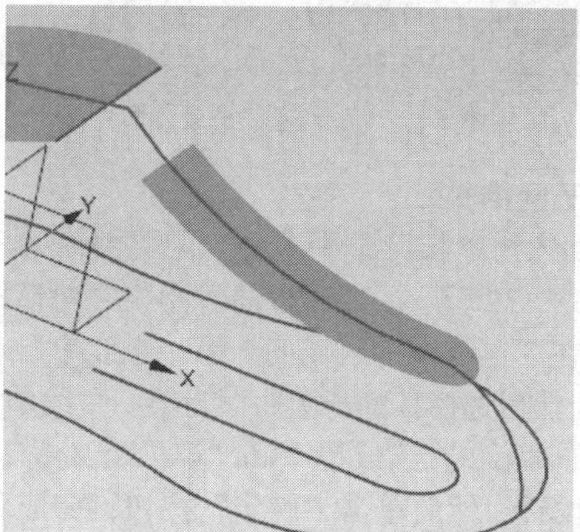

图5-128 修剪鞋面曲面

技能点拨

用户在拾取曲线时，可以在过滤显示后拾取，也可以将不需要的曲线隐藏后再拾取，这样操作比较快捷。

12. 创建鞋面和鞋脖子间的桥接曲线

在下拉主菜单的“插入”下拉菜单中选择“派生曲线”子菜单下的“桥接”命令，如图 5－129 所示，会弹出“桥接曲线”对话框，如图 5－130 所示。在对话框中“起始对象”区域选择鞋脖子曲面边线，“终止对象”区域选择鞋面曲面边线，在“连接”区域中“开始”和“结束”选项卡的“连续性”下拉列表中选择“G1（相切）”（即在交点处相切连接，注意桥接箭头方向），其他的为默认设置，然后单击“确定”按钮，完成左边鞋面和鞋脖子间桥接曲线的创建，继续按照同样的方法操作，完成右边鞋面和鞋脖子间桥接曲线的创建，如图 5－131 所示。至此，鞋面和鞋脖子间的桥接曲线创建完成。

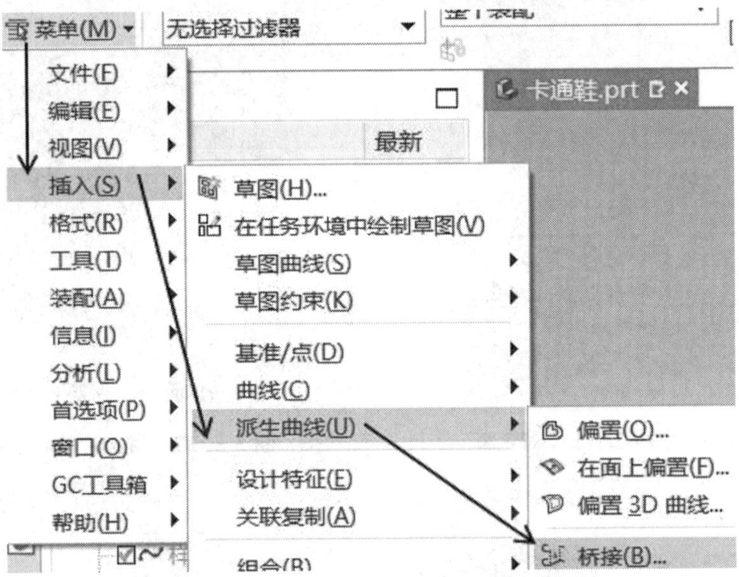

图 5－129　选择“桥接”命令

13. 创建鞋面和鞋脖子网格曲面

在下拉主菜单的“插入”下拉菜单中选择“网格曲面”子菜单下的“通过曲线网格”命令，会弹出如图 5－132 所示的“通过曲线网格”对话框。拾取主曲线和交叉曲线，如图 5－133 所示，在“连续性”区域的“第一主线串”和“最后主线串”下拉列表中选择“G1（相切）”，然后选择鞋脖子圆曲面为第一主线串相切面，选择鞋面的曲面为最后主线串相切面。在“第一交叉线串”和“第二交叉线串”下拉列表中选择“G0（位置）”，其他的为默认设置，然后单击“确定”按钮，完成鞋面和鞋脖子网格曲面的创建，如图 5－134 所示。

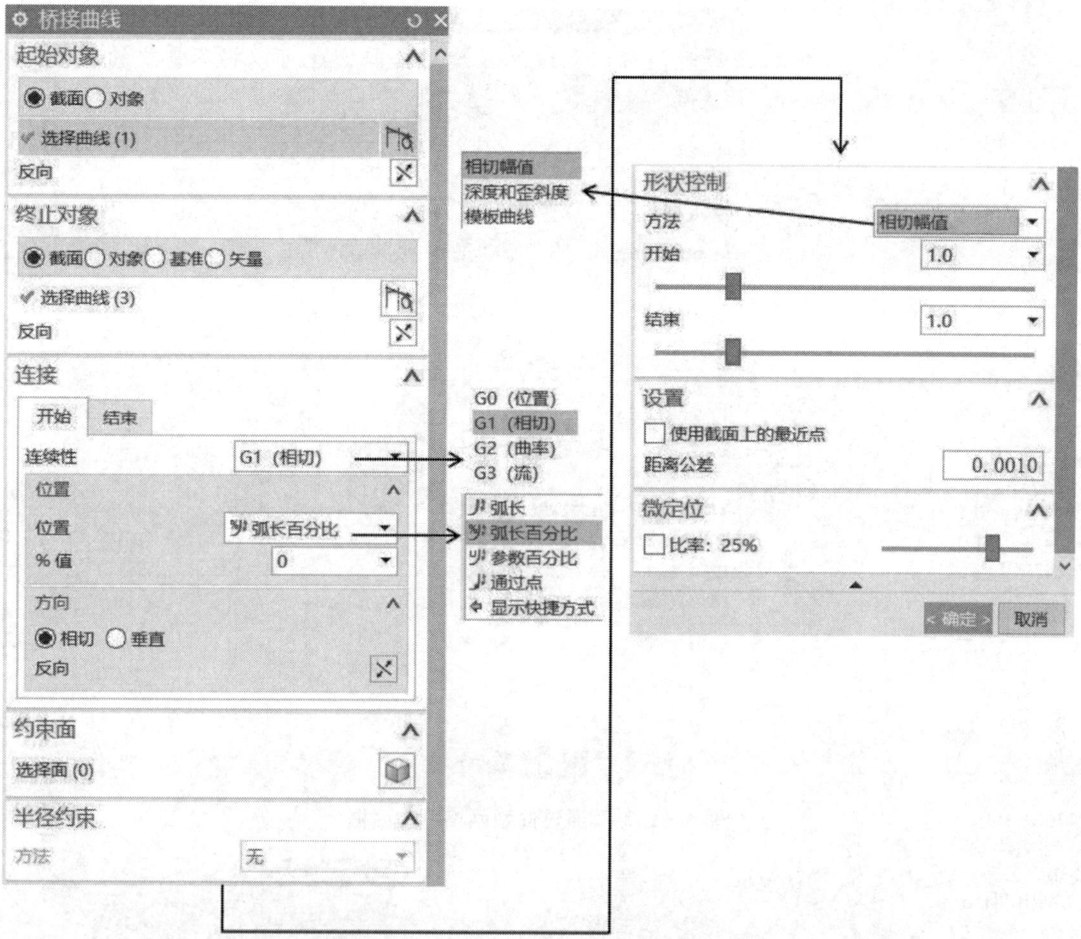

图 5－130　“桥接曲线”对话框

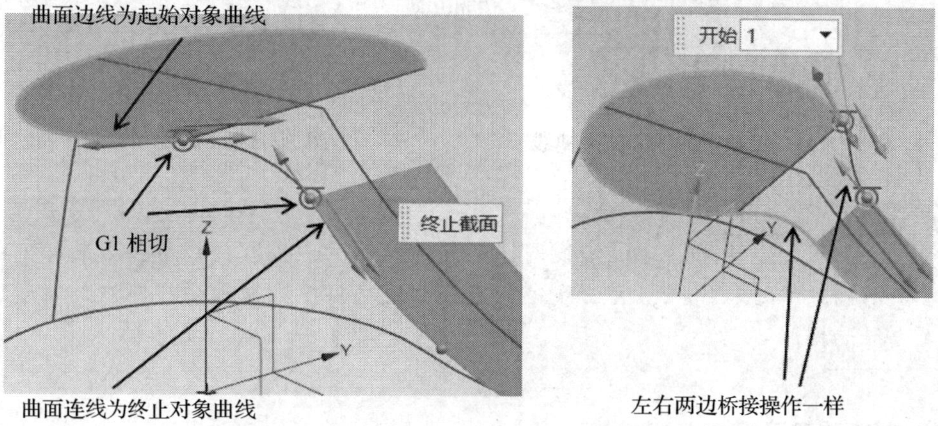

图 5－131　创建鞋面和鞋脖子间的桥接曲线

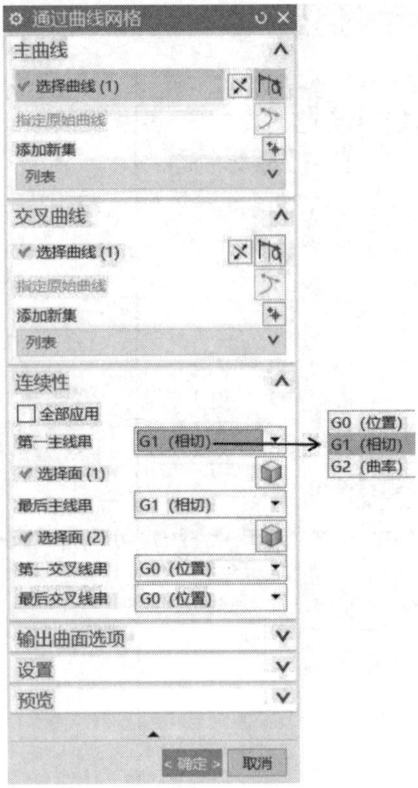

图 5-132 “通过曲线网格”对话框

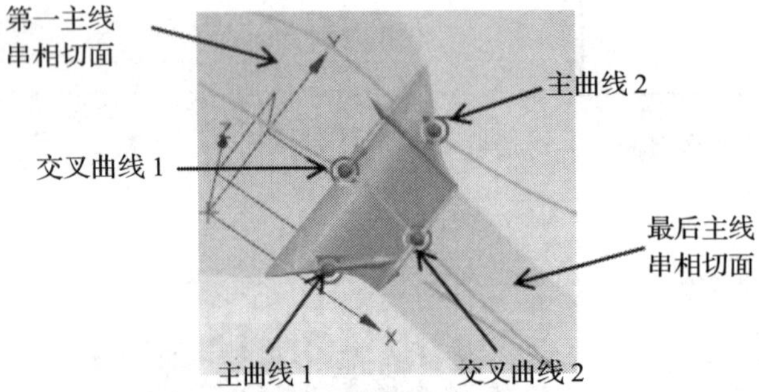

图 5-133 拾取主曲线和交叉曲线

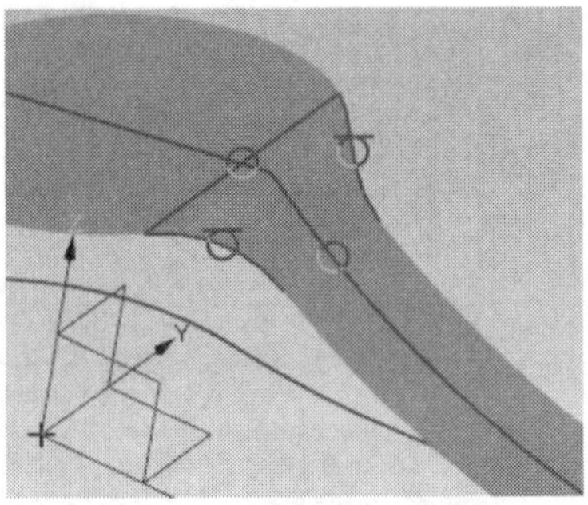

图 5-134 鞋面和鞋脖子网格曲面

技能点拨

用户在应用“通过曲线网格”创建曲面时，拾取曲线后按下鼠标中键表示确定所拾取的线，主曲线串和交叉曲线串可以“通过曲线网格”对话框进行切换。

14. 创建鞋底平面

在下拉主菜单的“插入”下拉菜单中选择“曲面”子菜单下的“有界平面”命令，会弹出如图 5-135 所示的“有界平面”对话框，然后拾取边界曲线，完成鞋底平面的创建，如图 5-136 所示。

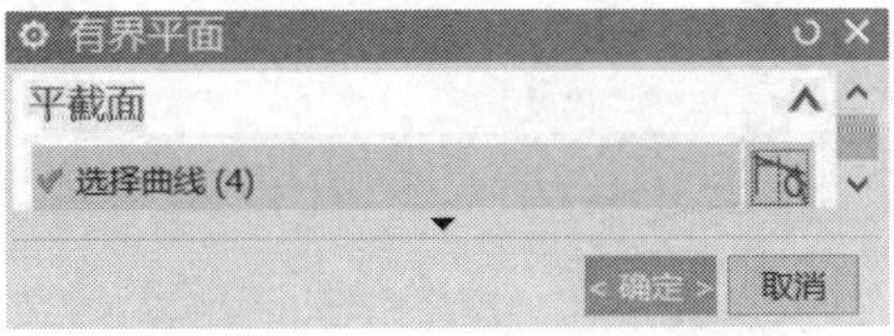

图 5－135　“有界平面”对话框

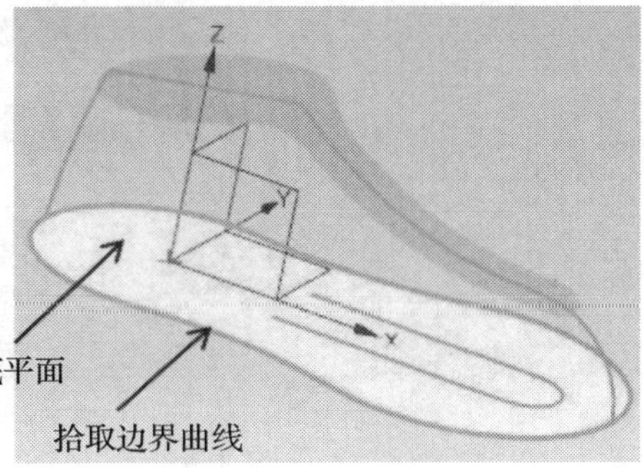

图 5－136　创建鞋底平面

15. 增加鞋面和鞋脖子曲线的长度

在下拉主菜单的“编辑”下拉菜单中选择“曲线”子菜单下的“长度”命令，如图 5－137 所示，会弹出如图 5－138 所示的“曲线长度”对话框。在对话框中的“曲线”区域选择图 5－139 中的曲线，在“延伸”区域的“长度”下拉列表中选择“增量”，在“侧”下拉列表中选择“起点和终点”，在“方法”下拉列表中选择“自然”；在“限制”区域“开始”处输入参数“0”，在“结束”处输入参数“10”，其他的为系统默认的设置。单击“应用”按钮则完成第一条曲线长度的编辑，用同样的方法增加第二条、第三条曲线的长度，如图 5－140 所示。

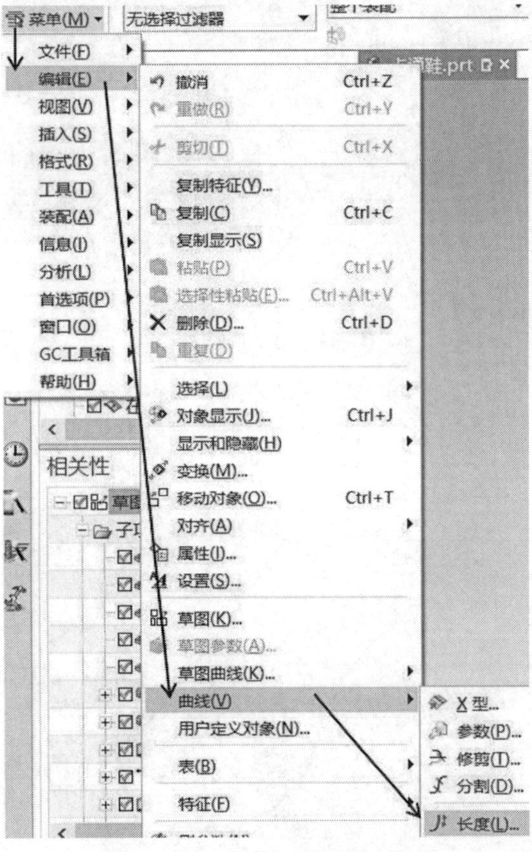

图 5－137　选择“长度”命令

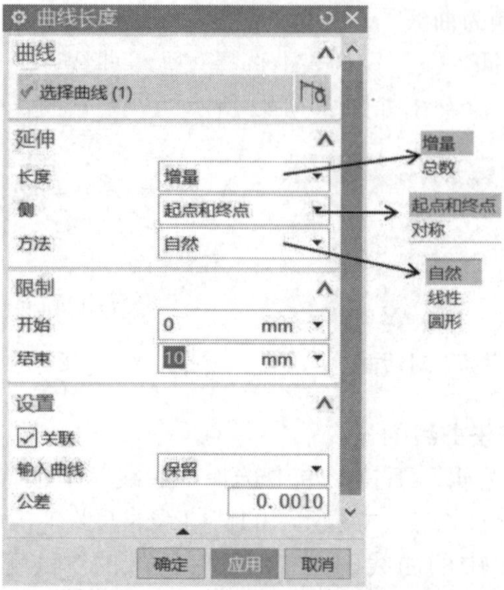

图 5－138 “曲线长度”对话框

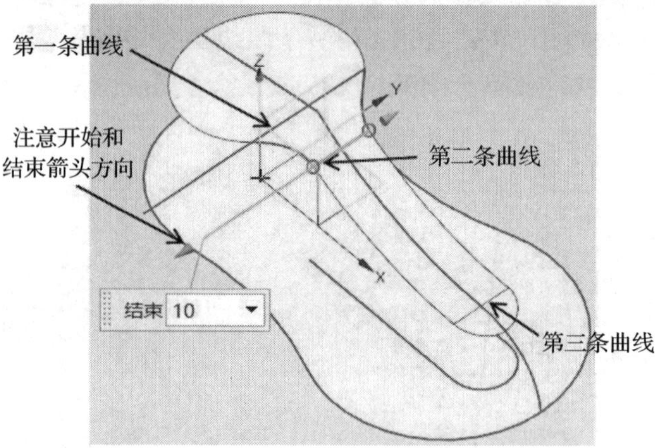

图 5－139 选择曲线

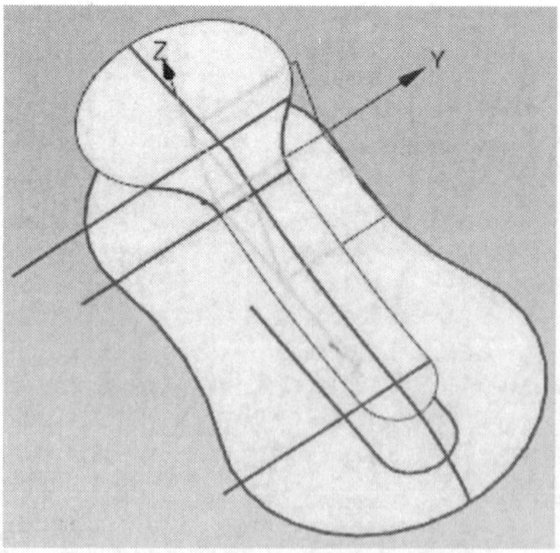

图 5－140 三条曲线的加长

任务3

16. 将鞋底草图转换为曲线

在下拉主菜单的“插入”下拉列表中选择“派生曲线”子菜单下的“复合曲线”命令，如图 5－141 所示，会弹出如图 5－142 所示的“复合曲线”对话框。在对话框中选择如图 5－143 所示的鞋底草图线，在“设置”区域勾选“关联”“隐藏原先的”，其他的为默认设置，单击“确定”按钮完成将鞋底草图转换为曲线的操作。

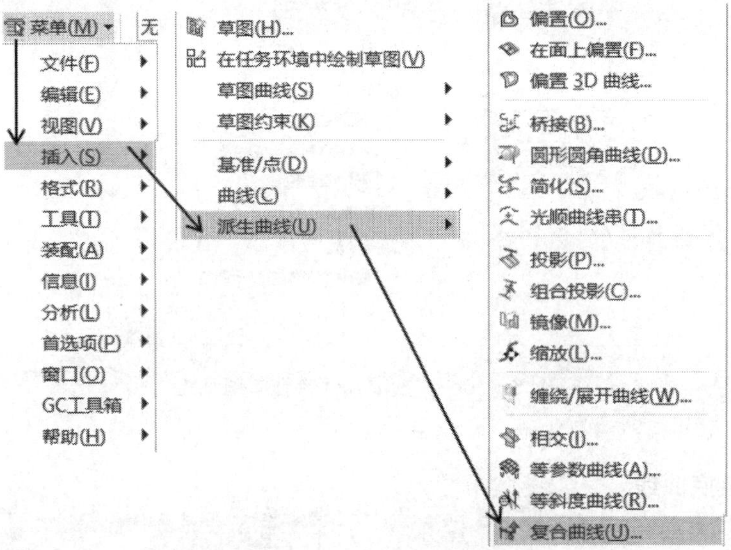

图 5－141　选择“复合曲线”命令

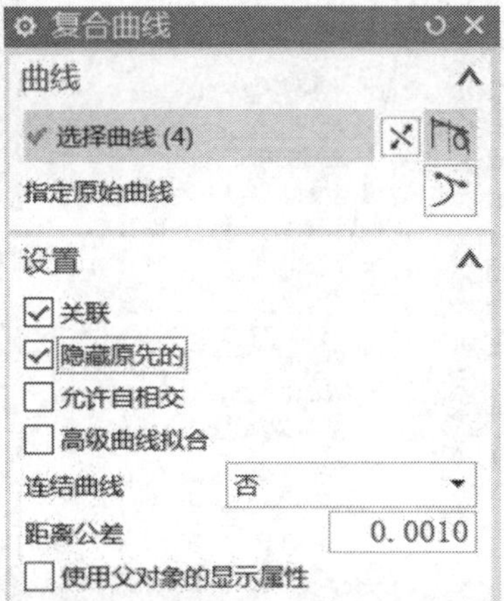

图 5－142　“复合曲线”对话框

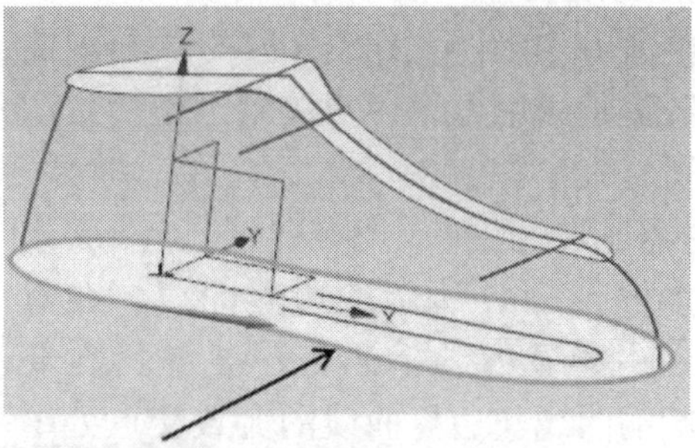

图 5－143　选择鞋底草图线

> **技能点拨**
>
> 在“复合曲线”对话框中，单击“对话框选项”按钮，选择“抽取几何特征（更多）”命令，会弹出如图 5－144 所示的“抽取几何特征”对话框，其中包含多种可抽取的几何特征类型，用户可以根据实际情况选择。

图 5-144 “抽取几何特征”对话框

17. 分割鞋底曲线

在下拉主菜单的“编辑”下拉菜单中选择“曲线”子菜单下的“分割”命令，如图 5-145 所示，会弹出如图 5-146 所示的“分割曲线”对话框。在对话框中的“类型”区域下拉列表中选择“按边界对象”，然后指定要分割的曲线，如图 5-147 所示，系统则会弹出如图 5-148 所示的“分割曲线”提示对话框，用户单击“是”按钮即可；在“边界对象”区域的“对象”下拉列表中选择“现有曲线”，然后指定如图 5-147 所示的边界曲线，在对话框中会显示“指定相交”，然后在要分割的曲线与边界曲线的大致交点处单击鼠标左键，会有个点闪出，这个点即为分割点，此时曲线被分割。继续通过同样的方法用其余的两条加长曲线分割鞋底曲线。

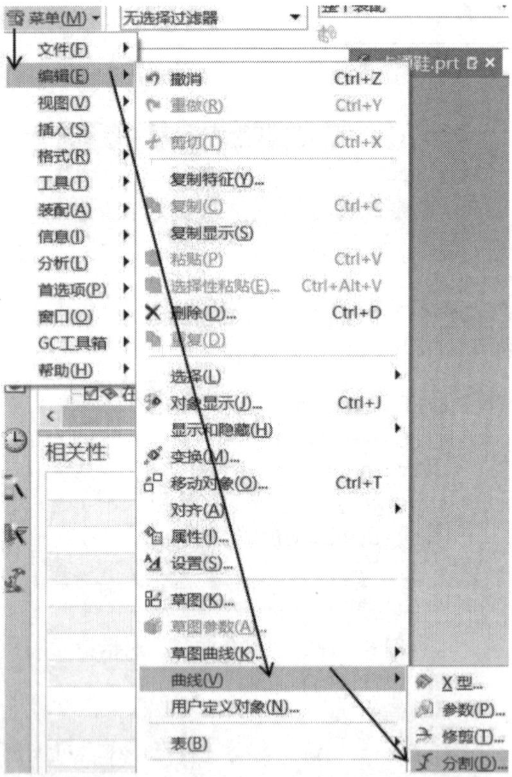

图 5-145 分割曲线菜单

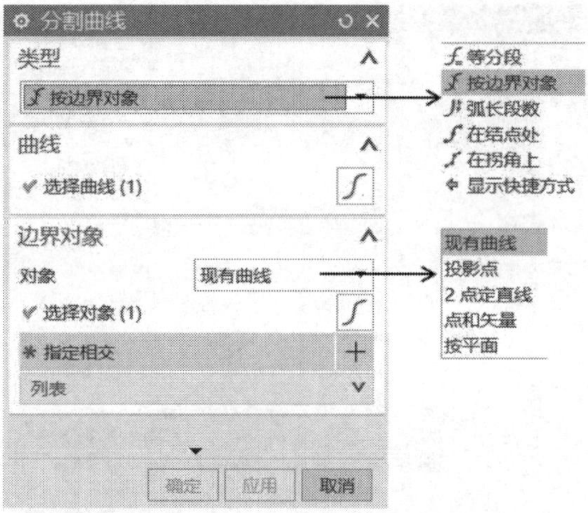

图 5-146 “分割曲线”对话框

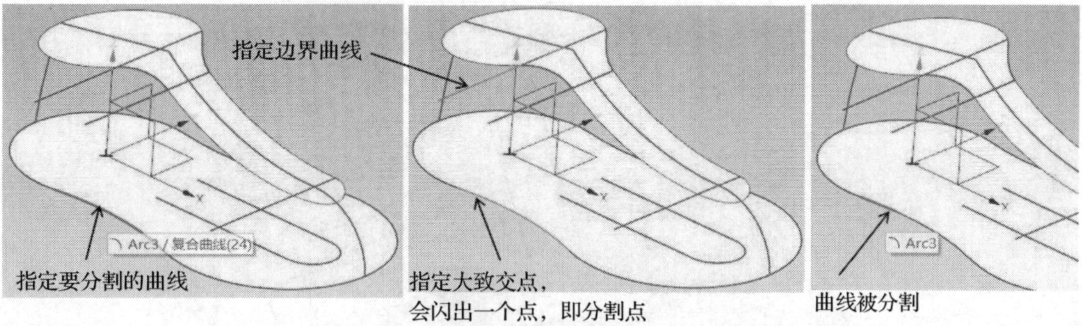

图 5-147 指定要分割的曲线、边界曲线、分割大致交点

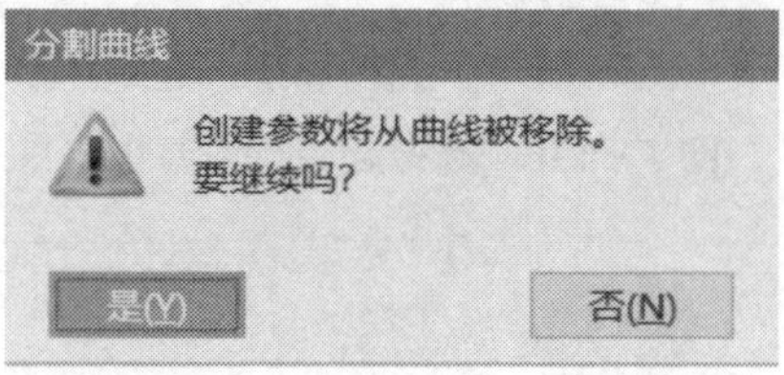

图 5-148 “分割曲线”提示对话框

18. 在鞋底曲线分割点处作辅助线

在下拉主菜单的“插入”下拉菜单中选择“曲线”子菜单下的“直线”命令，会弹出如图 5-149 所示的“直线”对话框。在对话框中“起点选项”下拉列表中选择“点”，然后指定如图 5-150 所示的分割点为起始点，在“终点选项”下拉列表中选择“*zc* 沿 *ZC*”，用鼠标拖到 *Z* 轴负方向，并且在立即对话框中输入参数“-10”，其他的为默认设置，则直线创建完成，继续用同样方法找到其他两个分割点，完成辅助线的绘制，如图 5-151 所示。用户可以把加长的三条曲线隐藏起来，以便于进行下步操作。

图 5-149 “直线”对话框

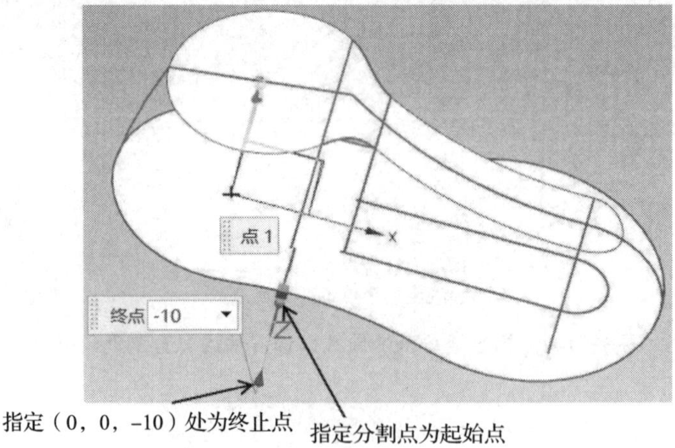

图 5-150 选择起始点和终止点

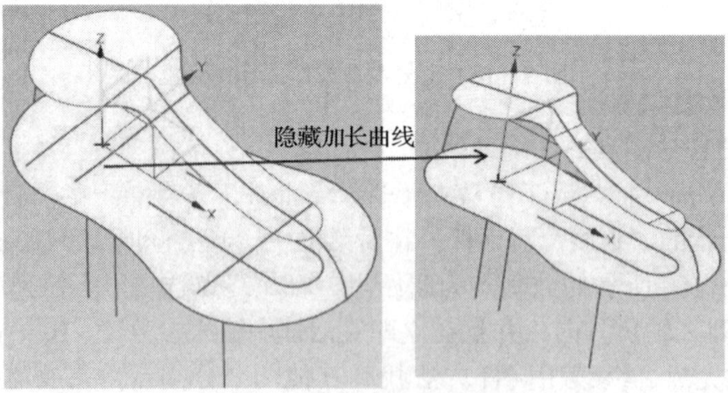

图 5-151 辅助线

任务3

19. 创建鞋帮单侧曲线

在下拉主菜单的“插入”下拉菜单中选择“派生曲线”子菜单下的“桥接”命令，会弹出“桥接曲线”对话框，如图 5－152 所示。在对话框中“起始对象”区域选择鞋脖子曲面边线，在“终止对象”区域选择鞋底辅助线，在“连接”区域“开始”和“结束”选项卡中的“连续性”下拉列表中选择“G1（相切）”（即在交点处相切连接，注意桥接箭头方向），其他的为默认设置，然后单击“确定”按钮，完成如图 5－153 所示的鞋脖子和鞋底间桥接曲线的绘制。继续按照同样的方法操作，完成其余两条鞋面和鞋底间桥接曲线的绘制，鞋帮单侧曲线创建完成，如图 5－154 所示。用户可以把鞋底辅助曲线隐藏起来，以便进行下一步操作。

用户在前面的操作中应该掌握了一定知识，所以后面在介绍操作时有些内容会简化，也会省略某些操作步骤的介绍。

20. 创建鞋帮单侧曲面

这里主要应用“通过曲线网格”创建曲面的方法。“通过曲线网格”对话框后拾取主曲线和交叉曲线，如图 5－155 所示，其他的为默认设置，完成鞋帮单侧曲面的创建，如图 5－156 所示。

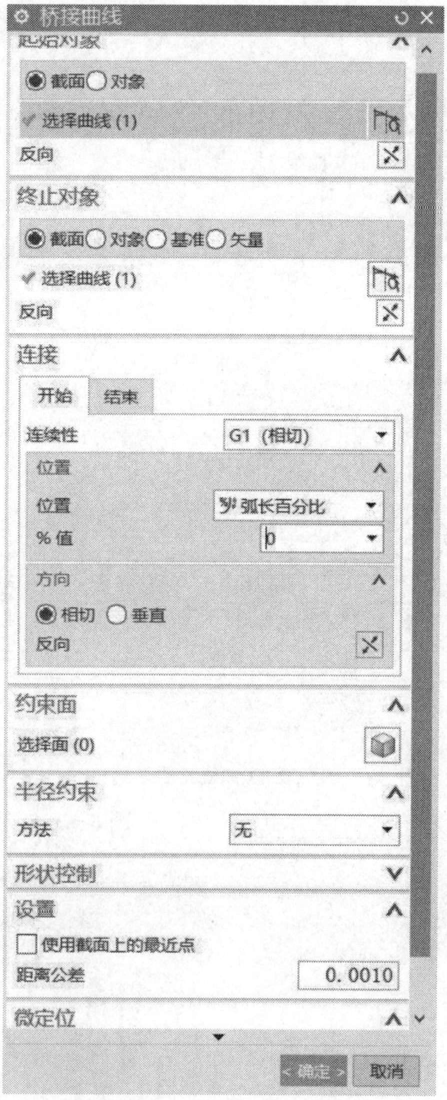

图 5－152　“桥接曲线”对话框

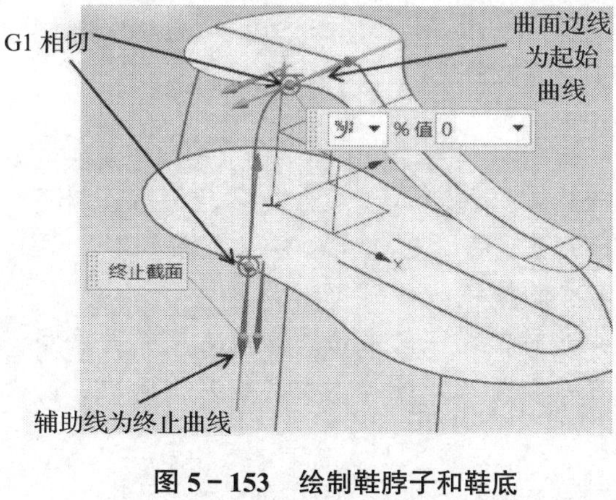

图 5－153　绘制鞋脖子和鞋底间的桥接曲线

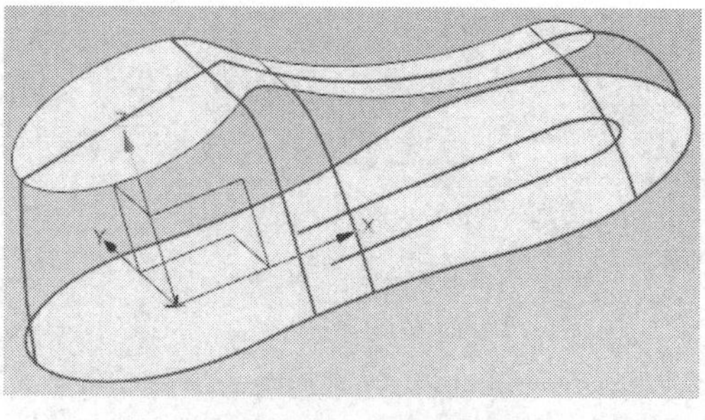

图 5－154　鞋帮单侧曲线

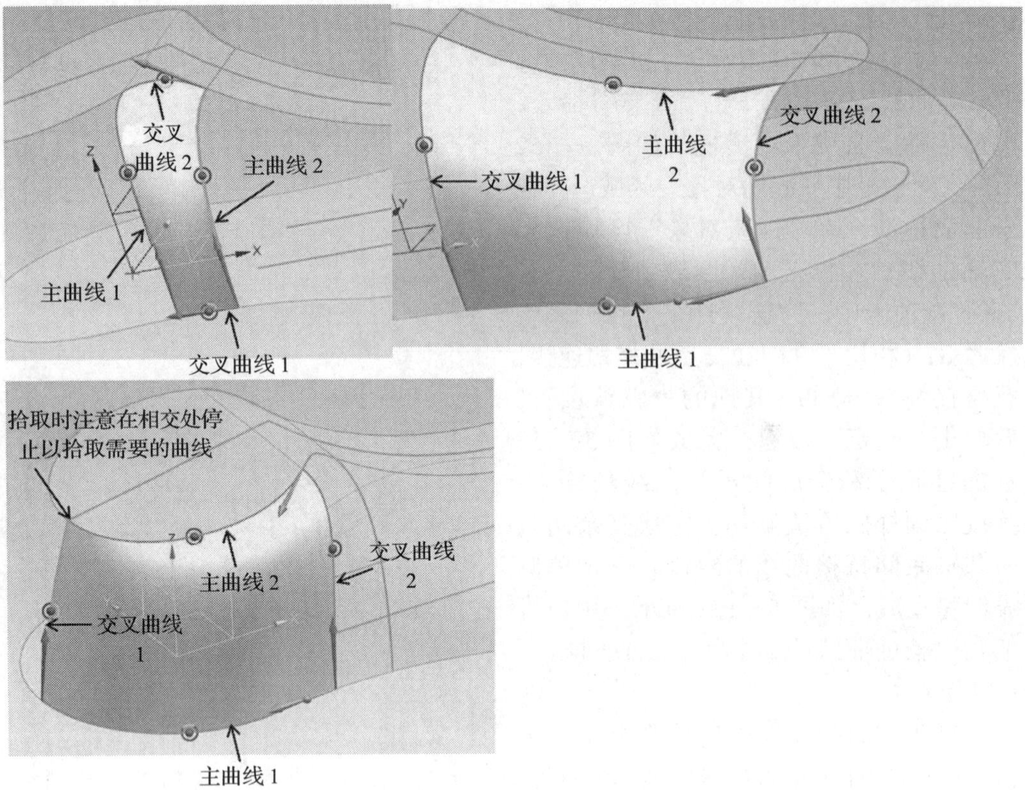

图 5－155　拾取主曲线和交叉曲线

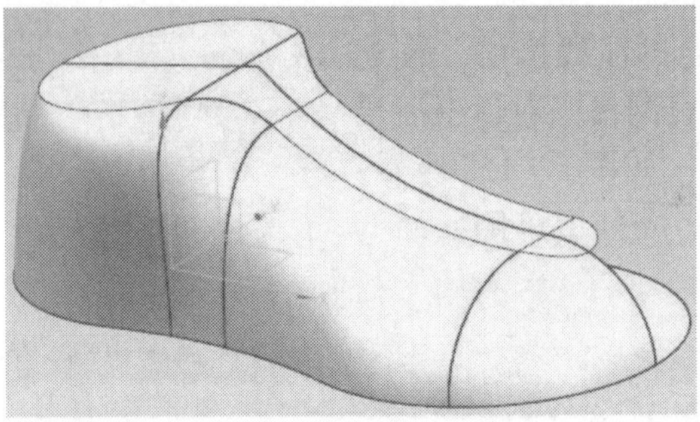

图 5－156　创建鞋帮单侧曲面

技能点拨

（1）用户在拾取曲线时，有些曲线是相连曲线，如果只需要一段，用户可以在过滤显示区域单击如图 5－157 所示的“在相交处停止”按钮，通过在相交点处停止操作，拾取一段需要的曲线，如图 5－158 所示。

（2）在“通过曲线网格”创建曲面时，要注意主曲线串或者交叉曲线串的箭头方向要一致，如果不一致，可以在箭头处连续单击鼠标左键两次，改变箭头方向（见图 5－159）。

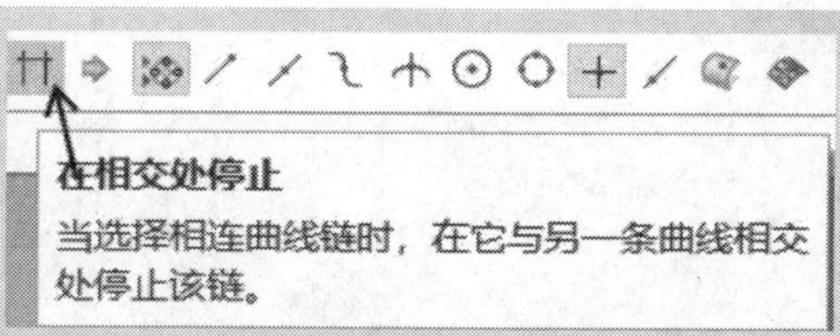

图 5－157 “在相交处停止”按钮

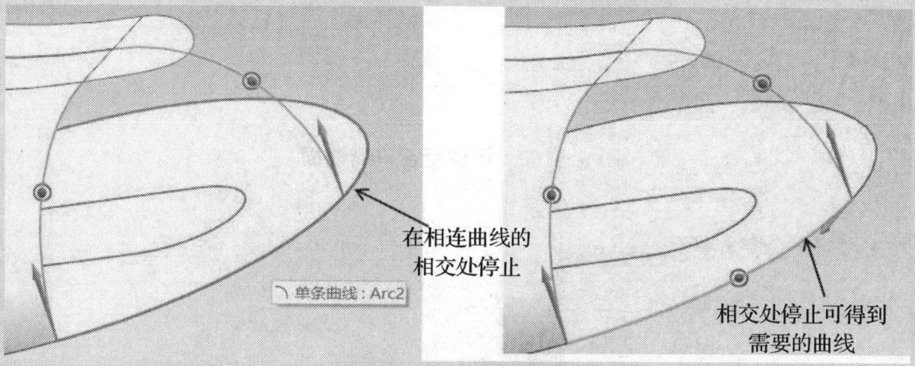

图 5－158 相交处停止得到所需曲线

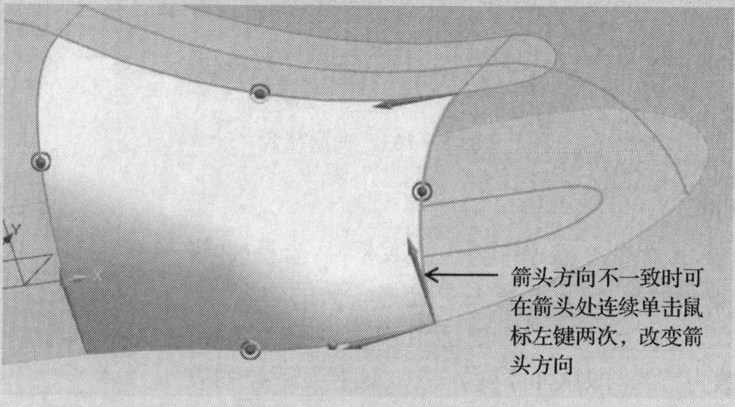

图 5－159 改变箭头方向

21. 镜像鞋帮单侧曲面

在下拉主菜单的“插入”下拉菜单中选择“关联复制”子菜单下的“镜像特征”命令，选择鞋帮单侧曲面为“要镜像的特征”，然后选择 *ZX* 面为“镜像平面”完成整个鞋子的基本曲面造型，如图 5－160 所示。

22. 曲面缝合

在主菜单的“插入”下拉菜单中选择“组合”子菜单下的“缝合”命令，在弹出的对话框中“类型”区域下拉列表中选择“片体”，选择“目标体”和“工具体”（工具体可以全部框选），如图 5－161 所示，单击“确定”按钮完成鞋子基本曲面的缝合，隐藏相关曲线，鞋子基本造型完成。

任务3

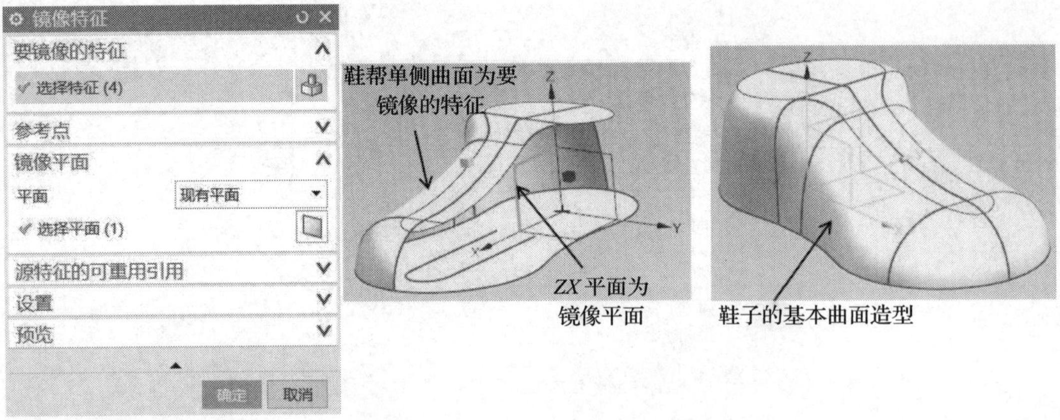

图 5－160　镜像鞋帮单侧曲面

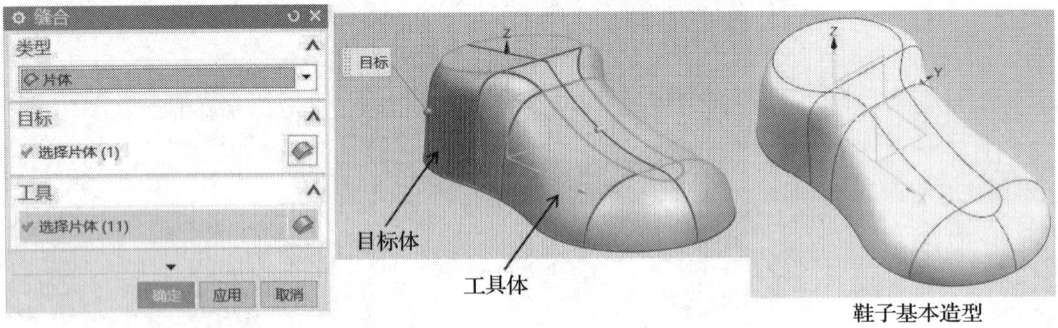

图 5－161　曲面缝合

23. 鞋底加厚

选择“拉伸”命令，在弹出的对话框中选择曲线时，直接在过滤显示区域下拉列表中选择“面的边”，如图 5－162 所示。然后在“拉伸”对话框中，设置“结束”的“距离”参数为“2”(即拉伸厚度)，在“偏置”下拉列表中选择“单侧”，在“结束”文本框中输入参数“0.8”，其他为默认设置，完成鞋底加厚操作，如图 5－163 所示。

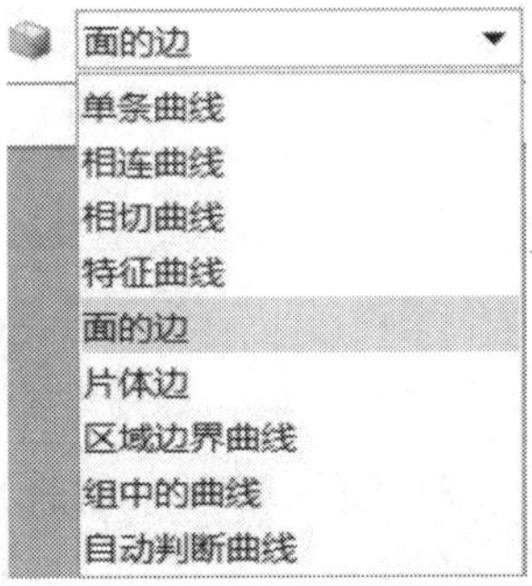

图 5－162　选择“面的边”

24. 创建基准平面和绘制鞋带草图

在下拉主菜单的“插入”下拉菜单中选择“基准/点”子菜单下的“基准平面”命令，在弹出的对话框（见图 5－164）中的“类型”下拉列表中选择“按某一距离”，选择 *ZY* 平面为参考平面，输入偏置“距离”参数“20”（注意方向），其他为默认设置，单击“确定”按钮完成基准平面的创建。

选择“插入”下拉菜单中的“在任务环境中绘制草图”命令，在弹出对话框后选择刚才创建的基准平面为草图平面，进入草绘环境后绘制如图 5－165 所示的鞋带草图，然后退出草图。

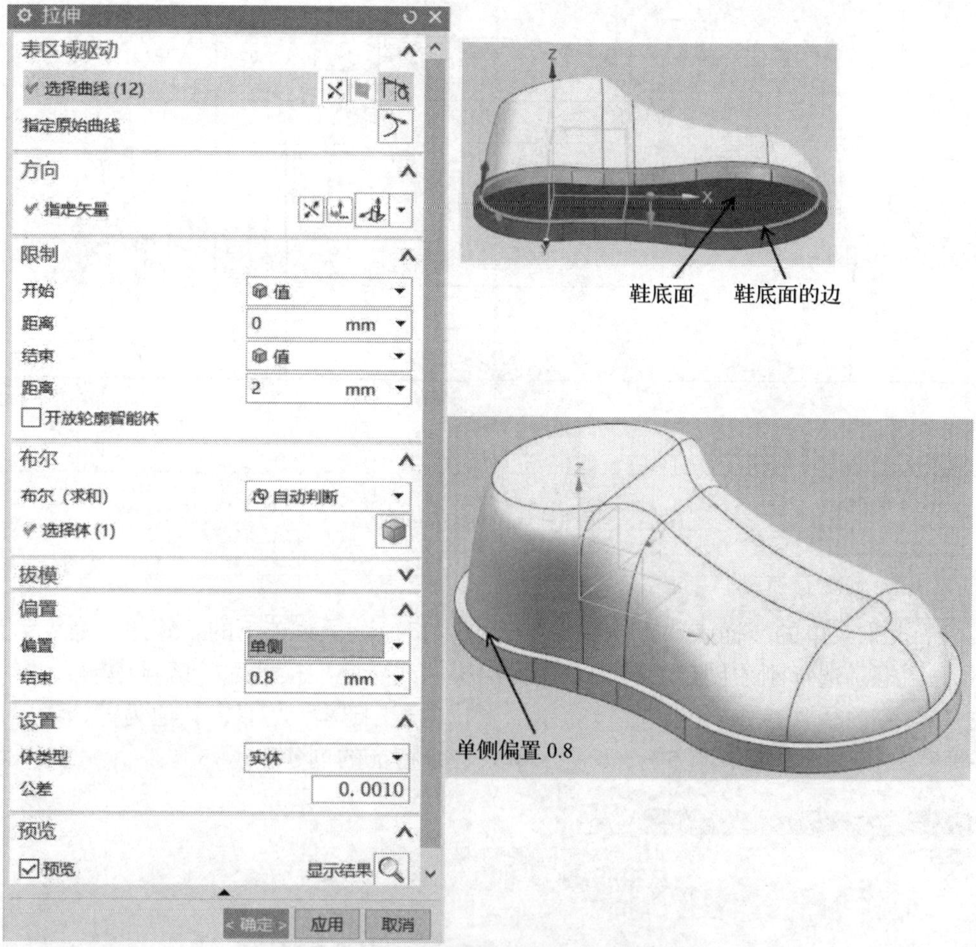

图 5－163　设置拉伸参数进行鞋底加厚

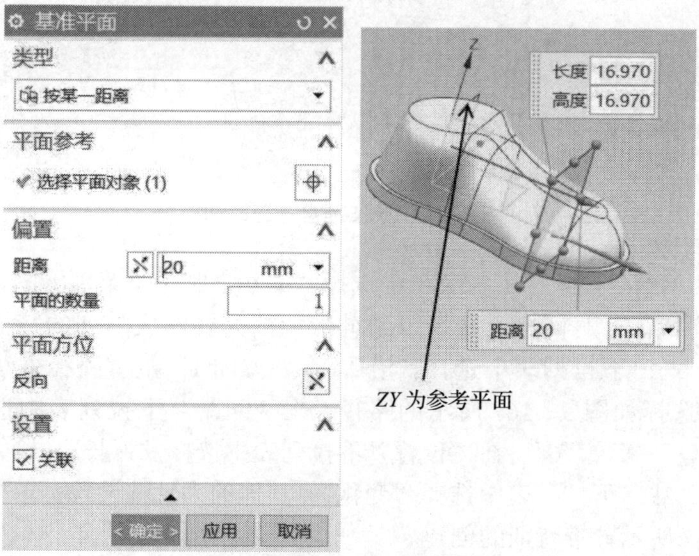

图 5－164　创建基准平面

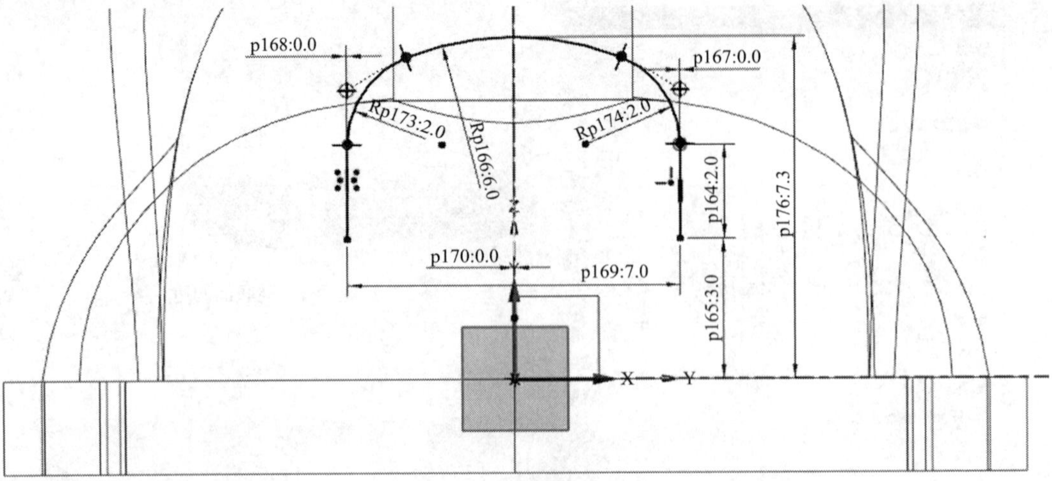

图 5-165　鞋带草图

25. 创建鞋带特征

在下拉主菜单的“插入”下拉菜单中选择“扫掠”子菜单下的“管道”命令，弹出“管”对话框，选择刚才创建的鞋带草图为路径曲线，在“横截面”区域中输入“外径”参数“2”，“内径”参数“0”，在“布尔”下拉列表中选择“无”，其他为默认设置，单击“确定”按钮，完成如图 5-166 所示单条鞋带特征的创建。

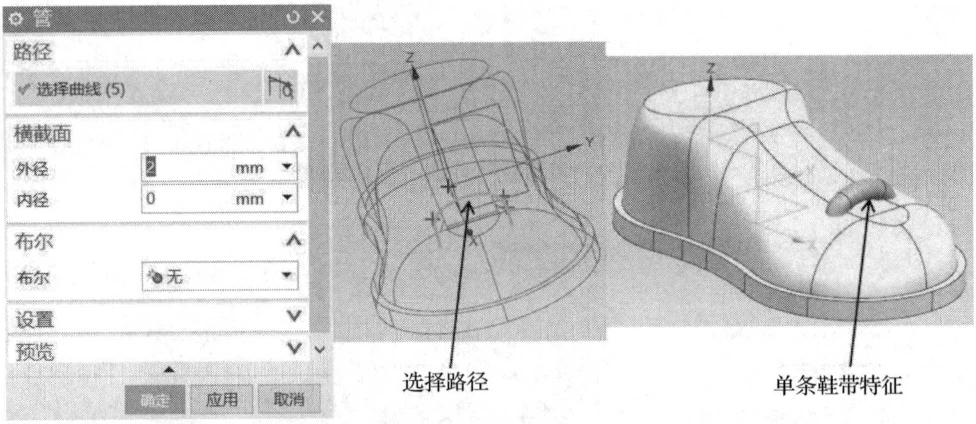

图 5-166　单条鞋带特征的创建

在下拉主菜单的“插入”下拉菜单中选择“关联复制”子菜单下的“阵列特征”命令，弹出“阵列特征”对话框。选择单条鞋带特征为要形成阵列的特征，在“阵列定义”区域的“布局”下拉列表中选择“沿”，在“方向 1”的“路径方法”下拉列表中选择“偏置”，选择如图 5-167 所示的路径，在“间距”下拉列表中选择“数量和间距”，输入“数量”参数“6”，在“位置”下拉列表中选择“弧长”，输入“步距”参数“2”，在“阵列方法”下拉列表中选择“变化”，其他的为默认设置，单击“确定”按钮完成如图 5-167 所示鞋带特征的创建。

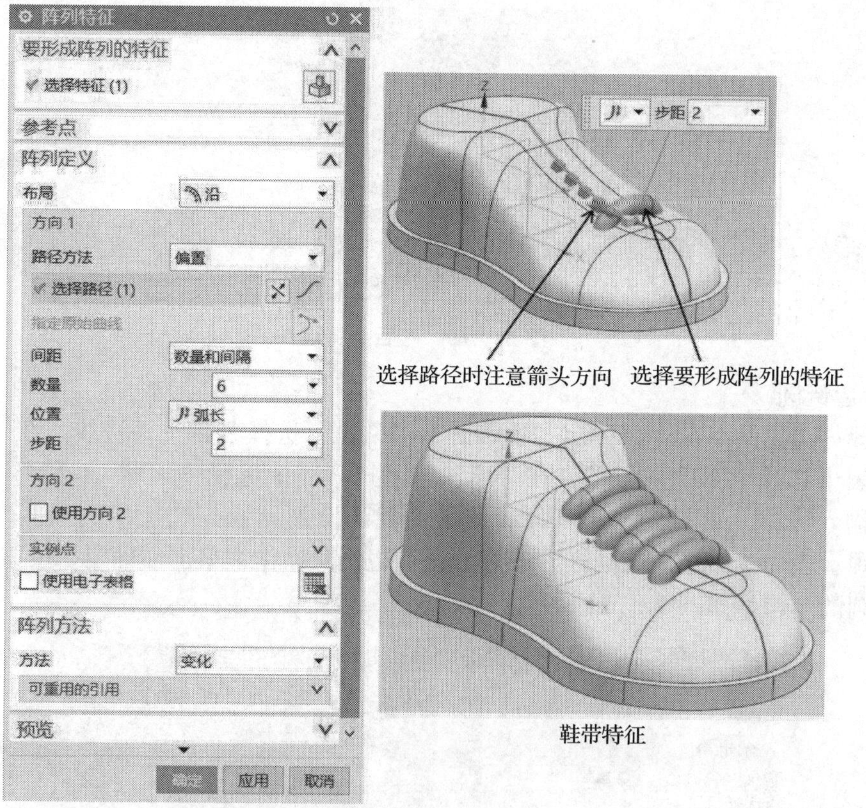

图 5-167　鞋带特征的创建

26. 创建鞋舌头特征

选择“拉伸”命令，弹出“拉伸”对话框。选择 *XZ* 平面为草图平面，进入草绘环境，绘制如图 5-168 所示的截面草图，然后退出草图。在“拉伸”对话框中“限制”区域“结束”下拉列表中选择“对称值”，输入“距离”参数“4”，在“布尔”下拉列表中选择“无”，其他为默认设置，单击“确定”按钮完成鞋舌头特征的创建，如图 5-169 所示。

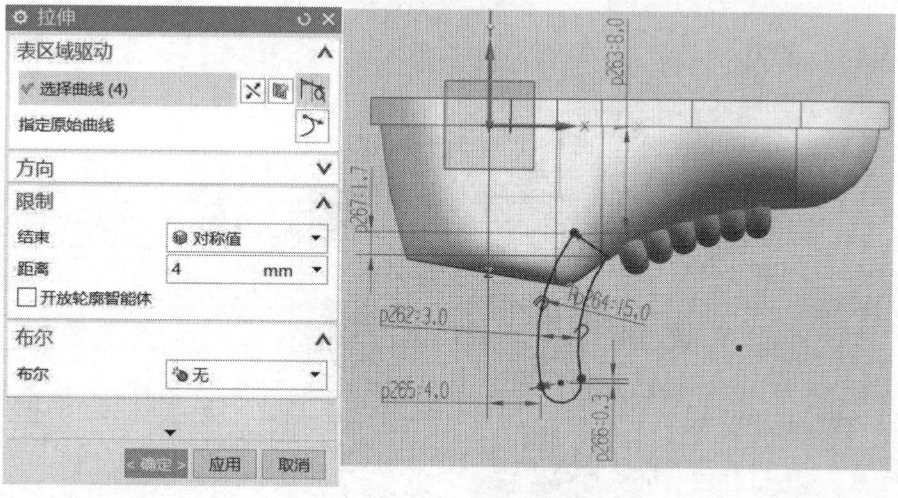

图 5-168　绘制截面草图

图 5－169　鞋舌头特征

27. 边倒圆

选择“边倒圆”命令，弹出“边倒圆”对话框，选择鞋舌头棱边线，在“连续性”下拉列表中选择“ G1（相切）”，在“形状”下拉列表中选择“圆形”，在“半径 1”文本框中输入“1”，如图 5－170 所示，其他为默认设置，单击“应用”按钮，接着选择鞋子后跟上表面棱边线，用同样方式方法进行边倒圆操作，单击“确定”按钮，完成鞋子边倒圆的修饰，如图 5－171 所示。

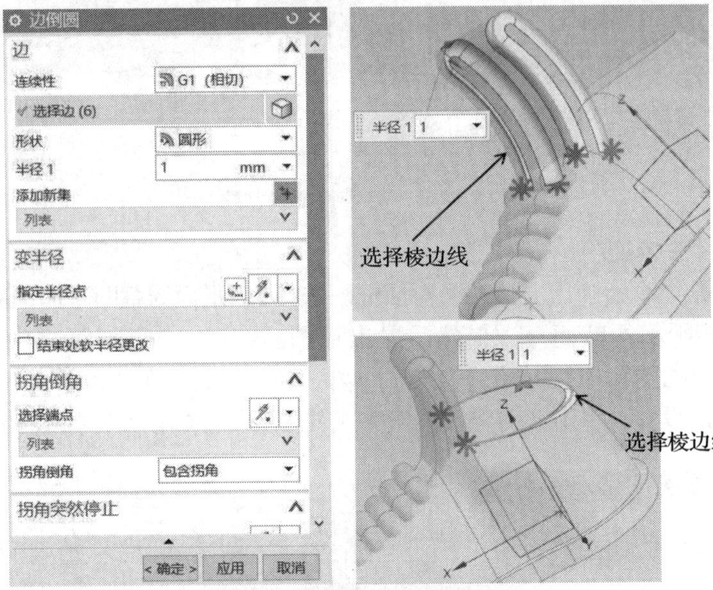

图 5－170　鞋子边倒圆设置

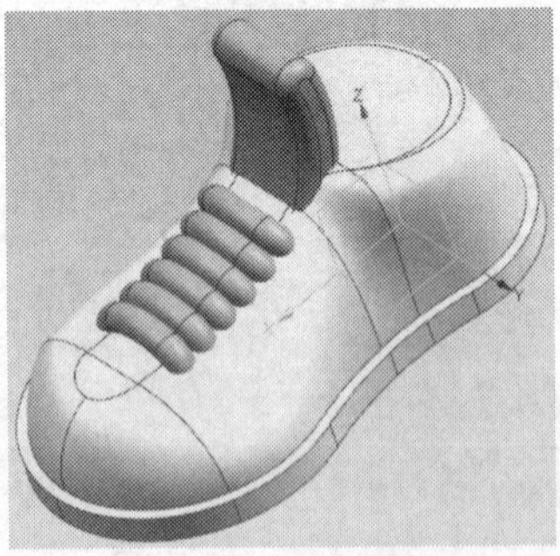

图 5－171　鞋子边倒圆修饰特征

28. 给鞋子上色

选择下拉主菜单中“编辑”下拉菜单的“对象显示”命令，如图5－172所示，会弹出如图5－173所示的“类选择”对话框。先在“类型过滤器”下拉列表中选择“面”，如图5－174所示；然后选择鞋底曲面和鞋带、鞋舌头曲面特征，如图5－175所示；然后在“类选择”对话框中单击“确定”按钮，系统会弹出如图5－176所示的“编辑对象显示”对话框；在“基本符号”区域中单击“颜色”符号，会弹出如图5－177所示的“颜色”对话框，接着选择“调色板”区域中“灰色”的“灰白色”，则会在“选定的颜色”区域的“ID”处显示“15”，名称为“Powder Gray”；其他为默认设置，单击“确定”按钮，系统返回“编辑对象显示”对话框。再次单击“确定”按钮，完成上色操作，如图5－178所示。继续用同样的操作方法，给鞋帮上“橙色”，给鞋底台面上“灰黑色”，并且在“带边着色”下拉列表中选择“着色”。如图5－179所示，整个鞋子上色完成。至此，卡通鞋子造型设计完成。

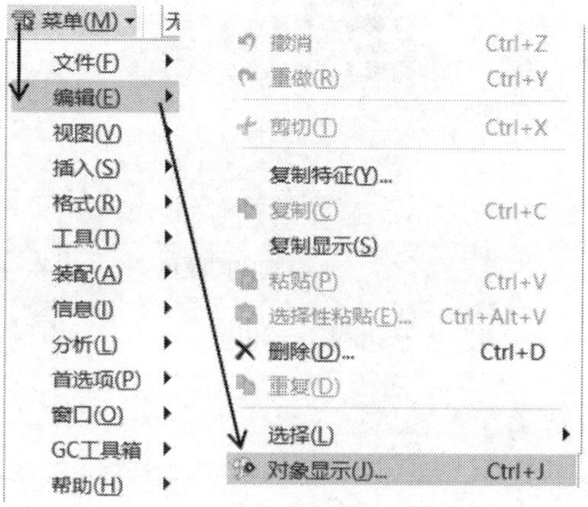

图5－172　对象显示菜单

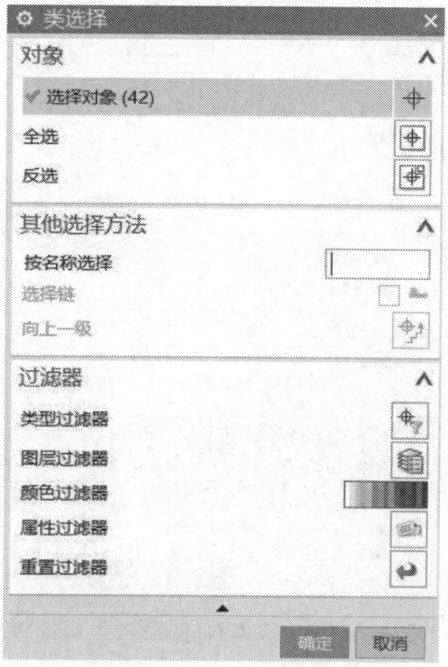

图5－173　“类选择”对话框

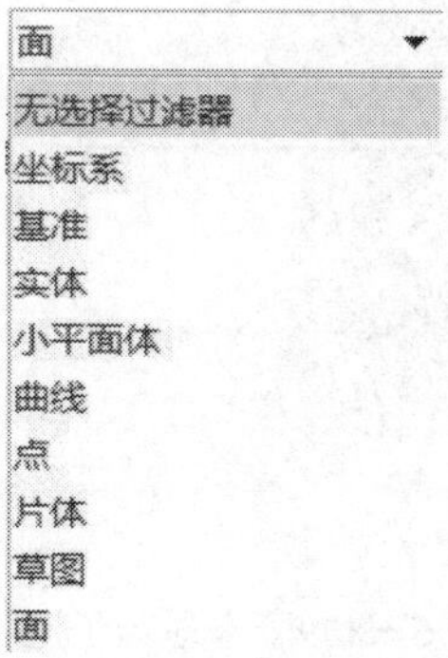

图5－174　“类型过滤器”下拉列表

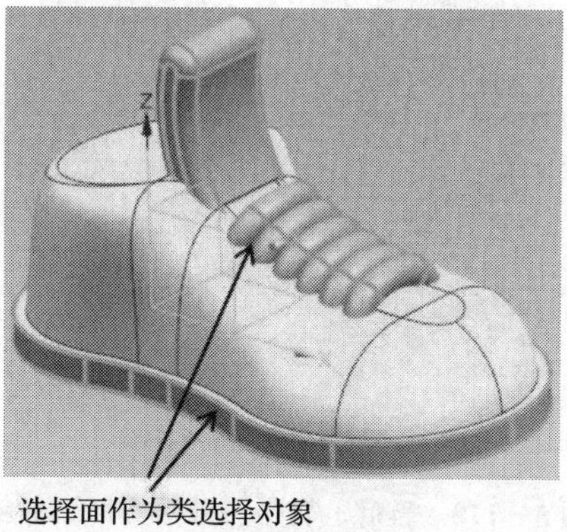

图5－175　选择对象

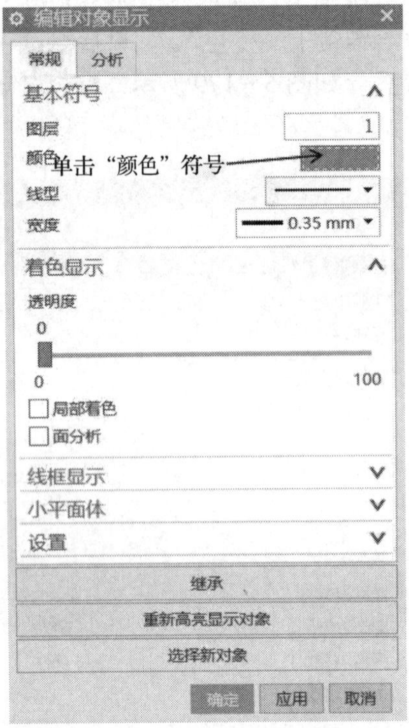

图 5－176 “编辑对象显示”对话框

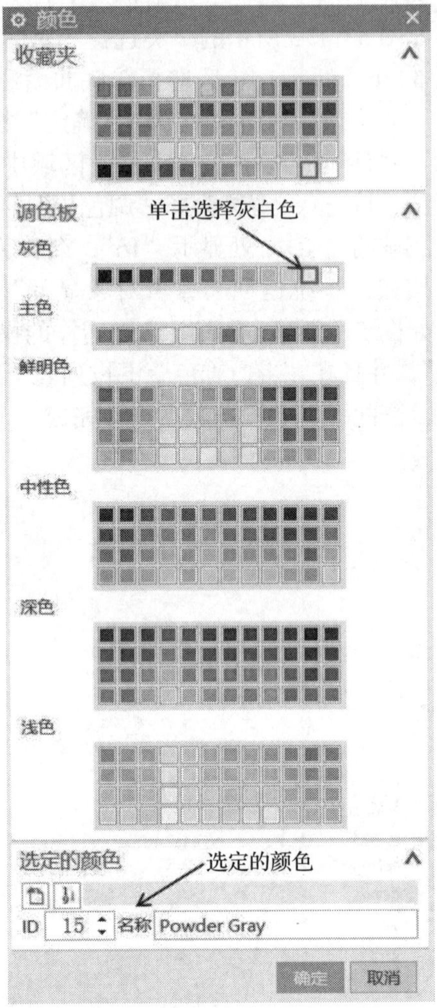

图 5－177 “颜色”对话框

图 5－178 鞋底、鞋带、鞋舌头特征上色

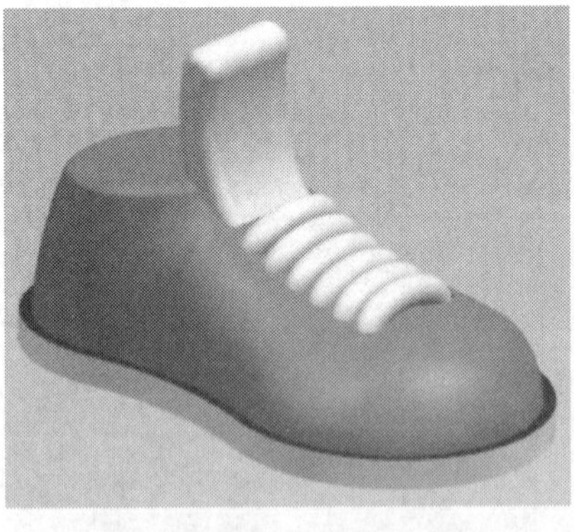

图 5－179 卡通鞋子造型

基础延伸

曲面变形，通过拉长、折弯、歪斜和扭转等操作动态快速地修改曲面。使用命令编辑后的曲面将失去参数，因此此命令属于非参数化编辑命令。

曲面变换，动态地缩放、旋转及平移曲面，同时实时地从显示内容中获取反馈。缩放、旋转和平移变换及它们组合组成了所谓的仿射映射，该功能通常用于 CAD 或其他计算机图形环境中。使用此命令编辑后的曲面将失去参数，因此此命令属于非参数化编辑命令。

知识链接

模型的偏差分析，可以检查所选的对象是否相接、相切，以及边界是否对齐等，并得到所选对象的距离偏移值和角度偏移值。

在下拉主菜单的“分析”下拉菜单中选择“偏差”子菜单下的“检查”命令，会弹出如图 5－180 所示的“偏差检查”对话框。在“偏差检查类型”区域下拉列表中选择“曲线到曲线”，选择如图 5－181 所示的线 1 和线 2，单击“操作”区域的“检查”按钮，会弹出如图 5－182 所示的“信息”窗口 1。在“偏差检查类型”区域下拉列表中选择“面到面”，选择如图 5－183 所示的面 1 和面 2，单击“操作”区域的“检查”按钮，会弹出如图 5－184 所示的“信息”窗口 2。

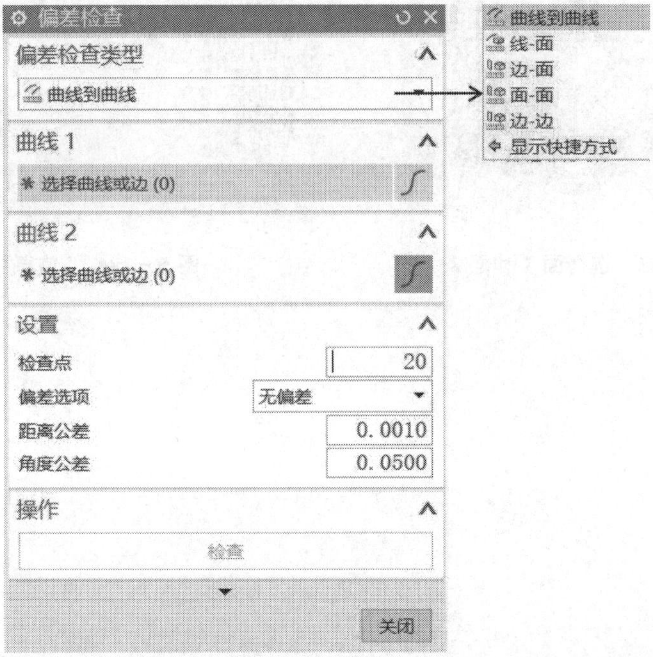

图 5－180　“偏差检查”对话框

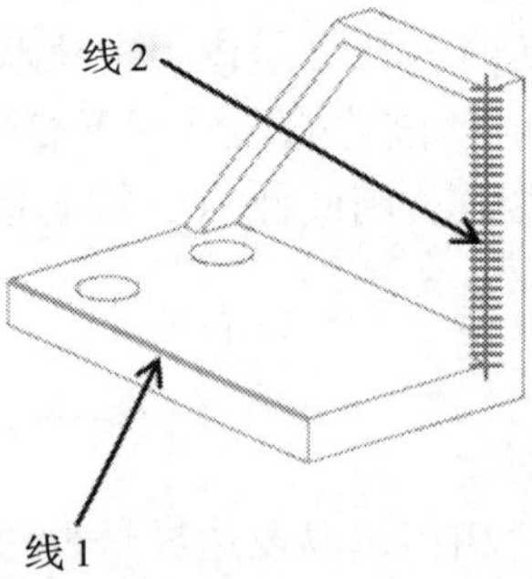

图 5－181　选择线 1 和线 2

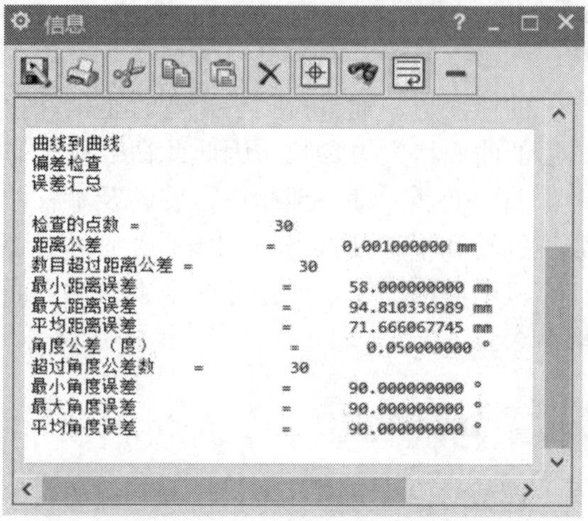

图 5－182　“信息”窗口 1

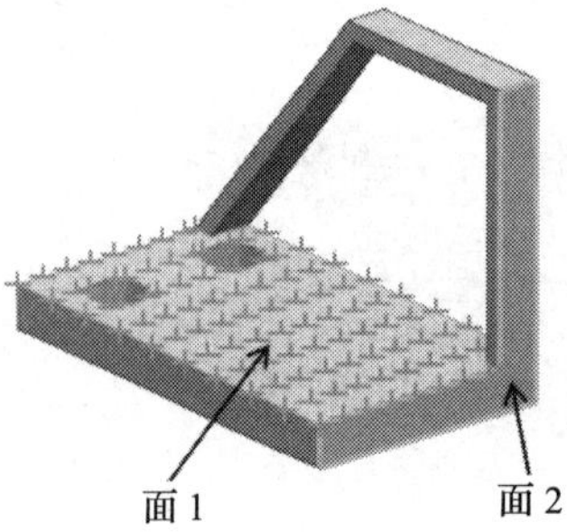

图 5－183　选择面 1 和面 2

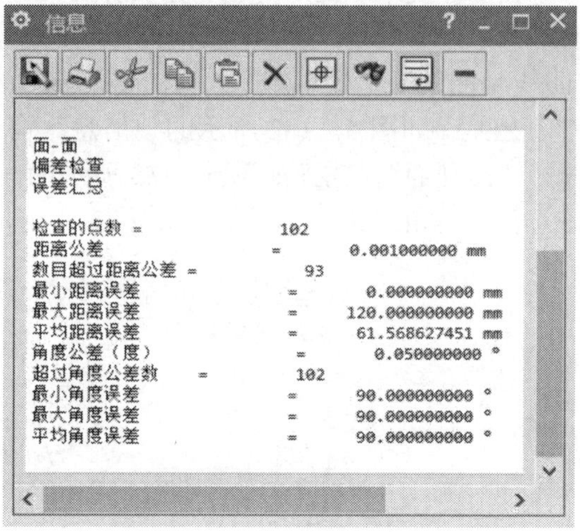

图 5－184　“信息”窗口 2

任务3

单元 6 参数化建模操作基础

单元导读

参数化设计是 UG NX 12.0 的一大功能特点，优点在于可以通过变更参数来方便地修改设计意图，从而修改设计结果。UG NX 12.0 中提供了 GC 工具箱模块，支持齿轮建模、弹簧建模等机械零部件的标准建模，使参数化建模快捷方便。

本单元通过齿轮建模，以及两齿轮啮合特征的创建等实例，使学生掌握简单的参数化建模的方法，建立参数化设计的概念。

重点难点

1. 齿轮建模的操作。
2. 两啮合齿轮参数设置。

技能目标

1. 掌握常用的齿轮、弹簧等的建模操作。
2. 熟练进行啮合齿轮参数的设置。

素养目标

参数化建模的参数设置涉及相关技术标准，要求学生在学习专业知识的同时熟悉技术标准，牢记岗位职业规范，为自己今后的职业生涯打好基础。

任务 1 圆柱齿轮建模基础

任务描述

用户在进行齿轮建模时需要掌握齿轮的相关参数，比如齿数、模数、压力角等。本任务要求用户了解 GC 工具箱的应用，其中齿轮建模的 GC 工具箱功能强大，可以根据不同齿轮形状、齿轮参数等建立不同的齿轮特征。参数化建模易于修改，特征关联性强，因此大大提高了建模效率。

任务目标

1. 理解参数化的含义。
2. 了解 UG NX 12.0 的 GC 工具箱。
3. 掌握参数化创建圆柱齿轮的操作。

实施过程

一 参数化的含义

很多零部件设计中都会应用尺寸（尺寸驱动）来约束特征形状及位置，即通过一定的数据或者关联公式计算得到相关设计尺寸，建立模型特征，这就是参数化。

二 了解 UG NX 12.0 的 GC 工具箱

用户可以在下拉主菜单里直接找到“GC 工具箱”命令，在“GC 工具箱”子菜单中有“齿轮建模”“弹簧设计”“加工准备”等常用工具，如图 6 - 1 所示。其中每个工具下都有对应的子菜单，这里不展开介绍。或者在带状工具条区切换到“主页”，在快捷工具条中直接调用 GC 工具箱里面的相关工具，如图 6 - 2 所示。

使用 GC 工具箱，可以对 GC 数据规范、齿轮建模、注释、批量创建等进行设置。使用 GC 工具箱中的齿轮建模和弹簧设计工具可以快速创建齿轮和弹簧零件；使用 GC 工具箱中的部件文件加密工具可以设置部件文件的访问和修改权限，从而提供给用户一个更为方便、更为安全的设计环境。

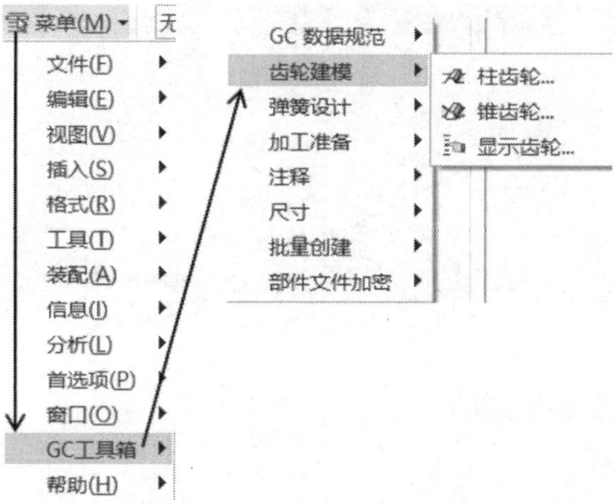

图 6－1　“GC 工具箱”子菜单

图 6－2　快捷工具条中的 GC 工具箱

三　圆柱齿轮参数化建模操作

1. 圆柱齿轮的参数化建模分析

在下拉主菜单的“GC 工具箱”中选择“齿轮建模”子菜单下的“柱齿轮”命令，或者直接在快捷工具条中单击“柱齿轮建模”按钮，在弹出的对话框中设置相关参数，如图 6－3 所示。

2. 参数化创建圆柱齿轮的操作

（1）在快捷工具条中单击“柱齿轮建模”按钮，弹出如图 6－4 所示的“渐开线圆柱齿轮建模”对话框，系统提供了“齿轮操作方式”选项，包括“创建齿轮”“修改齿轮参数”“齿轮啮合”“移动齿轮”“删除齿轮”“信息”。单击“确定”按钮会弹出如图 6－5 所示的“渐开线圆柱齿轮类型”对话框，选择“斜齿轮”，其他的为默认设置。对齿轮操作方式简单介绍如下：

1）创建齿轮：创建所要建模的齿轮。

2）修改齿轮参数：对选定的齿轮进行参数修改。

3）齿轮啮合：选定一组齿轮进行啮合参数设置。

4）移动齿轮：对选定的齿轮进行位置移动的参数设置。

5）删除齿轮：删除选定的齿轮。

6）信息：显示齿轮参数设置的信息。

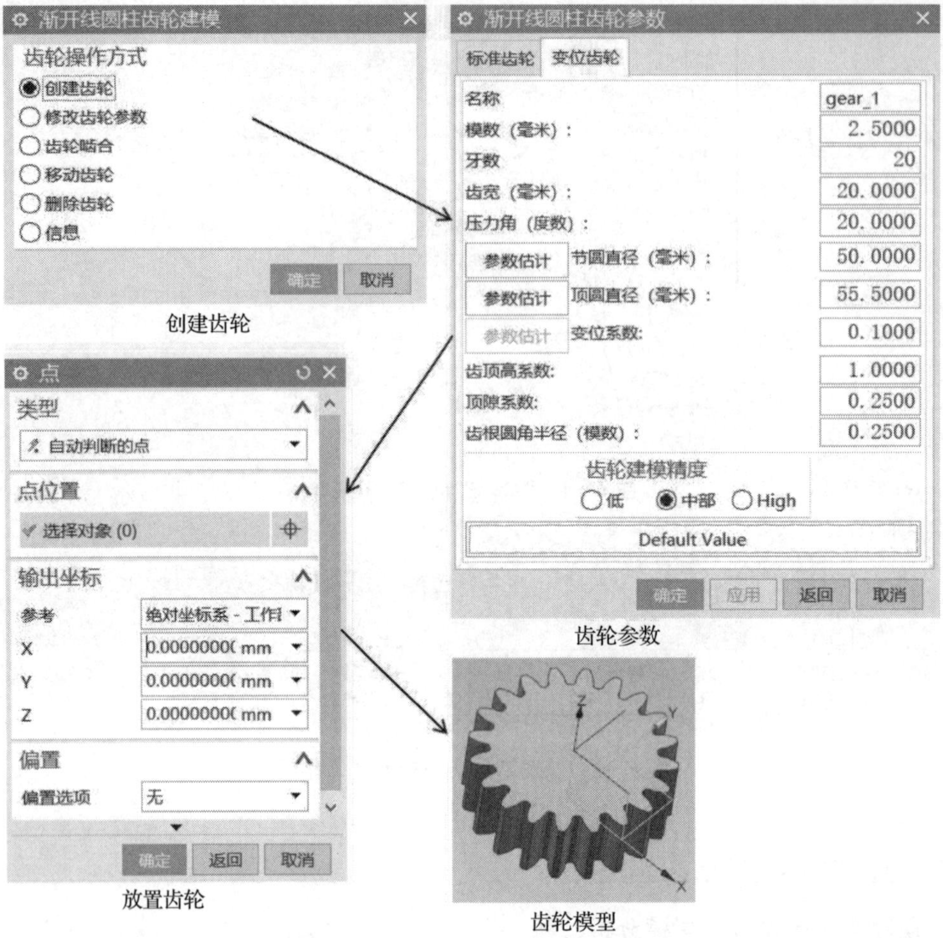

图 6－3　圆柱齿轮参数化建模分析

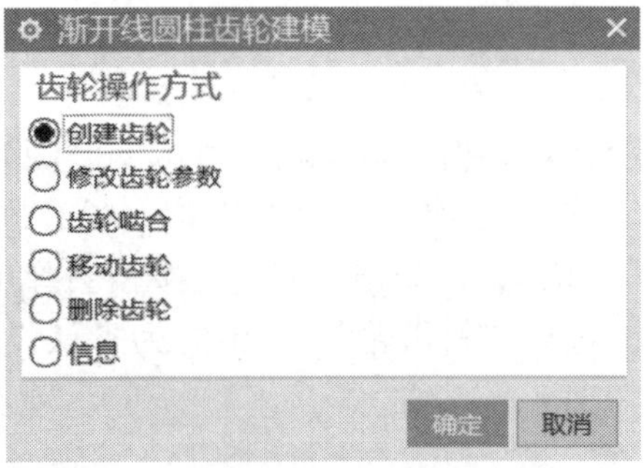

图 6－4　“渐开线圆柱齿轮建模”对话框

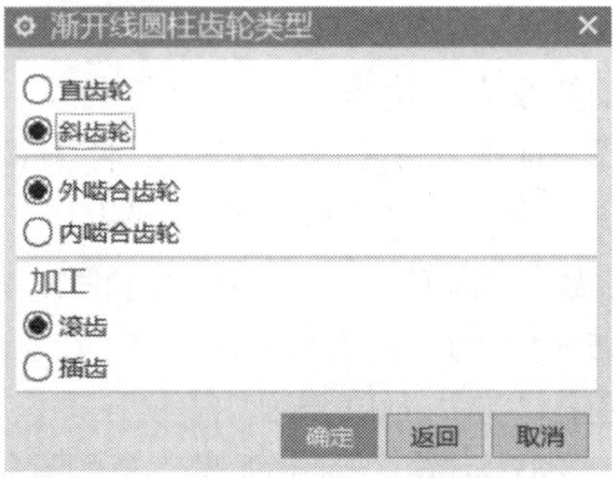

图 6－5　“渐开线圆柱齿轮类型”对话框

（2）设置齿轮的常用建模参数。图 6－6 所示为“渐开线圆柱齿轮参数”对话框，包括标准齿轮建模参数和变位齿轮建模参数。

1）标准齿轮的建模参数包括“名称”“法向模数（毫米）”“牙数”“齿宽（毫米）”“法向压力角（度数）”“齿轮建模精度”等，简单介绍如下：

①名称：给所建模的齿轮取一个名称（系统默认为“gear_1”）。

②法向模数：齿轮的模数。

③牙数：齿轮的牙数（齿数）。

④齿宽：齿轮的厚度。

⑤法向压力角：齿轮的压力角。

⑥齿轮建模精度：分为“低”“中部”“High”三个等级精度，系统默认为“中部”，可根据设计要求选择。

2）为了改善齿轮的传动性能，多采用变位齿轮，变位齿轮建模参数是比较常用的。在“齿轮建模精度”中选择“中部”，然后单击“Default Value”按钮，系统会在相关列表中显示出默认的参数，如图6-7所示。变位齿轮建模参数包含“螺旋方向”“Helix Angle（degree）”“名称”“法向模数（毫米）”“牙数”“齿宽（毫米）”“法向压力角（度数）”“节圆直径（毫米）”“顶圆直径（毫米）”“法向变位系数”“法向齿顶高系数”“法向顶隙系数”“齿根圆角半径（模数）”“齿轮建模精度”等。对变位齿轮部分参数简单介绍如下：

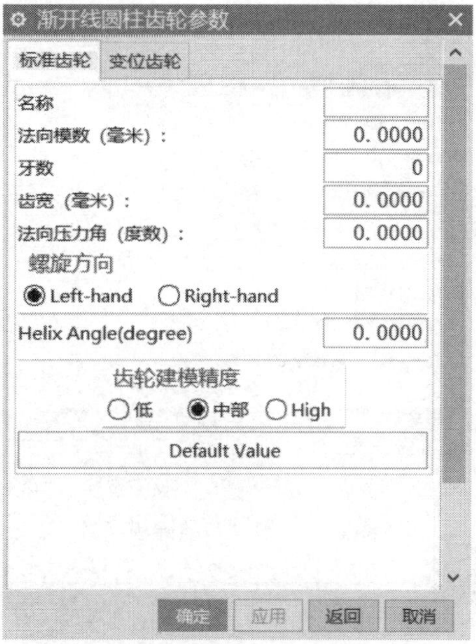

图6-6　“渐开线圆柱齿轮参数”对话框

①螺旋方向：分为左旋（Left-hand）和右旋（Right-hand）。

② Helix Angle（degree）：齿轮螺旋角度（用于圆柱斜齿轮）。

③节圆直径（毫米）：单击“参数估计”按钮，可以根据所给的参数估计节圆直径。

④顶圆直径（毫米）：单击“参数估计”按钮，可以根据所给的参数估计顶圆直径。

⑤法向变位系数：刀具移动距离的一个参数系数（用户可根据设计给定）。

⑥法向齿顶高系数：可以采用系统默认值。

⑦法向顶隙系数：可以采用系统默认值。

⑧齿根圆角半径（模数）：可以采用系统默认值。

⑨ Default Value：默认值。

下面以圆柱斜齿轮为例介绍相关参数的设置。如图6-8所示，“名称”设置为“斜齿大”，“法向模数（毫米）”设置为2.5，“牙数”设置为37，“齿宽（毫米）”设置为25，“法向压力角（度数）”设置为20.647，“螺旋方向”选择“Right-hand”，“Helix Angle（degree）”设置为15；“顶圆直径（毫米）”设置为100.76。单击“节圆直径（毫米）”前面的“参数估计”按钮，会弹出如图6-9所示的“Input Parameters of Match Gear”对话框，在对话框中输入“牙数”参数“37”，输入“法向变位系数”参数“-0.1”，单击“确定”按钮得到“节圆直径”参数为“95.763”，圆柱斜齿轮的参数设置成功。

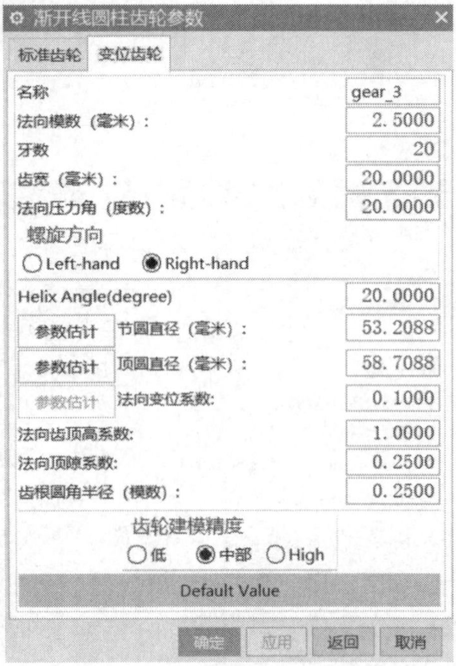

图 6-7　变位齿轮建模参数

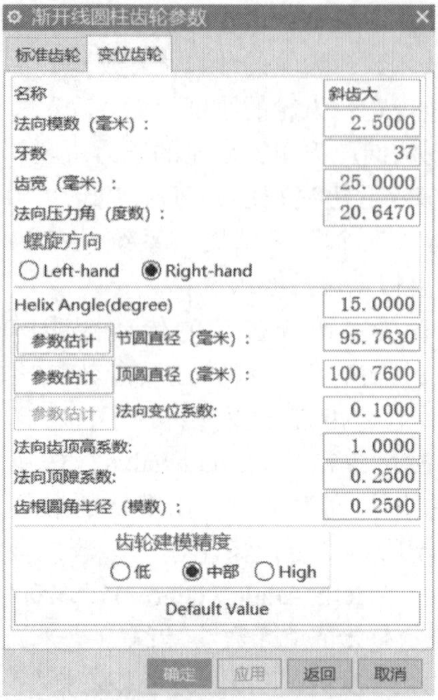

图 6-8　圆柱斜齿轮参数设置

图 6-9　输入配合齿轮参数

技能点拨

（1）齿轮建模的默认参数值一般都是常用参数值，可单击“Default Value”按钮，会在所对应的选项中显示默认的参数值。用户也可以根据实际的设计要求修改相关尺寸。

（2）建议“齿轮建模精度”选择“中度”，然后单击“Default Value”按钮，系统会在相关列表中显示默认的参数，再根据设计要求修改相关参数，进行下一步操作。

（3）改变刀具与齿坯相对位置后切制出来的齿轮称为变位齿轮，刀具移动的距离 xm 称为变位量，x 称为变位系数。

（4）在当前选项卡中逐一进行参数设置，输入数据时不可直接按回车键确认，否则表示确定进入下一步参数设置，应把当前选项卡的参数设置完后再按回车键确认。

（3）设置齿轮放置的参数。图 6-10 所示为“矢量”对话框，用户可以通过选择基准坐标来确定齿轮的放置方向。一般采用 Z 轴正方向为齿轮的放置方向。确定好齿轮的放置方向后系统自动进入确定齿轮位置点的“点”对话框，如图 6－11 所示，一般采用默认的（0，0，0）点，用户可以根据实际设计参数修改放置点的位置。

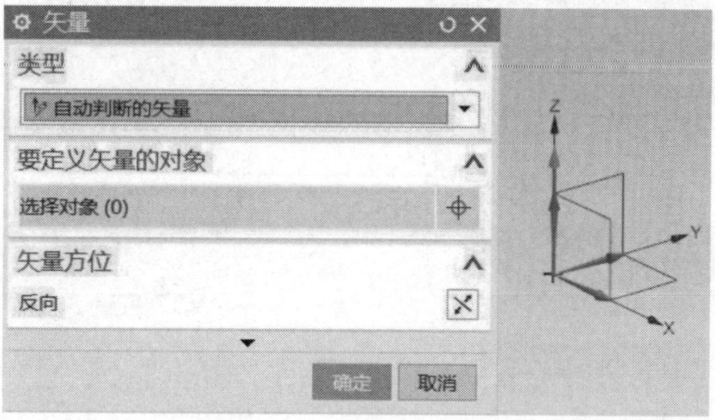

图 6－10　“矢量”对话框

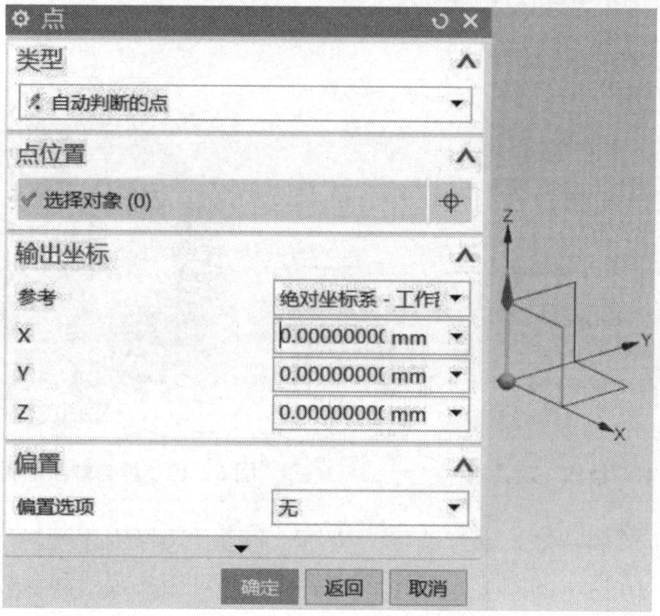

图 6－11　“点”对话框

所有的参数设置完成。图 6－12 所示为完成参数化设置后得到的圆柱斜齿轮基本模型。

（4）创建圆柱斜齿轮的端面增料特征。在下拉主菜单的“插入”下拉菜单中选择“设计特征”子菜单中的“拉伸”命令。选取齿轮的端面上表面为草图平面，进入草绘环境后，运用“圆心和直径定圆”方式绘制齿轮端面截面图形，如图 6－13 所示，完成草图后退出草绘环境。在“拉伸”对话框中“限制”区域的“开始”下拉列表中选择“值”，并在其下的“距离”文本框中输入参数“0”，在“结束”下拉列表中选择“值”，并在其下的“距离”文本框中输入参数“4.8”（注意方向），在“布尔”下拉列表中选择

“合并”，其他为默认设置，如图 6－14 所示，单击“确定”按钮完成齿轮端面增料特征的创建，如图 6－15 所示。

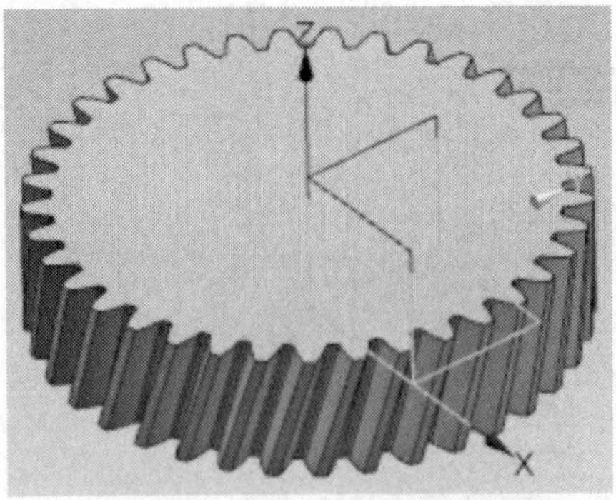

图 6－12　圆柱斜齿轮基本模型

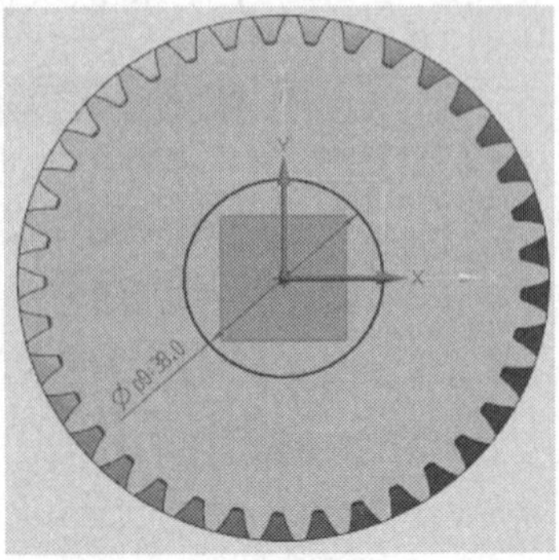

图 6－13　齿轮端面截面图形

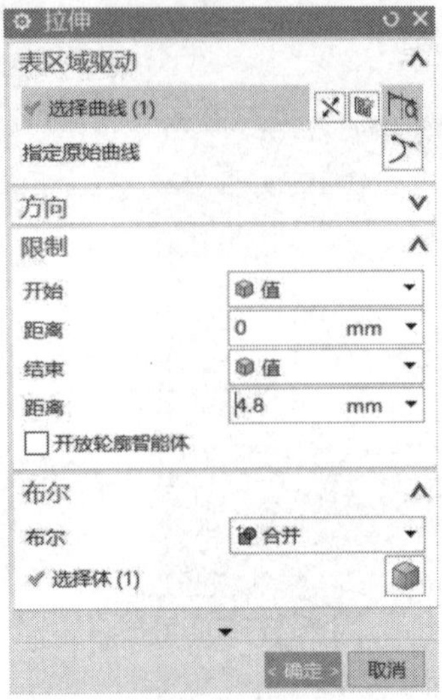

图 6－14　“拉伸”对话框

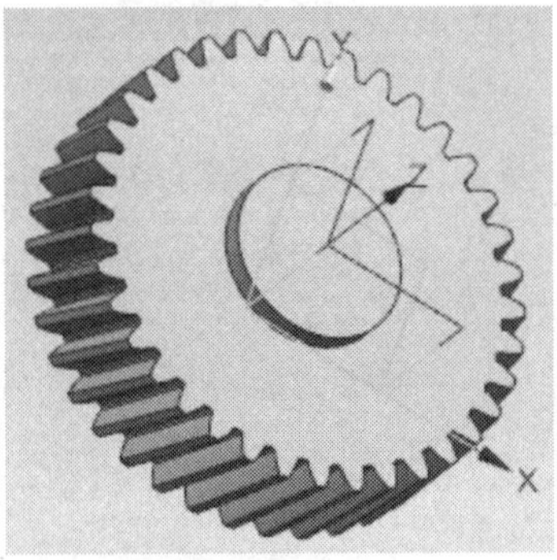

图 6－15　齿轮端面增料特征的创建

（5）创建端面除料特征。继续选择“拉伸”命令，选择刚才增料特征端面为草图平面，绘制如图 6－16 所示的图形。如图 6－17 所示，对相关选项和参数进行设置，完成如图 6－18 所示端面除料特征的创建。

（6）对端面轮毂进行修饰。选择“倒斜角”命令，弹出“倒斜角”对话框，如图 6－19 所示。设置相关选项和参数，选择两条端面棱边线，单击“应用”按钮，然后选择如图 6－20 所示的棱边线，设置相关选项和参数，单击“确定”按钮完成倒斜角操作。

选择“边倒圆”命令，弹出“边倒圆”对话框，如图 6－21 所示，设置相关选项和参数，选择指定的棱边线进行边倒圆，然后单击“确定”按钮。整个圆柱斜齿轮建模完成，如图 6－22 所示。

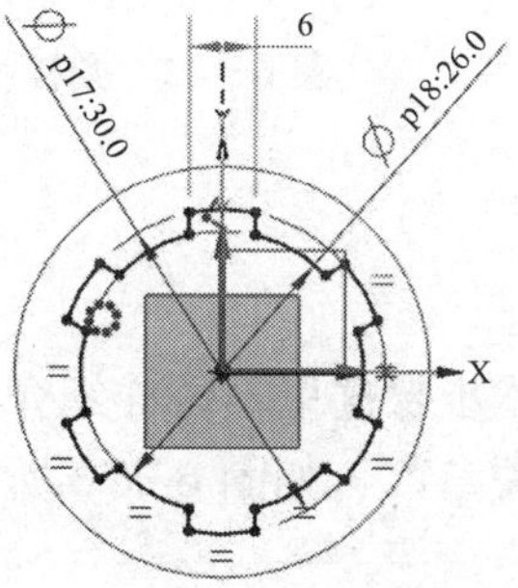

图 6－16 图形

图 6－17 “拉伸”对话框

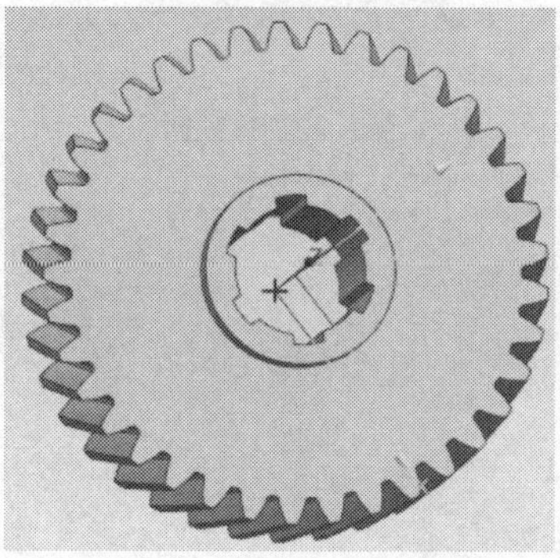

图 6－18 端面除料特征

图 6－19 “倒斜角”对话框

图 6－20 棱边倒斜角

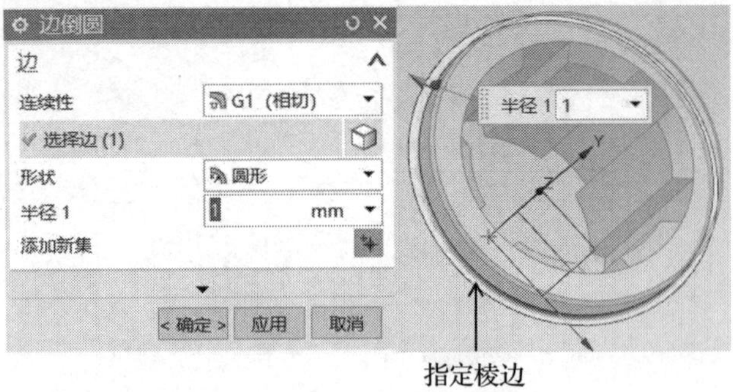

图 6－21　边倒圆

图 6－22　圆柱斜齿轮

基础延伸

可以参照圆柱齿轮的参数设置创建圆锥齿轮，具体步骤这里不再详细介绍。按照在“圆锥齿轮类型”和“圆锥齿轮参数”对话框中设置相关参数，如图 6－23 所示，完成如图 6－24 所示的圆锥直齿轮的创建。

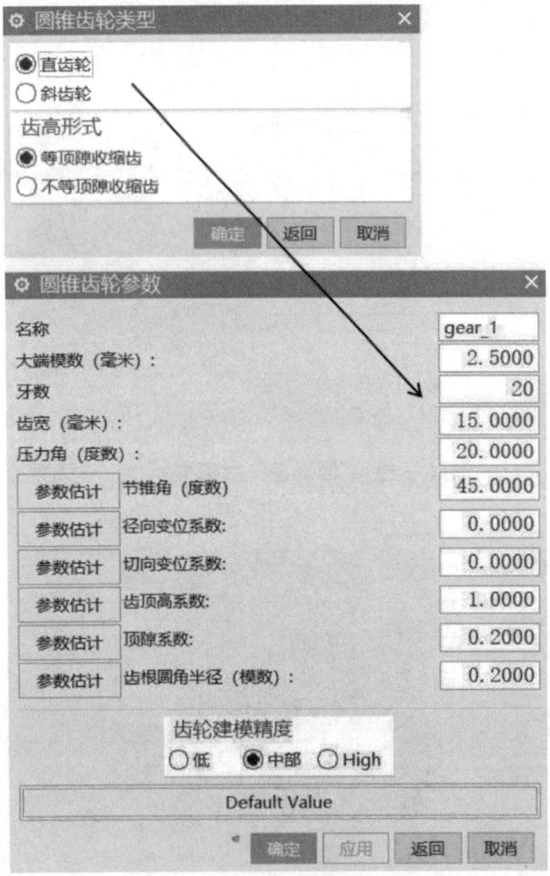

图 6－23　“圆锥齿轮类型”和“圆锥齿轮参数”对话框

图 6－24　圆锥直齿轮

知识链接

使用GC工具箱中的弹簧设计工具，可以便捷地创建各种标准弹簧，包括圆柱压缩弹簧、圆柱拉伸弹簧以及碟形弹簧。

圆柱压缩弹簧的创建：在下拉主菜单的“GC工具箱”中选择“弹簧设计”子菜单中的“圆柱压缩弹簧”命令。参照如图6-25所示的“圆柱压缩弹簧”对话框，选择放置弹簧的矢量方向为*ZC*轴，放置点为坐标原点，设置“输入参数”等相关参数数据，如图6-26所示，其他的采用默认的设置。如图6-27所示为创建好的圆柱压缩弹簧。

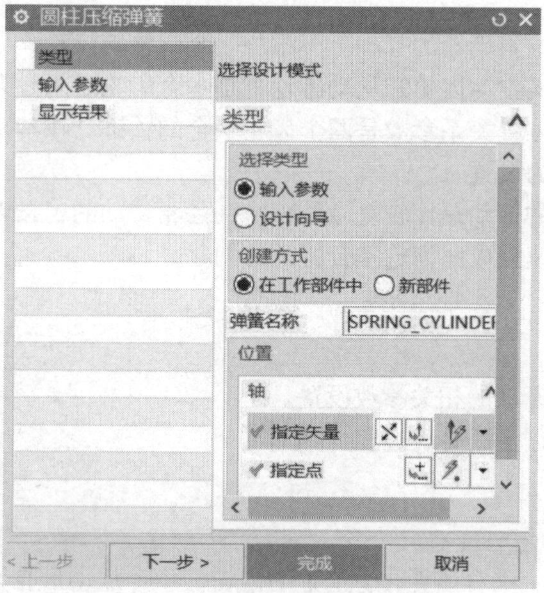

图6-25　“圆柱压缩弹簧”对话框

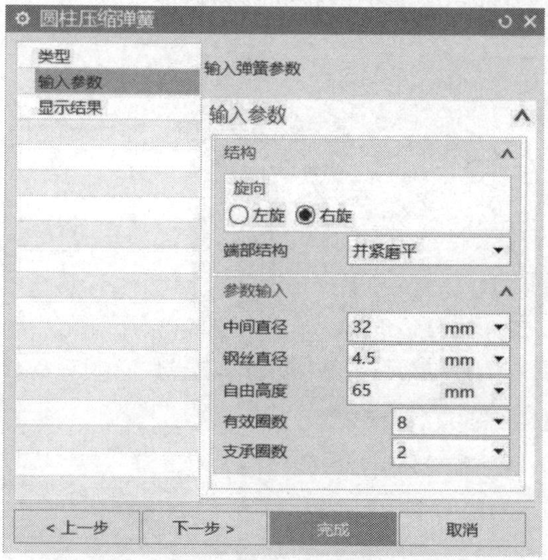

图6-26　设置“输入参数”

图6-27　圆柱压缩弹簧

任务 2 圆柱齿轮啮合特征的创建

任务描述

在前面介绍的圆柱斜齿轮的基础上再添加一个圆柱斜齿轮，分别将它们设置为主动齿轮和从动齿轮。定义主动齿轮和从动齿轮，是啮合齿轮之间参数设置的基础；定义主动齿轮和从动齿轮的位置关系参数是两个齿轮啮合的关键。在本实例中学习两个齿轮之间啮合的系数、参数的设置。

机械零部件之间的传动是比较复杂的，掌握齿轮传动的定义以及啮合齿轮之间位置参数的设置，可以快速完成两齿轮啮合特征的创建。

参数建模 两齿轮外啮合

任务目标

1. 掌握啮合齿轮设计的相关参数设置。
2. 掌握啮合齿轮创建的一般过程。

实施过程

本实例介绍了两个啮合齿轮（一个主动齿轮，一个从动齿轮）的创建过程，整个过程主要包括圆柱斜齿轮参数设置、两个圆柱斜齿轮位置的约束、啮合参数设置、圆柱斜齿轮其他特征的创建等。图 6－28 所示为创建的两个齿轮外啮合特征。

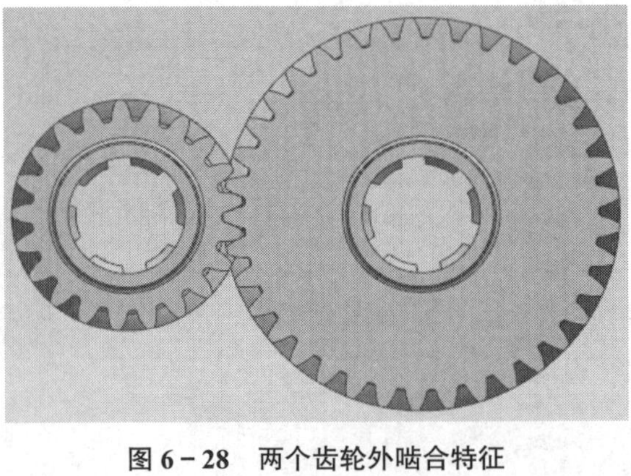

图 6－28　两个齿轮外啮合特征

技能点拨

为了方便使用，用户可以保存任务1中的圆柱斜齿轮，然后在任务2中调出使用。

特别说明：书中在参数设置时已经将从动齿轮命名为“斜齿大”，将主动齿轮命名为“斜齿小”。

（1）打开已保存的从动齿轮。

打开从动齿轮“斜齿大”文件，齿轮默认的放置位置为坐标原点。

（2）创建主动齿轮。

在下拉主菜单的“GC工具箱”中选择“齿轮建模”子菜单中的“柱齿轮”命令，系统弹出“渐开线圆柱齿轮建模”对话框，在对话框中选择“创建齿轮”，单击“确定”按钮，弹出如图6－29所示的“渐开线圆柱齿轮类型”对话框，选择“斜齿轮”“外啮合齿轮”“滚齿”，然后单击“确定”按钮，弹出如图6－30所示的“渐开线圆柱齿轮参数”对话框，选择“变位齿轮”选项卡，单击“Default Value”按钮，这时系统会自动显示默认的参数。

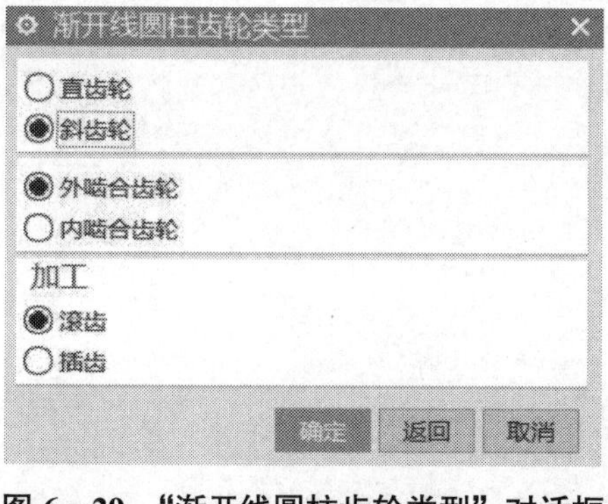

图6－29 “渐开线圆柱齿轮类型”对话框

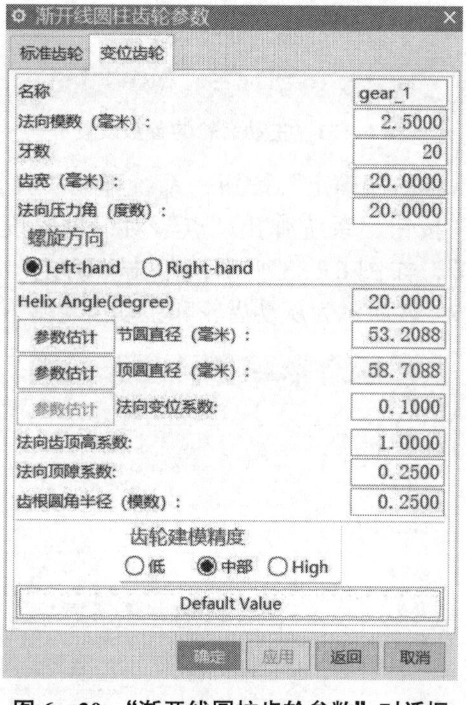

图6－30 “渐开线圆柱齿轮参数”对话框

参考图6－31进行参数修改。“名称”改为“斜齿小”，在“法向模数（毫米）”文本框中输入“2.5”，在“牙数”文本框中输入“21”，在“齿宽（毫米）”文本框中输入“25”，在“法向压力角（度数）”文本框中输入“20.647”，“螺旋方向”选择“Left-hand”，“Helix Angle（degree）”输入“15”；在“顶圆直径（毫米）”文本框中输入“59.35”后单击“节圆直径（毫米）”前面的“参数估计”按钮，弹出如图6－32所示的“ Input Parameters of Match Gear”对话框，在对话框中输入“牙数”参数“21”，输入“法向变位系数”参数“-0.1”，单击“确定”按钮，得到“节圆直径”参数为“54.351 9”，主动齿轮的参数设置完成。

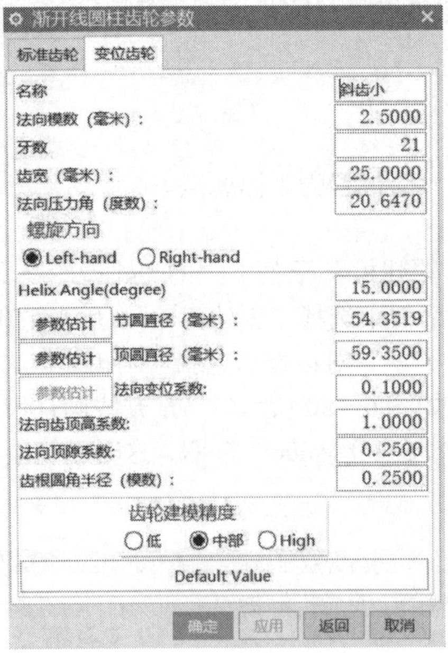

图 6-31　主动齿轮的参数设置

图 6-32　输入配合齿轮参数

单击“确定”按钮，系统弹出“矢量”对话框，选择 *ZC* 轴为矢量轴，单击“确定”按钮，系统弹出“点”对话框，设置“*X*”为“200”、“*Y*”为“200”、“*Z*”为“30”，如图 6-33 所示，单击“确定”按钮，主动齿轮“斜齿小”基本创建完成。图 6-34 所示为从动齿轮和主动齿轮基本体。

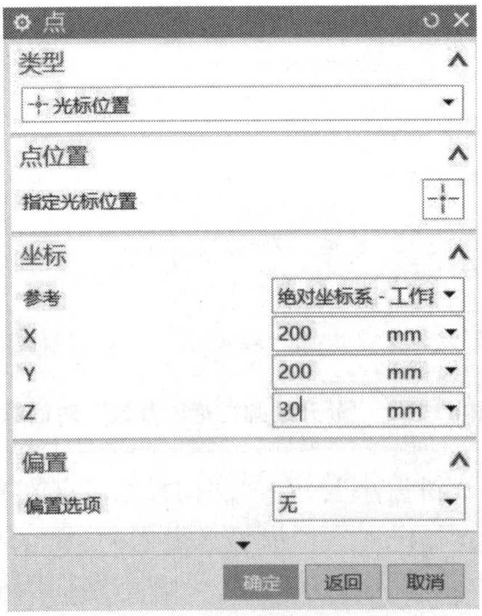

图 6-33　放置齿轮的坐标点

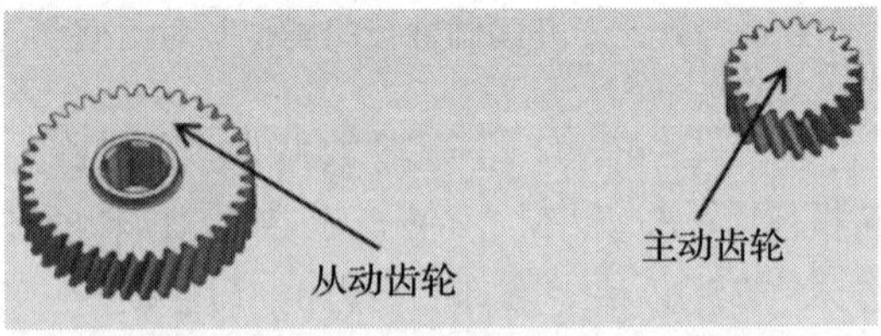

图 6-34　从动齿轮和主动齿轮基本体

（3）主动齿轮端面增料特征的创建。

在下拉主菜单的“插入”中选择“设计特征”子菜单中的“拉伸”命令。选取齿轮的端面上表面为草图平面，进入草绘环境后，运用“圆心和直径定圆”方式绘制齿轮端面截面图形，如图6－35所示，完成草图后退出草绘环境。在“拉伸”对话框中“限制”区域的“开始”下拉列表中选择“值”，并在其下的“距离”文本框中输入参数“0”，在“结束”下拉列表中选择“值”，并在其下的“距离”文本框中输入参数“4.8”（注意方向），在“布尔”下拉列表中选择“合并”，如图6－36所示，其他为默认设置，单击“确定”按钮完成齿轮端面增料特征的创建，如图6－37所示。

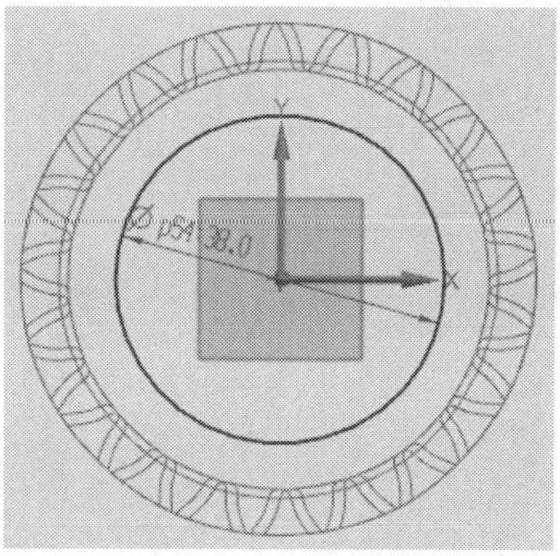

图6－35　截面图形

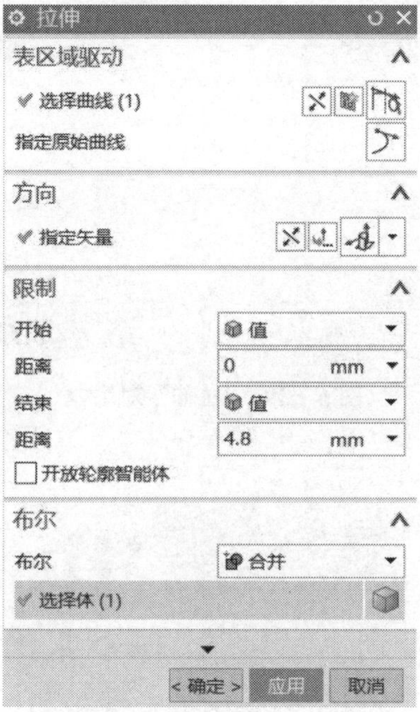

图6－36　“拉伸”对话框

图6－37　端面增料特征

（4）主动齿轮端面除料特征的创建。

继续选择“拉伸”命令，选择刚才的增料特征的端面为草图平面，绘制如图6－38所示的图形。在“拉伸”对话框中进行相关选项和参数设置，如图6－39所示，完成如图6－40所示端面除料特征的创建。

（5）对主动齿轮端面轮毂进行修饰。

主动齿轮和从动齿轮的倒斜角、边倒圆等操作一样，用户可以参考任务1中的操作，这里不再赘述。如图6－41所示，主动齿轮创建完成。

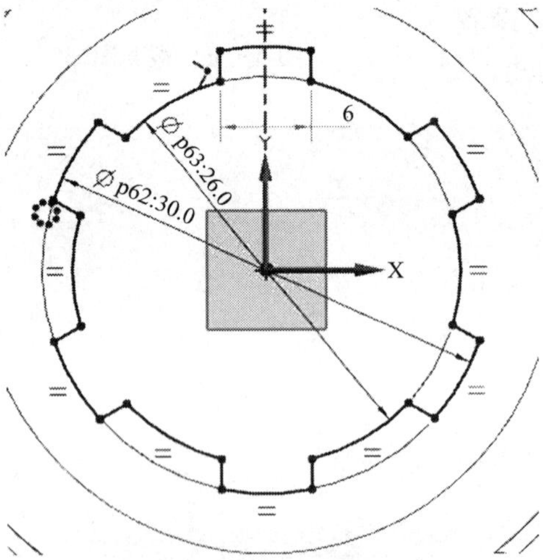

图 6-38　图形

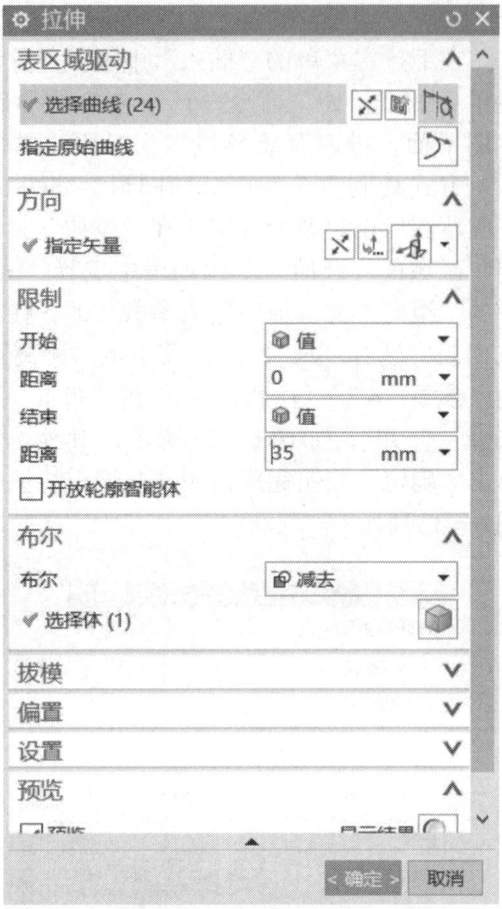

图 6-39　“拉伸”对话框

图 6-40　端面除料特征

图 6-41　主动齿轮

（6）将从动齿轮“斜齿大”与主动齿轮“斜齿小”进行外啮合。

在下拉主菜单的“GC 工具箱”中选择“齿轮建模”子菜单中的“圆柱齿轮”命令，弹出如图 6-42 所示的“渐开线圆柱齿轮建模”对话框，在对话框中选择“齿轮操作方式”为“齿轮啮合”，单击“确定”按钮，会弹出“选择齿轮啮合”对话框，如图 6-43 所示，在“所有存在齿轮”区域选中“斜齿大”，单击“设置从动齿轮”按钮；选中“斜齿小”，单击“设置主动齿轮”按钮，即对齿轮定义完成。单击“中心连线向量”按钮，会弹出如图 6－44 所示的“矢量”对话框，在“类型”下拉列表中选择“*XC* 轴”，单击“确定”按钮后返回“选择齿轮啮合”对话框，再次单击“确定”按钮，完成两个齿轮外啮合特征的创建，如图 6－45 所示。

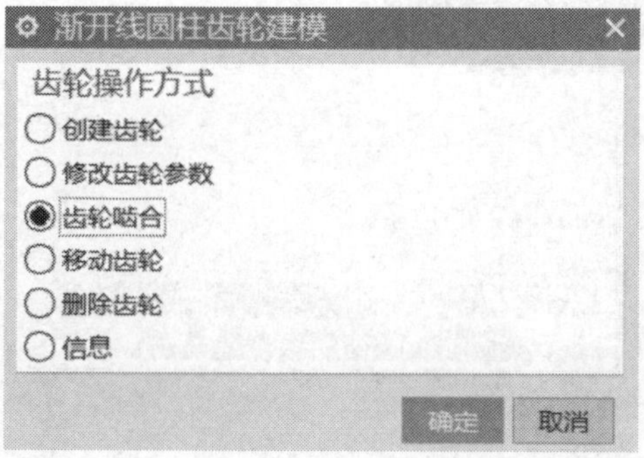

图 6－42　“渐开线圆柱齿轮建模”对话框

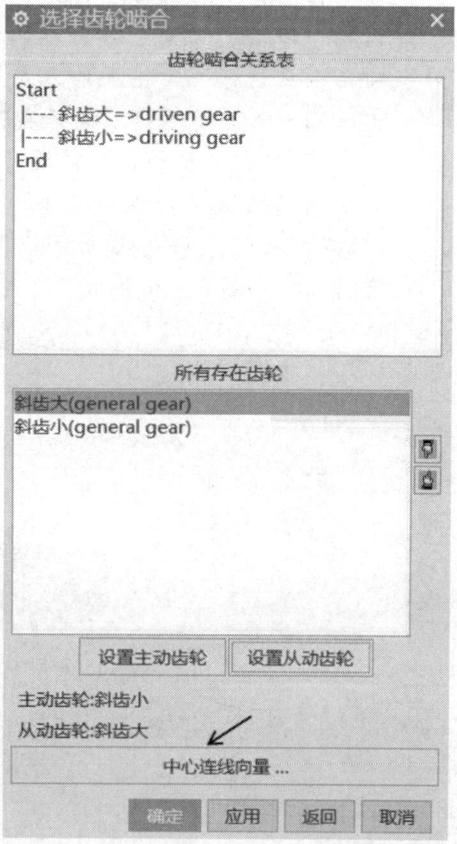

图 6－43　定义主动齿轮和从动齿轮

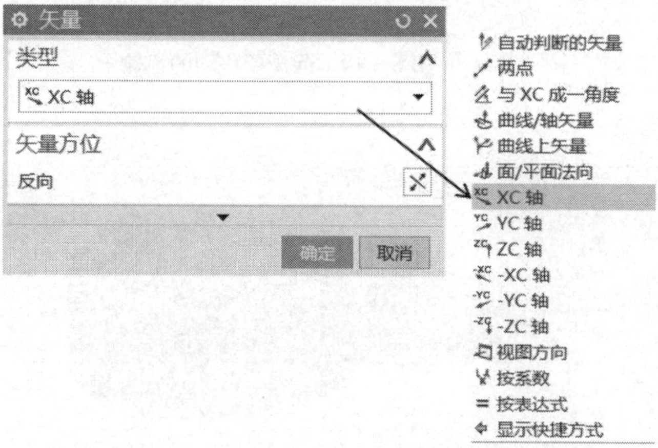

图 6－44　“*XC* 轴”为两个啮合齿轮的连线轴线

图 6－45　齿轮外啮合特征

技能点拨

移动齿轮：当两个齿轮在啮合时位置出现偏离，需要移动其中一个齿轮。图 6－46 所示为移动从动齿轮“gear_1”的位置。

在下拉主菜单的“GC 工具箱”中选择“齿轮建模”子菜单中的“圆柱齿轮”命令，弹出“渐开线圆柱齿轮建模”对话框，如图 6－47 所示。在对话框中选择“齿轮操作方式”为“移动齿轮”，单击“确定”按钮，会弹出如图 6－48 所示的“选择齿轮进行操作”对话框，选中“gear_1”，单击“确定”按钮，会弹出“移动齿轮”对话框，在“DZC”中输入参数“15”，并取消“保留齿轮啮合关系”复选框的勾选，如图 6－49 所示，然后单击“确定”按钮，完成从动齿轮“gear_1”位置的移动。两个圆柱直齿轮外啮合特征，如图 6－50 所示。

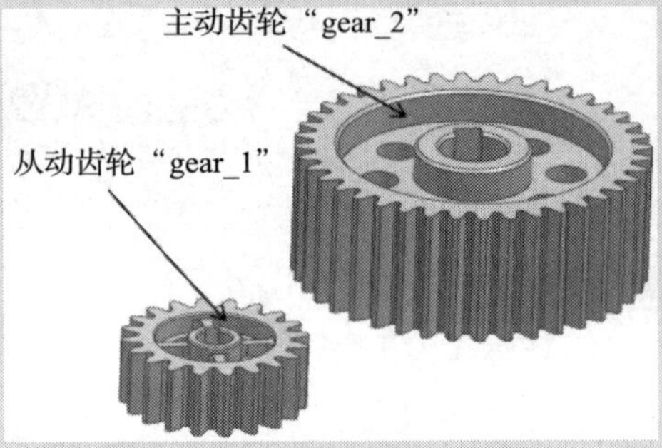

图 6－46　移动从动齿轮“gear_1”的位置

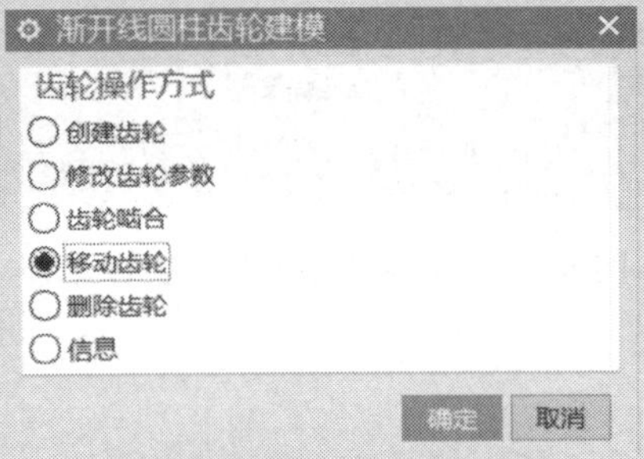

图 6－47　移动齿轮

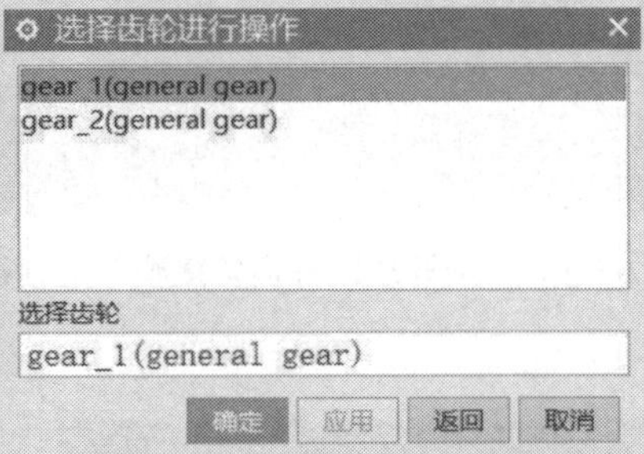

图 6－48　选择要移动的齿轮

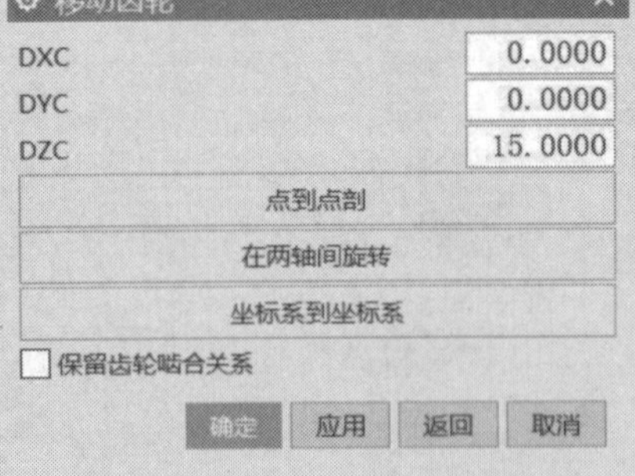

图 6－49　输入移动距离

图 6－50　圆柱直齿轮外啮合特征

基础延伸

圆柱拉伸弹簧的创建：在下拉主菜单的“GC工具箱”中选择“弹簧设计”子菜单中的“圆柱拉伸弹簧”命令，弹出如图6－51所示的“圆柱拉伸弹簧”对话框，选择*ZC*轴为放置弹簧的矢量方向，放置点为坐标原点；选择“输入参数”，在“端部结构”下拉列表中选择“半圆钩环”，输入相关弹簧参数，如图6－52所示，其他的采用默认的设置，单击“完成”按钮。图6－53所示为创建的圆柱拉伸弹簧。

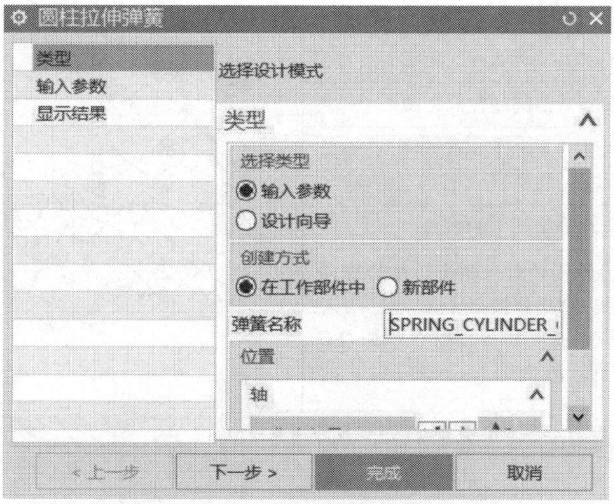

图6－51　“圆柱拉伸弹簧”对话框

图6－52　输入弹簧参数

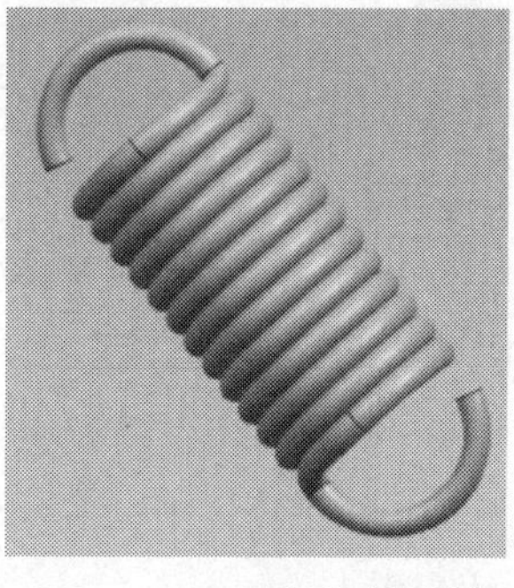

图6－53　圆柱拉伸弹簧

知识链接

用户在创建直齿圆柱齿轮时需要对其基本的参数有所了解，表6－1所示为直齿圆柱齿轮各部分的名称和基本参数。

表 6－1　直齿圆柱齿轮各部分的名称和基本参数

名称	符号	说明	示意图
齿数	z		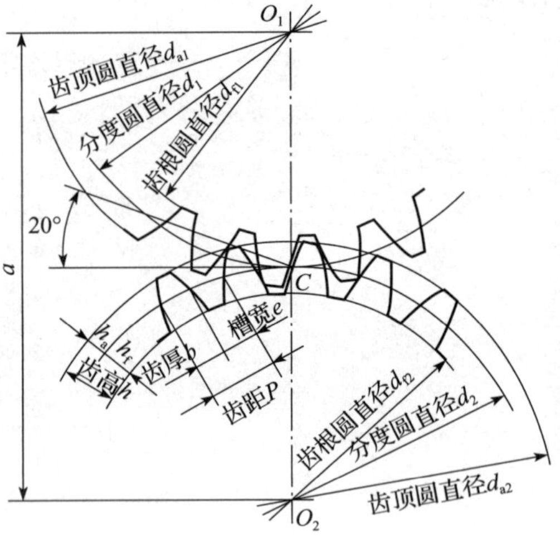
模数	m	$\pi d=zp$，$d=p/\pi z$，令 $m=p/\pi$	
齿顶圆	d_a	通过轮齿顶部的圆周直径	
齿根圆	d_f	通过轮齿根部的圆周直径	
分度圆	d	齿厚等于槽宽处的圆周直径	
齿高	h	齿顶圆与齿根圆的径向距离	
齿顶高	h_a	分度圆到齿顶圆的径向距离	
齿根高	h_f	分度圆到齿根圆的径向距离	
齿距	p	在分度圆上相邻两齿廓对应点的弧长（齿厚＋槽宽）	
齿厚	s	每个齿在分度圆上的弧长	
节圆	d'	一对齿轮传动时，两齿轮的齿廓在连心线 O_1O_2 上接触点 C 处，两齿轮的圆周速度相等，以 O_1C 和 O_2C 为半径的两个圆称为相应齿轮的节圆	
压力角	a	齿轮传动时，一齿轮（从动轮）齿廓在分度圆上点 C 的受力方向与运动方向所夹的锐角称为压力角。我国采用标准压力角为 20°	
啮合角	a'	在点 C 处两齿轮受力方向与运动方向的夹角	

单元 7 装配图与爆炸图操作基础

单元导读

一个产品或者组件基本上都是由多个部件装配或者组合起来的，即装配。本单元在简单介绍 UG NX 12.0 装配操作的基础上，主要讲解的内容有：装配环境认知，例如装配导航器的使用、组件添加和删除、装配约束等；将装配好的装配体生成爆炸图，并对爆炸图进行编辑。在装配过程中，学生熟练掌握装配约束的应用、装配的一般过程、部件的阵列，以及爆炸图的编辑。

常见的装配包括多组件装配和虚拟装配两种装配模式，多组件装配是一种简单装配，其装配原理是将每个组件信息复制到装配体中，然后将每个组件放到对应的位置；虚拟装配则是建立一个组件的连接，装配体与组件是一种引用关系。

重点难点

1. UG NX 12.0 的装配认知和基础操作。
2. UG NX 12.0 的装配方法的使用。
3. UG NX 12.0 爆炸图的基础操作。

技能目标

1. 掌握 UG NX 12.0 的装配约束和几种装配方法。
2. 了解 UG NX 12.0 爆炸图的操作过程。

素养目标

机器由各个零部件组装起来才能运转，安全操作才能完成指定的任务，任何一个零部件出现问题都会影响机器运作，这体现出零部件之间的协作。人们在工作岗位上同样讲究团队协作，以高效完成工作任务。通过本单元的学习，培养学生的集体意识和团结互助精神。

任务 1 装配环境认知及装配方法

任务描述

认识装配环境，熟悉各功能设置，了解在装配过程中组件之间的配对是通过“约束关系”来实现的。装配的约束条件用于定位装配的组件，可以制定一个部件相对于装配体中另一个部件或者特征之间的关系。

一般装配过程中要把握好两种基本方式：一种是由上往下的装配方式，另一种是由下往上的装配方式。在装配过程中这两种方式可以混合使用。

任务目标

1. 熟悉 UG NX 12.0 的装配环境、装配约束操作。
2. 掌握 UG NX 12.0 装配的一般过程。

实施过程

一 进入装配环境

1. 装配中的相关术语及概念

（1）装配部件：装配部件是 UG NX 12.0 在装配后形成的结果，是由零件和子装配构成的部件。在 UG NX 12.0 中允许向任意一个“.prt”文件中添加部件组成装配，因此任意一个“.prt”文件都可以作为装配部件。

（2）子装配：子装配是在上一级装配中被当作组件引用的装配，它也拥有自己的组件。子装配是一个相对的概念，任意一个装配部件都可以在更高级的装配中用作子装配。

（3）主模型：主模型是供后续操作共同引用的部件模型，即同一个主模型可以被工程图、装配、加工、机构分析和有限元分析等模块引用。当主模型改变时，相关的应用也将自动更新。

（4）组件对象：组件对象是一个从装配部件链接到部件主模型的指针实体。一个组件对象包含的信息有部件名称、层、颜色、引用集和装配条件等。

（5）单个部件：单个部件是指在装配外存在的部件几何模型，它不包含下级组件，但是可以添加到一个装配中。

（6）配对条件：配对条件是组件装配约束关系的集合，它由一个或多个约束条件组成，用户可以通过这些约束条件限制装配组件的自由度，进而确定组件的位置。

> **技能点拨**
>
> 在系统中一般不严格区分零件和部件。各部件的实际几何数据并不存储在装配部件文件中，而是存储在各自的部件文件中。

2. 新建文件

启动软件后新建文件，操作步骤如下：

（1）在快捷工具条中单击“新建”按钮。

（2）在弹出的如图 7－1 所示的对话框中选择模板类型为“装配”，默认的过滤器单位选项为“毫米”。在“名称”和“文件夹”中，用户可以根据实际情况设置装配体的名称和所在的文件路径，单击“确定”按钮系统会弹出如图 7－2 所示的“添加组件”对话框，然后单击“关闭”按钮，进入装配环境，如图 7－3 所示。此处是打开已经装配好的“机械手臂”组件，用户可以在装配快捷工具条中隐藏的（黑色小三角形）工具菜单中调出隐藏的工具。用户还可以在“插入”菜单中选择“装配”命令，调出常用的几个菜单，如图 7－4 所示。

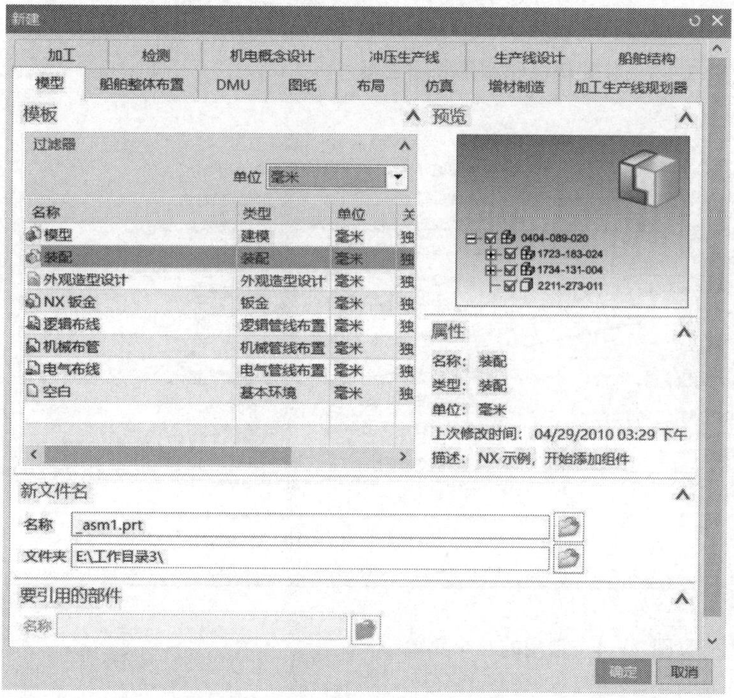

图 7－1　选择模板类型为“装配”

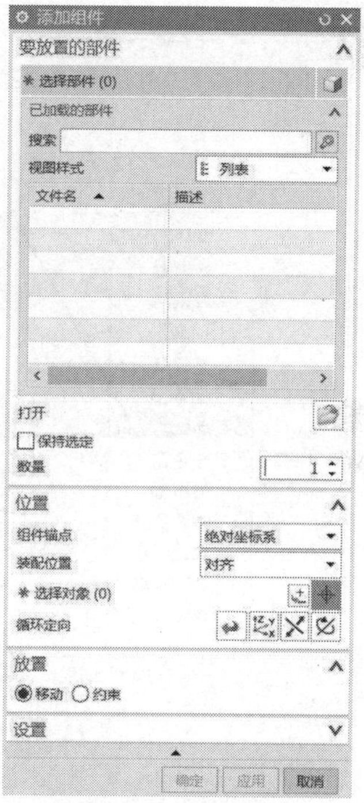

图 7－2　“添加组件”对话框

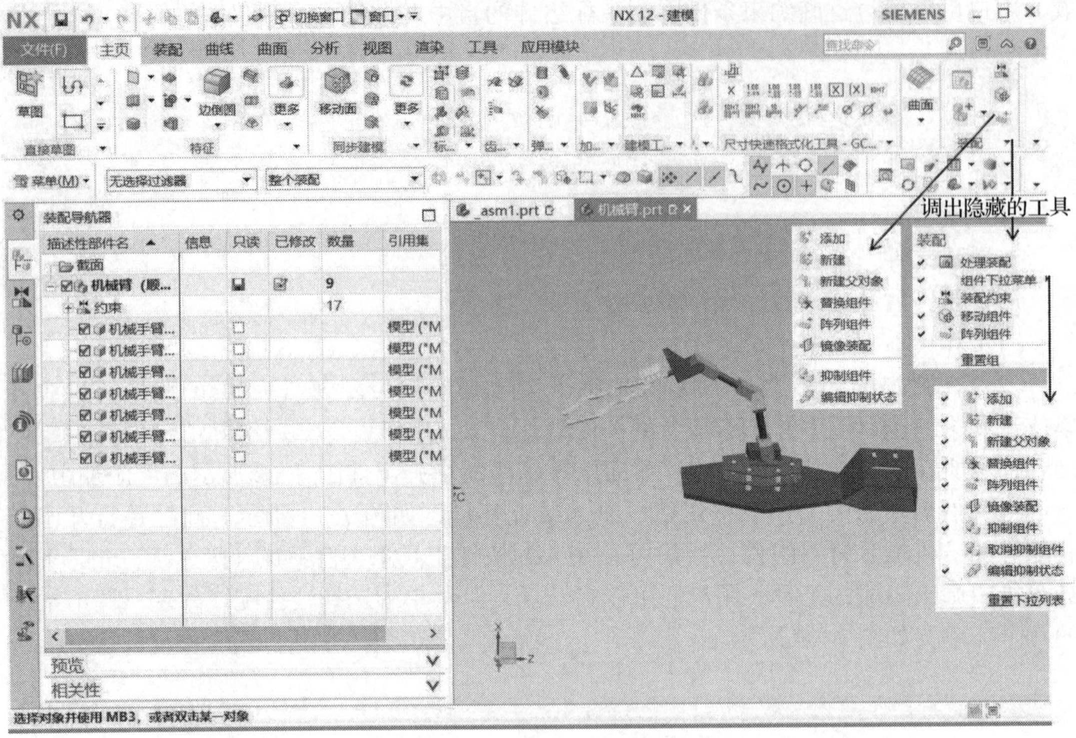

图 7-3　装配环境和调用隐藏工具

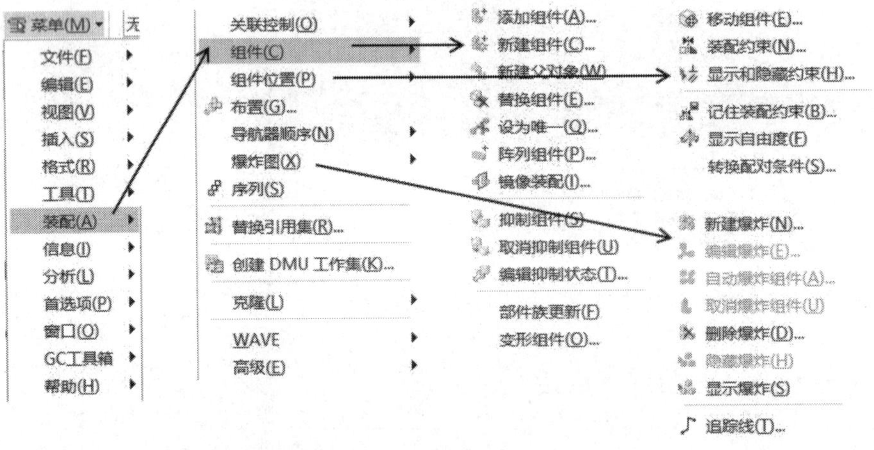

图 7-4　常用的几个菜单

二　UG NX 12.0 装配导航器的功能

装配导航器是 UG NX 12.0 中进行装配操作的关键工具，是装配部件的图形化显示界面，其结构为树形，在该结构中每一个组件显示为一个节点。

1. 装配导航器的调用

在装配环境左侧的资源导航条中单击“装配导航器”按钮，就可切换到如图 7－5 所示的装配导航器，可以拖动鼠标展开其窗口。在装配导航器窗口中，系统默认的有“描述性部件名”“信息”“只读”“已修改”“数量”“引用集”6 个选项。

图 7－5　装配导航器

2. 装配导航器中各图标介绍

在“装配导航器”的属性结构中，为了更好地识别各个节点，不同的对象采用了不同的图标，其中不同图标含义如下：

⊞ 单击该图标表示展开装配或者子装配，显示其下属部件。单击该图标后，加号则变为减号。

⊟ 单击该图标表示将装配或者子装配折叠起来，不显示其下属部件。单击该图标后，减号则变为加号。

表示完全加载的装配或者子装配。此图标为黄色时，表示装配或子装配在工作部件内；此图标为灰色且有实体边框时，表示装配或子装配是非工作部件；此图标为灰色且有虚边框时，表示装配或子装配被关闭。

表示完全加载的部件：此图标为黄色时，表示部件在工作部件内；此图标为灰色且有实体边框时，表示部件是非工作部件；此图标为灰色且有虚边框时，表示部件被关闭。

☑ 该图标为检查框。当检查框被选中且为红色时，表示当前部件或者装配为显示状态；当检查框被选中且为灰色时，表示当前部件或者装配为隐藏状态；当检查框为空框时，表示当前部件装配为关闭状态。

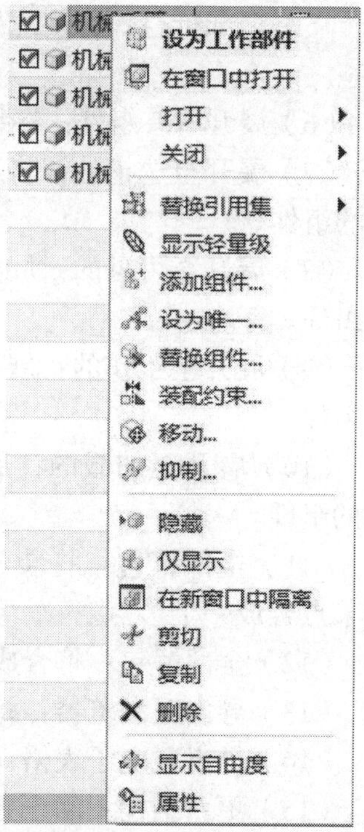

图 7－6　快捷菜单

3. 装配导航器组件快捷菜单介绍

在装配导航器中的任意组件上单击鼠标右键，会弹出如图 7－6 所示的快捷菜单，其中对部分命令的应用介绍如下：

（1）设为工作部件：将当前选中的部件设置为工作

部件。执行该命令后，当前选中的部件显示为高亮状态，其他部件为暗显示。

（2）关闭：用于关闭组件，使其数据不出现在装配中，以提高装配效率。其子菜单中有“关闭部件”和“重新打开部件”命令。

（3）替换引用集：用于替换当前的引用集。

（4）替换组件：用新的组件替换当前组件。

（5）装配约束：定义组件间的配对关系。

（6）移动：用于打开“移动组件”对话框，重新定位选中的组件。

（7）抑制：将当前选中组件的状态设置为不加载状态。

（8）属性：用于定义当前组件的信息。

4. 装配导航快捷菜单介绍

在装配导航器空白位置单击鼠标右键，会打开如图 7－7 所示的装配导航快捷菜单，对其中部分命令的应用介绍如下：

（1）包含被抑制的组件：用于设置在装配导航器中是否显示已经抑制的组件。

（2）WAVE 模式：将装配导航器中的显示模式设置为“ WAVE”模式，系统允许进行自上向下装配和在组件间建立链接关系。

（3）查找组件：在装配导航器中查找组件，查找后的组件高亮显示。

（4）查找工作部件：在装配导航器中查找工作部件。

（5）全部折叠：将装配导航器切换为折叠显示状态。

（6）展开所有组件：将装配导航器树全部展开。

（7）展开至选定的：将装配导航器树展开至选定的组件。

（8）展开至可见的：展开装配导航器树中的可见组件。

（9）展开至工作的：展开装配导航器树中的工作组件。

（10）展开至加载的：展开装配导航器树中加载的组件。

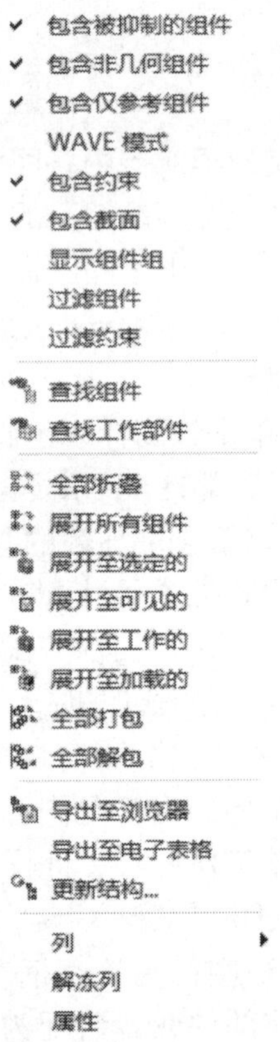

图 7－7　装配导航快捷菜单

（11）全部打包：将装配导航器树中所有的相同节点合成一个节点。

（12）全部解包：将合成的节点全部展开，还原到原来的状态。

（13）导出至浏览器：将装配导航器的内容输出到浏览器中。

（14）导出至电子表格：将装配导航器的内容输出到电子表格中。

（15）更新结构：用于更新整个装配结构。

（16）列：设置装配导航器树中需要显示的列。

（17）属性：设置装配导航器的属性。

5. 引用集

引用集是为了优化模型装配提出的概念，它包含组件中的几何对象，在装配时它代表相应的组件进行装配。它通常包含部件名称、原点、方向、几何体、坐标系、基准轴、基准平面和属性等数据。引用集一旦产生就可以单独地装配到部件中，一个部件可以有多个引用集。

在装配中，各个部件包含草图、基准平面和其他的辅助图形数据，若这些数据都显示在装配中就很容易混淆图像，且增大系统的内存消耗，不利于装配工作的进行。引用集可减少这些混淆，并加快运行的速度。

选择下拉主菜单下“格式”下拉菜单中的“引用集”命令，会弹出如图 7－8 所示的“引用集”对话框。对“引用集”对话框中各相关功能介绍如下：

（1）添加新的引用集：该功能用于创建新的引用集，既可以在部件中，也可以在子装配中新建引用集。当在子装配中为某个部件建立引用集时，应使该部件成为工作部件。可以通过单击“添加新的引用集”按钮，激活该功能，然在“引用集名称”文本框中输入创建的引用集名称，如图 7－9 所示。

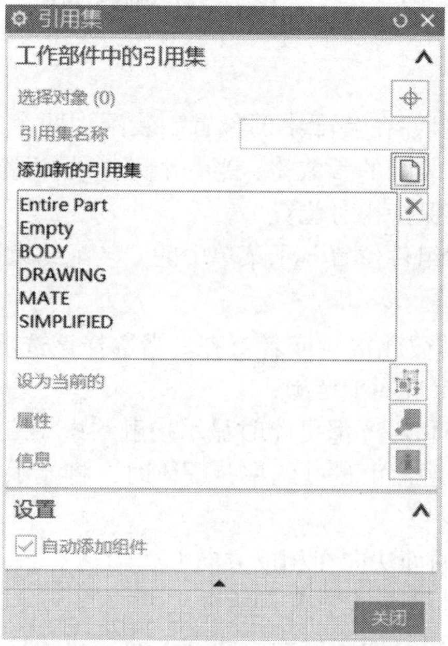

图 7－8　“引用集”对话框

图 7－9　创建“新的引用集”

（2）删除引用集：该功能用于删除部件或者子装配中已经存在的引用集。只需在“工作部件”列表框中选择需要删除的引用集，然后单击“删除”按钮，如图 7－10 所示。

（3）设为当前的：该功能用于将高亮显示的引用集设置为当前引用集。

（4）属性：该功能用于编辑引用集的属性。

（5）信息：该功能用于查看引用集的信息。

（6）自动添加组件：选中该复选项，当完成引用集名称设置后，系统会自动地将所有的对象作为所选的组件，否则用户可自主选择组件。

三 UG NX 12.0 的装配方法

一般装配过程中把握好两种基本方式：一种是由上往下的装配方式，另一种是由下往上的装配方式，在装配过程中这两种方式可以混合使用，以便操作。由上往下装配更便于在设计时使用。如果已经设计了产品的主要模块，可以在主要模块的基础上设计其他模块。由下往上装配实际上是真实装配的再现，先设计好装配中的部件，再将部件添加到装配中，这种装配方法应用得最广泛。

UG NX 12.0 中组件的定位有两种方式，即约束条件定位方式和绝对坐标定位方式。这两种方式的操作过程基本一致，只是在给指定部件添加信息时选择的定位方式不同。

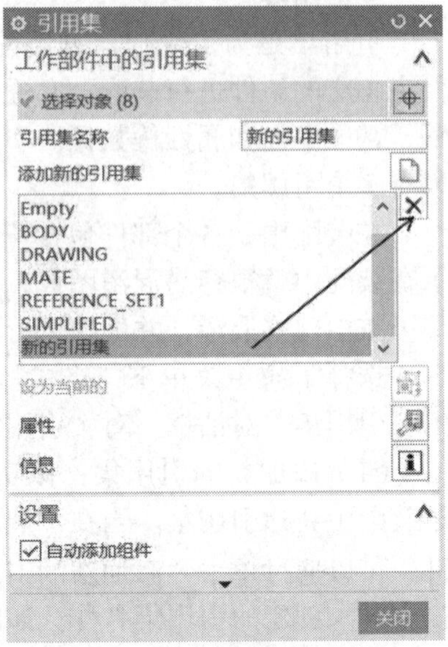

图 7－10　删除引用集

1. 按约束条件定位方式装配

约束条件是指组件的装配关系，用于确定组件在装配中的位置。装配中两个组件的位置关系分为关联和非关联。关联关系实现了装配的参数化，当一个部件的位置变化时，其关联部件的位置也将随着变化，从而始终保持相对位置。

在下拉主菜单的“装配”下拉菜单中选择“组件位置”子菜单中的“装配约束”命令，会弹出如图 7－11 所示的“装配约束”对话框。

（1）“接触对齐”：用于两个组件，使其彼此接触或者对齐。当选择该选项后，“要约束的几何体”区域的“方位”下拉列表中出现四个选项：

1）“首选接触”：若选择该选项，则当接触和对齐都可能时显示接触约束（在大多数模型中，接触约束比对齐约束更常用）；当接触约束过度约束装配体时，将显示对齐约束。

2）“接触”：若选择该选项，则约束对象的曲面法向在相反方向上。

3）“对齐”：若选择该选项，则约束对象的曲面法向在相同方向上。

4）“自动判断中心 / 轴”：该选项主要用于定义两圆柱面、两圆锥面，或圆柱面与圆锥面之间的同轴约束。

（2）“同心”：用于约束两条圆边或者椭圆边以使中心重合，并使边的平面共面。

（3）“距离”：用于设定两个接触对象间的 3D 距离。选择该选项，并选定接触对象后，“距离”区域的“距离”文本框被激活，可以直接在其中输入数值。

（4）“固定”：用于将组件固定在当前位置，一般用在第一个装配元件上。

（5）“平行”：用于使两个目标对象的矢量方向平行。

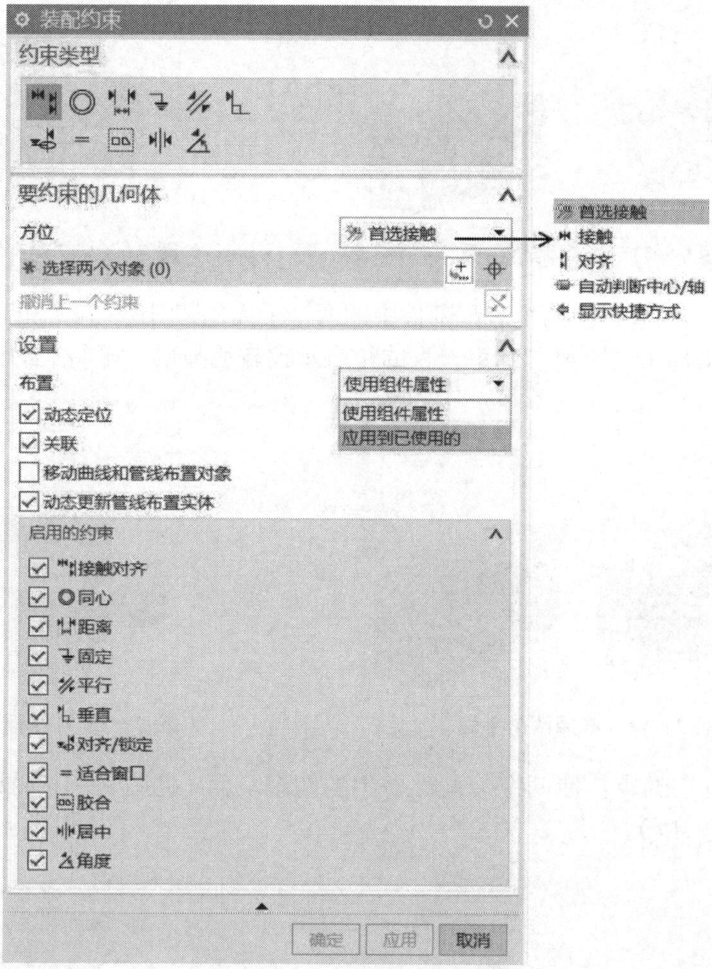

图 7－11 “装配约束”对话框

（6）“垂直”：用于使两个目标对象的矢量方向垂直。

（7）“胶合”：用于将对象约束到一起以使它们作为刚体移动。

（8）“居中”：用于使一个或者两个对象处于一对对象的中间，或使一对对象沿另一个对象居中。当选择该选项时，“要约束的几何体”区域的“子类型”下拉列表中会出现三个选项：

1）“1 对 2”：该选项用于在后两个所选对象之间使第一个所选对象居中。

2）“2 对 1”：该选项用于将两个所选对象沿第三个所选对象居中。

3）“2 对 2”：该选项用于将两个所选对象在其他两个所选对象之间居中。

（9）“角度”：用于约束两对象间旋转角度。选取角度约束后，“要约束的几何体”区域的“子类型”下拉列表中出现两个选项。

（10）“对齐 / 锁定”：对齐不同对象中的两个轴，同时防止绕公共轴旋转。

常用的约束主要有以下几种：

（1）“对齐”约束：使两个装配部件中要对齐的平面（见图 7－12）重合并且朝向相同方向（见图 7－13）。“对齐”约束也可以使其他的对象对齐。

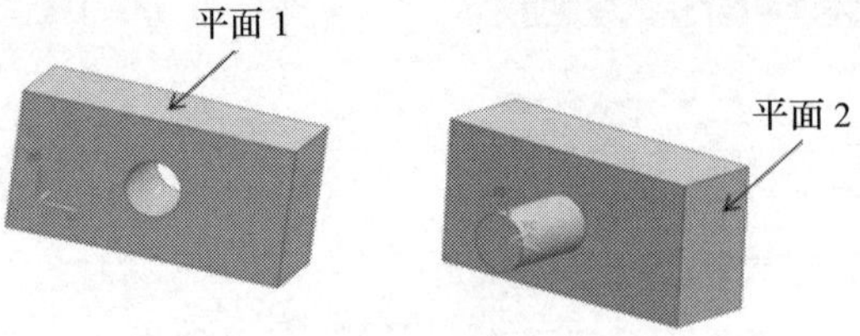

图 7-12　选择两个平面

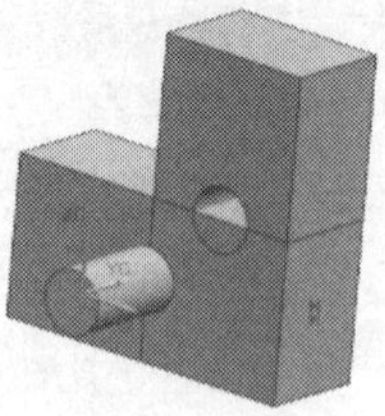

图 7-13　“对齐”约束

（2）“平行”约束：使两个装配部件中的两个平面（见图 7-14）相互平行。除“平行”约束外还增加了“距离”约束，目的是表示比较明显的“平行”约束，如图 7-15 所示。

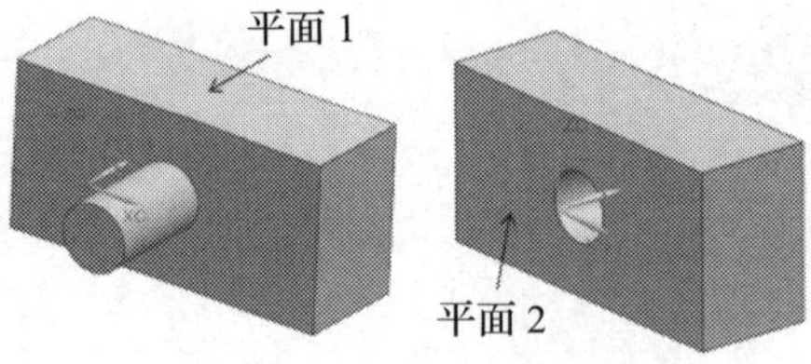

图 7-14　选择两个平面

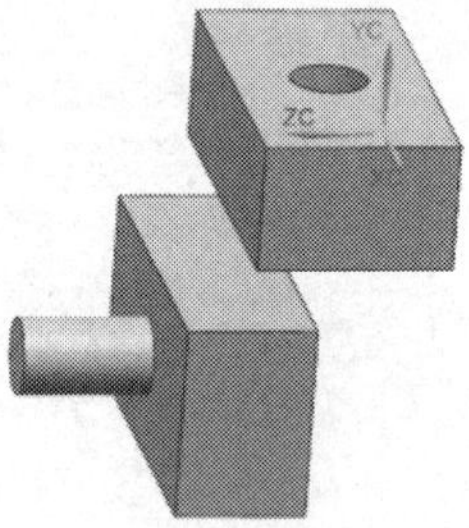

图 7-15　“平行”约束

（3）“角度”约束：使两个装配部件中的两个平面（见图 7-16）或者实体呈固定“角度”（见图 7-17）。

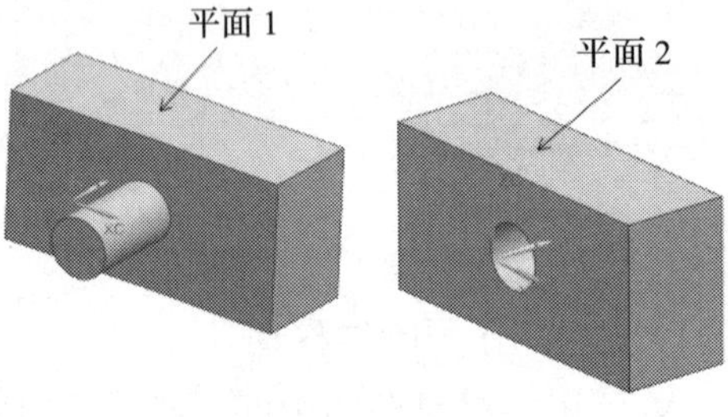

图 7-16　选择两个平面

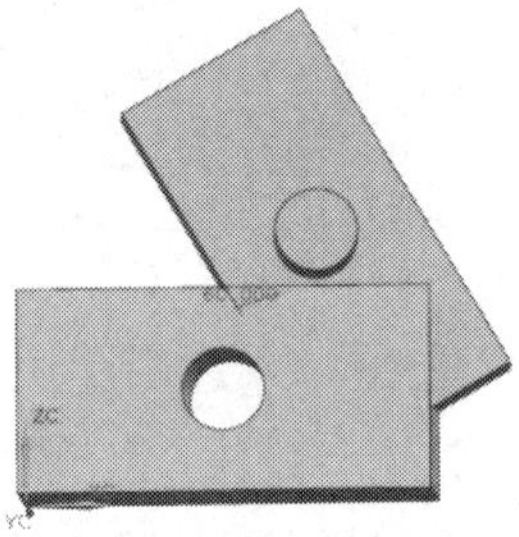

图 7-17　“角度”约束

（4）“垂直”约束：使两个装配部件中的一个平面和一条中心轴线（见图 7-18），或者实体表面和实体轴线相互垂直（见图 7-19）。

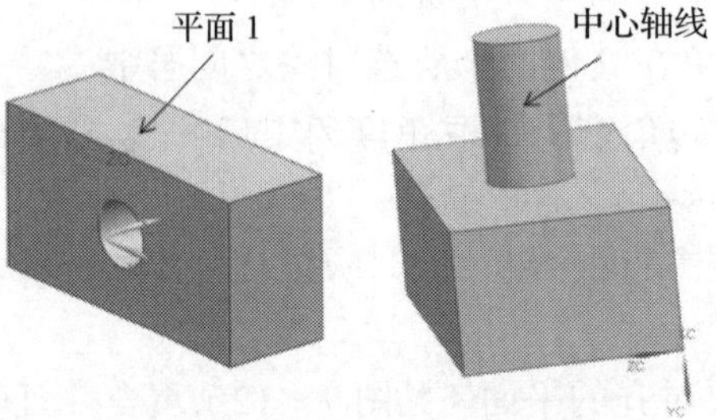

图 7-18　选择平面和中心轴线

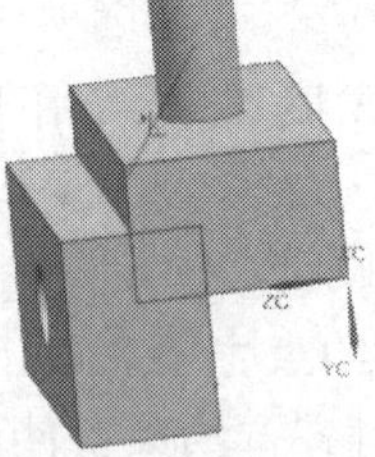

图 7-19　“垂直”约束

（5）“距离”约束：使两个装配部件中的两个平面（见图 7－20）保持一定的距离，可以直接输入距离值，如图 7－21 所示。

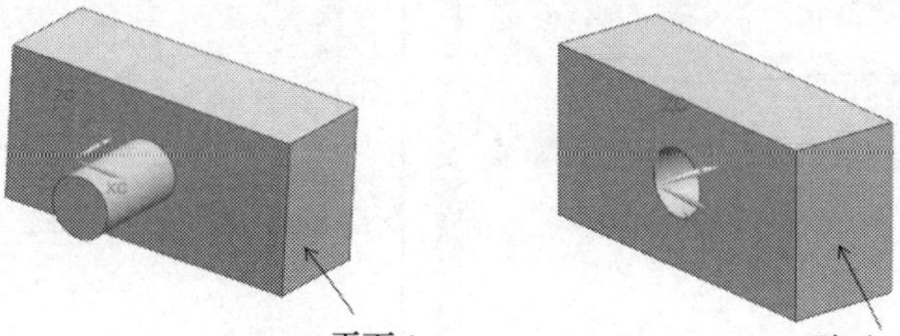

图 7－20　选择平面

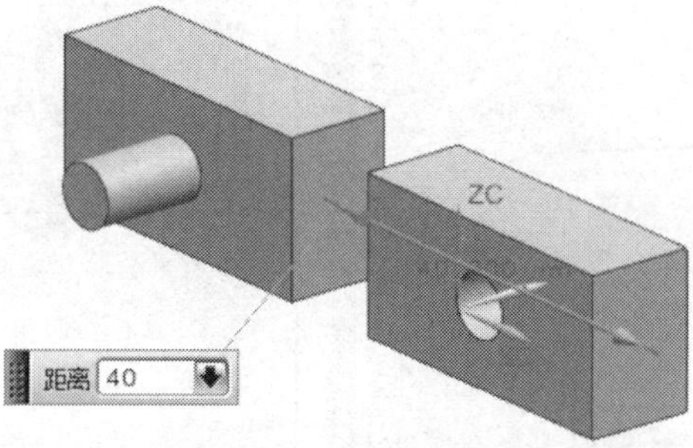

图 7－21　“距离”约束

（6）“中心”约束：使两个装配部件中的两个旋转面（见图 7－22）的轴线重合，如图 7－23 所示。

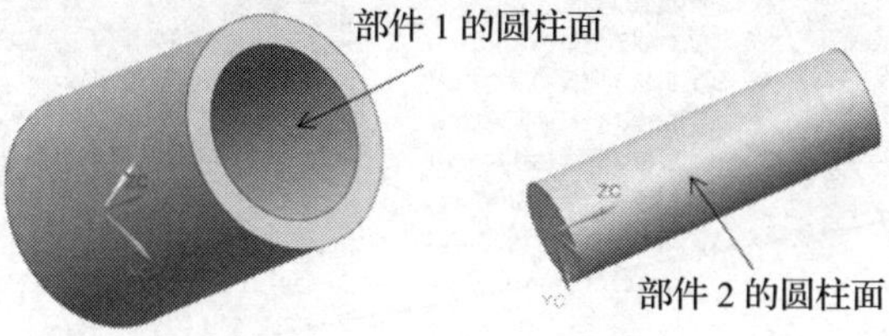

图 7－22　选择圆柱面

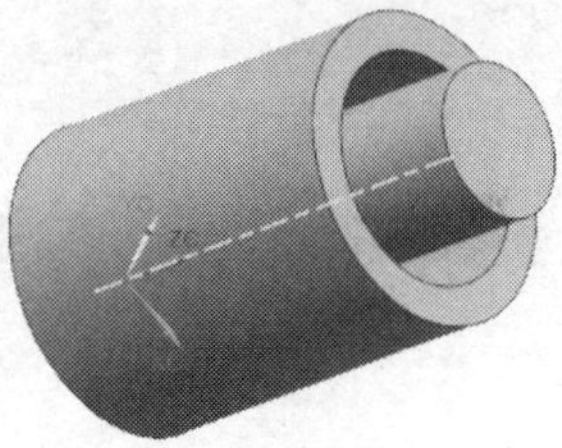

图 7－23　“中心”约束

2. 按绝对坐标定位方式装配

在下拉主菜单的“装配”下拉菜单中选择“组件”子菜单中的“添加组件”命令，会弹出如图 7－24 所示的“添加组件”对话框。

添加部件：在“添加组件”对话框中单击“打开”按钮，选择需要添加的第一个部件（此处选择“机械手臂底座”），单击“OK”按钮，如图 7－25 所示，把“机械手臂底座”部件调出。如图 7－26 所示，在“添加组件”对话框的“位置”区域中选择“组件锚点”下拉列表中的“绝对坐标系”，选择“装配位置”下拉列表中的“对齐”，在“放置”区域选中“移动”复选框，其他的为系统默认设置，单击“确定”按钮，“机械手臂底座”部件添加成功，即完成了按绝对坐标定位方式装配。

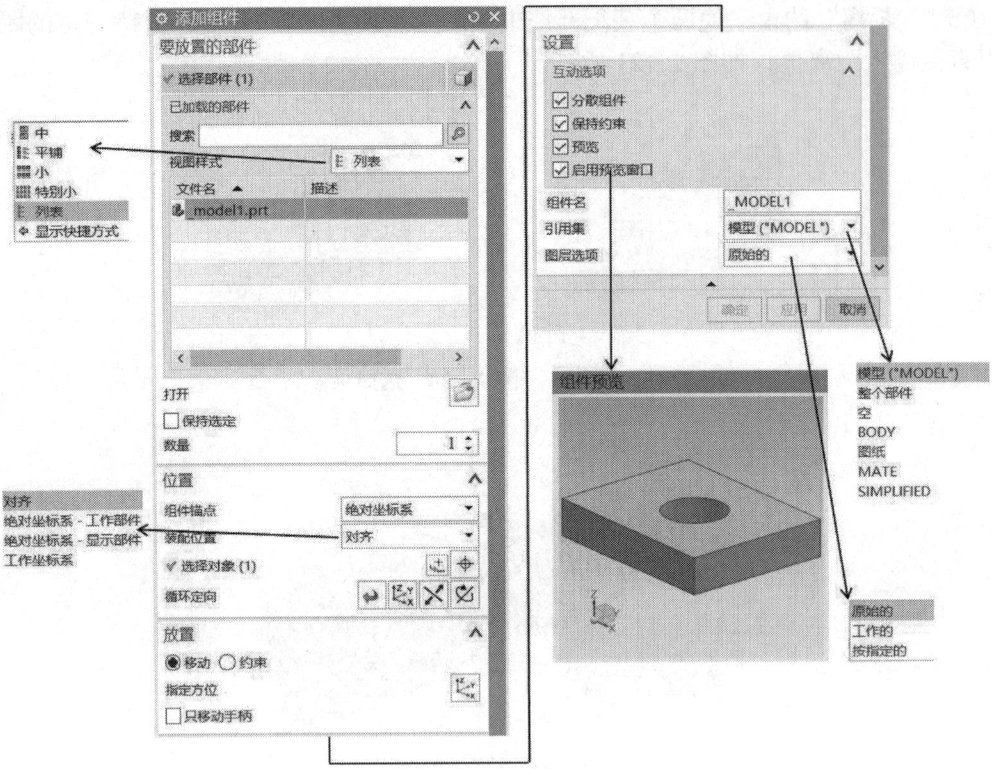

图 7－24 “添加组件”对话框

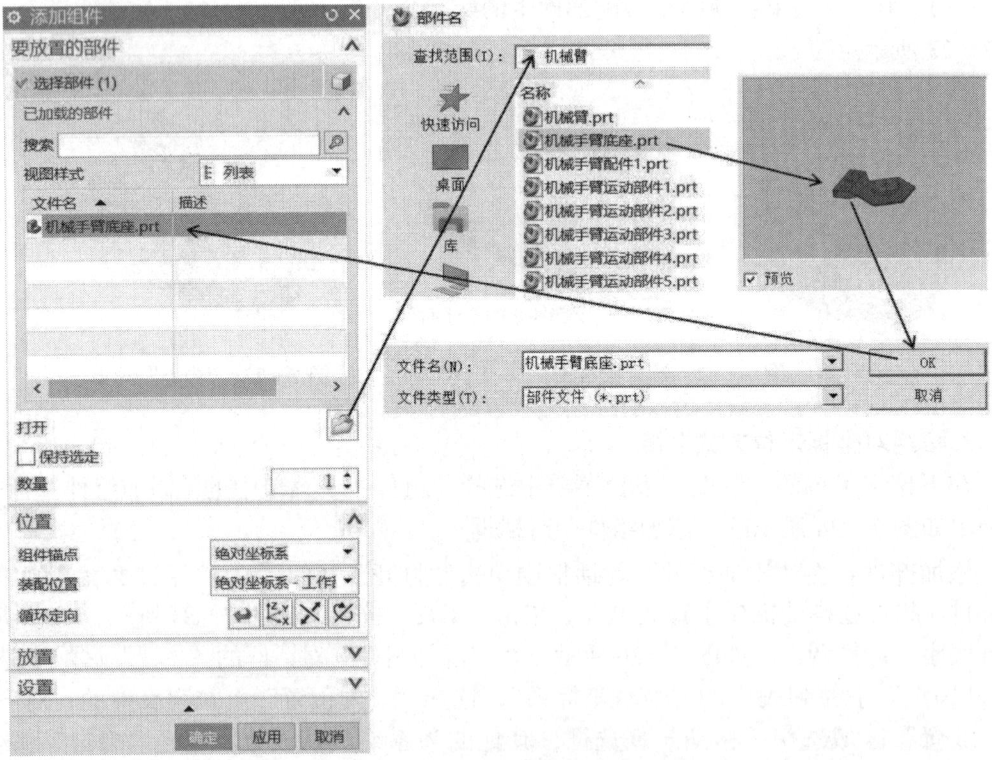

图 7－25 调出“机械手臂底座”部件

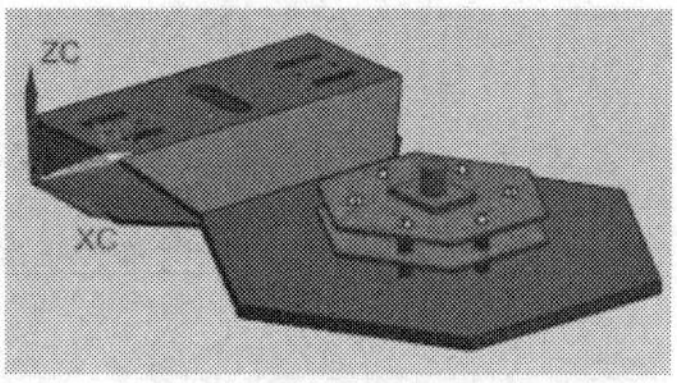

图 7－26　按绝对坐标定位方式装配

技能点拨

系统提供了两种添加部件的方式：一种是从“打开”中调出某文件路径下的部件，另一种是在“添加组件”对话框中“已加载的部件”下拉列表中直接选取（见图 7－25）。

关于“添加组件”对话框的说明如下：

（1）“要放置的部件”，即选择要添加的部件（可在打开的文件路径下选择）。

（2）“已加载的部件”，此区域中的部件是已经加载到此软件中的部件。

（3）“打开”，从文件路径下打开需要装配的部件。

（4）“数量”，在此文本框中输入重复装配部件的个数。

（5）“组件锚点”，坐标系来自用于定位装配中组件的组件。可以通过在组件内创建产品接口来定义其他组件系统。

（6）“装配位置”，装配中组件的目标坐标系。

（7）“循环定向”，包含“重置已对齐的位置和方向”按钮、“将组件定向至WCS”按钮、“反转选定组件锚点的 Z 向”按钮和“围绕 Z 轴将组件从 X 轴旋转90 度到 Y 轴”按钮。

（8）“放置”，指部件在装配体中的定位，其中包含“移动”和“约束”两项，如果选择“移动”选项则配对时载入部件的位置；如果选择“约束”选项则会弹出“约束”工具，按约束配对。

（9）“设置”区域的“互动选项”。系统默认的勾选有“分散组件”“保持约束”“预览”，将鼠标放在选项上面会弹出提示框，对该选项进行解释说明。最好勾选“启用预览窗口”复选框，这样在装配时可在预览窗口中看到部件，转动不同视图角度然后选择需要的面或轴等。

（10）“设置”区域的“组件名”“引用集”“图层选项”。其中在“组件名”文本框中可以更改部件的名称；“引用集”下拉列表中包含“空”“模型”“图纸”“整个部件”等；“图层选项”下拉列表中包含“原始的”“工作的”“按指定的”三个选项。“原始的”是指将新部件放到设计时所在的层；“工作的”是指将部件放到当前工作层；“按指定的”是指将载入的部件放入指定层中，选择“按指定的”选项后，在其下方的“图层”文本框被激活，可以在其中输入层名。

技能点拨

“组件预览”窗口中可以单独对要装配的部件进行缩放、旋转和平移等操作，这样就可以将要装配的部件调整到方便选取装配约束参照的位置。

四 UG NX 12.0 装配的简单操作过程

以常用的约束条件定位装配方式为例介绍装配的简单操作过程，此处用的是已经设计好的某机箱的排风扇零部件，分别取名为“组装 01”“组装 02”“组装 03”。首先创建工作目录，命名文件名称，然后进入装配环境，系统会弹出“添加组件”对话框。

在“添加组件”对话框中单击“打开”按钮，选择文件路径下的“组装 01”，然后单击“ OK”按钮，返回“添加组件”对话框。如图 7－27 所示，在对话框“位置”区域中的“组件锚点”下拉列表中选择“绝对坐标系”，在“放置”区域选中“移动”，勾选“启用预览窗口”复选框，其他为默认设置，单击“确定”按钮，完成“组装 01”的装配，如图 7－28 所示。

添加“组装 03”，继续在“添加组件”对话框中单击“打开”按钮，选择文件路径下的“组装 03”，然后单击“ OK”按钮，返回“添加组件”对话框。在对话框“位置”区域中的“组件锚点”下拉列表中选择“绝对坐标系”，在“放置”区域选中“约束”。选择“装配约束”命令，在“装配约束”对话框中的“约束类型”中选择“接触对齐”，在“要约束的几何体”区域的“方位”下拉列表中选择“接触”。选择主窗口中的平面 1，然后选择组件预览窗口中的平面 2，如图 7－29 所示，完成如图 7－30 所示的接触约束。在“要约束的几何体”区域的“方位”下拉列表中选择“自动判断中心 / 轴”，选择组件预览窗口的外圆柱面 1 和主窗口中的部件内侧圆柱面 2，如图 7－31 所示，单击“确定”按钮，完成如图 7－32 所示的同轴线约束，最后在对话框中单击“应用”按钮，完成“组装 03”的装配。

添加“组装 02”，在“装配约束”对话框的“约束类型”中选择“接触对齐”，在“要约束的几何体”区域的“方位”下拉列表中选择“接触”；选择主窗口中的平面 1，然后选择组件预览窗口的平面 2，如图 7－33 所示，完成如图 7－34 所示的接触约束。在“要约束的几何体”区域的“方位”下拉列表中选择“自动判断中心 / 轴”选项，选择组件预览窗口的孔中心轴线 1 和主窗口中的部件中心轴线 2，如图 7－35 所示，单击“确定”按钮完成同轴线约束，即完成了“组装 02”的装配。如图 7－36 所示，排风扇装配完成。

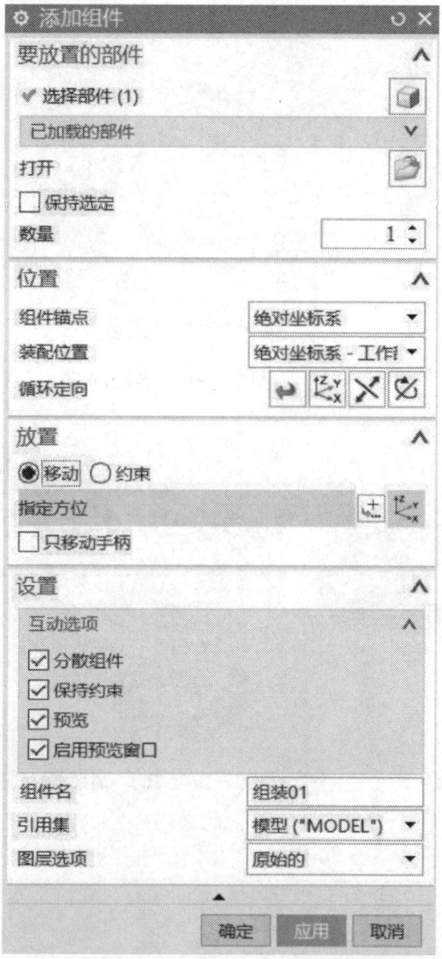

图 7－27　“添加组件”对话框

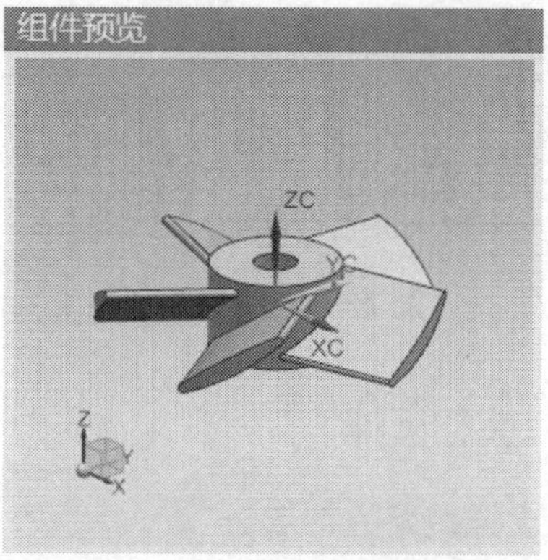

图 7－28　“组件预览”窗口

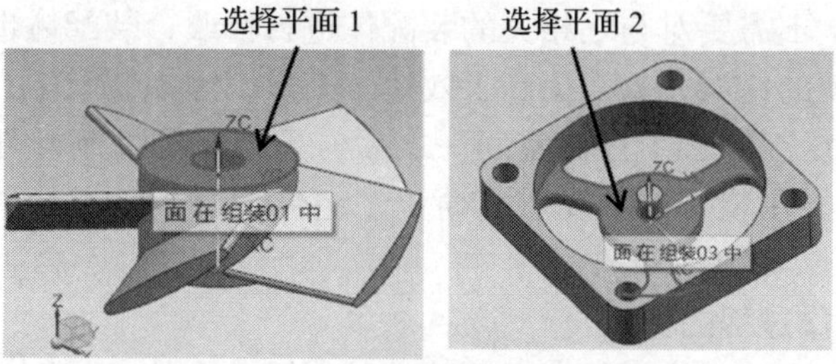

图 7－29　选择平面 1 和平面 2

图 7－30　接触约束

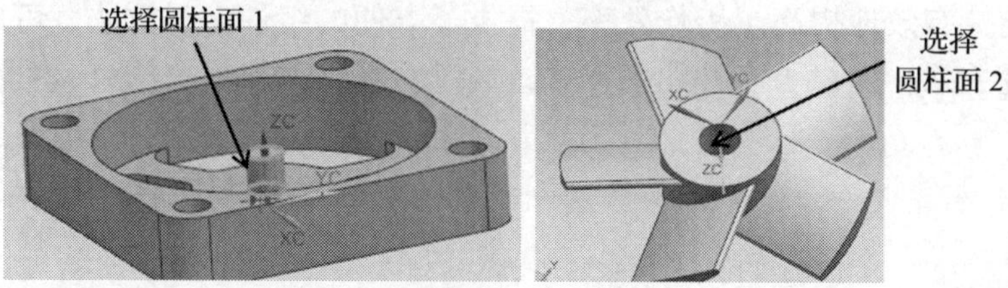

图 7－31　选择圆柱面 1 和圆柱面 2

图 7－32　同轴线约束

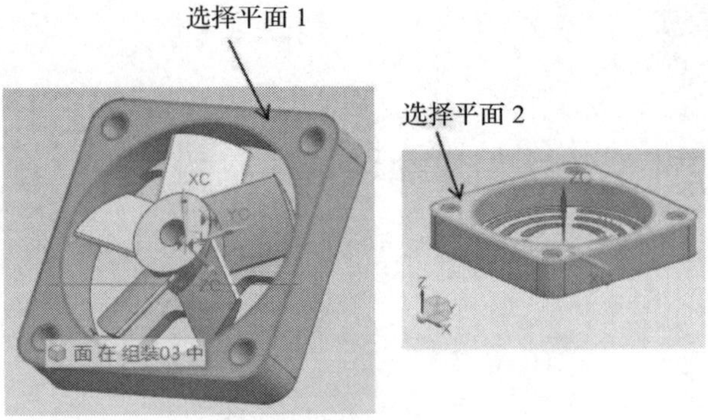

图 7－33　选择平面 1 和平面 2

图 7－34　接触约束

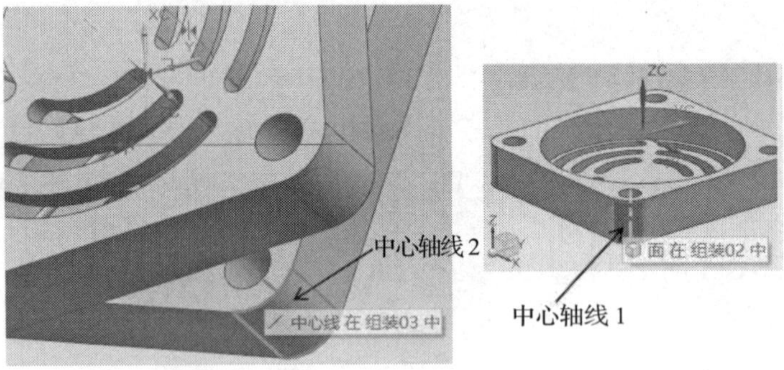

图 7－35　选择中心轴线 1 和中心轴线 2

图 7－36　排风扇装配完成

基础延伸

1. 虚拟装配的特点

虚拟装配时建立各组件间的关联，装配体与组件是一种引用关系。相对多组件装配，虚拟装配具有明显的优点：首先，虚拟装配中的装配体是引用各组件的信息，而不是复制其本身，因此改动组件时，不需要对与之相关的装配体进行修改，装配体也自动更新，避免了修改过程中可能出现的错误，从而提高了效率。其次，虚拟装配中，各组件通过链接应用到装配体中，比复制节省了存储空间。最后，虚拟装配控制部件可以通过引用集引用，下层部件不需要在装配体中显示，简化了组件的引用，提高了显示速度。

2. UG NX 12.0 在整个装配操作过程的特点

首先，利用装配导航器可以清晰地查询、修改和删除组件以及约束等。其次，该软件提供了强大的爆炸图工具，比较方便地生成装配体的爆炸效果图。最后，该软件提供了很强大的虚拟装配功能，有效地提高了工作效率；提供了方便的组件定位方法，可以快捷地设置组件间的位置关系；提供了多种约束方式，通过对组件添加多个约束，可以准确地把组件装配到位。

知识链接

根据装配体与零件之间的引用关系，有以下三种创建装配体的方法。

1. 自上向下装配

自上向下装配是指先设计完成装配体，并在装配时创建零部件模型，然后拆成子装配体和单个可直接用于加工的零件模型。使用这种装配方法，可以在装配的前后步骤中设计一个组件，或者利用一个体积块表示，在那里设计组件部件的一般外形，以此建立装配件与组件的关系。运用这种装配建模技术，在装配步骤中可以建立和编辑组件部件，在装配级上进行几何体改变后会立即自动地反映在个别组件中。

2. 自下向上装配

自下向上装配是先创建零部件模型，再组合成子装配体，最后生成装配体的装配方法。这种装配建模的方法可以建立组件装配关系，数据库中已存在的系列产品零件、标准件及外购件也可以通过此方法加入装配体。这种装配建模技术可以在某些高级装配内的孤立状态中设计和编辑组件部件。当打开反映在零件级的几何编辑时，所有利用该组件的装配体会自动地更新。

3. 混合装配

混合装配是将自上向下装配和自下向上装配结合在一起的装配方法。例如，首先创建几个主要部件模型，其次将其装配在一起，最后在装配中设计其他的部件。在实际设计中，可根据需要在两种模式中切换。

任务 2 装配中阵列组件和爆炸图的编辑

任务描述

在装配过程中，各组件也可以进行阵列，以简化装配的步骤，提高设计效率。一般装配过程中主要包括三种基本阵列形式："线性"阵列、"圆形"阵列以及"参考"阵列。

本任务也会介绍如何把组装好的零部件拆分显示，即通常说的爆炸图。爆炸图可将产品内部结构展示给用户，使用户一目了然，明晰产品的结构和工作原理。

任务目标

1. 熟悉 UG NX 12.0 装配中组件相关操作。
2. 掌握 UG NX 12.0 爆炸图的创建和删除。
3. 掌握 UG NX 12.0 爆炸图的编辑。

实施过程

一 UG NX 12.0 装配中组件相关操作

1. "线性"阵列

"线性"阵列是指使用装配中的约束尺寸创建阵列，所以只有使用"配对""对齐""偏距"等约束类型才能创建"线性"阵列。

在下拉主菜单的"装配"下拉菜单中选择"组件"子菜单中的"阵列组件"命令，会弹出如图 7－37 所示的"阵列组件"对话框。在"阵列定义"区域选择"布局"下拉列表中的"线性"，选择组件 2 的棱边为阵列的指定矢量，将组件 1 作为"要形成阵列的组件"，如图 7－38 所示，然后在"间距"下拉列表中选择"数量和间隔"，设置"数量"参数为"5"，设置"节距"参数为"20"，方向为棱边的 *YC* 矢量方向，其他的为系统默认设置，单击"确定"按钮，完成"线性"阵列，如图 7－39 所示。

2. "圆形"阵列

"圆形"阵列是指使用装配中的中心对齐约束创建阵列，所以只有使用"中心"等约束类型才能创建"圆形"阵列。

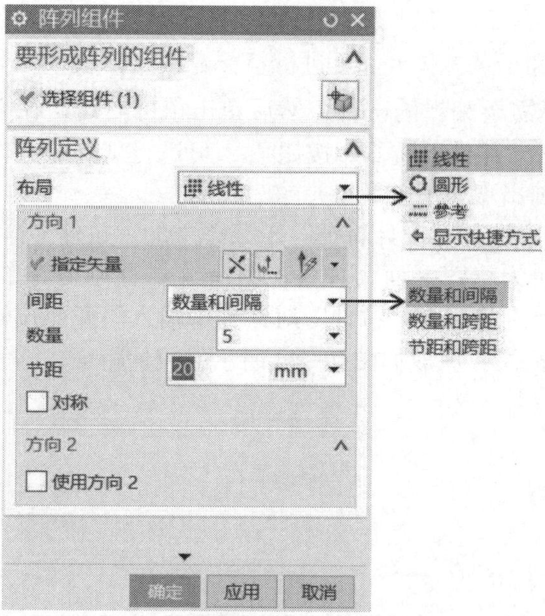

图 7－37　“阵列组件”对话框

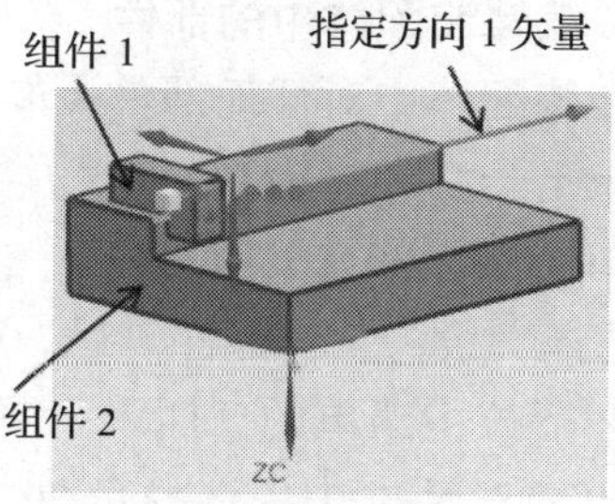

图 7－38　指定阵列组件和矢量方向

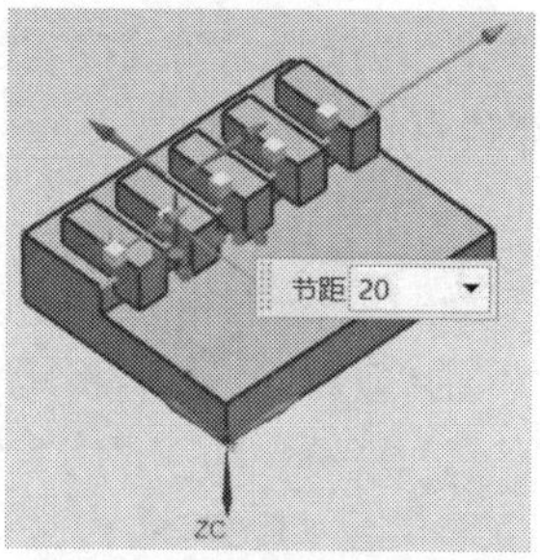

图 7－39　线性阵列

在下拉主菜单的“装配”下拉菜单中选择“组件”子菜单中的“阵列组件”命令，会弹出如图 7－40 所示的“阵列组件”对话框。在“阵列定义”区域选择“布局”下拉列表中的“圆形”，选择如图 7－41 所示的阵列中心轴线为旋转轴线，选择组件 1 为“要形成阵列的组件”，在“斜角方向”区域选择“间距”下拉列表中的“数量和间隔”，设置“数量”参数为“10”，设置“节距角”参数为“36”，其他为系统默认设置，单击“确定”按钮，完成“圆形”阵列，如图 7－42 所示。

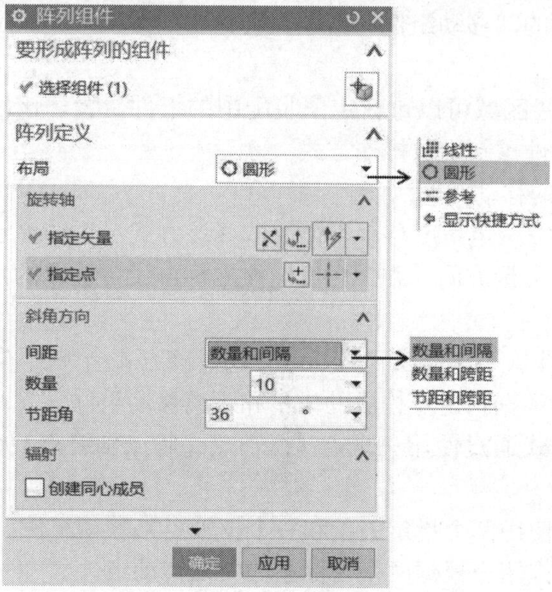

图 7－40　“阵列组件”对话框

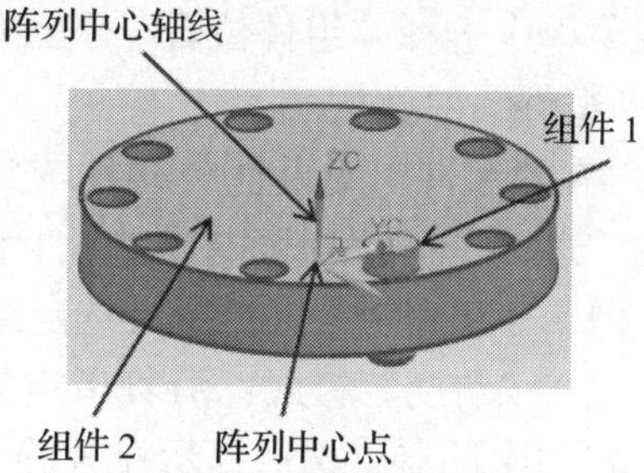

图 7－41　选择阵列对象

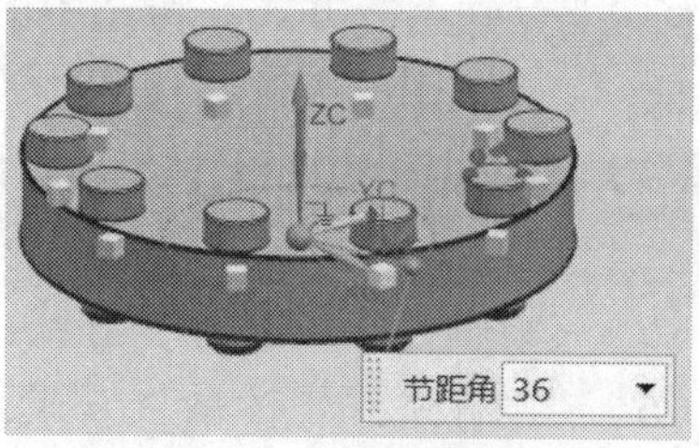

图 7－42　圆形阵列

3. 编辑装配体中的部件

在装配体中对任何部件（包括零件和子装配体）都可进行特征建模、修改尺寸等操作。单击“装配导航器”按钮，选择需要编辑的部件，然后单击鼠标右键，在立即菜单中选择“设为工作部件”，接着单击“部件导航器”按钮，可进行部件的编辑操作（选择“设为工作部件”后，部件单独出现在一个窗口）。

在下拉主菜单的“插入”下拉菜单中选择“设计特征”子菜单下的“拉伸”命令，在弹出的对话框中，选择部件的上表面为草图平面，进入草图后绘制直径为 25 的圆（见图 7－43），完成草图后退出草绘环境。然后在“拉伸”对话框中输入该截面拉伸的参数为“20”，选择“布尔”类型为“合并”，完成如图 7－44 所示的拉伸特征，即完成了添加部件的编辑。

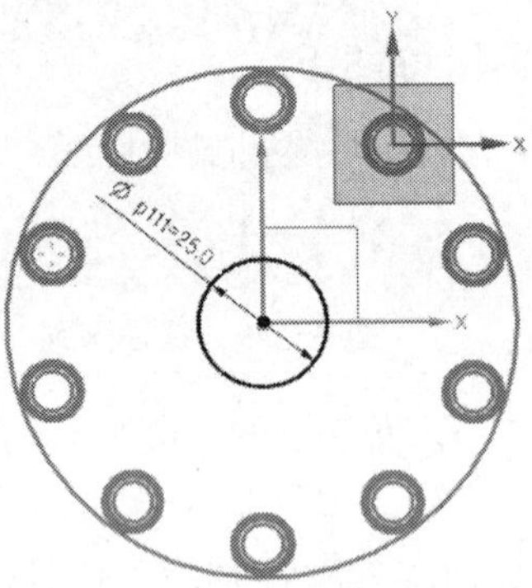

图 7－43　圆截面图形

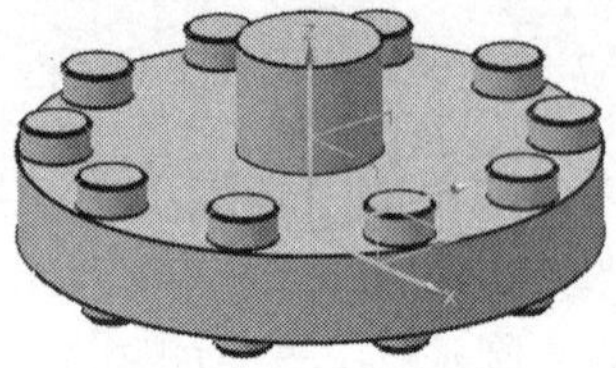

图 7－44　拉伸特征

4. 移动组件

移动组件主要是在装配完成后对装配中的组件重新定位。在下拉主菜单的“装配”下拉菜单中选择“组件位置”子菜单中的“移动组件”命令，会弹出如图 7－45 所示的“移动组件”对话框。

“移动组件”对话框中通过“变换”区域可以重新定位装配中的组件位置。该区域中的“运动”下拉列表中提供了十种组件重新定位操作方式。

（1）“距离”方式：定义选定组件的移动距离。

（2）“角度”方式：沿着指定矢量按一定角度移动组件。选择该方式后系统提示设置旋转的中心点，然后提示设置旋转的矢量方向。在“角度”文本框中设置旋转的角度值即可完成定位。

（3）“点到点”方式：将选中的组件从一点移动到另一点。选择该方式会弹出“点”对话框，在视图中指定两个点，系统会根据指定点构成的矢量和距离移动组件。

（4）“根据三点旋转”方式：该方式通过使用三个点（枢轴点、起点和终点）旋转组件。

（5）“将轴与矢量对齐”方式：可使用两个指定矢量和一个枢轴点来移动组件。

（6）“坐标系到坐标系”方式：允许用户根据两个坐标系的关系移动组件。

（7）“动态”方式：通过拖动、使用图形窗口中的屏显输入框或通过“点”对话框来重新定位组件。

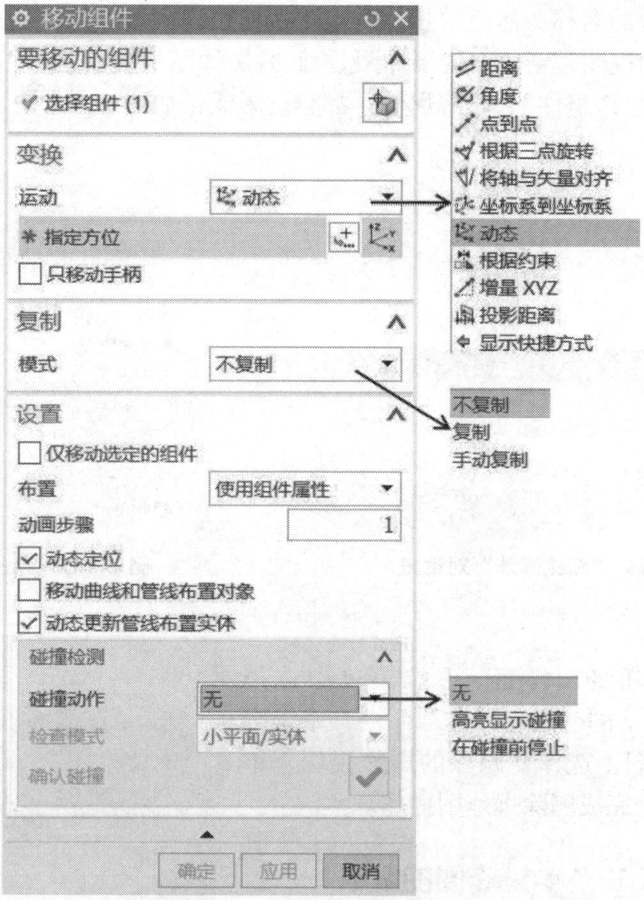

图 7－45 “移动组件”对话框

（8）“根据约束”方式：通过创建移动组件的约束来移动组件。

（9）“增量 *XYZ*”方式：允许用户根据工作坐标系或绝对坐标系将组件移动指定的 *XC*、*YC* 和 *ZC* 的距离值。

（10）“投影距离”方式：将组件沿着矢量移动，或者将组件移动一段距离，该距离是投影到运动矢量上的两个对象或点之间的投影距离。

5. 组件的编辑

装配中组件的编辑主要包括组件的抑制和释放、组件的替换和删除。这里不一一介绍，用户可以根据相关提示进行操作。

二　UG NX 12.0 爆炸图的创建和删除

爆炸图是指在同一幅图里把装配体的组件分开，使各组件之间具有一定的距离，以便观察装配体中的每个组件，清楚地反映装配体的结构。

1. 创建爆炸图

在下拉主菜单的“装配”下拉菜单中选择“爆炸图”子菜单下的“新建爆炸”命令，会弹出如图 7－46 所示的“新建爆炸”对话框。用户可以给爆炸图输入一个名称，或者接受系统默认的名称，然后单击“确定”按钮，完成爆炸图的创建（当创建好爆炸图后，当前窗口的视图是新建立的爆炸图）。此时爆炸图子菜单中的“编辑爆炸”“自动爆炸组件”“取消爆炸组件”“隐藏爆炸”都会被激活，如图 7－47 所示，用户可进行相关编辑操作。

图 7－46 “新建爆炸”对话框

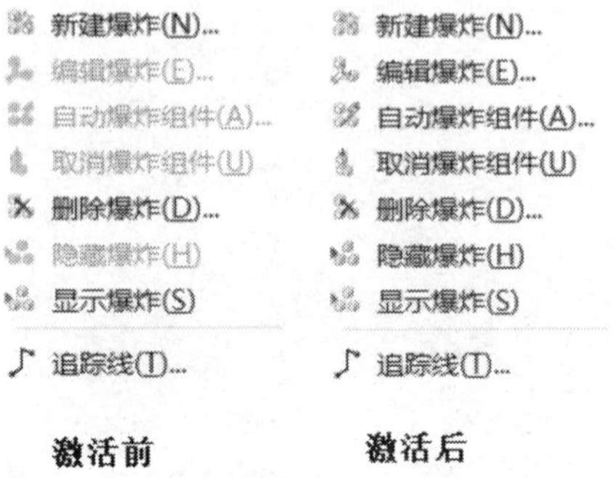

图 7－47 部分工具被激活

2. 删除爆炸图

在下拉主菜单的“装配”下拉菜单中选择“爆炸图”子菜单下的“删除爆炸”命令，系统会列出所有爆炸视图，选择要删除的爆炸视图，单击“确定”按钮，完成删除爆炸图操作。

三 UG NX 12.0 中爆炸图的编辑

用户创建爆炸图后会产生一个待编辑的爆炸图，在主窗口中的图形并没发生变化，爆炸图编辑工具被激活后用户就可以实现爆炸图的编辑。

1. 自动爆炸

使用自动爆炸组件功能时只需用户输入很少内容，就能快速生成爆炸图。在下拉主菜单的“装配”下拉菜单中选择“爆炸图”子菜单下的“自动爆炸组件”命令，系统会弹出如图 7－48 所示的“类选择”对话框。在“对象”中选择爆炸组件，即选择如图 7－49 所示的自动爆炸前的所有组件，单击“确定”按钮，系统会弹出“自动爆炸组件”对话框，在“距离”文本框中输入爆炸距离参数为“35”，如图 7－50 所示，单击“确定”按钮，完成如图 7－51 所示的自动爆炸组件图。

图 7－48 “类选择”对话框

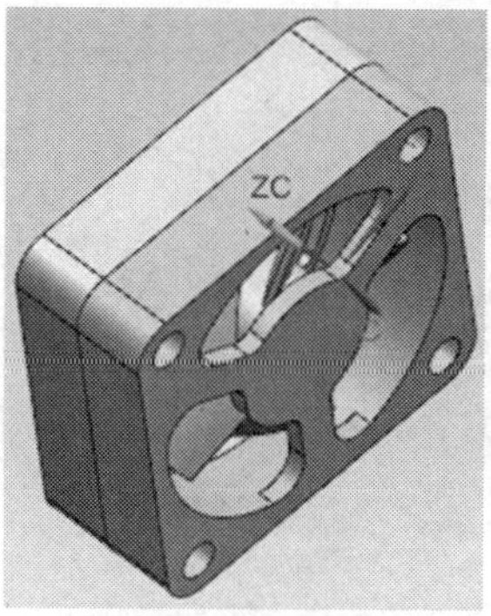

图 7-49 选择所有组件

图 7-50 距离参数

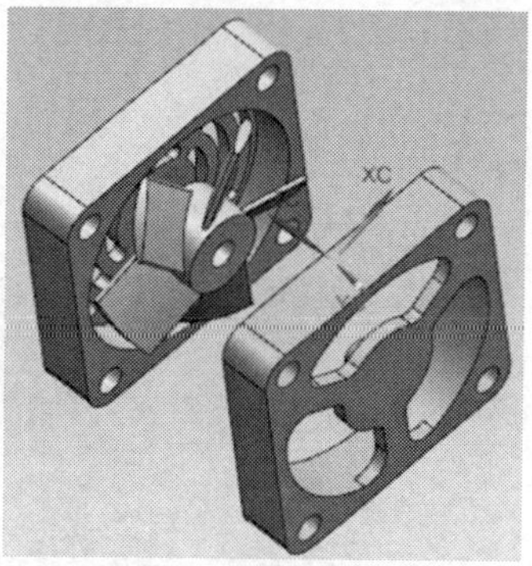

图 7-51 自动爆炸组件图

技能点拨

自动爆炸组件时可以同时选择多个对象，如果将整个装配体选中，可以直接获得整个装配体的爆炸图。如果想恢复爆炸前的组件，则可以在下拉主菜单中选择“装配”下拉菜单中“爆炸图”子菜单下的“取消爆炸组件”命令，选择爆炸的组件后单击“确定”按钮，选中的组件自动回到爆炸前的位置。

2. 编辑爆炸图

由于自动爆炸并不能得到满意的效果，因此系统提供了编辑爆炸图的功能，用户可以对生成的爆炸图进行编辑。

在下拉主菜单的“装配”下拉菜单中选择“爆炸图”子菜单下的“编辑爆炸”命令，系统会弹出如图 7-52 所示的“编辑爆炸”对话框。系统默认的选项是“选择对象”，这时用户选择要编辑的组件，如图 7-53 所示，然后在“编辑爆炸”对话框中选择“移动对象”，在组件上会出现一个移动坐标系，单击如图 7-54 所示的手柄箭头，则“编辑爆炸”对话框中的“距离”文本框被激活，在“距离”文本框中输入参数“-30”，如图 7-55 所示，然后单击“确定”按钮，完成爆炸图的编辑操作，如图 7-56 所示。同样的操作，选择“组件 01”为要编辑的组件，输入距离参数“-20”，单击“确定”按钮，完成三个组件爆炸图的编辑，如图 7-57 所示。

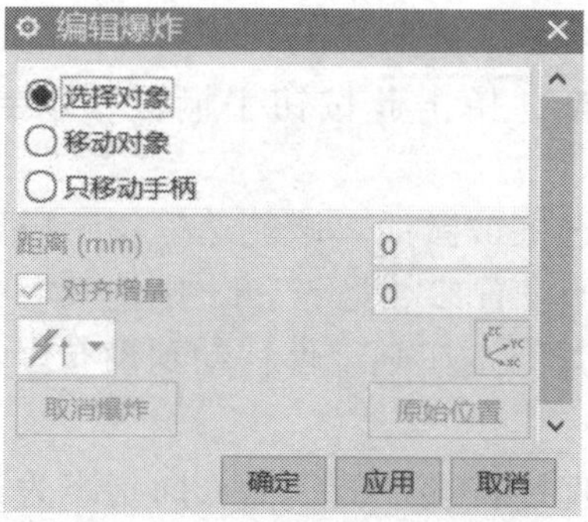

图 7-52 “编辑爆炸”对话框

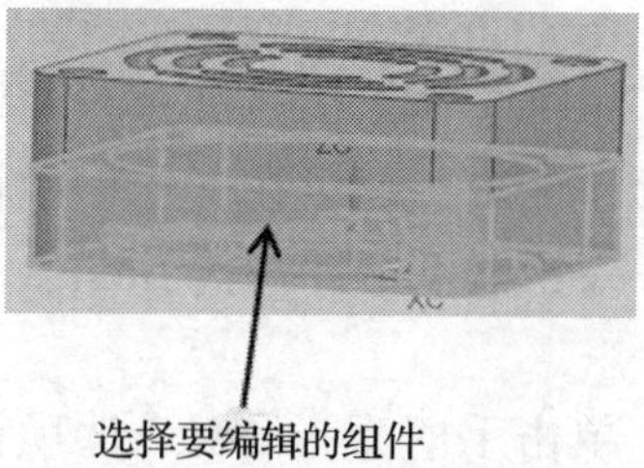

图 7-53 选择要编辑的组件

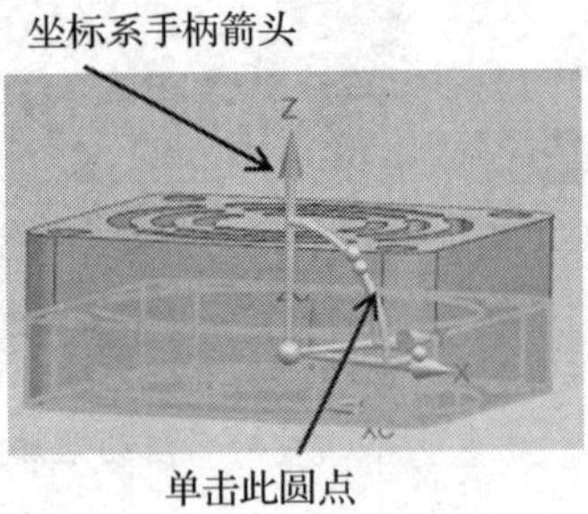

图 7－54　单击手柄箭头

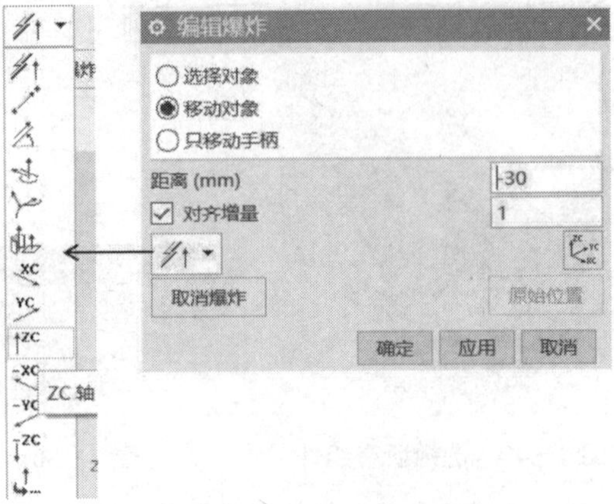

图 7－55　输入距离参数

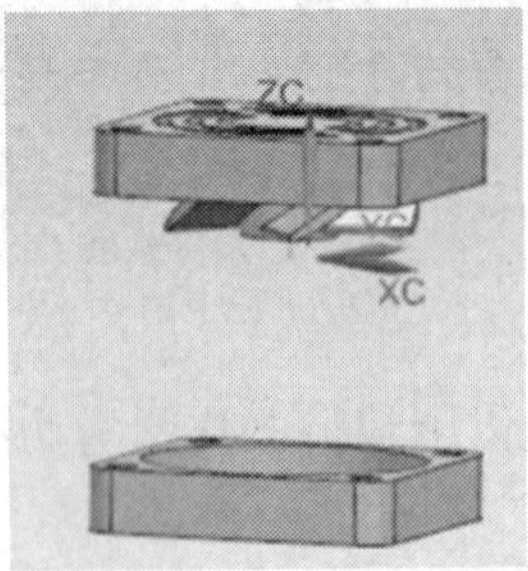

图 7－56　爆炸图的编辑

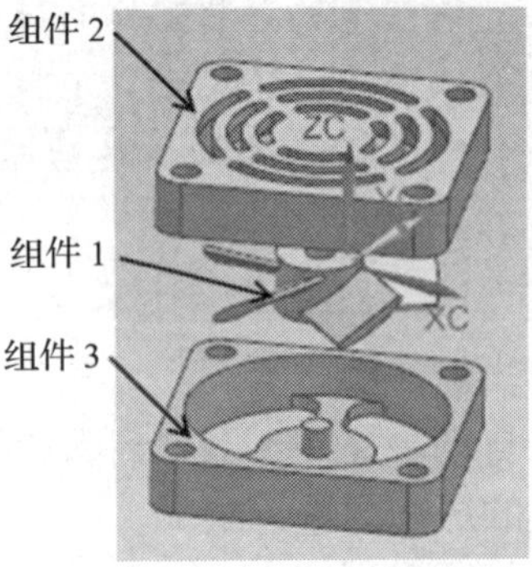

图 7－57　三个组件爆炸图的编辑

任务2

技能点拨

单击移动坐标系 *X* 轴或者 *Y* 轴箭头上面的圆点（见图 7－54）时，“编辑爆炸”对话框中的“角度”文本框被激活，用户可以输入角度值进行编辑。除此之外，还可以直接用鼠标左键按住箭头或者圆点进行移动，实现手动操作。这些操作符合右手定则，即轴向围绕着第三个手柄（Z 轴）旋转。

关于“编辑爆炸”对话框的应用说明如下：

（1）选中“移动对象”选项后按钮被激活，单击此按钮手柄被移动到 WCS 位置。

（2）单击手柄箭头或圆点后“对齐增量”复选框被激活。该复选框用于设置手工拖动的最小距离，可以在文本框中输入数值。比如设置参数为 5mm，则拖动时会跳跃式移动，每次跳跃的距离为 5mm，单击“取消爆炸”按钮则组件移动到没有爆炸时的位置。

（3）单击手柄箭头后选项被激活，可以直接将选中的手柄方向指定为某矢量方向。

3. 隐藏和显示组件

（1）在下拉主菜单的“装配”下拉菜单中选择“关联控制”子菜单中的“隐藏视图中的组件”命令，系统会弹出“隐藏视图中的组件”对话框，选择要隐藏的组件后单击“确定”按钮，则选中的组件被隐藏。

（2）在下拉主菜单的“装配”下拉菜单中选择“关联控制”子菜单中的“显示视图中的组件”命令，系统会弹出“显示视图中的组件”对话框，用户根据实际情况选择要显示的组件后单击“确定”按钮，则选中的组件被显示。

4. 隐藏和显示爆炸视图

（1）在下拉主菜单的“装配”下拉菜单中选择“爆炸图”子菜单中的“隐藏爆炸”命令，则视图切换到无爆炸视图。

（2）在下拉主菜单的“装配”下拉菜单中选择“爆炸图”子菜单中的“显示爆炸”命令，则视图切换到爆炸视图。

基础延伸

组件的配对条件

配对条件用于在装配中定位组件，可以指定一个部件相对于装配体中另一个部件（或特征）的放置方式和位置。比如，可以指定一根轴的圆柱面与一个孔的内圆柱面共轴。软件系统配对条件的类型包括接触、对齐、中心轴线等。每个组件都有唯一的配对条件，这个配对条件由一个或多个约束组成。每个约束都会限制组件在装配体中的一个或几个自由度，从而确定组件的位置。用户可以在添加组件的过程中添加配对条件，也可在添加完成后添加约束。如果组件的自由度被全部限制，则为完全约束，否则为欠约束。

知识链接

1. 预览面板

在“装配导航器”窗口中单击“预览”标题栏，可展开或折叠面板，选择装配导航器中的组件，可以在“预览”面板中查看该组件的情况。添加新组件时，如果该组件已加载到系统中，“预览”面板也会显示该组件。

2. 依附性面板

在“装配导航器”窗口中单击“相关性”标题栏，可展开或折叠面板，选择装配导航器中的组件，可以在“相关性”面板中查看该组件的相关性关系。在“相关性”面板中，每个装配组件下都有父级和子级两个文件夹。以其他的组件为基础组件，定位选中的组件所建立的约束和配对对象属于父级；以选中组件为基础组件，定位其他组件时所建立的约束和配对对象属于子级。

任务 3　机械手臂装配设计——综合实例应用

任务描述

本任务将工业机器人的机械手臂作为一个综合实例，系统地介绍 UG NX 12.0 装配设计的应用。在装配过程中调出组件、放置组件、添加组件约束等都是装配设计中常用的设置。在装配过程中组件的装配先后顺序也很关键，用户可以根据设计意图在装配时调整顺序。

机械手臂
装配实例

任务目标

1. 理解组件装配的先后顺序。
2. 掌握 UG NX 12.0 装配约束的使用。
3. 掌握 UG NX 12.0 装配设计的操作基础。

实施过程

机械手臂是集拟人手臂、手腕和手功能于一体的机械电子装置。它可使任一物件或工具按空间位姿的时变要求进行移动，从而完成某一工业生产的作业要求，如夹持焊钳或焊枪，对汽车或摩托车车体进行点焊或弧焊；搬运压铸或冲压成型的零件或构件；进行激光切割、喷涂；装配机械零部件；等等。图 7－58 所示为进行夹持作业的机械手臂三维模型图。

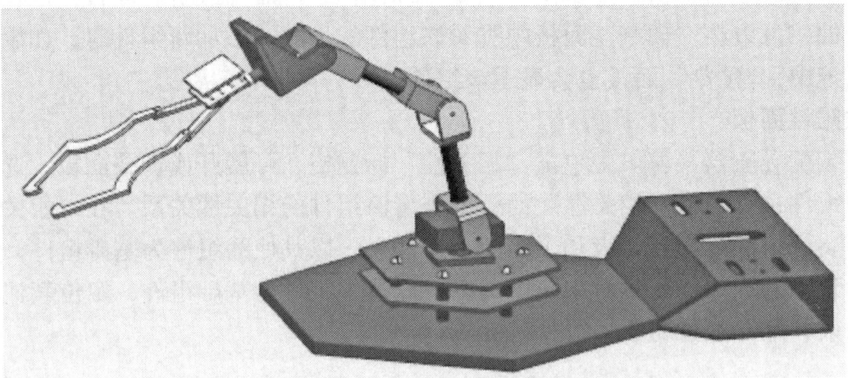

图 7－58　进行夹持作业的机械手臂三维模型图

（1）新建装配文件，进入装配环境。

单击“新建”按钮，在弹出的“新建”对话框中选择模板类型为“装配”，默认的过滤器单位选项为“毫米”，设置文件名称为“机械手臂装配”。用户可以根据实际情况设置装配体的名称和所在的文件路径，单击“确定”按钮，系统会弹出“添加组件”对话框，进入装配环境。

（2）添加机械手臂底座。

在弹出的“添加组件”对话框中单击“打开”按钮，在文件路径目录下选择“机械手臂底座”，单击“OK”按钮调出机械手臂底座组件，如图 7－59 所示。

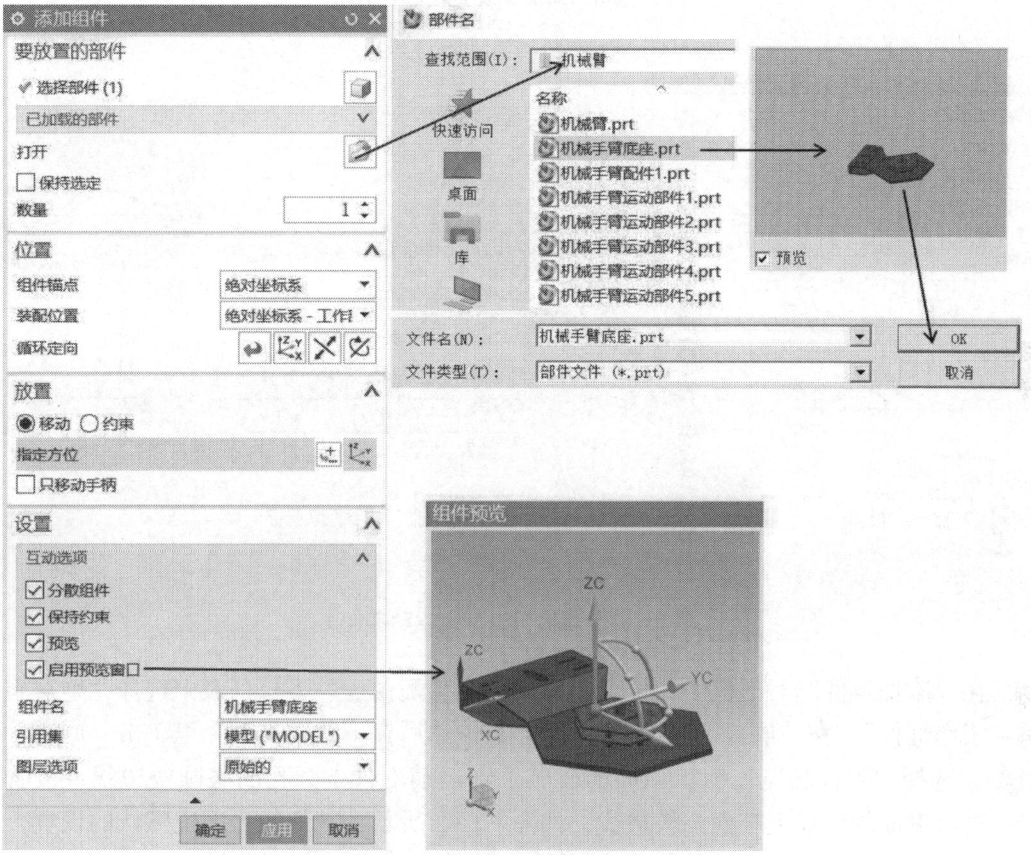

图 7－59　调出机械手臂底座组件

在“添加组件”对话框中“位置”区域的“装配位置”下拉列表中选择“绝对坐标系－工作部件”，在“放置”区域选择“移动”，勾选“互动选项”下面的“启用预览窗口”复选框，其他的为系统默认的设置，单击“确定”按钮，完成如图 7－60 所示机械手臂底座组件的添加（此处的机械手臂底座由螺钉、座盘、支架等部件组成，已经组装好了）。

（3）添加机械手臂运动部件 1。

在上一步骤基础上继续单击“打开”按钮，选择“机械手臂运动部件 1”，然后单击“OK”按钮，调出机械手臂运动部件 1，如图 7－61 所示。

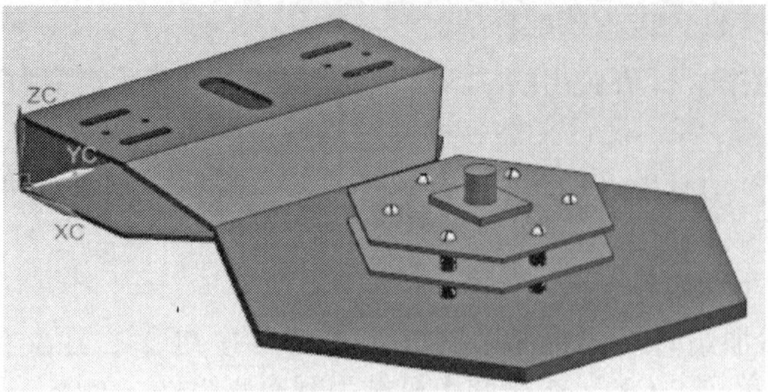

图 7－60　添加机械手臂底座组件

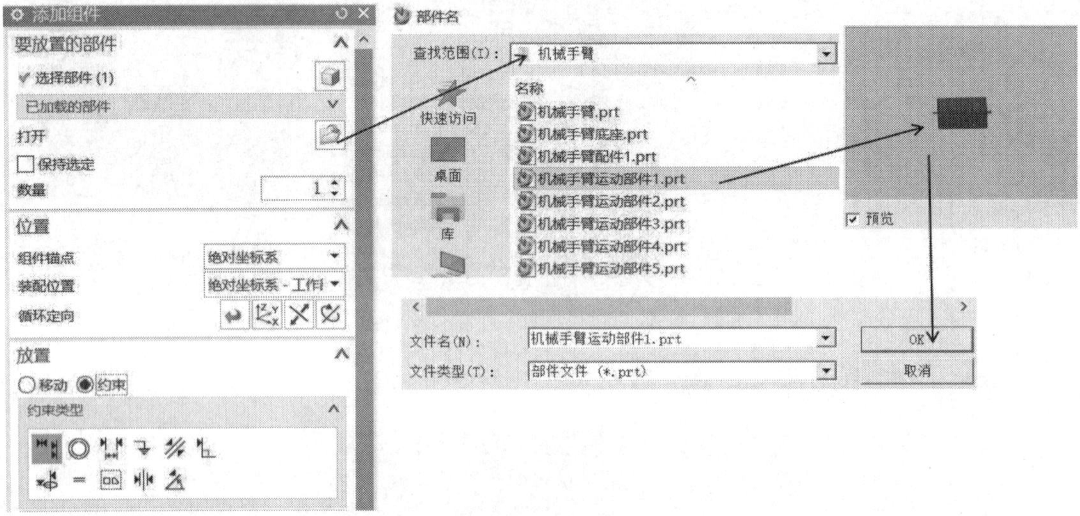

图 7－61　调出机械手臂运动部件 1

在“添加组件”对话框中“位置”区域的“装配位置”下拉列表中选择“绝对坐标系－工作部件”，在“放置”区域选择“约束”，然后在“约束类型”里单击“同心”按钮，选择“组件预览”窗口里面的机械手臂运动部件 1 圆孔的底圆棱边线，接着选择主窗口里面的座盘上端面圆棱边线，如图 7－62 所示，其他的为系统默认的设置，单击“应用”按钮，完成机械手臂运动部件 1 的添加，如图 7－63 所示。

（4）添加机械手臂运动部件 2。

在上一步骤基础上继续单击“打开”按钮，选择“机械手臂运动部件 2”，然后单击“OK”按钮，调出机械手臂运动部件 2。

在“添加组件”对话框“位置”区域的“装配位置”下拉列表中选择“绝对坐标系－工作部件”，在“放置”区域选择“约束”，然后在“约束类型”里单击“接触对齐”按钮，在“方位”下拉列表里选择“接触”。如图 7－64 所示，选择“组件预览”窗口里面的机械手臂运动部件 2 内侧面，接着选择主窗口里面的机械手臂运动部件 1 的外侧面。然后选择“方位”下拉列表里面的“自动判断中心 / 轴”，选择如图 7－65 所示的“组件预览”窗口里面的机械手臂运动部件 2 圆孔轴线，接着选择主窗口里面的

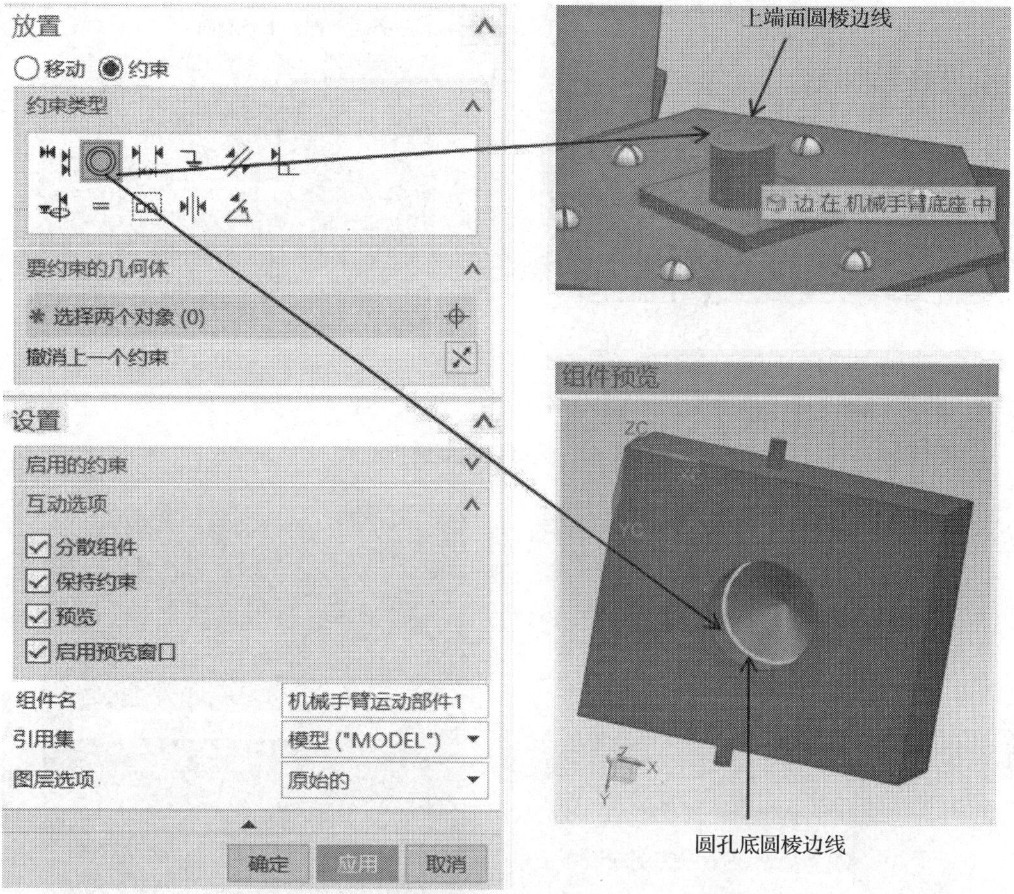

图 7－62　机械手臂运动部件 1 的约束设置

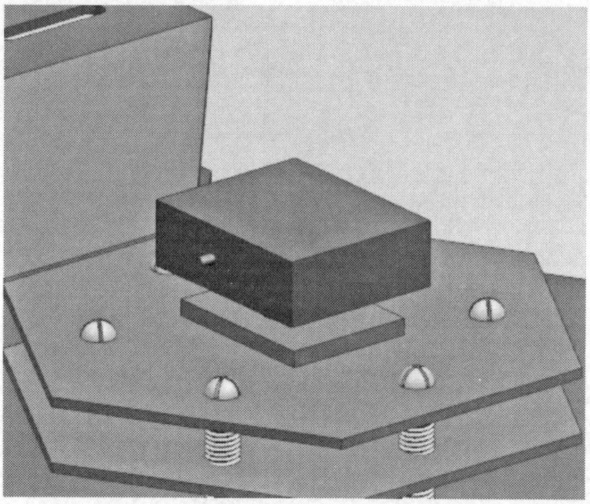

图 7－63　添加机械手臂运动部件 1

机械手臂运动部件 1 小圆柱轴线，其他的则为系统默认的设置，单击“应用”按钮，完成机械手臂运动部件 2 的添加，如图 7－66 所示。

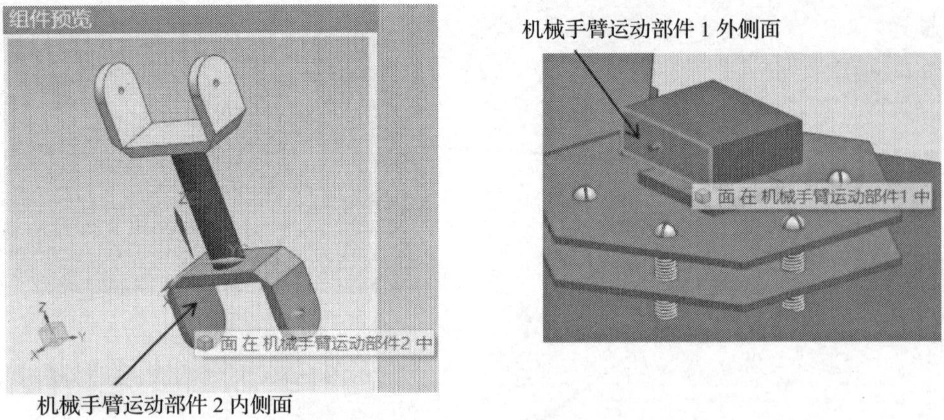

图 7－64　选择接触面进行约束

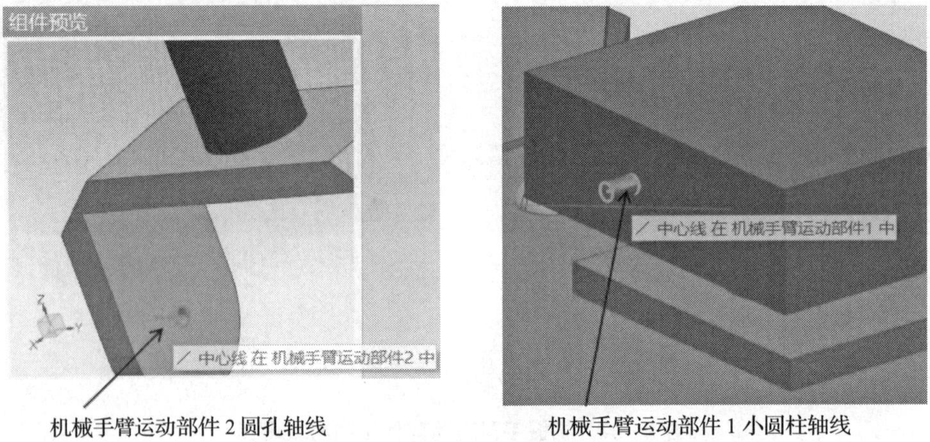

图 7－65　选择中心轴线进行约束

图 7－66　添加机械手臂运动部件 2

（5）添加机械手臂运动部件 3。

接下来对添加组件的有关步骤进行简要介绍。

在“添加组件”对话框的“放置”区域中选择“约束”，然后在“约束类型”里单击“接触对齐”按钮，选择“方位”下拉列表里面的“接触”，选择“组件预览”窗口里面的机械手臂运动部件 3 外侧面，接着选择主窗口里面的机械手臂运动部件 2 的内侧面，如图 7－67 所示。然后选择“方位”下拉列表里面的“自动判断中心 / 轴”，选择“组件预览”窗口里面的机械手臂运动部件 3 小圆柱轴线，接着选择主窗口里面的机械手臂运动部件 2 圆孔轴线，如图 7－68 所示。继续单击“约束类型”里面的“角度”按钮，在“子类型”下拉列表中选择“3D 角”，选择如图 7－69 所示的两个面作为要约束的几何体，即角度参考面，在“角度”文本框中输入“60”，其他的为系统默认的设置，单击“应用”按钮，完成机械手臂运动部件 3 的添加，如图 7－70 所示。

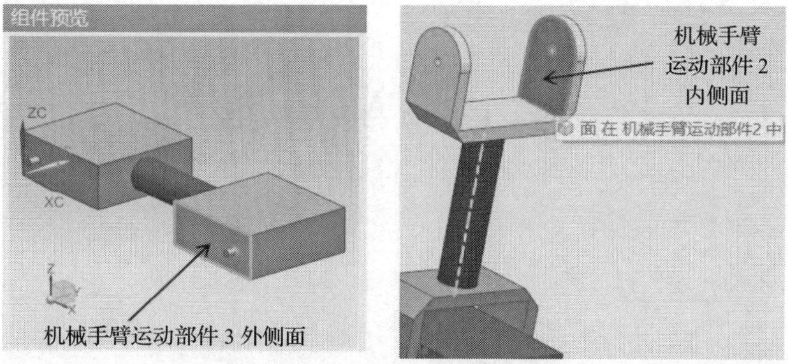

图 7－67　选择接触面进行约束

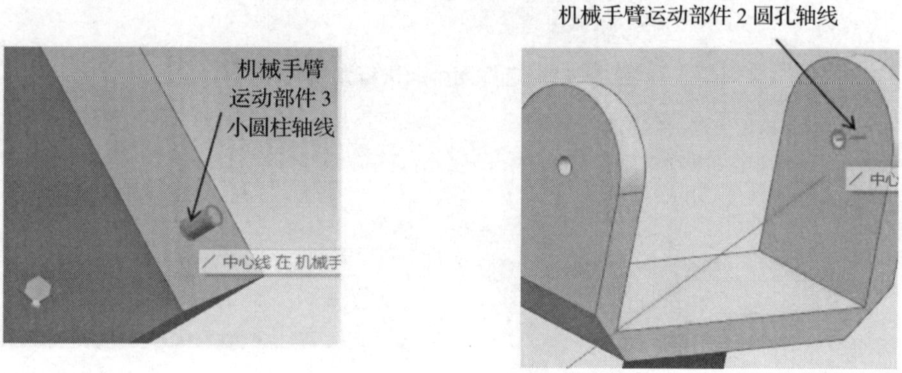

图 7－68　选择中心轴线进行约束

（6）添加机械手臂运动部件 4。

在“放置”区域选择“约束”，然后在“约束类型”里单击“接触对齐”按钮，选择“方位”下拉列表里面的“接触”，选择“组件预览”窗口里面的机械手臂运动部件 4 内侧面，接着选择主窗口里面的机械手臂运动部件 3 的外侧面，如图 7－71 所示。然后选择“方位”下拉列表里面的“自动判断中心 / 轴”，选择“组件预览”窗口里面的机械手臂运动部件 4 圆孔轴线，接着选择主窗口里面的机械手臂运动部件 3 圆柱轴线，如图 7－72 所示。继续单击“约束类型”里面的“角度”按钮，在“子类型”下

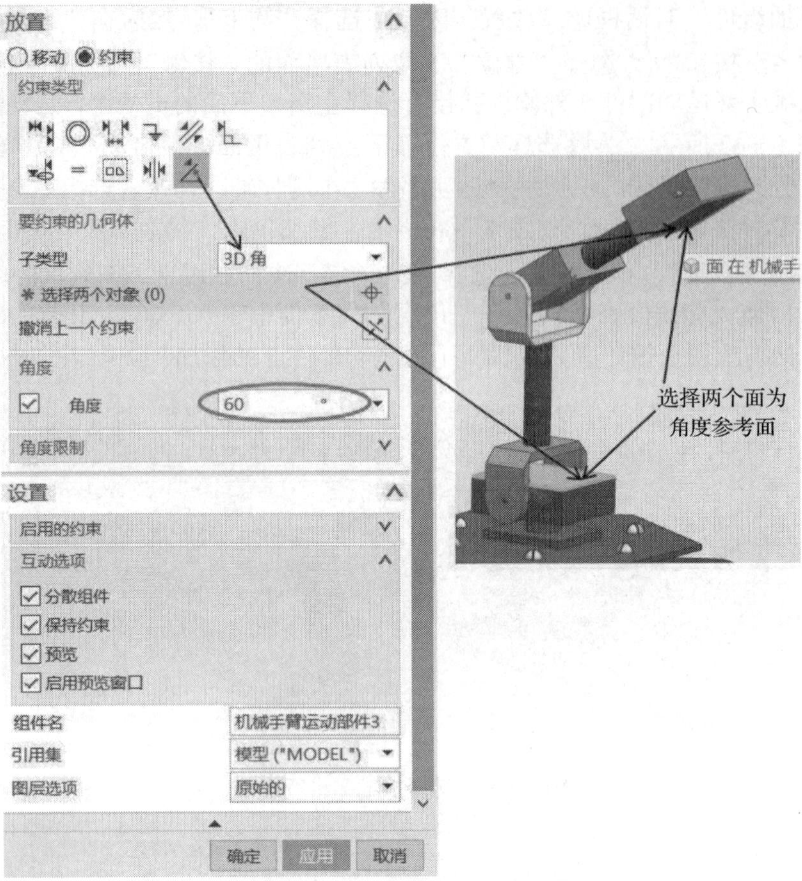

图 7 – 69　选择两个面进行角度约束

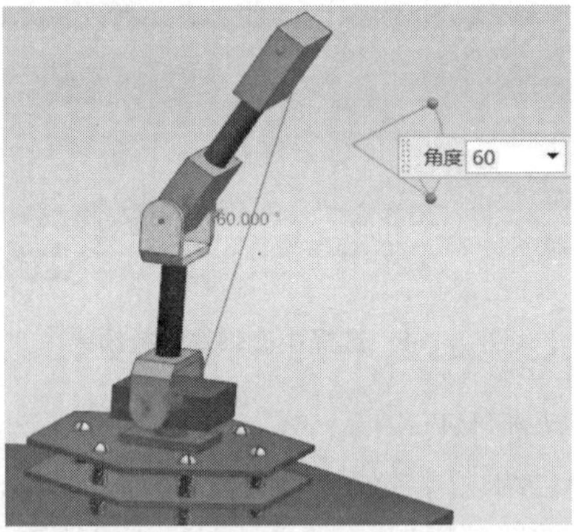

图 7 – 70　添加机械手臂运动部件 3

拉列表中选择“3D 角”，选择如图 7 – 73 所示的两个面作为要约束的几何体，即角度参考面，在“角度”文本框中输入“ -60”，其他的为系统默认的设置，单击“应用”按钮，完成机械手臂运动部件 4 的添加，如图 7 – 74 所示。

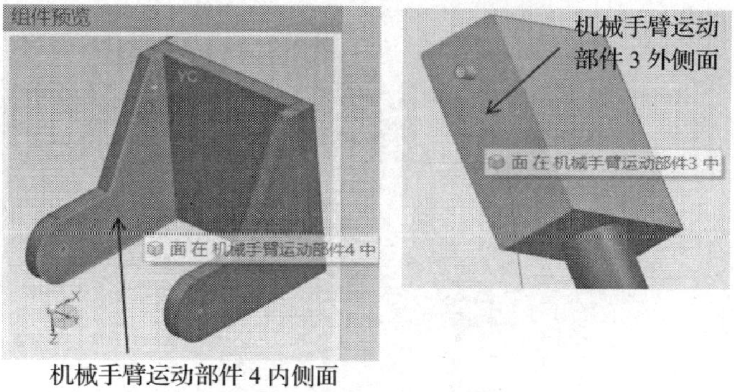

图 7－71　选择接触面进行约束

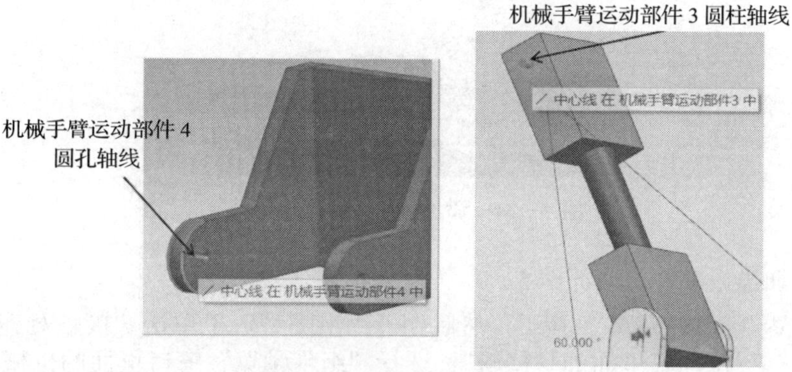

图 7－72　选择中心轴线进行约束

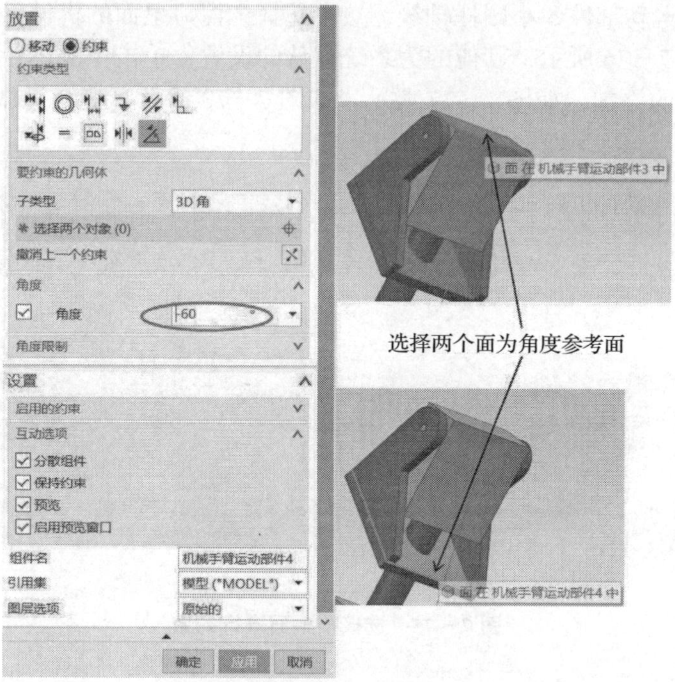

图 7－73　选择两个面进行角度约束

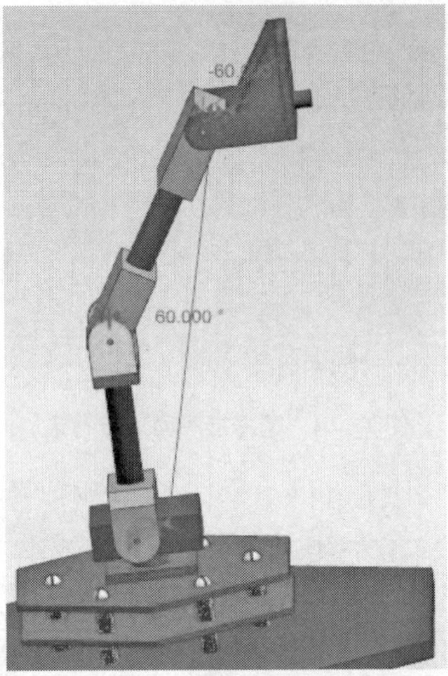

图 7－74　添加机械手臂运动部件 4

（7）添加机械手臂运动部件 5。

在“放置”区域选择“约束”，然后在“约束类型”里单击“接触对齐”按钮 ，选择“方位”下拉列表里面的“接触”，选择“组件预览”窗口里面的机械手臂运动部件 5 圆柱端面，接着选择主窗口里面的机械手臂运动部件 4 的圆柱端面，如图 7－75 所示。然后选择“方位”下拉列表里面的“自动判断中心 / 轴”，选择“组件预览”窗口里面的机械手臂运动部件 5 小圆柱轴线，接着选择主窗口里面的机械手臂运动部件 4 小圆柱轴线，如图 7－76 所示，其他的为系统默认的设置，单击“应用”按钮，完成机械手臂运动部件 5 的添加，如图 7－77 所示。如图 7－78 所示，整个机械手臂的 3D 建模装配图完成。

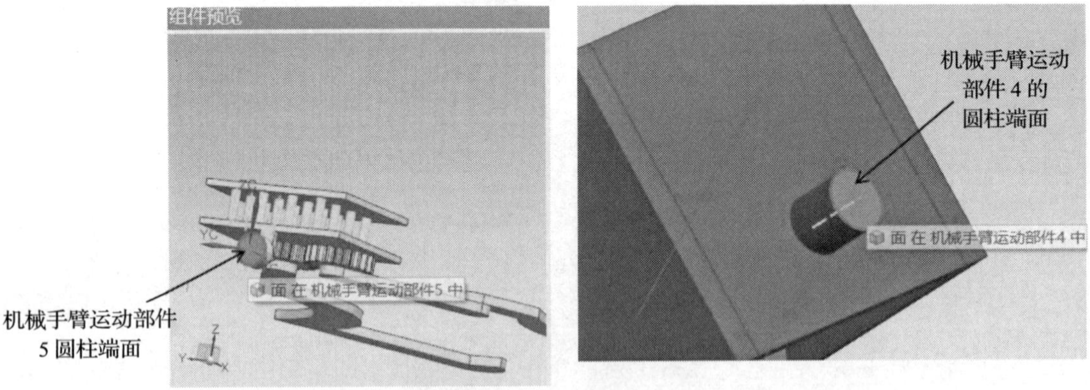

图 7－75　选择接触面进行约束

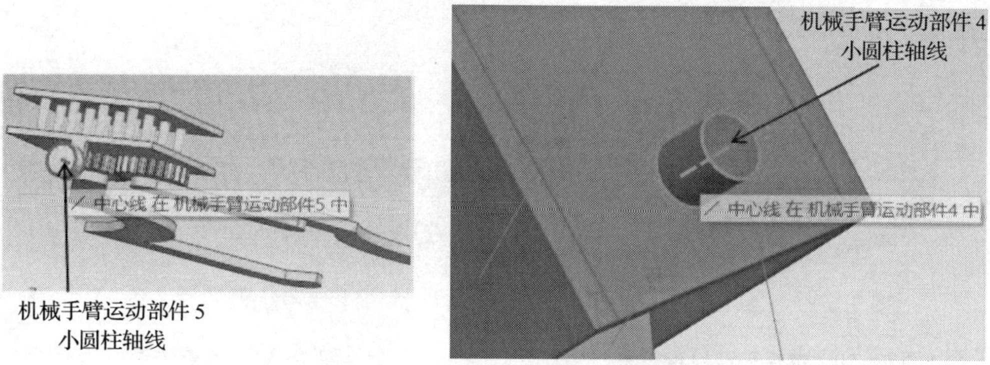

图 7－76　选择中心轴线进行约束

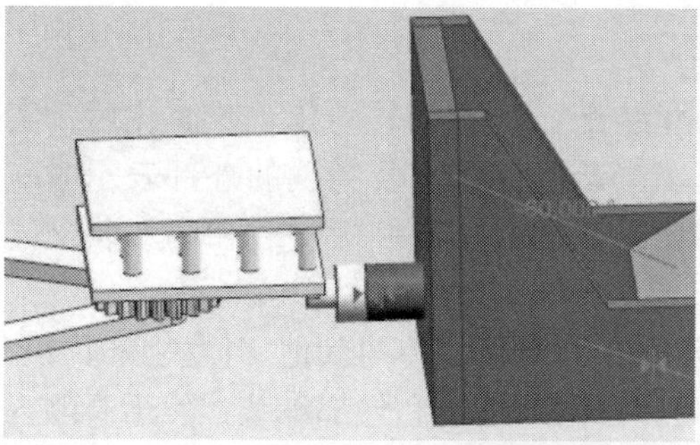

图 7－77　添加机械手臂运动部件 5

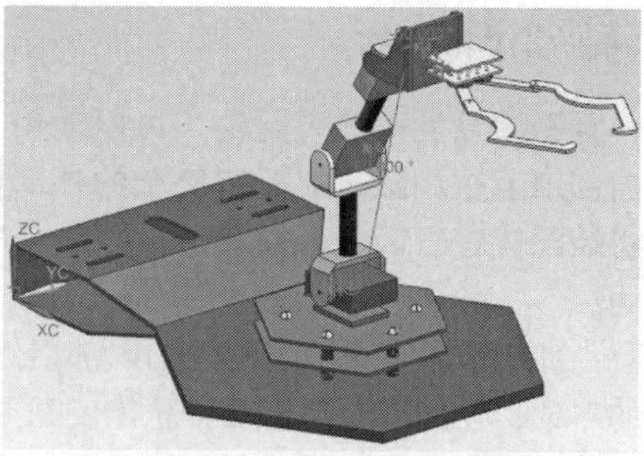

图 7－78　机械手臂的 3D 建模装配图

基础延伸

装配干涉检查

在实际的产品设计中，当产品中的各个零部件组装完成后，用户会比较关心各个零部件间的干涉情况，如有没有干涉？哪些零件间有干涉？干涉量为多大？UG NX 12.0 提供了装配干涉检查的功能。

选择下拉主菜单中“分析”下拉菜单的“简单干涉”命令，会弹出如图 7－79 所示的“简单干涉”对话框，选择如图 7－80 所示的对象 1 和对象 2，并在“干涉检查结果”区域的“结果对象”下拉列表中选择“干涉体”，单击“确定”按钮，会弹出如图 7－81 所示的检查结果。

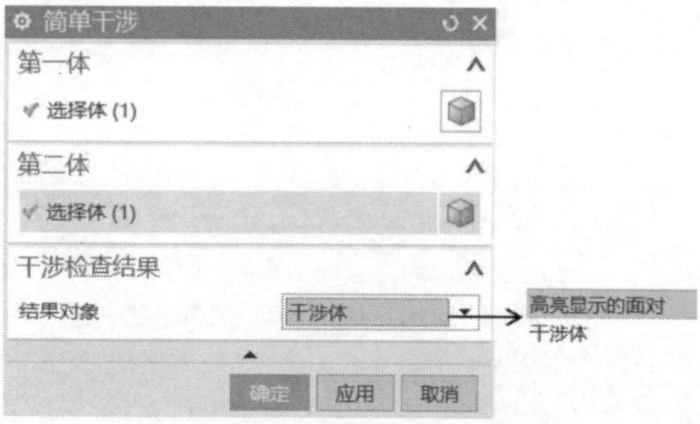

图 7－79　“简单干涉”对话框

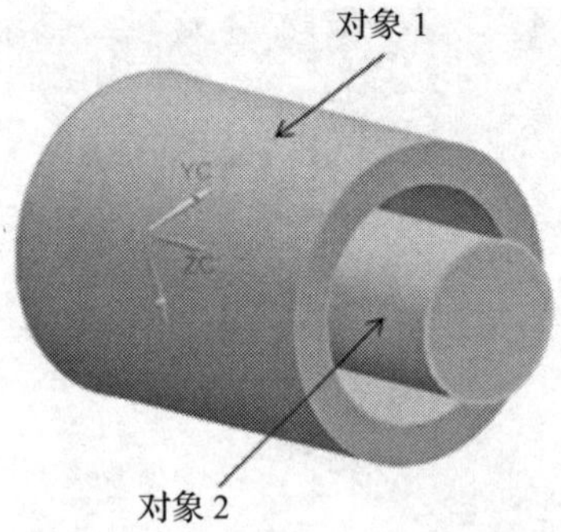

图 7-80　选择干涉检查对象

图 7-81　检查结果

知识链接

对于比较复杂的装配体，可以使用“简化装配”功能将其简化。被简化后，实体的内部细节被删除，但保留复杂的外部特征。当装配体只需要精确的外部表示时，可以将装配体进行简化，简化后可以减少所需要的数据，从而缩短加载和刷新装配体的时间。

内部细节是指对该装配体的内部组件有意义，而对装配体与其他实体关联时没有意义的对象；外部特征则相反。简化装配主要是区分内部细节和外部细节，然后省略内部细节的过程，在这个过程中，装配组件被合并成一个实体。

单元 8 工程图操作基础

单元导读

UG NX 12.0 可以实现将三维模型在制图环境中转换成工程图。软件工程图包含视图、尺寸、公差、注释说明、表面粗糙度、技术要求、图框、标题栏等。学生可以通过实例熟悉并掌握工程图的操作，在工作过程中熟练切换建模与工程图。UG NX 12.0 可实现工作一体化，提高生产效益，实现标准化管理。

重点难点

1. UG NX 12.0 工程图的创建与编辑。
2. UG NX 12.0 工程图的注释。

技能目标

1. 掌握 UG NX 12.0 工程图的创建与编辑。
2. 掌握 UG NX 12.0 工程图的注释方法。

素养目标

工程图是工程师用来与技术人员交流的工具。人生就如一幅工程图，每个人都是自己人生的工程师，需要认真、专注、细致地绘制好这幅工程图。结合自己所学专业知识，遵循自然规律，在社会中扮演好自己的“工程师”角色，发挥自己的能力，推动科技创新和高质量发展。

任务 1 工程图视图的创建与编辑

任务描述

工程图主要是按照三维模型的投影关系生成的，用来表达部件模型的外部结构。工程图包括基本视图、局部放大视图、剖视图、半剖视图、旋转剖视图、阶梯剖视图、局部剖视图和其他剖视图。

本任务重点介绍制图环境、制图环境界面，以及在制图环境中如何管理图样。用户应了解工程图的创建方法和相关设置，并熟练掌握各命令的使用。

任务目标

1. 熟悉 UG NX 12.0 的制图环境。
2. 掌握 UG NX 12.0 视图的创建与编辑。
3. 掌握 UG NX 12.0 视图的设置。

实施过程

一 UG NX 12.0 的制图环境

在制图环境中可以创建、打开、删除和编辑图样，下面简单介绍创建工程图的方法，以及制图环境中的常用菜单。

（1）打开如图 8－1 所示的“套筒”零件模型，选择“文件”下拉菜单里“启动”子菜单中的“制图”命令（见图 8－2），进入工程图模板。或者用户直接在快捷工具条的“应用模块”中单击“制图”按钮制图，如图 8－3 所示，进入工程图模板。

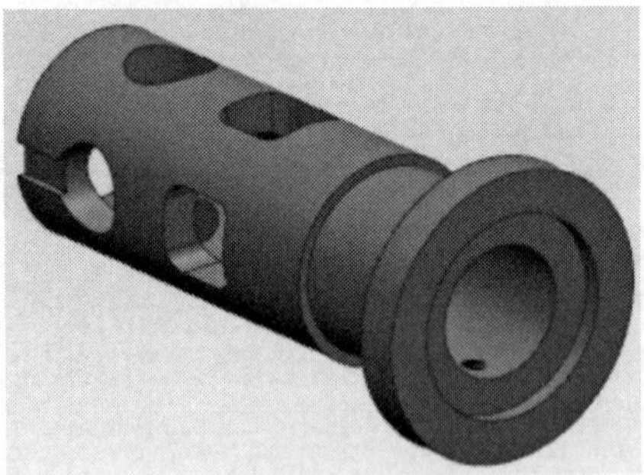

图 8－1 “套筒”零件模型

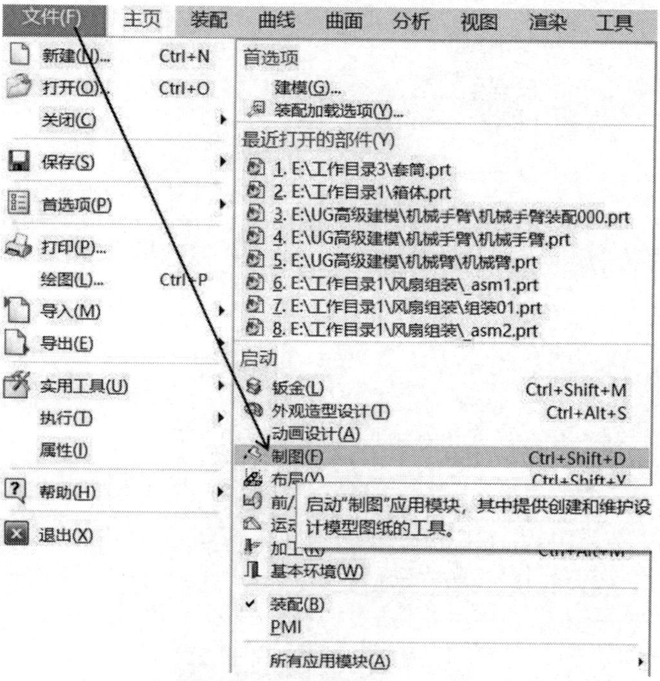

图 8-2　选择“制图”命令

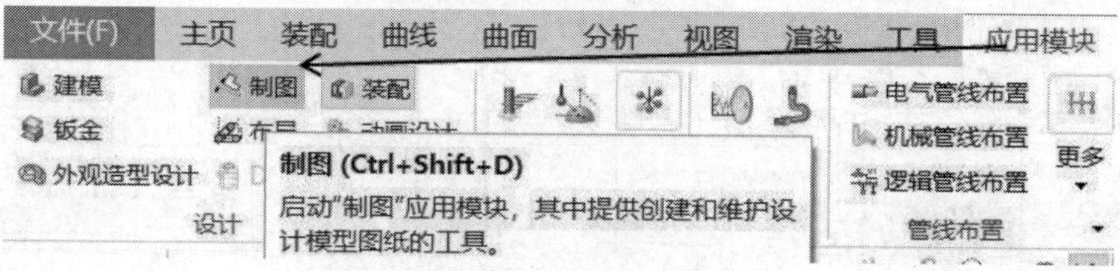

图 8-3　切换到“制图”应用模板

（2）进入制图模板后在下拉主菜单中选择“插入”下拉菜单中的“图纸页”命令（见图 8-4），或者直接单击“图纸页”按钮，系统会弹出如图 8-5 所示的“工作表”对话框。用户根据零件的大小在“大小”选项中选择“标准尺寸”，在“大小”下拉列表中选择“A3-297×420”，在“比例”下拉列表中选择“1∶1”，取消“始终启动视图创建”前面的勾选，其他为默认的设置（用户可根据实际的情况设置），单击“确定”按钮，进入制图环境界面，如图 8-6 所示。

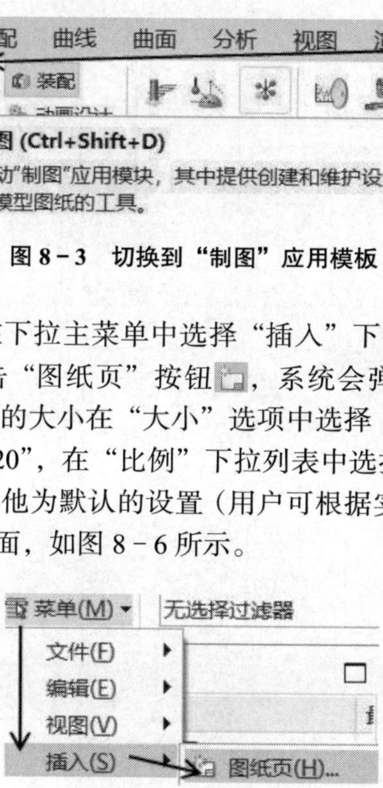

图 8-4　“图纸页”命令

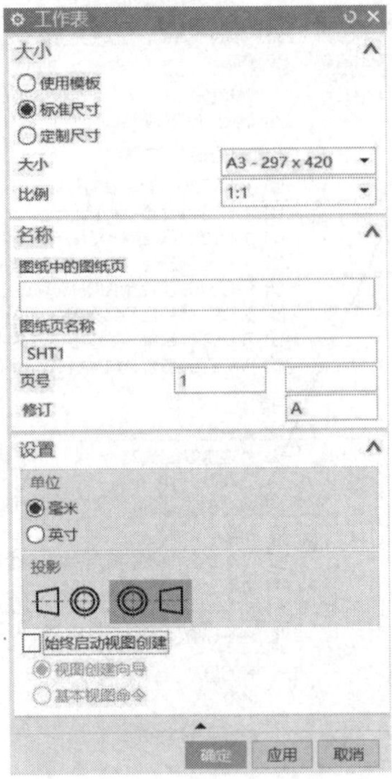

图 8－5 “工作表”对话框

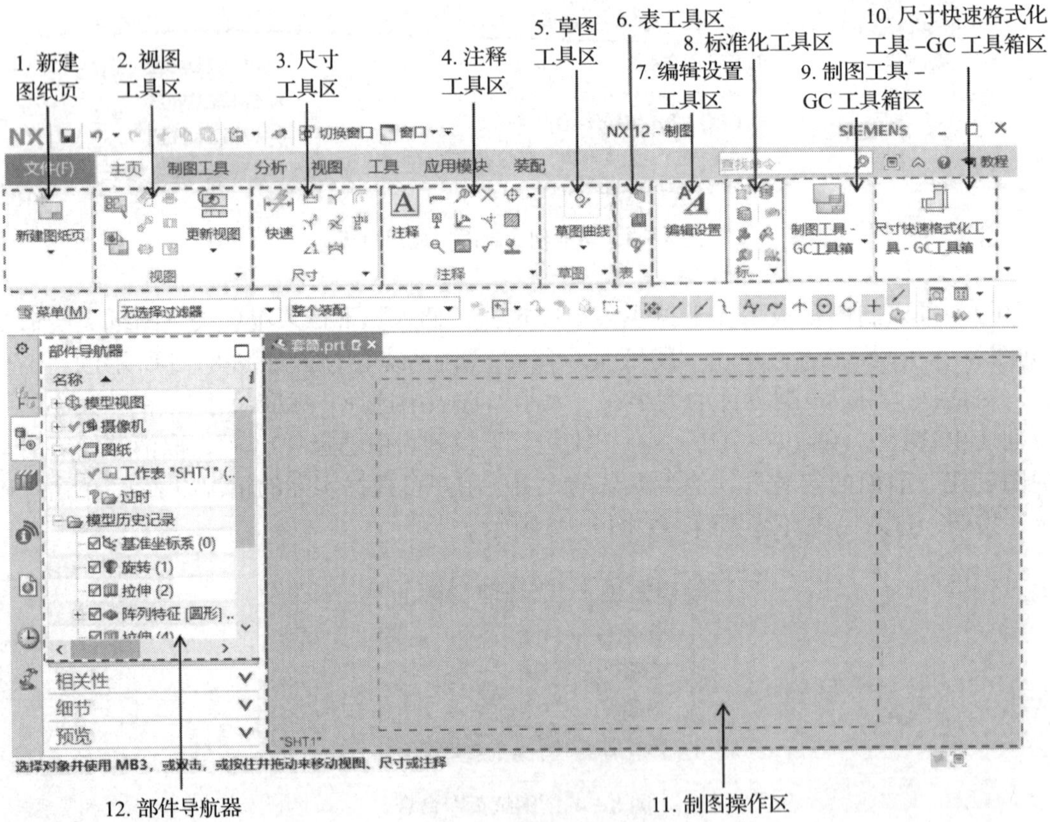

图 8－6 制图环境界面

（3）对新建的工程图样可以进行编辑。用户在部件导航器中选择“工作表”或图样后单击鼠标右键，会弹出如图 8－7 所示的快捷菜单。选择“编辑图纸页”命令，则会弹出“图纸页”对话框，从而实现编辑已存在的图样参数。

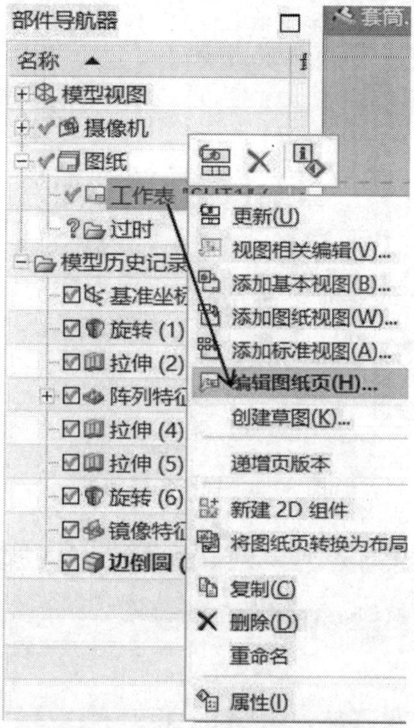

图 8－7　“工作表”快捷菜单

二　UG NX 12.0 视图的创建与编辑

1. 创建视图

根据视图创建向导创建视图。如图 8－8 所示，在下拉主菜单下的“插入”下拉菜单中选择“视图”子菜单下的“视图创建向导”命令，会弹出“视图创建向导”对话框。在“部件”选项中系统会默认当前“套筒”为选定的部件（用户也可以根据情况打开其他的部件），如图 8－9 所示。单击“下一步”按钮进入“选项”区域。如图 8－10 所示，选择“视图边界”下拉列表里面的“手动”，并且取消勾选“自动缩放至适合窗口”复选框，设置“比例”为“1∶1”，默认勾选“处理隐藏线”“显示中心线”“显示轮廓线”等（用户可进入“视图创建向导设置”对话框，根据需要进行视图其他项设置）。单击“下一步”按钮进入“方向”区域。如图 8－11 所示，在“方向”选项区域中选择默认的“前视图”，其他为系统默认设置（用户还可根据实际情况在“定制视图工具”对话框中定制视图方向）。单击“下一步”按钮进入“布局”区域。如图 8－12 所示，在“放置”按钮“选项”下拉列表中选择“自动”，并且勾选“关联对齐”，设置留边参数，然后单击“完成”按钮，即根据“视图创建向导”创建完成套筒的前视图（父视图），如图 8－13 所示。用户在部件导航器的模型历史记录里面选择基

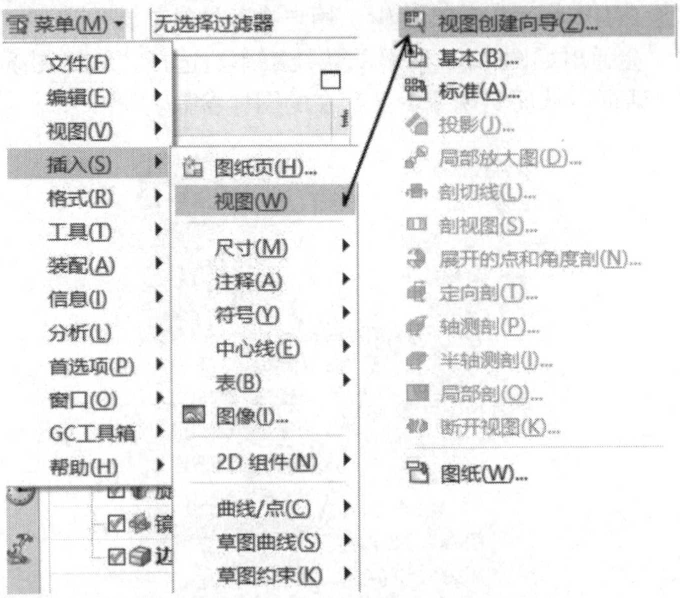

图 8-8　视图创建向导

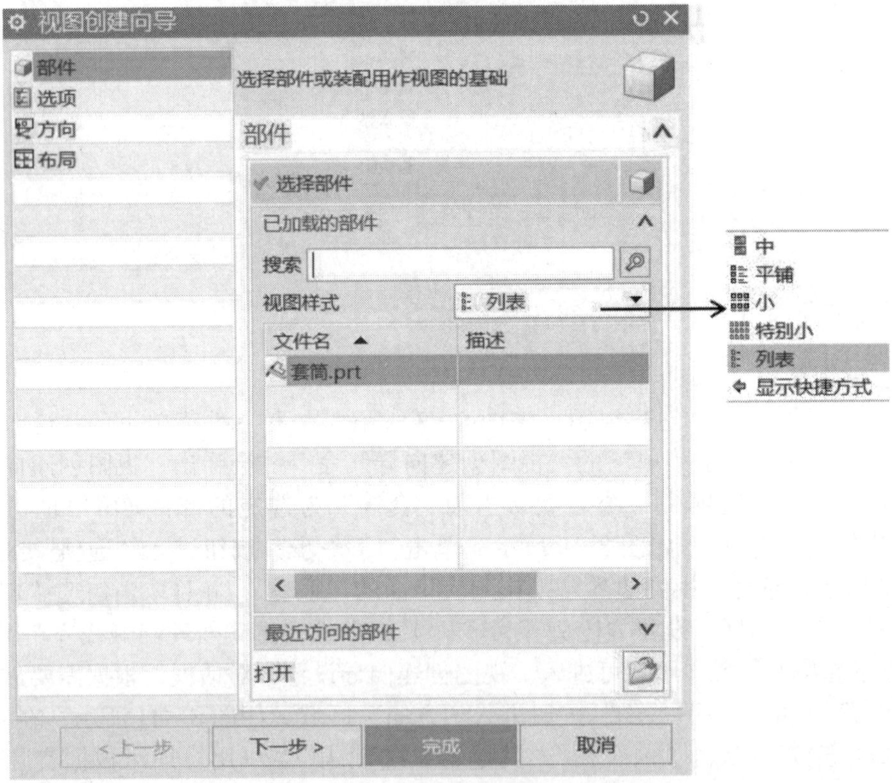

图 8-9　选择部件

准坐标系，然后右击，在立即菜单中选择隐藏基准坐标系，效果如图 8-14 所示。

图 8－10　选项参数

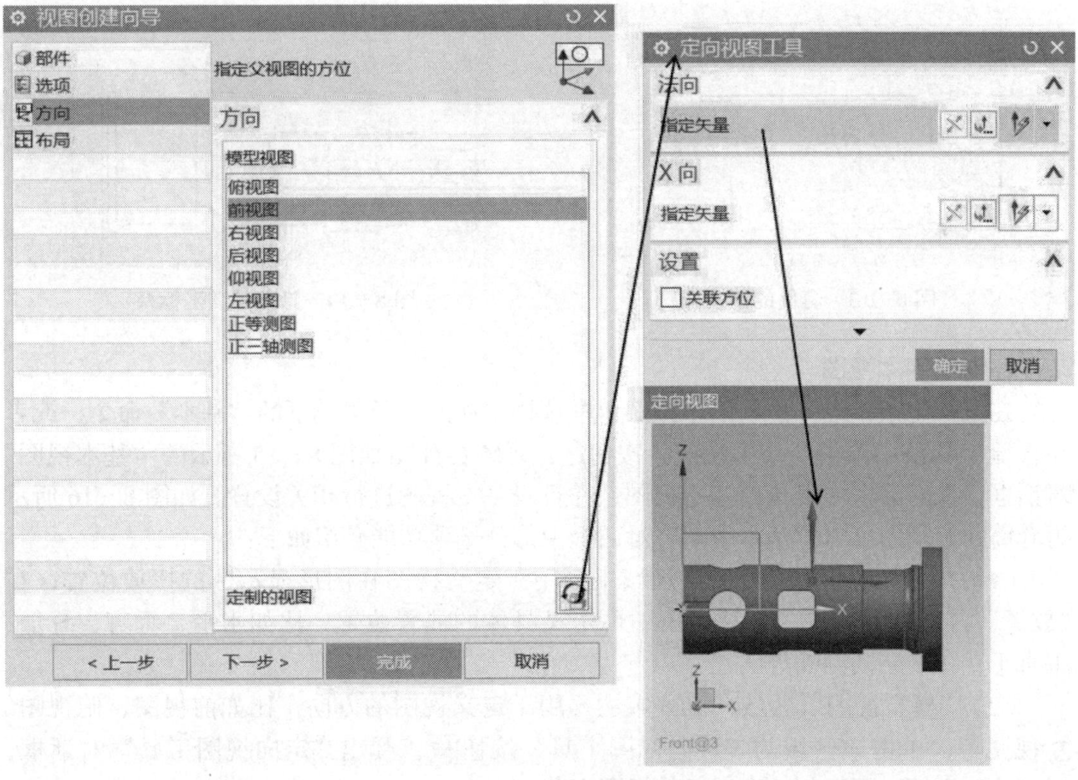

图 8－11　选择前视图

图 8－12　布局设置

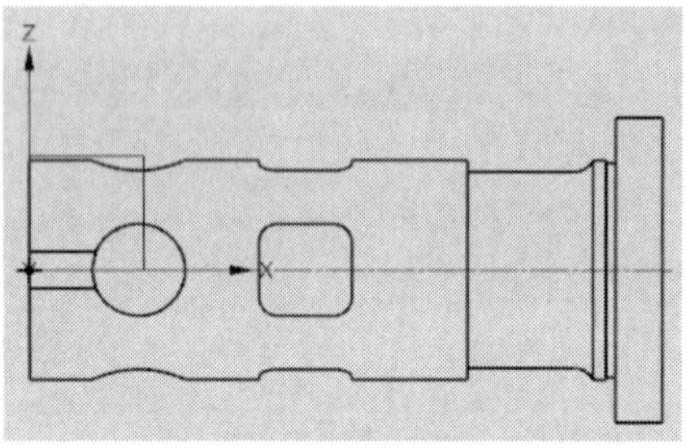

图 8－13　套筒的前视图

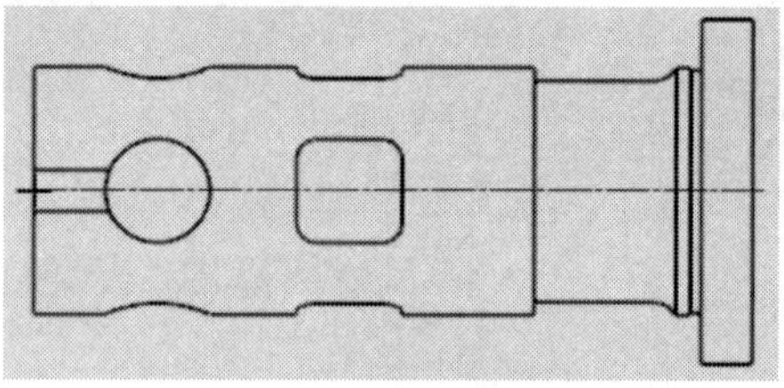

图 8－14　隐藏基准坐标系

2. 创建基本视图

在下拉主菜单的“插入”下拉菜单中选择“视图”子菜单下的“基本”命令，或者在快捷工具条中单击“基本视图”按钮，系统会弹出如图 8－15 所示的“基本视图”对话框，在对话框中可调出基本视图，并且对基本视图进行相关设置。如图 8－16 所示为套筒的俯视图。对“基本视图”对话框中部分选项功能介绍如下：

（1）“视图原点”区域：该区域主要用于定义视图在图形显示区的摆放位置，在“放置”区域的“方法”下拉列表中可定义具体的放置位置，比如水平、垂直、叠加、垂直于直线或自动判断等。

（2）“模型视图”区域：该区域主要用于定义视图的方向，比如前视图、俯视图、左视图等，单击该区域的“定向视图工具”按钮，弹出“定向视图工具”对话框，通过该对话框，可以创建自定义的视图方向。

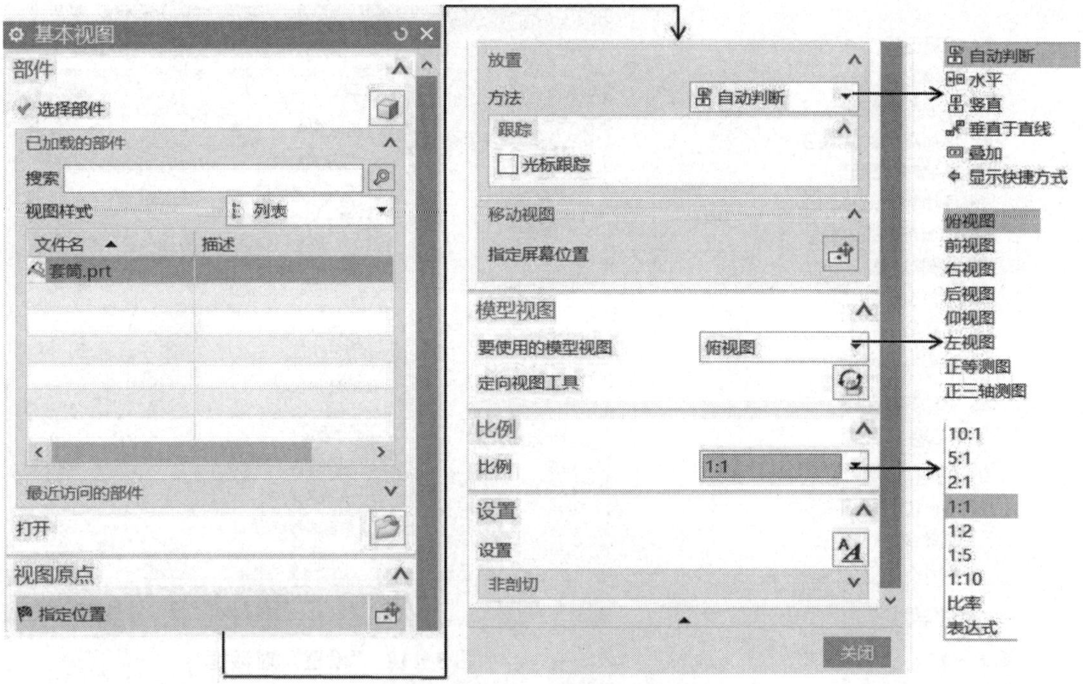

图 8－15　“基本视图”对话框

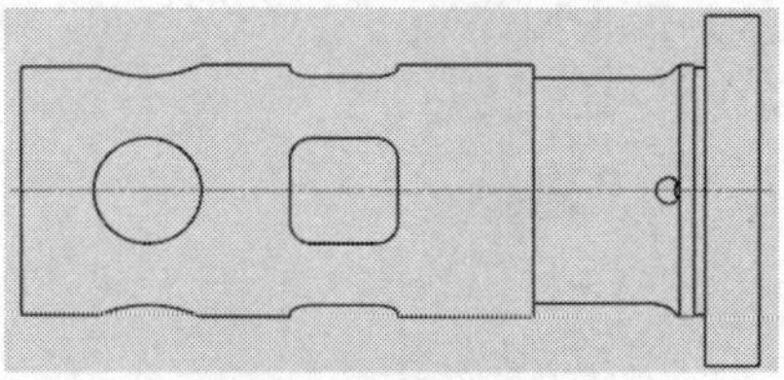

图 8－16　套筒俯视图

（3）“比例”区域：该区域用于在添加视图之前，为基本视图指定一个特定的比例。默认的比例值为 1∶1。

3. 基本视图设置

在部件导航器中单击“导入的‘Front@2’”按钮导入的 "Front@2"，然后单击鼠标右键，会弹出如图 8－17 所示的立即菜单，选择“设置”命令；或者在“部件导航器”对着“导入的‘Front@2’”连续单击两次鼠标左键或者用鼠标选中前视图后连续单击两次鼠标左键，都会出现如图 8－18 所示的“设置”对话框，在“常规”选项区域中设置视图的“比例”为“1∶1”。

4. 基本视图的投影视图

单击“导入的‘Front@2’”按钮导入的 "Front@2"，然后单击鼠标右键，会弹出立即菜单。选择“添加投影视图”命令，会弹出如图 8－19 所示的“投影视图”对话框，在父视图中选择基本视图，即“导入的 Front@2”为要投影的视图，其他为系统默认设置。根据操作提示的箭头指向，对基本视图（当前视图）分别添加两个投影视图（即左视图和俯视图），如图 8－20 所示。

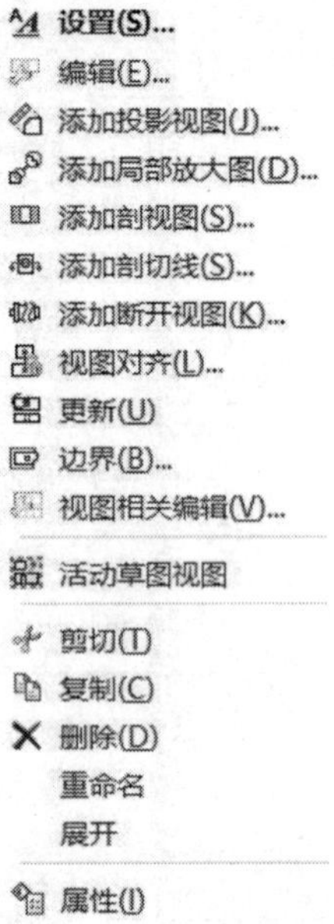

图 8－17　立即菜单

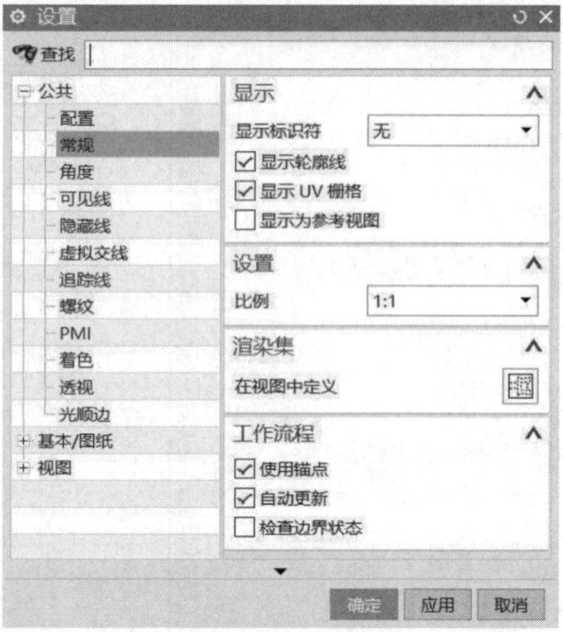

图 8－18　“设置”对话框

图 8－19　“投影视图”对话框

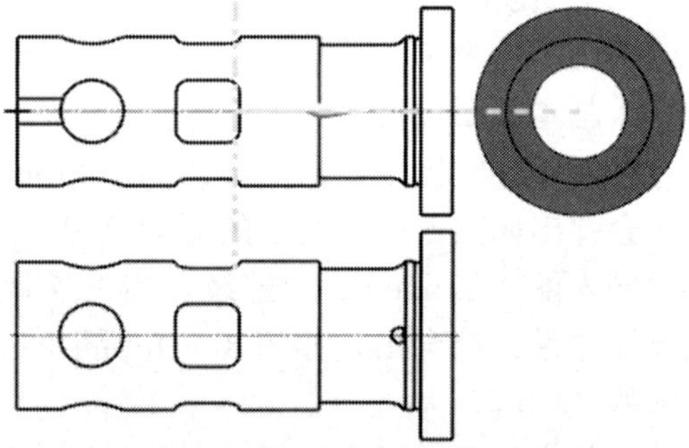

图 8－20　套筒的三个视图

技能点拨

UG NX 12.0 添加投影视图的配置关系时，用户可以根据情况调整三视图投影关系配置。

5. 创建局部放大图

在下拉主菜单中选择“插入”下拉菜单中“视图”的子菜单下的“局部放大图”命令，或者单击快捷工具条中的“局部放大图”按钮，会弹出如图 8-21 所示的“局部放大图”对话框。在“类型”区域下拉列表中选择“圆形”，选择要局部放大的投影视图为父视图，在“比例”区域“比例”下拉列表中选择“比率”，并设置比率参数为“4:1”，在“父项上的标签”区域的“标签”下拉列表中选择“标签”，其他为默认设置，单击操作区域放置局部放大图，然后单击“关闭”按钮，完成如图 8-22 所示的局部放大图。对“局部放大图”对话框中部分选项功能介绍如下：

（1）“类型”区域：该区域用于定义局部放大图边界类型，包括“圆形”“按拐角绘制矩形”“按中心和拐角绘制矩形”。

（2）“边界”区域：该区域用于定义局部放大图的边界位置。

（3）“父项上的标签”区域：该区域用于定义父视图边界上的标签类型，包括“无”“圆”“注释”“标签”“内嵌”“边界”“边界上的标签”。

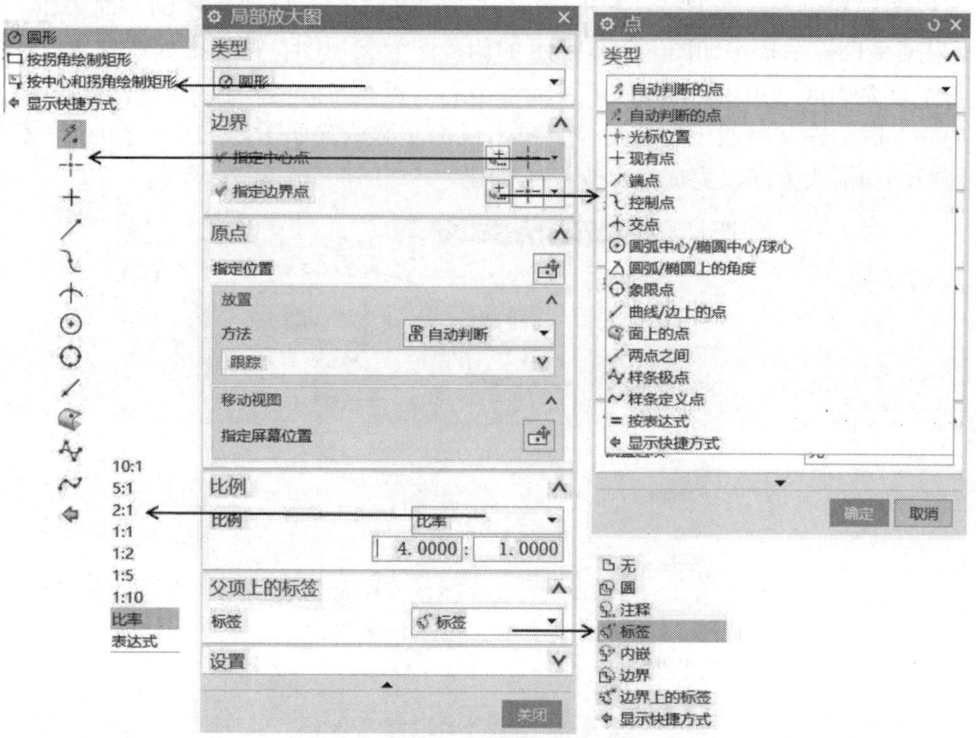

图 8-21 “局部放大图”对话框

6. 创建正等测图

在快捷工具条中单击“基本视图”按钮，系统会弹出“基本视图”对话框。在“模型视图”区域的“要使用的模型视图”下拉列表中选择“正等测图”，可调出基本视图的正等测图，并设置正等测图的比例为“1:2”，放置在图框内的右下角，完成如图 8-23 所示的正等测图。

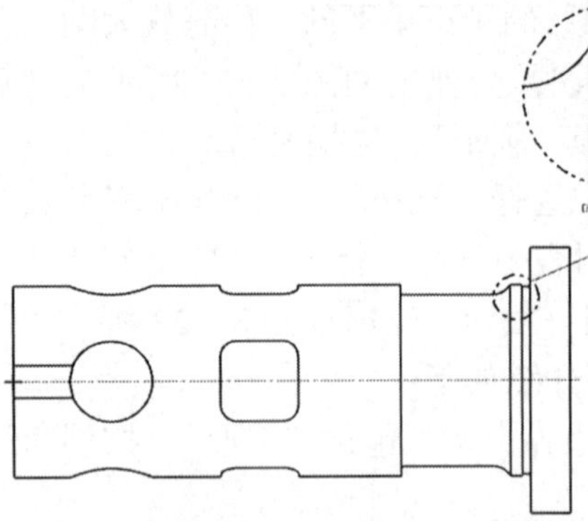

图 8－22　局部放大视图

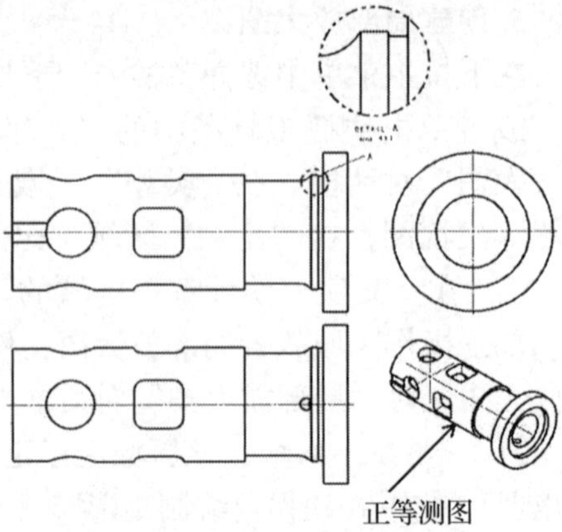

图 8－23　正等测图

7. 全剖视图

在下拉主菜单中选择“插入”下拉菜单中“视图”子菜单下的“剖视图”命令，弹出“剖视图”对话框，如图 8－24 所示。选择“方法”下拉列表中的“简单剖 / 阶梯剖”。根据系统提示指定如图 8－25 所示的俯视图为父视图，选择截面线位置，然后单击捕捉工具条中的“中点”按钮 ，捕捉中心。在系统状态栏提示“指出图纸上剖视图的中心”时，在父视图下方合适位置单击鼠标左键放置如图 8－26 所示的 C—C 剖视图，注意剖切箭头方向，完成全剖视图的创建。

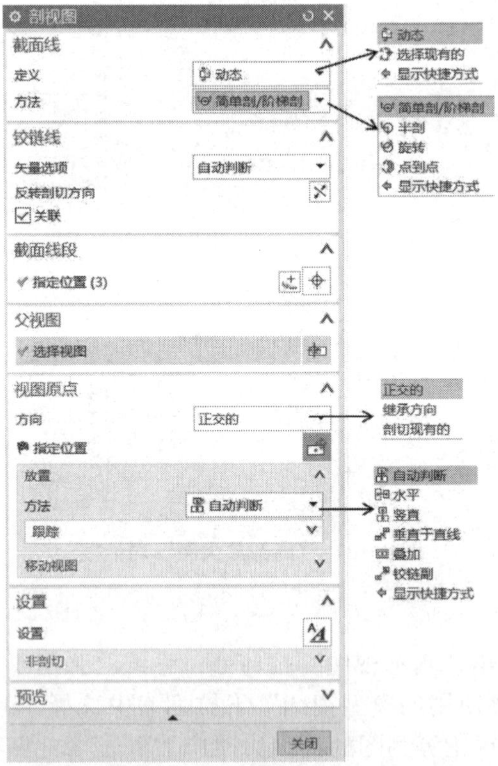

图 8－24　“剖视图”对话框

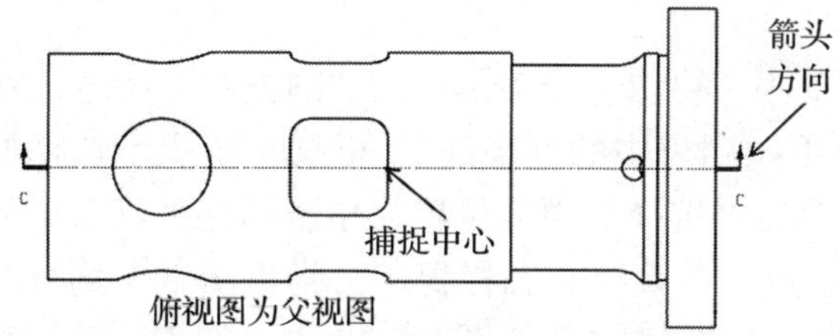

图 8－25 指定父视图和截面线位置

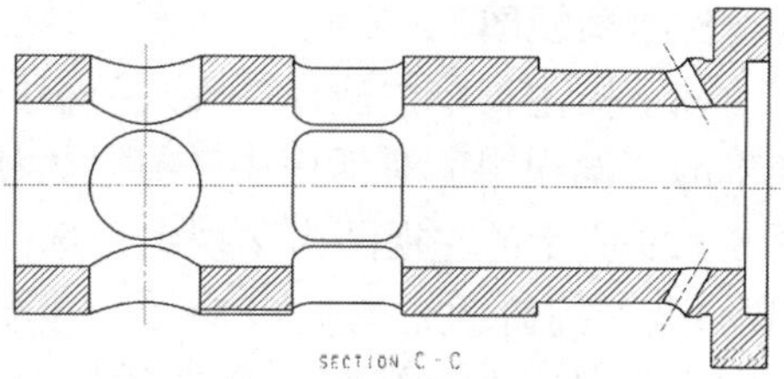

图 8－26 全剖视图

技能点拨

用户在制图过程中遇到需要调整设置的符号（例如“剖面线”“箭头”等）时，可以选择下拉主菜单中“首选项”子菜单下的“制图”命令（见图 8－27），会弹出如图 8－28 所示的“制图首选项”对话框，用户可以根据需要进行设置。如对“截面线”的“箭头”进行设置，用户将鼠标放置在需要设置的选项处（例如“箭头”区域的“角度”处）停留一会儿，系统会弹出示例显示浮窗。

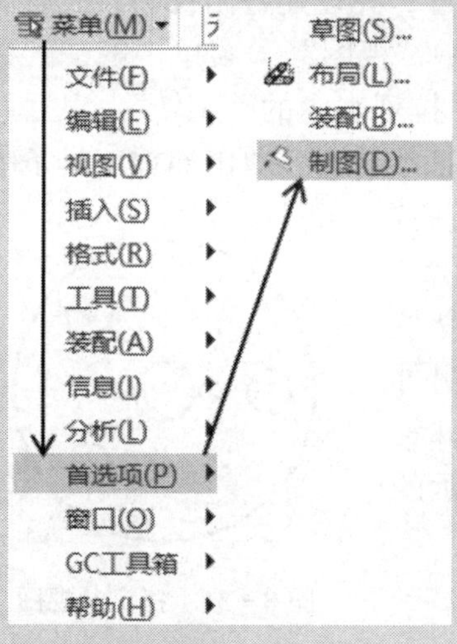

图 8－27 选择“制图”命令

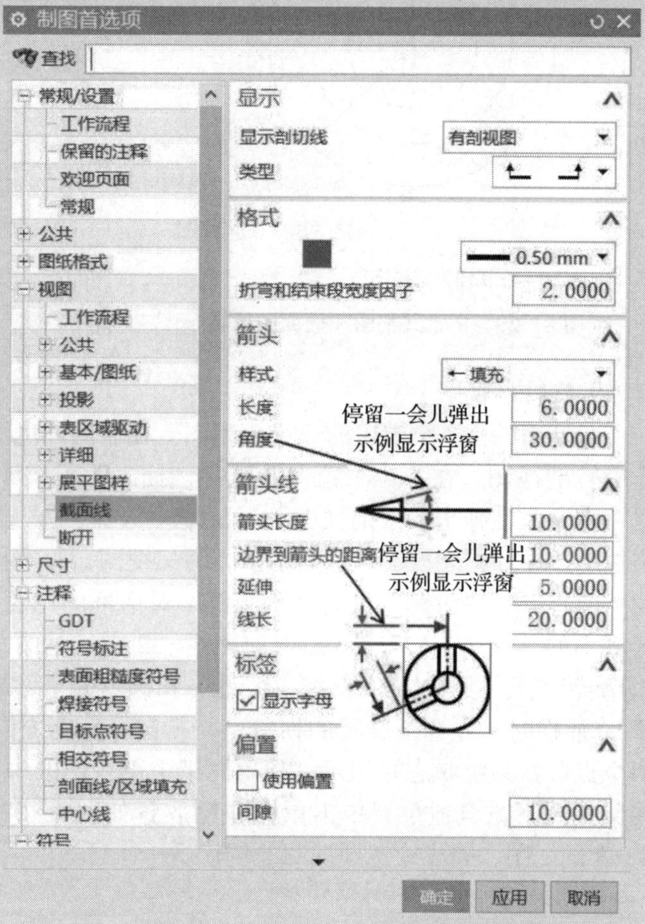

图 8－28 “制图首选项”对话框

8. 半剖视图

在下拉主菜单中选择“插入”下拉菜单中“视图”子菜单中的“剖视图”命令，在弹出的“剖视图”对话框中选择“方法”下拉列表中的“半剖”，根据系统提示选择如图 8－29 所示的左视图为父视图，选完视图后再选择截面线位置，单击捕捉工具条中的“圆心点”按钮⊙，捕捉图 8－29 中的圆心点。在系统状态栏提示“指出图纸上剖视图的中心”时，在父视图下方合适位置单击鼠标左键放置如图 8－30 所示的 *D*—*D* 剖视图，注意剖切方向的箭头，完成半剖视图的创建。

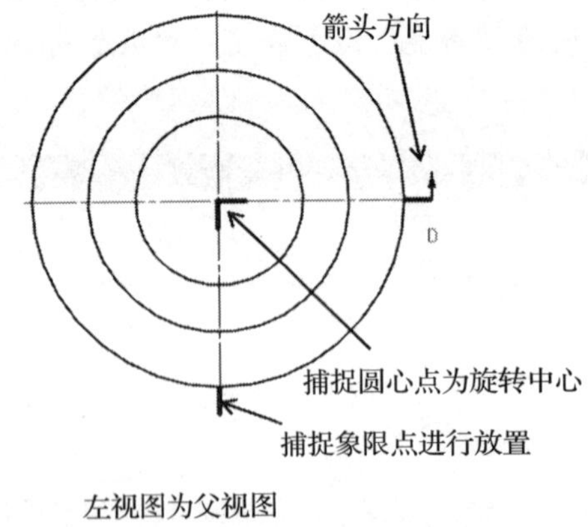

图 8－29　指定父视图和截面线位置

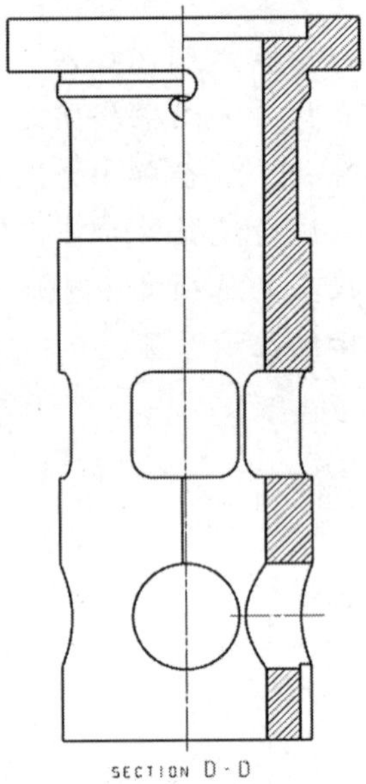

图 8－30　半剖视图

9. 旋转剖视图

此处用的是一个端盖的三维模型图。在制图环境下打开，先创建好俯视图，然后创建旋转剖视图。在下拉主菜单中选择“插入”下拉菜单中“视图”子菜单中的“剖视图”命令，在弹出的“剖视图”对话框中选择“方法”下拉列表中的“旋转”，根据系统提示选择如图 8－31 所示的俯视图为父视图，再选择截面线位置，单击捕捉工具条中的“圆心点”按钮⊙，结合“剖视图”对话框的“截面线段”区域中的“指定旋转点”，捕捉如图 8－32 中所示的圆心点 1（即旋转点）、圆心点 2（支线 1 位置）和圆心点 3（支线 2 位置），捕捉时，先选择旋转的拐角点，再选择角度方向的另外两个点。在系统状态栏提示“指出图纸上剖视图的中心”时，在父视图下方合适位置单击鼠标左键放置如图 8－33 所示的 *B*—*B* 剖视图，完成旋转剖视图的创建。

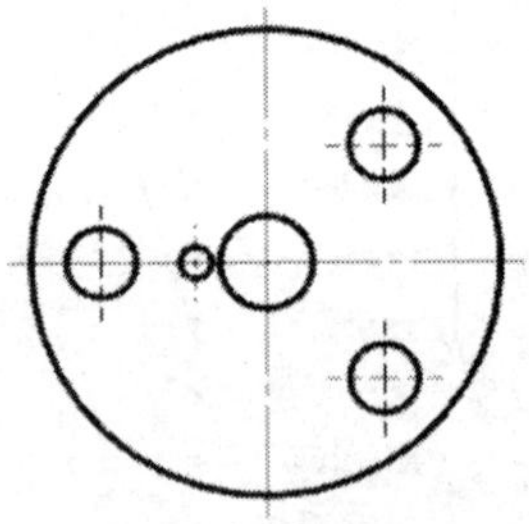

图 8－31　指定父视图

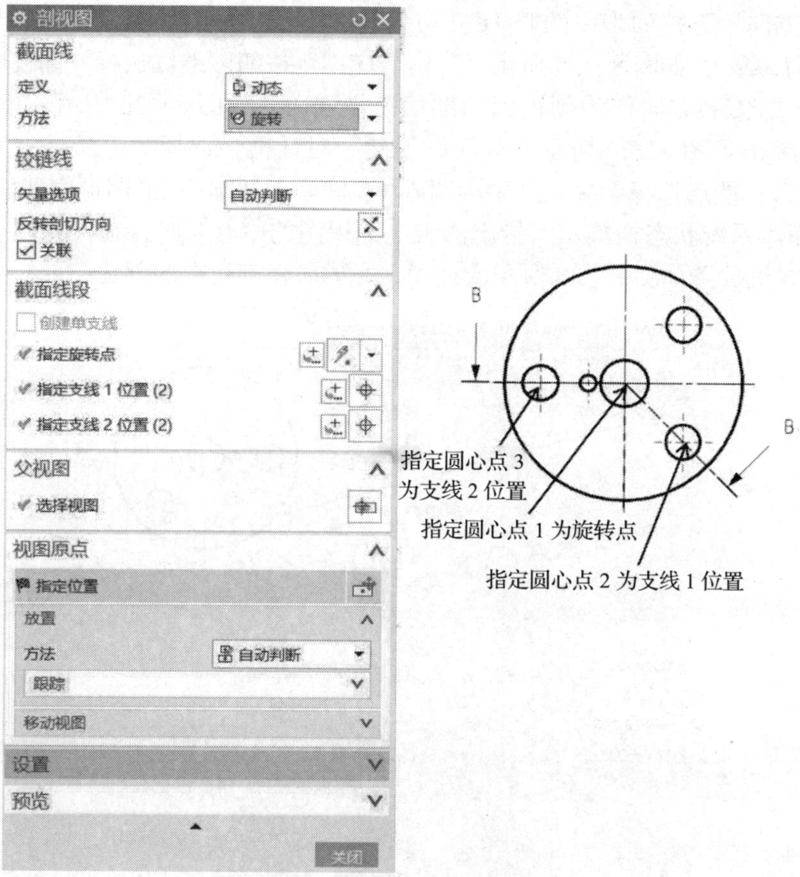

图 8－32　旋转剖视图设置

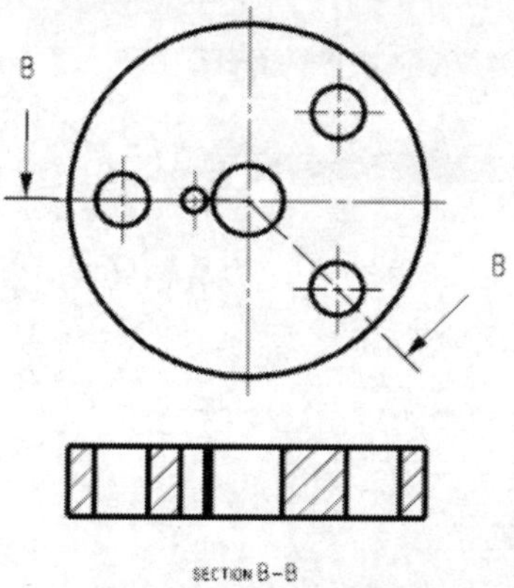

图 8－33　旋转剖视图

10. 阶梯剖视图

此处用的是一个端盖的三维模型图。在制图环境下打开，先创建好俯视图，然后创建阶梯剖视图。在下拉主菜单中选择“插入”下拉菜单中“视图”子菜单中的“轴测剖”命令，或者单击快捷工具条中的“轴测剖”按钮，会弹出“轴测图中的简单剖/阶梯剖”对话框。根据系统状态栏提示选择如图 8－34 所示的俯视图为父视图，然后选择“剖视图方向”下拉列表中的“*YC*”方向作为剖视图的箭头矢量方向（即与参考坐标系 *YC* 方向一致），如图 8－35 所示，单击“应用”按钮。继续选择“剖视图方向”下拉列表中的“*ZC*”方向作为剖视图的剖切矢量方向，如图 8－36 所示，单击“应用”按钮。系统弹出如图 8－37 所示“截面线创建”对话框，选择“选择点”下拉列表中的“圆心”⊙，然后选择图 8－37 中的圆心 1、圆心 2 和圆心 3（即形成截面线），单击“确定”按钮。系统状态栏提示“指出图纸上剖视图的中心”时，在父视图上方合适位置单击鼠标左键放置如图 8－38 所示的视图，完成阶梯剖视图的创建。

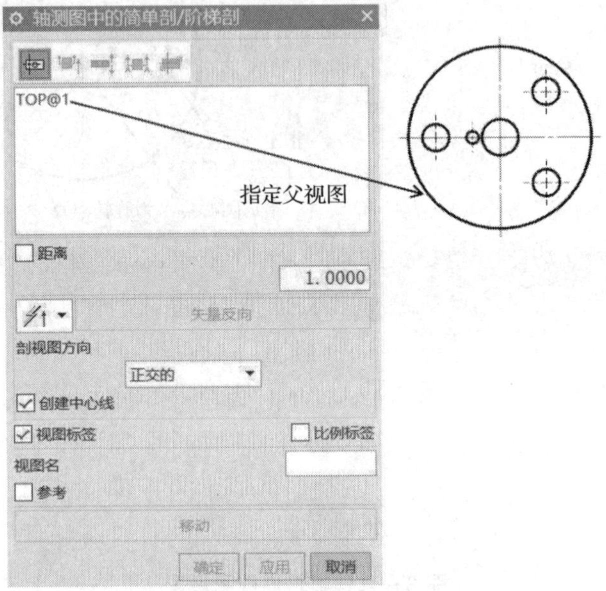

图 8－34　指定父视图

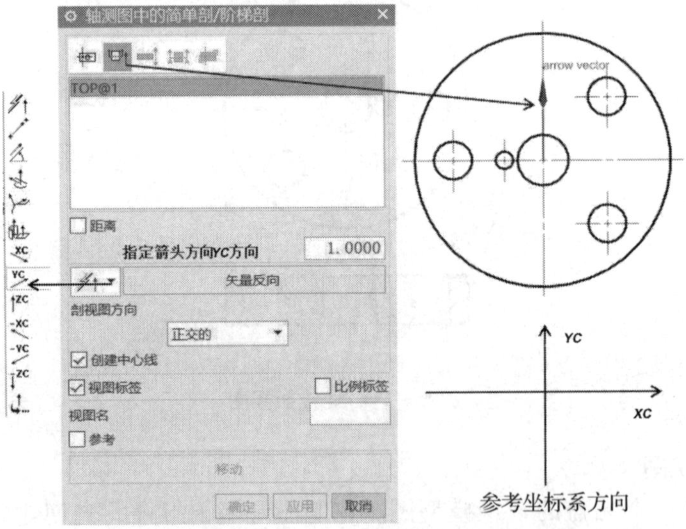

图 8－35　指定 *YC* 方向为剖视图的箭头矢量方向

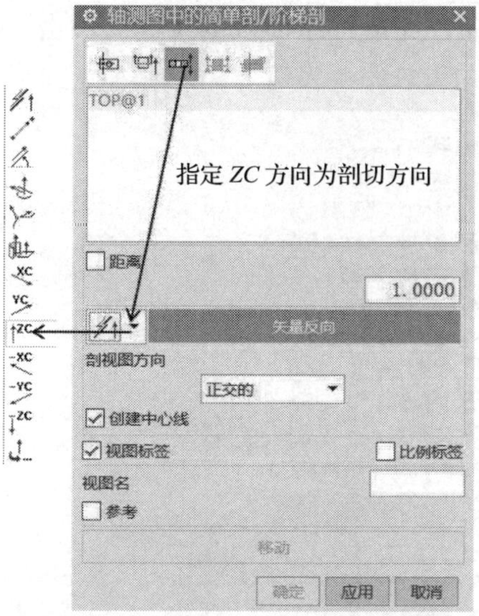

图 8－36　定义 *ZC* 方向为剖切方向

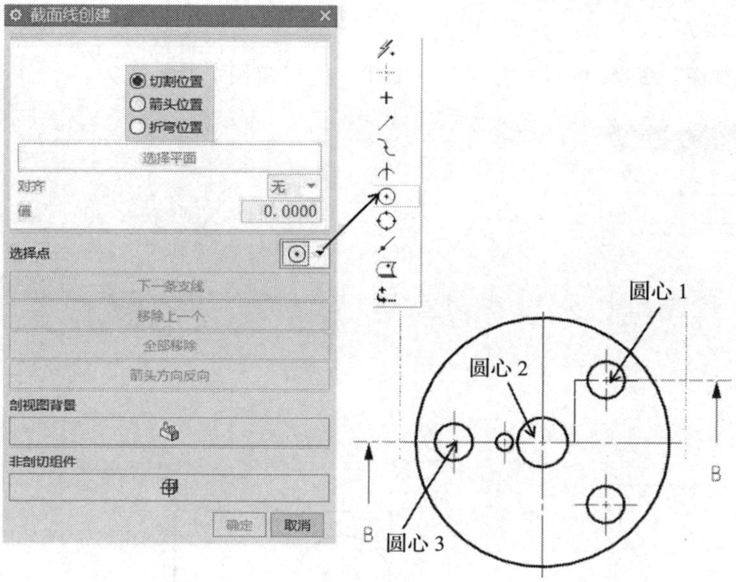

图 8－37　定义截面线

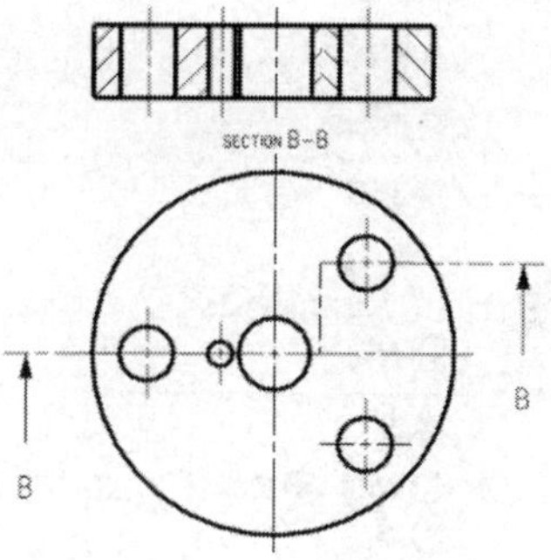

图 8－38　阶梯剖视图

11. 局部剖视图

创建局部剖视图之前，需先把剖切区域绘制出来，然后再编辑视图关联性。此处用的是一个箱体的三维模型图。在制图环境下打开，先创建好前视图和俯视图，然后创建局部剖视图。选择前视图，单击鼠标右键，在立即菜单中选择“活动草图视图”命令，如图 8－39 所示，即可在视图上进行草图编辑。在主页的带状工具条区单击“草图”工具（见图 8－40）里面的“艺术样条”按钮，在弹出的如图 8－41 所示的“艺术样条”对话框中选择“类型”下拉列表中的“通过点”，将“参数化”区域的“次数”设置为“7”，其他为系统默认设置。在前视图的右下角绘制如图 8－42 所示的样条曲线，然后单击“确定”按钮，完成样条曲线的绘制。单击“完成草图”按钮，完成草图。

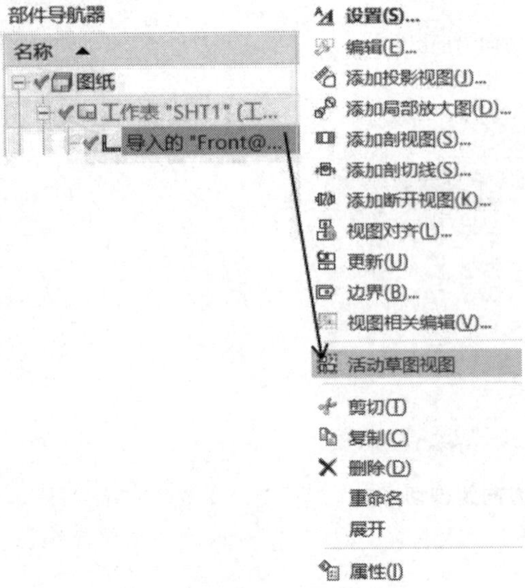

图 8－39　选择“活动草图视图”命令

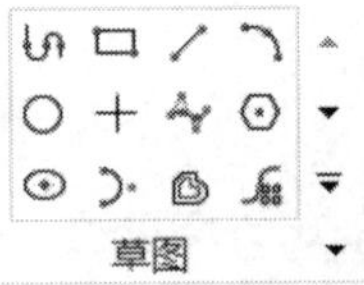

图 8－40　“草图”工具

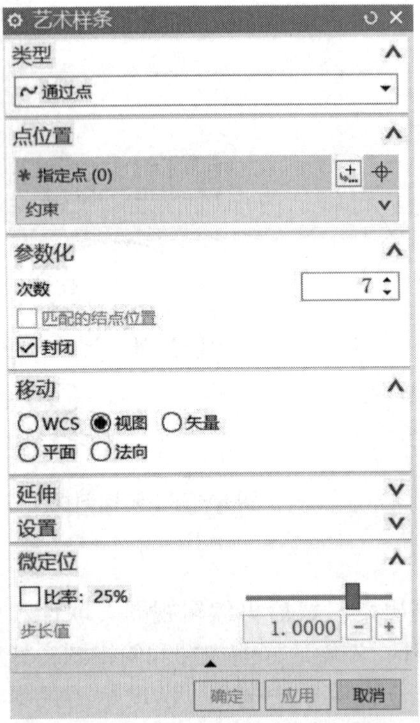

图 8－41　“艺术样条”对话框

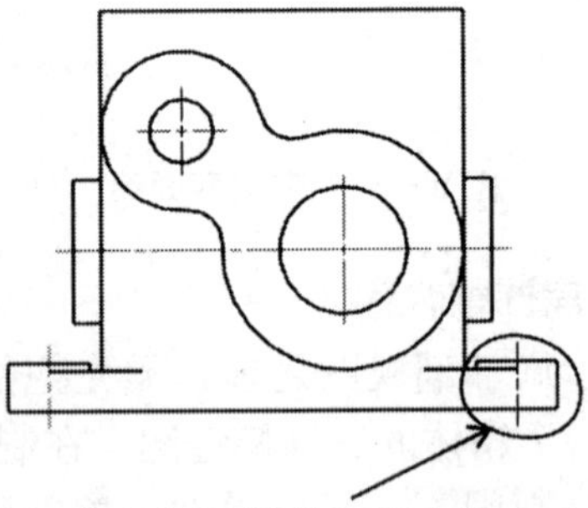

图 8－42　绘制剖切区域

在下拉主菜单中选择“插入”下拉菜单中“视图”子菜单下的“局部剖”命令，或者单击快捷工具条中的“局部剖”按钮，会弹出“局部剖”对话框，选择前视图为要局部剖的视图，如图 8 - 43 所示，系统切换到“指出基点”选项，选择如图 8 - 44 所示的圆心点为基点，这时在前视图和俯视图上出现加亮的基点。系统自动切换到“指出拉伸矢量”选项，选择“*ZC*”方向为拉伸矢量，如图 8 - 45 所示，按下鼠标中键确认。系统切换到“选择曲线”选项，选择如图 8 - 46 所示的样条曲线为局部剖边界线，在“局部剖”对话框中单击“应用”按钮，然后单击“取消”按钮，完成如图 8 - 47 所示的局部剖视图的创建。

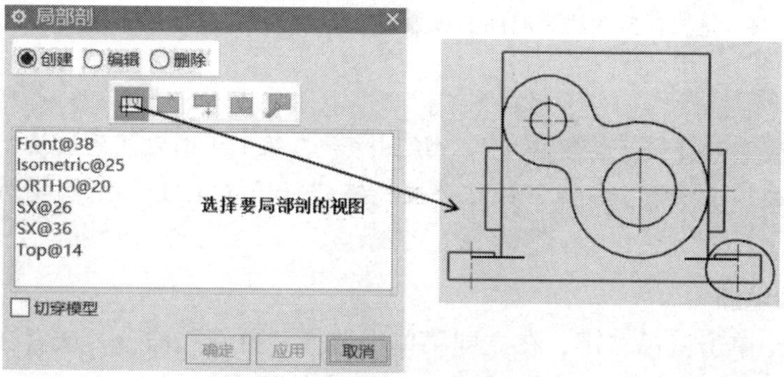

图 8 - 43　选择要局部剖的视图

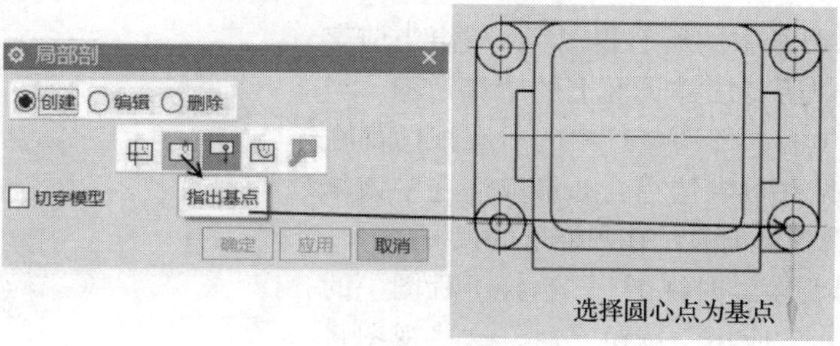

图 8 - 44　选择局部剖基点

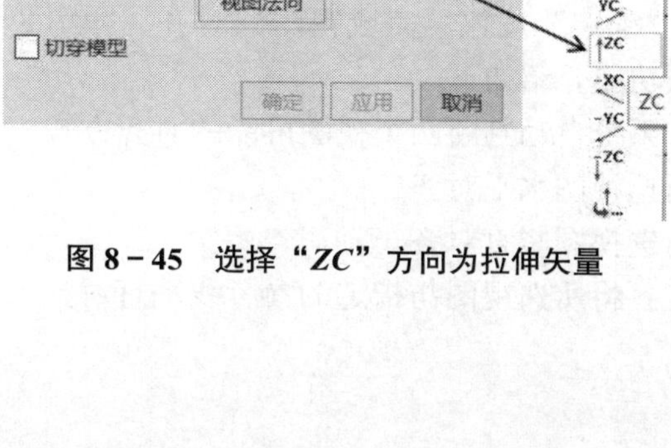

图 8 - 45　选择“*ZC*”方向为拉伸矢量

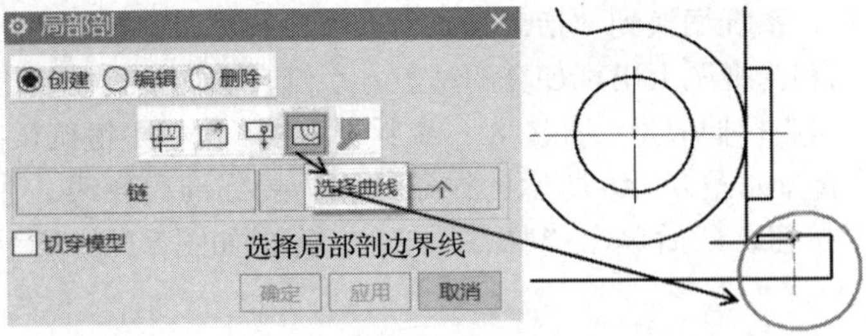

图 8－46　选择样条曲线为局部剖边界线

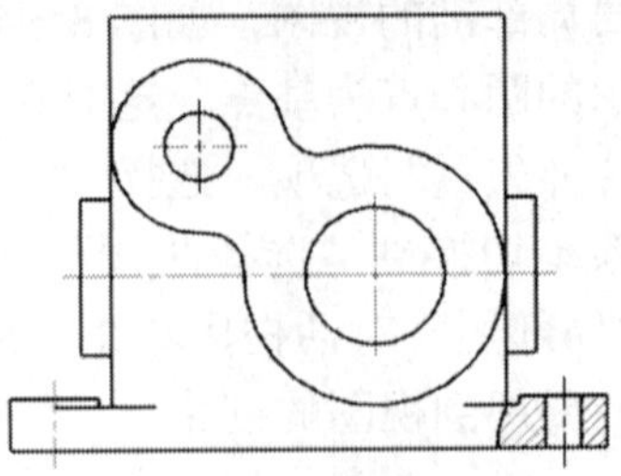

图 8－47　局部剖视图

技能点拨

运用快捷键可实现模型的三维图形和二维工程图之间的切换。按“M”键，系统进入三维模型模板，按组合快捷键“Shift+Ctrl+D”则切换到制图模板。

12. 视图的更新

选定视图，单击鼠标右键，在立即菜单中选择“更新”命令，或者在快捷菜单中直接单击“更新”按钮，便可更新图形显示区中的视图。图 8－48 所示为“更新视图”对话框。对“更新视图”对话框中部分选项功能介绍如下：

（1）“显示图纸中的所有视图”：列出当前存在于部件文件中所有图样页面上的所有视图。当该复选框被选中时，部件文件中的所有视图都在该对话框中可见并可供选择。如果取消选中该复选框，则只能选择当前显示在图样上的视图。

（2）“选择所有过时视图”：选择工程图中的多期视图，单击“应用”按钮之后，这些视图将进行更新。

（3）“选择所有过时自动更新视图”：选择工程图中的所有过期视图并自动更新。

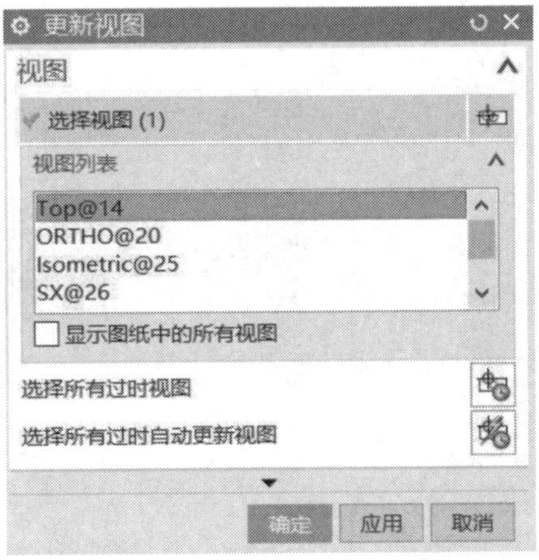

图 8－48　“更新视图”对话框

13. 对齐视图

如图 8－49 所示，在下拉主菜单的“编辑”下拉菜单中选择“视图”子菜单的“对齐”命令，或者单击“视图对齐”按钮，会弹出如图 8－50 所示的“视图对齐”对话框。在“放置”区域选择“方法”下拉列表中的“竖直”，会激活“对齐”选项，在“对齐”下拉列表中选择“对齐至视图”，其他为默认设置。选择需要对齐的视图（如俯视图和前视图），单击“确定”按钮，完成视图的对齐，如图 8－51 所示。对“视图对齐”对话框中部分选项功能介绍如下：

（1）“自动判断”：系统自动判断两个视图可能的对齐方式。

（2）“水平”：将所选视图水平对齐。

（3）“竖直”：将所选视图竖直对齐。

（4）“垂直于直线”：将所选视图与指定的参考线垂直对齐。

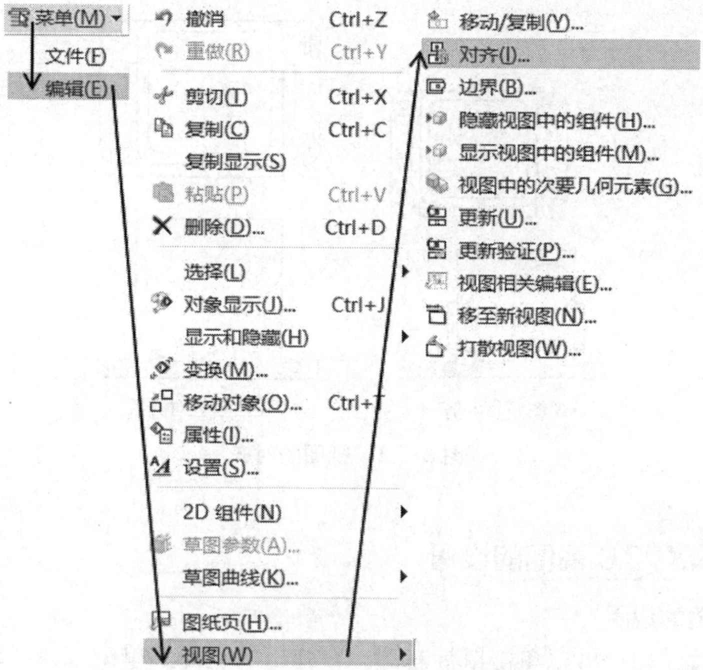

图 8－49　选择“对齐”命令

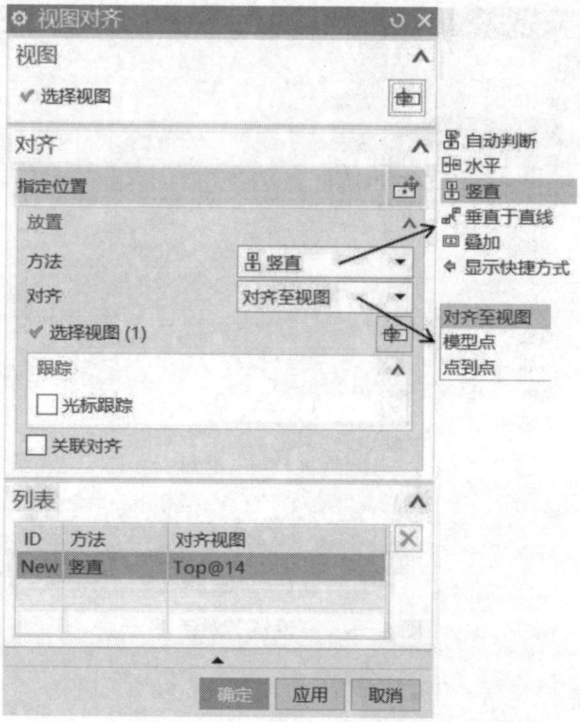

图 8－50　“视图对齐”对话框

（5）“叠加”：同时水平和垂直对齐视图，以使它们重叠在一起。

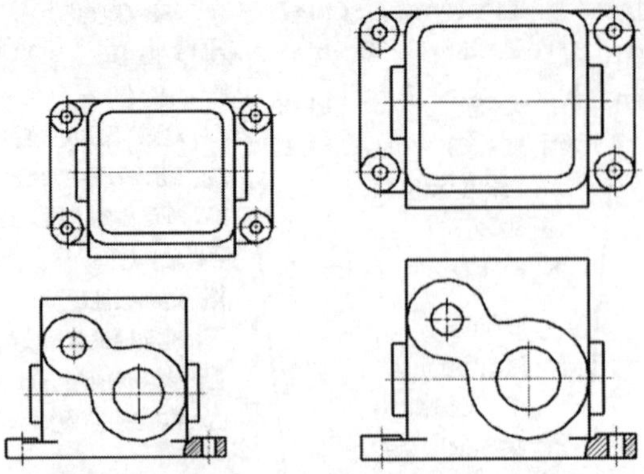

视图竖直对齐前　　　　视图竖直对齐后

图 8－51　视图的对齐

三　UG NX 12.0 视图的设置

1. 整个视图的设置

选择视图后，用户可以单击鼠标右键，在弹出的立即菜单中选择“设置”命令，或者单击带状工具条区的“编辑设置”按钮，会弹出如图 8－52 所示的“设置”对话框，用户可以在此对视图进行相关设置。

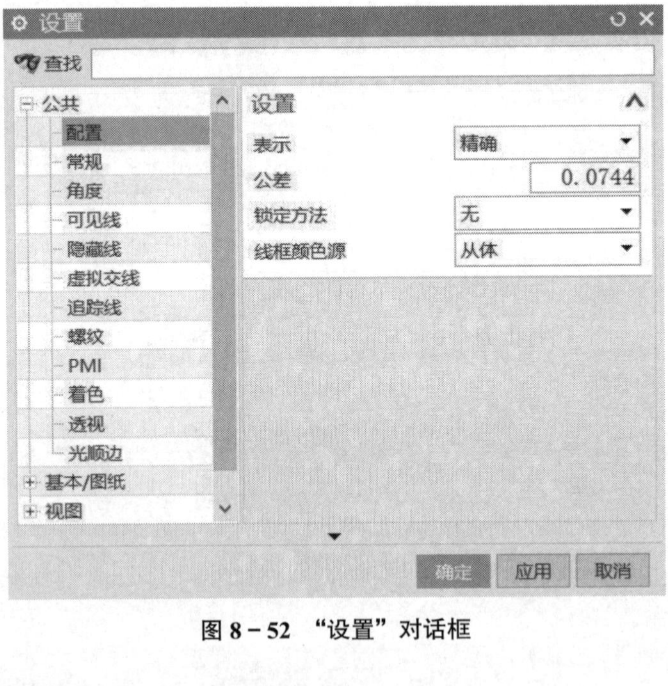

图 8－52　“设置”对话框

2. 剖面线的编辑

在下拉主菜单的“插入”下拉菜单中选择“注释”子菜单的“剖面线”命令，或者单击“剖面线”按钮，会弹出如图 8－53 所示的“剖面线”对话框。在“边界”区域的“选择模式”下拉列表中选择“区域中的点”，在“设置”区域的“图样”下拉列表中选择“电气绕组”，其他为系统默认的设置，然后选择要修改的剖面线，单击“确定”按钮完成剖面线的编辑。图 8－54 所示为剖面线修改前后视图。对“剖面线”对话框中部分选项功能介绍如下：

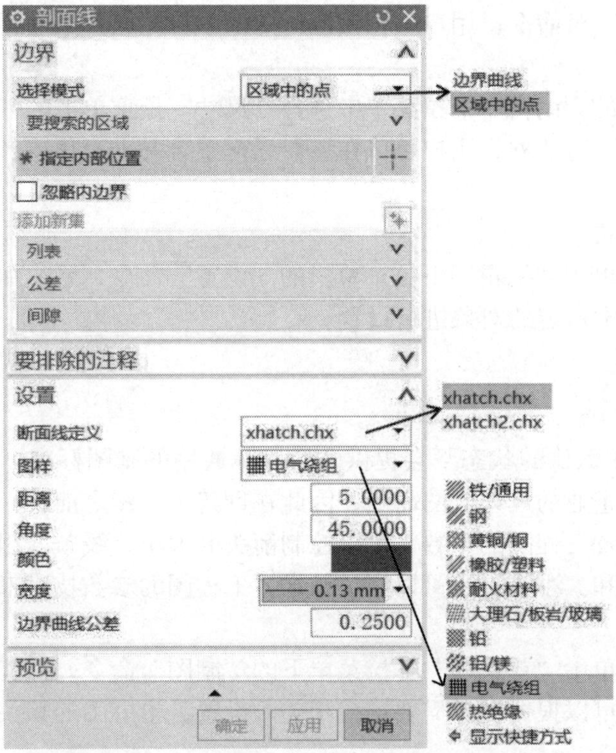

图 8－53 “剖面线”对话框

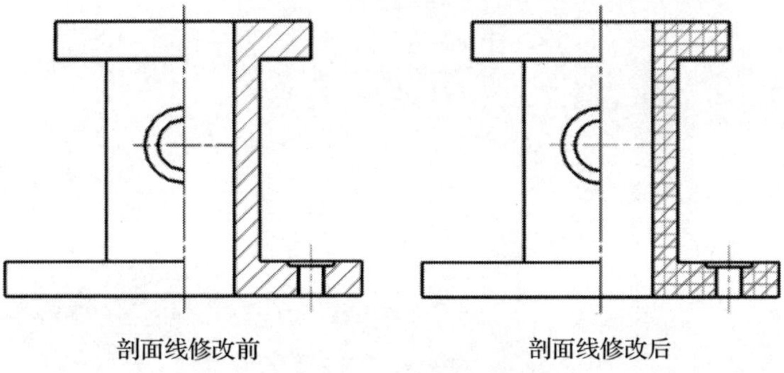

图 8－54 剖面线的编辑

（1）“边界曲线”选项：选择该选项，系统会通过在图形上选取一个封闭的边界曲线来创建剖面线。

（2）“区域中的点”选项：选择该选项，则在创建剖面线时，只需要在一个封闭的边界曲线内部单击，系统会自动选取此封闭边界作为剖面线边界。

基础延伸

1. 原点参数设置

在下拉主菜单的“编辑”下拉菜单中选择“注释”子菜单下的“原点”命令，系统会弹出“原点工具”对话框，用户可以在该对话框中对原点参数进行设置。

2. 坐标设置

在下拉主菜单的“编辑”下拉菜单中选择“尺寸”子菜单下的“坐标”命令，系统会弹出“坐标尺寸”对话框，用户可以在该对话框中合并坐标集或者将尺寸移至另一个坐标集。

3. 制图对象设置

选择下拉主菜单中“编辑”下拉菜单里的“设置”命令，系统弹出“类选择”对话框，用户可对制图中选定的对象进行设置。

知识链接

UG NX 12.0 在默认的状态下会提供多个国际通用的制图标准，其中系统默认的制图标准并不能满足企业的具体制图需要，因此在创建工程图之前，一般要先对工程图参数进行预设置。设置工程图的参数，可以控制箭头的大小、线条的粗细、隐藏线的显示与否、标注的字体和大小等。还可以通过预设置工程图的参数技术来改变制图环境，使之符合国家标准。

选择下拉主菜单中“首选项”下拉菜单下的“制图”命令，系统会弹出“制图首选项”对话框，用户可以根据设计需要进行相关的设置，本书中的相关示例采用软件装好后的系统默认设置。

任务2 工程图的标注与符号

任务描述

本任务对机械类零部件三维模型在UG NX 12.0制图模板中的标注进行简单的介绍，使用户掌握简单的标注方法和标注注意事项，以及标注的基本设置；掌握尺寸设置和符号设置等的方法，例如形状尺寸、位置尺寸、公差符号、注释说明、表面粗糙度符号、技术要求等。掌握工程图的标注和符号注释是设计者表达设计意图和设计参数信息的重要环节，应循序渐进打好基础。

任务目标

1. 掌握UG NX 12.0的尺寸标注。
2. 掌握UG NX 12.0的注释和表面粗糙度符号。
3. 掌握UG NX 12.0的其他符号和形位公差。

实施过程

一 UG NX 12.0尺寸标注的应用

1. 快速标注尺寸

在下拉主菜单的“插入”下拉菜单中选择“尺寸”子菜单下的“快速”命令，或者在带状工具条中单击“快速”按钮，系统会弹出如图8-55所示的“快速尺寸”对话框。

快速标注尺寸可以对图形标注水平方向、竖直方向、点到点方向、垂直方向、圆柱式直径、角度方向等尺寸。快速标注默认“测量”的“方法”为“自动判断”，用户在没有指定测量方法的情况下可以先标注基本图形常用的水平、竖直、角度等尺寸。在标注时打开对象捕捉相关按钮，选择如图8-56所示的边线1和边线2，得到竖直方向尺寸，选择边线3和边线4得到水平方向尺寸，选择边线1和边线5得到角度方向尺寸。系统会自动显示活动尺寸，单击合适的位置放置尺寸；或者选择单独的一条边线，系统会自动判断然后显示活动尺寸，单击合适的位置放置尺寸，完成竖直、水平、角度等部分尺寸的创建，如图8-57所示。

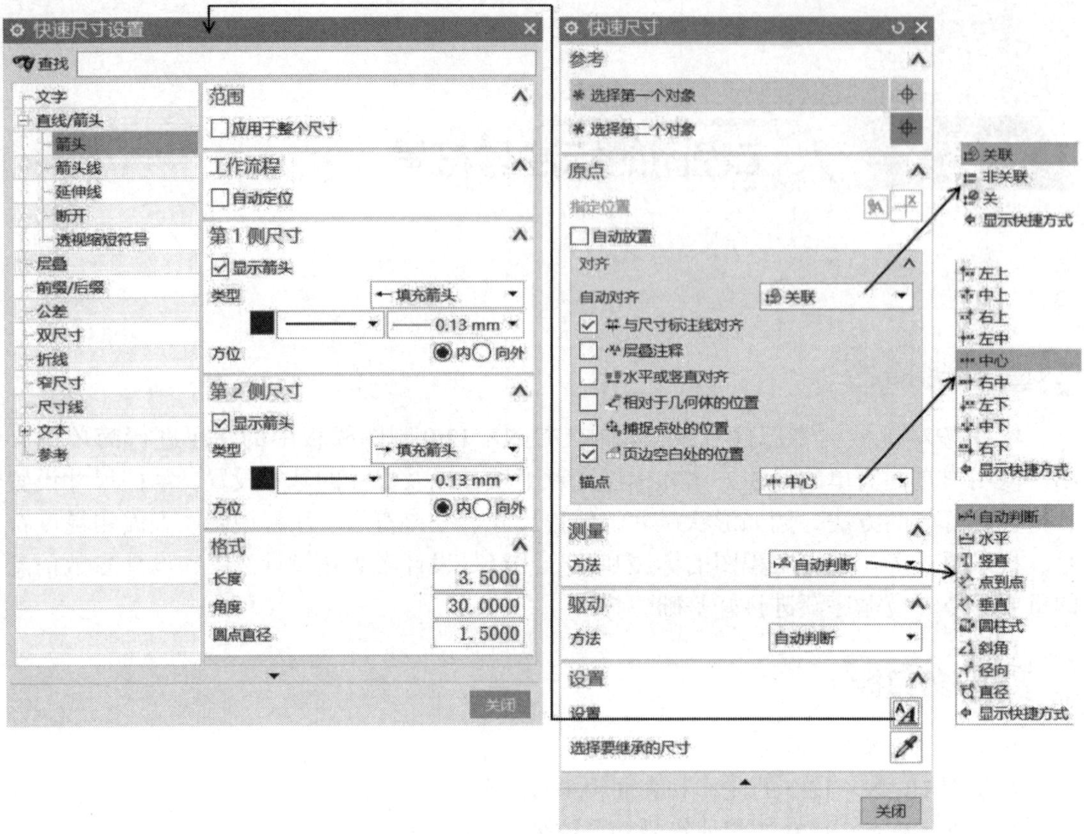

图 8－55 “快速尺寸”对话框

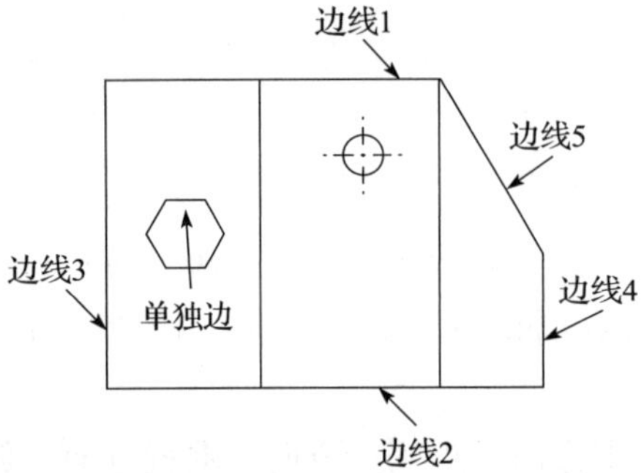

图 8－56 选择尺寸边线

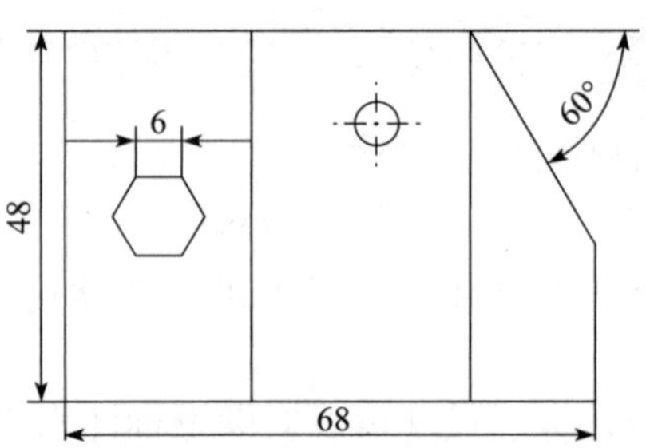

图 8－57 创建尺寸

2. 创建半径尺寸和直径尺寸

在“快速尺寸”对话框的“测量”区域选择“方法”下拉列表中的“径向”，表示创建半径尺寸；选择“直径”则表示创建直径尺寸。如图 8－58 所示，选择圆弧边 1 和圆弧边 2，系统会自动显示活动尺寸，单击合适的位置放置尺寸；切换为“直径”选择整圆，系统会自动显示活动尺寸，单击合适的位置放置尺寸，完成半径尺寸和直径尺寸的创建，如图 8－59 所示。

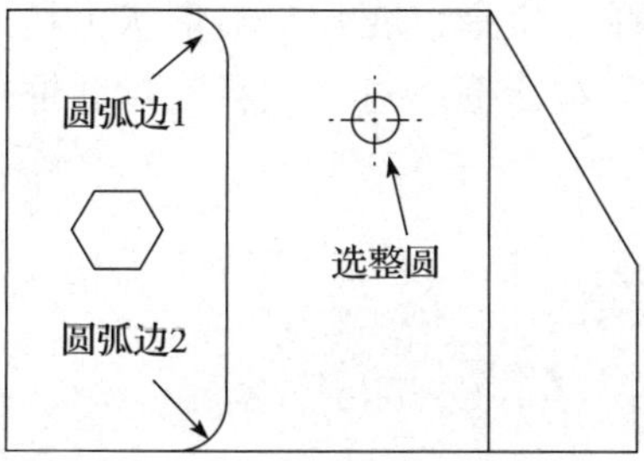

图 8－58　选择圆弧或整圆

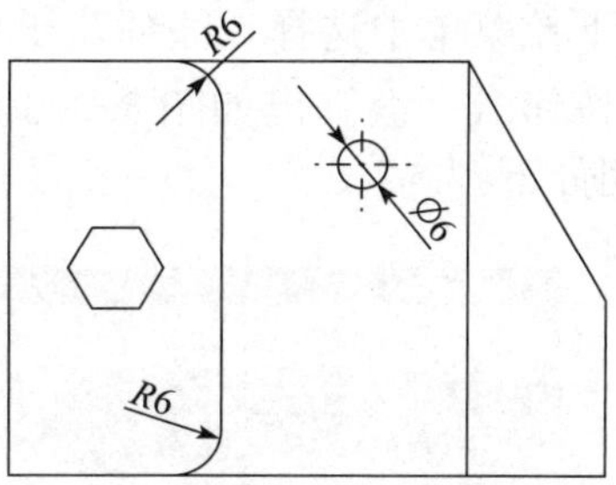

图 8－59　创建半径尺寸和直径尺寸

3. 快速标注尺寸相关设置

在“快速尺寸”对话框的“设置”区域单击“设置”按钮，会弹出“快速尺寸设置”对话框（见图 8－55），或者直接双击该尺寸，会弹出动态尺寸设置对话框，在其中可以进行尺寸的设置。如图 8－60 所示，在动态尺寸设置对话框中可以给尺寸添加前缀文字和上文字以及下文字，还可以修改尺寸的公差等，只需要将鼠标放置在按钮旁边，会弹出一个提示框，根据提示选择修改。图 8－61 所示为修改前的圆弧半径尺寸标注，图 8－62 所示为修改后的圆弧半径尺寸标注。

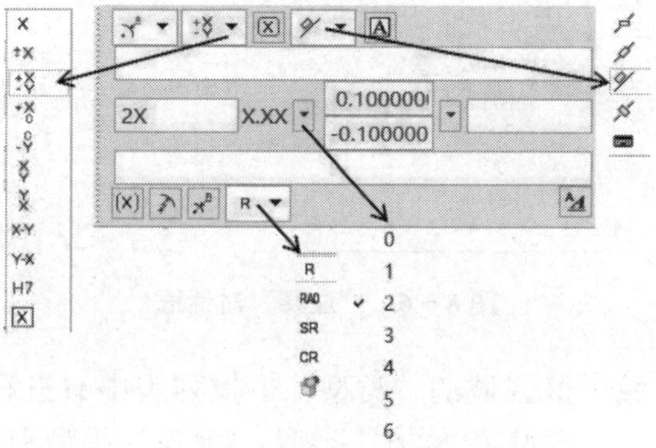

图 8－60　“动态尺寸设置”对话框

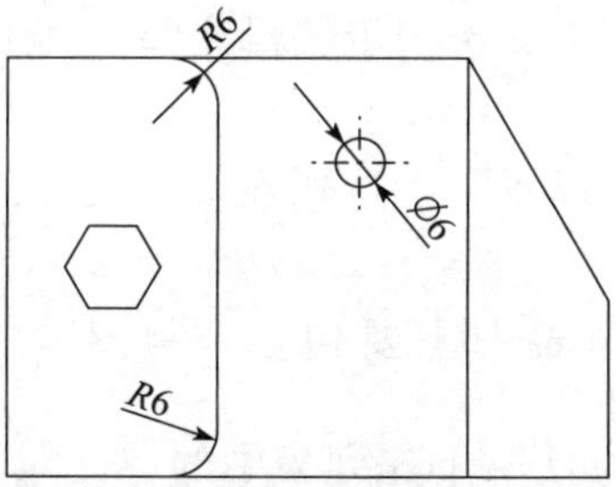

图 8－61　修改前的圆弧半径尺寸标注

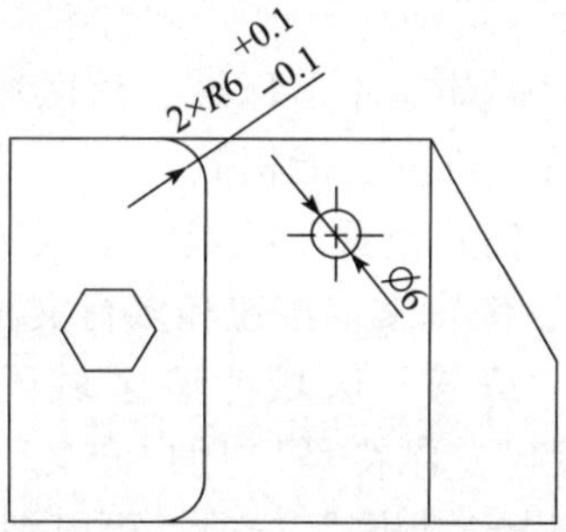

图 8－62　修改后的圆弧半径尺寸标注

二　UG NX 12.0 的注释和表面粗糙度符号

1. 注释编辑器

制图环境中的形位公差和文本注释都是通过注释编辑器来标注的。在下拉主菜单的

“插入”下拉菜单中选择“注释”子菜单下的“注释”命令，或者单击带状工具条区的“注释”按钮A，会弹出如图 8 - 63 所示的“注释”对话框。对“注释”对话框中部分按钮说明如下：

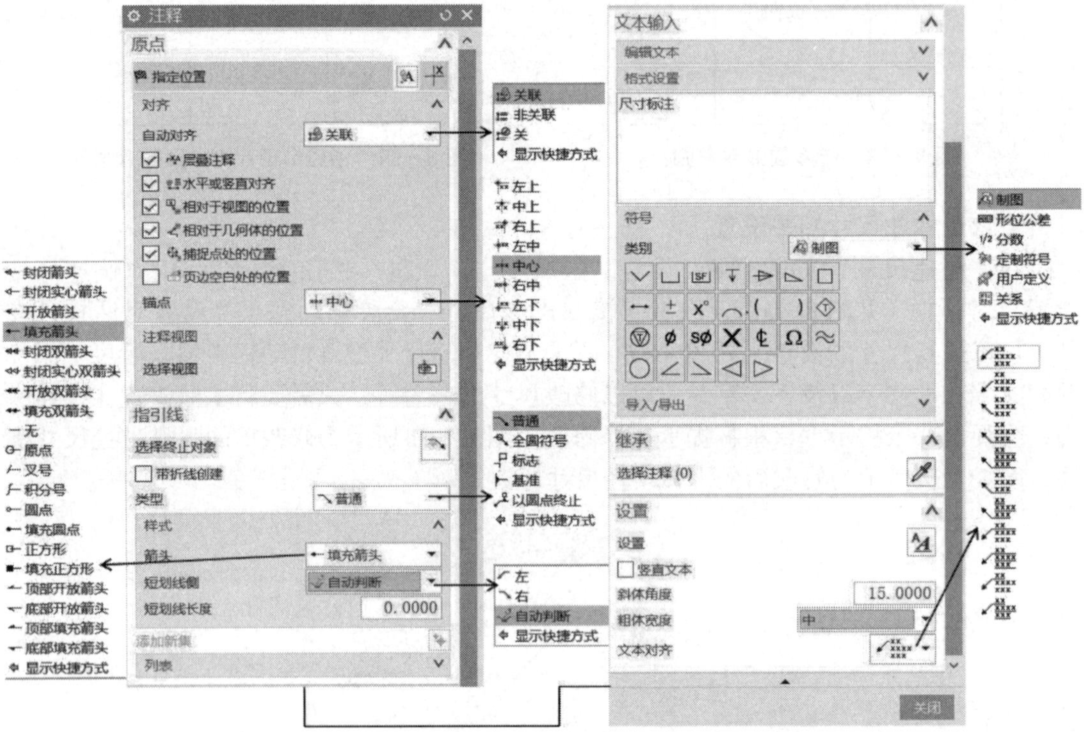

图 8 - 63 “注释”对话框

（1）“指引线”区域：该区域的“类型”下拉列表中有五种指引线类型，分别是“普通”类型、“全圆符号”类型、“标志”类型、“基准”类型和“以圆点终止”类型。

（2）“样式”区域：该区域的“箭头”下拉列表中有多种箭头类型，在此不一一列举。

（3）“编辑文本”区域：该区域的“编辑文本”工具条用于编辑注释，其主要功能和 Word 等软件的功能相似。

（4）“格式设置”区域：该区域包括“文本字体设置”下拉列表、“文字大小设置”下拉列表、编辑文本按钮和多行文本输入区。

（5）“符号”区域：该区域的“类别”下拉列表中主要包括“制图”“形位公差”“分数”“定制符号”“用户定义”“关系”六种选项。

1）选择“制图”选项，可以把系统提供的制图符号的控制字符输入编辑窗口。

2）选择“形位公差”选项，可以把系统提供的形位公差符号的控制字符输入编辑窗口并检查形位公差符号的语法。在形位公差窗口中最上面的第一排有四个按钮，这些按钮用于输入下列形位公差符号的控制字符：“插入单特征控制框”“插入复合特征控制框”“开始下一个框”“插入框分隔线”。这些按钮的下面是各种公差特征符号按钮、材料条件按钮和其他形位公差符号按钮，如图 8 - 64 所示。

3）选择“分数”选项，该区域包含上部文本和下部文本，可以分别在上部文本和下部文本中插入不同的分数类型，如图 8－65 所示。

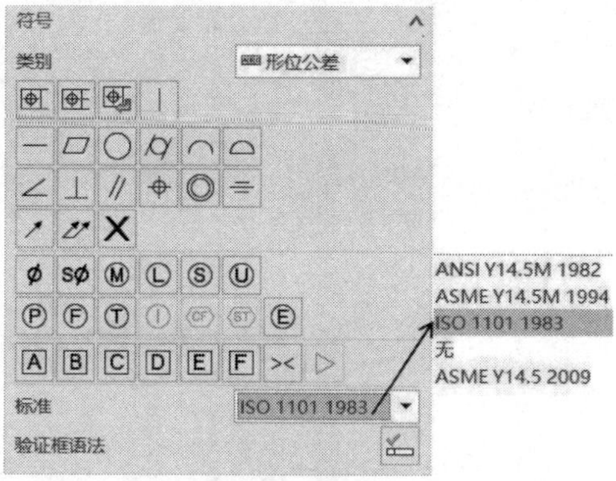

图 8－64 “形位公差”符号

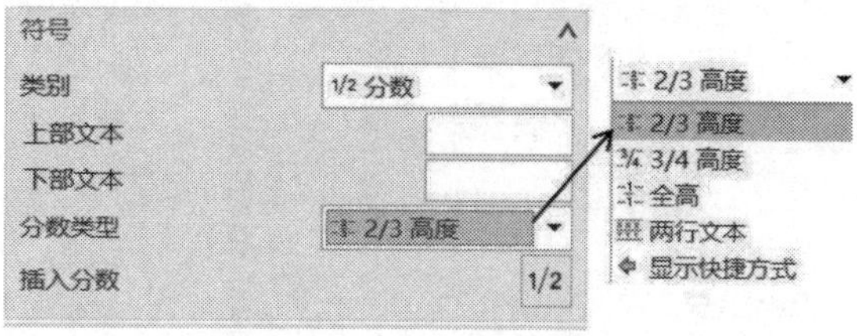

图 8－65 “分数”选项

4）选择“定制符号”选项，可以在符号库中选取用户自定义的符号。

5）选择“用户定义”选项，在该选项的“符号库”下拉列表中有“显示部件”“当前目录”“实用工具目录”选项。单击“插入符号”按钮后，在文本窗口中显示相应的符号代码，符号文本将显示在预览区域中，如图 8－66 所示。

6）选择“关系”选项，如图 8－67 所示，在该区域中包括四个选项：“插入表达式”用于插入控制字符，以在文本中显示表达式的值；“插入对象属性”用于插入控制字符，以显示对象的字符串属性值；“插入部件属性”用于插入控制字符，以在文本中显示部件属性值；“插入图纸页区域”用于插入控制字符，以显示图纸页的属性值。

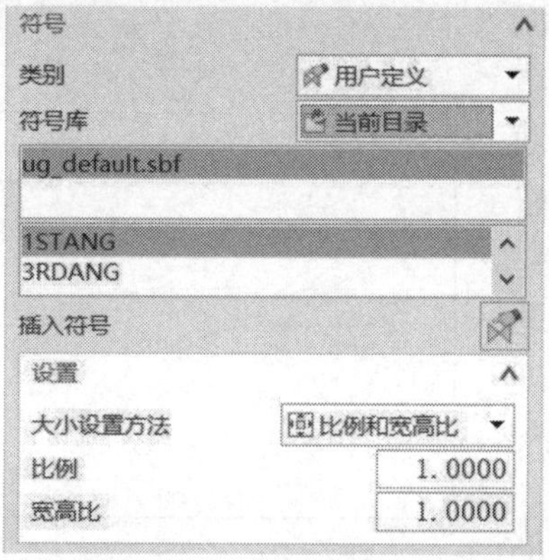

图 8－66 “用户定义”选项

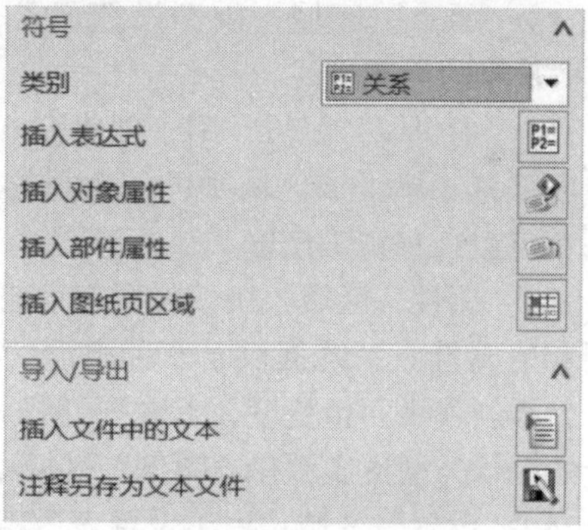

图 8－67 “关系”选项

2. 表面粗糙度符号

在下拉主菜单的“插入”下拉菜单中选择“注释”子菜单下的“表面粗糙度符号”命令，或者在带状工具条区单击“表面粗糙度符号”按钮，系统会弹出如图 8－68 所示的“表面粗糙度”对话框。

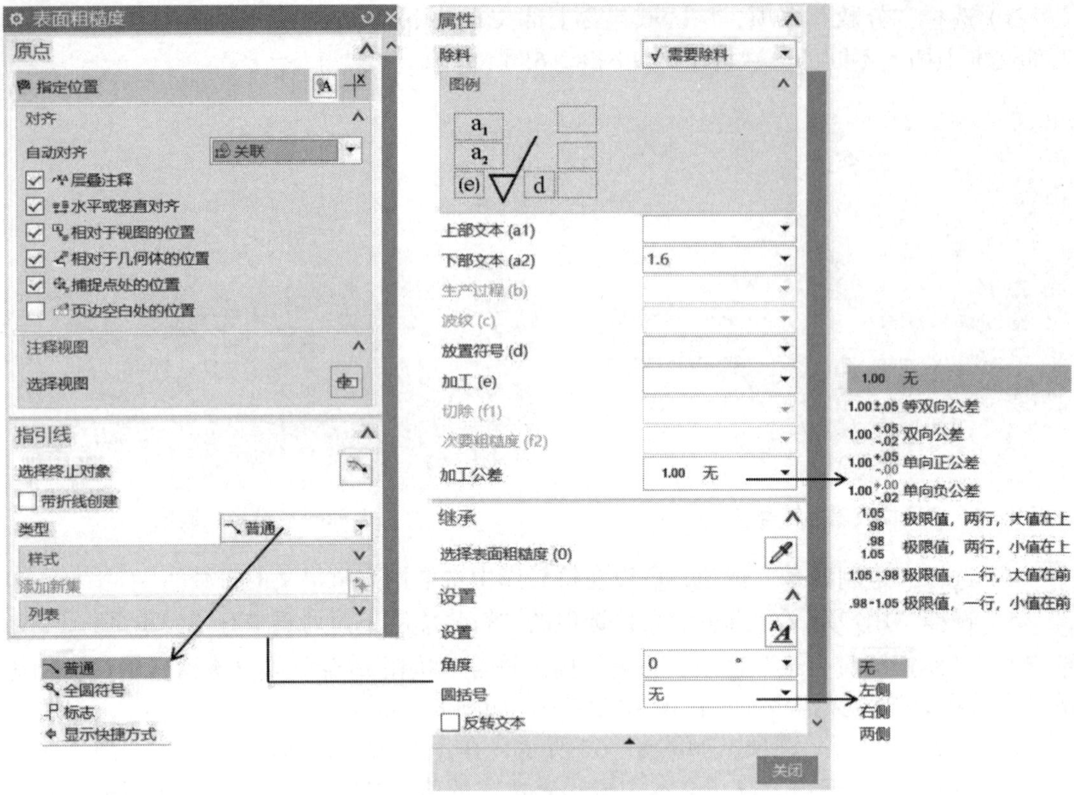

图 8-68 “表面粗糙度”对话框

对“表面粗糙度”对话框中的部分按钮说明如下：

（1）“原点”区域：用于设置原点位置和表面粗糙度符号的对齐方式。

（2）“指引线”区域：用于创建带指引线的表面粗糙度符号。单击该区域中的“选择终止对象”按钮，可以选择指示位置。

（3）“属性”区域：用于设置表面粗糙度符号的类型和值属性。系统提供了 9 种类型的表面粗糙度符号，要创建表面粗糙度，首先要选择相应的类型，选择的符号类型将显示在“图例”区域中。

（4）“设置”区域：用于设置表面粗糙度符号的文本样式、旋转角度、圆括号等。图 8-69 所示为在视图上创建表面粗糙度符号。

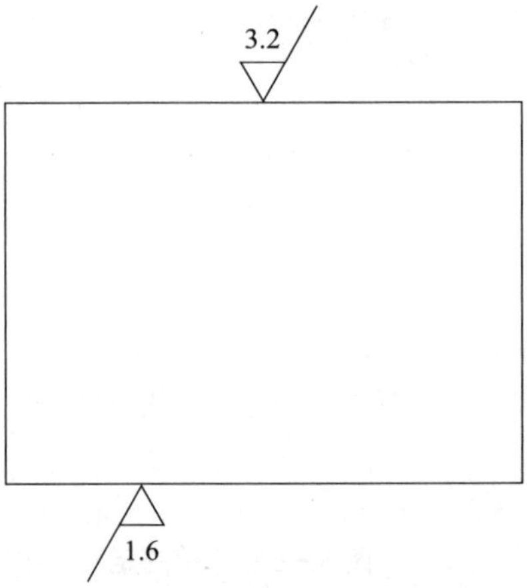

图 8-69 创建表面粗糙度符号

三 UG NX 12.0 的其他符号和形位公差

1. 符号标注

符号标注是一种由规则图形和文本组成的符号，在工程图中是必要的。在下拉主菜单的“插入”下拉菜单中选择“注释”子菜单下的“符号标注”命令，或者在带状工具条区单击“符号标注”按钮，会弹出如图 8-70 所示的“符号标注”对话框。用户可以根据设计图样的实际情况设置相关参数，并指定指引线放置的位置。单击“关闭”按钮，则退出“符号标注”对话框。图 8-71 所示为在图样上创建符号标注。

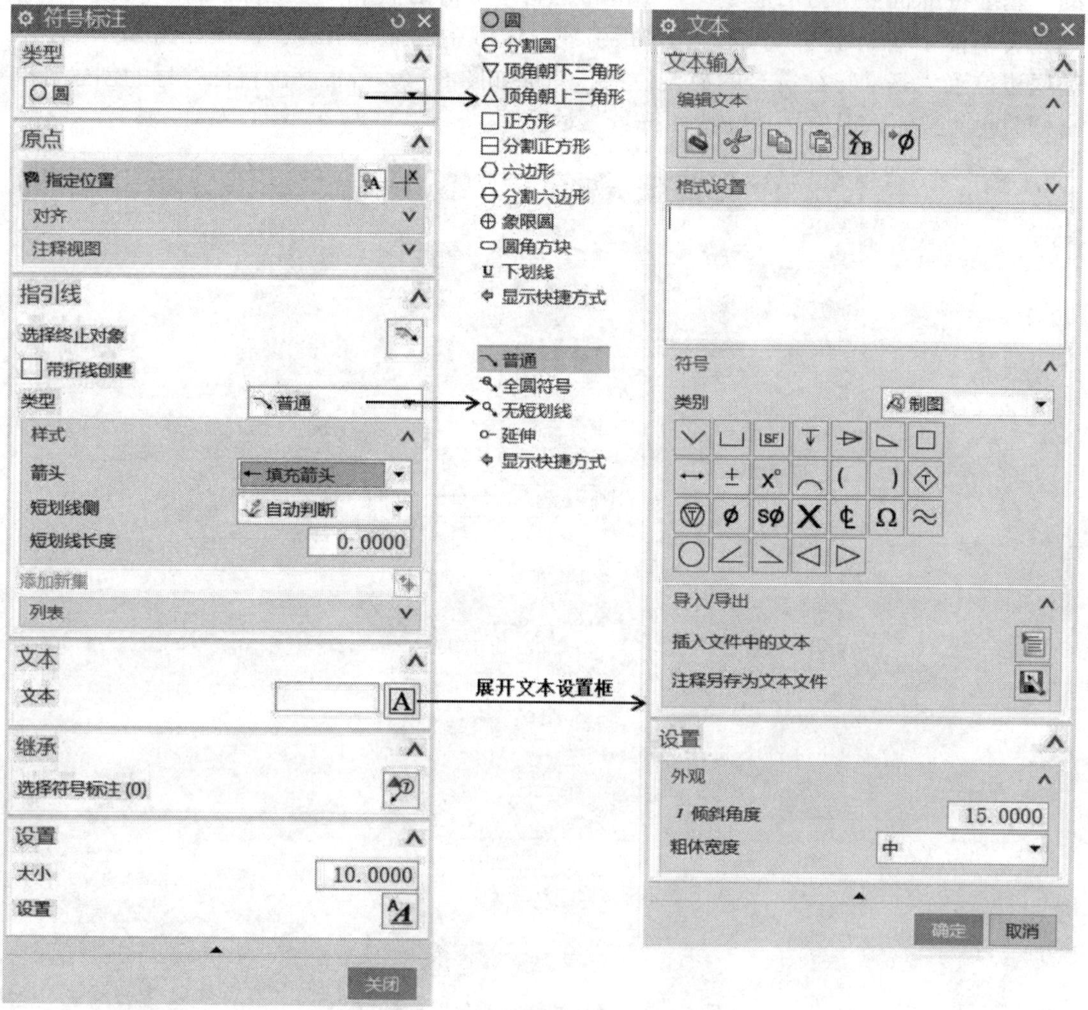

图 8-70 “符号标注”对话框

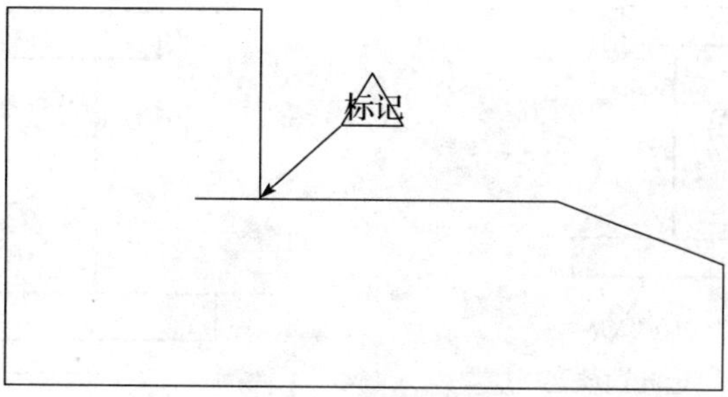

图 8-71 创建符号标注

2. 基准特征符号

在下拉主菜单的“插入”下拉菜单中选择“注释”子菜单下的“基准特征符号”命令，或者在带状工具条区单击“基准特征符号”按钮，系统会弹出如图 8－72 所示的“基准特征符号”对话框。在“基准特征符号”对话框中“基准标识符”区域的“字母”文本框中输入字母“A”，在“指引线”区域中选择指引线，选择如图 8－73 所示的底边位置为基准特征符号的放置位置，完成如图 8－74 所示基准特征符号的创建。单击“关闭”按钮，退出“基准特征符号”对话框。

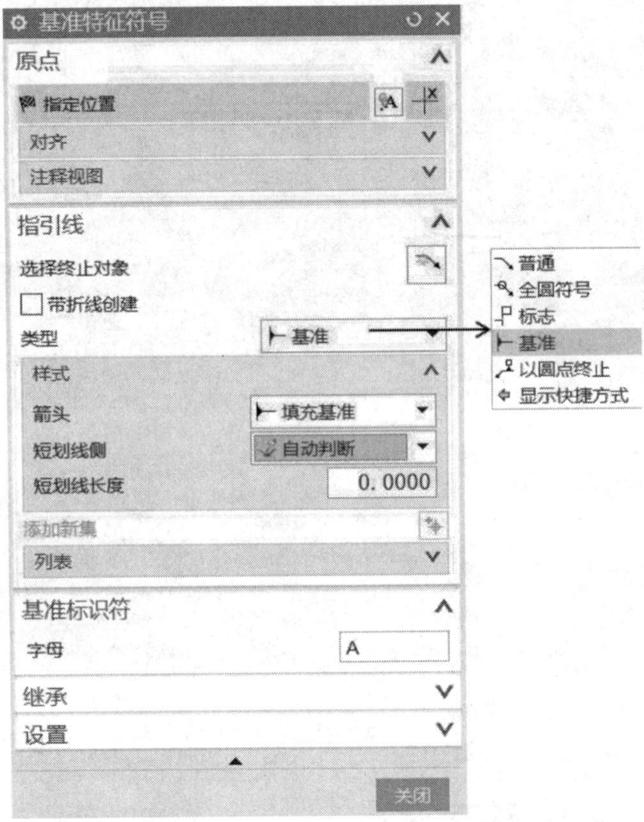

图 8－72 “基准特征符号”对话框

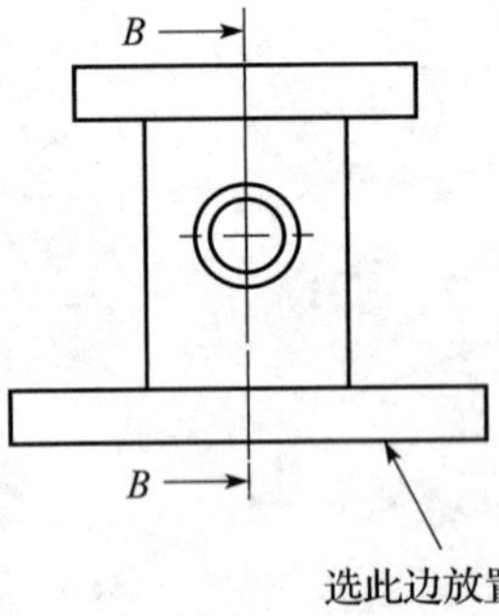

图 8－73 选择基准特征符号的放置位置

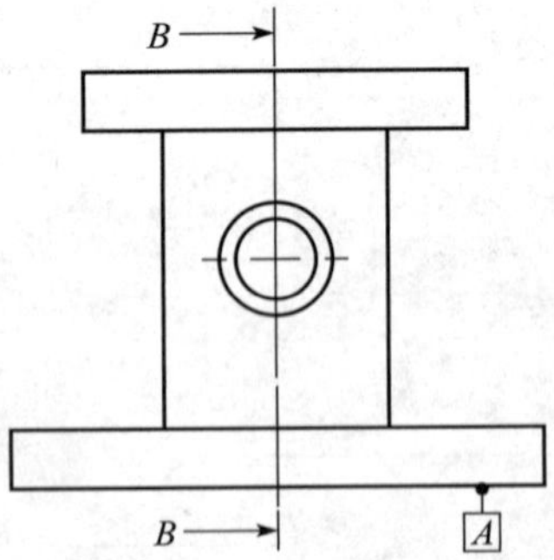

图 8－74 基准特征符号

3. 形位公差符号

在下拉主菜单的“插入”下拉菜单中选择“注释”子菜单下的“特征控制框”命令，或者在带状工具条区单击“特征控制框”按钮，系统会弹出如图 8－75 所示的“特征控制框”对话框。在“特征控制框”对话框中“框”区域的“特性”下拉列表中选择“平行度”，在“公差”区域的文本框中输入数值“0.02”，在“第一基准参考”区域的第一个下拉列表中选择参考字母“A”，在“指引线”区域中选择指引线，选择如图 8－76 所示的位置为形位公差符号的放置位置，完成如图 8－77 所示形位公差符号的创建，单击“关闭”按钮，退出“特征控制框”对话框。

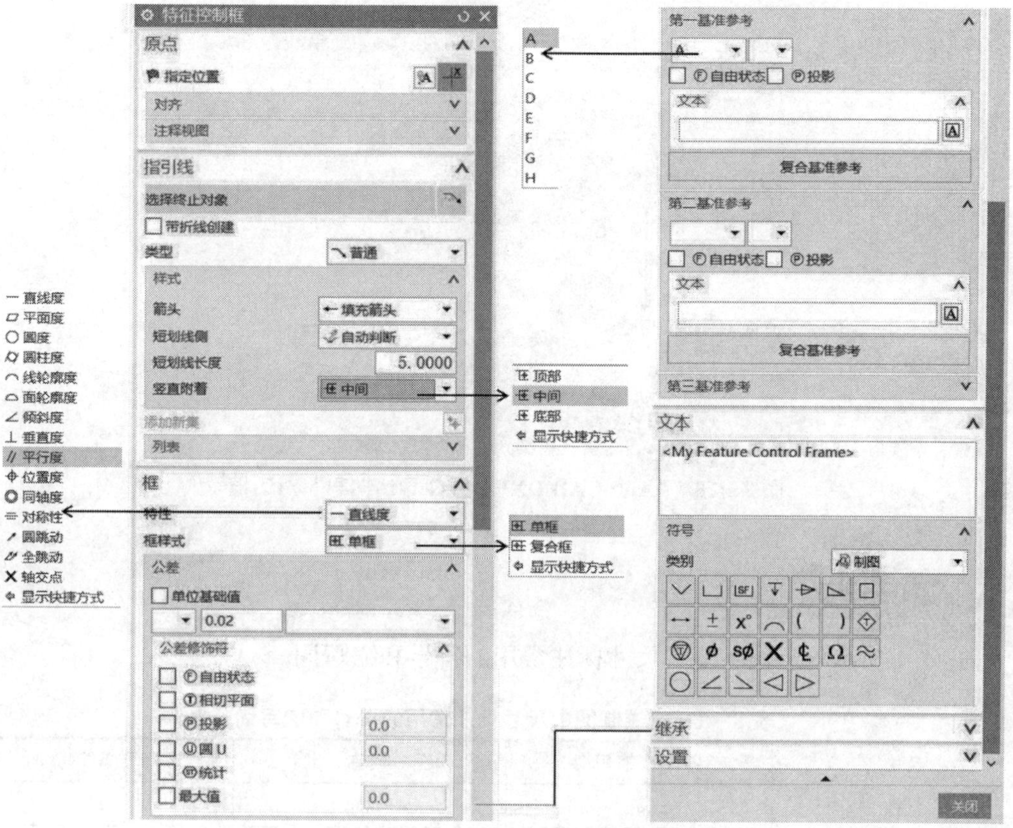

图 8－75 “特征控制框”对话框

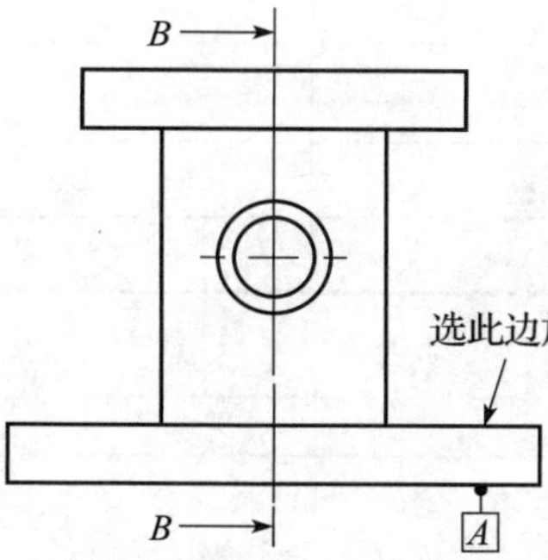

图 8－76 选择形位公差符号的放置位置

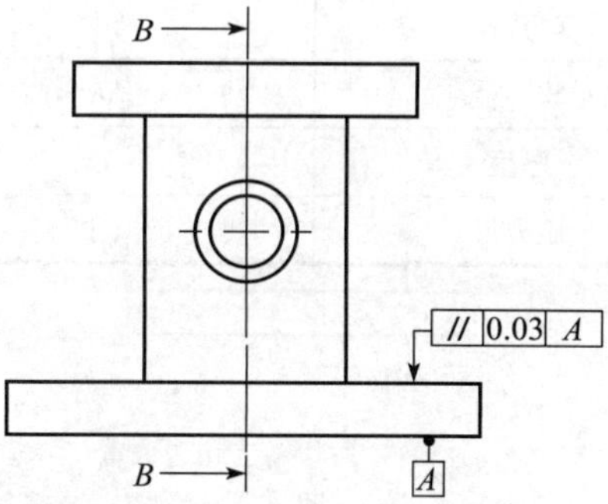

图 8－77 形位公差符号

基础延伸

UG 工程图导出为 AutoCAD 二维图形。选择“文件”下拉菜单中“导出”子菜单下的“AutoCAD DXF/DWG…”命令，会弹出如图 8-78 所示的“AutoCAD DXF/DWG 导出向导”对话框。用户根据向导提示完成每步骤的设置，单击“完成”按钮后会弹出“管理员：Exporting to DXF DWG File”信息转换窗口，则可实现 UG 工程图导出为 AutoCAD 二维图形。

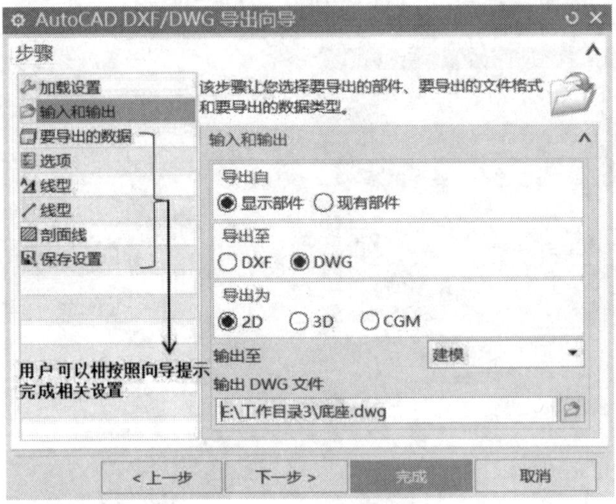

图 8-78 “AutoCAD DXF/DWG 导出向导”对话框

知识链接

表 8-1 所示是机械制图中尺寸标注常用的符号和缩写词。

表 8-1 机械制图中尺寸标注常用的符号和缩写词

名称	符号或缩写词	名称	符号或缩写词
直径	ϕ	45° 倒角	C
半径	R	深度	↧
球直径	$S\phi$	沉孔或锪平	▭
球半径	SR	埋头孔	⌵
厚度	t	均布	EQS
正方形	□		

任务3 工程图设计——综合实例应用

任务描述

本任务以机械设计中的一个脚踏板零部件为例，介绍创建工程图的一般过程，使用户对 UG NX 12.0 的工程图制作有一个比较清楚的认识。整个工程图制作的过程涉及视图表达、相关功能设置、菜单调用、参数设置、对象选择，以及尺寸标注、符号应用等。

任务目标

1. 了解 UG NX 12.0 建模模板转换为制图模板的操作步骤。
2. 掌握 UG NX 12.0 在制图环境中创建视图的操作步骤。
3. 掌握 UG NX 12.0 工程图的尺寸标注。
4. 掌握 UG NX 12.0 工程图的表面粗糙度标注。
5. 掌握 UG NX 12.0 工程图的注释标注和形位公差标注。

工程图设计实例（脚踏板）

实施过程

一 UG NX 12.0 建模模板和制图模板

在实际操作过程中，用户可以在建模模板和制图模板之间切换，前文已经介绍了快捷键的使用。本实例应用的是系统自带的制图图纸页模板，用户也可以自制绘图图纸模板，并保存起来重复使用。

1. 新建图纸

单击“新建”按钮，系统弹出如图 8－79 所示的“新建”对话框，选择“图纸”选项卡，选择“过滤器”区域“关系”下拉列表中的“引用现有部件”，选择系统提供的“ A2– 无视图”，用户根据实际情况设置文件路径和文件名称（此处的文件路径是“E: \ 工作目录 3\”，名称为“脚踏板 _dwg1.prt”），也可参考图中的设置，在“要创建图纸的部件”区域的“名称”中找出“脚踏板”文件后单击“确定”按钮。

2. 图纸页背景设置

在系统弹出的“视图创建向导”对话框中单击“取消”按钮，则在操作区出现系统提供的图纸页模板。选择下拉主菜单中“首选项”下拉菜单下的“可视化”命令，会弹出如图 8－80 所示的“可视化首选项”对话框，选择“颜色 / 字体”选项卡，然后在

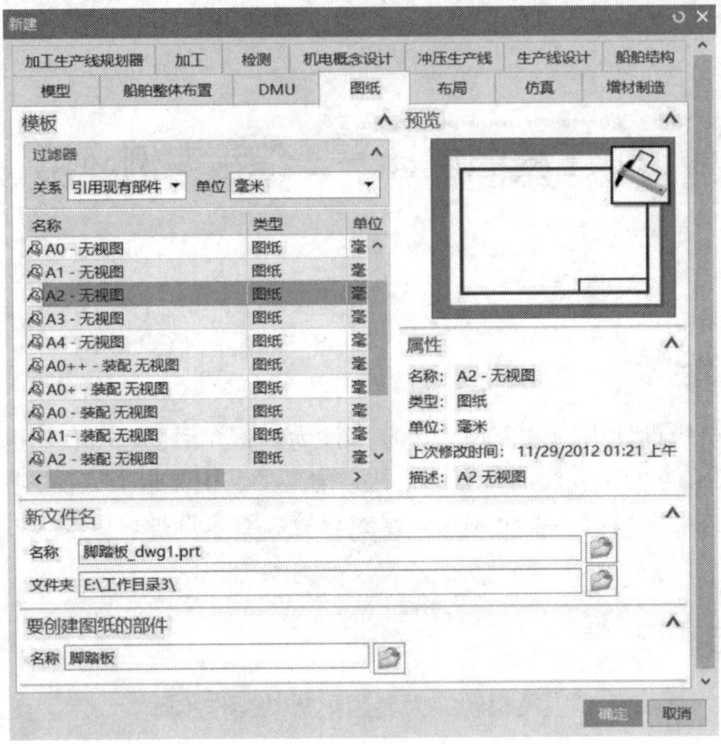

图 8 – 79 “新建”对话框

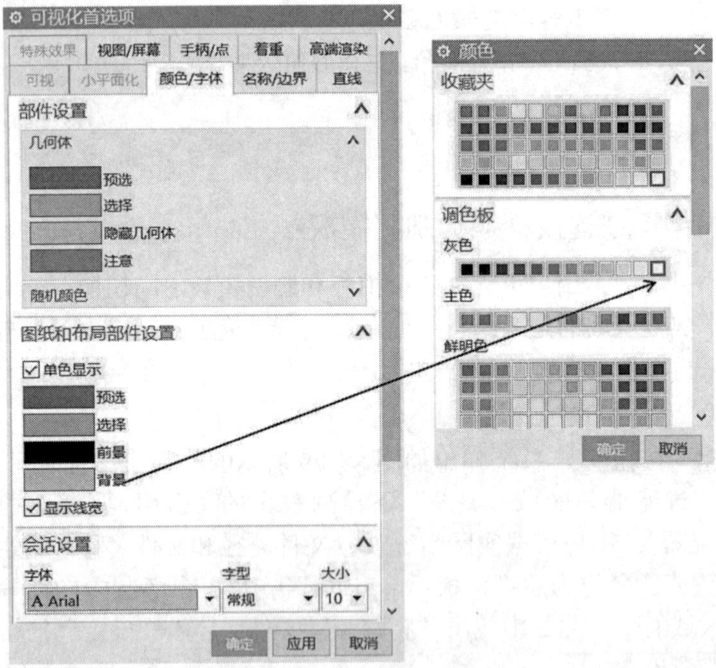

图 8 – 80 设置“背景”色为白色

“图纸和布局部件设置”区域中选择“单色显示”，将“背景”颜色修改为“白色”，单击“确定”按钮，完成图纸页背景的设置。

3. 图层管理

为了使标题栏、尺寸线等不被修改，一般把固定的已经修改好的标题栏文字等统一放置在一个图层中。选择下拉主菜单中“格式”下拉菜单的“图层设置”命令，会弹出如图 8－81 所示的“图层设置”对话框，勾选名称列所在的图层（170 层），关闭“图层设置”对话框。

用鼠标左键双击标题栏的文字，可以修改标题栏的内容，比如将标题栏单位名称改为“单位名称”等，如图 8－82 所示；还可在选定标题栏的单元格后，单击鼠标右键，在立即菜单中选择“编辑单元格（E）”命令，接着在弹出的立即对话框中输入“单位名称”进行修改，如图 8－83 所示。这两种修改方式都可修改单元格中的文字。在选定的单元格处右击，在立即菜单中选择“设置”命令，可在弹出的“设置”对话框中设置文字的“高度”和“字体间隙因子”等，如图 8－84 所示。

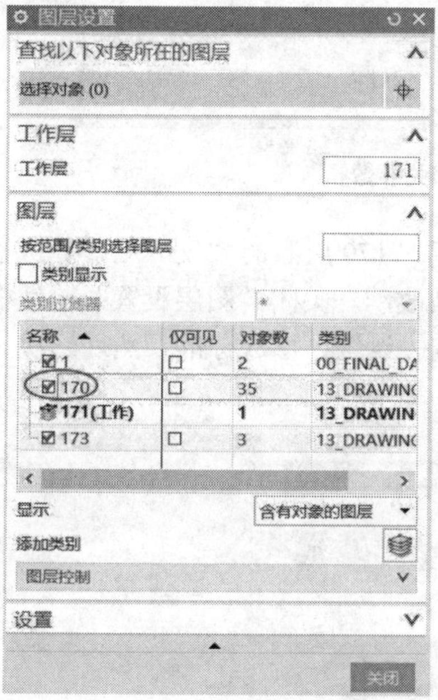

图 8－81　选择名称列勾选图层

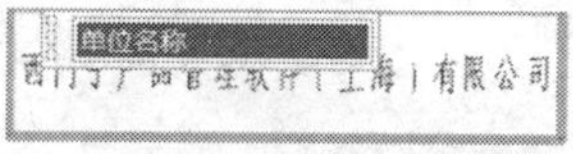

图 8－82　修改标题栏文字

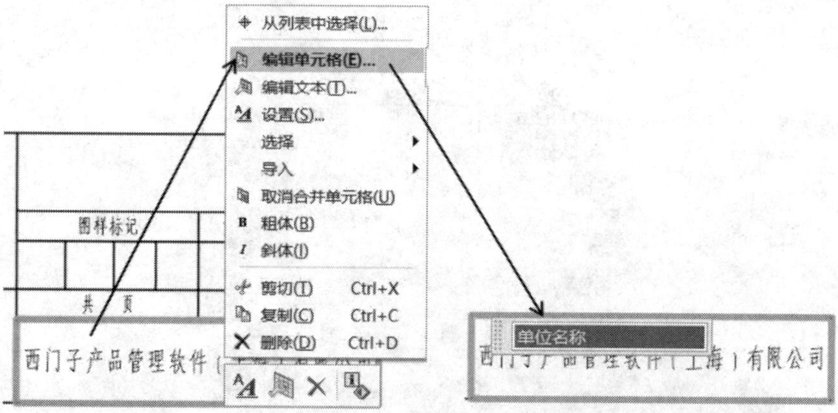

图 8－83　修改单元格中的文字

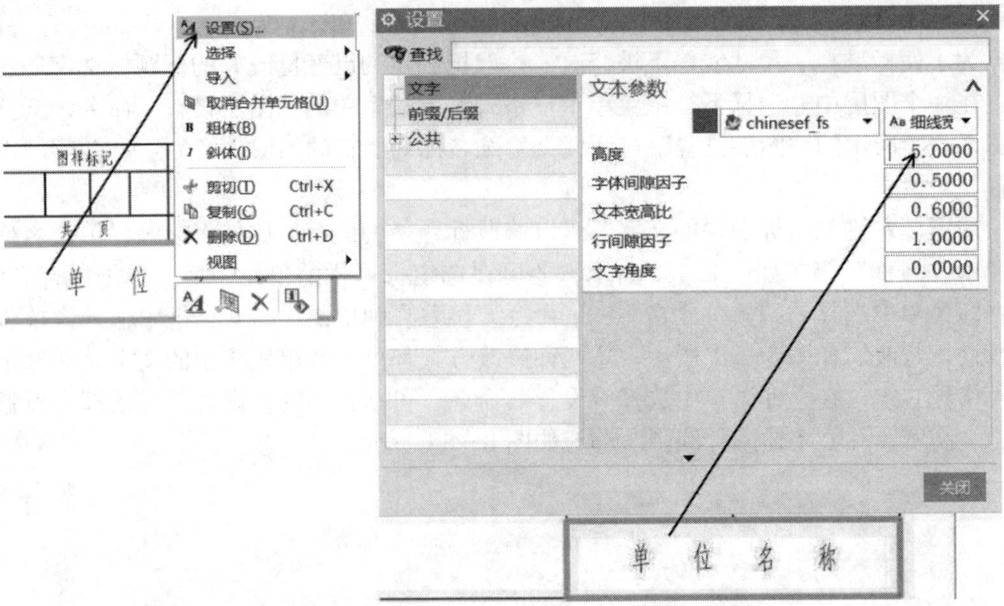

图 8－84　设置文字相关参数

完成设置之后打开“图层设置”对话框，勾选“170 层”的“仅可见”复选框，如图 8－85 所示，此时已经修改好的标题栏不会再被改动。关闭“图层设置”对话框，得到如图 8－86 所示的新图纸页（企业会将制图页统一设置，形成标准，然后二次开发时直接加载应用）。

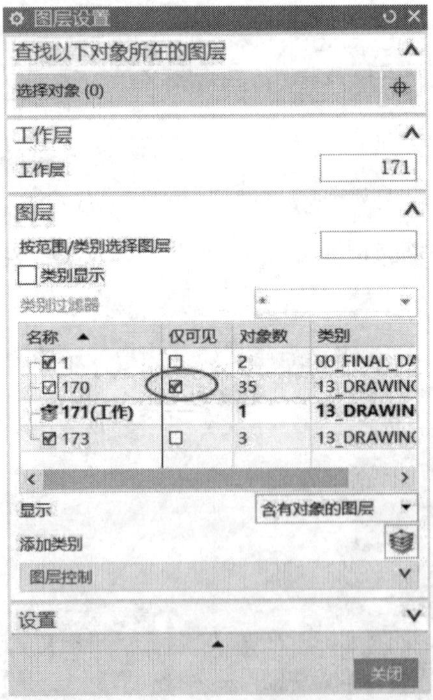

图 8－85　勾选“仅可见”列

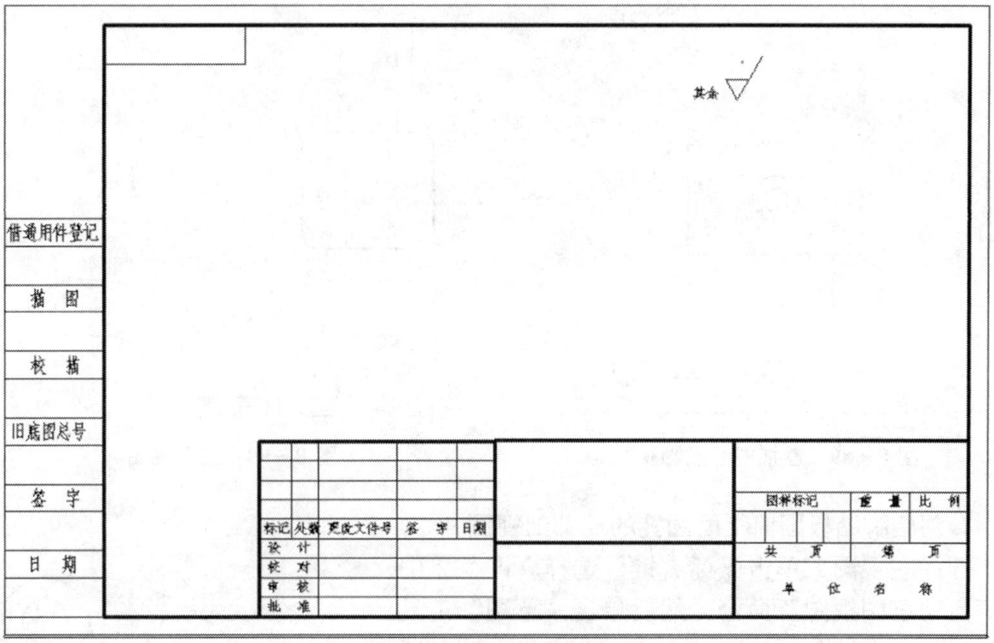

图 8－86 修改后的图纸页

二 UG NX 12.0 在制图环境中创建视图

1. 创建脚踏板基本视图

在下拉主菜单中选择“插入”下拉菜单中“视图”子菜单下的“基本”命令，会弹出“基本视图”对话框。在“模型视图”的“要使用的模型视图”下拉列表中选择“左视图”，设置“比例”为“1∶1”，在图纸页的合适位置单击放置左视图，如图 8－87 所示。

2. 创建脚踏板左视图的投影视图

在“部件导航器”树的工作表中选择如图8－88所示的“导入的‘Left@1’”按钮 导入的 "Left@1"，然后单击鼠标右键，在立即菜单中选择“添加投影视图”命令，完成如图 8－89 所示左视图投影视图的创建。

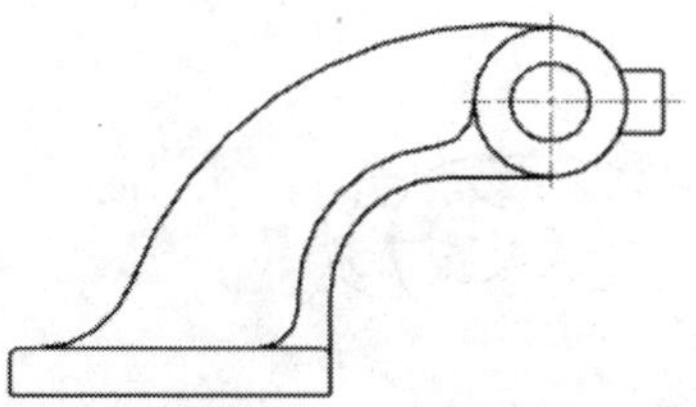

图 8－87 脚踏板左视图

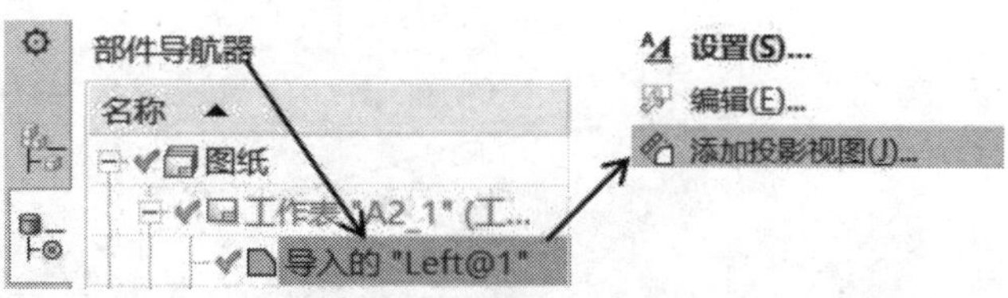

图 8－88 立即菜单

3. 创建投影视图

继续创建投影视图，按照上面步骤再把刚才创建的左视图的投影视图进行投影，最后得到如图 8－90 所示的三个视图。

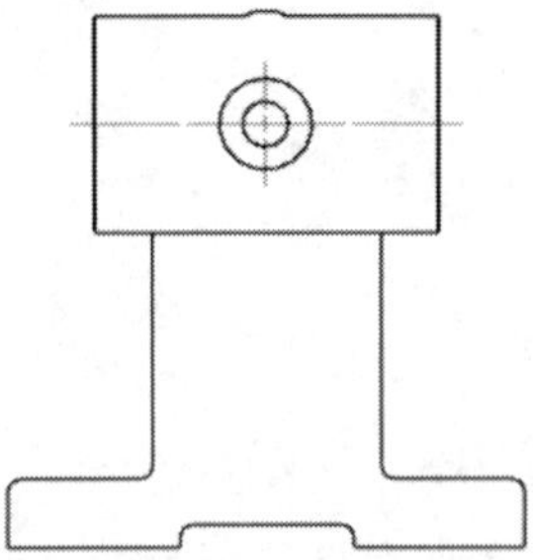

图 8－89　左视图的投影视图

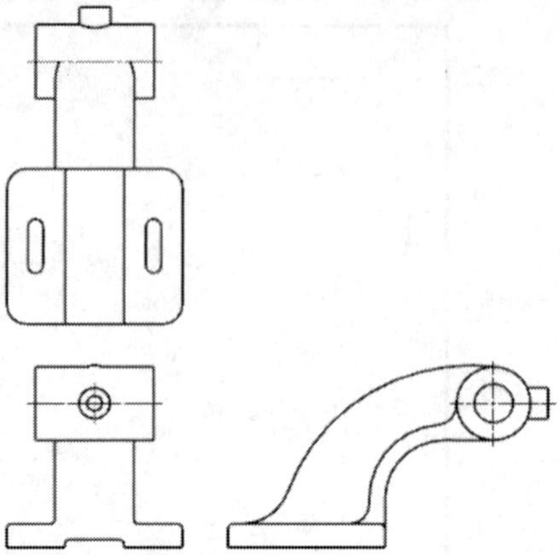

图 8－90　三个视图

4. 创建脚踏板圆筒上面圆孔的局部剖视图

选择左视图，单击鼠标右键，选择立即菜单中的“活动草图视图”命令，然后单击“草图”工具里面的“艺术样条”按钮，在“艺术样条”对话框中选择“类型”下拉列表中的“通过点”，将“参数化”区域的“次数”设置为“7”，其他为系统默认设置。在左视图中绘制如图 8－91 所示的局部剖边界线，然后单击“确定”按钮完成样条曲线的绘制，完成草图。

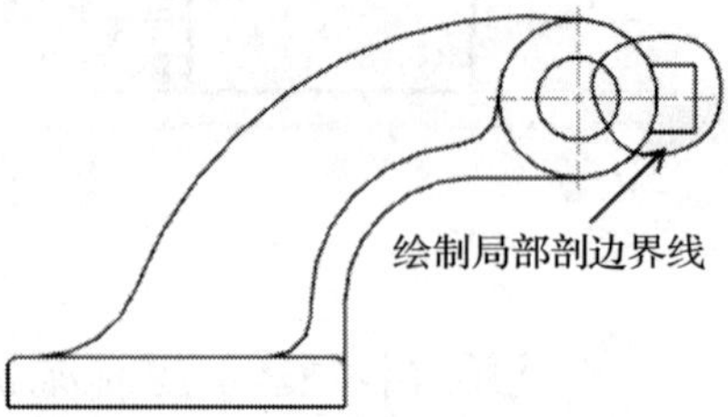

图 8－91　局部剖边界线

在下拉主菜单中选择“插入”下拉菜单中“视图”子菜单下的“局部剖”命令，弹出“局部剖”对话框，选择左视图为要局部剖的视图，如图 8－92 所示，系统会在“局部剖”对话框中切换到“指出基点”选项，选择如图 8－93 所示的圆心点为剖切位置基点，系统会自动切换到“指出拉伸矢量”选项，选择 *ZC* 方向为拉伸矢量，按下鼠标中键确认，系统切换到“选择曲线”选项，然后选择如图 8－94 所示的样条曲线为局部剖边界线。在“局部剖”对话框中单击“应用”按钮，然后单击“取消”按钮，完成如图 8－95 所示圆筒上面圆孔局部剖视图的创建。

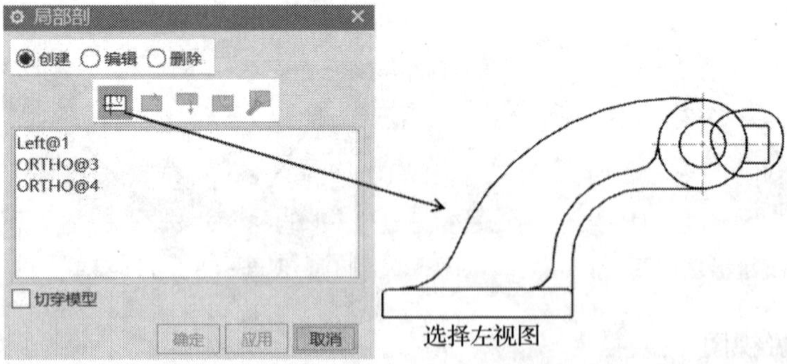

图 8－92　选择要局部剖的视图

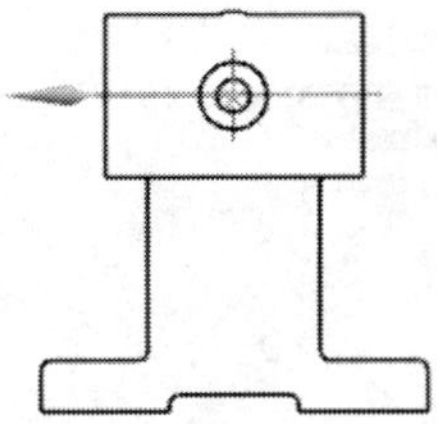

图 8 - 93 选择剖切位置基点

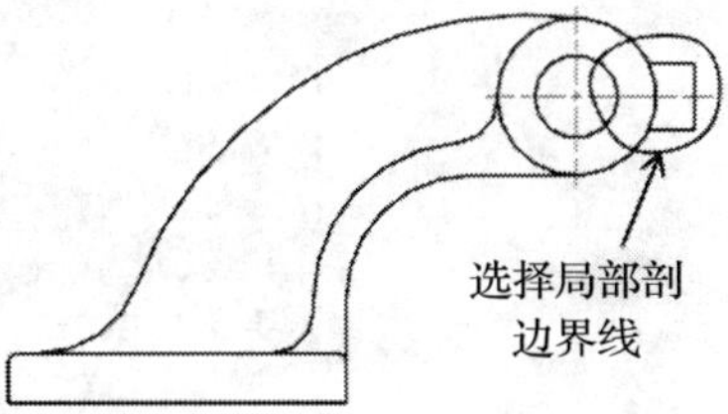

图 8 - 94 选择局部剖边界线

5. 创建脚踏板底板孔局部剖视图

此处简略介绍操作步骤。选择脚踏板的底板孔进行局部剖切，在左视图底板部位绘制剖切边界曲线（可用轮廓线 + 艺术样条 + 投影曲线绘制），如图 8 - 96 所示，然后选择如图 8 - 97 所示的圆孔圆象限点位置为剖切位置基点，剖切方向还是选择 *ZC* 方向，完成如图 8 - 98 所示的脚踏板底板孔的局部剖视图。

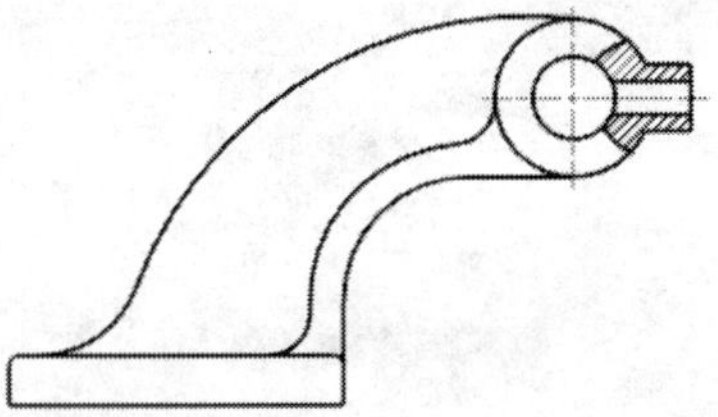

图 8 - 95 圆筒上面圆孔局部剖视图

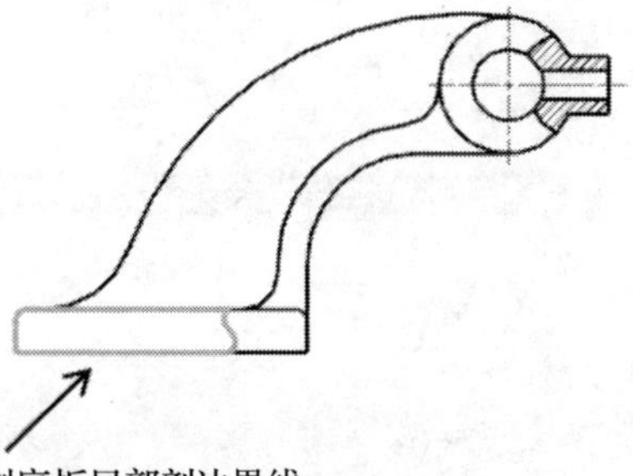

图 8 - 96 绘制剖切边界曲线

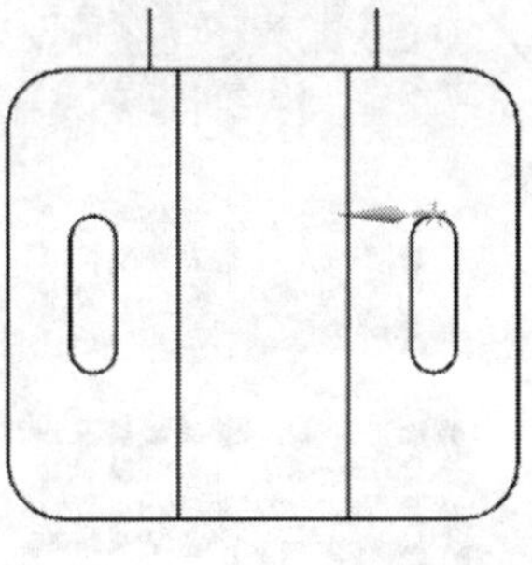

图 8 - 97 选择剖切位置基点

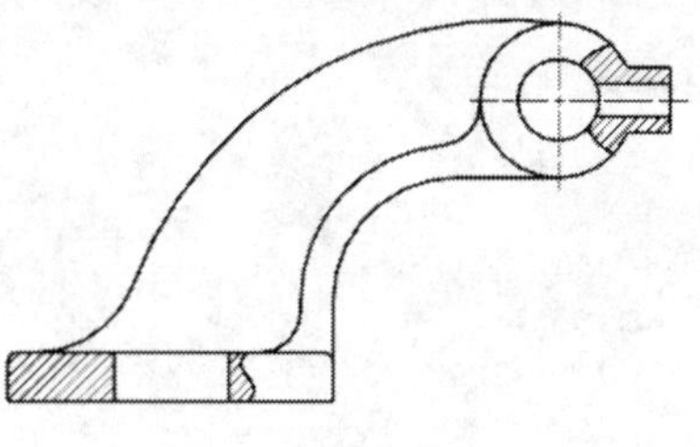

图 8 - 98 底板孔的局部剖视图

6. 在底板处添加中心线

选择“插入”下拉菜单中“中心线”子菜单下的“2D 中心线”命令，如图 8 - 99 所示，会弹出如图 8 - 100 所示的“2D 中心线”对话框。在“样式”区域中选择“颜色”，可以在“调色板”中选择“红色”为中心线的颜色，其他的为默认设置，在“第 1 侧”和“第 2 侧”区域选择如图 8 - 101 所示的棱边线，可通过这两条棱边线创建 2D 中心线。

选择“插入”下拉菜单中“中心线”子菜单下的“3D 中心线”命令，会弹出如图 8 - 102 所示的“3D 中心线”对话框，在“样式”区域中选择“颜色”，可以在“调色板”中选择“红色”为中心线的颜色，其他的为默认设置，在“面”区域中选择如

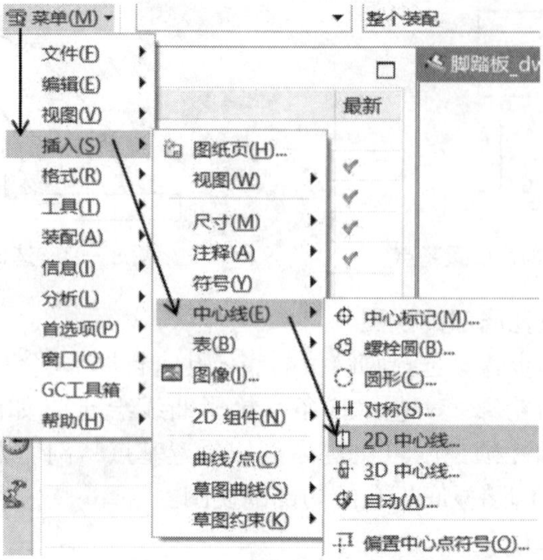

图 8-99　2D 中心线菜单

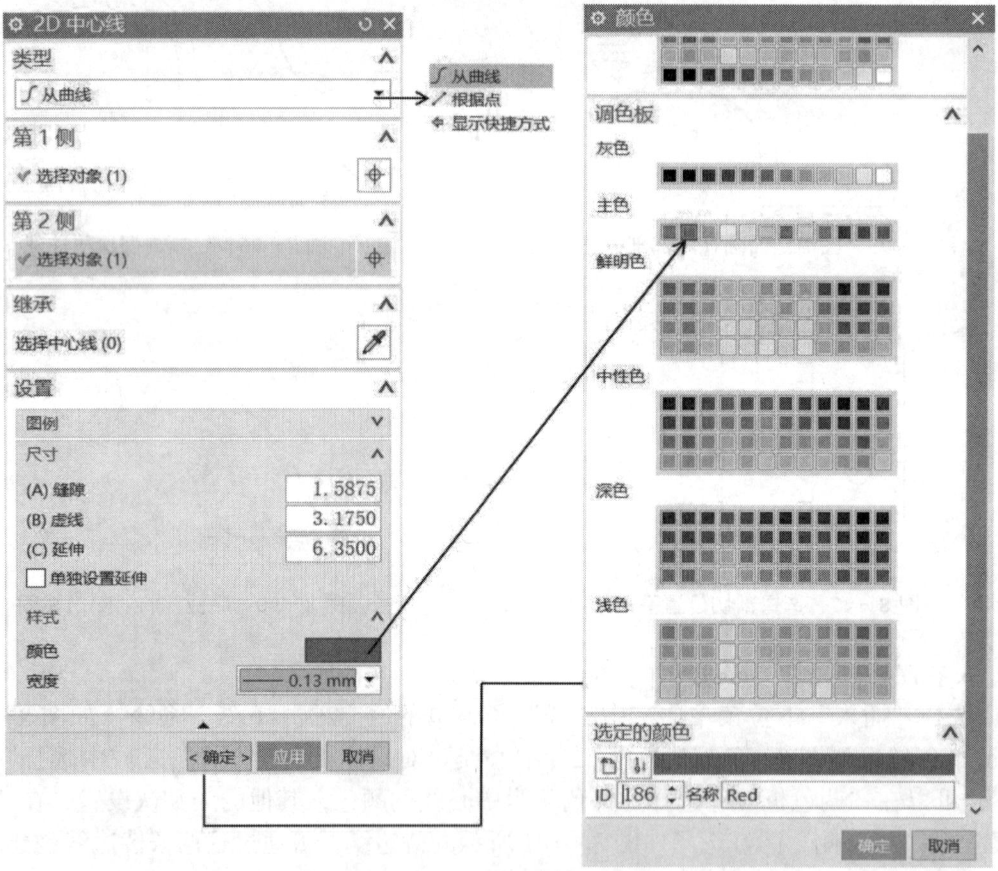

图 8-100　“2D 中心线”对话框

图 8-103 所示的第一个和第二个圆孔内侧面，则可通过这两个圆孔内侧面创建 3D 中心线，从而创建完成脚踏板底板的中心线。

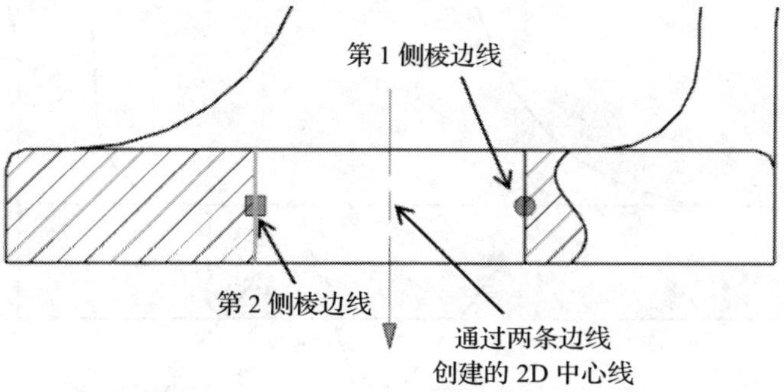

图 8－101　创建 2D 中心线

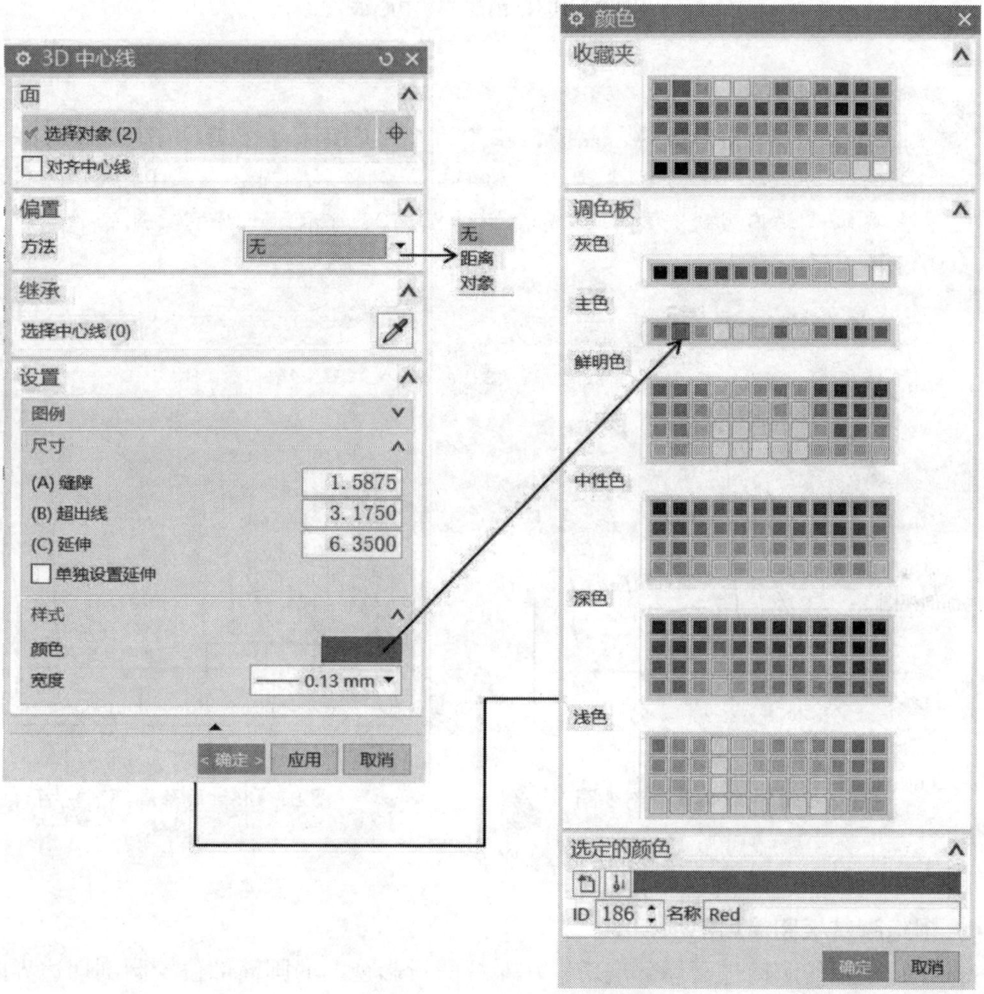

图 8－102　“3D 中心线”对话框

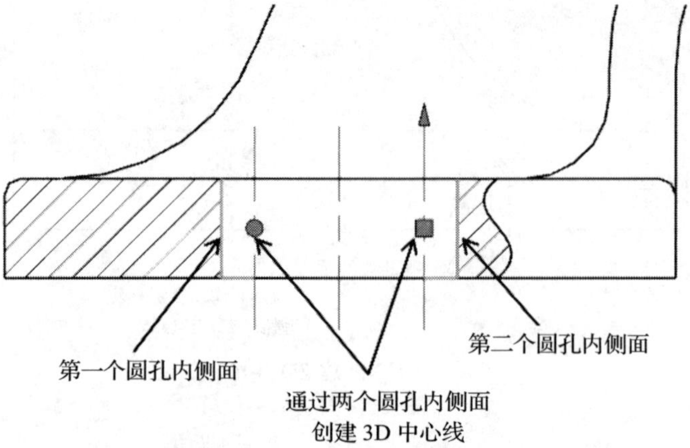

图 8－103　创建 3D 中心线

技能点拨

局部剖视图的编辑与删除：在“插入”下拉菜单中选择“视图”子菜单下的“局部剖”命令，会弹出“局部剖”对话框。如图 8－104 所示，选择需要编辑的内容进行编辑；或者如图 8－105 所示，选择需要删除的局部剖视图，进行删除。

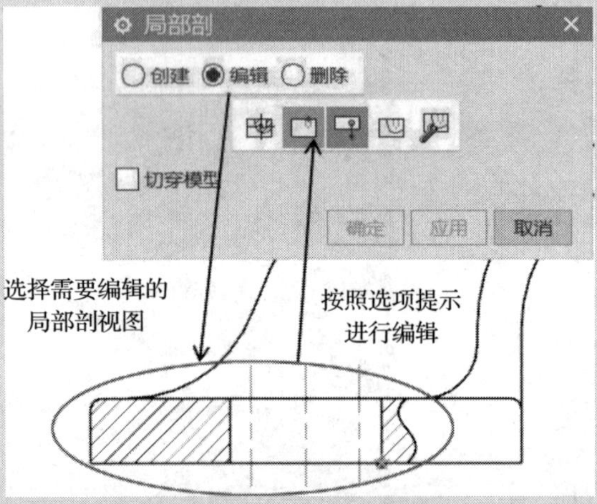

图 8－104　编辑局部剖视图

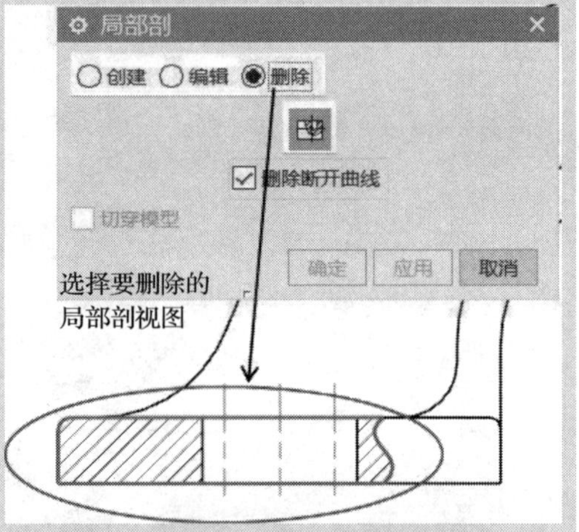

图 8－105　删除局部剖视图

7. 创建脚踏板圆筒局部剖视图

选择脚踏板的圆筒进行局部剖切，在左视图投影视图的圆筒部位绘制剖切边界曲线（用轮廓线＋艺术样条绘制），如图 8－106 所示，然后选择如图 8－107 所示的圆心为剖切位置基点，选择 *ZC* 方向为剖切方向，完成如图 8－108 所示的脚踏板圆筒局部剖视图的创建。

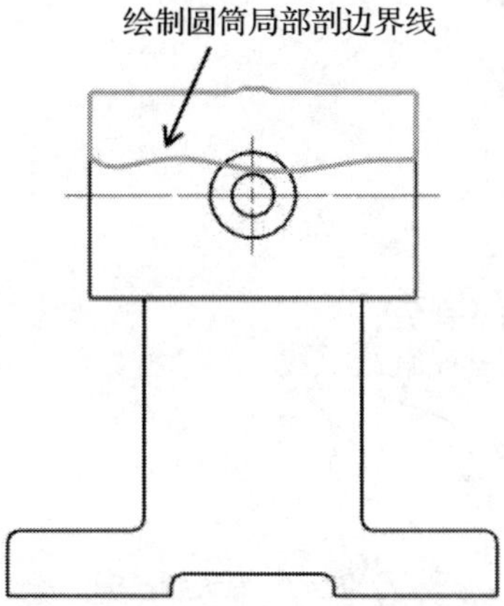

图 8－106　绘制剖切边界曲线

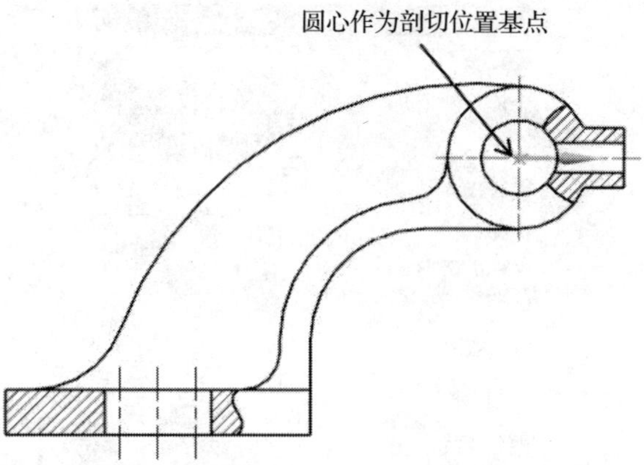

图 8－107　选择剖切位置基点

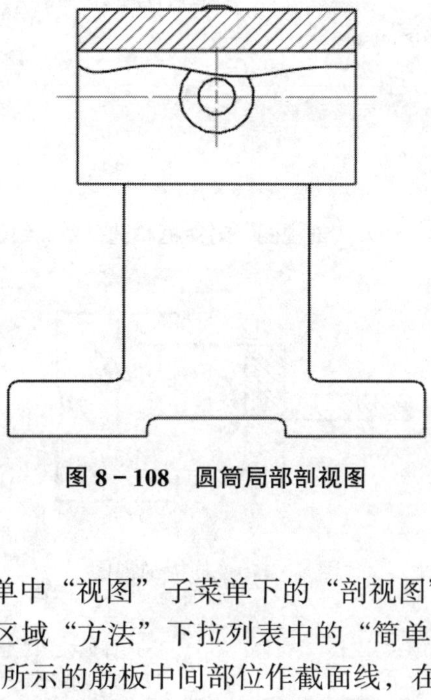

图 8－108　圆筒局部剖视图

8. 创建筋板断面图

选择“插入”下拉菜单中“视图”子菜单下的“剖视图”命令，会弹出“剖视图”对话框，选择“截面线”区域“方法”下拉列表中的“简单剖 / 阶梯剖”，选择左视图为父视图，在如图 8－109 所示的筋板中间部位作截面线，在与左视图对齐的合适位置放置该剖视图，关闭“剖视图”对话框，完成筋板剖视图的创建，如图 8－110 所示。

对筋板剖视图继续修改。如图 8－111 所示，可用两种方式选择筋板剖视图：一种是在“部件导航器”树中选择筋板剖视图，单击鼠标右键，在立即菜单中选择“视图相关编辑”命令；另一种是在绘图区选择筋板剖视图，然后单击鼠标右键，在立即菜单中选择“视图相关编辑”命令，弹出如图 8－112 所示的“视图相关编辑”对话框。在对话框中选择“添加编辑”区域的“擦除对象”按钮，弹出“类选择”对话框，选择筋板剖视图中需要擦除的线条，如图 8－113 所示，然后单击“确定”按钮。以同样步骤删除其他多余的线条，如图 8－114 所示。还可以在动态对话框中单击“删除”按钮，删除多余线条。然后在筋板断面图上添加 2D 中心线，并在“2D 中心线”对话框中“尺寸”区域选择“延伸”，输入参数“20”，完成脚踏板筋板断面图中心线的设置，如图 8－115 所示。

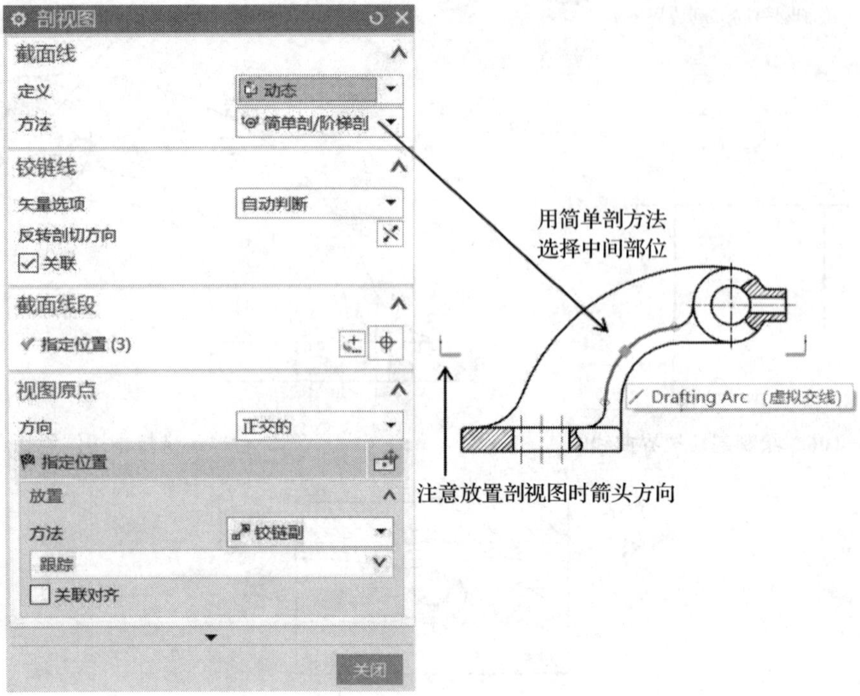

图 8－109　“剖视图”对话框和选择截面线位置

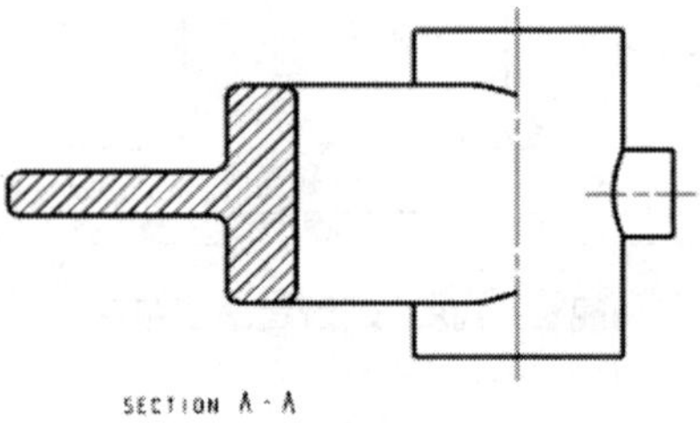

图 8－110　筋板剖视图

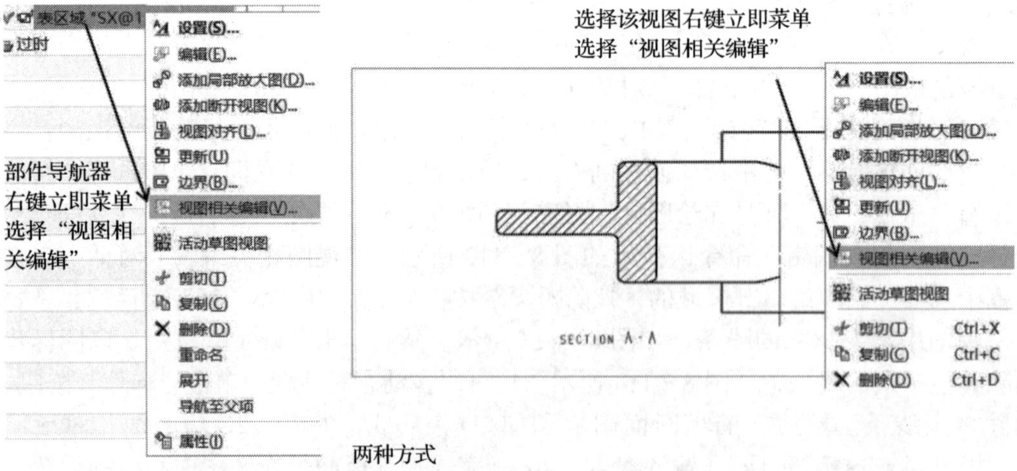

图 8－111　选择“视图相关编辑”命令

任务3

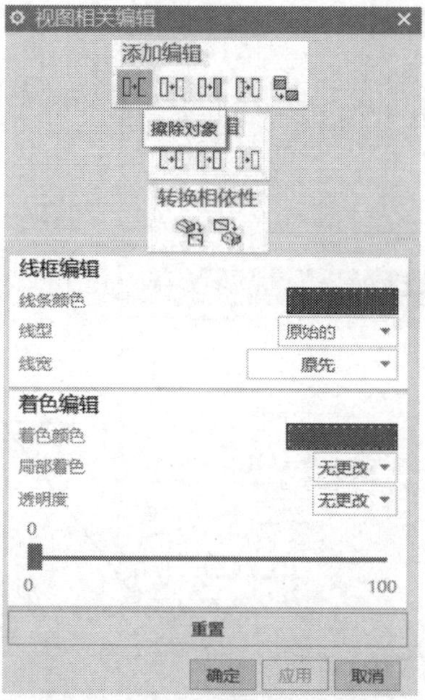

图 8－112　选择擦除对象

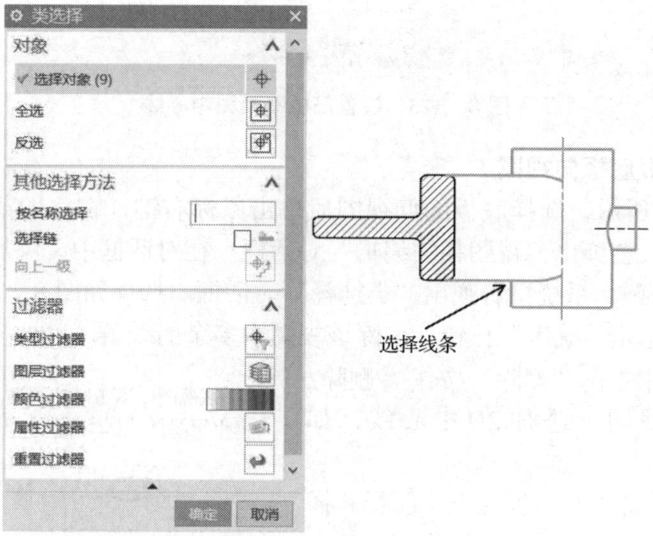

图 8－113　选择需要擦除的线条

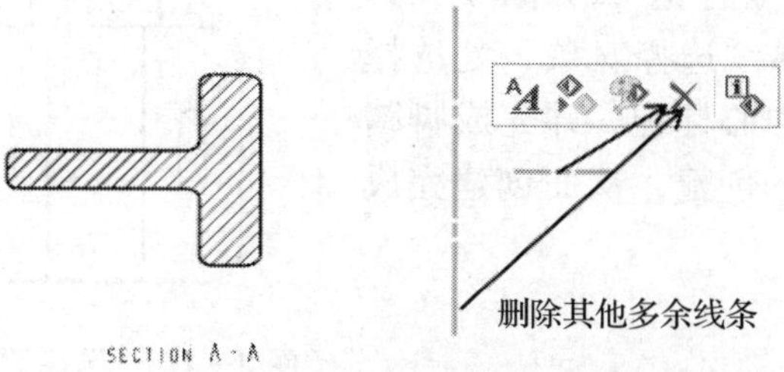

图 8－114　删除多余线条

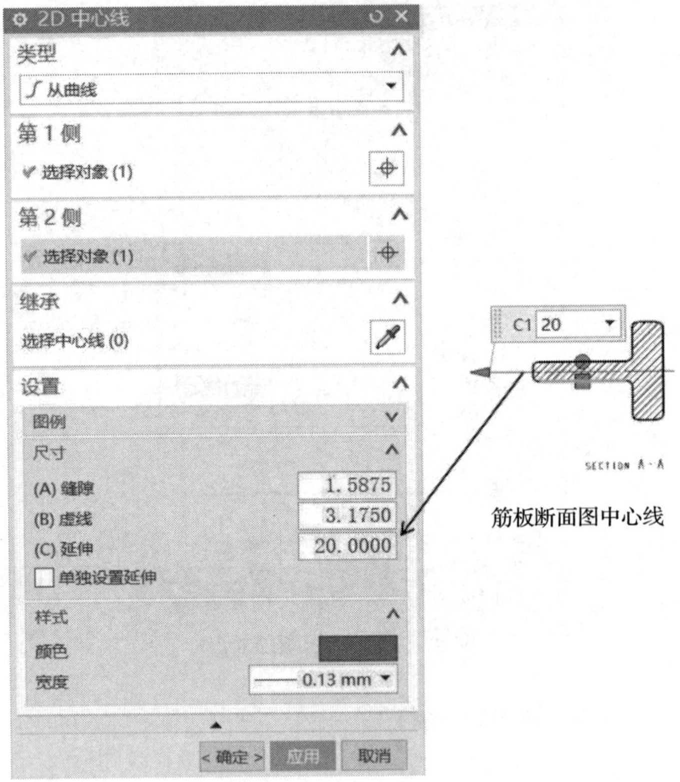

图 8－115　设置筋板断面图中心线

9. 创建脚踏板底板向视图

如图 8－116 所示，选择底板的仰视图后单击鼠标右键，在立即菜单中选择“视图相关编辑”命令，会弹出“视图相关编辑”对话框。在对话框中“添加编辑”区域单击“擦除对象”按钮，系统接着弹出“类选择”对话框。选择如图 8－117 所示的需要擦除的线条，然后单击“确定”按钮，擦除该视图中多余的线条。其他多余的线条可以通过在动态对话框中单击“删除”按钮 ✕ 删除。然后在底板向视图上添加 2D 中心线，如图 8－118 所示。

在圆心处添加“中心标记”。选择“插入”下拉菜单中“中心线”子菜单下的“中心标记”命令，在弹出的“中心标记”对话框中勾选“创建多个中心标记”，如图 8－119 所示，在“位置”区域“选择对象”处选择每个圆心，创建圆心中心标记，即完成脚踏板底板向视图中心线的创建，从而创建完成底板向视图。

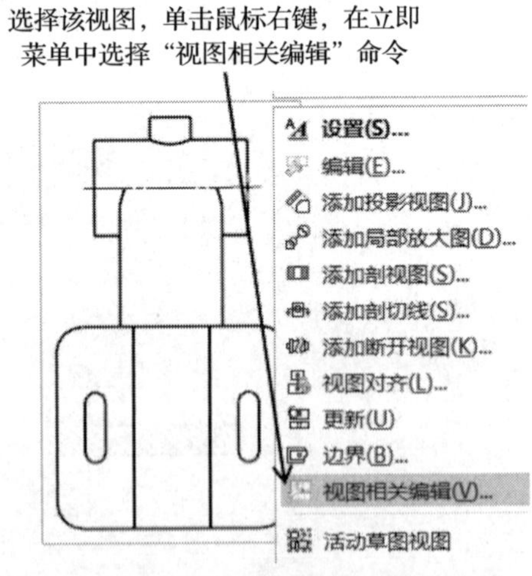

图 8－116　选择“视图相关编辑”命令

任务3

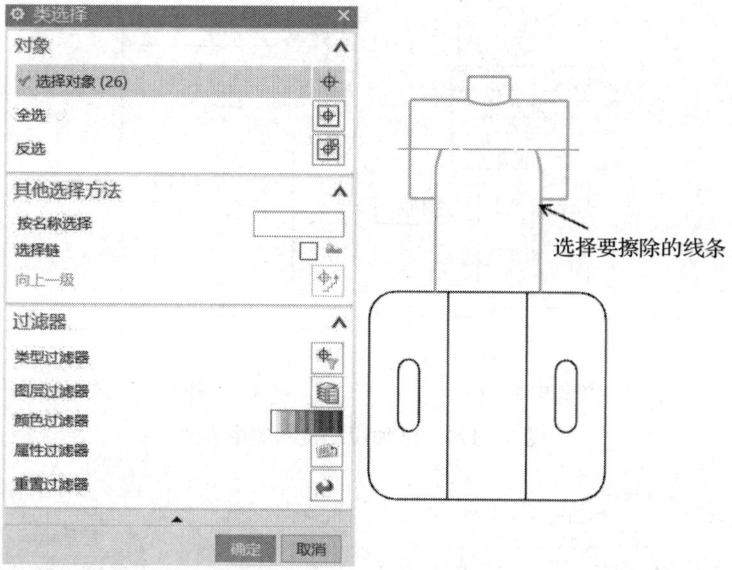

图 8－117 擦除多余线条

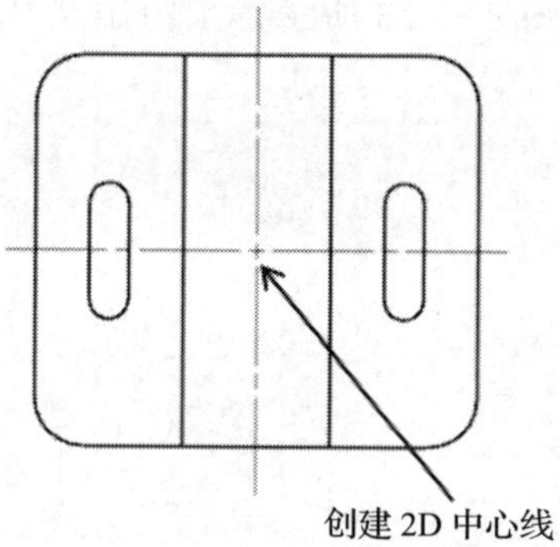

图 8－118 创建 2D 中心线

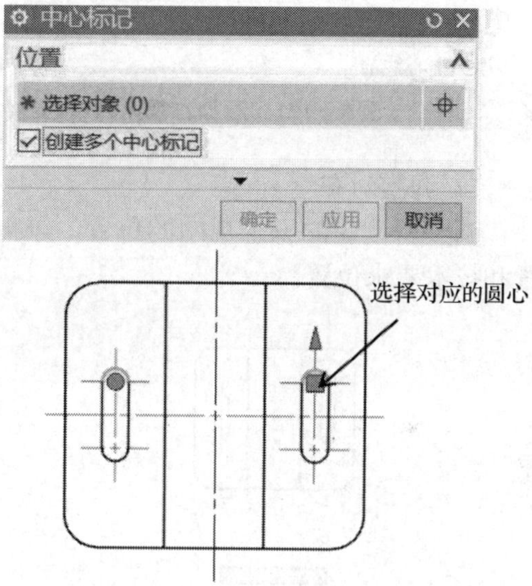

图 8－119 底板向视图

10. 创建其他视图的中心线

图 8－120 所示为添加另一投影视图的中心线。图 8－121 所示为添加左视图的中心线。

11. 插入正三轴测视图

在下拉主菜单中选择“插入”下拉菜单中“视图”子菜单下的“基本”命令，会弹出“基本视图”对话框。在“模型视图”的“要使用的模型视图”下拉列表中选择“正三轴测图”，设置“比例”为“1 : 2”。单击“设置”按钮，在弹出的对话框中选择“着色”选项，在“格式”区域的“渲染样式”下拉列表中选择“完全着色”，在图纸页的右下角位置单击放置正三轴测视图，如图 8－122 所示。

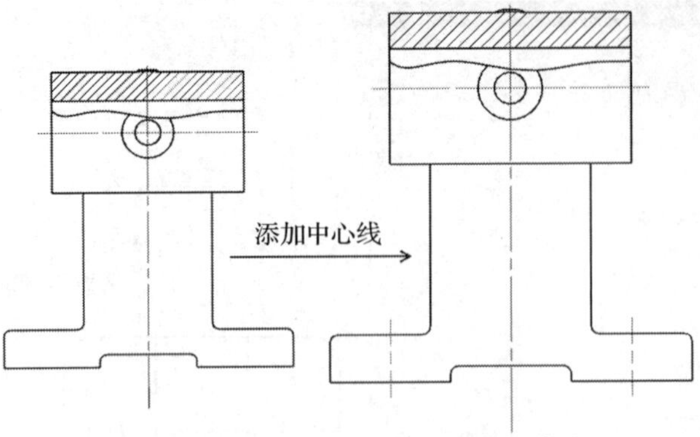

添加中心线前　　添加中心线后

图 8－120　添加投影视图的中心线

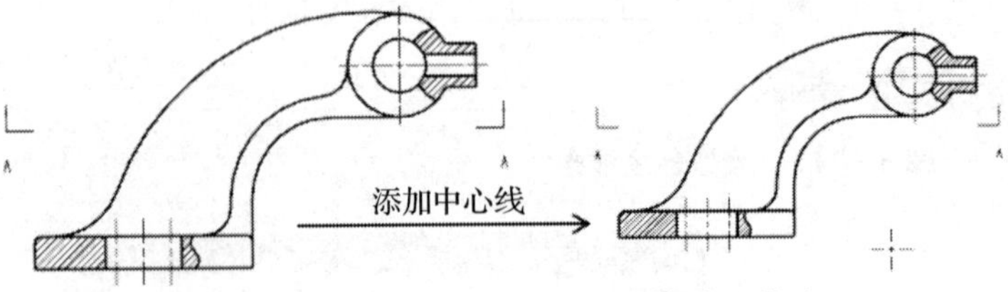

添加中心线前　　添加中心线后

图 8－121　添加左视图的中心线

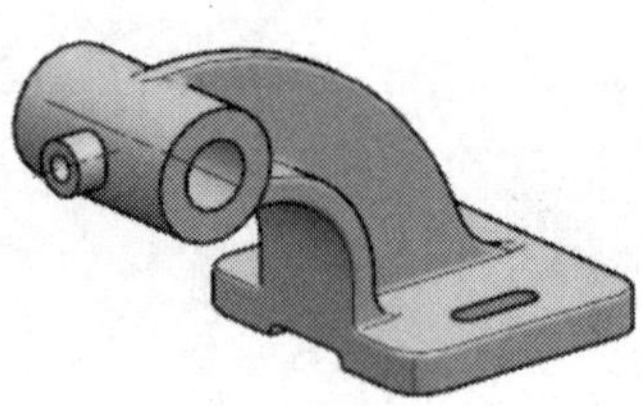

图 8－122　正三轴测视图

12. 调整对齐

调整所创建的五个视图的位置，进行对齐，如图 8－123 所示，预留出尺寸标注位置和技术要求位置。

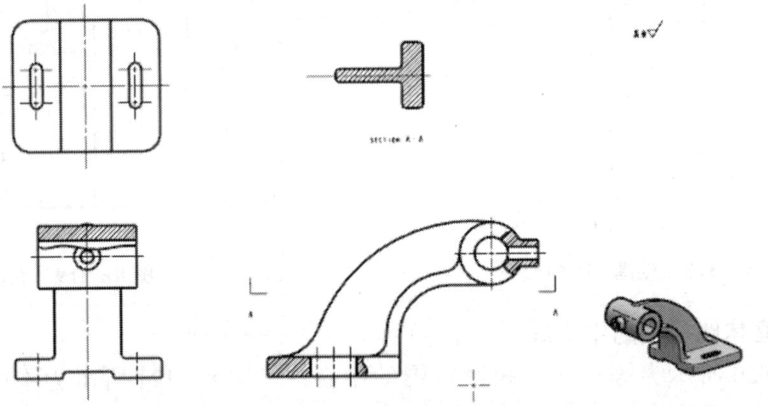

图 8－123　调整对齐各个视图

三　UG NX 12.0 工程图的尺寸标注和技术要求

1. 脚踏板左视图上水平尺寸、对齐尺寸、半径尺寸和圆柱式尺寸的标注

在下拉主菜单的“插入”下拉菜单中选择“尺寸”子菜单下的“快速”命令，或者在带状工具条区单击“快速”按钮，会弹出“快速尺寸”对话框。在“测量”区域的

“方法”下拉列表中选择“自动判断”，在左视图上标注如图 8－124 所示的水平尺寸、对齐尺寸和半径尺寸。然后在“方法”下拉列表中选择“圆柱式”，标注圆柱和孔直径尺寸，完成后关闭对话框。

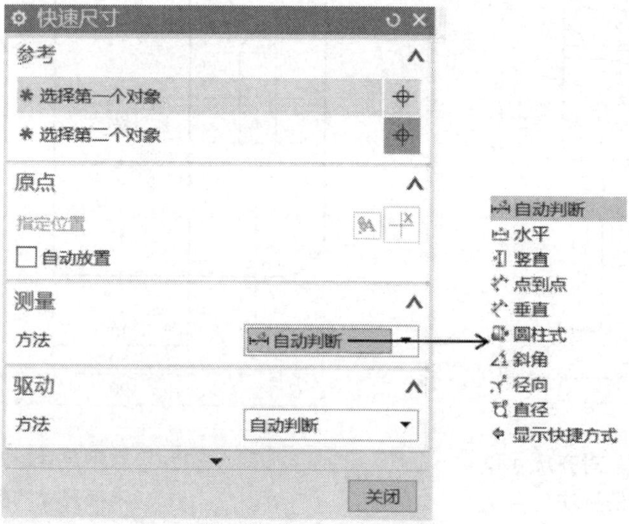

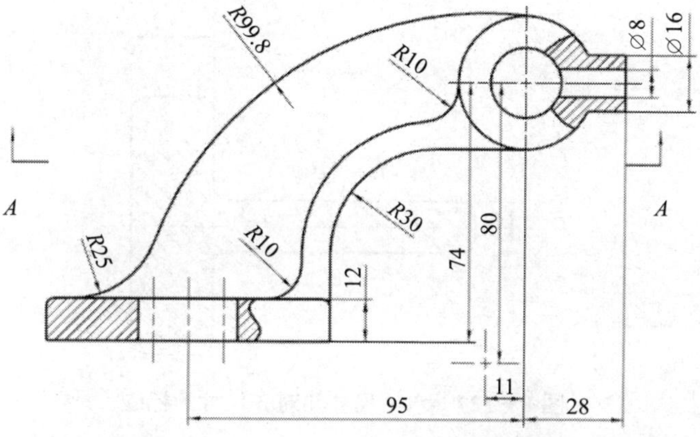

图 8－124　水平尺寸、对齐尺寸、半径尺寸和圆柱式标注

2. 脚踏板左视图的投影视图上水平尺寸、对齐尺寸和直径尺寸的标注

在“快速尺寸”对话框中“测量”区域的“方法”下拉列表中选择“自动判断”，在脚踏板左视图的投影视图上标注水平尺寸、对齐尺寸；然后选择“测量”区域“方法”下拉列表中的“圆柱式”，标注直径尺寸，如图 8－125 所示，完成后关闭对话框。

3. 脚踏板底板向视图上水平尺寸、对齐尺寸和半径尺寸的标注

在带状工具条区单击“快速”按钮，会弹出“快速尺寸”对话框。在“测量”区域的“方法”下拉列表中选择“自动判断”，在脚踏板底板向视图上标注水平尺寸、对齐尺寸和半径尺寸，如图 8－126 所示，完成后关闭对话框。

4. 断面图上水平尺寸和对齐尺寸的标注

在“快速尺寸”对话框中“测量”区域的“方法”下拉列表中选择“自动判断”，标注水平尺寸和对齐尺寸，如图 8－127 所示，完成后关闭对话框。

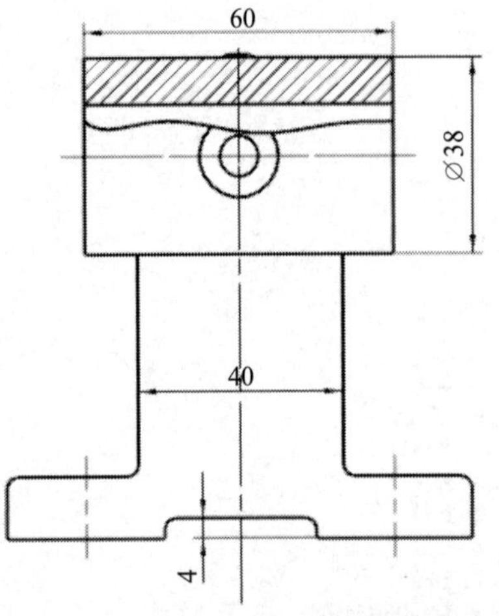

图 8－125　水平尺寸、对齐尺寸和直径尺寸的标注

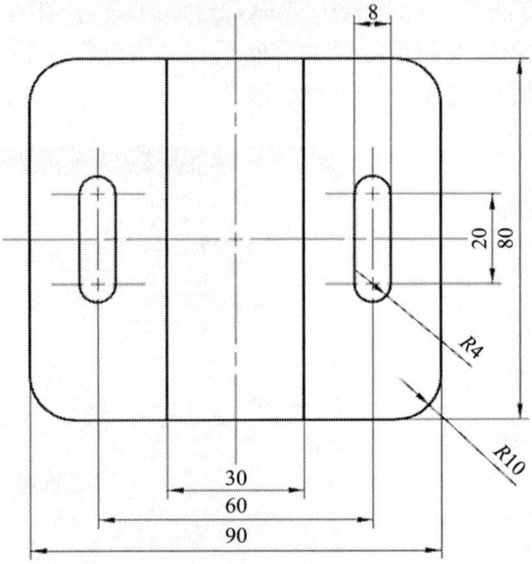

图 8－126　水平尺寸、对齐尺寸和半径尺寸的标注

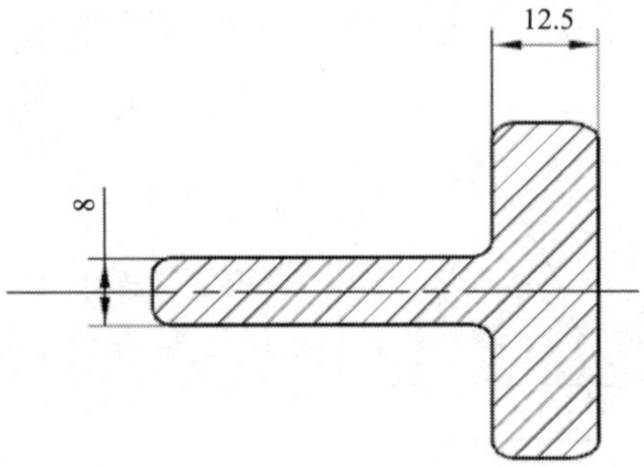

图 8－127　水平尺寸和对齐尺寸的标注

5. 尺寸数字水平放置和在尺寸数字前面加文本

选择要修改的尺寸，然后单击鼠标右键，在立即菜单中选择“设置”命令。在“设置”对话框中单击“文本”子选项下的“方向和位置”，在“方向和定位”的“方位”下拉列表中选择“水平文本”命令；在“位置”下拉列表中选择“文本在短划线之上”命令，如图 8－128 所示，将尺寸数字水平放置。

在尺寸数字前面加文本，例如在“*R*25”前面加“2×”。选择要修改的尺寸，单击鼠标右键，在立即菜单中选择“编辑”命令，弹出动态对话框，在尺寸数字前面添加“2×”文本，如图 8－129 所示，然后关闭对话框，完成在尺寸数字前面加文本的操作。

6. 从圆心引出的半径尺寸的标注

选择图 8－130 中未从圆心引出的半径尺寸 *R*99.8，单击鼠标右键，在立即菜单中选择“设置”命令，在“设置”对话框中单击“文本”子选项中的“格式”，在“格式”选项中勾选“替代尺寸文本”，会弹出如图 8－131 所示的“尺寸值关联”对话框，单击

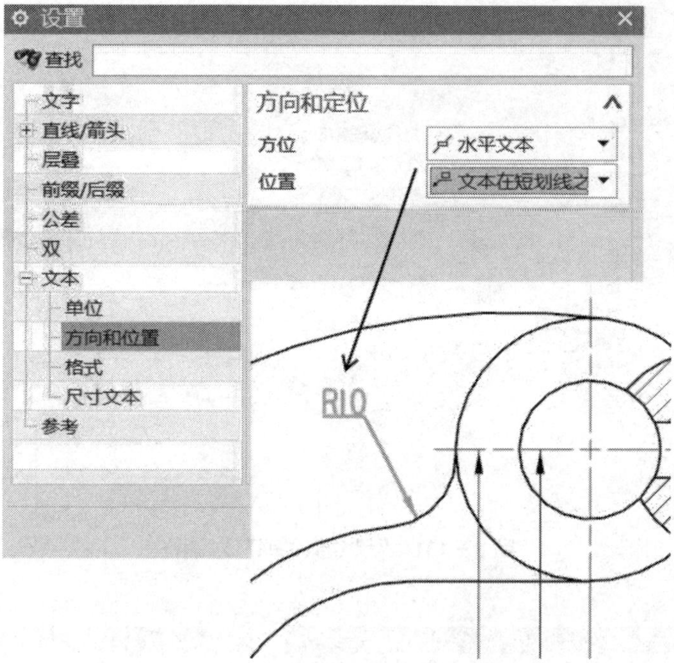

图 8 - 128　尺寸数字水平放置的标注

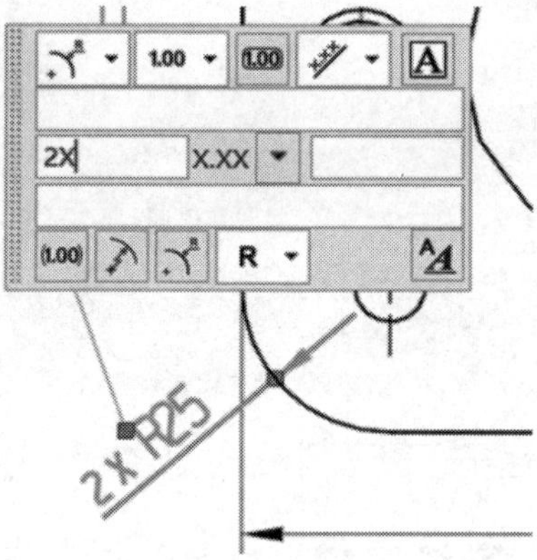

图 8 - 129　在尺寸数字前面添加文本

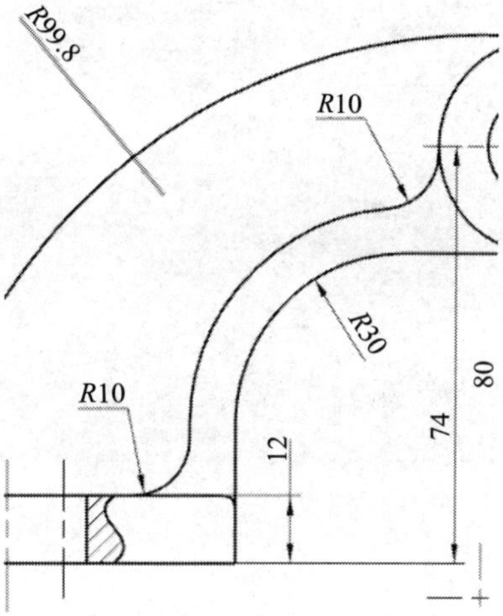

图 8 - 130　未从圆心引出的半径尺寸

“确定”按钮。用户可以在“设置”对话框的文本窗口中编辑替换文本，例如“100”，如图 8 - 132 所示；或者单击“编辑文本”按钮 A，进入“文本”对话框中编辑文本，将尺寸文本由原来的“*R*99.8”替换为如图 8 - 133 所示的“*R*100”。继续选择“*R*100”尺寸，单击鼠标右键，在立即菜单中选择“编辑”命令，在弹出的“径向尺寸”对话框中选择“测量”区域“方法”下拉列表中的“径向”，并且在立即窗口中单击“过圆心的半径”按钮，将尺寸转换为从圆心引出的半径尺寸，如图 8 - 134 所示。

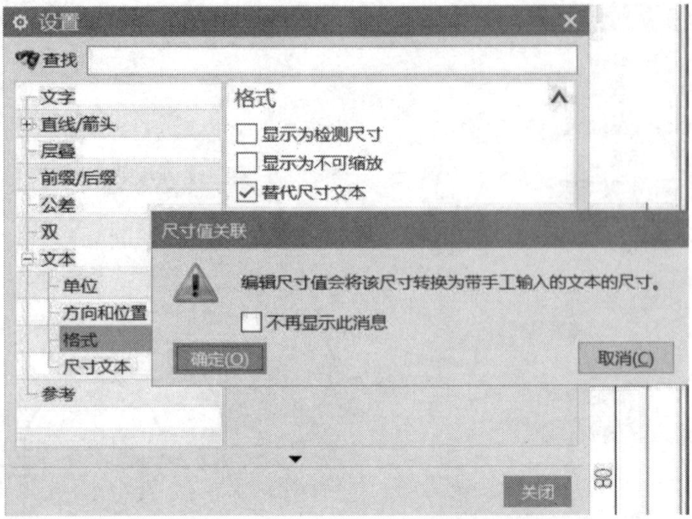

图 8-131 “尺寸值关联”对话框

图 8-132 编辑替换文本

任务3

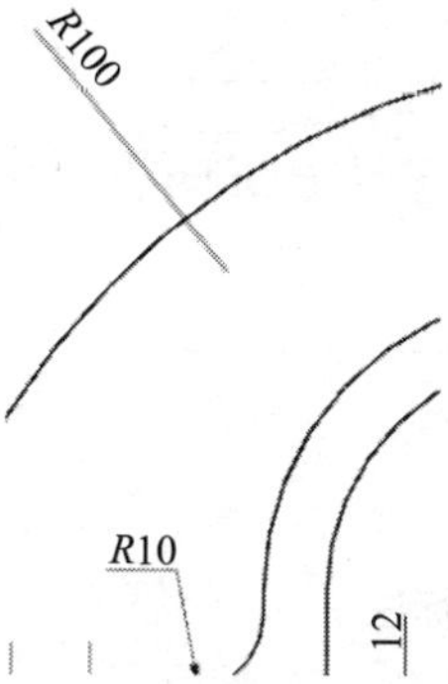

图 8－133　修改尺寸数字

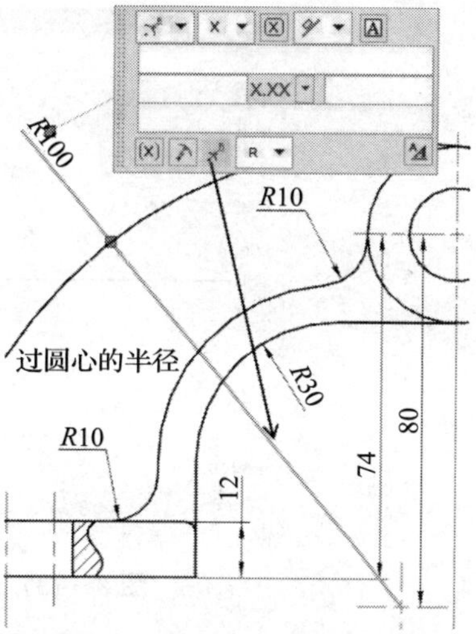

图 8－134　从圆心引出的半径尺寸

7. 单侧尺寸的标注

单侧尺寸经常用于对称结构的标注。如果有边线可以捕捉边线，如果没有边线则可以创建边线或者点作为一侧的参考，图 8－135 所示是创建一个点作为参考，然后标注圆筒内壁的直径尺寸“ ϕ20”。如图 8－136 所示，选择该尺寸，右键单击选择“编辑附加文本”，在弹出的对话框中“控制”区域的“文本位置”下拉列表中选择“之后”，在“文本输入”框中输入“ H7”，完成脚踏板圆筒内壁尺寸的标注，如图 8－137 所示。

继续选择该尺寸，右键单击选择“设置”，在弹出的对话框中选择“直线 / 箭头”选项下面的“箭头”“箭头线”“延伸线”。如图 8－138 所示，将“第 1 侧”区域中“显示箭头”“显示箭头线”“显示延伸线”的勾选全部取消，得到单侧尺寸。

选择该尺寸，还可以在“设置”对话框中“单侧尺寸”选项中的“格式”区域勾选“显示为单侧尺寸”复选框，如图 8－139 所示，完成脚踏板圆筒内壁直径尺寸的标注（用户可将参考点设置得更小或者隐藏掉，以不影响制图，此处就不再设置）。

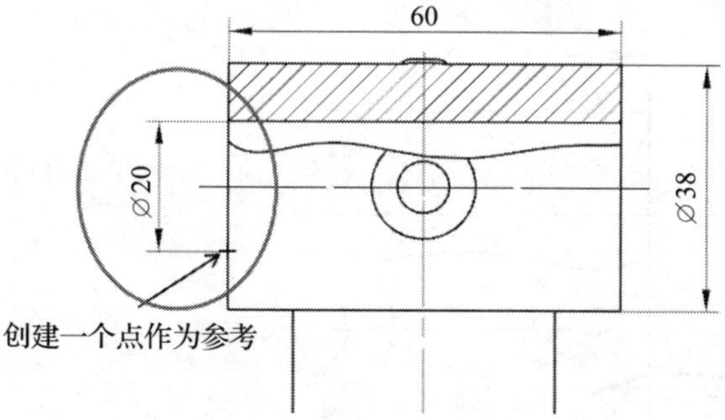

图 8－135　创建参考然后标注

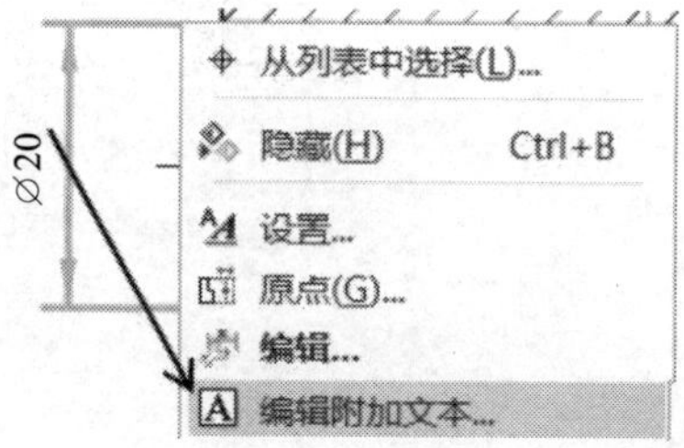

图 8－136　编辑附加文本

任务3

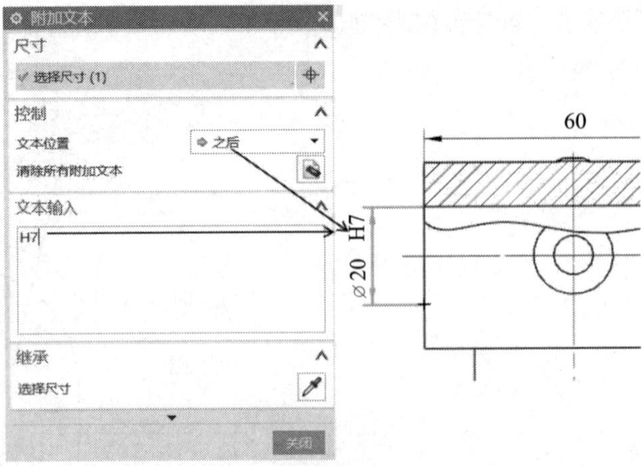

图 8-137 脚踏板圆筒内壁尺寸标注

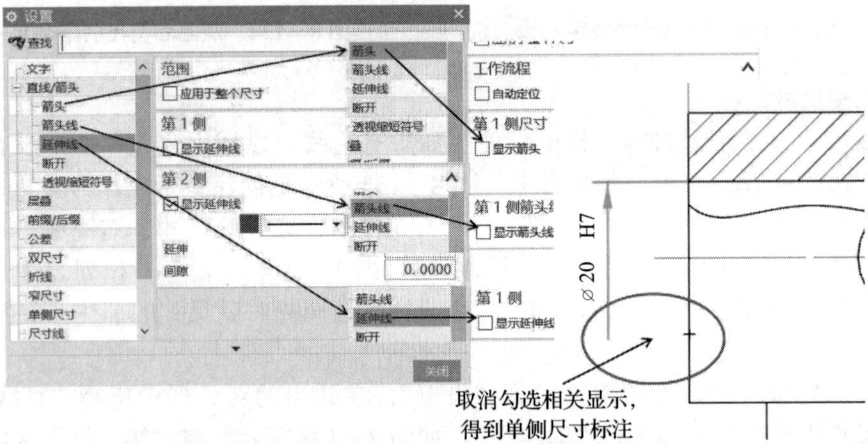

图 8-138 设置箭头、箭头线和延伸线

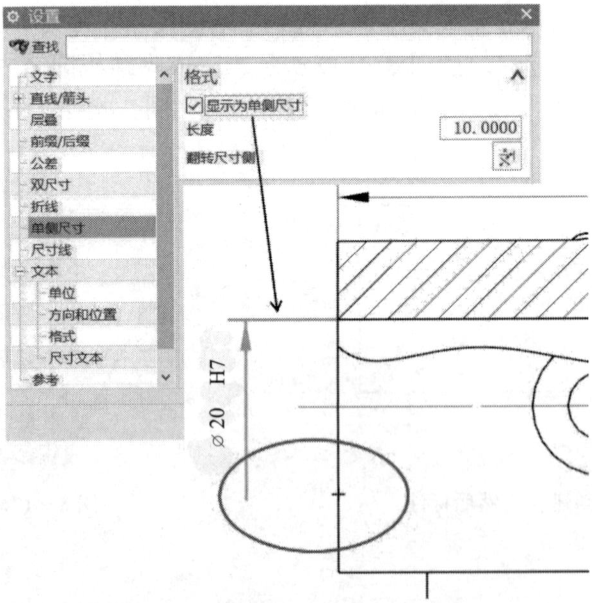

图 8-139 圆筒内壁单侧尺寸标注

任务3

四　UG NX 12.0 工程图表面粗糙度的标注

在下拉主菜单的“插入”下拉菜单中选择“注释”子菜单的“表面粗糙度符号”命令，或者在带状工具条区单击“表面粗糙度符号”按钮√，在弹出的“表面粗糙度”对话框中进行参数设置，如图 8 - 140 所示。选择“除料”下拉列表中的“修饰符，需要除料”，可根据实际情况设置反转文字，将符号旋转 180°，选择表面粗糙度放置的位置，完成表面粗糙度的标注，如图 8 - 141 所示。运用此方法完成其他表面粗糙度的标注，然后关闭对话框。

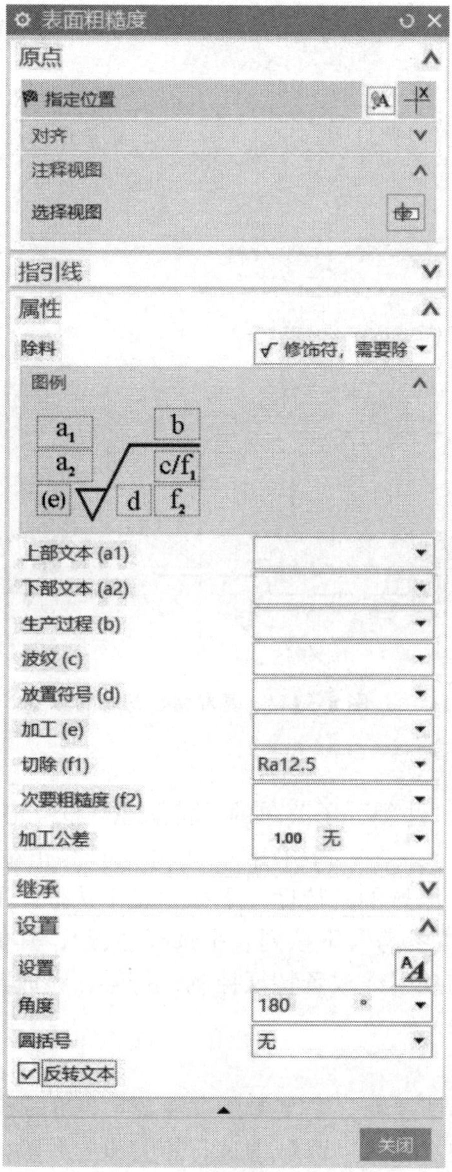

图 8 - 140　表面粗糙度参数设置

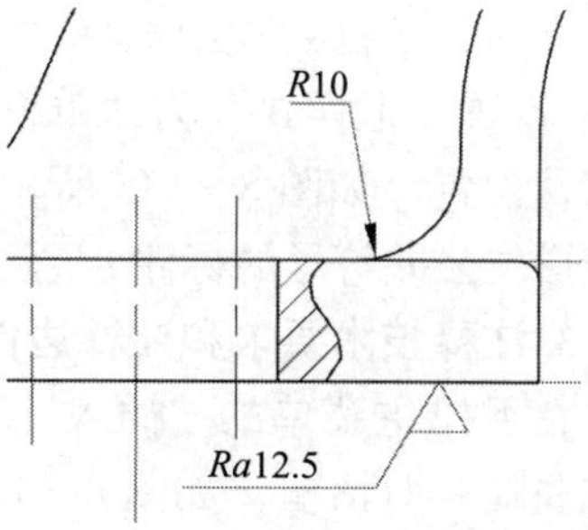

图 8 - 141　标注表面粗糙度

五 UG NX 12.0 工程图基准特征符号、形位公差符号和注释的标注

1. 基准特征符号的标注

在下拉主菜单的“插入”下拉菜单中选择“注释”子菜单的“基准特征符号”命令，会弹出“基准特征符号”对话框，如图 8 - 142 所示。在“指引线”区域中选择终止对象，在“类型”下拉列表中选择“基准”，在“基准标识符”的“字母”文本框中输入“A”，其他的为默认的设置。如图 8 - 143 所示，在合适位置拖动引线放置基准特征符号，完成基准特征符号的标注。

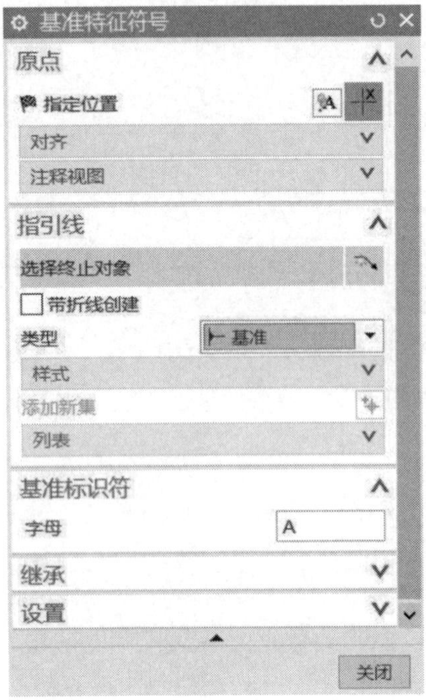

图 8 - 142 “基准特征符号”对话框

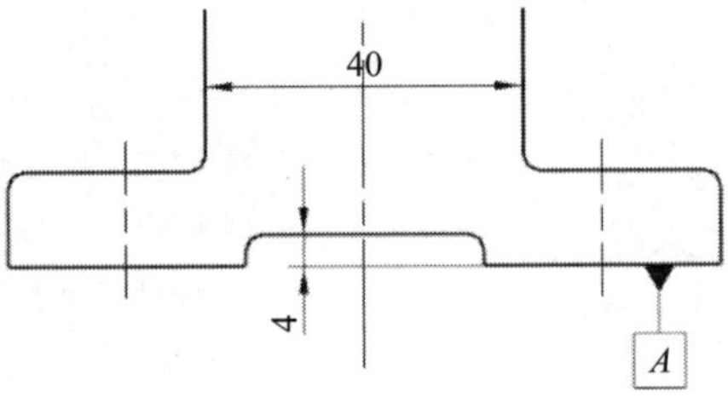

图 8 - 143 基准特征符号的标注

2. 形位公差符号的标注

在下拉主菜单的“插入”下拉菜单中选择“注释”子菜单的“特征控制框”命令，会弹出“特征控制框”对话框，如图 8 - 144 所示。在“指引线”区域中选择终止对象，在“类型”下拉列表中选择“普通”，在“框”区域的“特性”下拉列表中选择“平行度”，设置“框样式”为“单框”，在“第一基准参考”下拉列表中选择“A”，其他的为默认设置。如图 8 - 145 所示，在合适位置拖动引线放置特征控制框符号，完成圆筒内壁形位公差符号的标注。

3. 注释技术要求和注释边倒斜角

在下拉主菜单的“插入”下拉菜单中选择“注释”子菜单的“注释”命令，会弹出“注释”对话框，如图 8 - 146 所示，在“文本输入”区域中进行相关设置并输入如图 8 - 147 所示的“技术要求”文本内容，然后选择合适位置放置技术要求。在“文本输入”区域修改文本内容为“*C*2”，选择“指引线”，指定边倒角的位置，放置边倒角注释，如图 8 - 148 所示，然后关闭“注释”对话框，完成注释的标注。

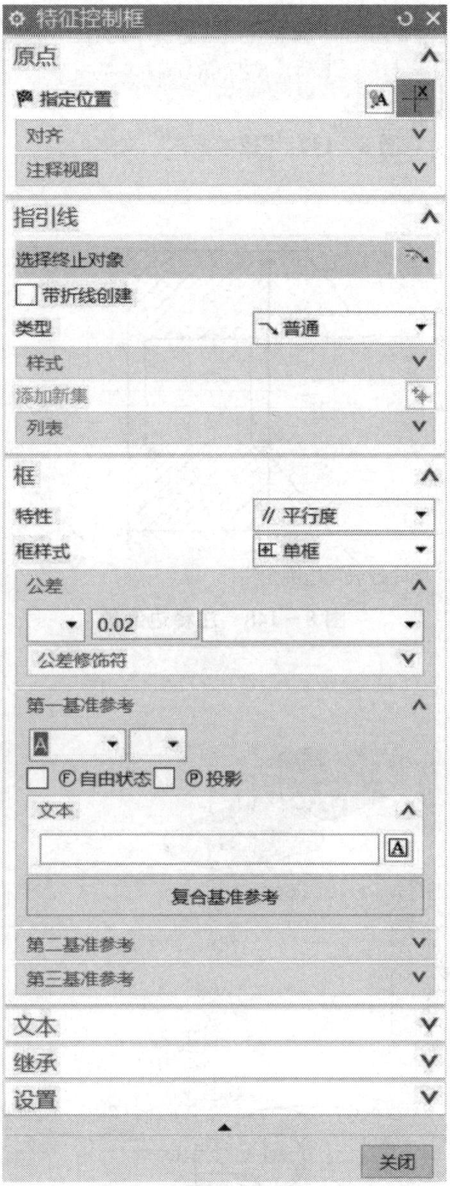

图 8-144　“特征控制框”对话框

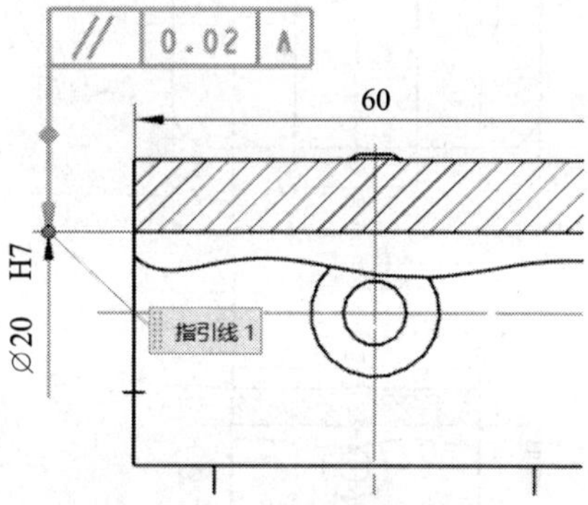

图 8-145　形位公差符号的标注

所有视图和标注都完成后，用户可以对整个图纸页的布局进行调整。图 8-149 所示是完成后的脚踏板工程图。

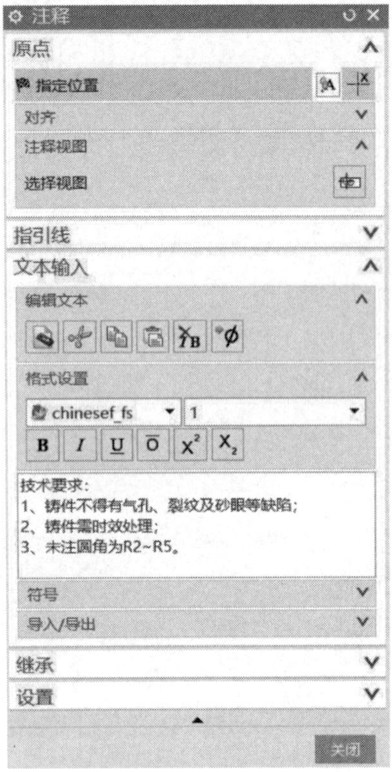

图 8－146 “注释”对话框

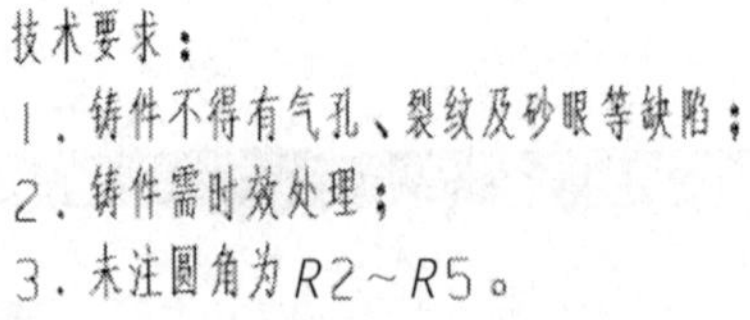

图 8－147 “技术要求”文本内容

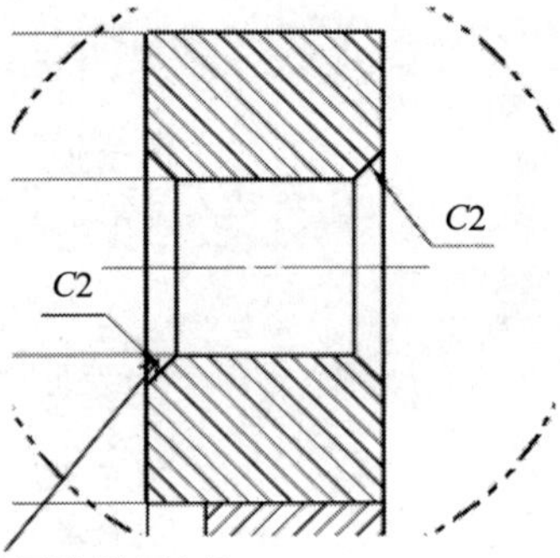

图 8－148 注释边倒角

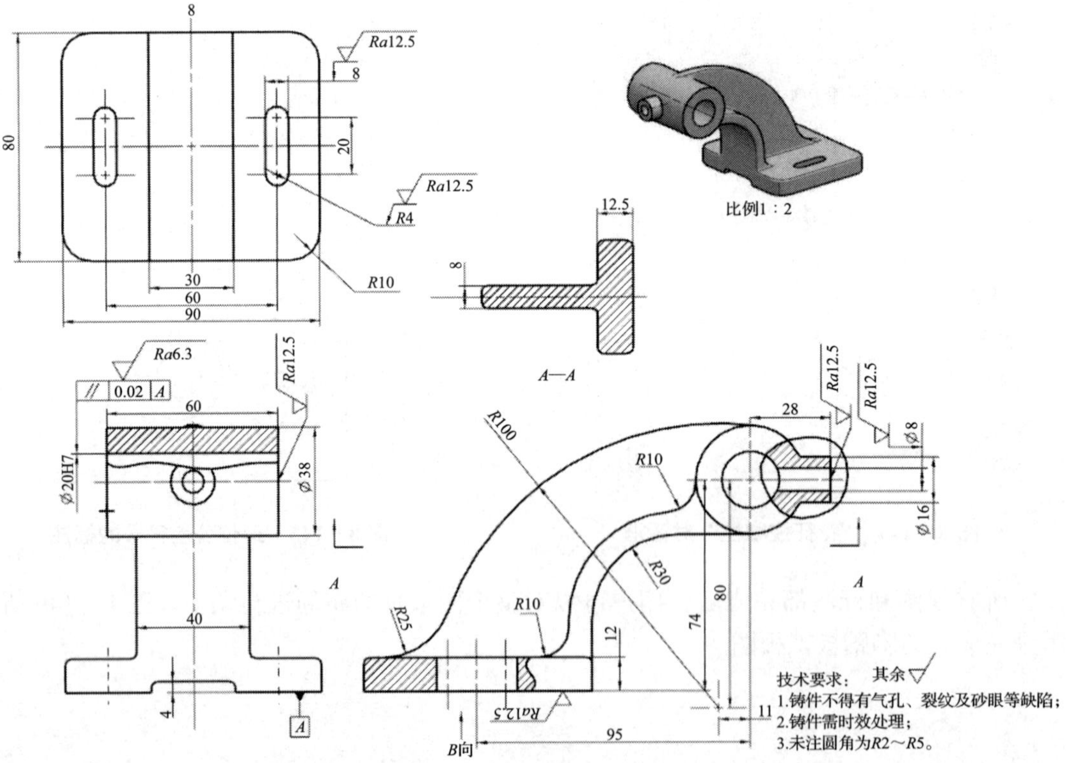

图 8－149 脚踏板工程图

技能点拨

引线注释标注的几种应用：

（1）在下拉主菜单的“插入”下拉菜单中选择“注释”子菜单的“注释”命令，会弹出“注释”对话框，如图 8－150 所示，选择“指引线”区域“类型”下拉列表里面的“普通”，在“文本输入”区域中选择“类别”下拉列表中的“制图”，选择相关符号并在文本框里面输入数字，在“设置”区域的“文本对齐”下拉列表中选择“在底部下面，延伸至最长”，其他的为默认的设置。在合适位置放置引线注释，完成引线注释的标注，如图 8－151 所示。

（2）在表面粗糙度标注的位置如果需要添加引线，用户可在“表面粗糙度”对话框中进行设置，选择添加引线，找到合适位置单击放置，如图 8－152 所示。

（3）在向视图标注添加引线时，在“注释”对话框中通过“空文本”引出箭头线后，再次进入“注释”对话框，在文本框中输入文本“*B* 向”，然后放置到合适位置，可完成向视图引线标注，如图 8－153 所示。

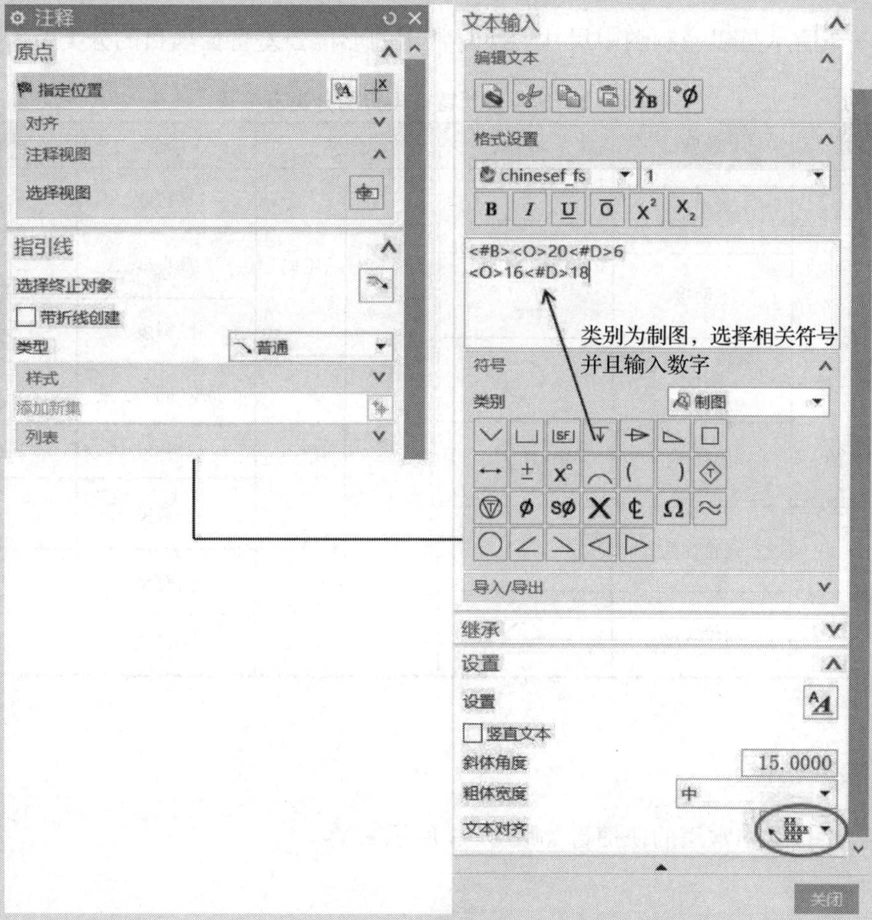

图 8－150 “注释”对话框

任务3

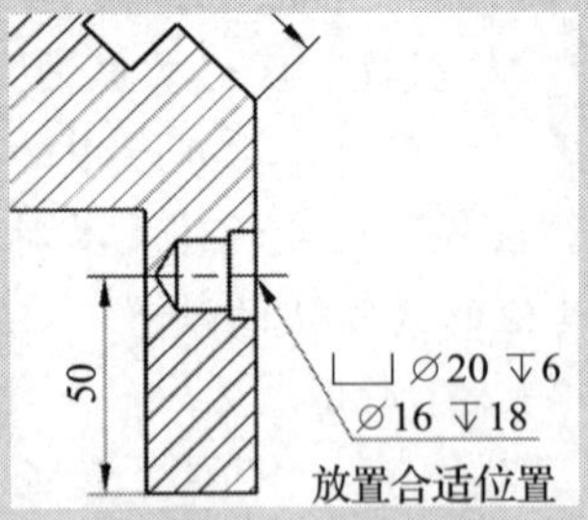

图 8－151　引线注释标注

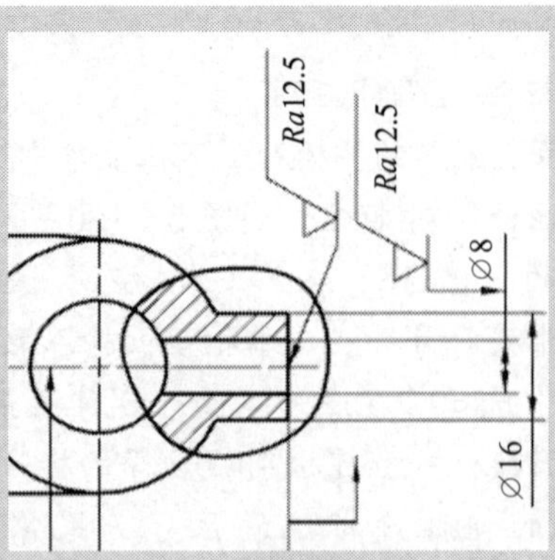

图 8－152　给表面粗糙度标注添加引线

图 8－153　向视图引线标注

基础延伸

表 8－2 所示是机械制图中尺寸标注时常用的形位公差特征项目的分类及符号。

表 8－2　形位公差特征项目的分类及符号

分类	项目	符号	分类		项目	符号
形状公差	直线度	—	位置公差	定向	平行度	//
	平面度	▱			垂直度	⊥
	圆度	○			倾斜度	∠
	圆柱度	⌭		定位	同轴（同心）度	◎
形状或位置公差	线轮廓度	⌒			对称度	⌯
	面轮廓度	⌓			位置度	⌖
				跳动	圆跳动	↗
					全跳动	⌰

知识链接

UG NX 12.0 中常用的快捷键如表 8－3 所示。

任务3

表 8－3　UG NX 12.0 中常用的快捷键

名称	快捷键	名称	快捷键
新建文件	Ctrl+N	显示和隐藏	Ctrl+W
保存文件	Ctrl+S	删除	Ctrl+D
另存文件	Ctrl+Shift+A	捕捉视图	F8
编辑撤销	Ctrl+Z	旋转	F7
编辑复制	Ctrl+C	缩放	F6
编辑粘贴	Ctrl+V	刷新	F5
建模模板	Ctrl+M	帮助	F1
制图模板	Ctrl+Shift+D	适合窗口	Ctrl+F
图层设置	Ctrl+L	首选项对象	Ctrl+Shift+J

参考文献

[1] 王元平，王正东．UG NX 9.0 项目教程．北京：北京出版社，2021．

[2] 龙马高新教育．UG NX 12.0 中文版实战从入门到精通．北京：人民邮电出版社，2018．